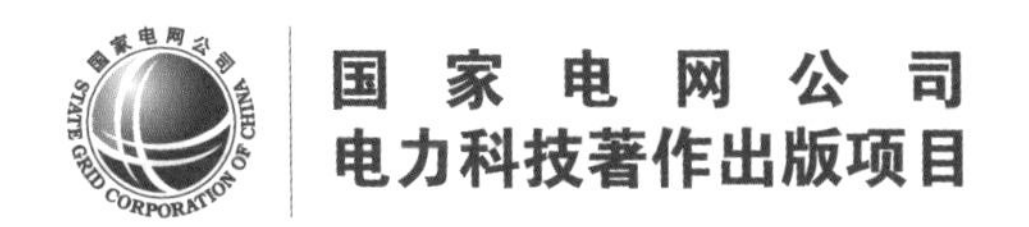

国家电网公司
电力科技著作出版项目

高压电缆工程建设技术手册

吴峻　主编

中国电力出版社
CHINA ELECTRIC POWER PRESS

内 容 提 要

为适应城市建设发展规划需要，采用高压电缆线路输电已成为城市电网越来越重要的输电方式。为统一电缆建设全过程标准化流程，特编写本手册。

本手册分为设计篇、施工篇和运维管理篇，对高压电缆建设的全过程、全周期进行介绍，通过梳理江苏地区高压电缆建设管理工作，总结中国高压电缆典型建设经验，旨在为高压电缆工程建设精益化管理提供借鉴。

本手册可供电缆专业（建设、设计、施工、监理等）相关单位的建设管理人员和技术人员使用。

图书在版编目（CIP）数据

高压电缆工程建设技术手册 / 吴峻主编. —北京：中国电力出版社，2018.7（2023.2重印）
ISBN 978-7-5198-2127-2

Ⅰ. ①高… Ⅱ. ①吴… Ⅲ. ①高压电缆-电缆敷设-电力工程-技术手册 Ⅳ. ①TM757-62

中国版本图书馆 CIP 数据核字（2018）第 125130 号

出版发行：中国电力出版社
地　　址：北京市东城区北京站西街 19 号（邮政编码 100005）
网　　址：http://www.cepp.sgcc.com.cn
责任编辑：王春娟（010-63412350）　高　芬
责任校对：常燕昆　太兴华
装帧设计：张俊霞
责任印制：石　雷

印　　刷：三河市万龙印装有限公司
版　　次：2018 年 7 月第一版
印　　次：2023 年 2 月北京第二次印刷
开　　本：787 毫米×1092 毫米　16 开本
印　　张：31.75
字　　数：732 千字
印　　数：2001—2500 册
定　　价：198.00 元

编委会

前言

为深入响应国家“一带一路”倡议，适应城市建设发展规划的需要，国家电网公司在传统的高压架空线路已基本不适应中心城市规划要求的情况下，积极转变电网发展方式，将传统的架空线路调整为高压电缆。高压电缆线路具有受外界环境干扰小、维护方便、安全性能高等优点；高压电缆入地敷设也有效地节约了土地资源，对城市的整体规划效果具有明显优势。因此，随着经济社会的发展，采用高压电缆线路输电已成为我国城市电网中越来越重要的输电方式。

《高压电缆工程建设技术手册》包括设计篇、施工篇和运维管理篇，对高压电缆建设的全过程、全周期进行介绍，通过梳理江苏地区高压电缆建设管理工作，总结中国高压电缆典型建设经验，旨在指导全国电缆专业（建设、设计、施工、监理等）相关单位的建设管理人员和技术人员对高压电缆工程建设进行精益化管理。

本手册紧紧围绕精益化管理的目标，深入分析工作流程，严格把握各个环节的管控要点，对各个环节的常见问题进行分析，分门别类进行归纳。同时，积极提升技术要领，使高压电缆建设过程更加高效，不断拓展管控手段，统一谋划设计、施工和运维管理工作。高压电缆工程建设相关管理制度的完善、人才储备和信息技术的应用推动了全过程精益化管理。本手册规范化、智能化的核心内容概括为：设计篇加强项目前期规划的合理性、规范性，确定设计原则与范围，规范电缆路径、构筑物、终端站（塔）设计及附属设施设计，明确电缆、附件选型，梳理电缆工程设计工作的质量控制关键点，实现电缆设计工作标准化、流程化、实用化，从源头上进行控制。施工篇总结典型地区实践经验，深度挖掘施工建设中常见的问题，分门别类，系统总结了土建、电缆电气安装、附属设施的典型施工方法，通过对各种典型施工方法进行详细介绍，拓展了新的管控方法，提高标准化管理水平，实现了技术管理上的突破。运维管理篇积极落实首件、中间和竣工环节的验收工作，参与事前、事中和事后控制，提高了验收一次性通过率。通过常见问题分析警示建设过程中的重要环节。高压电缆系统及通道精益化管理结合互联网技术的应用，大大降低了工作人员的劳动强度，互联网的应用也创造一个自由开放的环境，激励员工进行技术创新。

本手册率先为全国电缆建设全过程统一了标准。本手册编制凝聚了国网南京供电公司及参建单位广大工程管理、技术人员的智慧和心血，在此向大家付出的辛勤劳动表示衷心的感谢！

编　者

2018 年 6 月

目录

施 工 篇

运维管理篇

设计篇

为适应城市建设发展的需求，服务城市电网规划总体格局，近年来全国各地大中型城市 110、220kV 的电缆建设工程数量激增，其在城市电网中的应用日益广泛。同时国家电网公司推动建设“世界一流电网”，在城市电网建设中大力推动电缆技术的应用。由于高压电缆工程建设技术复杂、不同地质条件下工程建设差异大，且缺乏有效的全过程管控方法，故本手册依据近年来工程建设实践及创新应用，系统地归纳总结了电缆及电缆构筑物的施工技术和设计管理经验，为从事高压电缆工程建设的技术人员和管理人员，以及普通读者提供电缆工程设计相关的知识。

本篇内容主要包括高压电缆（110、220kV 电缆，含海底电缆）的设计流程和电缆路径、电缆及其附件型式、电缆敷设、电缆构筑物的设计原则，简述了电缆隧道附属设施设计。设计内容按照国家标准、行业标准设计规范，行业管理文件，标准化设计进行编写，并介绍了近年来在电缆工程建设中采用的新技术、新工艺。

第一章 高压电缆设计概述

高压电缆工程设计阶段确定的电缆路径方案、电缆及其附件型式、电缆构筑物方案，决定了电缆工程的建设质量。在设计中需要全面贯彻工程标准化设计、规范强制性条文执行、质量通病防治措施，对设计进行全过程控制。

第一节 高压电缆工程设计原则及设计范围

一、设计原则

110、220kV 高压和超高压电缆工程设计，是指根据工程接入电力系统审查意见和政府工程立项文件开展可行性研究设计工作。在可研设计阶段首先取得政府规划部门的路径批复文件，确定电缆路径走向、电缆截面、电缆敷设方式和工程投资规模。工程设计中主要遵循和执行以下规程、规范要求。

（一）电气设计规范

高压电缆工程设计时应满足如下设计规范要求：

GB 50168—2006《电气装置安装工程电缆线路施工及验收规范》；

GB 50217—2007《电力工程电缆设计规范》；

GB/T 50064—2014《交流电气装置的过电压保护和绝缘配合设计规范》；

GB/T 50065—2011《交流电气装置的接地设计规范》；

DL/T 401—2017《高压电缆选用导则》；

DL/T 1253—2013《电力电缆线路运行规程》；

DL 5221—2016《城市电力电缆线路设计技术规定》；

DL/T 5484—2013《电力电缆隧道设计规程》。

（二）土建设计规范

高压电缆工程土建时应满足如下设计规范要求：

GB 50009—2012《建筑结构荷载规范》；

GB 50010—2010《混凝土结构设计规范（2015 年版）》；

GB 50446—2017《盾构法隧道施工及验收规范》；

DL/T 5484—2013《电力电缆隧道设计规程》；

CECS 246—2008《给水排水工程顶管技术规程》；

JGJ 94—2008《建筑桩基技术规范》。

（三）消防设计防火规范

高压电缆工程应满足如下消防设计规范要求：

GB 50016—2014《建筑设计防火规范》；

GB 50116—2013《火灾自动报警系统设计规范》；

GB 50140—2005《建筑灭火器配置设计规范》；

DL/T 5484—2013《电力电缆隧道设计规程》。

（四）通风设计规范

高压电缆工程应满足如下通风设计规范要求：

GB 50019—2015《工业建筑供暖通风与空气调节设计规范》；

GB 50189—2015《公共建筑节能设计标准》；

DL/T 5035—2016《发电厂供暖通风与空气调节设计规范》；

DL/T 5484—2013《电力电缆隧道设计规程》。

（五）排水设计规范

高压电缆工程应满足如下排水设计规范要求：

GB 50014—2006《室外排水设计规范［2016 年版]》；

DL/T 5484—2013《电力电缆隧道设计规程》。

（六）动力、照明设计规范

高压电缆工程应满足如下动力、照明设计规范要求：

GB 50034—2013《建筑照明设计标准》；

GB 50052—2009《供配电系统设计规范》。

（七）在线监测系统设计规范

高压电缆工程应满足如下在线监测系统设计规范要求：

DL/T 1506—2016《高压交流电缆在线监测系统通用技术规范》；

DL/T 1573—2016《电力电缆分布式光纤测温系统技术规范》。

（八）海底电缆设计规范

海底电缆工程应满足如下设计规范要求：

DL/T 1278—2013《海底电力电缆运行规程》；

DL/T 1279—2013《110kV 及以下海底电力电缆线路验收规范》；

DL/T 5490—2014《500kV 交流海底电缆线路设计技术规程》。

二、设计范围

设计范围所涉及的高压电缆电压等级为 110、220kV，设计范围涵盖陆地电缆路径选择、电缆及其附件选型、电缆设计所涉及的主要电气计算、电缆敷设路径和方式、电缆通道构筑物选择、电缆构筑物支护措施选择；海底电缆重点介绍路径选择、电缆及其附件选型、电缆设计所涉及的主要电气计算、电缆敷设路径和方式等。另外对电缆隧道通风系统、排水系统、消防系统、动力照明系统、在线监测系统的设计内容做简要介绍。

第二节　高压电缆的种类及结构

高压电缆是一种主要用作电力传输的电缆，多应用于电力传输的主干道。高压电缆的基本结构主要由三部分组成：第一层为导体内芯，用于传输电能，满足电力系统短路时热稳定要求；第二层是绝缘层，用于承受高压电场分布，在电气上使导体与外界隔离；第三层是电缆保护层，主要由金属护套和电缆外护层组成，限制电缆运行产生的感应电压和屏蔽导体电场对人体的危害，并阻断外界水、火对电缆的侵害，确保电缆安全运行。

一、陆地高压电缆的种类及结构

（一）高压电缆的种类

（1）按照绝缘类型分类。高压电缆按照绝缘类型分为充油电缆和交联聚乙烯电缆 2 种，目前 110kV 和 220kV 电缆多使用交联聚乙烯绝缘，本书主要介绍交联聚乙烯绝缘电缆。

（2）按照阻水类型分类。高压电缆按照阻水类型的不同分为阻水电缆和普通电缆。

（3）按照铠装材料分类。高压电缆按照铠装材料的不同主要分为皱纹铝套铠装和铅套铠装。

（二）高压电缆结构与性能

常用的高压电缆常规结构如图 1–1 所示。

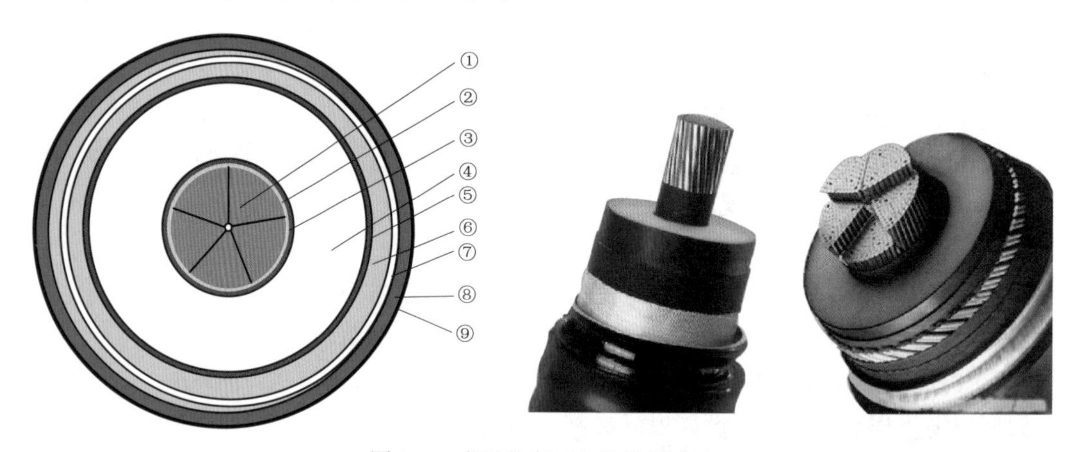

图 1–1　常用的高压电缆常规结构

①—铜导体；②—半导电带；③—导体屏蔽层；④—交联聚乙烯绝缘层（XLPE 绝缘）；⑤—绝缘屏蔽层；⑥—缓冲阻水带；⑦—皱纹铝护套；⑧—阻燃聚乙烯（PE 护套）；⑨—半导电护套（石墨涂层）

高压电缆结构说明如下：

（1）导体。800mm^2 及以下的导体为紧压圆形绞合铜导体，1000mm^2 及以上的导体为分割铜导体结构（1600mm^2 以上五分裂，1000～1600mm^2 四分裂）。

（2）导体屏蔽。内屏蔽采用超光滑交联型半导电屏蔽料，电缆的内屏蔽由半导电包带和挤包半导电层组成。

（3）绝缘。绝缘采用超净交联聚乙烯绝缘料挤包在导体屏蔽上，生产过程中采用全封闭 MOTAN 系统，保证材料的洁净度，采用立塔 VCV（CVC）生产线，配备在线偏心控制系统。

（4）外绝缘屏蔽。外屏蔽采用超光滑交联型半导电屏蔽料挤包在绝缘上。

（5）阻水缓冲层。高压所有型号及规格的电缆都有纵向阻水层，纵向阻水层采用半导电阻水带绕包在外绝缘屏蔽与金属护套之间。

（6）金属护套。金属护套采用皱纹铝套或合金铅套，可作为金属屏蔽层。

（7）外护套采用 PVC 或 PE 护套料挤制，采用双层共挤技术，将导电涂层挤塑到电缆外护套的表面，可提供阻燃、防白蚁、防腐蚀的综合非金属护套。

（三）电缆使用环境及使用特性

1. 电缆使用环境

常用电缆型号、名称、特点及使用环境见表 1–1。

表 1–1　　常用电缆型号、名称、特点及使用环境

型号	电缆名称	特点	使用环境
YJLW02	交联聚乙烯绝缘皱纹铝套聚氯乙烯电力电缆	具有较好的径向防水性能，并能承受一定压力	可敷设在隧道或管道中
YJLW03	交联聚乙烯绝缘皱纹铝套聚乙烯电力电缆		
YJLW02–Z	交联聚乙烯绝缘皱纹铝套聚氯乙烯纵向防水电力电缆	具有较好的径向和纵向防水性能，并能承受一定压力	敷设在隧道或管道中
YJLW03–Z	交联聚乙烯绝缘皱纹铝套聚乙烯纵向防水电力电缆		
YJQ02	交联聚乙烯绝缘皱纹铅包聚氯乙烯外护套电力电缆	承受一定的压力	可在潮湿环境及地下水位较高的地方使用
YJQ03	交联聚乙烯绝缘皱纹铅包聚乙烯外护套电力电缆		

2. 电缆使用特性

（1）铜导体电缆长期允许工作温度为 90℃。

（2）短路时（最长持续时间不超过 5s），导体最高温度不超过 250℃。电缆线路中间有接头时，锡焊接头不超过 120℃，压接接头不超过 150℃，电焊或气焊接头不超过 250℃。

（3）电缆敷设时，其温度不应低于 0℃，若电缆温度低于 0℃应采用适当的方式将电缆加热至 0℃以上。

（四）电缆规格和物理参数

1. 电缆规格

常用电缆规格见表 1–2。

表 1–2　　常 用 电 缆 规 格

型号	额定电压（kV）	标称截面（mm^2）
YJLW02、YJLW03 YJLW02–Z、YJLW03–Z YJQ02、YJQ03	64/110（126）	400、500、630、800、1000、1200、1400、1600
YJLW02、YJLW03 YJLW02–Z、YJLW03–Z YJQ02、YJQ03	127/220（252）	630、800、1000、1200、1600、2000、2200、2500

2. 电缆主要参数

电缆主要电气参数见表 1–3。

表 1–3　　电缆主要电气参数

导体截面（mm^2）	最大导体直流电阻（20℃）（Ω/km）	绝缘平均厚度（mm）	金属铝护套平均厚度不小于（mm）	金属铅护套平均厚度不小于（mm）
电压等级：64/110kV				
400	0.0470	17.5	2.0	2.7
630	0.0283	16.5	2.0	2.8
800	0.0221	16.0	2.0	2.9
1000	0.0176	16.0	2.3	3.0
1200	0.0151	16.0	2.3	3.1
1600	0.0113	16.0	2.3	3.3
电压等级：127/220kV				
630	0.0283	26.0	2.4	2.8
800	0.0221	25.0	2.4	2.8
1000	0.0176	24.0	2.6	2.8
1200	0.0151	24.0	2.6	2.9
1600	0.0113	24.0	2.6	3.1
2000	0.0090	24.0	2.8	3.2
2500	0.0073	24.0	2.8	3.4

二、海底电缆的种类及结构

海底电缆主要用于大陆与岛屿、岛屿与岛屿、大陆与海洋石油平台、石油平台与石油平台、海上风电场电能和光纤信号的传输，满足特殊复杂的水下应用环境。

随着我国海洋开发和近海岛屿工业及旅游业的快速发展，对电力的需求越来越大，原中压海底电缆线路已不能满足快速增长的电力需求，沿海风电的发展也需要越来越多的高压海底电缆把风力发出的电能传输到临近电网。

（一）高压海底电缆的种类

（1）按照绝缘类型分类。高压海底电缆按照绝缘类型分为充油电缆和交联聚乙烯电缆两种，目前 110kV 和 220kV 海底电缆多使用交联聚乙烯绝缘，本手册主要介绍交联聚乙烯绝缘海底电缆。

（2）按照导体芯数分类。按照导体芯数的不同分为单芯海底电缆和三芯海底电缆。

（3）按照铠装形式及材料分类。按照铠装形式分为单层铠装和双层铠装，按照铠装材料的不同分为钢丝铠装和铜丝铠装。

（4）按照有无光纤单元分类。按照有无光纤单元分为海底电缆和光纤复合海底电缆。

（二）海底电缆的结构与性能

（1）单芯光纤复合海底电缆。单芯光纤复合海底电缆结构示意图和图中结构描述及性能分别见图 1–2 和见表 1–4。

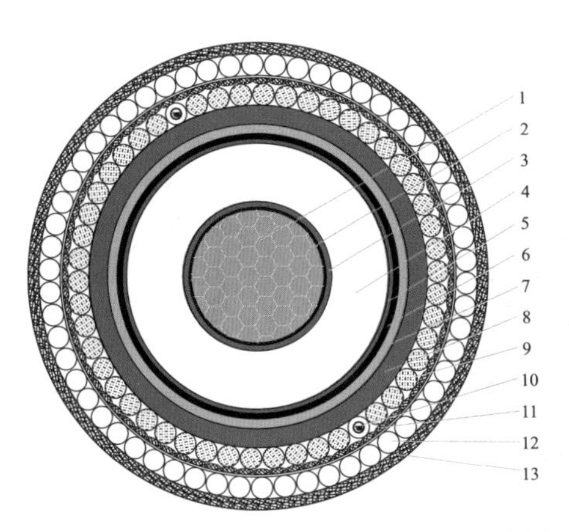

图 1–2　单芯光纤复合海底电缆结构示意图

表 1–4　　**单芯光纤复合海底电缆的结构描述及性能**

序号	结构名称	结构描述及性能
1	阻水铜导体	紧压绞合圆形导体，导体绞合间隙内填充半导电阻水带，以具有纵向阻水密封结构
2	半导电导体包带	半导电阻水绑扎带
3	导体屏蔽层	由超光滑可交联型半导电屏蔽料挤出
4	绝缘层	由超净可交联聚乙烯挤出
5	绝缘屏蔽层	由超光滑可交联型半导电屏蔽料挤出
6	缓冲阻水层	半导电阻水带绕包，遇水膨胀，具有纵向功能
7	金属屏蔽	合金铅套，具有径向阻水功能
8	非金属护层	挤出半导电聚乙烯护套或挤出绝缘型聚乙烯护套
9	光单元填充层	填充条
10	光纤单元	可为 1、2、3 根或 4 根
11	铠装垫层	1 层 PP 绳缠绕
12	铠装层	1 层钢丝（或铜丝）铠装+防腐沥青涂敷
13	外被层	2 层 PP 绳反向缠绕

单芯光纤复合海底电缆实物图如图 1–3 所示。

单芯海底电缆不含光纤单元，在上述单芯光纤复合海底电缆结构的基础上去除“9 光单元填充层”和“10 光纤单元”，其他结构相同。

（2）三芯光纤复合海底电缆：三芯光纤复合海底电缆结构示意图和图中结构描述及性能见图 1–4 和表 1–5。

图 1–3 单芯光纤复合海底电缆实物图

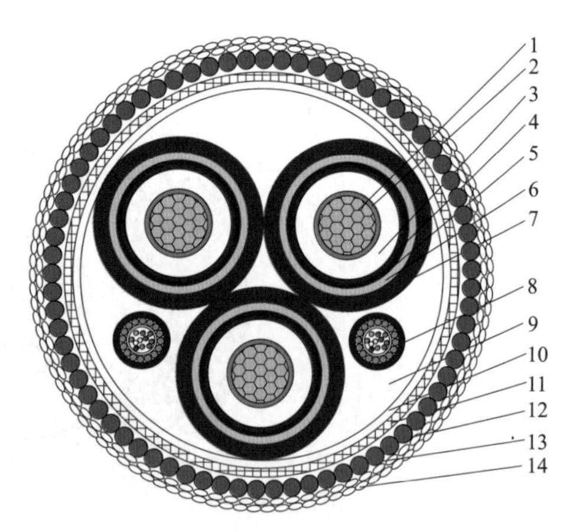

图 1–4 三芯光纤复合海底电缆结构示意图

表 1–5 三芯光纤复合海底电缆的结构描述及性能

序号	结构名称	结构描述及性能
1	阻水铜导体	紧压绞合圆形导体，导体绞合间隙内填充半导电阻水带，以具有纵向阻水密封结构
2	导体屏蔽层	半导电阻水绑扎带+超光滑可交联型半导电屏蔽料挤出
3	绝缘层	由超净可交联聚乙烯挤出
4	绝缘屏蔽层	由超光滑可交联型半导电屏蔽料挤出
5	缓冲阻水层	半导电阻水带绕包，遇水膨胀，具有纵向功能
6	金属屏蔽	合金铅套，具有径向阻水功能
7	非金属护层	挤出半导电聚乙烯护套
8	光纤单元	钢丝铠装型，可为 1、2 根或 3 根
9	填充	成型填充条和 PP 绳填充
10	包带	两层包带对成缆线芯进行捆扎
11	铠装垫层	1 层 PP 绳缠绕
12	铠装层	1 层圆钢丝铠装
13	防腐层	沥青涂敷
14	外被层	2 层 PP 绳反向缠绕

图 1–5 三芯光纤复合海底电缆实物图

三芯光纤复合海底电缆实物图如图 1–5 所示。

不含光纤单元的三芯海底电缆在三芯光纤复合海底电缆结构的基础上去除 8 光纤单元，其他结构相同。

（三）选用原则

1. 海底电缆导体截面选用原则

根据电力系统和海底电缆敷设环境参数计算海底电缆载流量，选定导体的载流量需能满足系统额定电流要求。

2. 海底电缆铠装形式与材料选用原则

海底电缆通常情况下采用单层金属丝铠装，如敷设环境极其恶劣，对海底电缆的抗拉、抗压性能有特殊要求，可采用双层金属丝铠装。

三芯海底电缆的铠装材料基本采用镀锌钢丝铠装，单芯海底电缆如采用镀锌钢丝铠装，铠装损耗较大，会降低载流量，但如果载流量满足要求，也可考虑采用镀锌钢丝铠装，如载流量不能满足要求，即使会增大成本，也应采用铜丝铠装。

3. 海底电缆导体芯数选用原则

海底电缆分为单芯海底电缆和三芯海底电缆两种，其中三芯海底电缆与单芯海底电缆相比有明显的优势，具体如下：

（1）高压三芯海底电缆无金属护套感应电压，铠装损耗小。高压三芯海底电缆三根导体中电流产生的磁场在很大程度上相互抵消，磁场平衡，无护套感应电压，故损耗较低，较小截面的导体就足够达到要求的载流量。因此，三芯海底电缆能够采用低碳钢丝铠装，而单芯海底电缆则需要采用更为复杂的铠装方式。

（2）电压损失小。三芯高压海底电缆电感小，电压降小，运行稳定性高。

（3）安装成本低。对于一根高压三芯海底电缆，只要敷设船可以装载整个路由所需电缆，即可一次完成敷设。而 1 组单芯海底电缆需要多次路由勘测、清理及安装工作。

（4）占用海域面积小。3 根单芯高压海底电缆敷设需占用约 150m 海底路由宽度，而一根三芯高压海底电缆仅需占用约 50m 海底路由宽度。

但同时，高压三芯海底电缆也具有如下不足：

（1）有时为了提高电网运行可靠性，避免海底电缆故障断电造成损失，三芯海底电缆需要加 1 根备用电缆，即需要敷设 2 根三芯海底电缆，成本较高。而单芯海底电缆仅需要敷设 4 根，其中 1 根作为备用电缆即可。

（2）三芯海底电缆的导体截面积会受限于海底电缆施工敷设能力或海底电缆厂家设备生产水平。

第二章 电缆路径设计

电缆路径选择是电缆工程建设的第一环节，这一阶段工作确定了电缆路径走向、电缆敷设方式、电缆构筑物的断面、电缆工程的总体投资，其重要性不言而喻。

电缆路径选择需要根据城市规划发展要求总体布局。结合现有城市各用地地块属性、现有及规划道路、河流、管线和地下文物、地下障碍物等做多路径方案比较。该阶段设计工作一般由城市规划设计院负责并和电缆线路工程设计单位共同完成。由政府规划部门通过政府的批文的形式给予认可。

第一节 设计流程和控制要点

一、工程开工需具备的 4 个前置条件

（1）政府批文。在工程可行性研究阶段政府规划部门采用原则同意路径的函形式给予认可。

（2）对沿途障碍物进行资料搜集，相关产权单位应书面认可电缆构筑物的形式和敷设方案等。

（3）规划设计要点及红线。在初步设计阶段，政府规划部门对确定的电缆工程路径设计要点以批文形式给予认可，其中主要是电缆线路工程对周围环境、线路沿途障碍物、建设存在风险等提出规避和控制要求。

（4）法定开挖许可文件齐备。在工程施工图设计阶段由工程建管单位向规划部门进行施工图方案设计报建，获得工程报建批复文件后方可开工建设。

二、路径设计流程和控制要点

在城市中心或城市周边地区建设地下电缆线路工程，特别是有暗挖隧道的电缆工程，其安全风险、环境风险、政策处理工作风险较高，建设难度较大，路径设计流程包含以下 7 个步骤，其中的每项工作都必须细致全面。

（1）若线路起、止点在航空线区域内，应根据城市规划要求、城市规划设施、城市用地范围选择多条初步的走向方案；

（2）实地调查初步选定的路径方案中沿途的障碍物、交通条件，并对沿途障碍物范围、深度、防护间距进行资料搜集和分析；

（3）调查初步选定的路径方案中地下岩土、地下水情况，主要以资料搜集和初步勘探为主；

（4）调查初步选定的各电缆路径方案沿途地下管线情况；

（5）根据以上调差情况和工程投资规模，综合分析，初步确定推荐的电缆路径，并准备相关材料，做好向政府规划部门汇报的准备工作；

（6）向政府规划部门汇报并协调工程路径走向，其中需要从技术难度、工程建设难度、工程建设风险、工程投资规模进行详细的技术经济比较并得到业主认可，最终确定电缆路径方案、沿途电缆构筑物型式、电缆构筑物断面；

（7）根据规划部门认可的电缆路径方案，进一步详细搜集沿途地下管线和障碍物的资料并分析，确定电缆构筑物路径在城市道路中的具体位置。

电缆路径设计工作流程如图 2–1 所示。

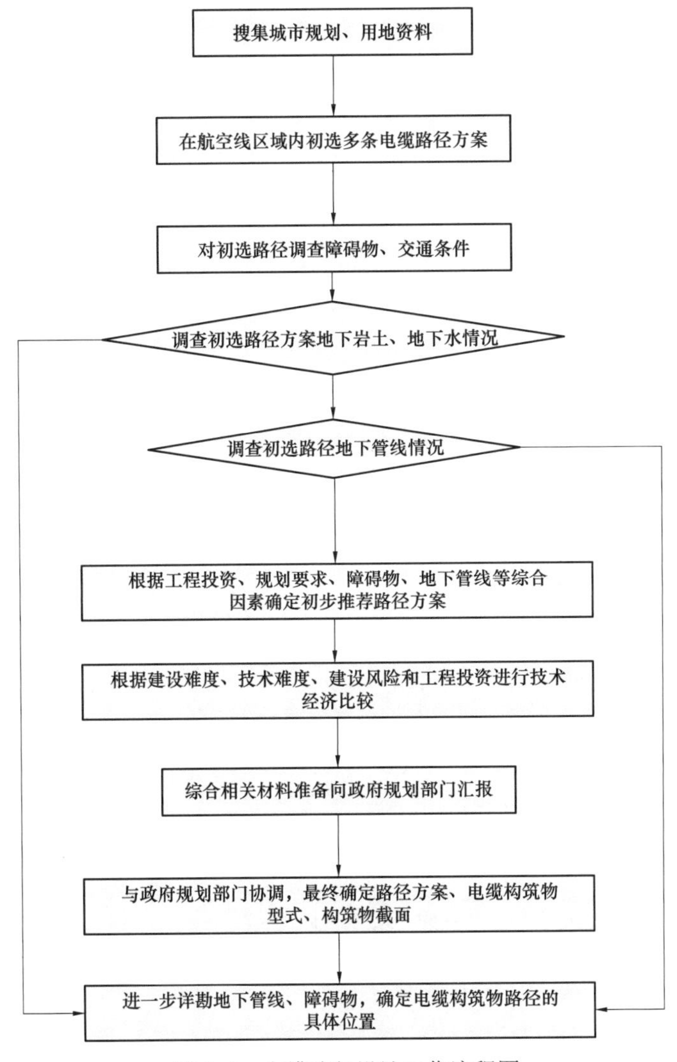

图 2–1　电缆路径设计工作流程图

城市规划资料、沿途障碍物资料搜集、与规划部门协调电缆路径是确定电缆工程路径走向和敷设方式及工程总投资的关键因素。电缆构筑物的平面路径和纵断面图路径走向与城市规划、城市用地、城市环境、沿途各种障碍物、地下管线关系密切。

电缆工程障碍物主要包括城市用地、铁路、公路、高速公路、高架公路、河流、易燃易爆场站、高层建筑、地下广场等，不同障碍物的资料搜集深度、范围、边界条件不同。城市地上、地下障碍物及地下管线资料搜集一览表见表 2–1。

表 2–1　　城市地上、地下障碍物及地下管线资料搜集一览表

<table>
<tr><th rowspan="2">序号</th><th rowspan="2">障碍物类型</th><th rowspan="2">资料搜集部门</th><th colspan="3">地上地下障碍物资料搜集内容</th></tr>
<tr><th>防护间距和措施</th><th>对电缆构筑物建设要求</th><th>备注（含电缆构筑物平、纵断面位置和遗留问题）</th></tr>
<tr><td>1</td><td>城市规划设施</td><td>相关产权公司</td><td></td><td>应在规划路口、线路交叉地段，合理设置三通井、四通井等预留接口</td><td>了解城市用地、铁路、公路、河流、城市地下管线的规划及防护间距</td></tr>
<tr><td>2</td><td>城市用地</td><td>规划局</td><td>了解用地属性，建筑物退让间距</td><td></td><td></td></tr>
<tr><td>3</td><td>铁路</td><td>所辖铁路局和地方铁路公司</td><td rowspan="8">采用顶管、盾构隧道覆土厚度≥1.5～2.0 倍构筑物外径</td><td rowspan="5">铁路、公路管理部门需要对电缆构筑物设计、施工方案进行评审</td><td></td></tr>
<tr><td>4</td><td>高速铁路</td><td>所辖铁路局</td><td></td></tr>
<tr><td>5</td><td>城市道路</td><td rowspan="2">市、县交通局</td><td>工作井出口处高度应高于绿化带地面且不小于 300mm</td></tr>
<tr><td>6</td><td>高架公路</td><td></td></tr>
<tr><td>7</td><td>高速公路</td><td>高速公路管理公司</td><td></td></tr>
<tr><td>8</td><td>泄洪河流</td><td>地方水利局</td><td rowspan="3">平行河道电缆构筑物需满足与河道保护线、河道管理线的间距，土建工程需做防洪评审</td><td rowspan="3">埋设深度应满足河道冲刷、船舶抛锚、远期规划等要求</td></tr>
<tr><td>9</td><td>通航河流</td><td>地方水利局</td></tr>
<tr><td>10</td><td>大江大河</td><td>长委、淮委</td></tr>
<tr><td>11</td><td>易燃易爆场站</td><td>中石化、中石油、相关产权公司</td><td>在易燃易爆区域不得安装电缆接头</td><td></td><td>加油站红线内不得设工作井</td></tr>
<tr><td>12</td><td>高层建筑</td><td>相关的开发公司、物业公司</td><td rowspan="2">顶管、盾构构筑物外边缘距离地下建筑物边缘≥4m</td><td></td><td></td></tr>
<tr><td>13</td><td>地下广场车库</td><td>相关的开发公司、物业公司</td><td></td><td></td></tr>
<tr><td>14</td><td>古城墙</td><td>地方文物局</td><td>构筑物距城墙底部≥20m</td><td></td><td rowspan="2">根据文物级别需报国家或省市文物局批准</td></tr>
<tr><td>15</td><td>古文物</td><td>地方文物局</td><td></td><td></td></tr>
<tr><td>16</td><td>园林</td><td>地方园林局</td><td></td><td>园林部门对构筑物覆土要求，园林重建赔偿费用</td><td></td></tr>
</table>

续表

序号	障碍物类型	资料搜集部门	地上地下障碍物资料搜集内容		
			防护间距和措施	对电缆构筑物建设要求	备注（含电缆构筑物平、纵断面位置和遗留问题）
17	桥梁	市、县交通局和相关产权部门		随桥梁敷设电缆需提供电缆运行、安装荷载，支架、伸缩节安装位置和固定要求，桥梁对电缆的消防要求	
18	管线管道	管道产权公司	应满足GB 50217—2007《电力工程电缆设计规范》表 5.3.5 相关条款要求		含输油、输气、给水、排水管道
19	地下工作井	相关产权公司			各种盾构、顶管管线工作井

注　长委为长江管理委员会，淮委为淮河管理委员会。

除城市规划设施、沿途地上和地下障碍物外，地下各种管线是电缆路径确定的最大障碍，各种管线对电缆构筑物要求的防护间距不同，其不确定性大，应高度重视，其主要工作流程如下：

（1）进行城市勘测设计部门的沿途管线资料搜集工作；

（2）现场踏勘调查核实各种管线分布情况；

（3）城市勘测设计部门管线资料与实际管线不一致或没有管线资料的，需要进行野外管线补充勘测；

（4）由管线勘测单位出具沿途管线实测的勘测报告；

（5）召集管线产权单位进行管线交底和协调。

第二节　电缆路径平面路径和纵断面路径走向控制

电缆构筑物敷设路径分为平面路径和纵断面路径，平面路径需要城市规划设计院提供准确的平面坐标，纵断面路径需要结合沿途管线资料、障碍物分布资料，按电缆构筑物与以上管线、障碍物的防护间距确定其走向。电缆构筑物平面路径和纵断面路径均应按照以下要求执行：

（1）直埋电缆与管道之间无隔板防护时的允许距离应满足 GB 50217—2007《电力工程电缆设计规范》表 5.1.7 相关条款要求；电缆与电缆、管道、道路、构筑物等之间的容许最小距离表应满足 GB 50217—2007《电力工程电缆设计规范》表 5.3.5 相关条款要求；

（2）规划设施、城市用地、规划用地按照城市规划相应规范要求执行；

（3）电缆构筑物的覆土要求按照所在电缆路径区域的地方城市规划规定执行；

（4）电缆构筑物路径穿越或平行的地上、地下障碍物间距按照工程搜集资料各产权部门提出的防护间距执行；

（5）针对不同障碍物的电缆构筑物形式需要满足其相关建设技术规范要求。

第三节 海底电缆敷设路径设计

一、海底电缆敷设方式

海底电缆的敷设方式分为自航式和牵引式两种，详细介绍如下。

（1）自航式敷设方式。这种方式是自航式工程船依靠自己的工作锚进行移船敷设海底电缆。工作船前后共八个锚，通过抛锚船沿电缆路由方向抛锚，工作船再依靠锚机拉动，使自己向前移动，从而进行电缆敷设。

（2）牵引式敷设方式。这种方式是非自航式工程船采用牵引钢缆带动工作船进行移船并利用水力埋设犁敷设海底电缆。敷设海底电缆的速度由工作船主卷扬机控制。水力埋设犁冲埋敷设方式利用水力埋设犁自重及水压进行电缆敷设。

二、海底电缆敷设方法

海底电缆敷设主要有直接敷设法、开挖法、冲埋式埋设犁施工法、刀犁式埋设犁施工法、ROV 冲埋法五种。

（1）直接敷设法：由施工船直接沿海底电缆路由将海底电缆敷放海中。

（2）开挖法：过江、海峡等较窄海面，并需要通过主航道的海底电缆施工中。

（3）冲埋式埋设犁施工法：水力喷射埋设深度大，埋深可以达到 3～5m；如果某些冲埋设备结合空气提升装置和机械切削装置，将进一步加大埋设深度。

（4）刀犁式埋设犁施工法：用敷缆船牵引拖拉埋设犁，使安装在埋设犁尾部的刀犁在海床上掘削出一条沟槽，然后将海底电缆和中继器埋入沟槽中。

（5）ROV 冲埋法：能在水深小于 2500m 的海域对海底电缆进行修理和维护。

三、海底电缆路径设计原则

（1）路径设计选择应遵循选择相对安全可靠、经济合理、便于施工和维护的海底电缆路径的原则。

（2）路径设计应搜集路径区域内的地形地貌、地质、地震、水文、气象等自然环境资料，尤其要搜集灾害地质因素资料，如裸露岩石、沟槽、扰动地层、活动断层等，预选路由应尽可能避开这些灾害地质因素分布区，确需沿此路径敷设时，应根据现场情况采取相应的防护措施。

（3）应搜集路径区域内已有的腐蚀性环境参数，并评估其对电缆的腐蚀性。

（4）应搜集路径区域内的海洋规划和开发活动资料，主要有以下内容。

1）渔业：包括渔船数量、捕捞方式、捕捞作业季节、休渔区、休渔期、浅海和滩涂养殖区等；

2）资源开发：包括海洋油气田分布、开发规划、海上平台和输油气管道的位置等；

3）其他：如旅游区、倾废区、科学研究试验区、军事活动区等。

（5）搜集分析已建海底电缆工程故障案例，为新建工程的设计、施工及维护积累经验。

（6）选择电缆路径时应尽可能避开输油管道、输气管道、锚地、废弃物沉积区，应尽可能垂直穿越航道。避免穿越、跨越海底电缆和管道，若不可避免时，应尽可能垂直穿越或跨越，并应采取防护措施。

（7）应对电缆路径登陆段进行现场踏勘，对登陆点附近的海岸类型及其利用现状、海滩地形、冲淤特征等进行调查，选择地质稳定便于施工和维护的区段作为登陆点，并在登陆点处设置明显标志。

（8）电缆路径应选择在海床稳定，少有沉锚和拖网渔船活动的水域，并避开规划筑港地带。

第三章 电缆及其附件设计

110、220kV 电缆及其附件是高压电缆工程中的重要设备材料，其选用是否合理关系到高压电缆线路的安全运行和使用寿命。电缆及其附件应能长期承受电网工作电压和运行中的各种过电压，并且具有较好的机械性能、弯曲性能、防腐性能，能够可靠地传输电能。电缆及其附件在选型时应执行以下设计规范和标准：

GB 50217—2007《电力工程电缆设计规范》；

DL/T 5221—2016《城市电力电缆线路设计技术规定》；

DL/T 401—2002《高压电缆选用导则》；

《国家电网公司物资采购标准》。

第一节 电缆设计选型

一、电缆技术参数确定

在进行电缆设计选型时，需要确定的技术参数主要有电缆运行环境条件、运行电压等级、电缆导体截面积、电缆绝缘结构、电缆金属护套及外护套，详细介绍如下。

1. 电缆运行环境条件

电缆一般运行环境条件见表 3–1。

表 3–1　电缆一般运行环境条件

项目	单位	参数	项目	单位	参数
海拔高度	m	＜1000	年平均相对湿度	%	80
最高环境温度	℃	＜40	雷电日	d/a	40
最低环境温度	℃	–40	最大风速	m/s	35
日照强度	W/cm^2	0.1			

注　实际工程中的电缆一般运行环境条件需根据地区环境条件予以修正。

2. 运行电压等级

本手册电缆设计适用于电压等级为 110、220kV 的交流电缆线路。电缆的绝缘屏蔽层或金属护层之间的额定工频电压、任何两相线之间的额定工频电压、任何两相线之间的运行最高电压以及每一导体与绝缘屏蔽层或金属护层之间的基准绝缘水平选择，应满足表 3–2 的要求。

表 3–2 电缆运行电压参数 kV

系统中性点	有效接地	
额定线电压 U（kV）	110	220
额定相电压/线电压 U_0/U（kV）	64/110	127/220
系统最高工作电压 U_m（kV）	126	252
雷电冲击绝缘水平 BIL（kV）	550	1050
外护套冲击耐压（kV）	37.5	47.5

3. 电缆导体选择

（1）电缆导体最小截面积的选择，应同时满足规划载流量和通过系统最大短路电流时热稳定性要求，持续工作回路和短路电流作用下的电缆导体温度，应符合表 3–3 规定。

表 3–3 导体最高允许温度

电缆绝缘类别	最高允许温度（℃）	
	持续工作	短路暂态
交联聚乙烯	90	250

（2）导体结构应采用紧压绞合圆形导体，800mm²的导体可任选紧压导体或分割导体结构；1000mm²及以上导体应采用为分割导体结构，1600mm²以上采用 5 分割导体，1600mm²以下可采用 4 分割导体。

（3）110、220kV 应优先选用铜芯电缆，每回路宜选用 3 根单芯电缆。

4. 电缆绝缘结构选择

（1）110、220kV 电缆应优先选用交联聚乙烯绝缘；

（2）110kV 及以上交联聚乙烯绝缘电缆应采用绝缘层、导体屏蔽层和绝缘屏蔽层三层共挤干式交联工艺。

5. 电缆金属护套及外护套选择

（1）电缆金属护套。有铅护套、波纹铝护套、波纹不锈钢、波纹铜、铜铝复合套等五种。电缆金属护套一般采用铅护套或皱纹铝护套，两者的主要区别在于：皱纹铝护套成本低、质量轻，强度高，具有较好的故障电流运载能力；铅护套化学稳定性好，耐腐蚀性和抗液体渗漏性强，且同等截面的电缆其允许的输送电流较铝包大 3%～4%。故在没有化学溶液污染的场所一般优先采用波纹铝护套。

（2）电缆外护套。电缆外护套选择是电缆设计的重要环节。高压电缆按外护套材料不同，主要可分为半硬质阻燃 PVC 护套、软阻燃 PVC 护套、聚乙烯护套、PVC+PE 或 PE+PVC 双护套（复合套）等。

在选择电缆外护套时应满足以下要求：

1）在电缆夹层、电缆沟、电缆隧道等防火要求高的场所宜采用阻燃外护层；

2）在有低毒阻燃性防火要求的场所，可选用低卤素的外护层；

3）有鼠害的场所宜在外护套外添加防鼠金属铠装，或采用硬质护层；

4）中、高压交联聚乙烯电缆应具有纵向阻水构造；

5）110kV 等级以上电缆宜选用阻燃外护套；

6）在电缆敷设时摩擦力较大的场所宜采用复合套电缆。

电缆外护套一般根据电缆的运行环境、施工环境、各地区气候环境选择。采用阻燃聚乙烯护套需要添加阻燃剂以达到阻燃要求，为避免过多的改变材料性能，国网公司电缆招标技术要求只提出电缆阻燃聚乙烯护套阻燃性能达到“C”类。需要提高电缆的耐磨性能可以采用复合护套。

110kV 及以上的交联电缆应具有径向防水层。敷设在干燥场合时可选用综合防水层作为径向防水层；敷设在潮湿场合、地下或水底时应选用金属套径向防水层。

二、常用典型电缆的截面

按国家电网公司电缆及附件招标技术要求确定 110、220kV 电缆截面。常用典型电缆的铜导体截面积见表 3–4。

表 3–4　　常用典型电缆的铜导体截面积

电压等级	铜导体截面（mm^2）
110kV	400、630、800、1000、1200、1600
220kV	630、800、1000、1200、1600、2000、2500

三、海底电缆选型

（1）用于下列情况的海底电力电缆，应选用铜导体：

1）通过振动剧烈、有爆炸危险或对铝有腐蚀等严酷的工作环境；

2）工作电流较大，需增多电缆根数时；

3）通过安全性要求高的公共设施。

（2）排除条件（1）限定情况，海底电缆导体材质可选用铜或铝。

（3）海底电力电缆芯数。三相供电回路的海底电缆芯数宜选用 3 芯电缆；工作电流较大的回路经技术论证合理时，每回可选用 3 根单芯海底电缆。

（4）海底电缆绝缘水平：

1）电缆导体的相间额定电压，不得低于使用回路的工作线电压；

2）电缆导体对地绝缘电压的选择应适合电缆所在系统的运行条件；

3）电缆正常运行时导体允许的长期最高温度为 90℃；

4）短路（最长持续时间不超过 5s）时电缆导体允许的最高温度为 250℃。

（5）海底电缆防护层：

1）海底电缆承受着较大压力和机械损伤的风险，其外护层应选用耐海水腐蚀的专用钢丝铠装保护层，钢丝直径及防腐蚀镀层厚度由工程设计人员确定。单芯电缆铠装保护层应有防止金属涡流损耗的措施，不能构成磁性闭合回路。

2）对于会危害海底电缆安全运行的复杂海域，应选用强度较高的外护层，宜采用双层钢丝或钢丝外再包覆钢带铠装。

3）高压交联聚乙烯绝缘应具有阻水防护层，其应采用金属铅套或铝塑复合带，铅套可作为金属屏蔽层，若铅套的厚度不满足用户对短路容量的要求时，应采取增加铅护套厚度或增加镀锡铜丝（带）屏蔽的措施。

第二节　电缆主要电气量计算

一、电缆载流量计算

电缆载流量是指电缆在最高允许温度下，电缆导体允许通过的最大电流值。在工程设计电缆选型时，电缆各部分损耗产生的热量不应超过最高允许温度值。在大多数情况下，电缆的传输容量是由它的最高温度决定的。

对于 110、220kV 电压等级优先选用铜芯电缆。持续常用交流聚乙烯铜导体电缆的最高允许温度应符合表 3–5 规定。

表 3–5　　常用交流聚乙烯铜导体电缆的最高允许温度

电　缆			最高允许温度（℃）	
绝缘类别	型式特征	电压（kV）	持续工作	短路暂态
交联聚乙烯	普通	≤500	90	250

注　最大工作电流作用下连接回路的电压降，不得超过该回路电缆的长期允许载流量。

（一）电缆长期允许载流量计算

当电缆通过长期负荷电流达到稳态后，电缆各结构部分中产生的损耗热量持续向周围媒质散发（包括导体、介质、护层和铠装层损耗等），由于电缆各结构部分及周围介质都存在热阻，热流使得这些部分温度升高。当各部分温度升高至电缆最高允许长期工作温度时，该负载电流称为电缆的长期允许载流量。

参照 IEC 60287《电缆额定电流的计算——额定电流方程式（100%负荷率）和损耗计算》标准中对于电缆载流量计算的相关规定，电缆长期允许载流量可按式（3–1）进行计算：

$$I=\sqrt{\frac{\Delta\theta-W_{\mathrm{i}}[0.5T_{\mathrm{i}}+n(T_2+T_3+T_4)]}{RT_1+nR(1+\lambda_1)T_2+nR(1+\lambda_1+\lambda_2)(T_3+T_4)}}\tag{3–1}$$

式中　$\Delta\theta$ ——导体温度与环境温度之差、环境温度通常可按照表 3–6 取值；

R ——90℃时导体的交流电阻，通常由电缆供货商提供；

n ——电缆中载流导体根数，由电缆设计图纸取得；

W_i ——每米长度电缆每相的介质损耗；

λ_i ——金属护套、屏蔽层和铠装层的损耗因数；

T_i ——电缆绝缘层、衬垫层、外护层和电缆表面周围介质的系列热阻。

导体交流电阻 R 的计算：

$$R = R'(1 + y_S + y_P)$$

$$R' = R_0[1 + \alpha_{20}(\theta - 20)]$$

式中 R ——最高运行温度下导体交流电阻，Ω/m；

R' ——最高运行温度下导体直流电阻，Ω/m；

y_S——集肤效应因数；

y_P——邻近效应因数；

R_0——20℃时导体的直流电阻，Ω/m；

θ——最高运行温度 90℃；

α_{20}——20℃时导体的温度系数。

$$y_S = \frac{X_S^4}{192 + 0.8X_S^4}$$

$$X_S^2 = \frac{8\pi f}{R'} \times 10^{-7} k_S$$

对于圆形紧压导体 $k_S = 1$，分割导体 $k_S = 0.435$ 。

$$y_P = \frac{X_P^4}{192 + 0.8X_P^4}\left(\frac{d_C}{S}\right)^2\left[0.312\left(\frac{d_C}{S}\right)^2 + \frac{1.18}{\frac{X_P^4}{192 + 0.8X_P^4} + 0.27}\right]$$

$$X_P = \frac{8\pi f}{R'} \times 10^{-10} k_P$$

式中 d_C——导体直径，mm；

S——各导体轴心之间距离，mm。

对圆形紧压导体 $k_P = 1$，分割导体 $k_P = 0.37$ 。

电缆持续允许载流量的环境温度详见表 3–6。

表 3–6　　电缆持续允许载流量的环境温度　　℃

电缆敷设场所	有无机械通风	选取的环境温度
户外电缆沟		最热月的日最高温度平均值+5℃
户内电缆沟	无	最热月的日最高温度平均值
隧道	无	最热月的日最高温度平均值
隧道	有	通风设计温度

1. 介质损耗

介质损耗计算，见式（3–2）：

$$W_{\rm i}=\Omega CU_2^0\tan\delta$$

$$\omega=2\pi f$$

$$C=\frac{2.3}{18\ln\left(\dfrac{D_i}{D_{\rm c}}\right)}\times10^{-9} \tag{3-2}$$

式中　$W_{\rm i}$——每米长度电缆每相的介质损耗，W/m；

ω——角频率，1/s；

C——每米长度电缆每相的电容，F/m；

U_0——电缆导体对地的电压，V；

$\tan\delta$——电缆绝缘的介质损耗角正切；

D_i——绝缘外径，mm；

$D_{\rm c}$——内屏蔽外径，mm。

2. 热阻计算

（1）导体与金属护层之间热阻 T_1。

导体与金属护层之间热阻 T_1 的计算，见式（3–3）：

$$T_1=\frac{\rho_{\rm T1}}{2\pi}\ln\frac{r_i}{r_{\rm c}} \tag{3-3}$$

式中　T_1——电缆绝缘热阻，℃m/W；

$\rho_{\rm T1}$——绝缘热阻系数，℃m/W；

r_i——绝缘半径，mm；

$r_{\rm c}$——导体半径，mm。

（2）金属屏蔽与铠装之间热阻。

金属屏蔽与铠装之间热阻 $T_2=0$。

（3）非金属护套热阻 T_3。

非金属护套热阻 T_3 的计算，见式（3–4）：

$$T_3=\frac{\rho_{\rm T3}}{2\pi}\ln\left[\frac{D_{\rm oc}+2t_3}{\dfrac{(D_{\rm oc}+D_{\rm it})}{2}+t_{\rm s}}\right] \tag{3-4}$$

式中　T_3——电缆外护套热阻，℃m/W；

$\rho_{\rm T3}$——电缆外护套热阻系数，℃m/W；

t_3——外护套厚度，mm。

（4）外部热阻计算。

1）电缆排管敷设。电缆排管敷设时外部热阻计算，见式（3–5）：

$$T_4=T_4'+T_4''+T_4''' \tag{3-5}$$

a. 电缆和管道之间的热阻 T_4' 计算，见式（3–6）：

$$T_4'=\frac{U}{1+0.1(V+Y\theta_{\rm m})D_{\rm e}} \tag{3-6}$$

式中　U,V,Y——管道常数，需查表确定；

D_e ——电缆外径，mm；

θ_m ——电缆与管道之间介质的平均温度，℃。

b. 管道本身热阻 T_4'' 计算，见式（3–7）：

$$T_4''=\frac{\rho_{T4}}{2\pi}\ln\left(\frac{D_0}{D_d}\right) \tag{3–7}$$

式中 D_0 ——管道外径，mm；

D_d ——管道内径，mm；

ρ_{T4} ——管道材料的热阻系数，℃m/W。

c. 管道外部热阻系数 T_4''' 计算，见式（3–8）：

$$T_4'''=\frac{\rho_e}{2\pi}\ln\left\{(\mu+\sqrt{\mu^2+1})\left(\frac{S'_{p1}}{S_{p1}}\frac{S'_{p2}}{S_{p2}}\cdots\frac{S'_{pk}}{S_{pk}}\frac{S'_{pq}}{S_{pq}}\right)\right\} \tag{3–8}$$

$$\mu=2L/D_g$$

式中 ρ_e ——周围土壤热阻系数，℃m/W；

S_{pk} ——第 k 根电缆到第 p 根电缆轴间距离，cm；

S'_{pk} ——第 k 根电缆的镜像到第 p 根电缆轴间距离，cm；

L ——埋地深度，mm；

D_g ——管道外径，mm。

当有水泥槽时，管道外部热阻系数计算，见式（3–9）：

$$T_4'''=\frac{\rho_c}{2\pi}\ln\left\{(\mu+\sqrt{\mu^2+1})\left(\frac{S'_{p1}}{S_{p1}}\frac{S'_{p2}}{S_{p2}}\cdots\frac{S'_{pk}}{S_{pk}}\frac{S'_{pq}}{S_{pq}}\right)\right\}+\frac{\rho_G-\rho_c}{2\pi}nG_b$$

$$\mu=2L/D_g$$

$$G_b=\ln\left(\frac{L_b}{r_b}+\sqrt{\left(\frac{L_b}{r_b}\right)^2-1}\right) \tag{3–9}$$

$$r_b=\exp\left\{\left(\frac{x}{2y}\right)\left(\frac{4}{\pi}-\frac{x}{y}\right)\ln\left(1+\frac{y^2}{x^2}\right)+\ln\left(\frac{x}{2}\right)\right\}$$

式中 ρ_G ——周围土壤热阻系数，℃m/W；

ρ_c ——水泥热阻系数，℃m/W；

G_b ——水泥槽的几何因数；

L_b ——水泥槽中心至地面距离；

x,y ——水泥槽端面的短边和长边的长度，cm；

L ——埋地深度，mm；

D_g ——管道外径，mm。

2）电缆隧道、电缆沟敷设。电缆隧道、电缆沟敷设时外部热阻计算，见式（3–10）：

$$T_4 = \frac{1}{\pi D_e h(\Delta\theta_s)^{1/4}} \tag{3-10}$$

式中　$\Delta\theta_s$——电缆表面高于环境的温度，℃；

　　　h——电缆表面散热系数，W/［cm（℃）5/4］。

由式（3–10）可知，电缆正常容许载流量与环境温度、电缆本身参数、介质损耗、热阻等因素有关，对于相关计算目前已有较多的研究，具体可参考《电线电缆手册　第 1 册》[1]第三篇中第四章的第一节内容。

电缆长期运行载流量的计算还应考虑电缆接地方式、敷设环境、环境热阻参数等多种因素，除采用上述方法计算外，还应考虑以下多种情况下的修正：

（1）交叉互联接地的单芯高压电缆，单元系统中三个区段不等长时，应计入金属层的附加损耗发热的影响。

（2）敷设于排管中的电缆，应计入热阻影响，排管中不同孔位的电缆还应分别计入互热因素的影响。

（3）施加在电缆上的防火涂料、包带等覆盖层厚度大于 1.5mm 时，应计入热阻影响。

（4）电缆导体工作温度高于 70℃的电缆计算持续载流量时，若数量较多的电缆敷设于未安装机械通风的隧道、竖井时，应计入对环境温升的影响。

（5）交流供电回路由多根电缆并联组成时，各电缆宜等长，并应采用相同材质、相同截面的导体；具有金属护套的电缆，金属材质和构造截面也应该相同。

（6）电力电缆金属屏蔽层的有效截面，应满足在短路电流作用下，温升值不超过绝缘与外护层的短路允许最高温度平均值。

（7）不同土壤热阻系数时电缆载流量的校正系数见表 3–7。

表 3–7　　不同土壤热阻系数时电缆载流量的校正系数

土壤热阻系数（km/W）	分类特征（土壤特性和雨量）	校正系数
0.8	土壤很潮湿，经常下雨。如湿度大于 9%的沙土，湿度大于 10%的沙–泥土等	1.05
1.2	土壤潮湿，规律性下雨。如湿度为 7%～9%的沙土；湿度为 12%～14%的沙–泥土等	1.0
1.5	土壤较干燥，雨量不大。如湿度为 8%～12%的沙–泥土等	0.93
2.0	土壤干燥，少雨。如湿度为 4%～7%的沙土；湿度为 4%～8%的沙–泥土等	0.87
3.0	多石地层，非常干燥。如湿度小于 4%的沙土等	0.75

（二）电缆短时过负荷电流计算

电缆短时允许过负荷电流分为过负荷前电缆未达到允许负荷和已达到允许负荷 2 种情况。

1. 未达到允许负荷

短时允许过负荷电流应满足式（3–11）的要求：

$$I_P = K \cdot I_N$$

[1]《电线电缆手册　第 1 册》（第二版），王春江主编，中国工业出版社，2008 年。

$$K = \frac{I_P}{I_N} = \sqrt{\frac{1-\chi^2 e^{-t/\tau}}{1-e^{-t/\tau}}} \tag{3-11}$$

$$\chi = \frac{I_0}{I_N}$$

$$\tau = K_T T_T$$

式中 I_N——长期允许电流；

K_T——电缆等效热容；

T_T——电缆等效热阻；

I_0——电缆实时运行电流；

τ——电缆时间常数；

t——电缆过载时间。

2. 已达到长期载流量

短时允许过负荷电流应满足式（3–12）要求：

$$I_P = K \cdot I_N$$

$$K = \frac{I_P}{I_N} = \sqrt{\frac{R}{R_p}\left(1+\frac{\theta_p-\theta_m}{\theta_m-\theta_a}\frac{1}{1-e^{-t/\tau}}\right)} \tag{3-12}$$

式中 I_N——长期允许电流；

R——长期负载温度时导体交流电阻；

R_p——短时过载温度时导体交流电阻；

θ_p——允许短时过载温度，通常取 105℃；

θ_m——允许长期工作温度，取 90℃；

θ_a——周围媒质温度，取 40℃。

对于常用的 110～220kV 铜芯交联聚乙烯电缆在常见敷设方式下的电缆长期载流量，可参照表 3–8～表 3–11 中数值。

表 3–8　　电缆在不同环境温度时的载流量的校正系数 *K*

敷设环境		空气中				土壤中			
环境温度（℃）		30	35	40	45	20	25	30	35
缆芯最高工作温度（℃）	60	1.22	1.11	1.0	0.86	1.07	1.0	0.93	0.85
	65	1.18	1.09	1.0	0.89	1.06	1.0	0.94	0.87
	70	1.15	1.08	1.0	0.91	1.05	1.0	0.94	0.88
	80	1.11	1.06	1.0	0.93	1.04	1.0	0.95	0.90
	90	1.09	1.05	1.0	0.94	1.04	1.0	0.96	0.92

注　其他环境温度下载流量的校正系数 K 可按下式计算：

$$K = \sqrt{\frac{\theta_m-\theta_2}{\theta_m-\theta_1}}$$

式中 θ_m——缆芯最高工作温度（℃）；

θ_1——对应于额定载流量的基准环境温度（℃）；在空气中取 40℃，在土壤中取 25℃；

θ_2——实际环境温度（℃）。

表 3–9　　直埋多根并行敷设时电缆载流量校正系数

净距缆间 \ 并列根数	1	2	3	4	5	6	7	8	9	10
100mm	1.00	0.9	0.85	0.80	0.78	0.75	0.73	0.72	0.71	0.70
200mm	1.00	0.92	0.87	0.84	0.82	0.81	0.80	0.79	0.79	0.78
300mm	1.00	0.93	0.90	0.87	0.86	0.85	0.85	0.84	0.84	0.83

注　本表不适用于三相交流系统中适用的单芯电缆。

表 3–10　　空气中单层多根并行敷设电缆载流量校正系数

并列根数		1	2	3	4	6
电缆中心距	*s*=*d*	1.0	0.90	0.85	0.82	0.80
	s=2*d*	1.00	1.00	0.98	0.95	0.90
	s=3*d*	1.00	1.00	1.00	0.98	0.96

注　1. *s* 为电力电缆中心间距离，*d* 为电力电缆外径。

2. 本表按全部电力电缆具有相同外径条件制订，当并列敷设的电缆外径不同时，*d* 值可近似的取电力电缆外径的平均值。

3. 本表不适用于三相交流系统中使用的单芯电力电缆。

表 3–11　　不同敷设方式电缆载流量与标准截面积对应表

序号	电压等级（kV）	电缆截面积（mm^2）	敷设方式	排列方式	载流量（A）
1	220	2500	隧道	水平	2200
2	220		隧道/电缆沟	三角（品字形）	1850
3	220		顶管隧道	环形	2200
4	220	2000	隧道/电缆沟	水平	1980
5	220		隧道/电缆沟	三角（品字形）	1640
6	220		顶管隧道	环形	1980
7	220	1600	隧道/电缆沟	水平	1750
8	220		隧道/电缆沟	三角（品字形）	1500
9	220		顶管隧道	环形	1750
10	220	1200	隧道/电缆沟	水平	1500
11	220		隧道/电缆沟	三角（品字形）	1300
12	220		顶管隧道	环形	1500
13	220	1000	隧道/电缆沟	水平	1350
14	220		隧道/电缆沟	三角（品字形）	1250
15	220		顶管隧道	环形	1350
16	220	800	电缆沟	水平	1200
17	220		电缆沟	三角（品字形）	1080
18	220	630	电缆沟	水平	1000
19	220		电缆沟	三角（品字形）	900

续表

序号	电压等级（kV）	电缆截面积（mm^2）	敷设方式	排列方式	载流量（A）
20	110	1200	电缆沟	水平	1570
21	110		电缆沟	三角（品字形）	1340
22	110		直埋	水平	1125
23	110	1000	隧道/电缆沟	水平	1430
24	110		隧道/电缆沟	三角（品字形）	1250
25	110		直埋	水平	1040
26	110	800	隧道/电缆沟	水平	1250
27	110		隧道/电缆沟	三角（品字形）	1150
28	110		直埋	水平	930
29	110	630	隧道/电缆沟	水平	1050
30	110		隧道/电缆沟	三角（品字形）	950
31	110		直埋	水平	850
32	110	400	隧道/电缆沟	水平	800
33	110		隧道/电缆沟	三角（品字形）	750
34	110		直埋	水平	600

注 1. 载流量计算基准环境条件为：导体最高工作温度90℃；水平排列时：单回路，相间距为2*d*；三角（品字形）排列时：单回路，相间距为*d*；土壤热阻系数1.2℃m/W；环境温度为40℃；自然对流散热。

2. 其他边界条件情况下，载流量选用时应根据敷设方式、并列回路数、环境温度、散热条件、土壤热阻系数等考虑校正系数。

3. 因排管敷设时的边界条件比较复杂，表中未包含排管敷设方式，应根据实际应用情况考虑校正系数后确定。

4. 本表只作为电缆截面选型规划阶段的参考，不作为设计选型依据，设计时还须按规程进行计算选型。

二、电缆感应电压计算

（一）一般规定

（1）电缆正常运行时，电缆导体与金属护层构成电容结构，金属护层上产生感应电压，为保证电缆安全运行，电力电缆金属层必须可靠接地。

（2）交流单芯电缆的金属层上任一点非直接接地处的正常感应电动势计算，宜符合相关规程规定。电缆线路的正常感应电动势最大值应满足下列规定：

未采取能够有效防止人员任意接触金属层的安全措施时，不得大于50V，除上述情况外，不得大于300V。

（3）交流系统单芯电力电缆金属层接地方式的选择应符合下列规定：

1）线路不长，且能够满足电缆感应电压限值要求时，应采取在线路一端或中央部位单点直接接地；

2）线路较长，单点直接接地方式无法满足感应电压限值要求时，水下电缆或小容量电缆可采取在线路两端直接接地。

3）除上述情况外，宜划分适当的单元，且在每个单元内按3个长度尽可能均等区域，应设置绝缘接头或实施电缆金属层的绝缘分隔，以交叉互联接地。

（4）交流系统 110kV 及以上单芯电缆金属层单点直接接地时，若金属层产生的工频感应电压超过电缆外护层绝缘耐受强度或护层电压限制器的工频耐压，或需要抑制电缆临近弱电线路的电气干扰时，应沿电缆临近敷设平行回流线。电缆回流线的选择与设置应符合以下规定：

1）回流线的阻抗及其两端接地电阻，应能够抑制电缆金属层工频感应过电压，其截面选择应满足最大暂态电流作用下的热稳定要求。

2）回流线的排列方式应保证电缆运行时在回流线上产生的损耗最小。

3）电缆线路任一终端设置在发电厂、变电所时，回流线应与电缆中性线接地的接地网连通。

（二）简明计算流程

交流系统中单芯电缆线路 1 回或 2 回时，各相按照表 3–12 排列情况下，在电缆金属层上任一点非直接接地处的正常感应电动势，可按式（3–13）计算：

$$E_s = L \cdot E_{so} \tag{3–13}$$

式中 E_s ——感应电动势；

L ——电缆金属层的电气通路上任一部位与其直接接地处的距离，km；

E_{so} ——单位长度正常感应电动势表达式见表 3–12。

三、电缆机械性能计算

电缆敷设时，作用于电缆本体上的机械力有牵引力、侧压力和扭力。为防止敷设过程中作用在电缆上的机械力超过允许值造成电缆损伤，敷设施工前需按照设计图纸对电缆敷设机械力进行计算。在敷设施工中，还应采用必要的措施保证各段电缆的敷设机械力在允许值范围内。通过敷设机械力的计算，可确定牵引机的容量和数量，并按照最大允许机械力确定被牵引电缆的最大长度和最小弯曲半径。

表 3–12　　单位长度正常感应电动势 E_{so} 表达式

电缆回路数	每根电缆相互间中心距均等时的配置排列特征	A 相或 C 相（边相）	B 相（中间相）	符号 Y	符号 a（Ω/km）	符号 b（Ω/km）	符号 X_s（Ω/km）
1	3 根电缆呈等边三角形	IX_s	IX_s	—	—	—	—
	3 根电缆呈直角形	$\frac{I}{2}\sqrt{3Y^2+\left(X_s-\frac{a}{2}\right)^2}$	IX_s	$X_s+\frac{a}{2}$	$(2\omega\ln 2)\times10^{-4}$	—	$\left(2\omega\ln\frac{S}{r}\right)\times10^{-4}$
	3 根电缆呈直线并列	$\frac{I}{2}\sqrt{3Y^2+(X_s-a)^2}$	IX_s	X_s+a	$(2\omega\ln 2)\times10^{-4}$	—	$\left(2\omega\ln\frac{S}{r}\right)\times10^{-4}$
2	两回电缆等距直线并列（相序相同）	$\frac{I}{2}\sqrt{3Y^2+\left(X_s-\frac{b}{2}\right)^2}$	$I\left(X_s+\frac{a}{2}\right)$	$X_s+a+\frac{b}{2}$	$(2\omega\ln 2)\times10^{-4}$	$(2\omega\ln 5)\times10^{-4}$	$\left(2\omega\ln\frac{S}{r}\right)\times10^{-4}$
	两回电缆等距直线并列（相序互反）	$\frac{I}{2}\sqrt{3Y^2+\left(X_s-\frac{b}{2}\right)^2}$	$I\left(X_s+\frac{a}{2}\right)$	$X_s+a-\frac{b}{2}$	$(2\omega\ln 2)\times10^{-4}$	$(2\omega\ln 5)\times10^{-4}$	$\left(2\omega\ln\frac{S}{r}\right)\times10^{-4}$

（一）电缆牵引力计算

牵引力是指作用在电缆被牵引方向上的拉力。如采用牵引头时，牵引力主要作用在电缆导体上，部分作用在电缆护套和铠装上。而沿垂直方向敷设电缆时，例如竖井和水底电缆敷设，牵引力主要作用于铠装上。

电缆敷设时的牵引力应按照敷设路径分段进行计算，总牵引力等于各段牵引力之和。电缆的允许牵引力是指电缆受力部位的最大允许牵引力。

目前，对于不同敷设路径下的牵引力计算已较为成熟，见表 3–13，具体计算方法可详见 DL/T 5221—2016《城市电力电缆线路设计技术规定》附录 B。

表 3–13　　不同敷设路径下的牵引力计算

弯曲种类		示意图	牵引力计算
水平直线牵引			$T=\mu WL$
倾斜直线牵引			$T_1=WL(\mu\cos\theta_1+\sin\theta_1)$ $T_2=WL(\mu\cos\theta_1-\sin\theta_1)$
水平弯曲牵引			布勒算式：$T_2=WR\sinh\left(\mu\theta+\sinh^{-1}\dfrac{T_1}{W_1R}\right)$ 李芬堡算式：$T_2=T_1\cosh(\mu\theta)+\sqrt{T_1^2+(WR)^2}\sinh(\mu\theta)$ 简易算式为：$T_2=T_1e^{\mu\theta}$
垂直弯曲牵引	凸曲面		$T_2=\dfrac{WR}{1+\mu^2}[(1-\mu^2)\sin\theta+2\mu(e^{\mu\theta}-\cos\theta)]+T_1e^{\mu\theta}$ 当 $\theta=\dfrac{\pi}{2}$ 时， $T_2=\dfrac{WR}{1+\mu^2}\left[(1-\mu^2)+2\mu e^{\mu\frac{\pi}{2}}\right]+T_1e^{\mu\frac{\pi}{2}}$
			$T_2=\dfrac{WR}{1+\mu^2}\left[2\mu\sin\theta-(1-\mu^2)\times(e^{\mu\theta}-\cos\theta)\right]+T_1e^{\mu\theta}$ 当 $\theta=\dfrac{\pi}{2}$ 时， $T_2=\dfrac{WR}{1+\mu^2}\left[2\mu-(1-\mu^2)e^{\mu\frac{\pi}{2}}\right]+T_1e^{\mu\frac{\pi}{2}}$
	凹曲面		$T_2=T_1e^{\mu\theta}-\dfrac{WR}{1+\mu^2}[(1-\mu^2)\sin\theta+2\mu(e^{\mu\theta}-\cos\theta)]$ 当 $\theta=\dfrac{\pi}{2}$ 时， $T_2=T_1e^{\mu\frac{\pi}{2}}\dfrac{WR}{1+\mu^2}\left[(1-\mu^2)+2\mu e^{\mu\frac{\pi}{2}}\right]$

续表

<table>
<tr><th colspan="2">弯曲种类</th><th>示意图</th><th>牵引力计算</th></tr>
<tr><td>垂直弯曲牵引</td><td>凹曲面</td><td>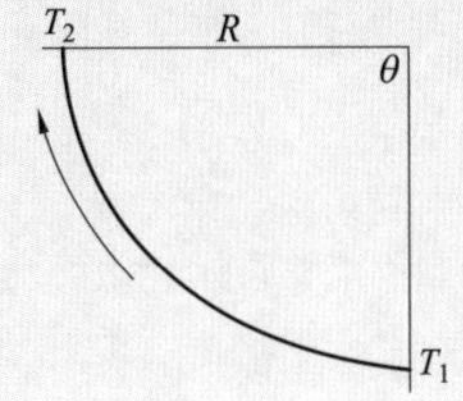</td><td>$T_2 = T_1 e^{\mu\theta} - \frac{WR}{1+\mu^2}[2\mu\sin\theta + (1-\mu^2)(e^{\mu\theta} - \cos\theta)]$
当 $\theta = \frac{\pi}{2}$ 时，
$T_2 = T_1 e^{\mu\frac{\pi}{2}} - \frac{WR}{1+\mu^2}\left[2\mu - (1-\mu^2)e^{\mu\frac{\pi}{2}}\right]$</td></tr>
<tr><td rowspan="4">倾斜面上垂直牵引</td><td rowspan="2">凸曲面</td><td>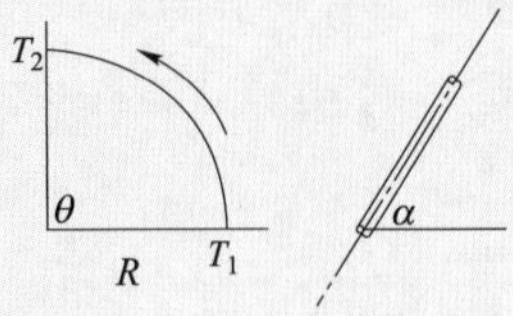</td><td>$T_2 = T_1 e^{\mu\theta} + \frac{WR\sin\alpha}{1+\mu^2}[(1-\mu^2)\sin\theta + 2\mu(e^{\mu\theta} - \cos\theta)]$</td></tr>
<tr><td>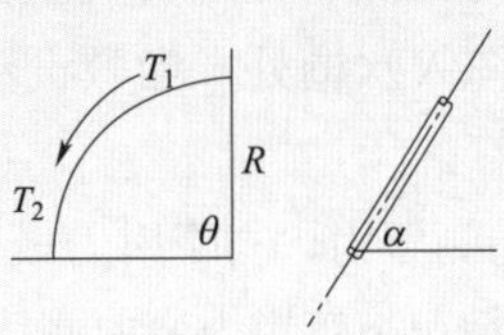</td><td>$T_2 = T_1 e^{\mu\theta} + \frac{WR\sin\alpha}{1+\mu^2}[(1-\mu^2)(\cos\theta - e^{\mu\theta}) - 2\mu\sin\theta]$</td></tr>
<tr><td rowspan="2">凹曲面</td><td>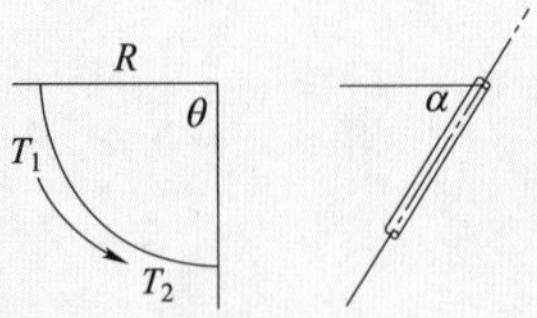</td><td>$T_2 = T_1 e^{\mu\theta} + \frac{WR\sin\alpha}{1+\mu^2}[-(1-\mu^2)\sin\theta + 2\mu(\cos\theta - e^{\mu\theta})]$</td></tr>
<tr><td>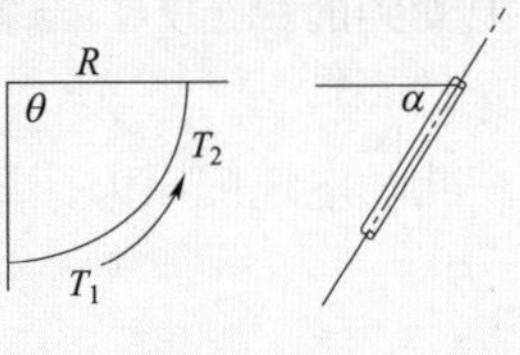</td><td>$T_2 = T_1 e^{\mu\theta} - \frac{WR\sin\alpha}{1+\mu^2}[(1+\mu^2)(\cos\theta - e^{\mu\theta}) + 2\mu\sin\theta]$</td></tr>
</table>

注 T——牵引力，N；T_1——弯曲前的牵引力，N；T_2——弯曲后的牵引力，N；μ——摩擦系数；W——电缆单位重量，N/m；L——电缆长度，m；R——电缆的弯曲半径，m；θ_1——电缆做直线倾斜牵引时的倾斜角，rad；θ——弯曲部分的圆心角，rad；α——电缆弯曲部分的倾斜角，rad。

不同电缆敷设方法的最大允许牵引力见表 3–14。

表 3–14　　不同电缆敷设方法的最大允许牵引力　　N/mm^2

牵引方式	牵引头	钢丝网套	
受力部位	铜芯	铅套	铝套
允许牵引强度	70	10	20

不同管材内部的摩擦系数见表 3–15。

表 3–15　不同管材内部的摩擦系数

敷设管材		摩擦系数
混凝土管	无水	0.4
	有水	0.3
	涂润滑油	0.3
钢管		0.2
塑料管、玻璃钢管		0.3
滚轮	弹子式轴承	0.1
	普通轴承	0.2

（二）电缆侧压力计算

垂直作用在电缆表面方向上的压力称为侧压力，侧压力主要发生在牵引电缆时的弯曲部位，如电缆在转角滚轮、圆弧形滑板上、海底电缆入水槽处，当敷设牵引时会使电缆受到侧压力。侧压力的计算应考虑以下 2 种情况分别计算。

（1）电缆在转弯处经圆弧形滑板电缆滑动时的侧压力，与牵引力成正比，与弯曲半径成反比；考虑目前主要采用单芯电缆，每次敷设 1 根的情况下管道内弯曲侧压力表示见式（3–14）：

$$P=\frac{T}{R} \tag{3–14}$$

式中　P ——侧压力，N 或 N/m；

T ——牵引力，N；

R ——电缆转弯半径，m。

（2）如在电缆转弯处设置滚轮，电缆在滚轮上受到的侧压力，与各滚轮之间的平均夹角或滚轮间距有关。

考虑目前电力敷设时在转弯处基本采用滚轮，此时电缆侧压力计算见式（3–15）：

$$P=2T\sin\frac{\theta}{2} \tag{3–15}$$

具体计算中，电缆的允许侧压力包括滑动允许值和滚动允许值，可根据电缆制造厂提供的技术条件具体计算，具体计算方法参见 DL/T 5221—2016《城市电力电缆线路设计技术规定》附录 B。

电缆的侧压力也可做如下规定：在圆弧形滑板上，具有塑料外护套的电缆不考虑金属护套种类，滑动允许侧压力可限定为 3kN/m；当敷设路径弯曲部分有滚轮时，对于电缆在每只滚轮上所承受的压力允许值，波纹铝护套电缆可限定为 2kN，铅护套电缆可限定为 0.5kN。

电缆护层最大允许侧压力见表 3–16。

表 3–16　电缆护层最大允许侧压力

电缆护层分类	滑动（涂抹润滑油圆弧滑板或排管，kN/m）	滚动（每只滚轮，kN）
铅护套	3.0	0.5
皱纹铝护套	3.0	2.0

第三节　电 缆 附 件 选 择

电缆附件主要包括中间接头（包含直通接头、绝缘接头）、分支接头、户内/户外 GIS 电缆密封终端接头、户外电缆终端接头、带护层保护器的交叉换位箱、电缆接地箱、接地电缆等。

一、电缆接头选型

电缆附件是电缆系统中最薄弱的环节，电缆运行故障大多发生在电缆附件上，这是由于电缆附件所处的电场分布比电缆主绝缘内复杂得多。

接头不加应力锥磁力线分布和接头加应力锥后磁力线分布如图 3–1 所示。

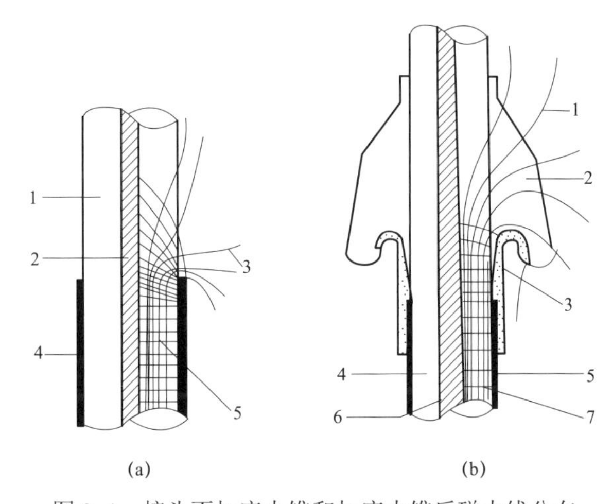

图 3–1　接头不加应力锥和加应力锥后磁力线分布

（a）接头不加应力锥磁力线分布

1—绝缘；2—导体；3—轴向磁力线；4—外半导体屏蔽层；5—径向磁力线

（b）接头加应力锥后磁力线分布

1—轴向磁力线；2—应力锥；3—半导体；4—绝缘；5—外半导体屏蔽；6—导体；7—径向磁力线

110、220kV 高压电力电缆接头的装置类型见表 3–17：

表 3–17　　电缆接头的装置类型

名称	用　　途	应用说明
直通接头	连接两根电缆形成连续电路	同型号电缆的连接
绝缘接头	将电缆的金属护套、接地屏蔽层和绝缘屏蔽在电气上断开	单芯电缆金属护套交叉互联接地的线路
分支接头	将支线电缆连接至干线电缆	用于 110kV 电缆 3 根及以上相互连接
户内/户外 GIS 终端	室内环境中电缆与系统的其他部分的电气连接，并维持绝缘直到连接点	用于不受阳光直接照射和雨淋的室内环境
户外终端	室外环境中电缆与系统的其他部分的电气连接，并维持绝缘直到连接点	用于受阳光直接照射和雨淋的室外环境

（一）中间接头选择

中间接头主要分为预制组装型和整体预制型 2 种。

1. 预制组装型

预制组装型中间接头，是套在中间接头两端的应力锥在工厂中预制好的，而实现界面压力的弹簧装置及配套的环氧绝缘件是要现场组装的。预制组装型中间接头安装比较复杂，但是能保证恒定的界面压力，所以这种接头一般用于 500kV 电压等级。预制组装型中间接头结构图如图 3–2 所示。

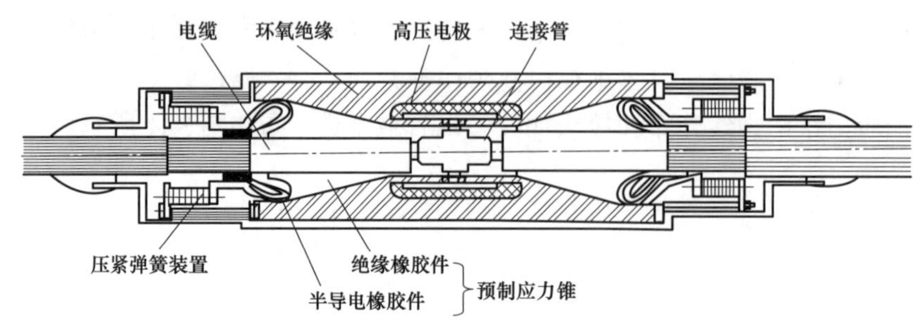

图 3–2　预制组装型中间接头示意图

2. 整体预制型

整体预制型中间接头采用单一的橡胶材料，结构简单，安装方便，在工厂中已经做成预制好的一个整体，可以减少施工环境和安装操作对电缆接头安全运行的影响，整体预制型中间接头广泛应用于 110、220kV 电压等级。整体预制型中间接头结构示意图如图 3–3 所示。

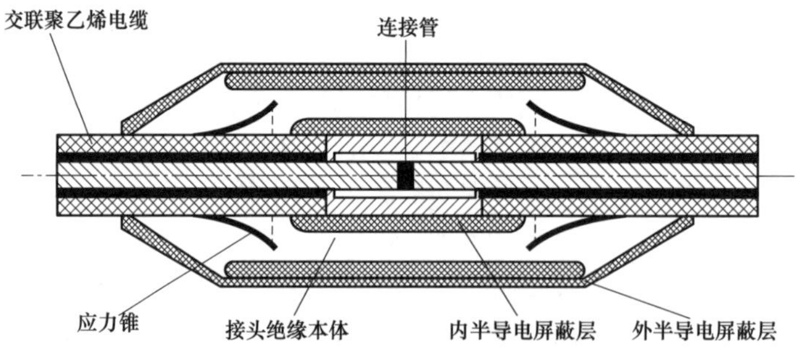

图 3–3　整体预制型中间接头示意图

（二）终端接头选择

电缆终端接头分为户外、户内型两种。

1. 户外终端接头

由架空线路转接为电缆需要在电缆终端塔上设置户外电缆终端接头，其接头外护套型式主要有硅橡胶和陶瓷型两种。

其主要组成部件如有：

（1）导体出线杆：铜（连接金具接触面镀银或镀锡），压接；

（2）应力锥：三元乙丙橡胶（硅橡胶），预制式；

（3）环氧套管：环氧树脂，预制式；

（4）应力锥压紧装置：铜或不锈钢弹簧压紧。

（5）外绝缘套管：硅橡胶和陶瓷型两种。

电缆户外终端头需要满足大风、高温、低温的工况要求。由于其安放在离地面终端平台上，故必须能承受抗弯强度和高落差电缆的垂直拉力。

接线端子应满足水平、横向、垂直（上拔力）方向上的负荷要求。

其绝缘护套泄漏比距应满足当地电力设备污秽等级划分的要求。

2. GIS 终端接头

GIS 终端接头用在 GIS 变电站内，又称 GIS 电缆密封终端接头，多为可插拔形式。

GIS 终端顶部应密封良好，应能长期耐受 0.7MPa 的 SF_6 气体压力。

GIS 终端尾管与电缆之间应密封，特别是填充绝缘剂的终端应保证尾管处密封，为保证长期运行中不发生泄漏，厂家应采取措施避免绝缘剂漏入电缆金属护套内部。

GIS 终端与 GIS 组合电器的连接尺寸应符合 IEC 60859—1999《额定电压在 72.5kV 及其以上的气体绝缘金属包覆的开关的电缆连接》的规定。

二、接地箱选型

为确保高压和超高压电缆线路安全运行，电缆线路必须具有良好的接地系统，减少电缆金属护套的感应电压。

电缆线路在达到一定长度时一般采用交叉互联接地。

交叉互联接线图和金属护套上感应电压如图 3–4 所示。

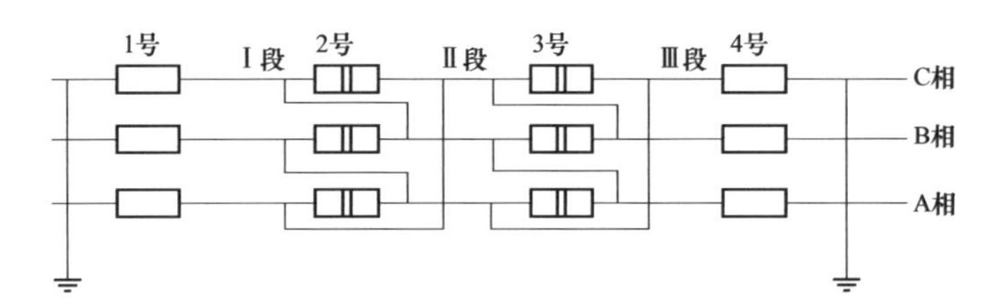

(a)

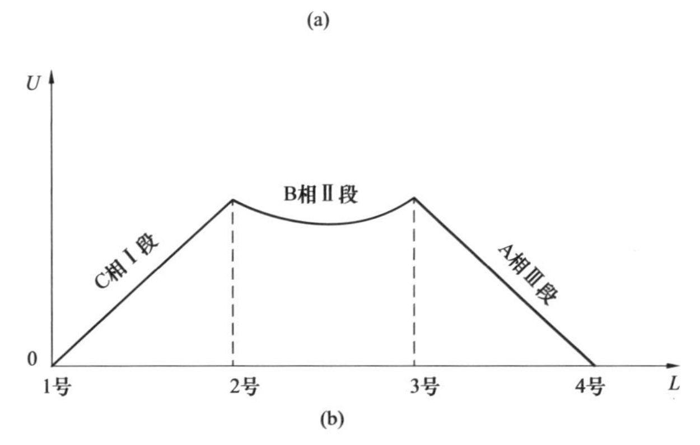

(b)

图 3–4　交叉互联接线图和金属护套上感应电压

（a）交叉互联接线图；（b）金属护套上感应电压

□□—绝缘接头

交叉互联接地箱就是将电缆线路的金属护套在电缆接头处进行接地和绝缘处理。每套绝缘接头两侧不同相的金属护套采用交叉跨越法相互连接。正常运行时减少电缆金属护套的感应电压。

电缆线路较短且符合感应电压规定要求时，可采取在线路一端直接接地而在另一端经过电压限制器接地，或中间部位单点直接接地而在两端经过电压限制器接地。

电缆金属护套交叉互联接地方式采用交叉互联接地箱和直接接地箱，电缆金属护套一端接地和中间一点接地方式采用带护层保护器接地箱和直接接地箱（见图 3–5）。

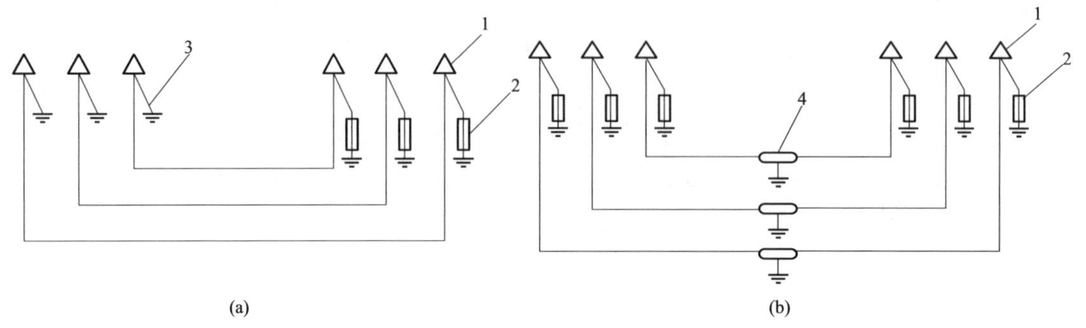

图 3–5 一端和中间一点接地金属屏蔽层电压限制器设置方式

（a）一端接地；（b）中间一点接地

1—电缆终端头；2—金属屏蔽层电压限制器；3—直接接地；4—中间接头

电缆接地箱从防腐角度考虑一般采用不锈钢；防水性能满足：整箱浸入水下 1m，充 0.2MPa 气压不渗漏。接地箱、交叉互联箱内电气连接部分应与箱体绝缘。箱体本体不得选用铁磁材料，并应密封良好，固定牢固可靠，满足长期浸水要求，防护等级不低于 IP68。

国网基建部在新产品和新技术目录中推荐的小型接地箱，尺寸小，密封性能好，今后工程中可以采用。

三、接地电缆选择

接地电缆应尽可能短，3m 之内可采用单芯塑料绝缘线，3m 以上宜采用同轴电缆；接地电缆的绝缘水平不得小于电缆外护套的绝缘水平；接地电缆截面应满足系统单相短路电流通过时的热稳定要求。

接地电缆一般采用铜芯阻燃电缆，外护套采用氧指数较高聚氯乙烯材料。对应系统的短路零序故障电流，电缆截面选择见表 3–18。

表 3–18　　　回流线、接地缆（铜芯）截面选型表

电压等级（kV）	故障电流（kA）	回流线、接地缆（铜芯）截面（mm²）
≥220	≤19.6	120
	19.6～24.5	150
	24.5～30.3	185
	30.3～39.3	240

续表

电压等级（kV）	故障电流（kA）	回流线、接地缆（铜芯）截面（mm²）
≥220	39.3～49.2	300
	49.2～65.6	400
110	≤16.4	120
	16.4～20.6	150
	20.6～25.4	185
	25.4～32.9	240
	32.9～41.1	300

注　表中数据 220kV 及以上短路故障切断时间按 0.7s 考虑，110kV 按 1s 考虑，如短路故障切断时间与上述情况不符，应校核后使用。

四、电缆护层保护器选择

电缆护层保护器由非线性限流元件、金属电极和硅橡胶外绝缘构成，其绝缘水平、保护效果取决于电气参数设计和优化选取。GB 50217—2007《电力工程电缆设计规范》中对护层电压限制器参数的选择作了如下规定：

护层保护器参数应根据《国家电网公司物资采购标准》参数项目和工程电缆设计要求选择，其参数应满足工程系统短路电流和金属护套感应电压要求。

在系统可能的大冲击电流作用下的残压，不得大于电缆护层冲击耐受电压的$1/\sqrt{2}$。

可能最大工频过电压 5s 作用下，电缆金属屏蔽层电压限制器能够耐受。

可能最大冲击电流累计作用 20 次，电缆金属屏蔽层电压限制器不被损坏。

电缆金属屏蔽层电压限制器的残工比一般选择在 2.0～3.0。

第四节　电缆线路接地系统设计

电缆线路接地装置极为重要，建立安全、稳定、可靠的接地系统是电缆安全运行的重要环节。降低接地装置的接地电阻是避免电缆事故的重要手段。电缆线路接地系统设计应按 DL/T 5484—2013《电力电缆隧道设计规程》要求执行。

电缆线路接地主要分为电缆构筑物接地（主要指电缆支架和电缆附件的支架）、电缆金属护层接地 2 类。这 2 类接地必须安全可靠。

按电力系统保护设备的故障切断性能，根据调研结果，综合考虑了主保护、后备保护动作时间和裕度后，设计短路故障切断时间为：220kV 及以上电压等级按 0.7s 考虑，110kV 按 1s 考虑。

一、电缆隧道接地

（1）隧道内的接地系统应形成环形接地网，接地装置的接地电阻应小于 5Ω，综合接地电阻应≤1Ω。隧道内的金属构件和固定式电器用具均应与接地网连通。接地网应进行热稳定校验，使用截面积不宜小于 40mm×5mm，且宜使用经防腐处理的扁钢。现场电焊搭接，不得使用螺栓搭接方法；

（2）隧道内高压电缆系统应设置专用的接地汇流排或接地干线（不小于 50mm×5mm 扁铜带），且应在不同的两点及以上就近与综合接地网相连接。隧道内的高压电缆接头、接地箱接地应以独立的接地线与专用接地汇流排或接地干线可靠连接；

（3）顶管、盾构隧道应采用引外接地，且安全可靠。在隧道电缆构筑物内一般分别沿两侧沟壁上、下平行敷设 2 条接地扁钢与工作井独立的接地装置连接；

（4）综合接地电阻达不到要求的可以延长接地装置，或采用垂直接地装置，或采用无腐蚀的固体降阻剂降低接地电阻，至达到要求为止；

（5）在线监测系统接地按 DL/T 5484—2013《电力电缆隧道设计规程》要求执行：

1）工作接地与保护接地应分开，保护接地导体不得采用金属软管，工作接地应采用铜芯绝缘导线或电缆；

2）电缆温度和隧道温度、有毒气体、水位、入侵报警采用专用接地；

3）通信线铠装保护层两端应接地；

4）综合监控系统应设置专用的二次接地网，并与综合接地网单点连接。

二、排管工作井接地

安装在排管工作井内的金属构件皆应用镀锌扁钢与接地装置连接。每座工作井应设接地装置，接地电阻应小于 10Ω。

三、电缆沟接地

电缆沟应合理设置接地装置，接地电阻应小于 5Ω。

四、电缆桥架接地

（1）桥架金属构件均应可靠接地。钢架桥接地由两端引出与两端接地装置连接；其他类型桥架通过接地干线与两端接地装置连接。

（2）沿电缆桥架敷设铜绞线、镀锌扁钢作为接地干线，或利用沿桥架构成电气通路的金属构件作为接地干线时，电缆桥架接地应符合下列规定：电缆桥架全长不大于 30m 时，不应少于 2 处与接地干线相连；全长大于 30m 时，应每隔 20～30m 增加与接地干线的连接点；电缆桥架的起始端和终点端应与接地网可靠连接。

五、电缆金属护层接地方式

（一）单点直接接地

单芯电缆线路采用线路一端或中央部位单点直接接地时，按如图 3-6 和图 3-7 所示设置。

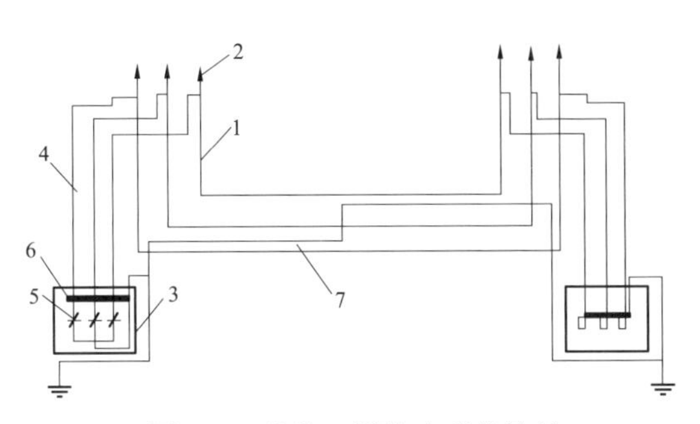

图 3–6　线路一端单点直接接地

1—电缆本体；2—终端头；3—接地箱；4—接地线；
5—保护器；6—连接母排；7—回流线

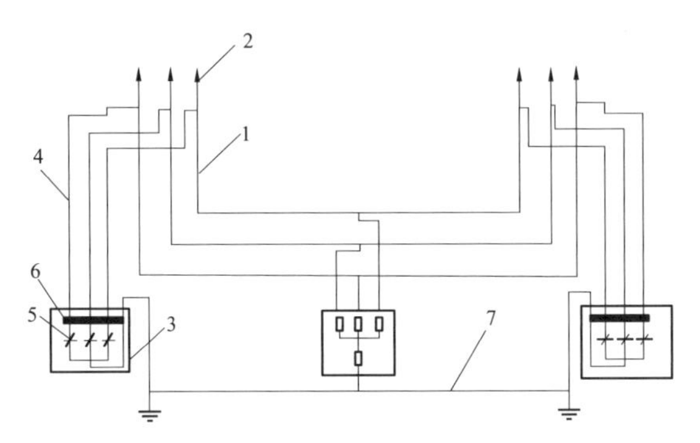

图 3–7　线路中央部位单点直接接地

1—电缆本体；2—终端头；3—接地箱；4—接地线；
5—保护器；6—连接母排；7—回流线

（二）交叉互联接地

单芯电缆线路采用交叉互联接地时，宜划分适当的单元设置绝缘接头，使电缆金属护层分隔在三个区段，如图 3–8 所示。每单元系统中三个分隔区段长度宜均匀，不均匀度（最大差值/最小值）超过 5%时应校核对电缆载流量的影响。交叉互联接地示意图如图 3–8 所示。

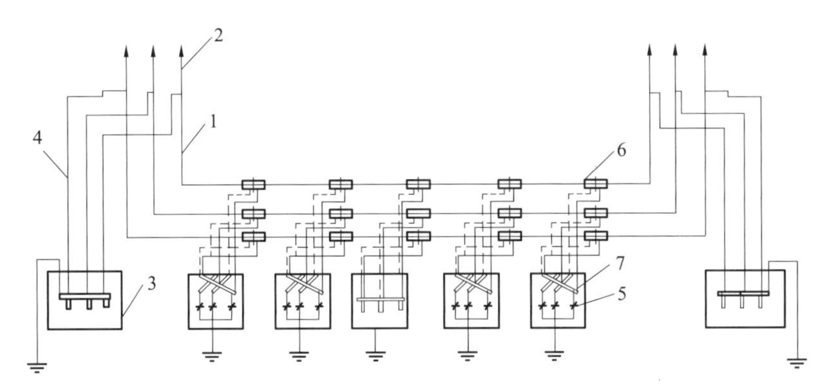

图 3–8　交叉互联接地示意图

1—电缆；2—终端头；3—接地箱；4—接地线；5—保护器；6—绝缘接头；7—互联母排

第五节　电缆线路过电压保护

一、线路系统的过电压保护

为防止电缆和附件的主绝缘遭受过电压损坏，应采取以下保护措施：

（1）电缆线路与架空线相连的一端应装设避雷器。

（2）电缆线路在下列情况下，应在两端分别装设避雷器：

1）电缆线路一端与架空线相连，而线路长度小于其冲击特性长度；

2）电缆线路两端均与架空线相连。

（3）电缆金属护套、铠装和电缆终端支架必须可靠接地。

二、避雷器的特性参数选择

保护电缆线路的避雷器的主要特性参数应符合下列规定：

（1）冲击放电电压应低于被保护的电缆线路的绝缘水平，并留有一定裕度；

（2）冲击电流通过避雷器时，两端子间的残压值应小于电缆线路的绝缘水平；

（3）当雷电过电压侵袭电缆时，电缆上承受的电压为冲击放电电压和残压，两者之间数值较大者称为电压保护水平 U_p。电缆线路基本绝缘水平 BIL=（120～130）%U_p；

（4）避雷器的额定电压，对于110kV及以上中性点直接接地系统，额定电压取系统最大工作电压的80%。

第六节 电 缆 敷 设

110、220kV电缆敷设方式种类繁多，在不同地区、不同自然环境及不同工程中，电缆的敷设方式也不相同，但一般都应遵循以下规定：

（1）任何方式敷设的电缆，在垂直、水平转向部位和电缆热伸缩部位以及蛇形弧部位的弯曲半径，对于110kV及以上单芯电力电缆不应小于20倍电缆外径。

（2）电缆支架的层间垂直距离，应满足电缆方便敷设，多根电缆在同层支架敷设时，有更换和增设电缆的可能，电缆支架之间最小净距不小于表3–19中规定的数值。

表3–19　电缆支架最小净距规定　mm

电缆类型及敷设特征		支架层间最小净距
控制电缆		120
电力电缆	电力电缆每层多于1根	$2d$+50
	电力电缆每层1根	d+50
	电力电缆3根品字形布置	$2d$+50
	电缆敷设于槽盒内	h+80

注　h 表示槽盒外壳高度，d 表示电缆最大外径。

（3）在电缆沟、隧道或电缆夹层中安装的电缆支架离底板和顶板的净距不宜小于表3–20规定的数值。

表3–20　电缆支架离底板和顶板的净距　mm

敷设方式	最下层垂直净距	最上层垂直净距
电缆沟	50～100	150～200
隧道或电缆夹层	50～100	100～150

（4）电缆沟或隧道内通道净宽，不宜小于表3–21规定的数值。

表 3–21 电缆沟或隧道内通道净宽 mm

电缆支架配置及通道特征	电缆沟深			电缆隧道
	≤600	600～1000	≥1000	
两侧支架	300	500	700	1000
单列支架与壁间通道	300	450	600	900

（5）电缆线路的设计分段长度，除应满足电缆护层感应电压的允许值外，还要结合施工条件和施工机具等因素，使电缆敷设牵引力、侧压力满足规定限值。

（6）不同敷设方式的电缆，其根数宜按表 3–22 规定选择。

表 3–22 不同敷设方式下的允许电缆根数

敷设方式	规划敷设电缆根数
直埋	6 根及以下
排管或电缆沟	21 根及以下
隧道	16 根及以上

一、直埋敷设

电缆直埋敷设适用于电缆数量少、敷设距离短、地面荷载比较小的地方。路径应选择地下管网结构简单、不经常开挖和没有腐蚀土壤的路段。

电缆直埋敷设的优点是：施工简单、投资少，电缆敷设后本体与空气不接触，防火性能好，有利于电缆散热。缺点是：此敷设方式抗外力破坏能力差，电缆敷设后如进行电缆更换，则难度较大。

高压电缆直埋敷设一般应满足以下原则：

（1）直埋电缆的覆土深度不应小于 0.7m，农田中覆土深度不应小于 1.0m。电缆应埋在冻土层下，应根据当地冻土层厚度确定电缆埋置深度，当受条件限制时，应采取防止电缆受损的保护措施。

（2）电缆敷设后，电缆保护板上应铺以醒目的警示带。在空旷地带，沿电缆路径的直线间隔约 100m 处、转弯处，或接头部位，均应设立明显的标志块或标志桩。

（3）电缆进电缆沟、工作井、建筑物，以及配电屏、开关柜、控制屏时，应做阻火封堵。

（4）直埋敷设应避开含有酸、碱强腐蚀或杂散电流电化学腐蚀严重影响的地段。

（5）未采取防护措施时，应避开白蚁危害地带、热源影响和易遭外力损伤的区段。

（6）禁止电缆与其他管道上下平行敷设。当电缆为预制槽盒敷设方式，电缆与管道、地下设施、铁路、公路平行交叉敷设的容许最小距离，应按 GB 50217—2007《电力工程电缆设计规范》中的相关规定执行。

（7）电线路径沿途设置的标志块、标志桩、警示牌和警示带等装置，应按国网典型设计的标识装置设置要求执行。

（8）国网公司输变电工程通用设计中对于电缆埋设于预制槽盒子模块，按不同电压等级、敷设的电缆根数和间距等要求，设计了 6 种不同断面，工程中应首先采用上述断面类型。

（9）对于 110kV 及以上单芯电力电缆，通常采用预制槽盒直埋敷设，这种方式一般用于电缆用途相对重要的场合，电缆根数不超过 4 根。

二、电缆排管敷设

电缆排管是城市电力电缆主要敷设方式之一，一般适用于交通繁忙、地下走廊较为拥挤的地段。当电缆回路较多，在城市道路下敷设，或电缆与公路、铁路交叉处时，排管敷设是一种较好的敷设方式。

排管敷设的优点是：对电缆保护较好，防外破能力强，占地面积小，能够承受较大的荷载，运行可靠。其主要缺点是：路径不易弯曲，散热条件较差，影响电缆载流量；电缆故障后，更换电缆困难。

对于排管敷设一般应遵循如下规定：

（1）电缆排管所需孔数除按照电网规划敷设电缆根数外，还需要有适当的备用孔数。

（2）敷设单芯电缆的排管管材，应选用非磁性且符合环保要求的管材，用于敷设三芯电缆的管材，也可使用内壁光滑的钢筋混凝土管或镀锌钢管。用于敷设单根电缆的管径不小于 1.5 倍的电缆外径。

（3）排管顶部土壤覆盖深度不宜小于 0.5m，且与电缆、管道（沟）及其他构筑物的交叉距离满足相关规程要求。

（4）排管尽可能做成直线，如需要避让障碍物时，可做成圆弧状排管，但圆弧半径不得小于 12m；如使用硬质排管，则在两段镶接处的折角不得大于 2.5°。

（5）排管通过地基稳定地段，如管子能承受土压和地面动载荷的，可以在管子镶接处用钢筋混凝土或支座做局部加固。排管通过地基不稳定地段，必须在两工井之间用钢筋混凝土做全线加固。

除了上述一般规定外，国家电网公司通用设计中还对排管设计作了如下规定：

（1）按敷设的电缆根数，电缆路径经过地段情况和电缆穿越方式，110kV 及以下电缆排管分为 10 个子模块，220kV 电缆排管分为 3 个子模块。按照土建类型可分为无混凝土包封排管子模块，用于上部荷载较轻的地段；钢筋混凝土包封排管子模块，适用于上部荷载较重的地段；非开挖排管子模块，适用于长距离穿越且无法进行明挖敷设电缆排管的地段；顶管子模块，适用于短距离穿越且无法进行明挖敷设电缆排管的地段。

（2）排管所需孔数除按电网规划敷设电缆根数外，还应考虑光缆通信、电缆回流线通道、电缆散热管孔及适当备用孔供更新电缆用。

（3）电缆排管应采用 PVC–C 管等通过国家相关技术部门检测的可用于电力排管的材质管材，管内径含ϕ150、ϕ175mm 及ϕ200mm 3 种。排管内径宜按 1.5 倍电缆外径规定选择，排管宜成直线，排管覆土深度不宜小于 700mm，当埋深达不到要求需另行设计。禁止电缆与其他管道上、下平行敷设。电缆与管道、地下设施、公路平行交叉敷设需满足有关规范规程的要求。

（4）敷设电缆前应对已建成段落的电缆排管进行检查，试通。严格计算整段电缆在排管中的牵引力与侧压力，控制在电缆制造厂家的允许值范围内，管口两端严密封堵。斜率过大的排管段，应在其顶端的其他电缆构筑物上加装电缆固定设施，以防电缆滑落。

2 种常用的 110kV 排管敷设断面示意图分别如图 3–9 和图 3–10 所示。

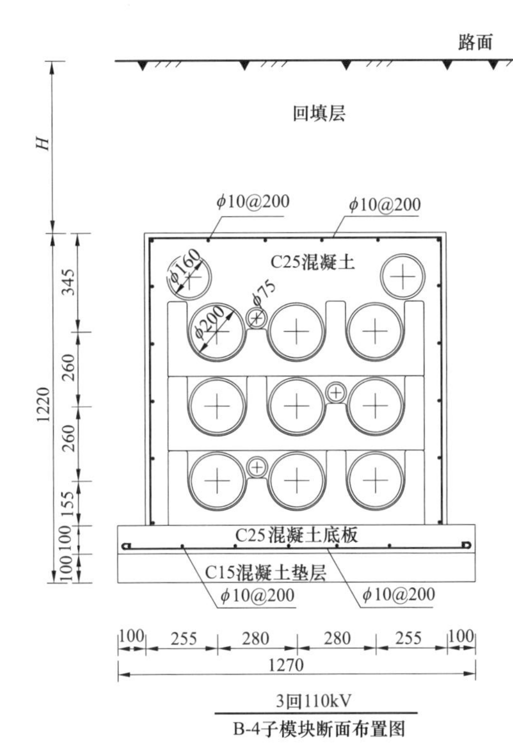

单位长度（每米）主要材料估算值

名称	规格	重量(kg)	体积(m^3)	长度(m)
钢筋	ϕ10	28.3		
混凝土	C15		0.13	
	C25		1.22	
管材	ϕ200CPVC			9
	ϕ160CPVC			2
	ϕ75CPVC			3

图 3–9　3 回 110kV 电缆排管断面图（mm）

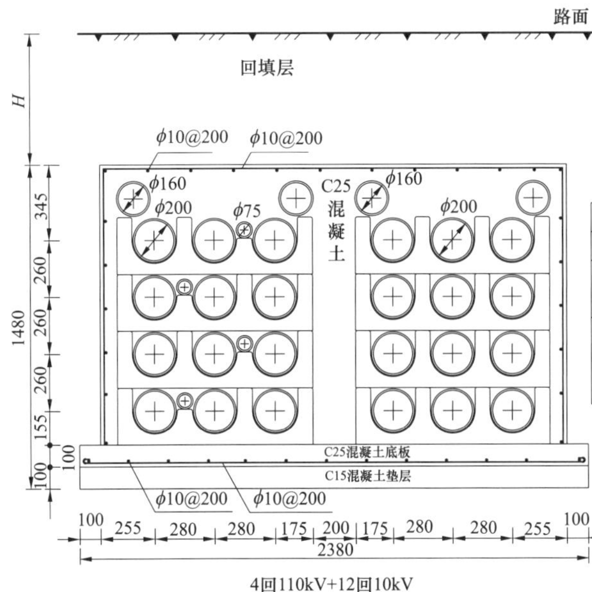

单位长度（每米）主要材料估算值

名称	规格	重量(kg)	体积(m^3)	长度(m)
钢筋	ϕ10	45.4		
混凝土	C15		0.24	
	C25		3.03	
管材	ϕ200CPVC			24
	ϕ160CPVC			4
	ϕ75CPVC			4

图 3–10　3 回 110kV+12 回 10kV 电缆排管断面图

三、电缆沟敷设

电缆沟敷设方式与电缆直埋、电缆排管、电缆桥梁（桥架）及电缆工作井等敷设方式相互配合使用，适用于变电站出线，主要街道，多种电压等级、电缆较多，道路弯曲，地坪高程变化较大的地段。

电缆沟敷设的优点：检修、更换电缆较方便，灵活多样，转弯方便，可根据地坪高程变化调整电缆敷设高程。其缺点是施工检查及更换电缆时须搬运大量盖板，施工时外物不慎落入沟时易将电缆碰伤。

（一）电缆沟敷设原则

对于电缆沟敷设，一般应遵循以下原则：

（1）电缆沟深度应按照远景规划敷设电缆根数决定，但沟深不宜大于 1.5m。

（2）净深小于 0.6m 的电缆沟，110kV 及以上电缆一般敷设在支架上，并留有施工通道。

（3）敷设在电缆沟内的电缆，电缆固定和热伸缩措施方法，应满足相关规程要求。

（4）电缆沟应排水畅通，电缆沟的纵向排水坡度不宜小于 0.3%，沿排水方向在标高最低部位宜设置集水坑。

（二）电缆沟电缆敷设要求

（1）电缆沟的尺寸除应按电网规划敷设电缆根数选择外，还需考虑光缆通信、电缆回流线及适当备用电缆回数。

（2）电缆支架及其固定立柱的机械强度，应能满足电缆及其附件荷重、施工作业时附加荷重的要求，并留有足够裕度。上、下层支架的净间距，应满足双倍的所施放电缆的外径加上 50mm 的距离。

举例说明：假设电缆外径为 100mm，电缆支架为 L50mm×5mm，电缆上、下层支架的尺寸应为 2×（D+50），即为 300mm。

（3）支架和立柱主要有型钢加工件和复合材料制品 2 种型式。

1）型钢加工件可按尺寸要求，在工厂加工完成后做去毛刺和防腐处理。由于是金属制品，这种电缆支架在敷设电缆时可能刮伤电缆外护套。

2）复合材料制品成品出厂，易于控制质量。由于是复合材料制品，长年使用也不会出现锈蚀情况，也不需在现场做其他附加处理，同时还可以在生产时对产品作圆弧处理，这样在敷设电缆时不易刮伤电缆外护套。

（4）电缆路径沿途设置的标志块、标志桩、警示牌和警示带等设施应按国网典型设计的标识装置设置要求执行。

2 种常用的 110kV 电缆沟断面示意图分别如图 3–11 和图 3–12 所示。

四、电缆隧道敷设

电缆隧道敷设适用于重要性及供电可靠性要求高，或同一路径规划敷设 6 回及以上高压电缆的情况。

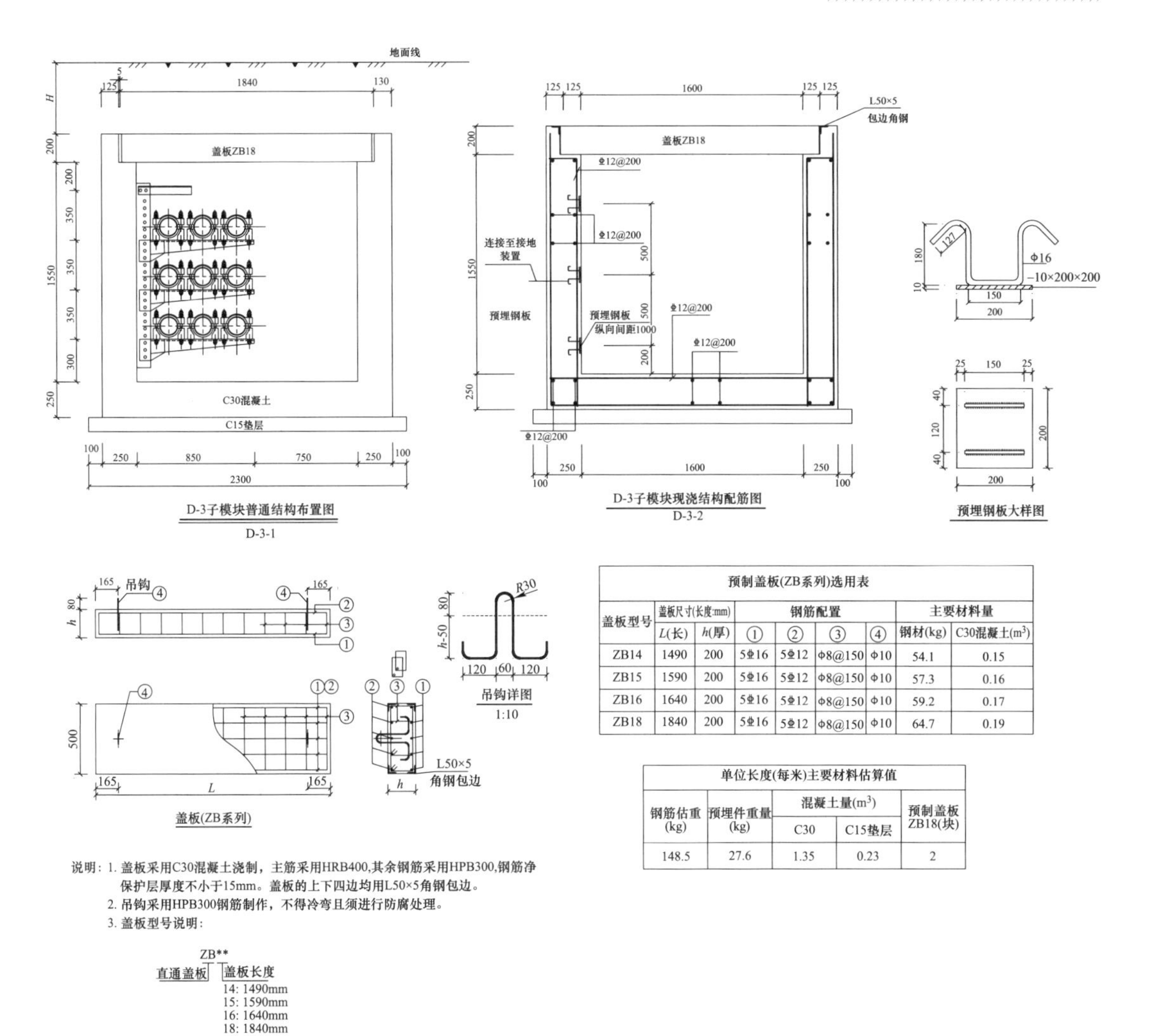

预制盖板(ZB系列)选用表

盖板型号	盖板尺寸(长度:mm)		钢筋配置				主要材料量	
	L(长)	h(厚)	①	②	③	④	钢材(kg)	C30混凝土(m^3)
ZB14	1490	200	5⌀16	5⌀12	Φ8@150	Φ10	54.1	0.15
ZB15	1590	200	5⌀16	5⌀12	Φ8@150	Φ10	57.3	0.16
ZB16	1640	200	5⌀16	5⌀12	Φ8@150	Φ10	59.2	0.17
ZB18	1840	200	5⌀16	5⌀12	Φ8@150	Φ10	64.7	0.19

单位长度(每米)主要材料估算值

钢筋估重(kg)	预埋件重量(kg)	混凝土量(m^3)		预制盖板ZB18(块)
		C30	C15垫层	
148.5	27.6	1.35	0.23	2

图 3–11　单腔电缆沟断面图

电缆隧道敷设的优点是：能容纳大规模、多电压等级的电缆；能可靠地防止外力破坏；维护、检修及更换电缆方便；敷设时受外界条件影响小，寻找故障点、修复、恢复送电快。其缺点是：一次性投资大，施工难度大，施工周期长，附属设施复杂。

对于电缆隧道敷设，一般应遵循以下原则：

（1）电缆隧道净高不宜小于 1900mm；与其他沟道交叉的局部段净高，不得小于 1400mm 或改为排管连接。

（2）除控制电缆外，每档支架敷设的电缆不宜超过 3 根。

（3）在隧道内 110kV 及以上的电缆，应按照电缆的热伸缩量作蛇形敷设设计。蛇形弧的横向滑移量、热伸缩量和轴向力应满足相关设计规范要求。

（4）以蛇形敷设的电缆应采用金属夹具或绳索固定于支架上，采用水平蛇形应在每隔 5～6 个蛇形弧的顶部和靠近接头部位用金属夹具把电缆固定于支架上，其余部位应用具有足够强度的绳索绑扎于支架上。

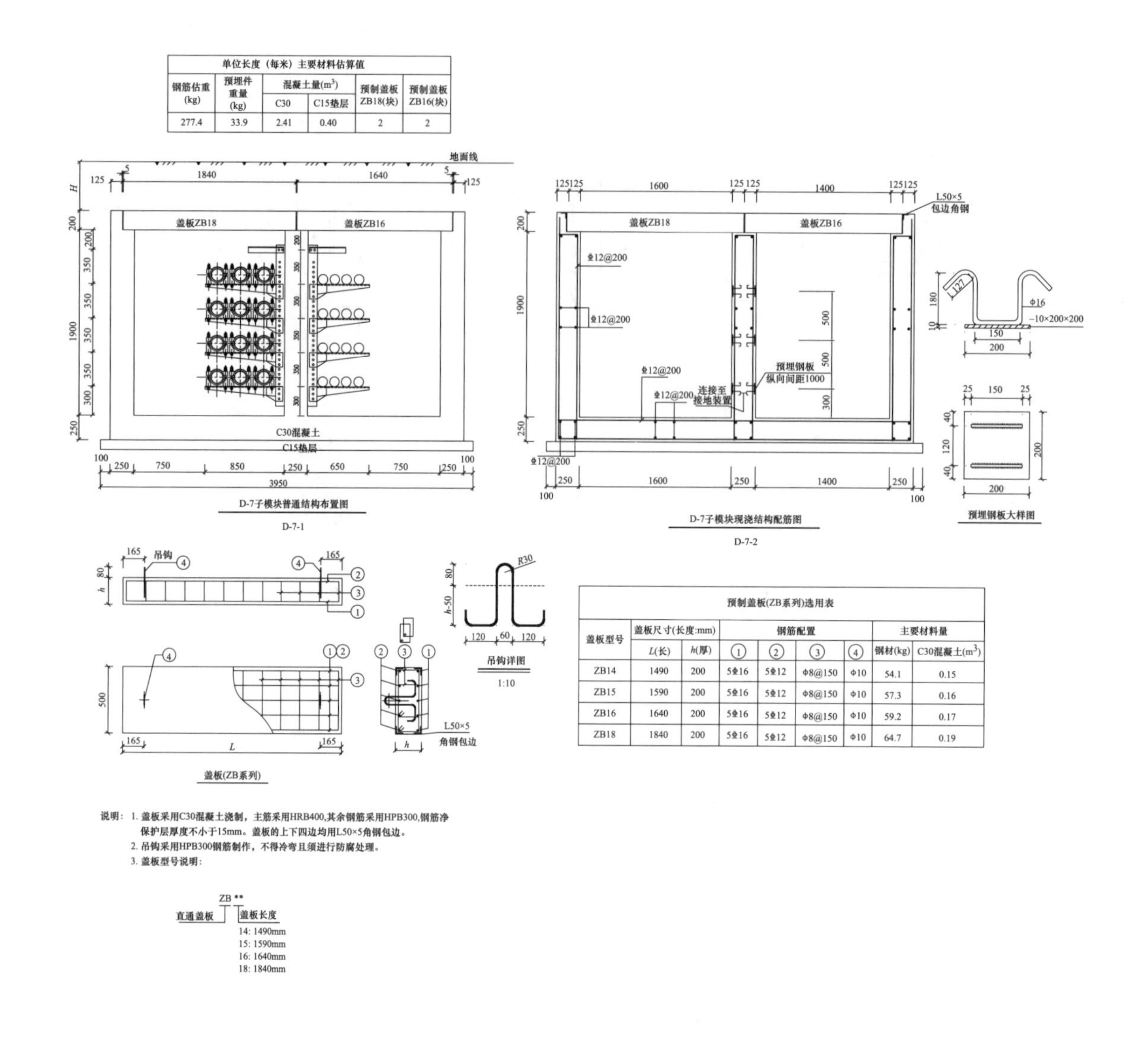

单位长度（每米）主要材料估算值					
钢筋估重(kg)	预埋件重量(kg)	混凝土量(m³)		预制盖板ZB18(块)	预制盖板ZB16(块)
		C30	C15垫层		
277.4	33.9	2.41	0.40	2	2

预制盖板(ZB系列)选用表								
盖板型号	盖板尺寸(长度:mm)		钢筋配置				主要材料量	
	L(长)	h(厚)	①	②	③	④	钢材(kg)	C30混凝土(m³)
ZB14	1490	200	5⌀16	5⌀12	Φ8@150	Φ10	54.1	0.15
ZB15	1590	200	5⌀16	5⌀12	Φ8@150	Φ10	57.3	0.16
ZB16	1640	200	5⌀16	5⌀12	Φ8@150	Φ10	59.2	0.17
ZB18	1840	200	5⌀16	5⌀12	Φ8@150	Φ10	64.7	0.19

图 3-12　双腔电缆沟断面图

（5）采用垂直蛇形敷设的电缆，应在每个蛇形弧弯曲部位用夹具将电缆固定于支架或桥架上。

（6）绑扎绳索强度应按被绑扎的单芯电缆通过最大短路电流时产生的电动力校验。

（7）在坡度大于10%的斜坡隧道内，把电缆放在支架上时，应在每个弧顶部位和靠近接头部位用夹具把电缆固定在支架上，以防电缆热伸缩时位移。

电缆隧道应满足电缆布置、运行使用、故障检修等电力设施专业性能要求，应设置照明系统、排水系统、通风系统、通信电话、标志（警示）装置等附属设施。具体要求及标准应满足相关规程、规范、技术导则要求。

常用110、220kV开挖隧道和顶管隧道断面图如图3-13和图3-14所示。

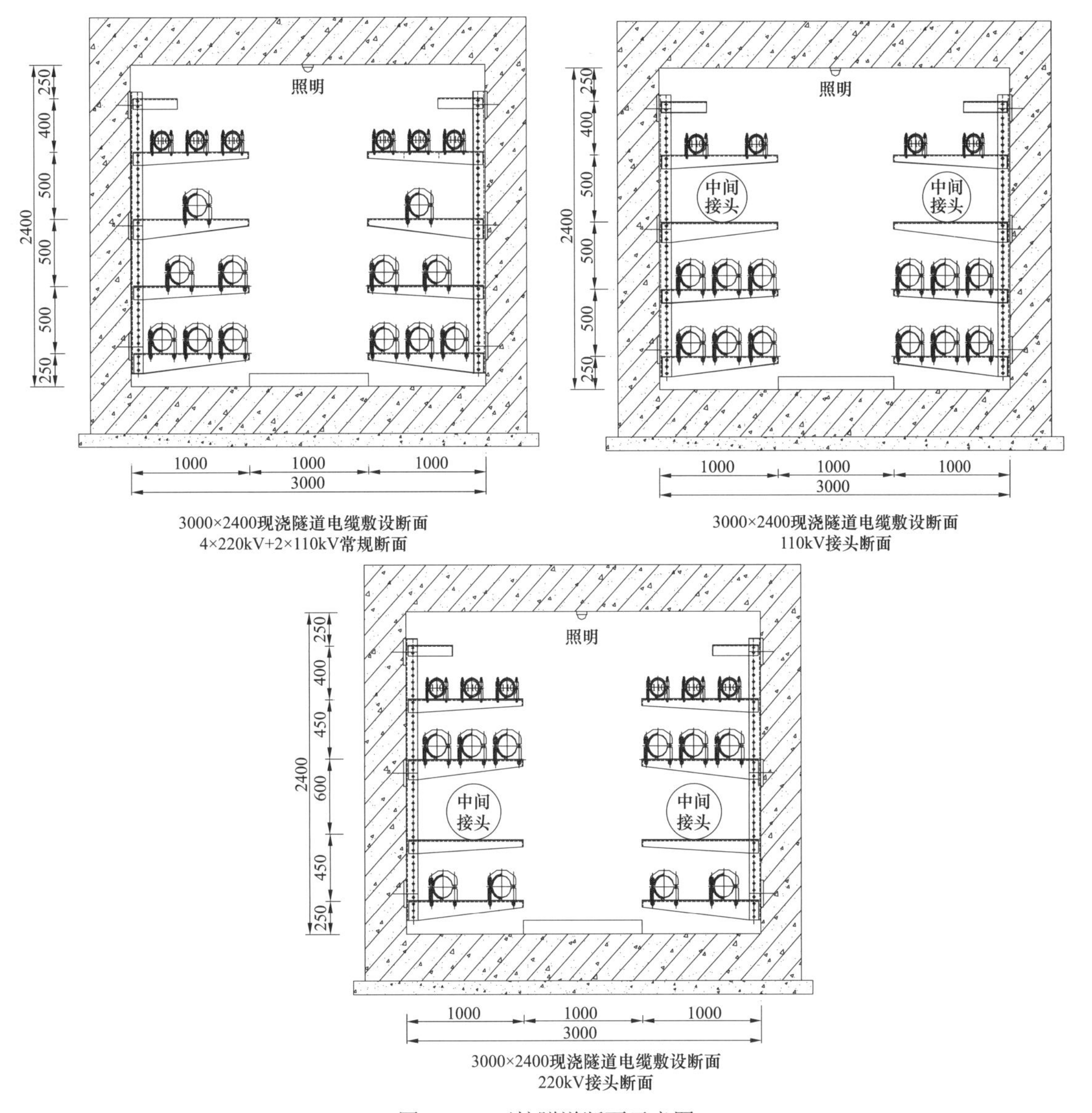

图 3-13　开挖隧道断面示意图

五、桥梁敷设

桥梁敷设是指利用现状市政交通桥梁或随桥梁建设电缆专用桥跨越小宽度河道、沟渠的电缆敷设形式。按电缆线路敷设环境的要求及跨越河道的不同情况分为顶部悬挂、专用电缆桥、侧壁悬挂 3 种敷设类型。

（一）利用现状市政交通桥梁敷设电缆

利用现状市政桥梁敷设电缆，一般应遵循以下原则：

（1）利用现状市政交通桥梁敷设电缆，应取得当地桥梁管理部门认可，且桥梁上敷设的电缆及其附件等质量应在桥梁设计允许承载值范围内。

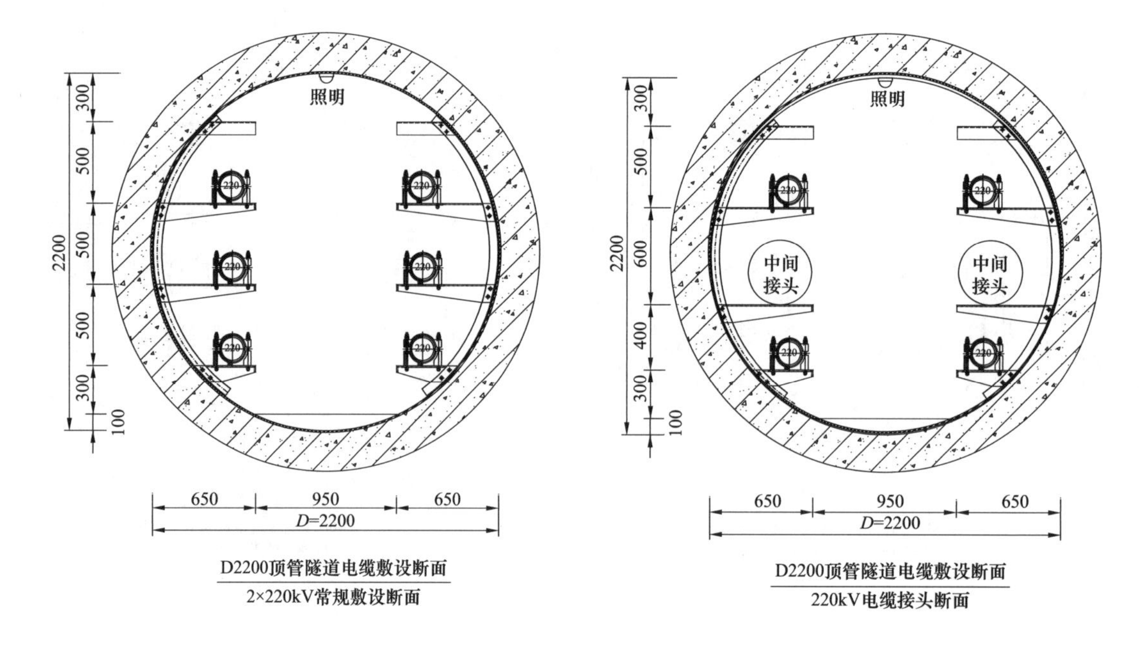

图 3–14　顶管隧道断面示意图

（2）随桥电缆及其附件的安装不得有损于桥梁结构的稳定性，不得低于桥底距水面高度，不得有损于桥梁的外观。

（3）在短跨距桥梁人行道下敷设的电缆，应将电缆穿入内壁光滑、耐燃性良好的管子内或放入耐燃性能良好的槽盒内，以防外界火源危及电缆。在人员触碰不到的地方可裸露敷设，但应采取措施避免太阳直接照射。

（4）电缆在桥墩两段或桥梁伸缩间隙处，应设置电缆伸缩弧，用以吸收来自桥梁和电缆自身的热伸缩量。

（5）在长跨距的桥梁人行道下敷设电缆，应在电缆上采取适当的防火措施，以防外界火源危及电缆。

（6）在桥梁上敷设的电缆应采取措施避免桥梁受风力和车辆行驶振动导致的电缆金属护套疲劳破坏。

（7）桥梁上敷设的 110kV 及以上大截面电缆，宜作蛇形敷设，用以吸收电缆自身的热伸缩量。

（8）在桥梁的伸缩间隙部位的一端，应按照桥梁最大伸缩长度设置电缆伸缩弧，用以吸收桥梁的热伸缩。

（二）建设电缆专用桥

电缆专用桥一般采用钢桁架结构，桁架内设置电缆保护管，保护管固定于支架上，保护管伸出电缆专用桥部分采用排管形式与电缆工作井相接。该方式适用于跨越宽度较小的河道、河沟段。

电缆专用桥电缆敷设断面示意图如图 3–15 所示。

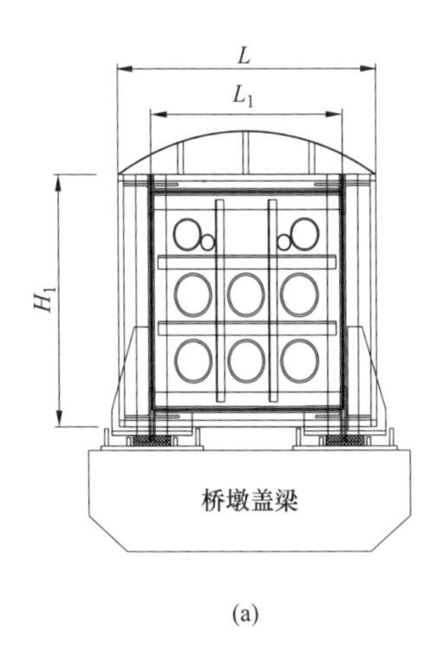

(a)

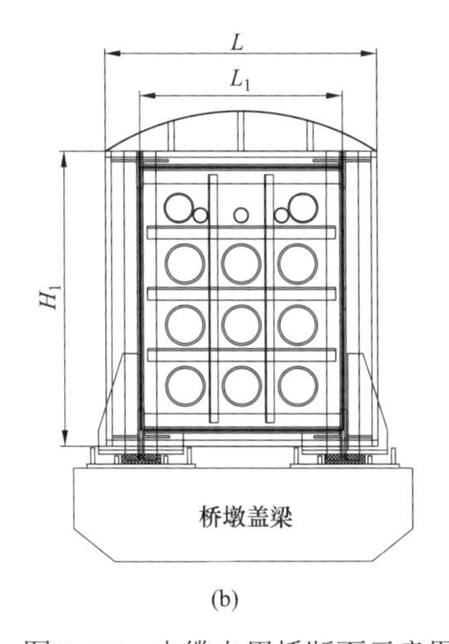

(b)

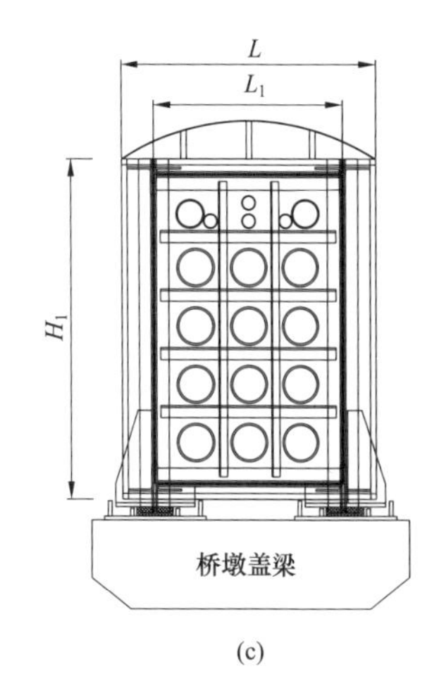

(c)

图 3–15 电缆专用桥断面示意图

（a）2 回电缆专用桥；（b）3 回电缆专用桥；（c）4 回电缆专用桥

六、电缆工作井敷设

电缆工作井敷设方式与电缆直埋、电缆沟、电缆排管及电缆隧道等敷设方式进行相互配合使用，适用于变电站出线、主要街道、多种电压等级、电缆较多、道路弯曲、电缆沟盖板无法开启等区域。

优点：运行人员可在封闭式工作井井内运维、检修、变换电缆，工作方便，灵活多样，易于转弯，可敷设较多回路的电缆，电缆运行环境好。

缺点：造价相对较高，工作井埋深较深，需采取一定的支护措施，施工面积大，影响较大。

1. 工作井内敷设电缆的要求

电缆工作井土建设计应满足电气需求，遵循技术先进、安全适用、经济合理原则。电缆工作井可采用砖混或钢筋混凝土结构，其结构应满足实际使用要求。电缆工作井主要设计原则如下：

（1）工井长度根据敷设在同一工井内最长的电缆接头以及能吸收来自排管内电缆的热伸缩量所需的伸缩弧尺寸决定，且伸缩弧的尺寸应满足电缆在寿命周期内电缆金属护套不出现疲劳现象。工作井宽度根据电缆回路的排列和电缆接头的布置方式确定，另外需要考虑施工和安装通道的宽度。

（2）工作井间距按计算牵引力不超过电缆容许牵引力来确定。

（3）每座工作井设人孔 2 个，用于采光、通风及工作人员出入。人孔基座的具体预留尺寸及方式可根据各地实际运行情况适当调整。

（4）人孔的井盖材料可采用铸铁或复合高强度材料等，井盖满足承受实际荷载要求。

（5）在 10%以上的斜坡排管中，在标高较高一端的工井内设置防止电缆因热伸缩而滑落的构件。

2. 工作井内敷设附属设施要求

（1）工作井内所有的金属构件均应作防腐处理并可靠接地。

（2）常用的电缆支架、立柱制作后，可在现场进行组装，根据电缆工作井内所敷设电缆的规模选择支架层数和立柱间距。

（3）电缆支架沿侧墙布置，立柱垂直于底板安装，纵向应平顺，各支架的同层横担应在同一水平面上；材质以普通钢材为主，支架表面进行防腐处理，防腐层应牢固且耐久。

常用的 110、220kV 1.6m 内宽×1.9m 内高、2.0m 内宽×1.9m 内高、2.4m 内宽×1.9m 内高电缆工作井断面图分别如图 3–16～图 3–18 所示。

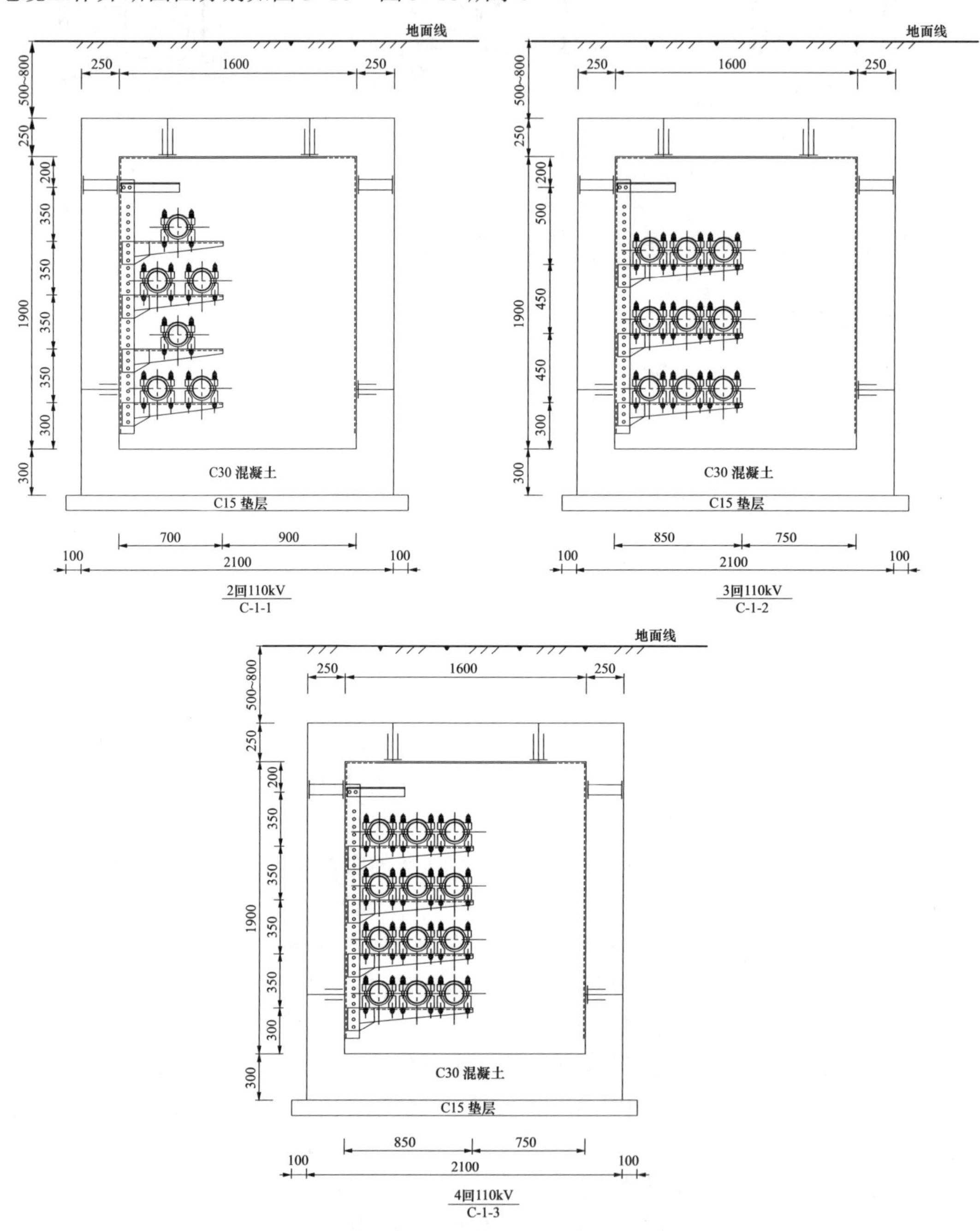

图 3–16 1.6m 内宽×1.9m 内高电缆工作井断面图（mm）

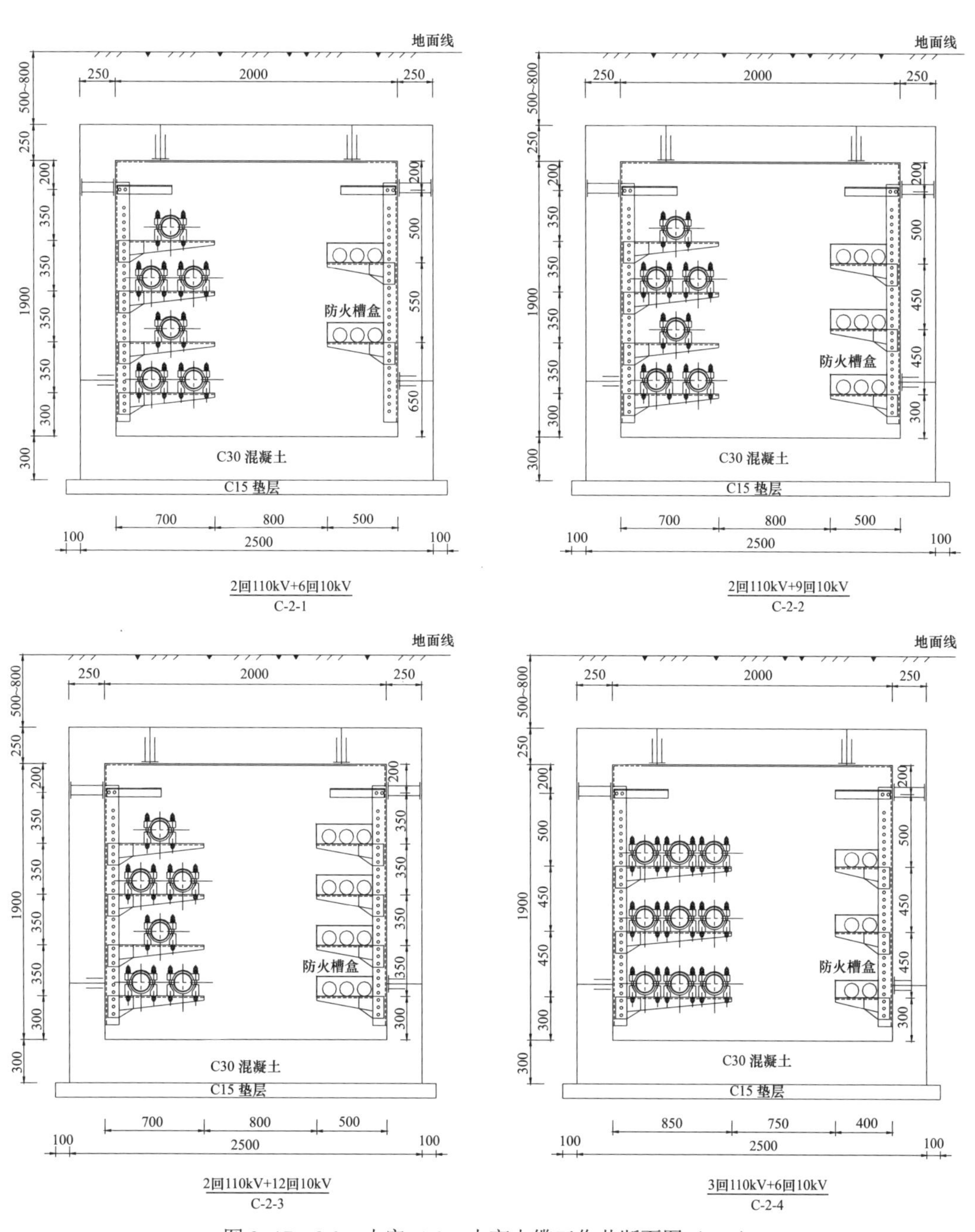

图 3-17　2.0m 内宽×1.9m 内高电缆工作井断面图（mm）

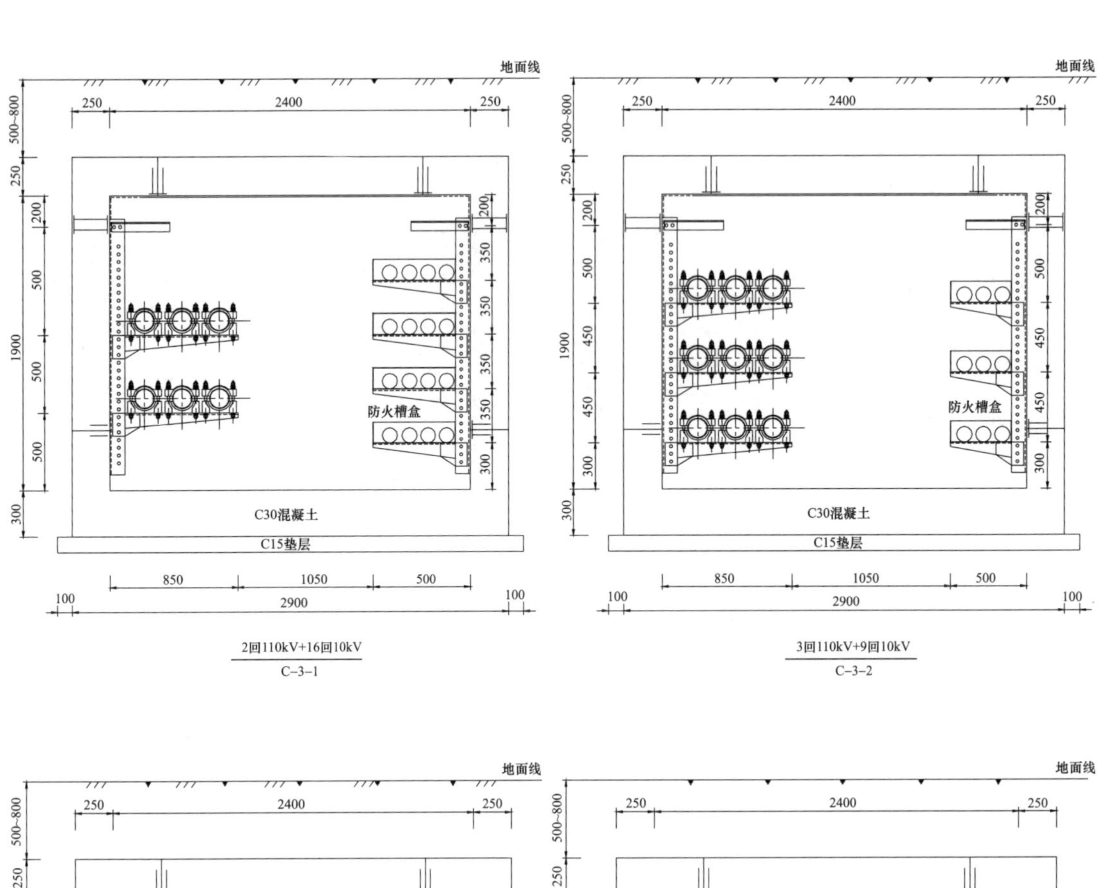

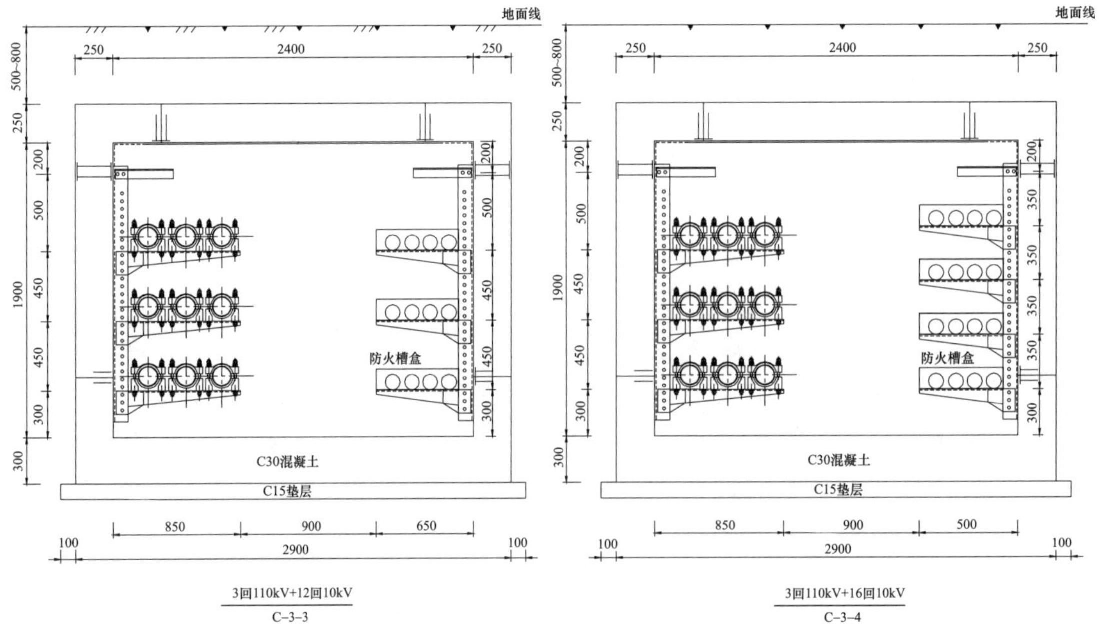

图 3-18　2.4m 内宽×1.9m 内高电缆工作井断面图（mm）（一）

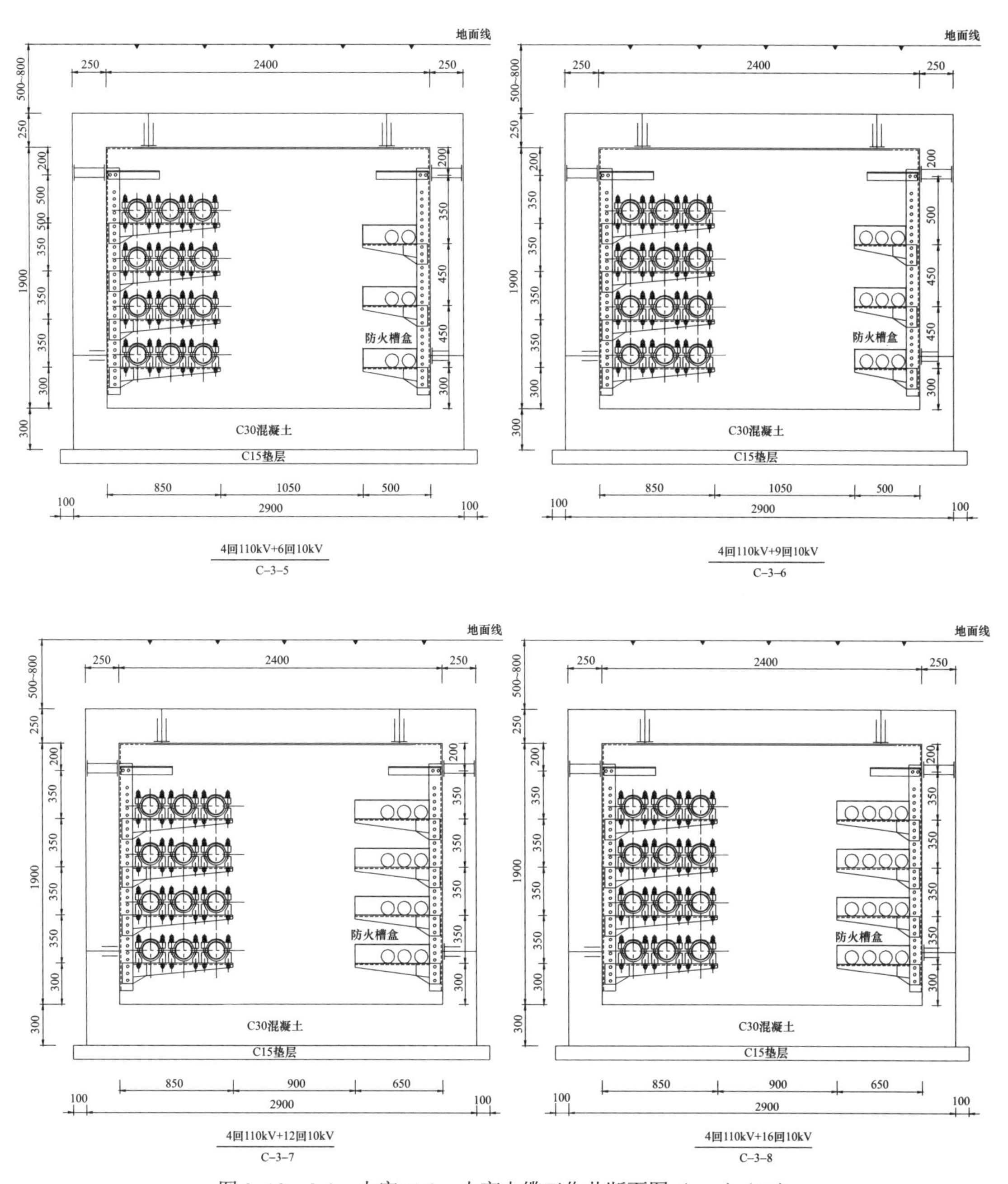

图 3-18　2.4m 内宽×1.9m 内高电缆工作井断面图（mm）（二）

七、电缆固定

针对在电缆隧道、电缆沟、工作井、电缆夹层、电缆终端引上等敷设情况所涉及的电缆固定金具进行规划，分为电缆夹具、电缆支架、电缆立柱等，每种金具类别可依据电压等级和电缆尺寸等进行扩展。

1. 电缆夹具

电缆夹具是与电缆直接接触的，用于固定夹持电缆的构件。金具设计应考虑强度、耐冲击性能、耐用性、耐腐蚀性、紧密性、转动灵活性，尽量优化设计、材料、工艺等，安装基本原则如下：

（1）电缆夹具的结构应方便安装和拆卸；

（2）电缆夹具应能承受安装、维修和运行时产生的各种机械载荷，并能经受设计工作电流（包括短路电流）、运行温度以及周围环境条件等各种情况的考验；

（3）单芯电缆夹具应选用非导磁材料，以减少涡流和磁滞损耗导致的电缆局部发热；

（4）固定电缆用的夹具、扎带、捆绳或支托件等部件，表面应平滑、便于安装，具有足够的机械强度和适合使用环境的耐久性；

（5）电缆夹具外观平整，无刺状突起，内部结构严密，无裂纹、气孔、沙眼、气泡等缺陷；

（6）电缆夹具使用环境温度：–40～120℃，电缆与夹具接触部分均需加设橡胶垫。

2. 电缆支架及立柱

电缆支架是固定在电缆立柱或构筑物上，为电缆夹具提供固定的构件。电缆立柱是固定在构筑物上，用于固定支架位置的构件。安装基本原则如下：

（1）支架和立柱应能承受安装、维修和运行时产生的各种荷载，并能经受设计工作电流（包括短路电流）、运行温度及周围环境条件等各种情况的考验。机械强度应能满足电缆及其附件荷重以及施工作业时附加荷重（一般按 1kN 考虑）的要求，并留有足够的裕度。

（2）支架与立柱的连接应能有效锁紧，在运行中不松脱。

（3）在同层支架敷设多根电缆时，应充分考虑更换或增设任意电缆的可能。

（4）电缆立柱应有调节层间垂直距离的螺栓孔，保证电缆能方便地敷设和固定。

（5）金属制的支架和立柱应采取防腐处理，并与接地线良好连接。

3. 电缆固定的一般要求

（1）电缆跨距变化较大及电缆垂直爬升转弯时，在支架上将产生较大的纵向不平衡张力，因此对于电缆跨距变化和电缆转弯处起始端的电缆采用双抱箍固定，弯曲段内电缆采用单抱箍固定，且跨距宜按 2.0m 敷设，以减少电缆热胀冷缩轴向力影响；

（2）电缆接头连接处两侧各采用 2～3 只普通抱箍固定，以减少电缆热胀冷缩的轴向力和电缆短路时的电动力的对电缆中间接头的影响；

（3）电缆上终端支架为垂直爬升方式，每隔 1m 采用单抱箍固定；

（4）电缆接头本体采用 2 只接头抱箍固定；

（5）大跨距的垂直爬升电缆热胀冷缩轴将产生较大的轴向力，电缆弧幅变化。应根据电缆垂直爬升间距计算电缆夹具布置数量、弧幅变化量加装滑动支架，减小电缆在垂直布置时由于热胀冷缩产生的电缆轴向破坏力。

大跨距的垂直爬升温度变化时电力的轴向力和蛇行弧幅向的滑移量计算如下：

（1）温度上升电缆伸长时：

$$F_{a1}=+\frac{8EI}{(B+n)^2}\frac{\alpha t}{2} \tag{3-16}$$

（2）温度下降电缆收缩时：

$$F_{a2}=-\frac{8EI}{B^2}\frac{\alpha t}{2} \tag{3-17}$$

（3）滑移量：

$$n=\sqrt{B^2+1.6\alpha tL^2}-B \tag{3-18}$$

式中　n——向蛇行弧幅向的滑移量，mm；

B——蛇行弧幅宽，mm；

α——电缆的线膨胀系数，1/℃，交联电缆，取 20.0×10^{-6}；

t——温升，℃；

EI——电缆弯曲刚性，N·mm²。

八、海底电缆工程设计和施工敷设

（一）工程设计要求

（1）应满足电缆不易受机械性损伤、能实施可靠防护、敷设作业方便、经济合理等原则。

（2）电缆应埋设在海底适当深度的沟槽中，不得悬空；埋设深度应根据地质资料和电缆的重要性综合考虑，一般电缆埋设深度不宜小于 1.5m，由工程设计确定。

（3）电缆宜采取 S 形敷设，并在两端预留适当的备用长度，其备用长度由工程设计确定。

（4）三芯电缆登平台处应采用 J 形管保护，若经技术论证确能保证电缆安全时也可采用 I 形钢管保护。交流单芯电力电缆的刚性保护固定，宜采用铝合金等不构成磁性闭合回路的夹具。

（5）电缆在任何敷设方式及其全部路径条件的上、下、左、右改变部位，均应满足电缆允许弯曲半径要求。电缆的允许弯曲半径，应符合电缆绝缘及其构造特性要求，若工程设计文件中没有特殊注明时，其允许弯曲半径可按如下要求计算：

单芯电缆：25（$D+d$）

多芯电缆：20（$D+d$）

其中，D、d 分别为电缆和导体的实际外径，单位为 mm。

（6）电缆敷设时的环境温度不应低于电缆制造厂家提出的允许施工的最低温度，否则应采取施工措施。

（7）电缆的计算长度，按路径计算长度计入 5%～10%的裕量，作为同型号规格电缆的订货长度。电缆长度应包括实际路径长度、备用长度和附加长度。其附加长度宜计入下列因素：

1）电缆敷设路径地形等高差变化、迂回以及两端的预留备用裕量；

2）电缆 S 形敷设时的弯曲状影响增加量；

3）电缆登陆、登平台的高度；

4）终端或接头制作所需剥截电缆的预留段、电缆引至设备或装置所需的长度。

（8）每根电缆连续长度应大于在海水段的长度，电缆制造可含有在工厂制的软接头。

（9）电缆出厂时其两端应有防水密封包装，海底电缆铅套必须采用铅密封。

（10）电缆由托盘敷设时应有释放电缆盘绕时在电缆上生成的扭力，其退扭架高度可根据托盘外径大小及高度确定，一般要求不得低于 10m。

（11）为保证电缆的张力，电缆从铺缆船至海底电缆沟的入水角需控制在 45° ～60° 。

（12）为保护海底电缆免遭人为的损坏，在其路径的两端应设置醒目的警告标志；路径较长时宜在路径线上设置醒目的警告标志，其设置要求由工程设计定。

（13）海底电缆与海底管道同沟敷设时，管沟底应平整无尖刺物体，埋设深度同海管深度。

（14）电缆敷设应控制好电缆张力，防止打扭和拉伤。尤其用卷扬机牵引前进时，应随时监视拉力表，防止电缆绷得过紧超过允许张力，或者张力太小使电缆打扭。

（15）电缆敷设船需控制航向，保证电缆正确地敷设在原定路径上。

（16）电缆敷设完后，应派潜水员下水进行检查，如有悬空打扭，应立即进行处理，电缆无异常情况紧贴海底后才能进行冲沟埋设，回填的泥沙中不得有尖刺物体。

海底电缆施工工艺流程如图 3–19 所示。

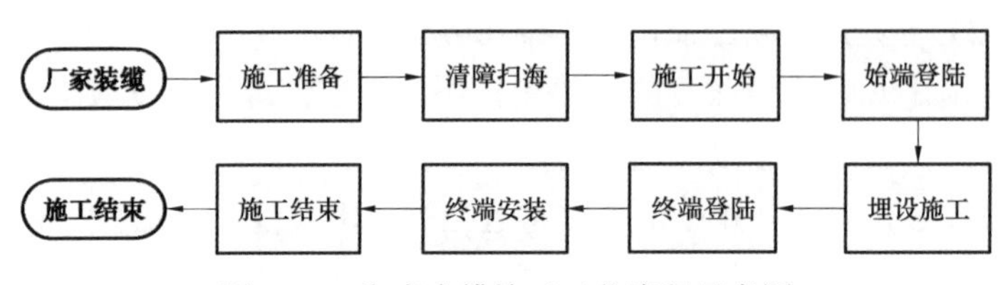

图 3–19 海底电缆施工工艺流程示意图

（二）敷设要求

1. 海底电缆路由复查

根据设计提供的路由勘察技术资料进行相关的海底路由复查，了解以下海底状况：

（1）复查海底地层，了解海床面地形起伏与堆积层厚度；

（2）复查海底地质，决定是否适于冲埋施工以及能否埋设到所需深度；

（3）复查海底障碍，了解是否有妨碍埋设施工的海底障碍物。

2. 海底电缆登陆

（1）海底电缆平台登陆。

1）准备工作：① 检查海底电缆护管，确保没有阻塞物和污垢；② 将牵引钢缆放入护管中；③ 确定施工的牵引装置和人员，其中包括卷扬机及其索具的安装以及海底电缆平台；④ 支撑设备的布置等；⑤ 检查通信设备；⑥ 调整敷设船舶的位置，使海底电缆正对护管，使船舶与平台具有一定安全距离。

2）海底电缆牵引。钢缆牵引海底电缆从敷设船舶上放出。调整海底电缆入水角，形成符合要求的悬链线，从而使海底电缆以正确的角度进入 I 形或 J 形护管。海底电缆牵引应进行牵引钢缆的拉力监控器和放出海底电缆数量的监控。监控牵引拉力，并与允许数值进行比较，当拉力比允许数值增加时应暂缓作业，并应找出拉力数值增加的原因。

3）海底电缆固定。平台电缆登陆处应垫滑轮或采取其他防护措施，以保护电缆表面不受损坏。电缆穿过建（构筑物）处的孔洞应采用防火密封胶泥严密封堵。穿过有防火要求的舱壁或甲板所采用的密封措施，不能降低舱壁或甲板的防火等级。

当海底电缆达到平台相应甲板层时，应当固定牢固。根据施工情况，在I形或J形护管处安装海底电缆永久性固定卡子。

4）I形或J形护管处海底电缆冲埋。海底电缆施工完成后，由潜水员在I形或J形护管处将海底电缆逐渐冲埋至设计深度。

（2）海底电缆陆地登陆。

1）准备工作：① 设置牵引装置，并将牵引钢缆引至施工船上与海底电缆相连；② 设置海底电缆滚轮以避免电缆损伤；③ 检查通信设备；④ 调整敷设船舶的位置使海底电缆正对登陆点，使船舶与登陆点具有一定安全距离。

2）海底电缆牵引。海底电缆引到岸上时，可用浮筒将余线全部浮托在海面上，再牵引至陆上。严禁使电缆在海底拖拉，并应进行牵引钢缆的拉力监控器和放出海底电缆数量的监控。监控牵引拉力，并与允许数值进行比较，当拉力比允许数值增加时应暂缓作业，并应找出拉力数值增加的原因。

浮托在海面上的电缆敷设完后应按设计路径沉入海底。

3）海底电缆引至岸上的区段，应采取适合敷设条件的防护措施，且应符合下列规定：① 岸边固定时，应采用保护管、沟槽敷设电缆，必要时可设置工作井连接；② 岸边未固定前，宜采取迂回形式敷设以预留适当备用长度的电缆。

3. 海底电缆中间段敷设

（1）施工准备。

1）准备工作：① 调试水动力系统，使埋设机达到施工工况；② 调整埋设机，检查测试埋深监控系统采集的数据真实有效；③ DGPS导航定位系统应符合GB/T 17424—2009《差分全球导航卫星系统（DGNSS）技术要求》第4章和第9章的规定，调试DGPS应进行定位中误差比对试验。

2）达到海底中间段敷设施工条件时，海底电缆敷设一般应在小潮汛且应视线清晰及风力小于五级时进行。

（2）敷设施工。

1）海底电缆不得悬空于海中，应埋置于海底。在通航水道等需防外部机械力损伤的水域，应采用埋设机将海底电缆埋置于海底适当深度的沟槽中，不能埋深处应加以稳固物覆盖保护；海底电缆埋设深度应满足设计规定。

2）海底电缆中间段敷设时，应采用DGPS导航定位系统实时测量，并与设计路由进行比较，若有偏差应及时纠正施工船舶行驶航线。可采用辅助船在敷缆施工船侧进行顶推以控制船位。

3）海底电缆敷设应防止电缆打扭和打圈，以免损伤电缆。为避免电缆入水时打扭或打圈，在海底电缆敷设过程中始终要保持一定的张力。电缆入水角度应控制在30°～60°，以45°为宜。

电缆敷设张力近似计算公式见式（3–19）：

$$T=W\times D(1-\cos\theta) \quad (3\text{–}19)$$

式中 T——埋设机敷设张力，kN；

W——海底电缆在海水中重量，kg；

D——水深，m；

θ——海底电缆入水角，°。

采用牵引顶推敷设时，其速度宜为 1～8m/min；采用拖轮或自航牵引敷设时，其速度宜为 20～40m/min。

4）海底电缆与海底管缆之间的水平距离，应满足设计规定。

5）敷设过程的整体监控。海底电缆中间段敷设作业监控应在敷设船上进行，包括以下内容：① 水力。② 对于每条光纤都要用 OTDR 进行连续监控。如果光信号出现显著的衰减变化，或者失去连贯性，应停止敷设作业并且调查光纤产生问题的原因。按实际海域地质进行计算和试验，每根软管都要加压到一定压力，并且这个压力要在整个敷设过程中维持。每根软管的压强应进行监控。如果出现压力降低，或者某根软管的外部表现明显不同于其他软管，就应当停止敷设作业，并且对压强降低的原因进行调查。如果有光纤，对于每条光纤都要用 OTDR 进行连续监控。如果光信号出现显著的衰减变化，或者失去连贯性，应停止敷设作业并且调查光纤产生问题的原因。③ 埋深控制系统。通过埋深控制系统终端观察埋设机实时的姿态、海底电缆的埋深，有偏差及时调整，若偏差过大无法调整，停止敷设作业并且调查产生问题的原因。④ 目视检查。在海底电缆敷设过程中应当进行目视检查，以检查发生扭曲、纽结、表面损坏和铠装线灯笼现象等缺陷。对海底电缆的整个长度应当进行 100%检查，任何缺陷都要进行记录。

第七节 电 缆 防 火 设 计

一、电缆火灾事故成因分析

高压线路电缆隧道越来越多，由于电缆路径取得极其困难，各供电部门要求将中、低压电缆（10～35kV 为中压）放置于隧道中，因此造成隧道内各电压等级电缆回路数众多。一旦引起火灾将造成大面积的停电事故，后果不堪设想，应引起足够重视。

大多数事故是由低电压等级的电缆质量差，电缆绝缘层老化，电缆绝缘强度下降，接地装置锈蚀引起电缆自燃造成的，并危及高压电缆线路安全。含有中压电缆的隧道是防火工作薄弱点。

根据各地隧道火灾事故的原因分析，并深入分析隧道内可能引发火灾的因素可以看出，隧道内电缆火灾的主要成因有以下四类：

（1）10、20、35kV 经消弧线圈接地的电缆进入隧道，当电缆发生接地故障时可长时间带故障运行，但电缆在长时间高温放电电弧的作用下可能会发生火灾；

（2）电缆本体或接头击穿故障时，击穿时故障电流很大，可达到 10kA 以上，可能导致临近电缆线路损坏甚至导致火灾；

（3）隧道内高压电缆接地体锈蚀，接地系统发生破坏，如接地线被盗，交叉互联线被盗，高压电缆金属护套上产生的悬浮电位导致电流沿电缆外护套表面流动甚至导致绝缘击穿，因护套表面沿面放电电流的长期存在从而导致火灾；

（4）隧道内有可燃物，包括电缆不阻燃、通信光缆、可燃气体等，可燃物的存在导致电缆在放电电弧、火花或外来火源的诱发下着火。

二、电缆本体防火设计原则

电缆工程防火设计分为电缆本体防火设计和电缆构筑物防火设计，本章节主要讨论电缆本体防火设计，电缆构筑物防火设计详见第五章第三节。

电缆本体防火首先选择高可靠性的电缆及其附件。

绝缘材料：常用的 220kV 电压等级电缆的绝缘材料交联聚乙烯具有较高的允许工作温度。从安全性和环境保护来看，交联聚乙烯绝缘电缆没有发生油料渗漏的隐患，防火、防爆性能好。

金属护套：主要有铅合金护套、皱纹铝护套。从金属护套的短路容量方面考虑，铝较铅的导电性能好，能耐受较大的短路电流。从消防的角度分析，采用皱纹铝护套比铅合金护套有利。

电缆采用阻燃外护套，确保火源去除后电缆外护套不能延燃。

电缆附件：电缆线路的主要附件为电缆中间接头，其应采取耐火防爆隔离措施，可以在电缆中间接头上方安装干粉灭火弹等。

电缆防火设计还应遵循以下原则：

（1）电力电缆防火处理及防火材料要求必须符合 GB 50217—2007《电力工程电力设计规范》、DL/T 5484—2013《电力电缆隧道设计规程》和相关防火规范的有关规定要求。

（2）隧道内的电缆应采用阻燃电缆，这是行之有效的措施。采用阻燃电缆时，即使局部电缆因长期存在电弧导致烧毁也不会发生延燃，因此火情不会扩大，即使外界有持续火源也不会造成大面积事故。

（3）采用铠装电缆（指金属护套），除加强电缆本体保护外，对隧道内的防火也可以起到一定作用。从电缆制造工艺讲，铠装电缆的阻燃性能容易实现。即使电缆存在电弧烧毁，而钢铠本身为不可燃材质，一定程度上可以阻止火焰的蔓延。

（4）避免经消弧线圈接地系统电缆进入隧道，已经在隧道内的，将该电缆与其他电缆用防火隔板进行隔离。隧道内含有 10kV 电缆的，应将 10kV 电缆安装在防火槽盒内，或采用电缆隔板将 220kV 电缆与 10kV 电缆隔离，如图 3–20 所示。

图 3–20　采用电缆防火槽盒敷设 10kV 电缆

（5）由于电缆故障大多发生在电缆接头部位，建议在电缆接头处安装防火隔板与其他相电缆进行隔离。防火槽盒和防火隔板要求采用 A 级防火材料制成，耐火极限不低于 0.5h。

（6）电缆明敷段和电缆接头部位要求涂刷防火涂料或缠绕防火包带。凡穿越电缆井和进入隧道的入口处必须用防火堵料严密封堵。电缆密集区段将 10、20、35kV 电缆接头喷涂防火涂料或绕包防火包带。

（7）所有电缆穿越防火门两侧的阻火隔墙紧靠两侧不少于 1m 区段上施加防火涂料以防止窜燃。阻火隔墙用防火封堵材料进行封堵。

（8）加强隧道在线监测。隧道内预防火灾的另一重要措施是隧道和电缆的在线监测。为防止易燃易爆气体进入隧道引发火灾，应在隧道内加装有害气体检测装置，对隧道内气体进行实时监测；高压电缆线路在接地系统上加装接地电流监控系统，对于接地电流的变化进行实时监控；隧道内可以加装测温系统，对隧道内的环境温度、电缆温度进行实时监测，并设置温度异常报警。

1）采用有害气体在线监测的方式，监控可燃易爆等有害气体进入隧道。对于可燃烧气体如煤气、油挥发气体等有效成分进行监测，早发现，早处理，将火灾隐患消灭在萌芽状态。

2）加装接地电流监测系统可以有效地在线监测接地电流的变化，在接地系统发生接地电流过大或接地系统发生破坏、电缆外护套发生击穿故障时均能有效的发现，从而避免接地系统故障所引发的隧道火灾。

3）在隧道内可以加装光栅测温系统或分布式光纤测温系统，对隧道内的环境温度、电缆温度进行实时监测，并设置温度异常报警，对隧道内温度异常及时发现处理。

第八节 直流电缆设计介绍

一、直流电缆选型

国内外使用的高压直流电缆主要有自容式充油电缆、不滴流浸渍纸绝缘电缆和交联聚乙烯绝缘电缆三种。

（一）自容式充油直流电缆

充油直流电缆采用低损耗牛皮纸作为绝缘材料，同时采用低黏度矿物油浸渍电缆纸绝缘，并在电缆内部设置油道与供油设备相连，以保持电缆中的油压，从而抑制了电缆绝缘内部气隙的产生。

充油电缆优点是可靠性高，缺点是安装不便、易燃、环保性差。充油电缆迄今已有 70 多年的历史，目前世界上已建成的直流超高压跨海联网工程中，如加拿大本土至温哥华岛±500kV 直流海底电缆工程、欧洲西班牙至摩洛哥±400kV 跨海联网工程，均采用该种形式电缆。

（二）不滴流电缆

不滴流电缆绝缘层是以一定宽度的电缆绝缘纸螺旋状地绕包在线芯上，经过真空干燥处理后用浸渍剂浸渍而成。不滴流电缆具有敷设方便、敷设长度和高差不受限制等优点。但绝缘层绝缘纸与浸渍剂热膨胀系数相差较大，绝缘中易出现气隙破坏绝缘。相比之下，不滴流电缆运行温度较低，因此载流量相对较小，在满负荷工作时不滴流电缆也有油液泄漏、易燃的危险。

浸渍纸绝缘电缆用于高压直流输电领域已有 100 多年的历史，主要用于直流高电压等级的大功率传输，最高适用于±500kV 电压等级。

（三）交联聚乙烯绝缘电缆

交联聚乙烯电缆是固态绝缘电缆的代表产品，也是目前应用最为广泛的电缆。由于交联聚乙烯电缆绝缘中的空间电荷效用使得交流 XLPE 绝缘电缆不能直接用于直流线路，因此需要对绝缘材料采用抑制空间电荷分布的措施。国际上普遍采用在交联绝缘材料中添加极性或导电无机堵料来降低空间电荷。

由于交联聚乙烯绝缘直流电缆具有优良的电气性能和环保性能，使得交联直流电缆在长距离直流输电工程使用中占有相当大份额，尤其是在柔性直流输电工程中。

目前较为典型的交联聚乙烯高压直流电缆结构和外观分别如图 3-21～图 3-23 所示。

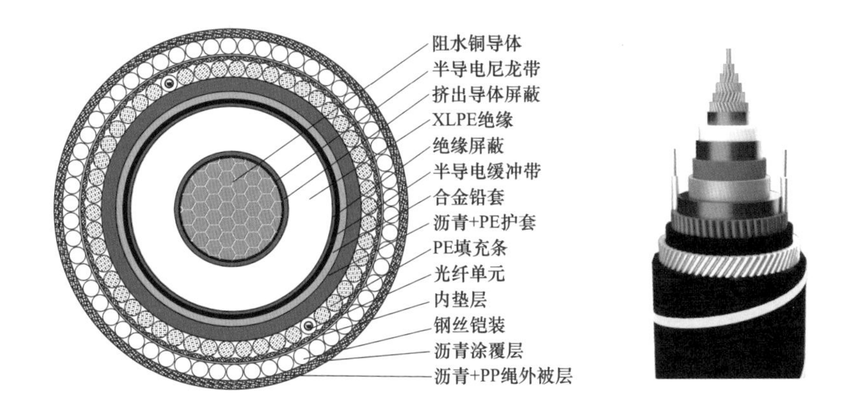

图 3-21　铜芯交联聚乙烯绝缘铅套粗圆钢丝铠装聚丙烯纤维外被层光纤复合直流海底电缆

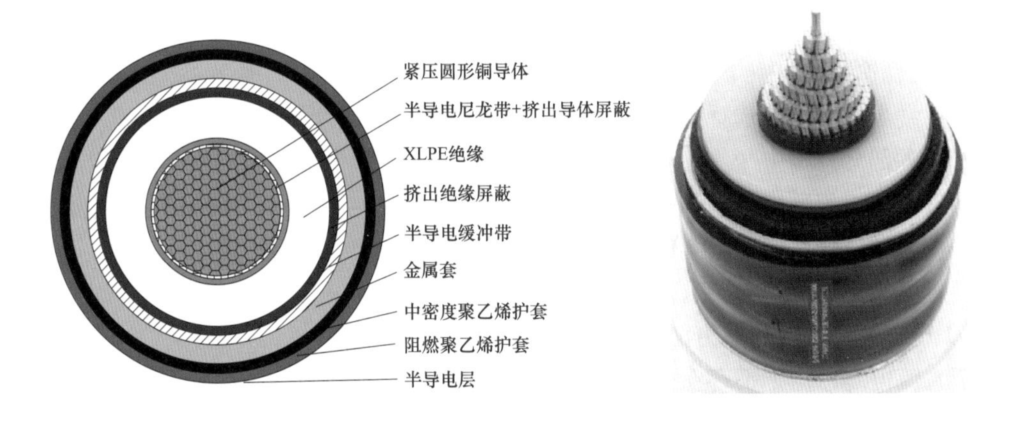

图 3-22　铜芯交联聚乙烯绝缘皱纹铝套聚乙烯护套直流电力电缆

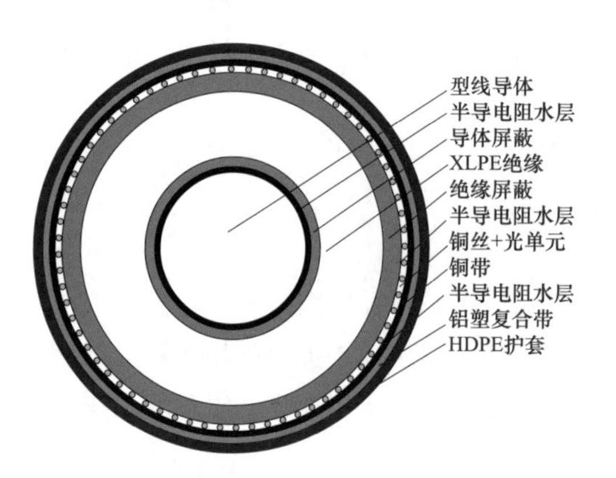

图 3–23　铜芯交联聚乙烯绝缘铜丝屏蔽综合防水层聚乙烯护套光纤复合直流电缆

三类直流电缆的优缺点对比见表 3–23。

表 3–23　　3 类直流电缆优缺点对比表

名称	优　点	缺　点
充油电缆	（1）可靠性高； （2）运行经验丰富	（1）敷设安装不便； （2）设有供油系统，运行维护不便，且运行维护费用高； （3）发生漏油事故后维修困难，易污染环境
不滴流电缆	（1）敷设安装方便； （2）敷设长度和高差不受限制	（1）绝缘材料中气隙的产生不可避免； （2）绝缘性能受弯曲次数影响； （3）导体允许运行温度低，相同输送容量下的导体截面要增加； （4）绝缘油有泄漏、易燃的风险
交联电缆	（1）电气性能优越； （2）耐热性能和机械性能良好； （3）环保； （4）敷设安装方便； （5）绝缘性能不受弯曲次数影响	（1）挂网运行经验不足； （2）性能受制造工艺影响较大

二、直流电缆截面选择

（一）选择原则

直流电缆导体截面的选择是工程设计中的重点。电缆运行时通过的长期负荷电流达到稳态后，电缆各部分结构中产生的耗散能量向四周散发，使得周围介质温度升高。当温度升高到电缆允许长期工作温度时，该负荷电流称为电缆的长期容许电流。电缆的长期容许电流是选择电缆截面的依据，如果电缆的长期容许电流大于或等于电缆的长期工作电流，则所选电缆截面满足系统输送容量的要求。

（二）电缆载流量的计算方法

对于直流电缆，由于不存在交变电磁场，绝缘损耗可忽略，金属护套上不会产生损耗，其损耗主要是线芯的电阻损耗。直流陆地电缆额定载流量计算见式（3–20）：

$$I=\left[\frac{\Delta\theta_{c}}{R'\bullet(T_1+T_2+T_3)}\right]^{0.5} \tag{3-20}$$

式中　I ——电缆载流量；

$\Delta\theta_c$ ——电缆导体相对周围环境温度的温升，℃；

R' ——最高工作温度下导体的直流电阻，Ω/m；

T_1 ——导体和金属套之间单位长度热阻，℃ • m/W；

T_2 ——电缆外护套单位长度热阻，℃ • m/W；

T_3 ——电缆表面和周围介质之间单位长度热阻，℃ • m/W。

三、金属护套选择

高压直流电缆的金属护套主要有铅套、皱纹铝套、皱纹铜套和铝塑综合护套，其优、缺点见表 3–24。

表 3–24　　铅套、皱纹铝套、皱纹铜套和铝塑综合护套优、缺点对比表

名称	优　点	缺　点
铅套	密封性能好，熔点低，耐腐蚀性能好	机械强度低，抗蠕变性差，铅密度大，直流电阻率高，允许短路电流小
皱纹铝套	机械强度高、直流电阻小，短路电流大，重量轻	电缆外径大，装盘长度短，耐腐蚀性差，不易弯曲
皱纹铜套	质量轻、允许短路电流大，耐腐蚀性好	造价高
铝塑综合护套	电缆外径小、质量轻	密封性差，电缆易破裂

综合对比上述 4 种常见金属护套，直流陆地电缆一般采用皱纹铝套，在腐蚀较为严重的海边区域经常采用铅护套。

四、非金属外套选择

目前高压直流电缆外护层材料主要有聚乙烯（PE）和聚氯乙烯（PVC）2 种。

按密度和结构不同，聚乙烯又分为线性低密度聚乙烯、低密度聚乙烯、中密度聚乙烯和高密度聚乙烯，其中线性低密度聚乙烯、低密度聚乙烯主要用于通信电缆，不适用于高压电缆。聚乙烯外护层的机械、电气和防水性能均较优，但阻燃性能不佳，适合于直埋、浅沟、穿管敷设。

聚氯乙烯是一种极性材料，该类材料绝缘电阻较低，具有阻燃性，适合明敷于电缆隧道中。

考虑防蚁措施，目前陆地直流电缆的外护套普遍添加防蚁护层，采用双层护套结构，其中内层护套采用高密度聚乙烯材料，外层护套采用“退灭虫”或“退敌虫”防蚁护套。

第九节　综合管廊设计介绍

一、入廊管线规划

（1）国外进入综合管廊的工程管线有电信电缆、给水管线、供冷供热管线和排水管线等。此外，日本等国家也将管道化的生活垃圾输送管道敷设在综合管廊内。国内进入综合管廊的工程管线有电力电缆、电信电缆、给水管线、供热管线等。

（2）随着城市经济综合实力的提升及对城市环境整治的严格要求，在国内许多大中城市都建有不同规模的电力隧道和电缆沟。电力管线从技术和维护角度而言纳入综合管廊已经没有障碍。

（3）综合管廊规划中将高压电缆单独置于一舱。电力管线纳入综合管廊采用立柱和支架的形式进行敷设，为解决电力电缆通风降温、防火防灾等主要问题，管廊内配备有高温报警、通风以及消防等附属系统。

（4）电力电缆应采用阻燃电缆或不燃电缆。应对综合管廊内的电力电缆设置电气火灾监控系统，在电缆接头处应设置自动灭火装置。

（5）电力电缆敷设安装应按支架形式设计，并应符合 GB 50217—2007《电力工程电缆设计规范》和 GB/T 50065—2011《交流电气装置的接地设计规范》的有关规定。

二、管廊断面选型

（一）断面确定原则

（1）综合管廊的断面形式的确定，要充分考虑到综合管廊的施工方法及纳入管线的种类和规模、建设方式、预留空间等因素。

（2）综合管廊断面应满足管线安装、检修、维护作业所需要的空间要求。

（3）综合管廊断面的管线布置应根据纳入管线的种类、规模及周边用地功能确定。

（4）110kV 及以上电力电缆，不应与通信光缆同侧布置，不应与热力管道同舱敷设。

（5）根据国内外相关工程来看，通常采用矩形断面。采用这种断面的优点在于施工方便，综合管廊的内部空间可以得到充分利用。但在穿越河流、地铁等障碍时，综合管廊的埋设深度较深，才可采用盾构或顶管施工方法，此时综合管廊通常为圆形断面。

（6）综合管廊的断面根据各管线入管廊后分别所需的空间、维护及管理通道、作业空间，以及照明、通风、排水等设施所需空间，考虑各特殊部位结构形式、分支走向等配置，并考虑设置地点的地质状况、沿线状况、交通等施工条件，以及地铁、下水道等其他地下埋设物以及周围建筑物等条件，做综合研究后确定最为经济合理的断面。

（二）断面设计

（1）综合管廊标准断面内部净高应根据容纳管线的种类、规格、数量、安装要求等综合确定，不宜小于 2.4。

（2）综合管廊标准断面内部净宽应根据容纳的管线种类、数量、运输、安装、运行、维护等要求综合确定。

（3）综合管廊通道净宽，应满足管道、配件及设备运输的要求，并应符合下列规定：

1）综合管廊内两侧设置支架或管道时，检修通道净宽不宜小于 1.0m；单侧设置支架或管道时，检修通道净宽不宜小于 0.9m。

2）配备检修车的综合管廊检修通道宽度不宜小于 2.2m。

（4）电力电缆的支架间距应符合 GB 50217—2007《电力工程电缆设计规范》的有关规定。

常用双舱、三舱、四舱综合管廊断面示意分别如图 3–24～图 3–26 所示。

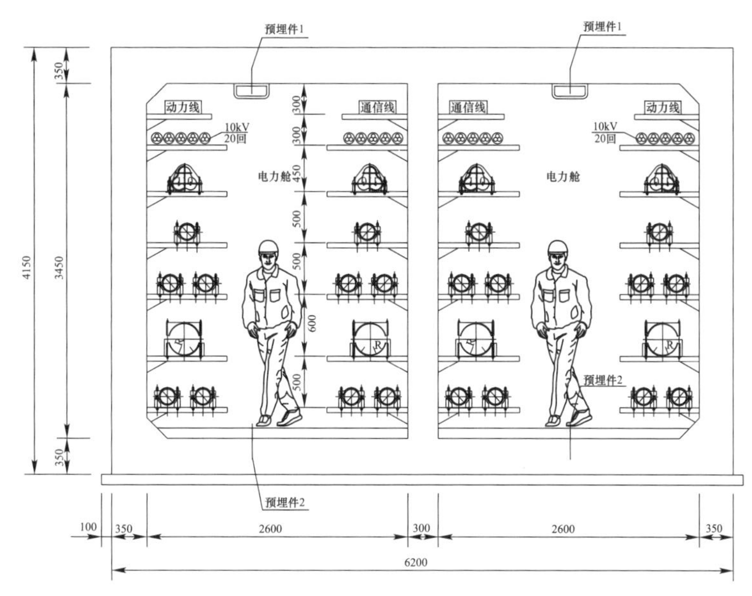

图 3–24　双舱综合管廊断面示意图（mm）

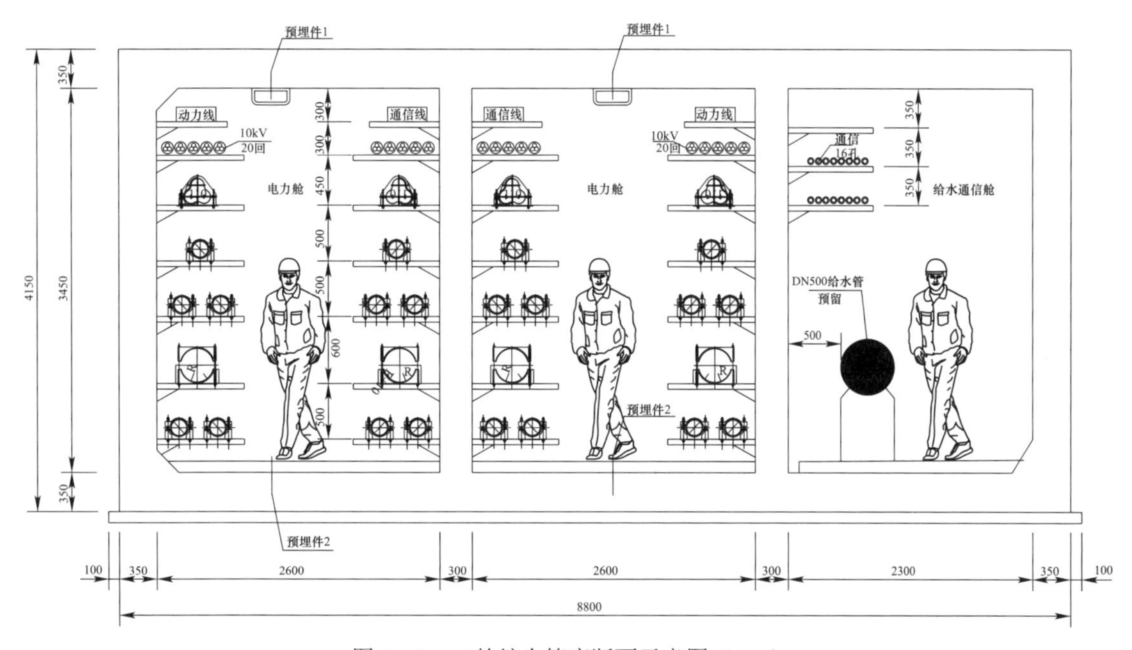

图 3–25　三舱综合管廊断面示意图（mm）

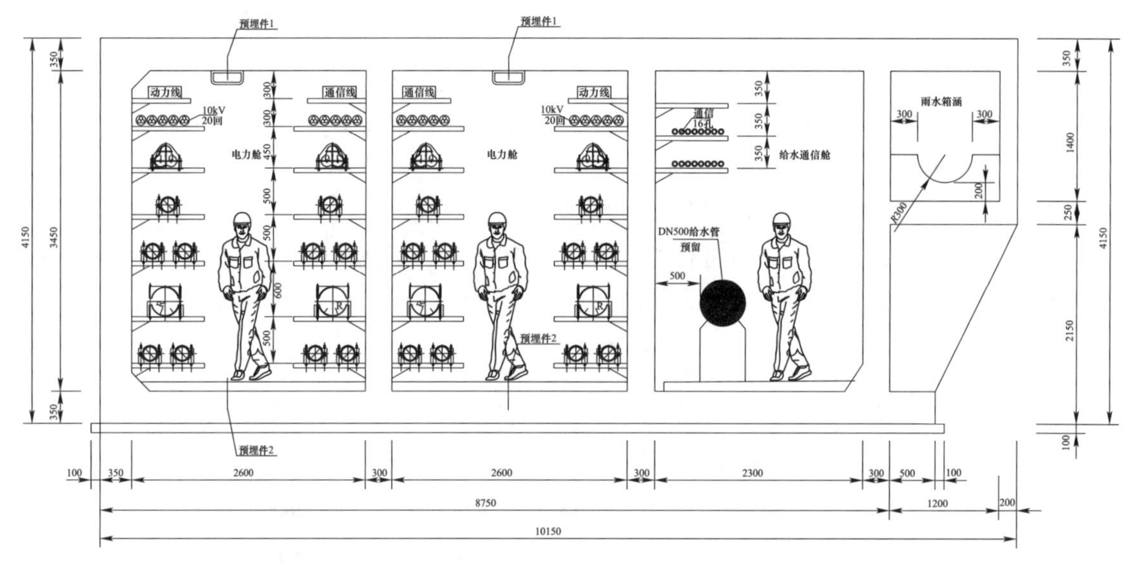

图 3–26　四舱综合管廊断面示意图（mm）

三、管廊结构设计

（一）一般规定

（1）综合管廊工程的结构设计使用年限应为 100 年。

（2）综合管廊工程应按乙类建筑物进行抗震设计，并应满足国家现行标准的有关规定。

（3）综合管廊的结构安全等级应为一级，结构中各类构件的安全等级宜与整个结构的安全等级相同。

（4）综合管廊结构构件的裂缝控制等级应为三级，结构构件的最大裂缝宽度限值应小于或等于 0.2mm，且不得贯通。

（5）综合管廊应根据气候条件、水文地质状况、结构特点、施工方法和使用条件等因素进行防水设计，防水等级标准应为二级，并应满足结构的安全、耐久性和使用要求。综合管廊的变形缝、施工缝和预制构件接缝等部位应加强防水和防火措施。

（6）对埋设在历史最高水位以下的综合管廊，应根据设计条件计算结构的抗浮稳定。计算时不应计入管廊内管线和设备的自重，其他各项作用应取标准值，并应满足抗浮稳定性抗力系数不低于 1.05。

（7）预制综合管廊纵向节段的长度应根据节段吊装、运输等施工过程的限制条件综合确定。

（二）材料

（1）综合管廊工程中所使用的材料应根据结构类型、受力条件、使用要求和所处环境等选用，并应考虑耐久性、可靠性和经济性。主要材料宜采用高性能混凝土、高强钢筋。当地基承载力良好、地下水位在综合管廊底板以下时，可采用砌体材料。

（2）钢筋混凝土结构的混凝土强度等级不应低于 C30。预应力混凝土结构的混凝土强度等级不应低于 C40。

（3）地下工程部分宜采用自防水混凝土，设计抗渗等级应符合表 3–25 的规定。

表 3–25　　防水混凝土设计抗渗等级

管廊埋置深度 H（m）	设计抗渗等级
$H<10$	P6
$10\leqslant H<20$	P8
$20\leqslant H<30$	P10
$H\geqslant 30$	P12

（4）用于防水混凝土的水泥应符合下列规定：

1）水泥品种宜选用硅酸盐水泥、普通硅酸盐水泥；

2）在受侵蚀性介质作用下，应按侵蚀性介质的性质选用相应的水泥品种。

（5）用于防水混凝土的砂、石应符合 JGJ 52—2012《普通混凝土用砂、石质量及检验方法标准》的有关规定。

（6）防水混凝土中各类材料的氯离子含量和含碱量（Na_2O 当量）应符合下列规定：

1）氯离子含量不应超过凝胶材料总量的 0.1%；

2）采用无活性骨料时，含碱量不应超过 $3kg/m^3$；采用有活性骨料时，应严格控制混凝土含碱量并掺加矿物掺合料。

（7）混凝土可根据工程需要掺入减水剂、膨胀剂、防水剂、密实剂、引气剂、复合型外加剂及水泥基渗透结晶型材料等，其品种和用量应经试验确定，所用外加剂的技术性能应符合国家现行标准的有关质量要求。

（8）用于拌制混凝土的水，应符合 JGJ 63—2006《混凝土用水标准》的有关规定。

（9）混凝土可根据工程抗裂需要掺入合成纤维或钢纤维，纤维的品种及掺量应符合国家现行标准的有关规定，无相关规定时应通过试验确定。

（10）钢筋应符合 GB 1499.1—2008《钢筋混凝土用钢　第 1 部分：热轧光圆钢筋》，GB 1499.2—2007《钢筋混凝土用钢　第 2 部分：热轧带肋钢筋》和 GB 13014—2013《钢筋混凝土用余热处理钢筋》的有关规定。

（11）预应力筋宜采用预应力钢绞线和预应力螺纹钢筋，并应符合 GB/T 5224—2014《预应力混凝土用钢绞线》和 GB/T 20065—2016《预应力混凝土用螺纹钢筋》的有关规定。

（12）用于连接预制节段的螺栓应符合 GB 50017—2017《钢结构设计标准》的有关规定。

（13）纤维增强塑料筋应符合 GB/T 26743—2011《结构工程用纤维增强复合材料筋》的有关规定。

（14）预埋钢板宜采用 Q235 钢、Q345 钢，其质量应符合 GB/T 700—2006《碳素结构钢》的有关规定。

（15）砌体结构所用材料的最低强度等级应符合表 3–26 的规定。

表 3–26　　砌体结构所用材料的最低强度等级

基土的潮湿程度	混凝土砌块	石材	水泥砂浆
稍潮湿的	MU10	MU40	M7.5
很潮湿的	MU15	MU40	M10

（16）弹性橡胶密封垫的主要物理性能应符合表 3–27 的规定。

表 3–27　　弹性橡胶密封垫的主要物理性能

序号	项　　目			指标	
				氯丁橡胶	三元乙丙橡胶
1	硬度（邵氏），度			（45±5）～（65±5）	（55±5）～（70±5）
2	伸长率（%）			≥350	≥330
3	拉伸强度（MPa）			≥10.5	≥9.5
4	热空气老化	（70℃×96h）	硬度变化值（邵氏）	≥+8	≥+6
			扯伸强度变化率（%）	≥–20	≥–15
			扯断伸长率变化率（%）	≥–30	≥–30
5	压缩永久变形（70℃×24h）（%）			≤35	≤28
6	防霉等级			达到或优于 2 级	

（17）遇水膨胀橡胶密封垫的主要物理性能应符合表 3–28 中规定。

表 3–28　　遇水膨胀橡胶密封垫的主要物理性能

序号	项　　目		指　　标			
			PZ–150	PZ–250	PZ–450	PZ–600
1	硬度（邵氏 A，°）		42±7	42±7	45±7	48±7
2	拉伸强度（MPa）		≥3.5	≥3.5	≥3.5	≥3
3	扯断伸长率（%）		≥450	≥450	≥350	≥350
4	体积膨胀倍率（%）		≥150	≥250	≥400	≥600
5	反复浸水试验	拉伸强度（MPa）	≥3	≥3	≥2	≥2
		扯断伸长率（%）	≥350	≥350	≥250	≥250
		体积膨胀倍率（%）	≥150	≥250	≥500	≥500
6	低温弯折（–20℃×2h）		无裂纹	无裂纹	无裂纹	无裂纹
7	防霉等级		达到或优于 2 级			

（三）结构作用力

（1）结构主体及收容管线自重可按结构构件及管线设计尺寸计算确定。常用材料及其制作件的自重可按 GB 50009—2012《建筑结构荷载规范》的规定采用。

（2）预应力综合管廊结构上的预应力标准值，应为预应力钢筋的张拉控制应力值去除各项预应力损失后的有效预应力值。张拉控制应力值应按 GB 50010—2010《混凝土结构设计规范（2015 年版）》的有关规定确定。

（3）建设场地地基土有显著变化段的综合管廊结构，应计算地基不均匀沉降的影响，其标准值应按 GB 50007—2011《建筑地基基础设计规范》的有关规定计算确定。

（4）制作、运输和堆放、安装等短暂设计状况下的预制构件验算，应符合 GB 50666—2011《混凝土结构工程施工规范》的有关规定。

（四）现浇混凝土综合管廊结构设计

（1）现浇混凝土综合管廊结构的截面内力计算模型宜采用闭合框架模型。作用于结构底板的基底反力分布应根据地基条件确定，并应符合下列规定：

1）地层较为坚硬或经加固处理的地基，基底反力可视为直线分布；

2）未经处理的软弱地基，基底反力应按弹性地基上的平面变形截条计算确定。

（2）现浇混凝土综合管廊结构设计应符合 GB 50010—2010《混凝土结构设计规范（2015 年版）》，GB 50608—2010《纤维增强复合材料建设工程应用技术规范》的有关规定。

（五）预制拼装综合管廊结构

（1）预制拼装综合管廊结构宜采用预应力筋连接接头、螺栓连接接头或承插式接头。当场地条件较差，或易发生不均匀沉降时，宜采用承插式接头。当有可靠依据时，也可采用其他能够保证预制拼装综合管廊结构安全性、适用性和耐久性的接头构造。

（2）仅带纵向拼缝接头的预制拼装综合管廊结构的截面内力计算模型宜采用与现浇混凝土综合管廊结构相同的闭合框架。

（3）预制拼装综合管廊结构中，现浇混凝土截面的受弯承载力、受剪承载力和最大裂缝宽度宜符合 GB 50010—2010《混凝土结构设计规范（2015 年版）》的有关规定。

（4）预制拼装综合管廊结构采用预应力筋连接接头或螺栓连接接头时，其拼缝接头的受弯承载力应符合公式（3–21）要求：

$$M \leqslant f_{py} A_p \left(\frac{h}{2} - \frac{x}{2} \right)$$

$$x = \frac{f_{py} A_p}{a_1 f_e b} \tag{3–21}$$

式中　M ——接头弯矩设计值，kN · m；

f_{py} ——预应力筋或螺栓的抗拉强度设计值，N/mm^2；

A_p ——预应力筋或螺栓的截面积，mm^2；

h ——构件截面高度；

x ——构件混凝土受压区域截面高度，mm；

a_1 ——固定系数，当混凝土强度等级不超过 C50 时，取 1.0；当混凝土强度等级为 C80 时，取 0.94，期间按照线性内插法确定。

（5）带纵、横向拼缝接头的预制拼装综合管廊结构应按荷载效应的标准组合，并应考虑长期作用影响对拼缝接头的外缘张开量进行验算，且应符合式（3-22）要求：

$$\Delta=\frac{M_k}{K}h\leqslant\Delta_{max} \tag{3-22}$$

式中 Δ ——预制拼装综合管廊拼缝外缘张开量，mm；

h ——拼缝截面高度，mm；

K ——选装弹簧常数；

M_k ——预制拼装综合管廊拼缝截面弯矩标准值，kN·M。

（6）预制拼装综合管廊拼缝防水应采用预制成型弹性密封垫为主要防水措施，弹性密封垫的界面应力不应低于1.5MPa。

（7）拼缝弹性密封垫应沿环、纵面兜绕成框型。沟槽形式、截面尺寸应与弹性密封垫的形式和尺寸相匹配。

（8）拼缝处应至少设置1道密封垫沟槽，密封垫沟槽截面积应取1～1.5倍的密封垫截面积。

（9）拼缝处应选用弹性橡胶与遇水膨胀橡胶制成的复合密封垫。弹性橡胶密封垫宜采用三元乙丙（EPDM）橡胶或氯丁（CR）橡胶。

（10）复合密封垫宜采用中间开孔、下部开槽等特殊截面的构造形式，并应制成闭合框型。

（11）采用高强钢筋或钢绞线作为预应力筋的预制综合管廊结构的抗弯承载能力应按GB 50010—2010《混凝土结构设计规范（2015年版）》有关规定进行计算。

（12）采用纤维增强塑料筋作为预应力筋的综合管廊结构抗弯承载力能力计算应按GB 50608—2010《纤维增强复合材料建设工程应用技术规范》有关规定进行设计。

（13）预制拼装综合管廊拼缝的受剪承载力应符合JGJ 1—2014《装配式混凝土结构技术规程》的有关规定。

（六）构造要求

（1）综合管廊结构应在纵向设置变形缝，变形缝的设置应符合下列规定：

1）现浇混凝土综合管廊结构变形缝的最大间距应为30m；

2）结构纵向刚度突变处以及上覆荷载变化处或下卧土层突变处，应设置变形缝；

3）变形缝的缝宽不宜小于30mm；

4）变形缝应设置橡胶止水带、填缝材料和嵌缝材料等止水构造。

（2）混凝土综合管廊结构主要承重侧壁的厚度不宜小于250mm，非承重侧壁和隔墙等构件的厚度不宜小于200mm。

（3）混凝土综合管廊结构中钢筋的混凝土保护层厚度，结构迎水面不应小于50mm，结构其他部位应根据环境条件和耐久性要求并按GB 50010—2010《混凝土结构设计规范（2015年版）》的有关规定确定。

（4）综合管廊各部位金属预埋件的锚筋面积和构造要求应按GB 50010—2010《混凝土结构设计规范（2015年版）》的有关规定确定。预埋件的外露部分，应采取防腐保护措施。

第四章 电缆构筑物设计

电力电缆隧道是埋置于岩土介质中的结构物，其施工是在岩土介质中进行的，施工方法的选择往往由地质条件等因素决定，不能笼统地采用通常模式的施工方法，同一工程往往有多种可选工法。总体来讲，常见的电力电缆隧道施工方法有明挖法、非开挖法，每种方法均有各自的适用条件及优缺点，应通过工期、造价、环境保护等诸多因素综合比较，选择最为合理、经济、有效的施工方法。

第一节 岩土工程勘察

一、岩土工程勘察的意义

工程地质与水文地质条件是进行基坑支护结构设计、坑内地基加固设计、降水设计、土方开挖等的依据。岩土勘察是工程建设的重要环节，电缆隧道工程的勘察设计属复杂的系统工程，与常规电力工程在结构形态、计算模型、施工工法、环境影响等方面存在较多的区别，对其岩土勘察的内容、手段等提出了新的要求。高压电缆岩土工程勘察分析评价电缆路径的稳定性，查明影响电缆工程的不良地质作用、周边环境条件，以及与电缆工程设计和施工相关的地质构造、岩土结构、岩土性质、地下水条件等工程地质条件，为电缆工程的路径选择、岩土体的整治、设计和施工提供依据。

二、岩土工程勘察的基本规定

（一）工程重要性等级

高压电缆的工程重要性等级根据施工工法、基坑深度和工程破坏后果综合确定，见表4–1。

表4–1　　工程重要性等级

<table>
<tr><th colspan="3">工程重要性等级</th><th>一级</th><th>二级</th><th>三级</th></tr>
<tr><td rowspan="3">施工工法及基坑深度</td><td rowspan="2">非开挖</td><td>顶管法/盾构法</td><td colspan="3">均按一级</td></tr>
<tr><td>定向钻法</td><td colspan="3">均按二级</td></tr>
<tr><td colspan="2">明挖法</td><td>H>8m</td><td>5m≤H≤8m</td><td>H<5m</td></tr>
</table>

续表

工程重要性等级		一级	二级	三级
施工工法及基坑深度	沉井法	$H>10m$	$H\leqslant 10m$	—
工程破坏后果		很严重	严重	不严重

注 1. H 为基坑开挖深度或沉井底板埋深；

2. 先根据施工工法及基坑深度初步确定工程重要性等级，再根据工程破坏后果按就高不就低的原则进行调整。

（二）场地复杂程度等级

高压电缆的场地复杂程度可分为一级场地、二级场地和三级场地，并宜符合表 4–2 的规定。

表 4–2　　场地复杂程度等级

重要性等级	场地复杂程度	划分依据
一级	复杂	地形地貌复杂；地基土种类多，性质变化大，需特殊处理；水文地质条件复杂，地下水对工程的影响较大；不良地质作用强烈发育，边坡和围岩的岩土性质较差；抗震危险地段；周边环境条件复杂
二级	中等复杂	除复杂场地和简单场地以外的场地
三级	简单	地形地貌简单；地基土种类单一、性质均匀，不需特殊处理；水文地质条件简单，地下水对工程无不良影响；不良地质作用不发育，边坡和围岩的岩土性质较好；抗震有利地段；周边环境简单

注 1. 一级场地中，划分依据满足其中 1 项即可判定。

2. 三级场地中，划分依据需满足所有项方能判定。

三、岩土工程勘察的主要工作

电缆线路岩土工程勘察分阶段进行，勘察阶段的划分应与设计阶段相适应，一般划分为可行性研究、初步设计、施工图设计阶段，在地质条件复杂地段必要时增加施工勘察阶段。不同勘察阶段工作主要内容见表 4–3。

表 4–3　　电缆工程勘察阶段划分及工作内容

勘察阶段	工作内容
可行性研究	主要为配合设计选择路径方案、调查了解路径沿线及附近的建构筑物特征、地下各类管线、管道埋设情况、城市规划等，初步查明地形地貌、岩土工程条件、水文地质条件及不良地质作用等，为路径方案选择、隧道结构型式和拟埋深、施工工法及工程造价等影响方案可行性的主要因素提供基本资料
初步设计	进一步查明并评价拟定的线路通过地区的岩土工程、水文地质条件，控制线路方案的不良地质、特殊地质的性质、范围，环境条件，初步提出对不良地质的整治措施，对可能采取的不同施工方法选择有针对性的岩土工程勘察方法和评价内容
施工图设计	应详细查明批准路径沿线的地形地貌、围岩分类、地层岩性特征及水平和垂向分布规律、地下水类型及分布及特征，地表以下分布的各类管道管线及埋设物的分布情况及埋深、周围建筑物与路径的关系等环境条件因素，针对特殊地段、特殊要求及不同施工工法进行有针对性岩土工程评价，提供设计所需的特殊岩土参数等
施工	在施工过程中发现岩土条件与勘察资料不符、出现异常情况，或设计方案、施工工艺方法变动时需进行施工勘察，施工勘察应针对具体情况和出现的问题开展专门勘察

（一）可行性研究阶段

可行性研究阶段以收集分析已有资料和踏勘调查为主，了解区域地质资料及路径沿线地形地貌、地层岩性、工程地质和水文地质条件、环境条件等，必要时可进行适量勘探工作。勘探点的平面布置应符合下列要求：

（1）勘探点间距宜为300～500m，复杂场地应适当加密勘探点；

（2）每个控制性工点、工程地质单元处均应有勘探点；

（3）有多个比选路径方案时，各比选路径方案均应布置勘探点。

勘探孔深度应能满足场地稳定性与适宜性评价及路径方案设计与施工方案比选等需要。

（二）初步设计阶段

初步设计阶段应开展现场勘探工作，查明沿线的岩土工程条件，为最终确定电缆结构形式、埋置深度、施工工法和设备选择、不良地质作用的整治等，提供岩土工程勘察资料。勘探点的平面布置及间距应符合下列要求：

（1）勘探点间距宜为75～150m，对于复杂场地宜取小值；

（2）工作井地段勘探点应根据各井位初步尺寸及轮廓布置，应不少于1个勘探点；

（3）在地貌、地质单元交接部位、地层变化较大地段以及不良地质作用和特殊性岩土发育地段应加密勘探点。

勘探孔的深度应符合下列规定：

（1）对于明挖区间，控制性勘探孔的深度应不小于开挖深度的3倍，一般性勘探孔的深度应不小于开挖深度的2倍；

（2）对于非明挖区间，控制性勘探孔应进入结构底板以下不小于5倍隧道直径（宽度）或应进入结构底板以下中等风化或微风化岩石地层不小于8m，一般性勘探孔应进入结构底板以下不小于3倍隧道直径（宽度）或应进入结构底板以下中等风化或微风化岩石地层不小于5m；

（3）对于明挖工作井，勘探孔深度应不小于基坑深度的3倍；

（4）对于沉井，勘探孔应进入结构底板以下不小于2倍沉井外径；

（5）当预定深度内有软弱夹层、破碎带或岩溶时，勘探孔深度应适当加深；当预定勘探深度内有坚硬的地基岩土时，可适当减少勘探深度；

（6）采用人工地基、桩基础或其他深基础时，勘探孔深度应符合现行规范中的相应规定。

（三）施工图设计阶段

应开展现场勘探工作，根据电缆不同地段、不同结构形式、重要性及电缆结构设计特点和不良地质作用整治措施，详细评价岩土工程条件，提供电缆结构设计和施工工法确定所需的岩土工程勘察资料。

施工图设计阶段勘探点的间距宜符合表4–4的规定。

表 4–4　　勘探点的间距　　m

地段类别及施工工艺 \ 场地复杂程度		复杂场地	中等复杂场地	简单场地
区间	明挖，深度小于 5m	30～50	50～75	75～100
	明挖，深度大于 5m	15～30	30～50	50～75
	顶管隧道	15～30	30～50	50～75
	盾构隧道	10～30	30～50	50～60
	定向钻	30～50	50～75	75～100
工作井	工作井	10～20，且不少于 2 个勘探点		

勘探点的平面布置应符合下列规定：

（1）区间的勘探点应沿路径轴线交叉布置在管线外侧，陆域勘探点宜距管线结构外侧 35m，水域勘探点宜距管线结构外侧 8～10m；

（2）工作井的勘探点应沿平面位置对角线或井壁轮廓线布置；工作井外宜布置勘探点，其范围不宜小于工作井开挖深度的 1 倍；

（3）穿越大、中型河流时，河床及两岸均应布置勘探点；

（4）不同构筑物连接处、施工工法变化处等部位应布置勘探点。

勘探孔深度应符合下列规定：

（1）勘探孔孔深应满足稳定性分析、变形计算与地下水控制的要求；

（2）明挖区间与明挖工作井的勘探孔深度应满足基坑勘察的要求，且应不小于开挖深度的 2 倍；

（3）非明挖区间的控制性勘探孔应进入结构底板以下不小于 3 倍隧道直径（宽度）或应进入结构底板以下中等风化或微风化岩石不小于 5m，一般性勘探孔应进入结构底板以下不小于 2 倍隧道直径（宽度）或应进入结构底板以下中等风化或微风化岩石不小于 3m；

（4）沉井工作井的控制性勘探孔应进入刃脚以下不小于 1 倍井体宽度，一般性勘探孔应进入刃脚以下不小于 0.5 倍井体宽度；

（5）当存在抗拔桩、抗拔锚杆时，勘探孔的深度尚应满足抗拔设计要求；

（6）当预定深度内有软弱夹层、破碎带或岩溶时，勘探孔深度应适当加深；当预定勘探深度内有坚硬的地基岩土时，可适当减少勘探深度。

第二节　电缆构筑物设计

电缆敷设方式可分为直埋、排管、非开挖定向钻（拉管）、电缆沟、电缆桥架、电缆工作井、小口径顶管、电缆隧道。不同敷设方式对应于不同的构筑物，同一工程往往有多种形式的构筑物。各种构筑物均有各自的适用条件及优缺点，应通过工期、造价、环境保护等诸多因素综合比较，选择最为合理、经济、有效的施工方法。

一、直埋

（一）适用范围及特点

电缆直埋敷设一般用于电缆数量少、敷设距离短、地面荷载比较小的地方。路径应选择地下管网较少、不易经常开挖和没有腐蚀土壤的地段。直埋示意图如图 4–1 所示。

优点：电缆敷设后本体与空气不接触，防火性能好。此敷设方式容易实施、投资少。

缺点：此敷设方式抗外力破坏能力差，电缆敷设后如进行电缆更换，则难度较大。

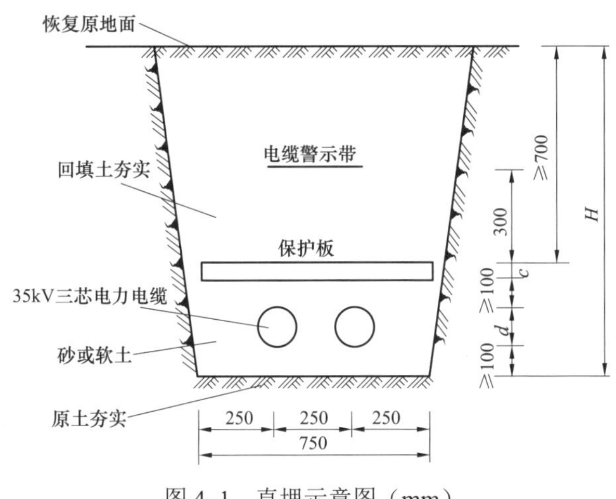

图 4–1　直埋示意图（mm）

（二）设计要点

（1）直埋敷设电缆通道起止点、转弯处及沿线在地面上应设明显的电缆标识，且标识应设置在直埋段电缆两侧，反映直埋段电缆宽度，警示及掌握电缆路径的实际走向。电缆上方沿线土层内应铺设带有电力标识的警示带。

（2）直埋敷设于非冻土区时，电缆表面距地面不应小于 0.7m，当位于行车道或耕地时，应适当加深，且不应小于 1.0m，在引入建筑物、与地下建筑物交叉时浅埋，但应采取保护措施。直埋敷设于冻土区时，宜埋入冻土层以下；当无法深埋时可埋设在土壤排水性好的干燥冻土层或回填土中，也可采取防止电缆受到损伤的措施。

（3）电缆间应采取有效隔离措施，严禁不同相电缆表面直接接触。

（4）直埋敷设的电缆应沿其上、下紧邻侧全线铺以厚度不小于 100mm 的细砂或土，并在其上覆盖宽度超出电缆两侧各 50mm 的保护板。电缆敷设于预制钢筋混凝土槽盒时，应先在槽盒内垫厚度不小于 100mm 的细砂或土，敷设电缆后，用细砂或土填满槽盒，并盖上槽盒盖。

（5）不得采用无防护措施的直埋方式。

二、排管

（一）适用范围及特点

电缆排管敷设是将电缆敷设在预先埋设于地下管道中的一种电缆安装方式，一般适用于电缆与公路、铁路交叉处，通过城市道路且交通繁忙、敷设距离长且电力负荷比较集中的地段。排管示意图如图 4–2 所示。

优点：施工快捷，受外力破坏的影响少、占地小，能承受大的荷重。电缆排管土建部分施工完毕后，电缆施放简单。

缺点：电缆不易弯曲，其热伸缩会引起金属护套的疲劳，电缆散热条件差。

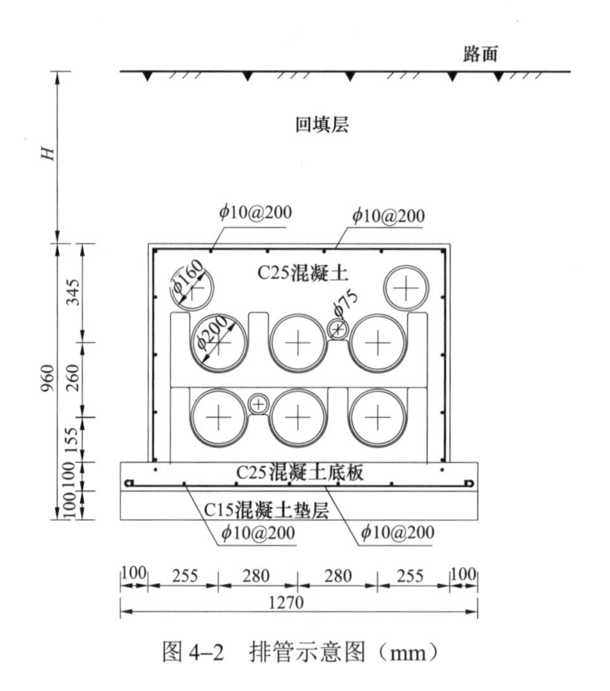

图 4–2　排管示意图（mm）

（二）设计要点

（1）排管所需孔数除按电网规划敷设电缆根数外，宜预留备用孔供更新电缆用。排管内径不应小于电缆外径的 1.5 倍，且不宜小于 150mm。管材内部应光滑无毛刺，管口应无毛刺和尖锐棱角。用于敷设单芯电缆的管材应选用非铁磁性材料。

（2）在排管中设置工作井的间距必须按敷设在同一道保护管中质量最大、允许牵引力和允许侧压力最小的一根电缆计算决定，且每段排管的长度不宜大于 150m。

（3）排管应采用（钢筋）混凝土包封。排管之间宜采用管枕结构，上、下层排管净距不得小于 60mm。

（4）排管上方沿线土层内应铺设带有电力标识警示带，宽度不小于排管，地面应设置明显的警示标识。

三、电缆沟

（一）适用范围及特点

电缆沟敷设方式与电缆直埋、电缆排管及隧道等敷设方式进行相互配合使用，适用于变电站出线，主要街道，多种电压等级、电缆较多，道路弯曲，地坪高程变化较大的地段。电缆沟示意图如图 4–3 所示。

优点：检修、变换电缆较方便，灵活多样，转弯方便，可根据地坪高程变化调整电缆敷设高程，可敷设较多回路的电缆，散热性能较好。

缺点：造价相对直埋和排管高，可开启式缆沟施工检查及更换电缆时须搬运大量盖板，施工时外物不慎落入沟时易将电缆碰伤，密闭式缆沟运行检修较困难。

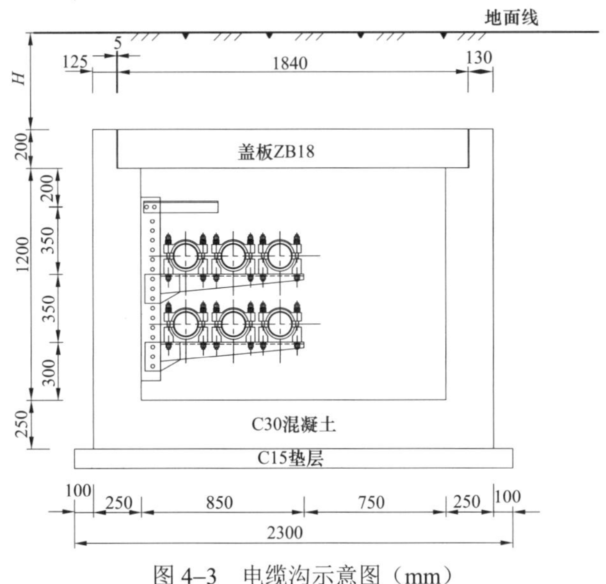

图 4–3　电缆沟示意图（mm）

（二）设计要点

（1）电缆沟应采用钢筋混凝土形式，不得采用砖砌形式。其伸缩（变形）缝应满足密封、防水、适应变形、施工方便、检修容易等要求，施工缝、穿墙管、预留孔等细部结构应采取相应的止水、防水措施。

（2）电缆沟的齿口边缘应有角钢保护，钢筋混凝土盖板应用角钢或槽钢包边，电缆沟盖板应内置一定数量的供搬运、安装用的拉环。

（3）电缆沟内施工通道的净宽应不小于 500mm。

（4）电缆支架沿侧墙布置，立铁垂直于底板安装，纵向应平顺，各支架的同层横档应在同一水平面上；材质以普通钢材为主，支架表面进行防腐处理，防腐层应牢固且耐久稳定；分相布置的单芯电缆，电缆支架应采用非铁磁性材料。在不增加电缆导体截面且满足输送容量要求的前提下，电缆沟内可回填细砂或土。

（5）电缆沟应能实现排水通畅，电缆沟的纵向排水坡度不应小于 0.5%，且应在标高最低部位设集水坑。坑顶宜设置保护盖板，盖板上设置泄水孔。

（6）盖板下沉式的电缆沟宜沿线每隔一定距离设一处检修人孔。

（7）电缆沟应合理设置接地装置，接地电阻应小于 5Ω。

四、水平定向钻

（一）适用范围及特点

适用于穿越小管径、短距离城市道路、河流等不能明挖的电缆路段。水平定向钻施工相对较简单、工期短，但管径小、穿越距离有限。水平定向钻示意图如图 4–4 所示。

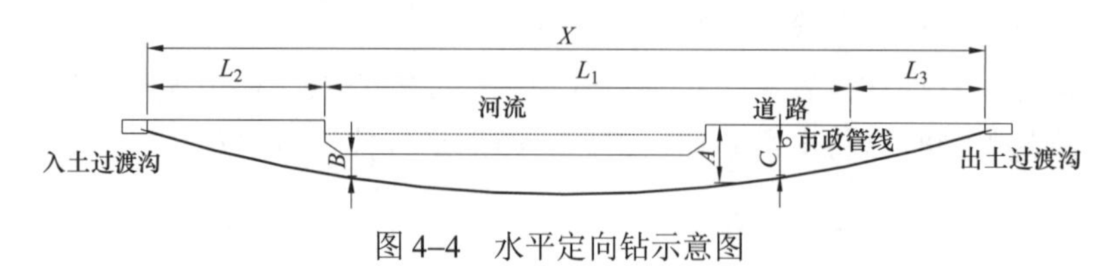

图 4–4　水平定向钻示意图

（二）设计要点

（1）水平定向钻长度不宜超过 150m；特殊情况需超过 150m 时，应校核电缆施工时的允许牵引力，并制订专项方案报运检部门批准。

（2）水平定向钻宜选用 MPP 管材，环刚度不宜小于 $10kN/m^2$，管材壁厚不宜小于 12mm。

（3）水平定向钻两端应直接进入工井，进入角度应小于 10°，特殊施工有困难的地段允许不大于 15°，且于两端井的中下部引出。

（4）水平定向钻与工井衔接处应采取有效措施减小电缆的弯曲受力。

（5）所有水平定向钻管孔未启用时，必须进行防水封堵，同时放置牵引绳。

五、专用桥架

（一）适用范围及特点

适用于跨越宽度较小的河道、河沟段。电缆专用桥布置图如图 4–5 所示。

优点：采用钢桁架结构，结构稳定，施工方便，电缆在桥内敷设于保护管内，电缆运行环境好。

缺点：由于为钢桁架结构，需要不定期地进行防腐、防锈处理。电缆专用桥架设于桥梁侧面，对市政环境有一定的影响。

（二）设计要点

（1）电缆桥架的高度应符合相关管理部门的要求，电缆专用桥宜进行外立面美化处理，使之与周边环境相融合，外立面材料应选用防火材料。

（2）桥架的两端应设防跨栏装置。

（3）金属制桥架系统应设置可靠的电气连接并接地。采用玻璃钢桥架时，应沿桥架全长另敷设专用接地线。

（4）电缆桥架钢材应平直，无明显扭曲、变形，并进行防腐处理，连接螺栓应采用防盗型螺栓。

（5）振动场所的桥架系统，包括接地部位的螺栓连接处，应装设弹簧垫圈，电缆固定应考虑防振措施。

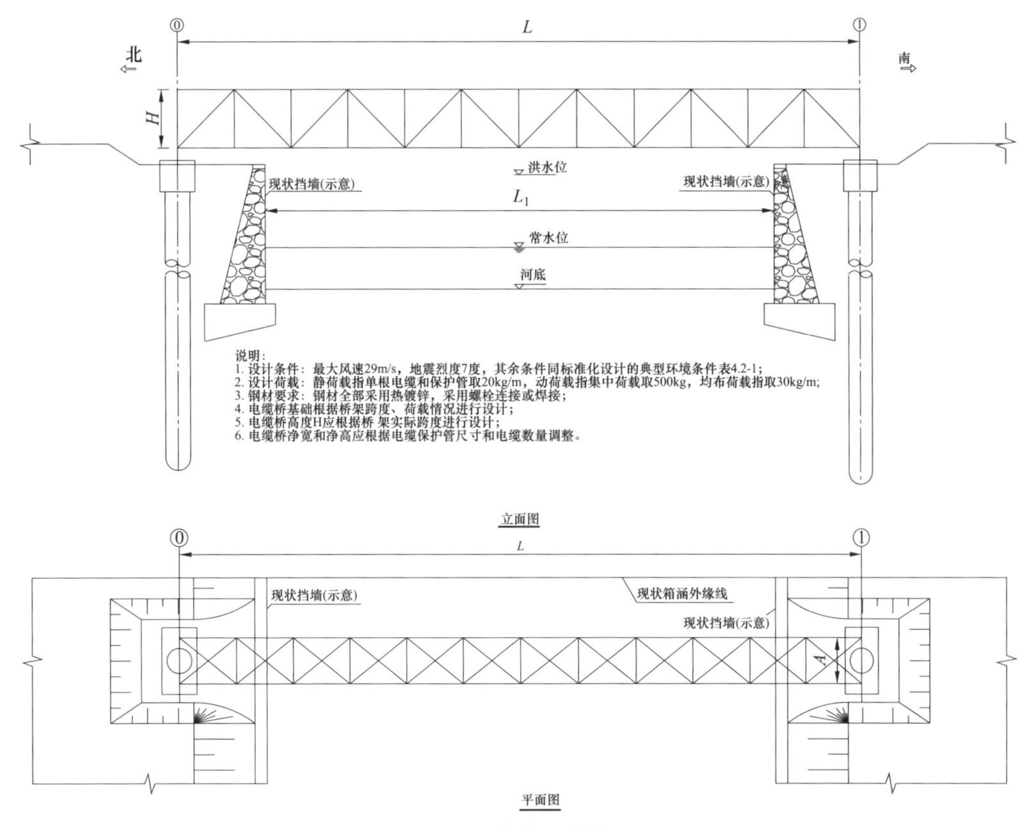

图 4–5　电缆专用桥布置图

（6）专栏专用桥内井字形支架宜采用无磁不锈钢材料。

（7）电缆专用桥内敷设的电缆保护管宜选用 MPP 材质保护管，保护管之间连接宜采用焊接或卡扣方式连接，连接处应有良好的密封性能。

六、电缆工作井

（一）适用范围及特点

电缆工作井敷设方式与电缆直埋、电缆沟、电缆排管及隧道等敷设方式进行相互配合使用，适用于变电站出线，主要街道，多种电压等级、电缆较多，道路弯曲，电缆沟盖板无法开启等区域。运行人员可在封闭式工作井井内运维检修，检修、变换电缆方便，灵活多样，转弯方便，可敷设较多回路的电缆，电缆运行环境好。电缆工作井示意图如图 4–6 所示。

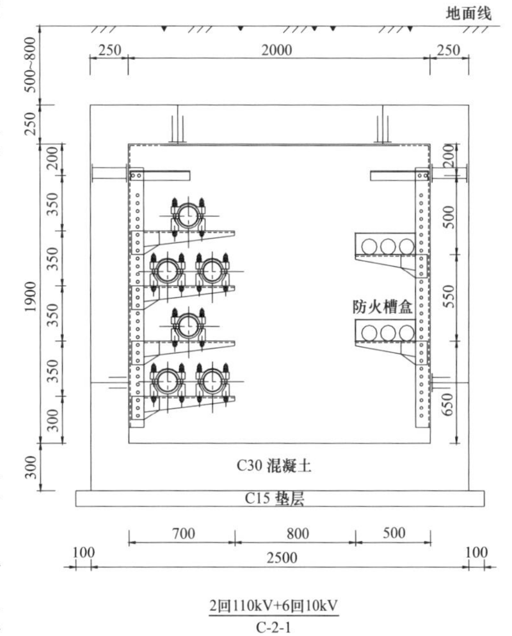

图 4–6　电缆工作井示意图（mm）

（二）设计要点

（1）电缆工作井间距应根据电缆施工时的敷设方式及允许牵引力设置。在电缆转弯及接头处应设置电缆工作井。

（2）电缆工作井位置应尽量布置于绿化带、人行道上，如无法满足上述条件必须设置在快车道上时，电缆工作井盖板应考虑加强，使用铸铁盖板时应考虑防盗；设置在绿化带内时，工作井出口处高度应高于绿化带地面不小于 300mm，地势低洼地带应适度提高出口高度。

（3）封闭式电缆工作井的净高不小于 1900mm，通道宽度不小于 600mm（条件允许时通道宽度可取 1000mm），应设置 2 个人孔，且人孔应避开电缆正上方。电缆沟工作井底部纵向坡度不应小于 0.5%，并在最低点处设置集水坑。

（4）电缆工作井应为钢筋混凝土结构，可采用现浇和预制 2 种型式，混凝土等级不小于 C30。预埋件与土建同步实施，接地电阻不大于 10Ω。

（5）电缆工作井井盖应符合 GB/T 23858—2009《检查井盖》的要求，尺寸应标准化，应具有防水、防盗、防滑、防位移、防坠落等功能，宜采用智能型井盖。

（6）电缆工作井内所有电缆均应敷设于支架上，支架不宜采用膨胀螺栓固定，宜采用焊接于预埋件上的组装式支架。

七、小口径顶管

（一）适用范围及特点

小口径顶管宜适用于 110kV 电压等级电力电缆通道，用于穿越小管径地下管线、短距离城市道路、河流等不能明挖的电缆路段。小口径顶管示意图如图 4–7 所示。

优点：施工工艺成熟，电缆敷设、运行环境好，防外破能力强。

缺点：两端工作井占地较大，井位选择困难，对其他管线有一定的影响，与水平定向钻相比，施工周期较长，工程造价较高。

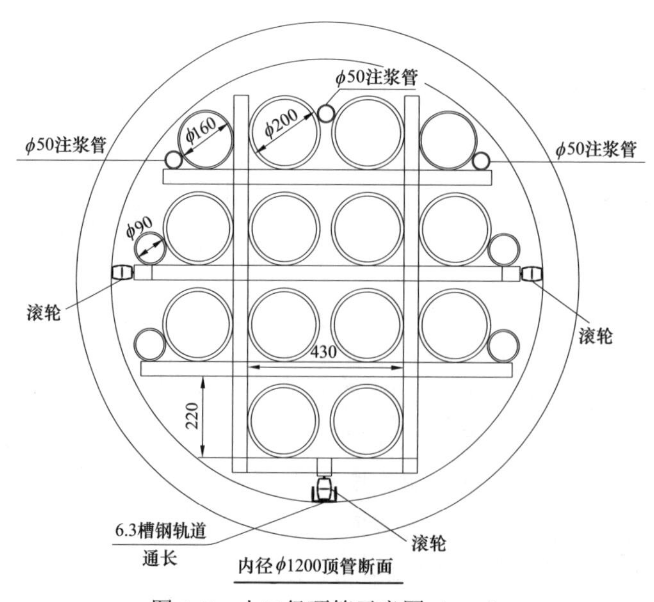

图 4–7　小口径顶管示意图（mm）

（二）设计要点

（1）小口径顶管口径一般不大于 1.2m，长度不宜大于 150m；长度超过 150m 时，可增大口径或增设电缆工作井，同时应校核电缆施工时的允许值；顶管管片宜采用钢筋混凝土。

（2）小口径顶管两端顶管井尺寸应满足电缆敷设施工和其他附属设施安装要求。电缆在顶管井内采用水平支架和垂直支架敷设时，必须满足电缆弯曲半径的要求，所有支架应可靠接地，接地电阻不大于 4Ω。

（3）小口径顶管敷设规模一般不大于 4 回 110kV，顶管内设置电缆保护管，管材材质宜采用 MPP 材质管。电缆保护管宜采用无磁材料支架固定，支架间距宜 2m 设置 1 道。

（4）电缆保护管伸出顶管口不宜大于 0.5m 且平直，顶管两端电缆保护管孔位需一一对应并排布规整。所有保护管未启用时，必须进行防水封堵。

（5）顶管两端顶管井净深超过 3m 时应设楼梯，楼梯高度超过 5m 时，应每隔 3m 设置休息平台，并应有防止人员坠落措施。顶管井内应预留更换电缆和支架的操作空间和检修通道。

八、明挖隧道

（一）适用范围及特点

明挖法一般适于城区埋深较浅、路径较为曲折、场地条件无法设置非开挖工作井的地带。明挖隧道示意图如图 4–8 所示。

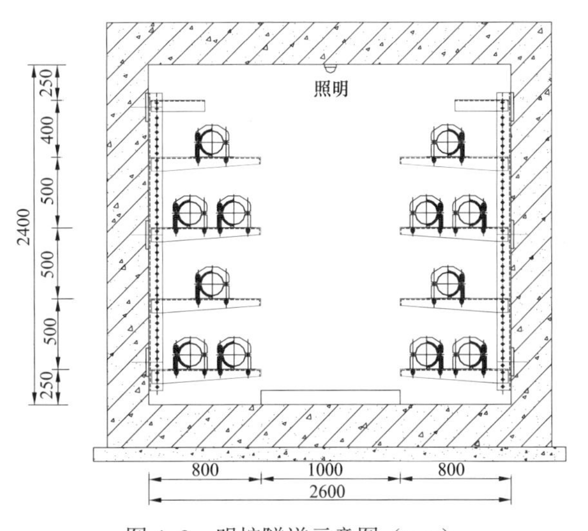

图 4–8　明挖隧道示意图（mm）

（二）设计要点

（1）明挖变形缝的设置应符合下列要求：

1）明挖整体浇筑式结构沿线应设置变形缝。

2）不同工法结构形式隧道衔接处、结构断面形式明显改变处、与变电站接口处、工作井室外侧、荷载和工程地质等条件发生显著改变处均设置变形缝。

3）明挖隧道变形缝缝距不宜超过 30m，缝宽宜为 30mm，当采取可靠措施时，变形缝间距可适当增大。变形缝应贯通全截面，变形缝处结构厚度不应小于300mm，并采取相应的防水措施。

（2）钢筋混凝土保护层厚度应符合下列规定：

1）保护层厚度应根据结构类别、环境条件和耐久性要求等确定；

2）隧道结构迎水面钢筋混凝土保护层厚度不应小于50mm；

3）箍筋、分布筋和构造筋混凝土保护层厚度不得小于30mm。

（3）明挖结构现浇钢筋混凝土的横向施工缝的位置及间距，应综合结构形式、受力要求、气象条件及变形缝间距等因素，参照类似工程的经验确定。施工缝间各结构段的混凝土宜间隔浇注。

（4）明挖法地下结构周边构件和中间楼板每侧暴露面上分布钢筋的配筋率，当分布钢筋采用HPB 300级钢筋时不宜低于0.3%，当为HRB 335级钢筋时不宜低于0.2%，同时分布钢筋的间距也不宜大于150mm。当受拉主筋的混凝土保护层的厚度大于或等于40mm时，分布钢筋宜配置在受力筋的外侧。当位于软弱地基上时，其顶、底板纵向钢筋的配筋量尚应适当增大。

（5）矩形隧道结构顶、底板与侧墙连接处宜设置腋角，腋角的边宽不宜小于150mm，内配置八字斜筋的直径宜与侧墙的受力筋相同，间距可为侧墙受力筋间距的2倍（即间隔配置）。当底板与侧墙连接处由于电缆支架的安装需要无法设置腋角时，应适当增大拐角处的钢筋量。

（6）严寒地区隧道结构宜位于当地冻土层以下，当混凝土结构位于冻土层以上时，应综合冻融环境的作用，并进行相应的抗冻设计。

九、顶管隧道

（一）适用范围及特点

顶管法一般适用于城区内埋深较大、地质复杂等不宜用明挖法建造隧道的地带。顶管管材分为钢管和混凝土管，钢管宜用于外径小于2.5m、长度小于2000m的隧道，混凝土管宜用于外径小于4m、长度小于1000m的隧道。顶管隧道示意图如图4–9所示。下列情况不宜采用顶管隧道：

（1）土体承载力小于30kPa；

（2）岩体强度大于15MPa；

（3）土层中砾石含量大于30%或粒径大于200mm的砾石含量大于5%；

（4）江河中覆土层渗透系数大于等于10^{-2}cm/s。

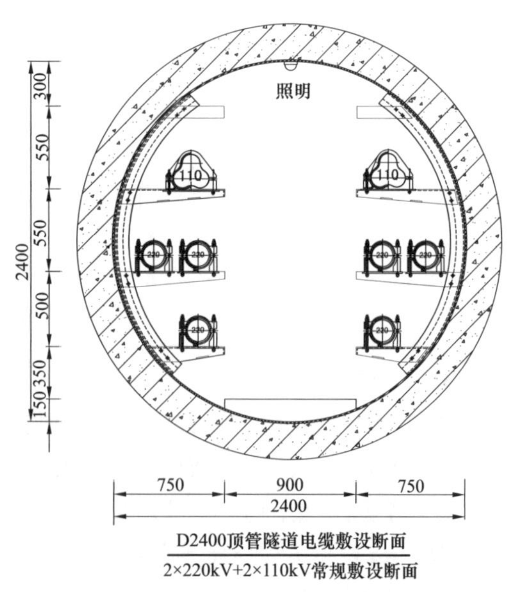

图4–9　顶管隧道示意图（mm）

（二）设计要点

（1）顶管应有足够的覆土厚度：

1）顶管覆土厚度一般不宜小于 1.5 倍管径，并应大于 1.5m；

2）穿越河道时应满足河道的规划要求，布置在河床的冲刷线以下，覆土厚度不宜小于 2.5m；

3）在有地下水地区及穿越河道时，顶管覆土厚度应满足管道抗浮要求。

（2）顶管间距应满足下列要求：

1）互相平行的管道水平间距应根据土层性质、管道直径和管道埋置深度等因素确定，一般情况下宜大于 1 倍的管道外径；

2）空间交叉管道的净间距，钢管不宜小于 0.5 倍管道外径，且不应小于 1.0m；钢筋混凝土管和玻璃纤维增强塑料夹纱管不宜小于 1 倍管道外径，且不宜小于 2m；

3）顶管底与建筑物基础底面相平时，直径小于 1.5m 的管道宜与建筑物基础边缘保持 2 倍管径间距，直径大于 1.5m 的管道宜保持 3m 净距；

4）顶管底低于建筑基础底标高时，其间距尚应满足地基土体稳定性的要求。

（3）中继间设计的基本原则是：

1）中继间的设计允许顶力不应大于管节相应设计转角的允许顶力；

2）中继间的允许转角宜大于 1.2°；

3）中继间的合力中心应可调节；

4）中继间顶力富裕量，第一个中继间不宜小于 40%，其余不宜小于 30%。

十、暗挖隧道

（一）适用范围及特点

暗挖隧道一般适用于地质条件为Ⅰ～Ⅳ级的围岩，且围岩应具备从全断面开挖到初期支护前的时间段内保持自身稳定的条件。

（二）设计要点

（1）暗挖隧道应采用整体式衬砌或复合式衬砌结构。

（2）暗挖隧道衬砌设计应综合地质条件、断面形状、支护结构、施工条件等，并应充分利用围岩的自承能力。衬砌应有足够的强度、稳定性和耐久性，保证隧道长期安全使用。

（3）衬砌结构类型和尺寸，应根据使用要求、围岩级别、工程地质和水文地质条件、隧道埋置深度、结构受力特点，并结合工程施工条件、环境条件，通过工程类比和结构计算综合分析确定。在施工阶段，还应根据现场监控量测调整支护参数，必要时可通过试验分析确定。

（4）暗挖隧道衬砌设计应符合下列规定：

1）隧道宜采用直墙圆拱式衬砌，Ⅵ级围岩的衬砌应采用钢筋混凝土结构；

2）隧道围岩较差地段应设仰拱。仰拱曲率半径应根据隧道断面形状、地质条件、地下水、隧道宽度等条件确定；

3）围岩较差地段的衬砌应向围岩较好地段延伸，延伸长度宜为 5～10m。偏压衬砌段应向一般衬砌段延伸，延伸长度应根据偏压情况确定，一般不小于 10m。

（5）整体式衬砌：

1）当采用钢筋混凝土衬砌结构时，混凝土强度等级不应小于 C25；

2）沉降缝、伸缩缝缝宽应大于 20mm。伸缩缝、沉降缝应垂直于隧道轴线设置；

3）最冷月平均气温低于–15℃的地区，应根据情况设置变形缝；

4）沉降缝、伸缩缝可兼做施工缝。在设有沉降缝、伸缩缝的位置，施工缝宜调整到同一位置；

5）各级围岩地段拱部衬砌背后应压注不低于 M20 的水泥砂浆。

（6）复合式衬砌：

1）复合式衬砌是由初期支护和二次衬砌及中间加防水层组合而成的衬砌形式。复合式衬砌设计应符合下列规定：① 复合式衬砌设计应综合包括围岩在内的支护结构、断面性质、开挖方法、施工顺序和断面闭合时间等因素，力求充分发挥围岩的自承能力；② 初期支护宜采用锚喷支护，即由喷射混凝土、锚杆、钢筋网和钢架等支护形式单独或组合使用；③ 锚喷支护基层平整度应符合 $D/L\leqslant1/6$（D 为初期支护基层相邻两凸面凹进去的深度；L 为基层两凸面的距离）；二次衬砌宜采用模筑混凝土，二次衬砌宜为等厚截面，连接圆顺。

2）复合式衬砌可采用工程类比法进行设计，并通过理论分析进行验算。

3）对软弱流变围岩、膨胀性围岩，隧道支护参数的确定还应计入围岩形变压力继续增长的作用。

十一、盾构隧道

（一）适用范围及特点

盾构法一般适用于城区内埋深较大、地质复杂等不宜用明挖法建造隧道的地带，其噪声、振动引起的公害小，对周边环境影响小。盾构隧道示意图如图 4–10 所示。

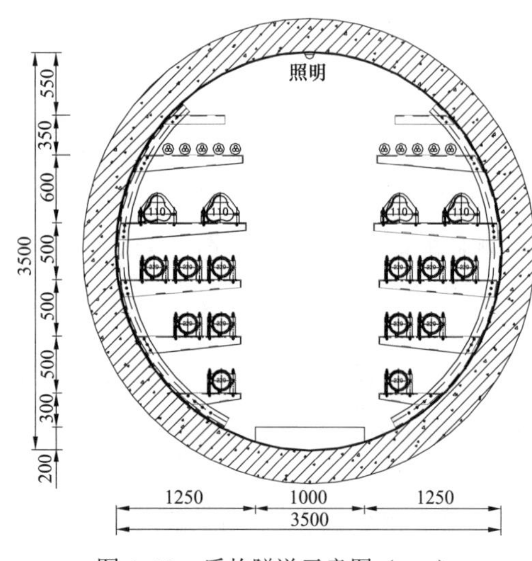

图 4–10　盾构隧道示意图（mm）

优点：在盾构支护下进行地下工程暗挖施工，不受地面条件的影响，周围环境不受盾构施工干扰，在松软地层中，开挖埋置深度较大的长距离、大直径隧道具有经济、技术等方面的优越性，隧道中敷设的电缆能可靠地防止外力破坏，检修及更换电缆方便，电缆散热条件好，能容纳大规模、多电压等级的电缆。

缺点：盾构始发井和接收井需较大的场地，盾构机械造价较昂贵，工程造价相对较高，盾构机系统工程协调复杂，建造短于 750m 的隧道经济性差，对隧道曲线半径过小或隧道埋深较浅时，施工难度较大。

（二）设计要点

（1）盾构法隧道的管道外径不宜小于 3.0m。

（2）隧道的断面形状除应满足电缆敷设的要求外，还应根据受力分析、施工难度、经济性等因素确定，宜优先采用圆形断面。盾构法隧道宜选用装配式钢筋混凝土单层衬砌。

（3）盾构隧道的平面线形宜选用直线和大曲率半径的曲线。

（4）盾构法施工的电缆隧道的覆土厚度不宜小于隧道外径，局部地段无法满足时应采取必要的措施。

（5）盾构法施工的平行隧道间的净距，应根据地质条件、盾构类型、埋设深度等因素确定，且不宜小于隧道外径，无法满足时应做专项设计并采取相应的措施。

（6）管片的尺寸应满足以下要求：

1）电缆隧道管片的环宽应根据盾构机情况、隧道外径、曲线段拟合、施工速度、防水性等确定。

2）管片的厚度应根据隧道外径、管片自重、地质条件、使用阶段及施工阶段的荷载情况等确定，钢筋混凝土管片厚度不得小于 250mm。

3）管片的分块应根据隧道外径、拼装方式、盾构设备、结构分析、制作和运输等确定，分块数量不宜小于 5 块。

（7）管片的接头结构应根据所需要的强度、组装的准确性、作业方便性和防水性确定。设计时宜采用螺栓接头，采用螺栓接头时应满足下列要求：

1）环向螺栓（管片块与块之间的连接螺栓）的配置应确保衬砌结构所要求的强度和刚度。

2）纵向螺栓（管片环与环之间的连接螺栓）一般配置 1 排，其位置宜在距离管片内侧 1/4～1/2 管片厚度的地方。

3）纵向螺栓的配置应满足错缝拼装和曲线施工时的选装要求，宜在圆周上等间距配置或者分组等间距配置。

4）螺栓孔的直径应略大于螺栓的直径。

（8）管片上应设置可用于二次补浆的壁后注浆孔。混凝土平板型管片可将注浆孔同时兼作起吊环使用，钢管片应另行设置起吊环。

十二、沉管隧道

（一）适用范围及特点

钢沉管隧道采用基槽水下开挖，钢管整体浮运、下沉，混凝土水下浇筑、外包抗浮及保护的方式进行施工。钢沉管隧道的设计，必须符合工程河段规划航道等级规定的航道尺度要求，同时不影响河道行洪。管道结构质量易控制、隧道现场的施工期短、工程造价较低，但对外界和环境影响大。

（二）设计要点

（1）管节结构应进行预制、系泊、浮运、沉放等施工工况和正常运营工况的结构强度、变形、稳定性和沉降等计算分析。管节结构应就其在施工阶段和运营期不同工况下可能出现的最不利荷载组合，分别进行横向和纵向结构分析，并按承载能力极限状态和正常使用极限状态进行承载力计算和变形、裂缝验算。

（2）在综合考虑管节外形尺寸、混凝土重度、结构含钢量、水体重度、施工荷载、管节制作误差等因素的情况下，管节完成舾装后的干舷高度宜控制在 100～200mm。为确保管节系泊、浮运阶段的稳定性，管节在漂浮状态的定倾高度不宜小于 300mm。

（3）管节在施工期和运营期，沉放、对接阶段抗浮系数 1.01～1.02；对接完成后 1.04～1.05；压舱混凝土、回填覆盖完成后 1.10～1.20。

（4）管节长度和数量应根据建设边界条件，通过技术经济比较确定，整体式管节长度不宜大于 130m，节段式管节长度不宜大于 180m。

（5）沉管管节应纵向分段浇筑，整体式管节纵向分段长度不宜大于 20m，分段之间采用后浇带连接；节段式管节分段长度不宜大于 23m，分段之间采用节段接头连接。

第三节　电缆构筑物基坑设计

一、基坑工程的作用

基坑工程最基本的作用是为了给地下工程敞开开挖创造条件。从地表面开挖基坑的最简单办法是放坡大开挖，既经济又方便，在空旷地区优先采用，既可以是简单的不作任何处理的边坡，也可以是采用土钉、锚喷、地基加固等处理的边坡。但经常会由于场地的局限性，在基坑平面以外没有足够的空间安全放坡，不得不设计附加结构体系的开挖支护系统，以保证施工的顺利进行，这就形成了基坑工程中大开挖和支护系统。

为了给地下工程的敞开开挖创造条件，基坑围护结构体系必须满足如下三方面的要求：

（1）合适的施工空间。围护结构能起到挡土的作用，为地下工程的施工提供足够的作业场地。

（2）干燥的施工空间。采取降水、排水、截水等各种措施，保证地下工程施工的作业面在地下水位面以上，方便地下工程的施工作业。当然，也有少量的基坑工程为了基坑稳定的需要，土方开挖采用水下开挖，通过水下浇注混凝土底板封底，然后排水，创造干燥的工程作业条件。

（3）安全的施工空间。在地下工程施工期间，应确保基坑的本体安全和周边环境的安全。

二、基坑设计的基本要求

（一）安全可靠

基坑工程的作用是为地下工程的敞开开挖施工创造条件，首先必须确保基坑工程本体的安全，为地下结构的施工提供安全的施工空间，其次，基坑施工必然会产生变形，可能会影响周边的建筑物、地下构筑物和管线的正常使用，甚至会危机周边环境的安全，所以基坑工程施工必须要确保周围环境的安全。

（二）经济合理

基坑围护结构体系作为一种临时性结构，在地下结构施工完成后即完成使命，因此在确保基坑本体安全和周边环境安全的前提条件下，尽可能降低工程费用，要从工期、材料、设备、人工以及环境保护等多方面综合研究经济合理性。

（三）技术可行

基坑围护结构设计不仅要符合基本的力学原理，而且要能够经济、便利的实施，如设计方案是否与施工机械相匹配，如施工机械是否具有足够施工能力费用是否经济，支撑是否可以租赁等。

（四）施工便利

基坑的作用既然是为地下结构的提供施工空间，就必须在安全可靠、经济合理的原则下最大限度地满足便利施工的要求，尽可能采用合理的围护结构方案减少对施工的影响，保证施工工期。

三、基坑设计依据

基坑工程设计依据包括工程所处地质条件、四周环境、施工条件、设计规范、主体结构设计图纸等，设计前期应全面掌握。

（一）工程地质及水文地质资料

调查基坑所处地层的工程地质及水文地质条件以作为确定支护、开挖方法、降水方法及地基加固等设计的基本依据。

调查基坑所处地层的地层构成、土层分类、土的参数、地层描述、地质剖面图以及必要数量的勘探点地质柱状图。地质剖面图要根据足够的勘探点地质柱状图绘出，以保证可靠性。

必须查清基坑处的水文地质条件，包括地下各层含水层（包括上层滞水）的地下水位的高度及升降变化规律；地下各层土层中水的补给和动态变化及其附近大小水体的连通情况，土层中水的竖向和水平向渗透系数；潜水、承压水的水压及地下贮水层的水流速度、流向；特别注意可能导致基坑失稳的流砂和水土流失问题。

（二）地下障碍物和环境调查

基坑开挖前必须对基坑围护结构周边以内地层中的地下障碍物进行勘探调查以及周边环境进行调查，以便采取必要的措施。

地下障碍物调查的内容包括：是否存在旧的建筑物基础和桩基；是否存在废弃的地下室、人防工程、废井、废管道；是否存在工业与建筑垃圾；是否存在有木桩和块石驳岸的暗浜、暗流及其埋深、范围、走向等。

环境调查的内容包括：基坑周围临街建筑物的状况；周围管线状况；地下构筑物的建筑结构平面及剖面资料、基础形式与基坑的相对位置；周围道路状况；邻近地区对地面沉降敏感的建筑设施资料和要求。

（三）工程的施工条件

基坑的现场施工条件也是重要的基坑工程设计依据，主要有以下 3 方面：

（1）根据施工现场所处地段的交通、行政、商业及特殊情况，了解是否允许在整个施工期间进行全封闭施工或阶段性封闭施工，并选取合理的基坑支护方案，以满足交通要求。

（2）了解所处地段是否对基坑围护结构及开挖支撑施工的噪声和振动有限制，以决定是否可采用锤击式打入桩及爆破方式进行围护桩施工和支撑拆除。

（3）了解当地的常规施工方法和施工单位的施工设备、施工技术，在安全可靠经济合理的前提下，因地制宜确定设计方案，使设计能与当地的施工方法、设备技术相适应。

（四）相关的设计规范

基坑工程应遵守相关标准、规范和规程并根据本地区或类似土质条件下的工程经验，因地制宜地进行设计与施工。我国的岩土工程技术标准种类繁多，关系比较复杂，与基坑工程有关的规范、规程如下：

GB 50330—2013《建筑边坡工程技术规范》；

GB 5007—2011《建筑地基基础设计规范》；

GB 50086—2015《岩土锚杆与喷射混凝土支护工程技术规范》；

JGJ 120—2012《建筑基坑支护技术规程》；

YB 9258—1997《建筑基坑工程技术规范》；

CECS 96—1997《基坑土钉支护技术规程》；

CECS 22—2005《岩土锚杆（索）技术规程》；

DGTJ08-61—2010《上海市基坑工程技术规范》；

DB/T 29-20—2017《天津市岩土工程技术规范》；

DBJ/T 15-20—2016《建筑基坑工程技术规程》。

在使用以上标准时，需要遵循以下原则：

（1）基坑支护的设计计算，应使用同一本标准的体系，不应多本标准体系混用。

（2）基坑支护结构设计应严格遵守规范、规程中的有关规定，当地方性标准由于地域特点所作出的规定严于、高于国标时，应满足地方性标准的规定。

（3）规范中所作出的规定，一般是在安全适用原则下的最低要求，设计人员应根据工程的实际需要，在设计中体现针对性的技术要求。

（五）本地经验

调研和吸取当地相似基坑工程的成功与失败的原因、经验和教训。在基坑工程设计中应以此为重要设计依据。特别在进行异地设计时，更须注意。

四、基坑设计内容

基坑工程设计在设计依据搜集和整理的基础上，根据设计计算理论，提出围护结构、支锚结构、地基加固、基坑开挖方式、地下水控制、施工监测等各项设计。深基坑工程施工图设计应包括围护结构、挖土、降水、环境保护、监测等内容。深基坑工程施工图设计应当按照设计程序和技术责任制进行设计，提交规范的设计文件（包括计算书、图纸、文字资料等）。支护结构设计施工图应包括设计总说明、总平面布置图、支护结构大样图、支撑系统结构大样图、连接节点大样图、基坑开挖剖面图、降（止、排）水设计图、监测元件预留（埋）平面（竖向）布置图。

五、基坑支护选型

基坑支护设计中的首要任务就是选择合适的支护形式，然后进行支护结构的计算分析，根据计算分析进行支护结构设计，包括结构截面、支撑或锚杆尺寸、入土深度等。同一个基坑，若采用不同的支护型式，造价可能相差很大。

目前支护结构主要采用放坡、土钉、钢板桩、水泥土重力式挡墙、型钢水泥土搅拌墙、钻孔灌注桩支护结构、咬合灌注桩及地下连续墙等多种形式。

（一）土钉

土钉墙是由密布于原位土体中的细长杆件、粘附于土体表面的钢筋混凝土面层及土钉之间的被加固土体组成，是具有自稳能力的原位挡土墙，可抵抗水土压力及地面附加荷载等作用力，从而保持开挖面稳定。除了被加固的原位土体外，土钉墙由土钉、面层及必要的防排水系统组成，其中土钉是土钉墙支护结构的主要受力构件。土钉墙基本形式剖面图如图 4–11 所示。

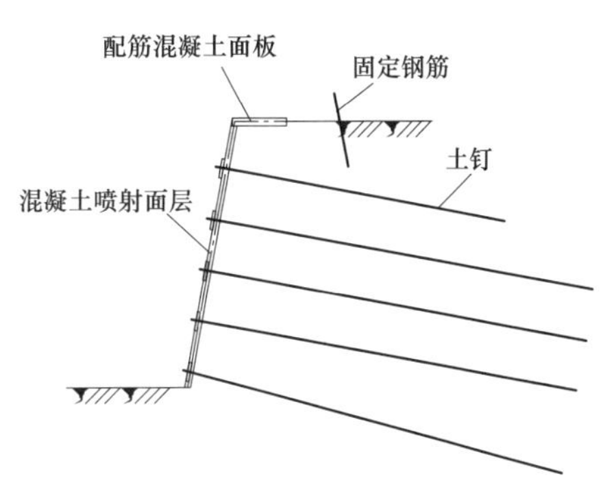

图 4–11　土钉墙基本形式剖面图

（二）钢板桩

钢板桩是一种带锁口或钳口的热轧（或冷弯）型钢，靠锁口或钳口相互连接咬合，形成连续的钢板桩墙，用来挡土和挡水，具有高强、轻型、施工快捷、环保、美观、可循环利用等优点。钢板桩支护结构由打入土层中的钢板桩和必要的支撑或拉锚体系组成，以抵抗水、土压力并保持周围地层的稳定，确保地下工程施工的安全。根据基坑开挖深度、水文地质条件、施工方法以及邻近建筑和管线分布等情况，钢板桩支护结构形式主要可分为悬臂板桩、单撑板桩和多撑板桩等。钢板桩围护平面图如图 4–12 所示。

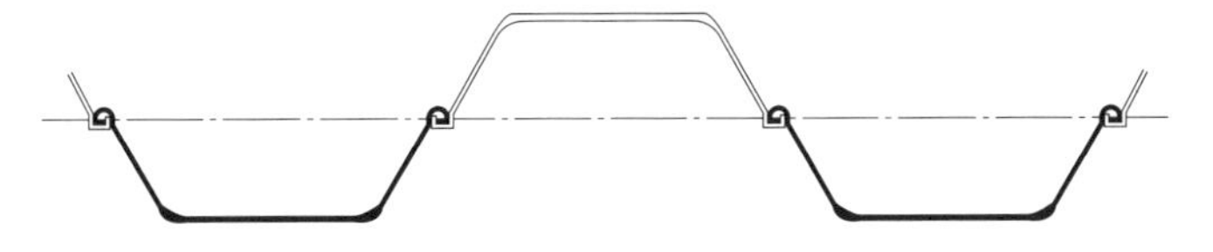

图 4–12　钢板桩围护平面图

（三）水泥土重力式挡墙

水泥土重力式围护墙是以水泥系材料为固化剂，通过搅拌机械采用喷浆施工将固化剂和地基土强行搅拌，形成连续搭接的水泥土柱状加固体挡墙。目前常用的施工机械包括双轴水泥土搅拌机、三轴水泥土搅拌机、高压喷射注浆机。由于施工工艺的不同，形成目前常用的水泥土重力式围护墙。水泥土重力式围护墙是无支撑自立式挡土墙，依靠墙体自重、墙底摩阻力和墙前基坑开挖面以下土体的被动土压力稳定墙体，以满足围护墙的整体稳定、抗倾稳定、抗滑稳定和控制墙体变形等要求。水泥土重力式挡墙剖面图如图 4–13 所示。

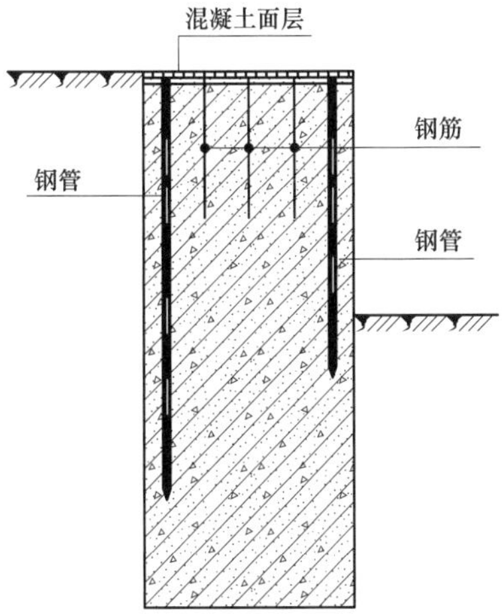

图 4–13　水泥土重力式挡墙剖面图

（四）型钢水泥土搅拌墙

型钢水泥土搅拌墙，通常称为 SMW 工法（Soil mixed wall），是一种在连续套接的三轴水泥土搅拌桩内插入型钢形成的复合挡土截水结构，即利用三轴搅拌桩钻机在原地层中切削土体，同时钻机前端低压注入水泥浆液，与切碎土体充分搅拌形成截水性较高的水泥土柱列式挡墙，在水泥土浆液尚未硬化前插入型钢的一种地下工程施工技术。

这种结构充分发挥了水泥土混合体和型钢的力学特性，具有经济、工期短、高截水性、对周围环境影响小等特点。型钢水泥土搅拌墙围护结构在地下室施工完成后，可以将 H 型钢从水泥土搅拌桩中拔出，达到回收和再次利用的目的。因此该工法与常规的围护形式相比不仅工期短，施工过程无污染，场地整洁干净、噪声小，而且可以节约社会资源，避免围护体在地下室施工完毕后永久遗留于地下，成为地下障碍物。在提倡建设节约型社会，实现可持续发展的今天，推广应用该工法更加具有现实意义。

型钢混凝土搅拌墙平面布置图如图 4–14 所示。

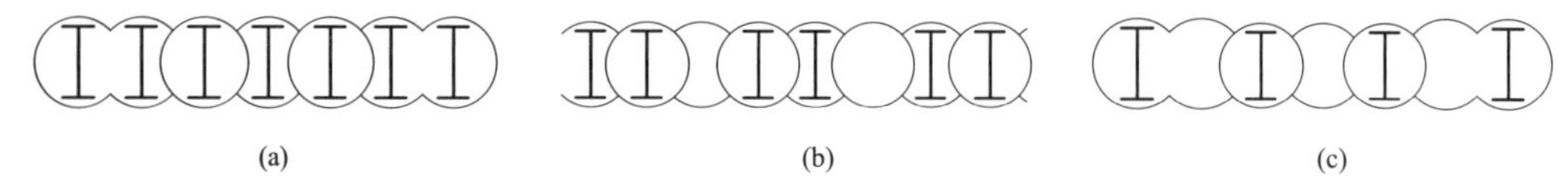

图 4–14 型钢混凝土搅拌墙平面布置图

（a）型钢密插；（b）型钢插二跳一；（c）型钢插一跳一

（五）灌注桩排桩围护墙

灌注桩排桩围护体是利用常规的各种桩体，例如钻孔灌注桩、挖孔桩等并排连续起来形成的地下挡土结构。单个桩体可在平面布置上采取不同的排列形式形成挡土结构，来支挡不同地质和施工条件下基坑开挖时的侧向水土压力。分离式排列适用于地下水位较深，土质较好的情况。在地下水位较高时应与其他防水措施结合使用，例如在排桩后面另行设置止水帷幕。灌注桩排桩平面示意图如图 4–15 所示。

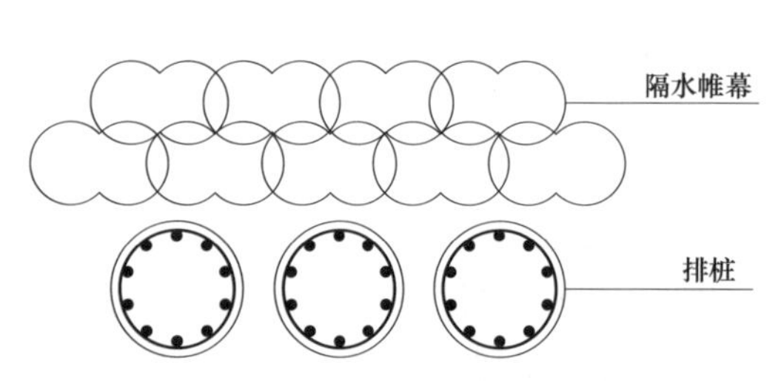

图 4–15 灌注桩排桩平面示意图

（六）咬合灌注桩

咬合灌注桩是在桩与桩之间形成相互咬合排列的一种基坑围护结构。桩的排列方式为 1 条不配筋并采用超缓凝素混凝土桩（A 桩）和 1 条钢筋混凝土桩（B 桩）（采用全套管钻机施工）间隔布置。施工时，先施工 A 桩，后施工 B 桩，在 A 桩混凝土初凝之前完成 B 桩的施工。A 桩、B 桩均采用全套管钻机施工，切割掉相邻 A 桩相交部分的混凝土，从而实现咬合。相邻混凝土排桩间部分圆周相嵌并于后序次相间施工的桩内插入钢筋笼，使之形成具有良好防渗作用的整体连续防水、挡土围护结构。咬合灌注桩平面示意图如图 4–16 所示。

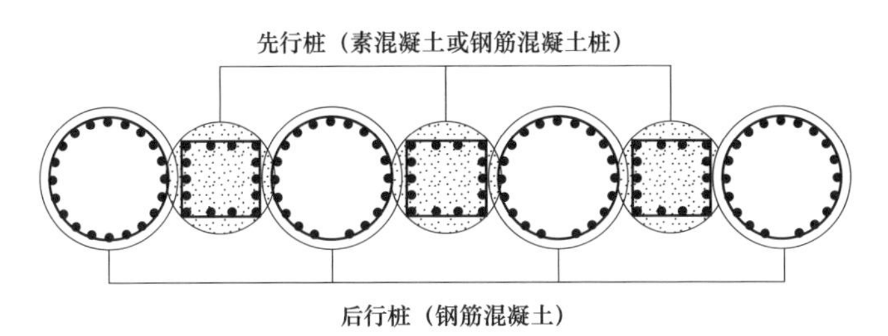

图 4–16　咬合灌注桩平面示意图

（七）地下连续墙

地下连续墙是基础工程在地面上采用一种挖槽机械，沿着深开挖工程的周边轴线，在泥浆护壁条件下，开挖出一条狭长的深槽，清槽后，在槽内吊放钢筋笼，然后用导管法灌筑水下混凝土筑成一个单元槽段，如此逐段进行，在地下筑成一道连续的钢筋混凝土墙壁，作为截水、防渗、承重、挡水的结构。

由于受到施工机械的限制，地下连续墙的厚度具有固定的模数，不能像灌注桩一样对桩径和刚度进行灵活调整，因此，地下连续墙只有用在一定深度的基坑工程或其他特殊条件下才能显示其经济性和特有的优势。对地下连续墙的选用必须经过技术经济比较，确实认为是经济合理时才可采用。

地下连续墙平面示意图如图 4–17 所示。

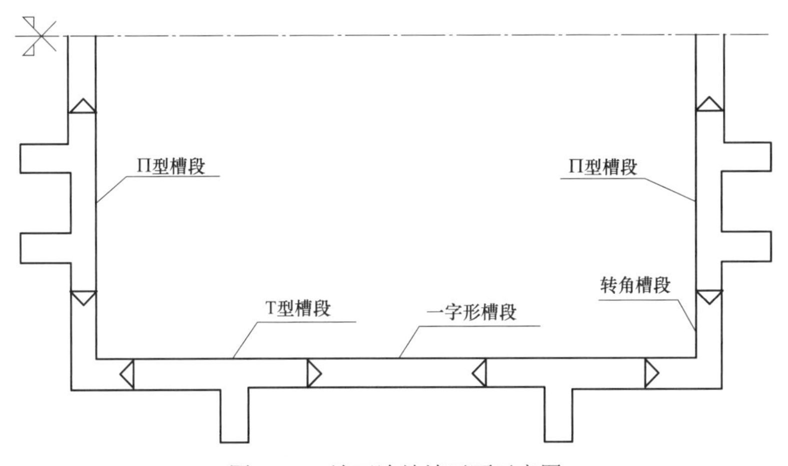

图 4–17　地下连续墙平面示意图

（八）常用基坑支护特点及适用条件

在基坑工程实践中，周边围护结构形成了多种成熟的类型，每种类型在适用条件、工程经济性和工期等方面各有侧重，且周边围护结构形式的选用直接关系到工程的安全性、工期和造价，而对于每个基坑而言，其工程规模、周边环境、工程水文地质条件，以及业主要求等也各不相同，因此在基坑周边围护结构设计中需根据各个工程特性和每种围护结构的特点，综合考虑各种因素，合理选用周边围护结构类型。

常用基坑支护特点及适用条件见表 4–5。

表 4–5　　常用基坑支护特点及适用条件

结构形式	特　点	适用条件
土钉	（1）施工设备及工艺简单，对基坑形状适应性强，经济性较好； （2）坑内无支撑体系，可实现敞开式开挖； （3）柔性大，有良好的抗震性和延性，破坏前有变形发展过程； （4）密封性好，完全将土坡表面覆盖，阻止或限制了地下水从边坡表面渗出，防止了水土流失及雨水、地下水对坑壁的侵蚀； （5）土钉墙靠群体作用保持坑壁稳定，当某条土钉失效时，周边土钉会分担其荷载； （6）施工所需场地小，移动灵活，支护结构基本不单独占用场地内的空间； （7）由于孔径小，与桩等施工工艺相比，穿透卵石、漂石及填石层的能力更强； （8）边开挖边支护便于信息化施工，能够根据现场监测数据及开挖暴露的地质条件及时调整土钉参数； （9）需占用坑外地下空间； （10）土钉施工与土方开挖交叉进行，对现场施工组织要求较高	（1）开挖深度小于 12m、周边环境保护要求不高的基坑工程； （2）地下水位以上或经人工降水后的人工填土、黏性土和弱胶结砂土的基坑支护； （3）不适用于以下土层： 1）含水丰富的粉细砂、中细砂及含水丰富且较为松散的中粗砂、砾砂及卵石层等； 2）黏聚力很小、过于干燥的砂层及相对密度较小的均匀度较好的砂层； 3）有深厚新近填土、淤泥质土、淤泥等软弱土层的地层及膨胀土地层； 4）周边环境敏感，对基坑变形要求较为严格的工程，以及不允许支护结构超越红线或邻近地下建构筑物，在可实施范围内土钉长度无法满足要求的工程
钢板桩	（1）具有轻型、施工快捷的特点； （2）基坑施工结束后钢板桩可拔除，循环利用，经济性较好； （3）在防水要求不高的工程中，可采用自身防水。在防水要求高的工程中，可另行设置隔水帷幕； （4）钢板桩抗侧刚度相对较小，变形较大； （5）钢板桩打入和拔除对土体扰动较大。钢板桩拔除后需对土体中留下的孔隙进行回填处理	（1）由于其刚度小，变形较大，一般适用于开挖深度不大于 7m，周边环境保护要求不高的基坑工程； （2）由于钢板桩打入和拔除对周边环境影响较大，邻近对变形敏感建构筑物的基坑工程不宜采用
水泥土重力式挡墙	（1）可结合重力式挡墙的水泥土桩形成封闭隔水帷幕，止水性能可靠； （2）使用后遗留的地下障碍物相对比较容易处理； （3）围护结构占用空间较大； （4）围护结构位移控制能力较弱，变形较大； （5）当墙体厚度较大时，采用水泥土搅拌桩或高压喷射注浆对周边环境影响较大	（1）适用于软土地层中开挖深度不超过 7m、周边环境保护要求不高的基坑工程； （2）周边环境有保护要求时，采用水泥土重力式挡墙围护的基坑不宜超过 5m； （3）对基坑周边距离 1～2 倍开挖深度范围内存在对沉降和变形敏感的建构筑物时，应慎重选用
型钢水泥土搅拌墙	（1）受力结构与隔水帷幕合一，围护体占用空间小； （2）围护体施工对周围环境影响小； （3）采用套接一孔施工，实现了相邻桩体完全无缝衔接，墙体防渗性能好； （4）三轴水泥土搅拌桩施工过程无需回收处理泥浆，且基坑施工完毕后型钢可回收，环保节能； （5）适用土层范围较广，还可以用于较硬质地层；	（1）从黏性土到砂性土，从软弱的淤泥和淤泥质土到较硬、较密实的砂性土，甚至在含有砂卵石的地层中经过适当的处理都能够进行施工； （2）软土地区一般用于开挖深度不大于 13m 的基坑工程；

续表

结构形式	特　点	适 用 条 件
型钢水泥土搅拌墙	（6）工艺简单、成桩速度快，围护体施工工期短； （7）在主体结构施工完毕后型钢可拔除，实现型钢的重复利用，经济性较好； （8）由于型钢拔除后在搅拌桩中留下的孔隙需采取注浆等措施进行回填，特别是邻近变形敏感的建构筑物时，对回填质量要求较高	（3）适用于施工场地狭小，或距离用地红线、建筑物等较近时，采用排桩结合隔水帷幕体系无法满足空间要求的基坑工程； （4）型钢水泥土搅拌墙的刚度相对较小，变形较大，在对周边环境保护要求较高的工程中，例如基坑紧邻运营中的地铁隧道、历史保护建筑、重要地下管线时，应慎重选； （5）当基坑周边环境对地下水位变化较为敏感，搅拌柱桩身范围内大部分为砂（粉）性土等透水性较强的土层时，应慎重选用
灌注桩排桩围护墙	（1）施工工艺简单、工艺成熟、质量易控制； （2）噪声小、无振动、无挤土效应，施工对周边环境影响小； （3）可根据基坑变形控制要求灵活调整围护桩刚度	（1）一般适用于开挖深度不大于20m的深基坑工程； （2）地层适用性广，对于从软黏土到粉质黏土、卵砾石、岩层中的基坑均适用
咬合灌注桩	（1）受力结构和隔水结构合一，占用空间较小； （2）整体刚度较大，防水性能较好； （3）施工速度快，工程造价低； （4）施工中可干孔作业，无须排放泥浆，机械设备噪声低、振动少，对环境污染小； （5）对成桩垂直度要求较高，施工难度较高	（1）适用于淤泥、流沙、地下水富集的软土地区深度较深（20～30m）的基坑； （2）适用于邻近建构筑物对降水、地面沉降较敏感等环境保护要求较高的基坑工程
连续墙	（1）受力结构和隔水结构合一，占用空间小； （2）刚度大、整体性好，基坑开挖过程中安全性高，支护结构变形小； （3）存在废泥浆处理、粉砂地层易引起槽壁坍塌及渗漏问题，需采取相关的措施来保证连续墙施工； （4）地墙接缝处存在防水薄弱环节，易产生漏水现象； （5）造价较高	（1）适用于30m以上深基坑工程； （2）适用于邻近存在保护要求较高的建构筑物，对基坑本身的变形和防水要求较高的工程； （3）构筑物外墙与红线距离极近，采用其他围护结构无法满足空间要求的工程

第四节　电缆终端塔、站规划设计

一、设计原则

（1）电缆终端的架空线路部分的技术原则参照《国家电网公司标准化成果（35～750kV输变电工程通用设计、通用设备）》（2018版）执行。

（2）电缆终端塔（站）的选址及布置应与现状线路的整体建设方案及区域的规划、周边环境相协调，统筹规划合理布置。

（3）同一户外终端塔，电缆回路数不应超过 2 回。

（4）电缆终端塔（杆/站）环境条件见表 4–6。

表 4–6　　电缆终端塔（杆/站）环境条件

序号	名　称		数　值
1	环境温度	最高温度（℃）	+40
		最低温度（℃）	–40
2	海拔高度（≤m）		1000～3000（根据实际情况选取）
3	太阳辐射强度（W / cm²）		0.11
4	最大覆冰厚度（mm）		10
5	离地面高 10m 处，维持 10min 的平均最大风速（m/s）		29
6	地面水平加速度（m/s²）		2
7	正弦共振 3 个周期安全系数（≥）		1.67
8	地震烈度		7 度

二、电缆终端塔、站结构形式

（一）110kV 电缆终端塔

（1）双回路电缆终端塔、杆（紧凑型），分别如图 4–18 和图 4–19 所示。

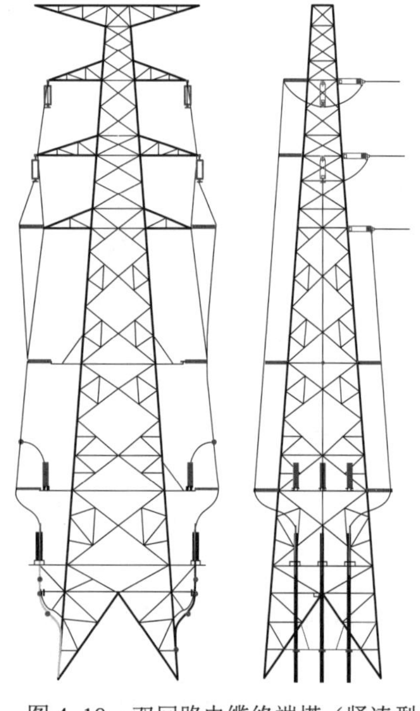

图 4–18　双回路电缆终端塔（紧凑型）

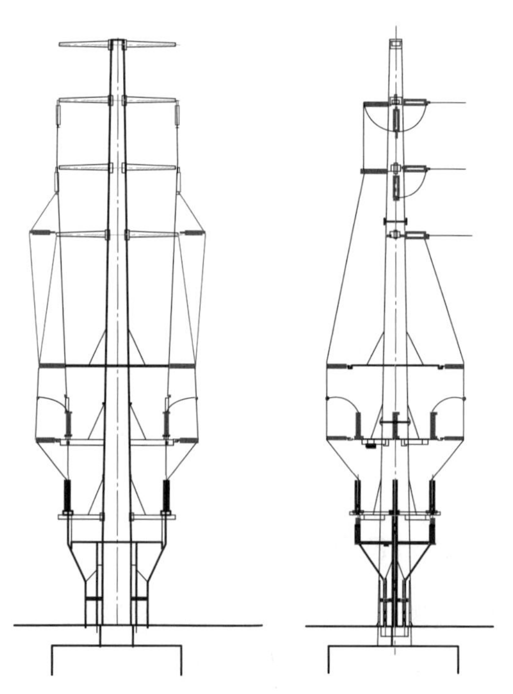

图 4–19　双回路电缆终端杆（紧凑型）

（2）单、双回路电缆终端塔、杆（站柱型），分别如图 4–20 和图 4–21 所示。

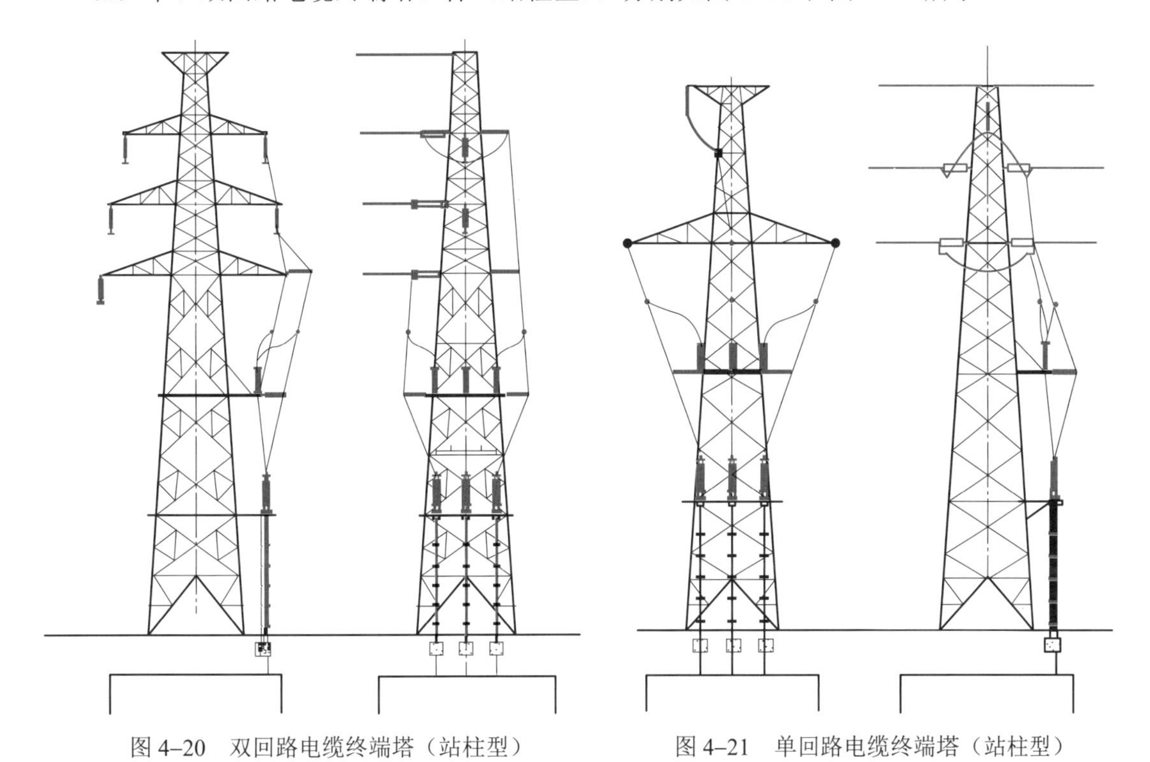

图 4–20　双回路电缆终端塔（站柱型）　　图 4–21　单回路电缆终端塔（站柱型）

（3）单回路电缆终端杆（站柱型、双终端），分别如图 4–22 和图 4–23 所示。

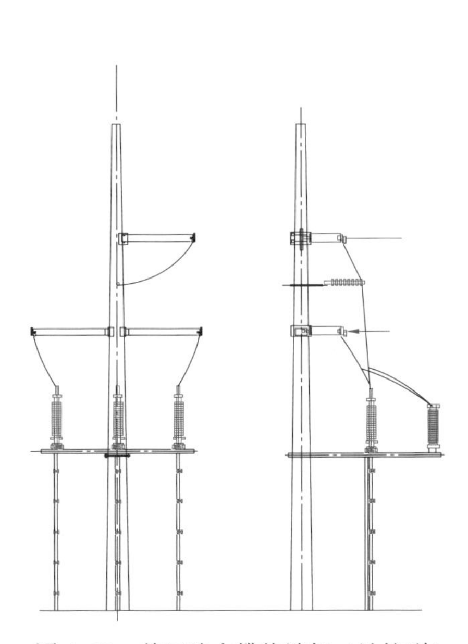

图 4–22　单回路电缆终端杆（站柱型）

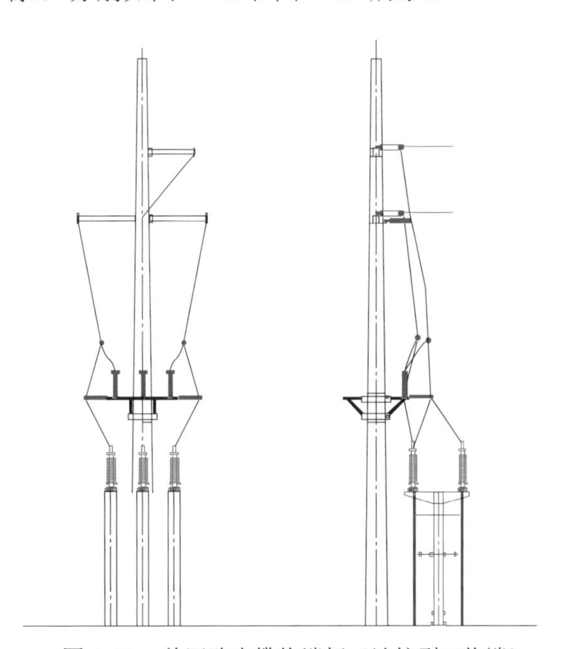

图 4–23　单回路电缆终端杆（站柱型双终端）

（二）220kV 电缆终端塔、站

（1）单回路电缆终端，如图 4–24 所示。

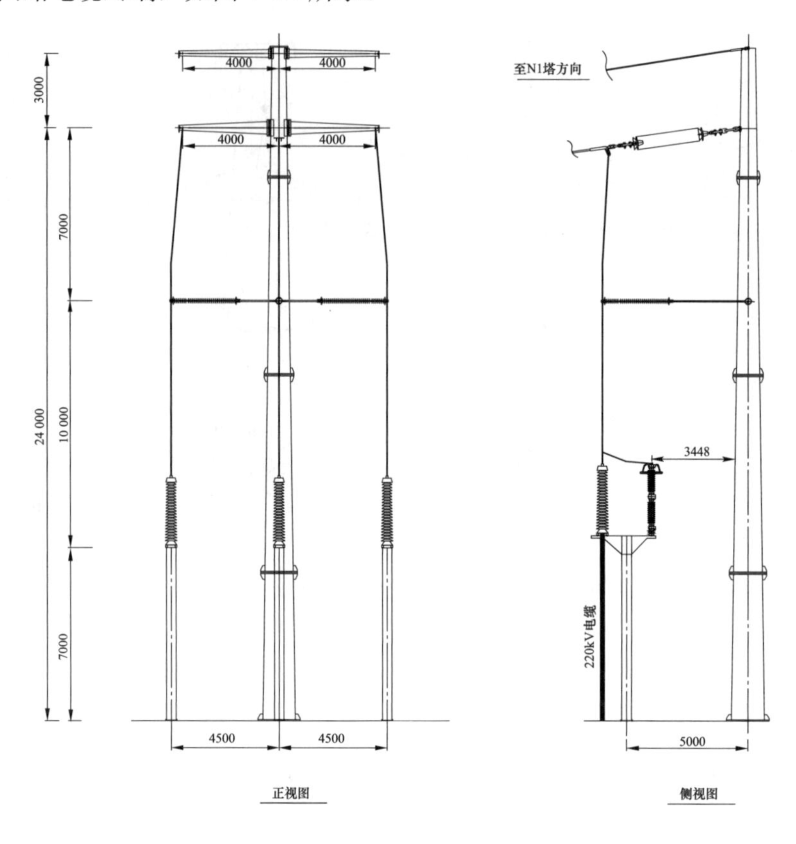

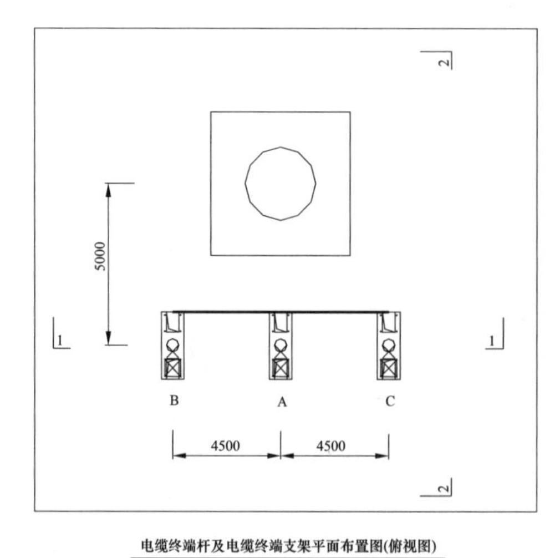

电缆终端杆及电缆终端支架平面布置图(俯视图)

图 4–24　单回路电缆终端（mm）

（2）双回路电缆终端，如图 4–25 所示。

（3）双回路电缆单侧开环终端，如图 4–26 所示。

（4）四回路三层横担和六层横担电缆终端布置方式分别如图 4–27 和图 4–28 所示。

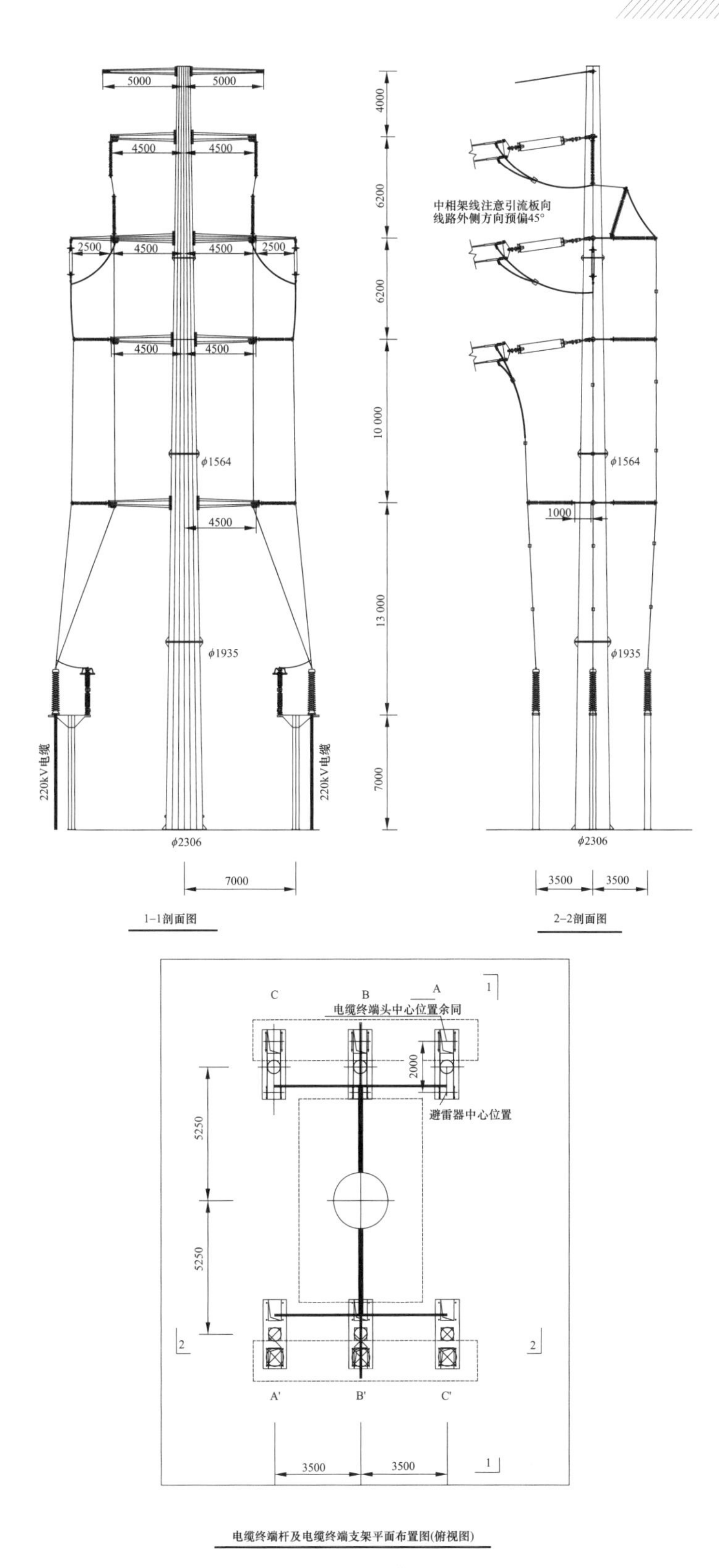

图 4–25　双回路电缆终端（mm）

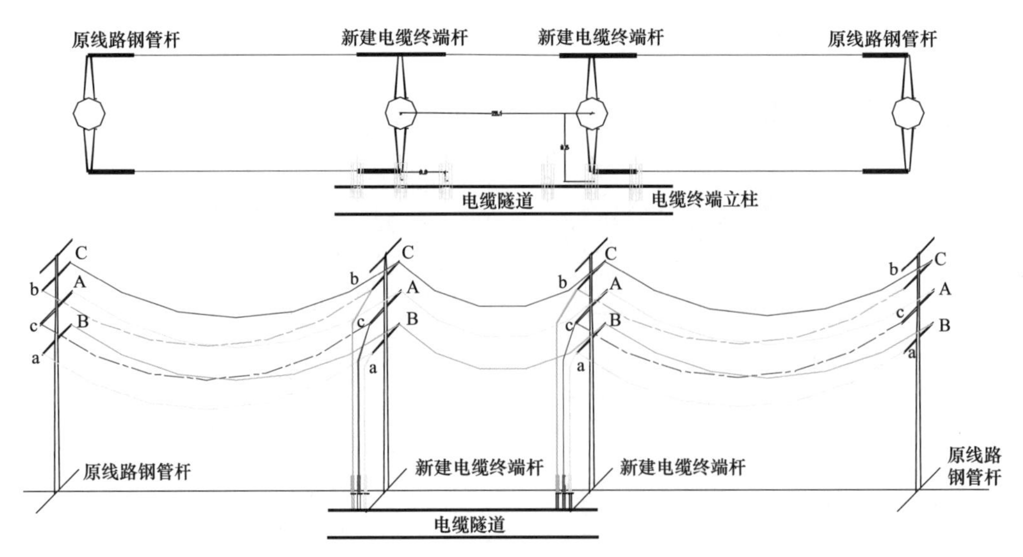

图 4–26　双回路电缆单侧开环终端

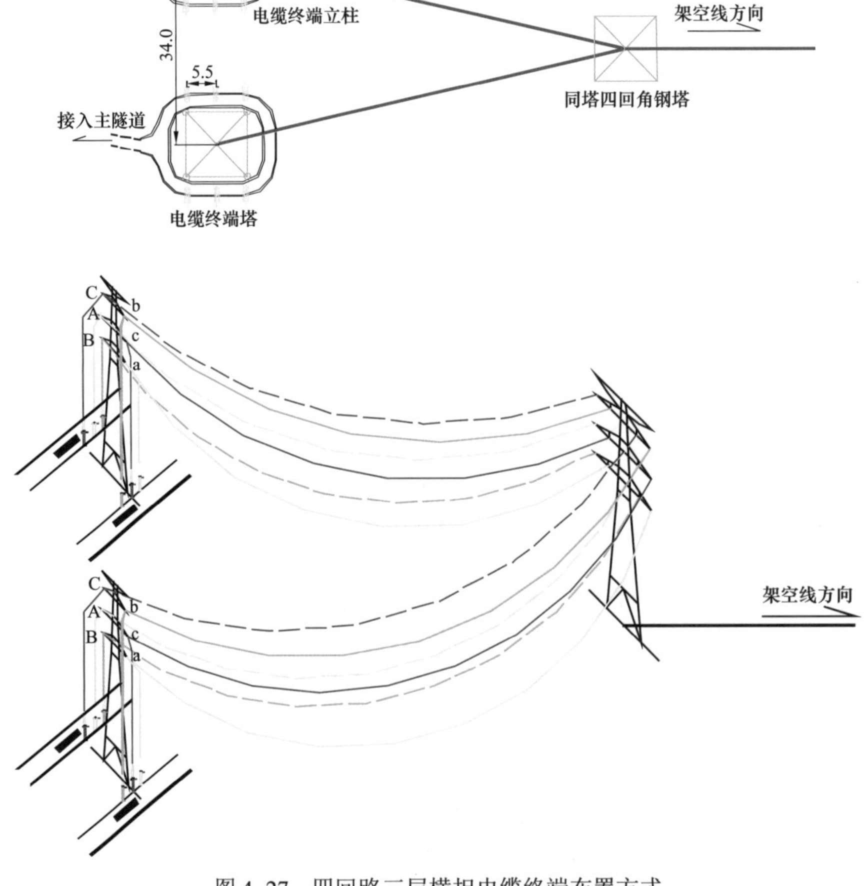

图 4–27　四回路三层横担电缆终端布置方式

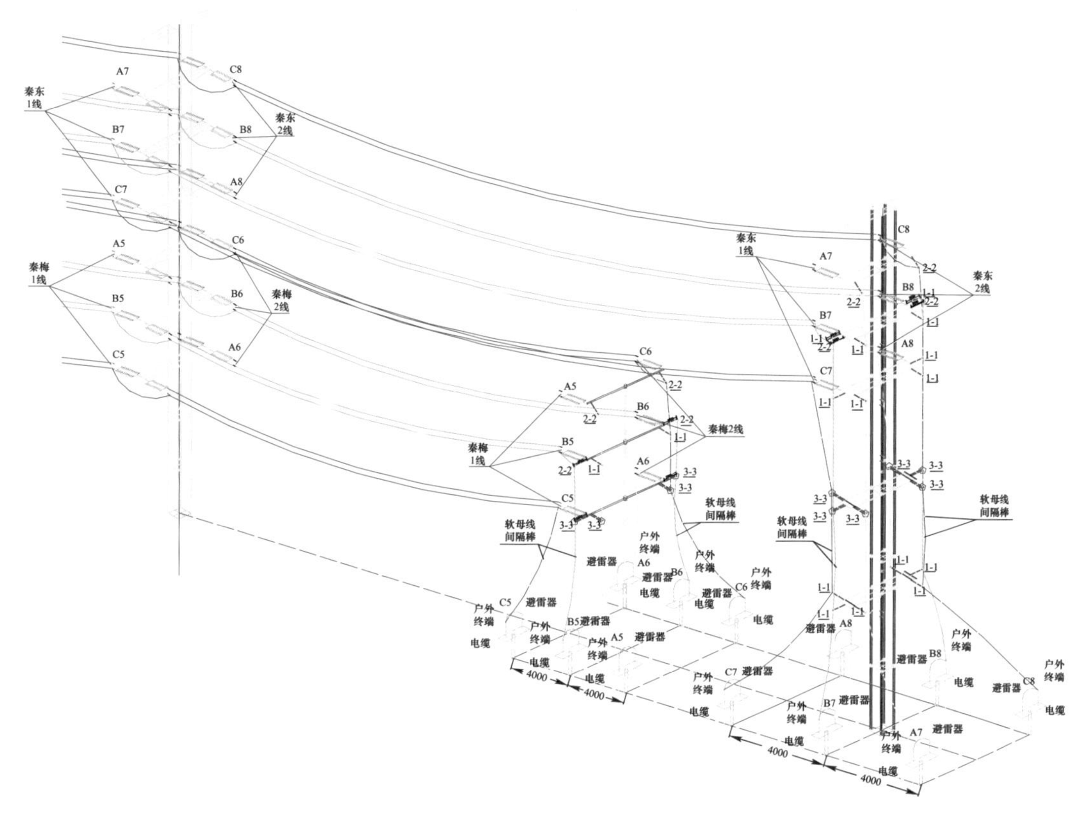

图 4–28　四回路六层横担电缆终端布置方式（mm）

三、电缆终端防护

（1）电缆终端塔应设置警示标志。

（2）电缆终端塔户外金属电缆支架、电缆固定金具等应使用防盗螺栓。

（3）110kV 及以上电缆终端塔宜设置围栏，围栏高度宜按照 1.2m 设置；终端站应设置防护围墙（栏），防护围墙（栏）高度宜按 2.3m 设计。

（4）电缆终端塔（杆）平台高度应综合考虑安全防护和运行检修便利的要求，各种电气设备布置需满足带电设备电气间隙的要求。平台上根据需要安装避雷器、户外终端、支柱绝缘子等，接地箱宜安装于平台下方。

第五章 电缆构筑物附属设施设计

电缆隧道工程附属设施一般包含通风系统、排水系统、隧道消防系统、动力照明系统、综合监控系统五大系统。各系统有序工作确保电缆隧道抵御灾害，维护隧道安全运行和运维人员人身安全。五大系统运行需要动力电源，工程建设中需及早规划，分步实施。特别是新建开发区和区域配网尚未形成的地区，应和地方政府尽早协调提供电源配网线路。

第一节 通风系统设计

一、通风设计基本要求

结合电缆隧道内所需一定的环境温度要求以及人员维护检修需要，分析电缆隧道的通风需求，通风系统设计需要满足以下四种运行工况：

（1）排热工况：排除隧道内的发热量，同时满足工艺对环境的要求而进行必要的通风。

（2）巡视工况：为了方便运营维护人员到隧道内巡视及维修，需使隧道内空气质量满足劳动卫生要求而进行的通风。

（3）换气工况：为维持隧道内的基本空气品质，排除隧道内的异味而进行的通风。

（4）灾后通风：当隧道内发生火灾，采取密闭灭火的方式，人工确认火灾熄灭后，为排除隧道内烟气而进行的通风。

二、通风方式的选择

（1）自然通风。由于电缆在隧道里运行时散发出大量热量，可以利用热压的原理，将进风口降低，排风口升高，只要进风口与排风口足够大，且进风口与排风口的高差足够大，无需风机也可以把隧道内的余热排走，这样便可以节省运行费用。但这种方式往往把排风竖井建得很高，或需把隧道分成很多个独立通风分区，即需要很多进风口和排风口。这种方式土建造价较高，而且进、排风竖井太多，对城市环境造成一定的影响。一般来说通风分区小于100m 宜采取此种方式。

（2）自然排风、机械进风或自然进风、机械排风。当自然通风没法实施，或隧道要求标准较高时，可用此方式。与自然通风比较，通风分区较长，进、排风竖井可以减少些，当然风机风量、风压需要大些，风机的噪声也大些。这种方式主要适用于城市内，因为通风分区较长，进、排风竖井的数量可相应地减少，对城市环境的影响也较小。

（3）机械进风、机械排风。这种方式与自然进风机械排风或机械进风自然排风的方式比较，主要是通风分区可以更长，所用的风机风量更大，噪声也更大。如果隧道在城市马路旁，来往的车辆本身噪声也很大，而城市环境部门要求进、排风竖井尽量少的情况下，可以采用此方式。一般来说通风分区大于 600m 宜采取此种方式，适用于长距离顶管、盾构隧道。

三、通风设计要点

（1）消除余热通风量，宜按隧道电缆正常运行状态下最大载流量通过能力计算。

（2）人员检修新风量，宜按 30m^3/（h • 人）计。

（3）每个通风区段的事故通风量，宜按最小换气次数 6 次/h。当采用其他辅助降温设施时，设备容量的选取应满足及时排除电缆发热量要求，同时满足人员检修时新风量和事故通风量的要求。

（4）通风口应有防止小动物进入隧道的金属网格及防水、防火、防盗等措施。

（5）风口下沿距室外地坪不宜低于 0.5m，并满足挡水要求。

（6）排风口避免直接吹到行人或附近建筑，直接朝向人行道的排风口出风速度不宜超过 3m/s。进风口应设置在空气洁净的地方，否则进风应过滤。

（7）在隧道正常运行状态下，通风口不宜兼作电缆放线口、设备及材料进出口。

第二节　排 水 系 统 设 计

一、隧道排水范围

因电缆隧道内部全部是电缆敷设，为确保安全，一般不设置生活给水设施，隧道消防一般也不选用水消防，所以隧道内的排水不需考虑生活排水及消防排水。隧道内水的来源主要包括以下两种：

（1）结构渗漏水。电缆隧道施工一般分为明挖、暗挖、盾构、顶管等施工方法。为保证隧道内电缆的正常运行环境，隧道一般采用全防水设计。

电缆隧道防水等级为二级，要求为不允许漏水，结构表面可有少量湿渍。其中，隧道工程要求平均渗水量不大于 0.05L/（m^2 • d），任意 100m^2 防水面积上的渗水量不大于 0.15L/（m^2 • d）。因此，隧道内正常情况是允许少量渗水的。

（2）局部敞口雨水。隧道起点、终点及中间部分一般设置施工竖井，隧道主体竣工后可作为电缆井、检修井或通风井使用。根据各地规划及业主的要求，竖井井口的形式可设置为有盖，也可设置为敞口。当设置为敞口时，雨水便可通过井口下落至竖井横通道或隧道内，此时需考虑雨水的单独排除。当隧道最低点与敞口风井处于同一位置时，也可共用集排水设施。

二、排水设计要点

（1）排管应有不小于 0.3%的排水坡度；电缆沟内排水坡度不小于 0.5%，并在标高最低处设置集水坑；电缆隧道内应采取有组织的排水，并结合隧道工作井、通风口、出入口、隧道纵坡最低处等设置集水井，隧道内纵向排水坡度不应小于 0.5%，并坡向集水井。

（2）集水井内排水泵应采用 2 台，1 用 1 备，必要时同时启动。排水泵应设计为自灌式，一般采用自动和就地控制方式，必要时可采用远动控制。集水井应设最高水位、启泵及停泵水位信号，并宜设超高、超低水位信号报警功能。排水泵设计可参照 08S305《小型潜水排污泵选用及安装》执行。

（3）设计应明确隧道内积水就近接入市政管网系统的方式，并在隧道主体施工时同步实施，避免道路二次开挖。当隧道周边无市政管网时，应设计独立的室外排水系统，并计列相关费用。

第三节　消 防 系 统 设 计

地下工程防火设计是消防工程的难点，火灾会造成严重损失，而且修复时间长，危害严重，必须从源头上控制，避免火灾的发生。含有中压电缆的隧道是防火工作薄弱点。高压电缆线路工程消防设计分为电缆本体防火设计和隧道消防设计。本章节主要介绍隧道消防设计，电缆本体防火设计参见第三章第七节。

隧道防火是一个系统工程，消除隧道火灾不能等隧道出现火灾后再采用消防措施去灭火。电缆隧道防火应从消除火灾隐患的出发点出发，立足于防火，杜绝火灾发生。

一、消防系统设置原则

由于电缆隧道位于地下，一旦发生火灾，城市消防难以到达，故电缆隧道的消防应立足于自救。根据国家基本建设的有关政策和“预防为主，防消结合”的方针，在做好预防工作的同时，再配备必要的消防措施。

防火工作重点是预防。除采用阻燃电缆、防火隔断、防火封堵、综合监控，更重要的是做好各电压等级电缆防火隔离。隧道防火工作重点是：一路电缆发生问题不能延燃，不能影响其他同隧道电缆。

“预防为主”主要指的是被动防火措施，主要包括以下两方面：

（1）电缆设计自身的防火措施；

（2）电缆隧道防火措施，如防火分区、现场监控等。

主动的消防措施，主要包含以下两方面：

（1）配置灭火器；

（2）设置自动灭火系统。

电缆本体除采用阻燃护套电缆外，隧道、沟道内采取相应的防火分隔、封堵。

隧道内采用阻燃槽盒和隧道内采用防火隔断和防火门实例分别如图 5–1 和图 5–2 所示。

图 5–1　隧道内采用阻燃槽盒

图 5–2　隧道内采用防火隔断和防火门

二、隧道消防系统设计要点

（1）隧道中防火墙间隔不应大于 200m。分隔不同通风分区的防火墙部位应设置常闭防火门，其他情况下，有防窜燃措施时可不设防火门或设置常开式防火门。防窜燃方式：可在防火墙紧靠两侧不少于 3m 区段所有电缆上施加防火涂料、包带或设置挡火板等。防火墙做法可参照 06D105《电缆防火阻燃设计与施工》。

（2）电缆隧道的火灾危险类别为 E 类，危险等级为中级。隧道的人员出入口和电缆交叉、接头、密集区域，以及每段防火分隔内，应设置便携式灭火器、黄沙箱等灭火器材，灭火器配置应符合 GB 50140—2010《中国建筑灭火器配置设计规范》的有关规定。

（3）电缆隧道中可设置火灾监控报警系统。

（4）电缆防火封堵设计参照 DL/T 5707—2014《电力工程电缆防火封堵施工工艺导则》及 06D105《电缆防火阻燃设计与施工》执行。

（5）有电缆敷设的竖井或工作井中应每隔 7m 设置阻火隔层。

第四节　隧道照明、动力、供配电系统

电缆隧道照明、动力、供配电系统设计首先需要了解全线隧道主要用电设备风机、水泵、检修箱等布局和通风区的设置，用电设备的负荷情况，并进行负荷计算。根据负荷分布和检修运行要求确定外接电源点的个数。外接电源环网柜和配电柜根据暗挖隧道和明挖隧道确定设置在工作井内还是露天布置。露天布置的外接电源点需要与城市景观结合，并经过政府规划部门核准。

各外接电源环网柜和配电柜的电气主接线与电气设备的选择、配电设备的布置关系密切，电气主接线设计需要满足以下要求：

（1）电气主接线必须保证用电设备的可靠性；

（2）电气主接线应布置灵活，检修方便；

（3）电气主接线结构应保证运行人员和设备的安全；

（4）电气主接线布置应该多方案比较，技术经济合理。

一、供配电系统

电缆隧道内主要用电设备包括通风、排水、照明、控制系统设备，根据 GB 50052—2009《供配电系统设计规范》，用电负荷为三级负荷。电源电压为 380/220V，一般由附近变电所、电缆隧道外 10kV 环网配电柜通过电缆穿管引入。

（1）外接电源工程费用应在工程可研阶段落实，电缆线路所在区域是否有配网系统，是否需要进行配网线路设计和投资，应在工程可研阶段现场踏勘和搜资。

（2）由于隧道用电设备容量较大，故在变电所取用隧道设备电源，首先应与变电专业设计人员和业主协调后，再进行设计，或者可安排其他途径解决。

（3）风机与测温电缆联锁，与风机入口防火阀联动。若隧道内超过 40℃，排风系统将自动启动，打开相应的电动进风百叶窗和排风机组，直至顶管隧道内温度降至 35℃以下通风系统停止运行。隧道内温度超过 70℃时防火阀关闭，并联锁关闭风机机组。

（4）电源进线容量应满足该供电范围内全部设备同时投入时用电的需求。

二、导体选择和敷设

动力电缆应采用耐火或阻燃型交联聚乙烯绝缘铜芯电缆。照明回路应采用耐火或阻燃型聚氯乙烯绝缘铜导线。

隧道内通信保护光缆和动力电线敷设均敷设在最上层电缆槽盒（安装于隧道内最上层电缆支架）。电缆井、顶管井等局部没有桥架的地方也采用电缆槽盒敷设。

三、电缆隧道照明设计

照明设计主要依据 DL/T 5221—2016《城市电力电缆线路设计技术规定》、DL/T 5484—2013《电力电缆隧道设计规程》等相关标准。

照明系统提供电缆隧道内巡检、维护和电缆敷设施工的基本照明。在隧道内人行通道上的平均照度不小于 15lx、最小照度不小于 2lx。电缆隧道内照明灯具一般采用防潮型节能灯，光源为 18～20W 的 LED 灯，间距为 5m，为减少工作人员戴着安全帽碰到隧道顶部灯具的概率，灯具避开隧道顶部中线，安装在中线稍偏的隧道顶部。

灯具采用分段控制，开关选用防潮双控开关，控制分段区间内灯具开启和关闭。正常运行状态下，照明箱内开关处于合闸状态，运行人员通过操作双控开关来控制电缆隧道内的照明。安装在沟道顶板灯具电源线旁，位置尽量靠近隧道人井口。工作人员进入隧道出入口控制室时可打开第一段灯具开关，走至第二段时，打开第二段灯具开关，并关闭第一段灯具开关。依次类推，巡完整个隧道，人员从另一个出入口离开时，关闭照明电源。

电缆井内照明采用防潮型工矿灯，光源为金属卤化物灯。电缆隧道内选择性安装少量防潮型工矿灯，光源为金属卤化物灯。同时，电缆隧道内需考虑安装应急照明灯。

电缆隧道照明箱内设置一组单相三孔插座和三相四线的四孔插座，同时电缆隧道内每隔 200m 需安装一组检修电源插座。

照明配电系统的接地类型宜采用 TN–C–S 系统。电源进线箱和配电箱应就近接地，接地电阻不应大于 4Ω。

第五节 隧道在线监测系统

隧道内高压电缆在线监测系统能够有效减少或避免电缆火灾事故、电缆本体故障、隧道防入侵等事故的发生，保障运行人员的人身安全，并为电缆安全运行提供依据。随着光纤应用技术的发展，采用感温光缆为温度传感器传输信号，能够实现长距离、大范围为电缆温度和隧道设施连续在线监测。

在线监测系统一般分为电缆监测、运行环境监测、安防监测三部分：

（1）电缆监测包括电缆温度监测和电缆接地环流监测；

（2）运行环境监测包括环境温度、有毒有害气体、风机联动控制、积水井液位及水泵状态等监测；

（3）安防监测包括视频监测、门禁监测和电子井盖监控。

隧道内设置统一的通信网络，实现各功能模块的数据传输。

一、电缆监测

1. 光纤分布式电缆温度在线监测

采用分布式光纤测温系统（DTS）实时监测电缆的全程表面温度，并能根据电缆的实际电流、电缆本体温度等信息，利用载流量分析软件对电缆的载流能力进行分析和预测，并在温度异常（包括温度过高，温升过快等）时发出报警。

对分布式光纤测温系统有以下功能要求：

整根光缆不仅用作信号传输，同时也是温度探测传感器，光缆全程进行温度探测，探测精度可根据需要人为设定。能对测量区域在长度上进行分区，对某些区域进行局部重点监测。

2. 电缆动态载流量分析

（1）实时显示每项电缆对应分区的最高温度和电缆接头、终端的最高温度。

（2）根据光纤测出的电缆温度、环境数据等信息计算电缆芯的运行温度和电流的负荷水平。

（3）在电缆芯运行上限温度确定的前提下（90℃），计算电缆负荷和时间的关系。

（4）显示时间、电流和温度的曲线图。

（5）可以对历史数据进行查询。

（6）支持用户的自定义查询。

（7）对于查询数据可以以数据库的形式和以温度曲线的形式显示。

（8）可以按照用户的要求，每天对电缆的最高温度定时进行发送。

3. 电缆金属护层接地电流监测系统和感应电压监测系统

电缆外绝缘发生故障，造成多点接地，从而产生护层循环电流，影响电缆的载流能力，严重时甚至使电缆发热而烧毁。通过监测电缆金属护层接地电流，诊断电缆早期绝缘缺陷和事故隐患，控制突发性绝缘事故，可以保障电缆设备的安全可靠运行。

对电缆金属护层接地电流监测系统和感应电压监测系统有以下功能要求：

安装位置：监测装置安装于每1回电缆的中间头位置和电缆终端位置，布置于直接接地箱或保护接地箱旁边。

功能要求：每套监测装置可以分别监测三相电缆的金属护层接地电流与三相运行电流，实时数据通过网络传输至监控中心，可以以图表和曲线的形式展示监测数据的变化，可以实现数据的存储、调阅、对比等。

二、运行环境监测

隧道内宜配置环境监控系统，采用在线实时监控模式对电缆隧道集中监控。

采用分布式光纤测温系统（DTS）实时监测隧道环境温度。温度监测系统宜与通风系统统一配置，实现联动。

1. 有毒有害气体监测

采用气体传感器实时监测隧道内 CO、O_2、H_2S、CH_4 等气体浓度，当某气体浓度达到或低于（O_2）设定值时系统自动发出报警，提示管理人员，避免火灾、中毒等事故的发生，保障电力运行及下隧道内业人员的安全。

2. 风机联动控制

根据隧道中的实时情况，对风机进行远程自动控制或强制控制。风机需要与温度监测系统、有毒有害气体监测系统等实现联动：当隧道温度较高时及时通风换气；当发出火灾报警时风机不得启动；当 O_2 不足时启动风机；当可燃气体超标时风机不得启动。

在风机下方的隧道墙体上就近安装风机控制箱，风机控制可选择手动和自动2种模式，手动模式下可现场启动关闭风机，自动模式下由远程的控制终端控制风机的启动和停机。

3. 积水井液位及水泵状态监测

根据现场情况可在集水井中加装液位传感器，后台可以实时显示积水深度及水泵工作状态，当水位达到或超过警戒值时，系统发出报警。水泵可实现远程控制，也可就地控制，由业主单位根据需要确定。

三、安防监测

敷设110～220kV电缆的隧道宜设置安防系统。

1. 视频监测

视频监测系统由前端设备、传输设备、记录（显示）设备组成，主要安装在隧道出入口。摄像机的安装位置应避免或减少图像出现逆光，并能清楚显示出入监控区域人员面部特征等。

2. 门禁监测

门禁监控系统由门禁控制器、开门按钮、读卡器、电控锁组成。门禁控制器安装在门上方的控制箱内，电控锁安装在门上完成门的锁闭。门锁的开闭状态能传回监控主机，并实现远程操作。门禁监控系统主要设置在隧道人员出入口。

3. 电子井盖监控

电子井盖如果发生偷盗丢失，可能引发电缆被偷盗的情况，给安全供电带来巨大危险，另外，井盖丢失还易发生人员跌落等危险情况，监测井盖开合状态可以及时发现上述情况的发生，防范于未然，保障供电和人员安全。

电子井盖监控系统由监控主机和井盖监控装置组成。

井盖监控装置安装在电缆隧道井盖下方，通过红外距离传感器监测电缆井盖开合状态，并将信号传输到综合监测单元，综合监测单元通过通信管理单元将监测状态传输至变电站内的监控主机，实现实时监测井盖开合状态。

4. 通信系统

通信系统需搭设隧道传感器与处理器、处理器与汇控中心、汇控中心与内网接口之间的通信网络。隧道内所有监控装置通过通信单元组成光纤网络，满足所有监测数据和风机、水位控制器控制信号的通信需求。满足终端服务器进行电缆隧道在线监测系统的所有数据汇总显示分析、记录、报警、控制信号发送等功能。

借用电力部门光纤通道将电缆运行状态和环境数据，以及事故信号传送至后台管理中心，借用 4G 网络，解决隧道内部通信，隧道内部与外部通信、运行人员定位、设备数据传输、事故信号传输、微信推送等。

布置在电缆构筑物内的各传感器信号经现场控制器通过光缆或电缆传到变电站相应监测主机，变电站可通过交换机接入内网，后台软件通过内网与变电站的监测主机相连。汇控中心设备需通过光纤接入运维部门内网，满足汇控中心与远程监控中心通信功能，需配置相关软、硬件通信接口。

对通信电缆、光缆性能有以下要求：

（1）通信电缆采用外护套阻燃、高密度聚乙烯绝缘、填充式电缆，具有良好的机械性能、防水性能以及抗腐蚀特性。

（2）通信光缆规格型号以满足所有监控设备组成光纤通信专网为要求。

（3）增加隧道应急通信系统。

第六章 电缆工程常见的质量通病和设计质量控制

规划设计过程管理需要严格按“三标”管理体系要求执行。设计策划、组织和技术接口、设计输入、输出、评审、验证、确认、变更、现场服务、设计回访、竣工资料归档等环节处于受控状态。按设计控制要求开展各项质量活动并留有记录，通过设计质量内审、外审确保电缆工程设计质量。规划设计过程管理通过编制设计创优实施细则、强制性条文执行计划、标准工艺应用及施工工艺设计策划、专业质量通病控制措施等设计策划文件诸多措施加以保证。

通过对电缆土建设施形式、电缆型号的对比选型以及设计优化，达到进一步控制工程造价、缩短建设工期、提高线路技术水平的目的，使设计方案更趋合理，体现经济性、先进性，争取更好的经济效益和社会效益。

第一节 电缆通道建设

在设计电缆通道时，设计人员应高度重视下述问题，避免发生安全隐患，给工程质量带来不利影响。

（1）顶管隧道、盾构隧道属暗挖工程。地质情况极其重要，掌握地下岩土情况、地下水情况、地下管线分布情况是工程能否顺利实施、能否按计划进度完成，工程概算是否超标的关键。特别是在地下岩石和土壤特性变化的地段。初步设计、施工图设计采用隧道敷设，电缆地下岩土情况、地下水情况、地下管线分布情况必须实测，初步设计地质钻孔分布≤200m，施工设计地质钻孔分布≤50m。

（2）地下管线和地下水调查应特别注意遗留和废弃污水管线，地层中是否存在空洞，在河边布置顶管或盾构工作井尤其要注意。暗挖工程的地下管线、地下水系复杂的地段加强对周边建筑物的实时观测，及早发现问题，及早处理。

（3）对复杂的地下工程在施工前应储备好相关的地质、水文、地下工程的专家库，应对工程中的突发事件。

（4）施工图设计应沿线实测路径高程变化的纵断面图，土建专业做好各电缆构筑物衔接和防水设计，注意构筑物的坡度按规程要求宜≤15°，构筑物转弯半径≤20*D*（电缆外径）。

（5）由于电缆线路建设进度不同，变电所电缆半层出线统一规划、统一建设。变电所内电缆半层各电压等级电缆和各回路电缆应在初步设计中做好规划敷设方案。电缆半层空间狭窄，避免远景电缆无进线通道，或与本期电缆相互交叉，避免电缆半层支架重复建设。电缆半层各电压等级、各回路电缆布置如图 6–1 所示。电缆半层电缆布置实景图如图 6–2 所示。

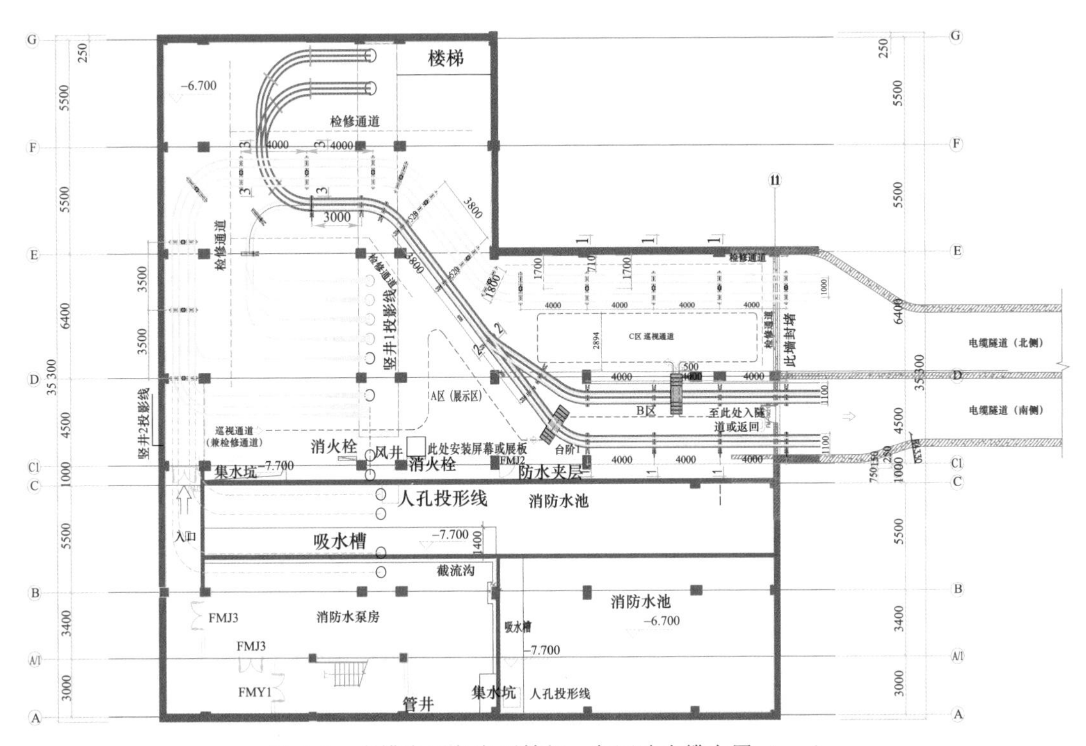

图 6–1　电缆半层各电压等级、各回路电缆布置（mm）

(a)

(b)

图 6–2　电缆半层电缆布置实景图

（a）实景图 1；（b）实景图 2

（6）电缆通道建设应严格贯彻国家电网运检〔2014〕354 号《国家电网公司关于印发电力电缆通道选型与建设指导意见的通知》。电缆通道临近加油站时，通道和工作井与加油站地下油库应保持安全距离，满足 GB 50156—2012《汽车加油加气站设计与施工规范》的相关要求，工作井不得设置在加油站建筑红线内。

（7）电缆明挖隧道壁不垂直，或宽度不够，特别在弯道处达不到要求，造成电缆支架安装后占用隧道人行步道，且极不美观。

第二节 电缆及其附件

电缆及其附件设计也是工程设计中容易出现质量问题的环节，除按规程规范要求设计外，还应注意以下问题：

（1）对原采用架空线出线的变电所，其220kV改造线路电缆总计长度超过3km需要考虑变电所电抗设备增容，进行无功补偿扩容。

（2）长距离电缆线路电缆盘长确定和电气设计应严格安装构筑物的城市坐标系统计算，避免电缆盘长和接头位置出错。

（3）长距离电缆隧道由于政策处理问题极易产生电缆构筑物形式和截面的变动，电气、结构专业应紧密配合，应适时调整电缆盘长和接头位置。

第三节 电缆固定和敷设

电缆固定和敷设设计是关系到电缆运行质量和运行寿命的关键问题，实际工程中需要注意以下问题，并密切关注施工工艺质量。

（1）电缆在工作井内转弯，外道弯转弯半径不够而影响内弯道电缆敷设，内弯道电缆敷设不满足转弯半径要求，影响人行步道的布置，如图6–3所示。

图6–3 电缆外道弯转弯半径不够影响内弯道电缆转弯敷设

（2）隧道底部电缆距沟底距离太小，电缆热胀冷缩运动时摩擦地面。

（3）厂家给出电缆接头资料不全面，电缆接头安装后外径大于接头抱箍尺寸的适用范围。

（4）竖井处电缆敷设牵引力超标，引起电缆侧压力过大，绝缘受损。主要是施工准备不足，竖井上端电缆过紧，竖井底部电缆余量大，竖井内电缆施放不同步。

（5）电缆施工转弯处弧度不满足要求，可以采用PVC弧形板施放电缆保证电缆的转弯半径。

（6）多弯道电缆施放必须监视电缆敷设时的牵引力和侧压力（弯道多于两处时）是否满足要求。

（7）在终端支架设计或隧道支架处设计忽略了金属支架形成的闭合回路，产生磁感应环流。

（8）明挖电缆隧道建设应注意工艺标准控制，其隧道壁、隧道侧墙垂直度施工误差应控制在±10mm。避免电缆立柱支架安装倾斜和臂式支架阻碍运行人员巡视通道。

（9）隧道内臂式支架与立柱、弧形支架应采用螺栓连接，避免后期电缆敷设在隧道内焊接（动火）。

（10）做好隧道内立柱支架、弧形支架的预埋件，并确保预埋件与支架尺寸配套，避免在隧道壁打孔，破坏电缆构筑物的结构。做好预埋件与支架的焊接，其焊接宽度、长度按焊接的工艺标准要求执行。

（11）臂式支架设计时宜考虑支架荷载产生的挠度和安装产生的误差，设置预起拱值和预偏量。

（12）支架是否采用非铁磁性材料，按规程要求工作电流≥1500A 时采用，电缆工作电流应按正常最大负荷电流设计，不考虑系统最大负荷电流情况（双回线路其中一回短路情况）。因不锈钢材料价格高，工程投资大，工作电流≥1500A 时采用。在工作电流≤1500A 时采用绝缘材料将电缆抱箍与支架隔离。

第四节　电　缆　防　火

电缆隧道位于地下，且电缆隧道电缆电压等级多，回路数多，故电缆防火设计是电缆工程设计的重点，应根据“预防为主，防消结合”的设计原则做好设计工作。

（1）隧道内有保护光缆和通信光缆的光纤通道，应在防火槽盒内加装中间隔板，在光缆槽盒内隔离。

（2）隧道防火门隔墙土建与电气配合不好，由于防火门柱影响造成电缆无法穿越防火门侧面隔墙。

（3）为防止电缆隧道外的可燃液体、气体进入隧道，隧道的通风口、检修口在选址上与燃气管道保持一定距离，检修入口高出地面一定高度，防止液体流入。

第五节　电缆隧道附属设施

电缆隧道附属设施的设计质量关系到运行人员的人身安全，设计人员应高度重视。隧道附属设施设计应注意以下问题。

（1）按照 DL/T 5484—2013《电力电缆隧道设计规程》要求，隧道内人行道上的平均照度应达到 15lx。

（2）按照 DL/T 5484—2013《电力电缆隧道设计规程》要求，隧道内应设置应急照明，应急照明作为疏散照明用，疏散照明应有安全出口标志灯和设施标志灯组成。

（3）设计人员应在施工图设计前安排好电缆接地箱、照明开关箱、风机开关箱的安装位置，避免箱体阻碍电缆施放通道，以上箱体宜布置在运行人员通道的侧边，结合支架安装。

第七章 电缆工程设计新技术和新工艺

规划设计阶段需要积极慎重地采用经过鉴定的新技术、新材料、新工艺。充分合理利用电缆通道资源，节省线路造价，节约土地资源，协调政策处理工作。认真总结和学习国内外输变电工程先进的设计思想和设计方法，突出解放思想，转变观念，积极推广应用新技术，认真贯彻和应用国家电网公司电缆通用设计工作成果，运用新的方法和手段对设计方案不断进行优化，使其在安全性、可靠性和经济性等方面都达到先进水平。

第一节　高压电缆垂直蛇形敷设技术

一、技术提升背景

受河流、道路等障碍物、周边环境、交通状况及城市中错综复杂的水、气、配电、通信等管线影响，明开挖敷设电缆受到严格的制约，顶管、盾构隧道这些非开挖工法的应用正越来越多。

在顶管、盾构工法中构筑物两端需设置工作井来满足隧道施工、电缆敷设及运维的需要。受地形、障碍物等制约，顶管和盾构隧道可能置于较深的地下，因此两端电缆工作井的深度也常常会非常深。电缆垂直敷设于较深的竖井中，通常采用垂直蛇形敷设来吸收热伸缩量。常规蛇形敷设在弧幅顶端采用自然弯曲非固定的形式处理，在节距较大的高压大截面电缆运行中，电缆自由不规则地往复热伸缩易使电缆发生结构变形，加重两端固定抱箍、支架的负担，减少线路运行寿命。

大截面高压交联聚乙烯电力电缆的轴向力和弧幅滑移量在竖井内垂直敷设情况下的计算结果要比沿线路方向垂直敷设情况下大得多。电缆在深竖井中爬升时，由于电缆长度较长，整体的热伸缩量较大，通常采用垂直蛇形敷设布置可以分段吸收温差所带来的热伸缩量，降低电缆轴向力，从而减小电缆抱箍、竖井支架的负担。

二、技术简介

在利用电缆垂直蛇形敷设布置时，采用特殊设计的导轨式电缆滑移量调节支架，能确保多相电缆同步灵活的移动来吸收热伸缩量；采用特制的可旋转的单芯电缆抱箍，自动调整电缆产生热伸缩后带来的角度变化，并能够使电缆在吸收热伸缩量的同时给予电缆固定支撑。

高压电缆垂直蛇形敷设技术在以下两点实现技术创新：

（1）特制滑动导轨式电缆滑移量调节支架。滑动导轨式电缆滑移量调节支架由槽钢支架、导轨及滑块三部分组成。导轨与槽钢支架采用螺栓可靠连接。滑块与导轨条外壁贴合，可携带电缆沿槽钢支架轴向方向灵活滑动。两端设置固定挡板，防止滑块掉落。同层滑块之间设置连接板，保证多块滑块同步移动，避免碰撞。该特殊设计能确保多相电缆能够同步灵活的移动来吸收热伸缩量，保证电缆安全可靠运行。

导轨式电缆滑移量调节支架示意图如图 7–1 所示。

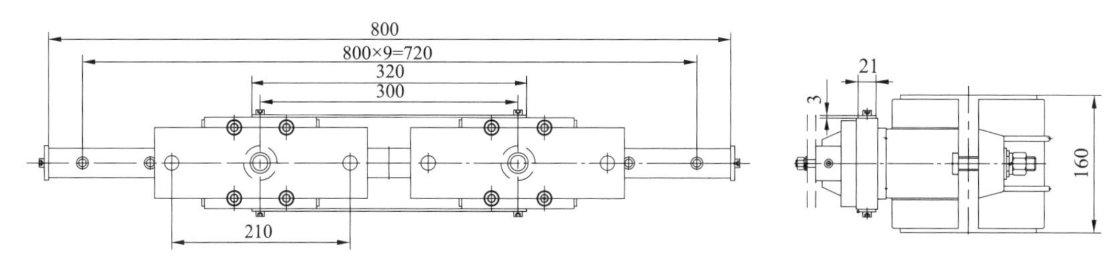

图 7–1　导轨式电缆滑移量调节支架示意图（mm）

（2）特制可旋转的单芯电缆抱箍。可旋转的电缆抱箍由旋转底座和电缆抱箍两部分组成。旋转底座采用螺栓与滑块连接，可旋转 ±20°。电缆抱箍采用螺栓连接与旋转底座相连，该特殊设计能自动调整电缆热伸缩后带来的角度变化，并能够使电缆在吸收热伸缩量的同时给予电缆固定支撑。

可旋转的单芯电缆抱箍示意图如图 7–2 所示。

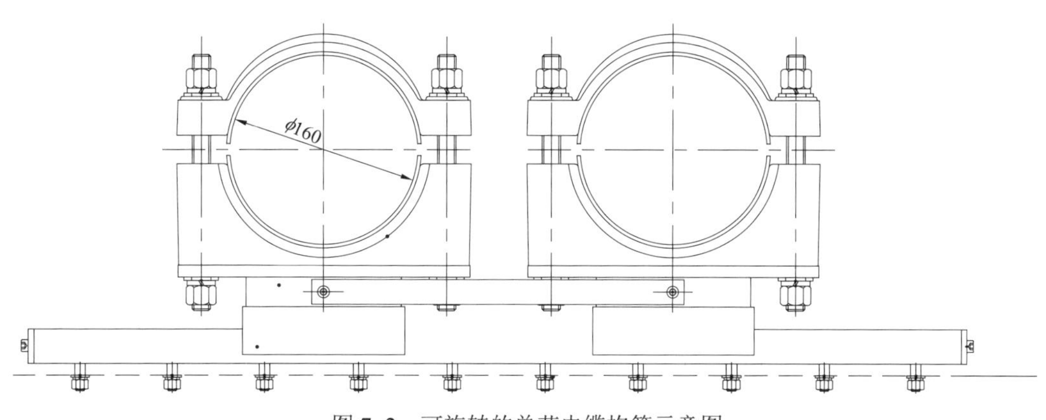

图 7–2　可旋转的单芯电缆抱箍示意图

第二节　高压电缆大规格钢拉管穿越设计技术

一、技术提升背景

随着城市的高速发展，城市电网的线路走廊日益紧张，电缆越来越多地应用于城市以及近郊的线路工程建设中。受河流、道路等障碍物、周边环境、交通状况及城市中错综复杂的水、气、配电、通信等管线制约，顶管、盾构、拉管（水平定向钻）这些非开挖施工方法的应用也越来越多。不论是盾构或是顶管施工，对高压电力管道施工而言皆存在施工周期长、施工风险大、工程造价高等缺点，而拉管恰恰能够避免以上问题。目前拉管存在铺管精度不高的缺点，且电缆处于小口径塑料保护套中，电缆受外力破坏的事故时有发生，另外电缆在热机械力作用下发生往复热伸缩变形，易使电缆的金属护套老化，与线芯分离。

二、技术简介

采用大规格钢管回拖形成电缆通道（内部不再设置小口径塑料保护管）；两端设置含配重机构的滑动式电缆调节及补偿装置，吸收电缆热伸缩变形；特制圆环形移动三芯电缆夹具，保证电缆敷设、运行安全可靠。该技术既具有普通拉管工期短、造价低、施工风险小的优点，同时又提高了电缆敷设和运行的安全性。

高压电缆大规格钢拉管穿越设计技术在以下三点实现技术创新：

（1）采用大规格钢管回拖形成电缆通道，无内衬小口径保护管。采用拖拉管方式穿越障碍物，多级扩孔，采用大规格钢管（已有 DN800 钢管的应用实例）回拖形成电缆通道，内部不再设置小口径保护管。与盾构、顶管等其他非开挖穿越方式相比，具有工期快、造价低的优点；相比常规小口径聚乙烯管材，大规格钢管抗外力破坏、抗扭曲能力强，穿越段埋设深度大、长度长，无内衬小口径保护管，电缆敷设工序少，散热性好，电缆载流量大。

（2）两端设置含配重机构的滑动式电缆调节及补偿装置，吸收电缆热伸缩变形。滑动装置作用：通过配重和动定滑轮组，减小钢拉管内圆弧段电缆由于重力作用对直线段电缆形成的挤压，同时装置下部滑轮能实现沿电缆轴向运动，确保电缆自如地伸长和缩短，一方面避免电缆运行后，随温度上升电缆刚度下降，直线段电缆在挤压下产生弯曲变形而损伤，另一方面保证电缆在热机械力作用下能够自由伸缩。

补偿段滚轮装置作用：其上侧可滑动滚轮具有一定下压力，使电缆能够向下弯曲，让电缆变形在一个比较固定的区域。

电缆调节及补偿装置纵断面、平面布置图如图 7–3 所示。配重机构示意图和可滑动滚轮示意图分别如图 7–4 和图 7–5 所示。

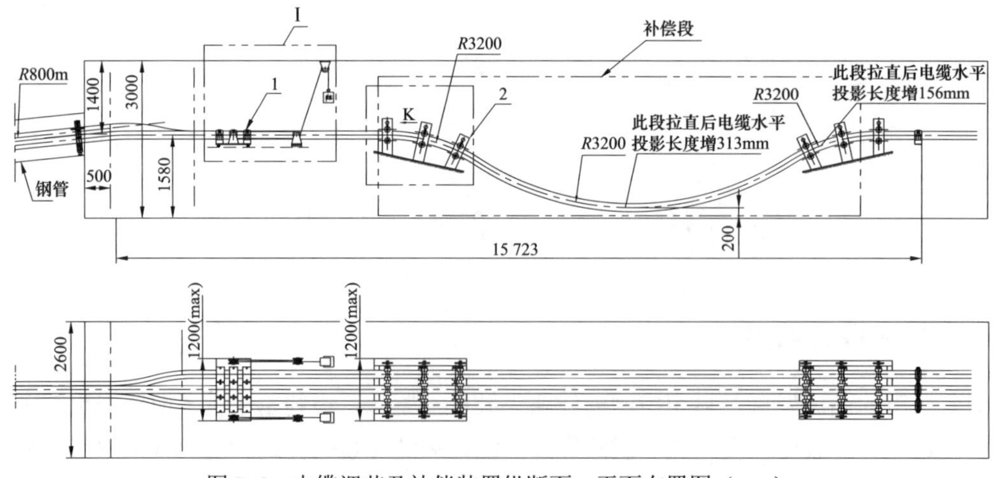

图 7–3　电缆调节及补偿装置纵断面、平面布置图（mm）

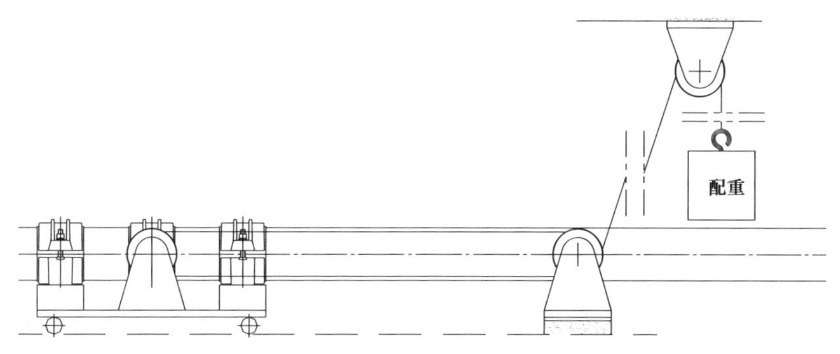

图 7–4　配重机构示意图

（3）特制圆环形移动三芯电缆夹具，保证电缆敷设、运行安全可靠。圆环形移动三芯电缆夹具由 3 块夹体拼装而成，夹体之间采用螺栓连接；外端设置 7 个万向球滑动装置，与钢管内壁贴合，可携带电缆沿钢管轴向滑动，避免电缆在敷设过程中产生磨损；夹具上设置接地端子，确保钢拉管内接地可靠连接，保证电缆敷设、运行安全可靠。

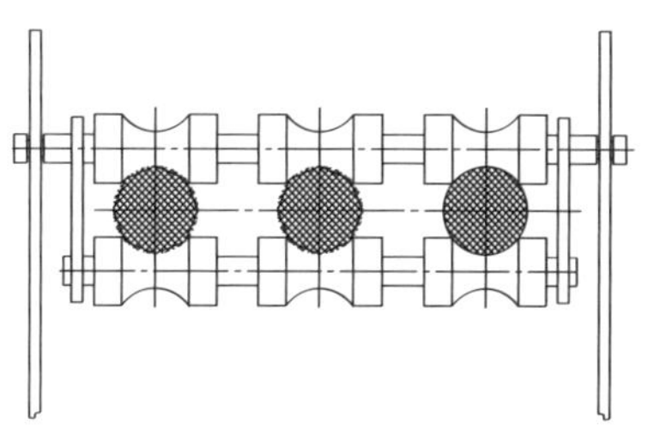

图 7–5　可滑动滚轮示意图

圆环形移动三芯电缆夹具示意图如图 7–6 所示。

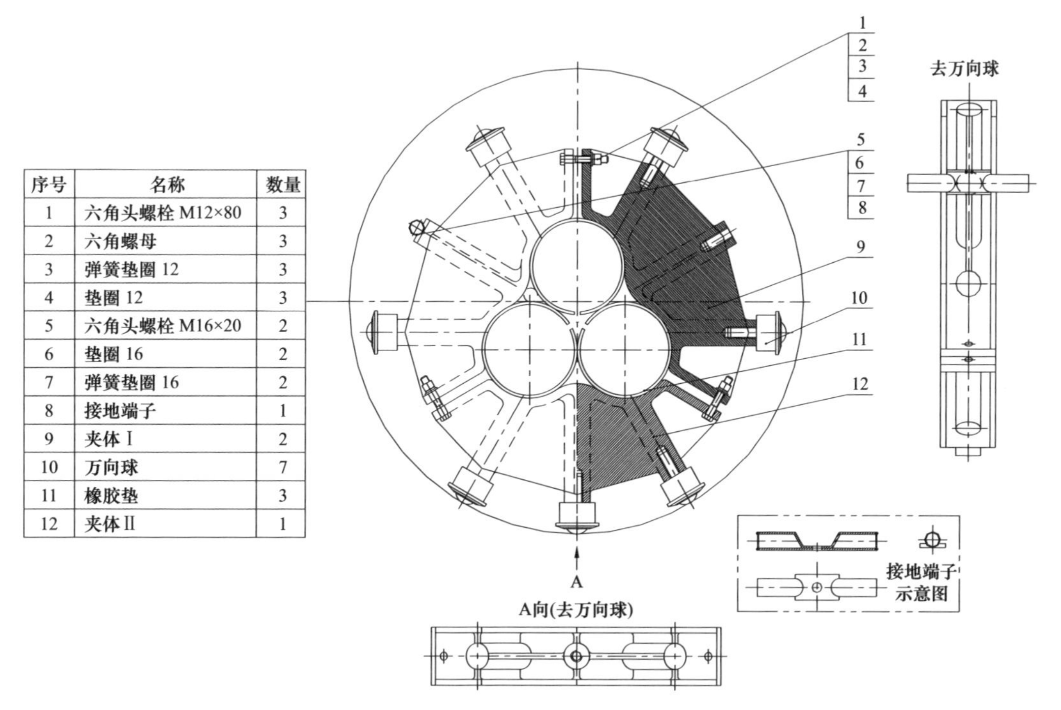

序号	名称	数量
1	六角头螺栓 M12×80	3
2	六角螺母	3
3	弹簧垫圈 12	3
4	垫圈 12	3
5	六角头螺栓 M16×20	2
6	垫圈 16	2
7	弹簧垫圈 16	2
8	接地端子	1
9	夹体Ⅰ	2
10	万向球	7
11	橡胶垫	3
12	夹体Ⅱ	1

图 7–6　圆环形移动三芯电缆夹具示意图

第三节　分布式电缆伸缩节技术

一、技术提升背景

随着城市的高速发展，城市电网的线路走廊日益紧张，电缆越来越多地应用于城市以及近郊的线路工程建设中。受工程造价、建设周期、周边环境、交通状况及城市中错综复杂的水、气、配电、通信等管线制约，排管、拉管的应用也越来越多。

排管、拉管敷设时，电缆在没有外力束缚的情况下，电缆在自身负荷及温度变化下，产生热机械力，当线芯截面在热机械力作用下进行热伸缩，同时热伸缩会发生往复的重复，这样就会导致电缆发生弯曲变形，长期下去，会使电缆的金属护套在不停的应变过程中老化，与线芯分离。

通过采用分布式电缆伸缩节，可有效吸收排管、拉管敷设时电缆的热伸缩变形，保证电缆的安全运行。同时分布式电缆伸缩节结构简单，各独立模块分布安装，占用空间小，适用性强。

二、技术简介

分布式电缆伸缩节结构简单，占用空间小，无需占用运行检修通道，有效降低了排管、拉管两头工作井的尺寸，同时起拱段端部阻力小，有利于电缆热机械力完全释放，在国内、外属首创，获得 2015 年度电力工程设计专有技术。分布式电缆伸缩节平面布置图和分布式电缆伸缩节纵断面图分别如图 7–7 和图 7–8 所示。

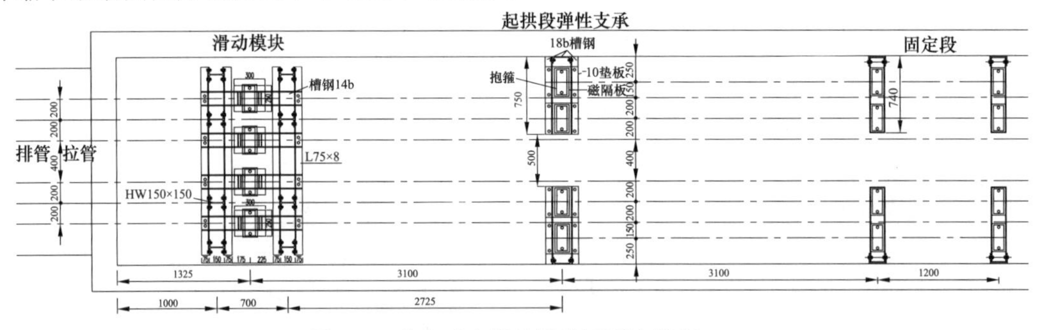

图 7–7　分布式电缆伸缩节平面布置图

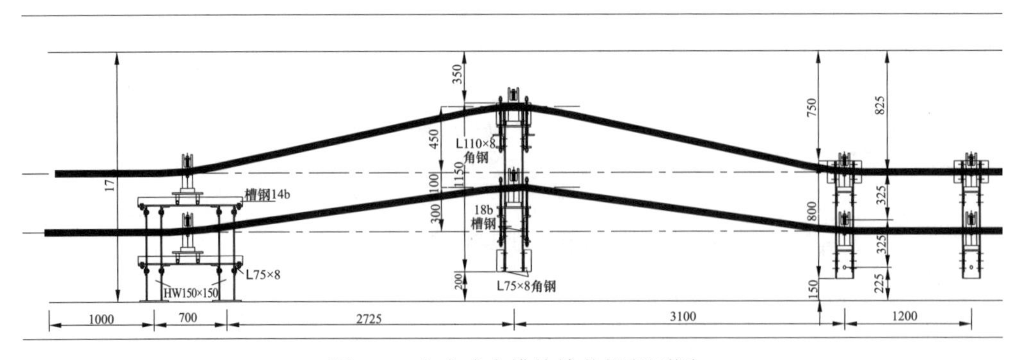

图 7–8　分布式电缆伸缩节纵断面图

分布式电缆伸缩节在以下四点实现技术创新：

（1）独立模块分布组装。分布式电缆伸缩节分为滑动模块、起拱段弹性支承模块、固定模块三个独立部分。电缆伸缩式时，滑动模块（滑动模块与排管、拉管接头断面图如图 7–9 所示）随电缆径向运动，起拱段弹性支承高度随之自动调节，电缆拱起落下，以吸收电缆伸缩变形量。分布式电缆伸缩节结构简单，安装方便，与工作井（接头沟）内普通支架兼容性好，不占用运行检修通道，有效降低工作井尺寸。通过调节各模块水平、竖直间距，设置电缆初始起拱量，相应修改起拱段弹性支承模块中弹簧规格，即可满足排管、拉管敷设时不同长度的电缆的变形需求，适用性强。

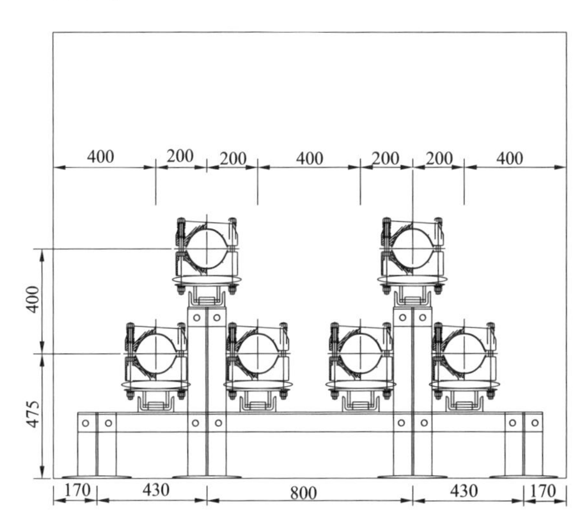

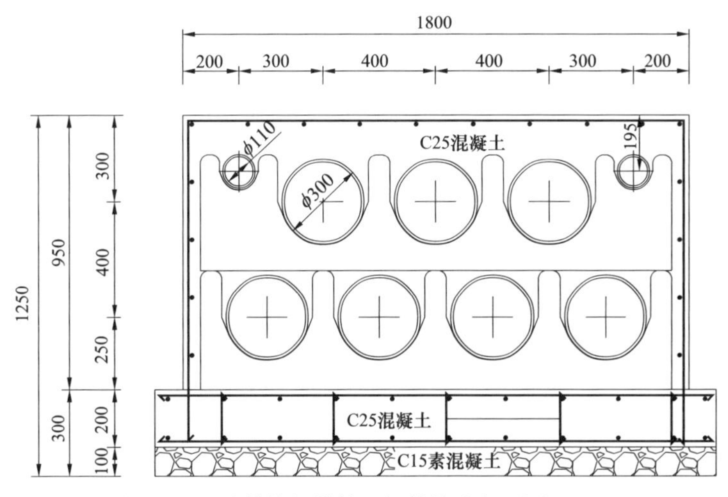

图 7–9　滑动模块与排管、拉管接头断面图（mm）

（2）减阻式滑动模块。可减少电缆热伸缩时的阻力，利于电缆热动力的释放。滑动模块电缆中心与排管、拉管接头处电缆中心，在平面位置和竖向高程上完全对接，保证电缆在径向的伸缩运动。同时采用密封式不锈钢轴承替代导轨以减小摩阻力。不锈钢轴承外观示意图如图 7–10 所示。

图 7–10　不锈钢轴承外观示意图

图 7–11　起弧段中点弹性支承外观示意图

（3）起弧段中点弹性支承。在起弧段中点设置弹簧弹性支承，每处由 4 个弹簧并列组成，弹簧刚度由电缆伸缩量和电缆起弧情况确定。弹簧随电缆伸缩变形，支承并调节起弧段拱起落下，同时能够减小起拱段端部阻力，利于电缆热机械力释放。起弧段中点弹性支承外观示意图如图 7–11 所示。

（4）起弧段弹性支承导轨。电缆伸缩量较大时，起弧段中点位置也会随之在径向产生较大位移。为使电缆起拱不受阻碍，保证弹性支承始终处于起拱段中心，在弹性支承下设置导轨以调节其位置。起弧段弹性支承导轨结构尺寸图如图 7–12 所示。

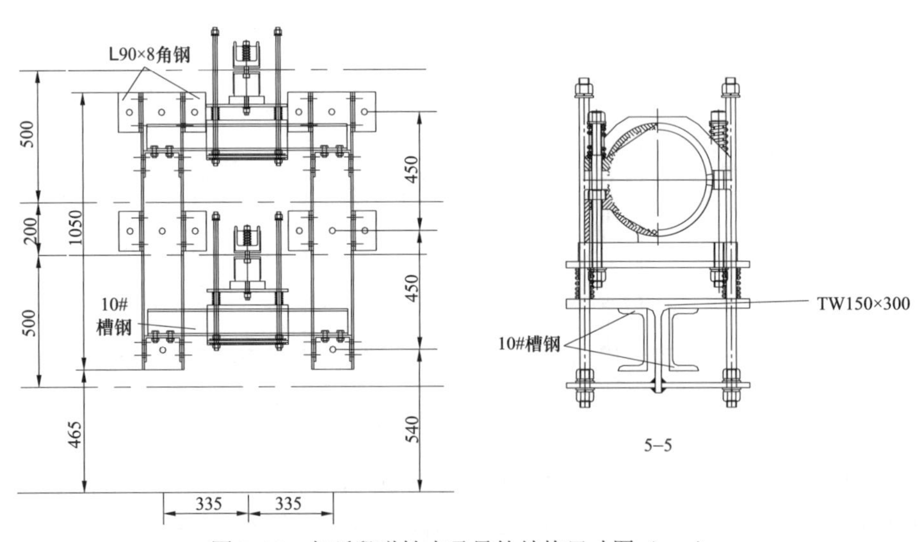

图 7–12　起弧段弹性支承导轨结构尺寸图（mm）

第四节　人员逃生系统

对于长距离的顶管、盾构隧道需要考虑运行人员逃生系统设计，该问题目前尚未引起管理部门重视。运行人员逃生系统设计需要综合考虑隧道内各种环境因素和运行人员自身情况，满足设计要求，确保运行人员安全。

一、隧道逃生系统建设的界定范围

（1）盾构隧道、顶管隧道总计长度超过 1000m 的隧道，明挖隧道工作井盖间距大于 500m 的隧道。

（2）有 10、35kV 低压电缆的隧道，其引起的火灾事故以及故障产生的烟雾对运行人员生命造成威胁的情况。

（3）隧道内产生有毒气体以及缺氧对运行人员生命造成威胁的情况。

（4）隧道内突发较大水灾事故，且隧道排水系统无法立即排出的情况。

二、隧道逃生系统的设置和条件

（1）隧道逃生条件宜按照运行人员逃出事故发生区域为止，也就是发生事故的隧道通风区外。

（2）隧道内应有事故发生的警报提示，含火灾警报、有毒气体警报、空气缺氧警报、大面积水灾事故警报。

（3）通风区防火门开闭设置应向消防专业单位咨询后确定，防火门控制：若隧道内超过 40℃，排风系统将自动启动，打开相应的电动进风百叶窗和排风机组，直至顶管隧道内温度降至 35℃以下通风系统停止运行。进风口、排风机的进风口均设置全自动防火调节阀，若排风温度超过 70℃，防火阀关闭，输出动作和联锁信号，联动关闭相应的排风机。

（4）对于长度大于 1000m，隧道深度大于 20m 的盾构、顶管隧道建议采用运行轨道车，减少运行人员在隧道内的停留时间，减少人员发生安全事故的概率。

（5）建立完善的隧道综合监控系统，确保消防设备的运行。

（6）建立完善的隧道通信系统，保证运行人员与外界及隧道内的通信畅通。

第五节　隧道内、外通信系统

借用 4G 网络，解决隧道内部通信，隧道内部与外部通信、运行人员定位、设备数据传输、事故信号传输、微信推送等。安装高精度人员定位系统，采用先进的脉冲无线定位技术，通过在隧道部署 4G 网络定位基站，隧道内人员佩戴标签，能够实现对人员的实时高精度定位。系统精度要求偏差＜0.5m，系统功能如下：

（1）实时位置定位：当隧道人员进入隧道以后，在任何时刻任意位置，定位基站都可以感应到信号，并上传到监控中心服务器，经过软件处理，得出各具体信息（如人员 ID、位置、具体时间等），同时可将信息动态显示在监控中心的大屏幕，并在电脑终端上进行备份。

（2）突发情况报警：一旦隧道发生突发情况，隧道内人员可通过按下所携带的定位标签上的定位按钮发出警报，同时，监控室的动态显示界面会立即触发报警事件并进行记录。

（3）紧急人员搜救：当突发情况发生时，无线定位系统将保留人员的最后活动位置，为精确紧急搜救提供重要参考。

（4）日常人员管理：管理者可随时观看大屏幕或电脑上的隧道内人员及设备活动情况，并可查看任意区域、任何班组/部分/个人的信息状况，并可进行报表打印，历史数据查询。

施工篇

本篇围绕设计篇总体思路，在高压电缆全过程建设中，依次总结提炼电缆土建工程、电缆电气安装工程、附属设施工程的管控要点，形成典型施工经验，进一步补充国网公司典型施工方法。本篇统一了施工工艺要求，规范了施工工艺行为，经验的提炼总结可有效控制高压电缆建设过程中的安全质量问题。通过土建管理新技术应用，进一步优化土建工艺；通过电缆电气新技术应用，大大节约劳动成本；率先在全国编制电缆安装管控卡片，并辅以八种管理制度，可有效控制电缆安装质量。

第八章 电缆土建工程

本章重点介绍了国内电力行业电缆土建工程常用的七种典型工法，分别为明挖隧道、工作井、盾构隧道、顶管隧道、沉管隧道、浅埋暗挖隧道、定向转等。本章从施工典型工法、管控要点、常见问题及对策3个方面详细介绍，系统分析了各工法的注意要素，并对土建工程的人身健康、安全、环境保护等方面进行了总结。

第一节 明 挖 隧 道

一、明挖隧道典型施工工法

明挖隧道在电力隧道建设中运用广泛，本节主要从明挖隧道施工的特点、适用范围、工艺原理、工艺流程、人员组织、材料及设备、质量控制、安全控制8个方面，对明挖隧道的典型施工工法进行阐述。

明挖隧道示意如图8–1所示。

图8–1 明挖隧道示意图

（一）特点

明挖隧道施工技术成熟，工艺简单，施工快捷，经济，安全、质量易保证。

（二）适用范围

明挖隧道一般适用于拆迁量不大和允许降水的环境条件，比较开阔的场地和稳定性较好的地层。

（三）工艺原理

明挖隧道是先将隧道部分的岩土体全部挖除（必要时先施工支护体系和地基处理），然后进行隧道本体结构施工，再进行回填的施工方法。

（四）工艺流程

明挖隧道施工工艺流程如图8–2所示。

1. 准备工作

（1）熟悉图纸、了解路径，并对外部环境调研。

（2）组织图纸预检，参加设计交底及图纸会检工作。

（3）对深基坑作业组织专家论证。

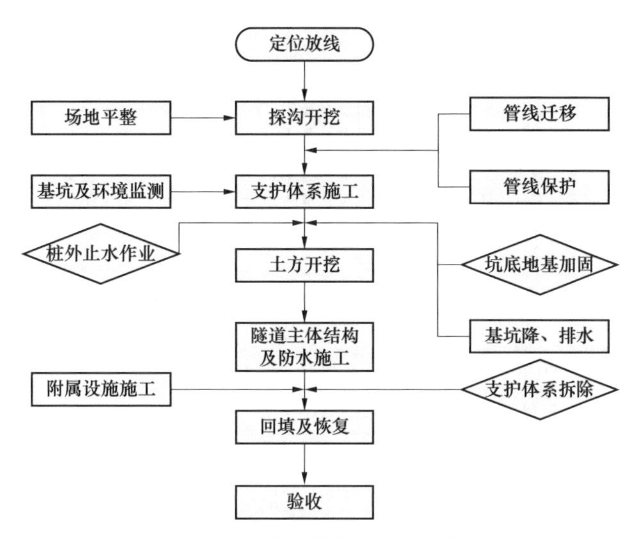

图 8–2　明挖隧道工艺流程图

（4）参加沿线管线产权单位交底。

（5）与社会其他相关部门协商、沟通。

1）在闹市区与交管部门沟通，按交管部门要求编制交通方案。

2）在闹市区与城管部门沟通，按城管部门的要求进行现场安全文明布置。

3）在闹市区与园林部门沟通，配合园林部门进行现场绿化进行保护、修枝或迁移。

（6）走访周围居民小区，张贴施工告示。

2. 施工现场布置

充分考虑工程所处的特殊地理位置、环境保护，减少扰民；临边围挡、临时房屋及其他设施布置参照国网（基建/3）187—2014《国家电网公司输变电工程安全文明施工标准化管理办法》进行；交通导向示意和平面布置分别如图 8–3、图 8–4 所示。

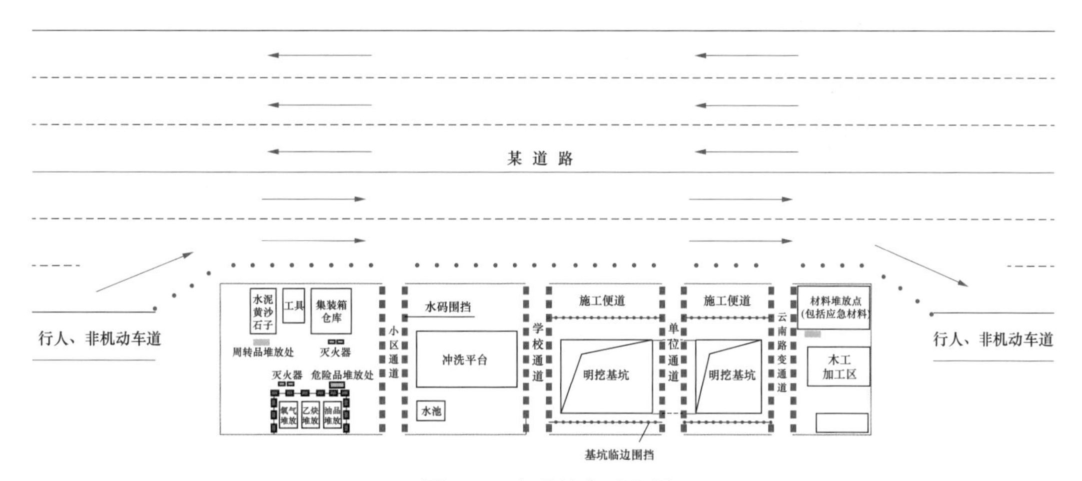

图 8–3　交通导向示意图

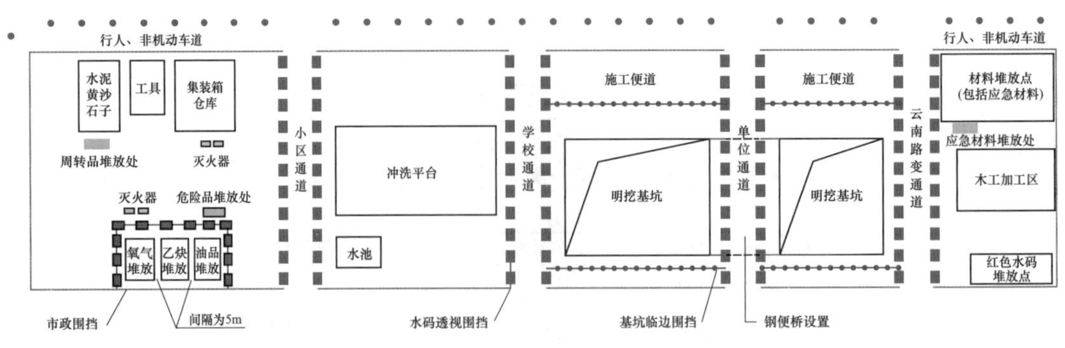

图 8–4　平面布置示意图

3. 探沟开挖

人工探沟示意如图 8–5 所示，具体要求如下：

（1）抽样要求。

1）开工前请各管线产权单位进行现场管线交底，并做好相应标记。

2）按图纸尺寸放样，确定抽样点位：① 沿路径纵向进行可行性人工开挖探沟，间距为 15～20m。② 沿路径横向进行通长人工开挖探沟，抽样宽为 0.8～1m，深度一般为 2.5～3m。

（2）地下管网处理。

1）协调产权单位进行保护或迁移。

2）无法迁移的管线，请设计单位进行设计优化。

图 8–5　人工探沟示意图

4. 基坑降、排水

基坑开挖施工前需对基坑进行降、排水作业，措施如下：

（1）集水明排宜在槽底两侧留排水沟。应在离基坑槽边 1.0m 外自然地坪处设置排水沟，每隔 30m 宜设置 1 个集水井。在集水井坑底距坡脚不小于 0.3m 处宜设排水沟。

（2）井点降水施工时应根据地下水位情况布置井点。井点排水应排到指定地点。

（3）将水有组织引流至集水井，通过潜水泵抽排至地面排水沟，通过排水沟排至沉淀池，经三级沉淀达到排放要求后排入市政管网，定期安排人员清理池底泥浆。

（4）降水过程中对水位高度及周边环境的影响做好监测工作。

5. 支护体系

各种围护结构适应的地质条件不同，支护机理和作用效果也有区别，施工方法和成本相差较大，因此应根据设计要求和地质水文、环境条件进行选择。在地层含水量较大和变形要求严格的情况下，可采用连续墙、钻孔桩、SMW 桩等支护形式；在基本无水的情况下，可采用放坡开挖、土钉支护、喷锚支护、挖孔桩、挡土墙等支护形式；在开挖深度不大且有水的情况下，可考虑采用钢板桩、搅拌桩、旋喷桩等支护形式。

6. 内支撑体系

对于地质条件和环境条件复杂，开挖宽度和深度比较大，且对变形要求严格的基坑，为了保证基坑稳定和环境安全，还需要在基坑内部设置内支撑体系，抑制基坑变形，以保证施工安全，减小施工对周边环境的影响。基坑支护体系主要包括冠梁、腰梁、水平横撑、角撑、立柱、纵梁等。

7. 地基处理形式

根据不同的地质情况，隧道常用的地基处理形式有搅拌桩、高压旋喷桩与压密注浆三种。

8. 土方开挖

（1）开挖条件确认：

1）支护体系强度满足设计要求；

2）地基加固达到设计要求；

3）完成开挖范围内外的杆线、管道、树木等迁移或保护措施；

4）完成基坑开挖前的集水坑布设；

5）挖土设备及土方运输设备已进场；

6）完成与基坑开挖相关的分项工程技术交底及安全交底。

（2）土方开挖：

1）基坑开挖与支撑安装遵循“时空效应”原理，在开挖过程中掌握好“分层、分部、对称、平衡、限时”五要点，遵循“纵向分段、竖向分层、横向分块、先撑后挖、快速封底”的施工原则；

2）基坑分仓长度一般不大于 30m，在特殊地段可适当缩小；

3）支撑设置达到设计要求后方能进行土方开挖作业。

9. 隧道主体施工

隧道主体结构可采用现浇与预制构件 2 种方式，通常采用现浇方式实现。

（1）钢筋施工。钢筋连接与焊接按 JGJ 107—2016《钢筋机械连接技术规程》与 JGJ 18—2015《钢筋焊接及验收规程》进行。

（2）模板施工。

1）模板安装前配模应按配模设计顺序拼装，配件应装插牢固。支承和斜撑下的支撑面应平整垫实。

2）模板设置按 JGJ 162—2016《建筑施工模板安全技术规范》进行。

（3）混凝土施工。混凝土施工按 GB 50204—2015《混凝土结构工程施工质量验收规范》进行。

10. 施工监测

根据设计图纸要求，施工单位配合第三方监测单位对现场进行施工监测。监测的主要内容包含支护体系变形、地下水位变化、开挖影响范围内地面沉降、周边建构筑物沉降及变形、电杆管线沉降及变形等。监测点位的布设间距、复测频率、监控时间与警戒值设定，参照 GB 50497—2009《建筑基坑工程监测技术规范》进行。

为确保监测结果的质量，加快信息反馈速度，全部监测数据均由计算机管理，绘制对应的测点位移或应力时态曲线图，对施工情况进行动态评价并提出施工建议。

监测反馈程序图如图 8–6 所示。

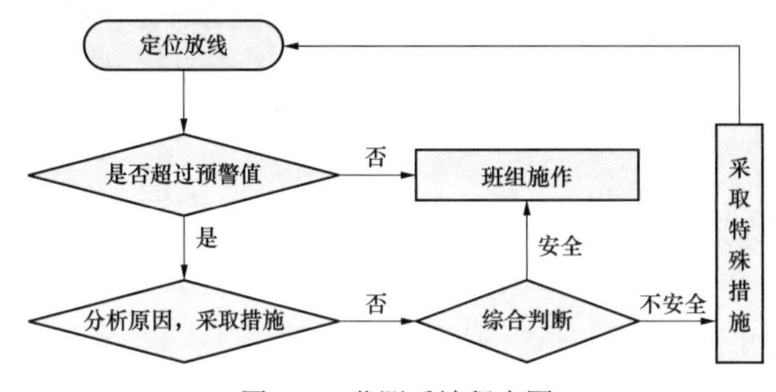

图 8–6　监测反馈程序图

（五）人员组织

施工人员配置应根据工程量和作业条件合理安排，主要现场人员职责划分见表 8–1。

表 8–1　主要现场人员职责划分表

序号	岗位	数量	职　责　划　分
1	项目经理	1	全面负责整个项目的实施
2	项目总工	1	全面负责技术、质量管理等
3	安全员	2	负责施工期间的安全管理等
4	技术员	2	负责混凝土隧道钢模板施工方案策划、技术交底、施工期间各种技术问题等
5	测量员	2	负责施工期间的测量与放样等
6	质检员	2	负责施工期间的质量检查及验收，包括各种质量记录等
7	施工员	2	负责施工期间的施工管理
8	材料员	2	负责各种物资、机械设备及工器具的准备等
9	水电工	3	负责施工现场水电接设及检查等
10	机械操作工	若干	负责施工期间施工机械的操作、维护、保养管理等
11	模板工	若干	负责模板工程的制作、拼装与安装工作

续表

序号	岗位	数量	职 责 划 分
12	钢筋工	若干	负责钢筋加工制作与安装
13	混凝土工	若干	负责混凝土浇筑
14	焊工	若干	负责基坑围檩、接地扁铁的安装及固定等

（六）材料及设备

混凝土隧道所需主要材料、主要测量仪器配备、拟投入的主要施工机械设备分别见表 8–2～表 8–4。

表 8–2　　混凝土隧道所需主要材料

序号	名　称	规　格	单位	备　注
1	水泥、黄砂、钢筋、石	按要求	t	
2	Φ14mm 对拉螺杆		kg	固定模板并兼做预埋件
3	钢模板（含支撑件）		t	根据具体情况进行配置
4	木模板（含支撑件）		m^2	根据具体情况进行配置
5	脚手钢管	ϕ48mm*	t	
6	防腐漆		kg	用于焊接部分补漆防腐

* 视隧道规模确定。

表 8–3　　主 要 测 量 仪 器 配 备

序号	名　称	数量	精　度
1	全站仪	若干	测回水平方向标准差 2mm+2ppm
2	RTK 定位仪	若干	—
3	水准仪	若干	标准差+5mm
4	钢卷尺	若干	标准差+5mm

表 8–4　　拟投入的主要施工机械设备

序号	机械/设备名称	数量	用于施工部位
1	挖掘机	若干	隧道
2	载重汽车	若干	隧道
3	蛙式打夯机	若干	隧道
4	机动翻斗车	若干	隧道
5	汽车吊	若干	隧道
6	支护桩机	若干	隧道
7	其余设备	若干	隧道

（七）质量控制

1. 钢筋工程质量控制措施

（1）及时向监理提交加工方案、加工材料表。加工时钢筋保持平直，无局部曲折，如遇有死弯时，将其切除。

（2）保证所使用钢筋表面洁净，无损伤、油漆和锈蚀。钢筋级别、钢号直径符合设计要求。

（3）在常温下进行钢筋弯曲成型，不进行热弯曲，不用锤击或尖角弯折。

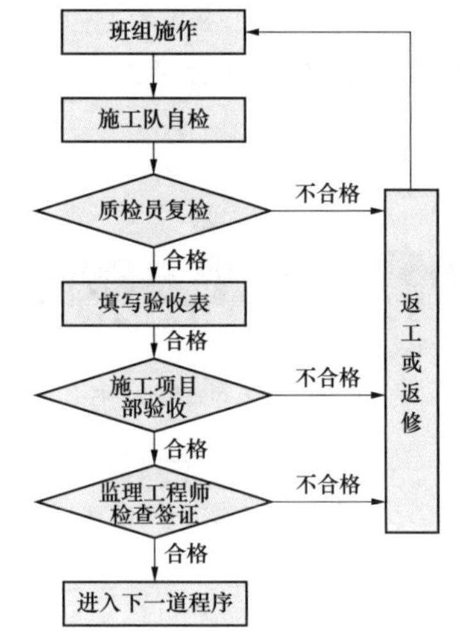

图 8–7　隐蔽工程质量检查验收程序图

（4）每批钢筋正式焊接前，按实际操作条件进行试焊，报经监理检查、试验合格后，正式成批焊接。

（5）钢筋焊接施工作业严格按照相应施工规范要求进行。

2. 隐蔽工程质量控制措施

（1）隐蔽工程采用班组自检、班组互检及专业检查相结合的方式进行质量控制。要求每道工序的施工班组对本工序的施工质量负责，每一道工序完成并自检合格后，报专职质检人员检查，再报施工项目部检查，合格后通知监理工程师检查。

（2）隐蔽工程验收合格后，方可进行下一道工序施工。质检工程师和专职质检人员跟班检查验收。

（3）隐蔽工程质量检查验收程序如图 8–7 所示。

（八）安全控制

1. 施工机械安全控制措施

（1）大型施工机械与特种施工机械在进场前，应到当地机械检测部门取得检查验收合格证后方可进场。

（2）车辆驾驶员和各类机械操作员必须持证上岗，并定期进行安全管理规定教育。

（3）严禁酒后驾驶车辆和操作机械，车辆严禁超载、超高、超速驾驶，严禁使用故障车辆、机械及超负荷运转。

（4）机械设备在施工现场集中停放，严禁对运转中的机械设备进行机械检修和保养。

（5）指挥机械作业的指挥人员，其指挥信号必须准确，操作人员必须听从指挥，严禁违章作业。

（6）起重机作业严格执行 JGJ 33—2012《建筑机械使用安全技术规程》和［80］建工劳字第 24 号《建筑安装工人安全技术操作规程》中的有关规定和要求。

（7）使用钢丝绳的机械，必须定期进行保养，发现问题及时更换，在运行中禁止工作人员跨越钢丝绳，用钢丝绳起吊、拖拉重物时，现场人员远离钢丝绳。

（8）设专人对机械设备、各种车辆定期检查、维修和保养，对查出的隐患要及时处理，并制订防范措施，防止发生机械伤害事故。

2. 开挖安全控制措施

（1）基坑上口挖土后，在基坑四周设置防护。防护形式符合临边作业的安全要求，行人坡道（基坑逃生通道）须设扶手及防滑措施。

（2）机具和物件应按现场平面布置图进行合理堆放，不能任意放置。

（3）基坑内的垂直和水平运输要按施工组织设计要求严格执行，进坑的人行扶梯及通道专门设置，两边立栏杆，设置后进行安全验收，并定期进行检查。

（4）基坑边应设围栏及警告标志，夜间应设红灯示警。

（5）施工机械应接地良好，接线操作应由专业人员进行，非操作人员严禁操作。操作人员应戴绝缘手套等必备的安全防护用品。

（6）认真复核地质资料及地下构造物的位置、走向，掌握项目工程可能影响临近建筑物基础的埋设深度。对地下构造物、管线应先改建或保护再开挖。

（7）基坑土方开挖严格遵循“分段、分层、对称、平衡、限时”原则，严守基坑开挖时空效应规则，做到随挖随撑。

（8）基坑开挖到底后严格按施工组织设计内容，紧凑人、机、料等施工资源安排，争抢基坑混凝土底板快速施工。

（9）严密监控支护结构的变形、位移。

3. 钢筋绑扎安全控制措施

（1）钢筋制作场地应平整，工作台应稳固，照明灯具应加设网罩。

（2）手工加工钢筋工作前应检查板扣、大锤等工具是否完好，在工作台上弯钢筋时应防止铁屑飞溅伤眼，工作台上的铁屑应及时清理。切割小于 300mm 的钢筋时应用钳子夹牢，严禁直接用手把持。

（3）多人抬运钢筋时，起、落、转、停等动作应一致，人工上下传递时不得站在同一垂直线上。

4. 模板工程安全控制措施

（1）组拼模板需采用平板车辆运输，运输通道应平整、顺畅。向坑下运送模板时宜设置坡道，坑上坑下应统一指挥，牵送挂钩、绳索应安全可靠。

（2）模板安装应由下至上逐层进行，模板就位后应及时连接固定，合模过程中应保证模板稳定。

（3）调整找正轴线的过程中应轻动轻移，严防模板轿杠滑落伤人；合模时逐层找正，逐层支撑加固，斜撑、水平撑要与补强管（木）固定牢固。

（4）作业人员上下基坑不得蹬踩支撑，应用靠梯上下。

（5）模板应达到同条件试块抗压强度规程要求，报监理审批后方可进行拆除。拆模作业应按后支先拆、先支后拆的原则进行。

（6）拆除模板时，作业人员不得站在正在拆除的模板上。卸连接卡扣时两人应在同一面模板的两侧进行，卡扣打开后应用撬棍沿模板的根部加垫轻轻撬动。

（7）拆除模板间隙时应将已活动模板临时固定。拆下的模板要及时运走，不得乱堆乱放。

（8）拆除模板后应及时封盖预留洞口，盖板应可靠牢固，并设立警示标志。

5. 混凝土工程安全控制措施

（1）卸料时前台下料人员应协助司机卸料，基坑内不得有人；前台下料作业应坑上坑下协作进行，禁止将混凝土直接倒入坑内。

（2）浇筑混凝土过程中，木工、架子工应跟班随时检查模板、脚手架的牢固情况。

（3）振捣工作业时禁止踩踏模板支撑，应穿好绝缘靴、戴好绝缘手套，搬动振动器或暂停工作时应将振动器电源切断，禁止将振动着的振动器放在模板、脚手架或未凝固的混凝土上。

6. 脚手架搭设与拆除安全控制措施

（1）脚手架搭设前应对钢管、扣件、脚手板等构配件进行检查验收，钢管不得有弯曲、裂纹、压扁、锈蚀等状况，扣件不得有裂纹、锈蚀、滑丝等状况，脚手板外观应完好，不合格产品不得使用。

（2）对钢管表面进行全面除锈并涂刷红丹防锈漆，漆干后方可使用。

（3）脚手架基础应平整坚实并做好排水，回填土地面应分层回填，逐层夯实硬化。

（4）搭设人员必须持证上岗，并正确佩戴和使用安全防护用品，在架子上作业时，安全带应高挂低用。

（5）脚手架拆除前应对脚手架作全面检查，清除剩余材料、工器具及杂物。

（6）拆除脚手架时应按规定自上而下顺序进行（后装先拆，先装后拆），不得上下同时拆除；脚手架的管材应有专人传递，禁止抛扔；当解开与另一人有关扣件时应先通知对方，以防坠落。

（7）施工区域应设安全围栏和安全标志牌，并派专人监护，严禁非施工人员入内。拆除时应统一指挥，上下呼应，动作协调。

7. 安全防护控制措施

（1）作业人员进入施工现场时应正确佩戴安全帽，穿工作鞋和工作服。特种作业人员应持证上岗。

（2）施工作业区域应使用安全围栏实施有效隔离，并设置安全警示标志。

（3）夜间施工时施工地点应设置警示灯，防止行人或车辆等误撞封闭设施，工作结束应立即恢复道路交通相关措施。

（4）安全围栏应稳定可靠，并具有一定的抗击强度。

（5）施工现场临时用电应采用三相五线制标准布设，各级配电箱应装设端正、牢固、防雨、防尘并加锁，设置安全警示标志，配电箱附件应配备消防器材。

（6）配电箱内应配置剩余电流动作保护装置，并配置接线示意图和定期检查表，由专业电工负责定期检查、记录。

8. 周边管线、建（构）筑物安全控制措施

（1）开挖前，物探与探沟管线，并制订管线保护与改迁措施，交由各管线产权单位审核后实施。

（2）对基坑临近树木、路灯与电杆采取保护措施。

（3）调查周边建（构）筑物基础资料，对保护方式进行专家评审。

（4）做好重要管线、杆线、树木、周边建（构）筑物的监测工作。

二、管理控制要点

（一）路径交叉地下管线复杂处施工控制

1. 管控要点

（1）需对各特殊地段的信息进行详细的收集，辨识出对项目实施带来的影响。

（2）组织各单位对辨识出的影响进行详尽的应对处理方案讨论与编制。

（3）将处理方案报由各交叉影响单位进行审核，做好各个产权、管理单位的对接工作。必要时对处理方案进行评审。

（4）协同监理、施工单位落实处理方案的现场实施。

2. 实施方式

根据电力管线规划要求，110kV 及以上的电缆隧道结构覆土深度一般达到 2m 左右，加上结构高度，开挖深度达到 4～5m。因此，开挖时路径上所有的市政管线基本都会遇到，为保证工程顺利安全实施，做好管线保护是重中之重。

（1）现场地下管线勘探：

1）根据设计图纸及现场管线信息进行管线排查；

2）请各家管线单位进行现场管线交底，并留存相应交底记录；

3）请物探院对现场进行管线探测，并出具相应的管线探测图纸；

4）根据前期交底及探测资料进行现场管线探沟开挖，找出具体管线位置与埋深。

（2）对于交叉管线的保护措施：

1）对于交叉处管线为防止管线沉降，采用 H 型钢与扁钢悬吊的方式进行保护；

2）对于燃气、自来水等重要的管线，应派专人进行定期巡视维护，一发现问题及时上报。

交叉处管线保护示意如图 8-8 所示。

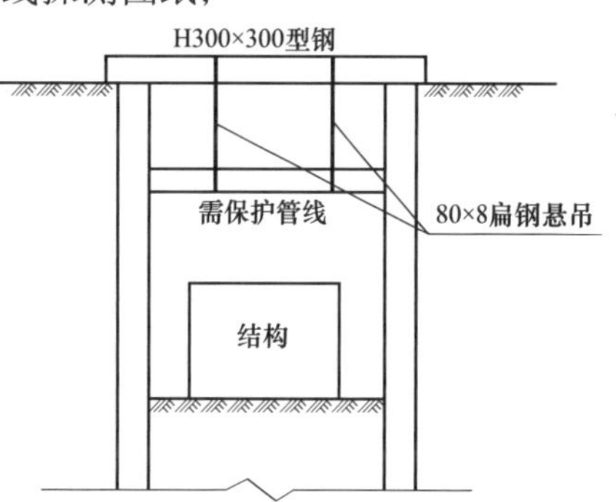

图 8-8　交叉处管线保护示意图

（3）对于平行管线的保护措施：

1）平行管线采用间隔几米 H 型钢与扁钢悬吊的方式进行保护；

2）对于燃气、自来水等重要的管线，应派专人进行定期巡视维护，一发现问题及时上报。

3）需做好各种管线的应急预案。

（4）对于需要迁改的管线，协同各管线产权单位做好管线的迁移保护工作。

平行管线悬吊示意和悬吊管线悬吊示意分别如图 8-9、图 8-10 所示。

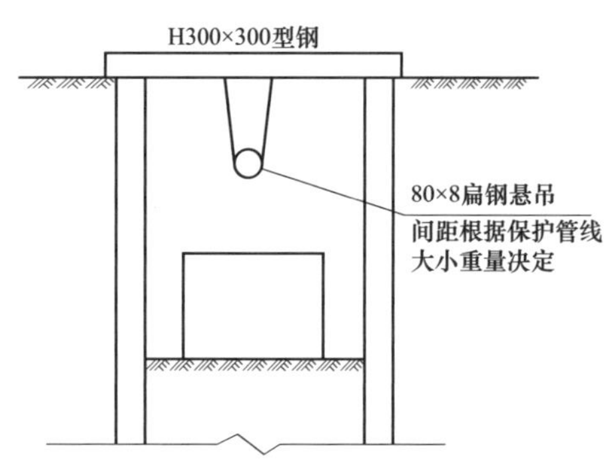

图 8-9　平行管线悬吊示意图

图 8-10　悬吊管线悬吊示意图

（二）路径上构筑物、小区多，杆管树木复杂等施工控制

1. 做好地面构筑物的保护及沉降观测工作

（1）在基坑开挖前，做好基坑周边原始道路、建（构）筑物的影像资料留存工作（用于后期对照）；开挖前在基坑周边重要建（构）筑物布设好沉降观测点，定期组织相关单位及人员进行现场沉降观测工作，为后期安全施工提供依据。

（2）对于基坑周边的树木、电线杆等，需在基坑开挖前予以支撑保护，待隧道施工回填完成后方可予以拆除。

沉降观测布置示意和电杆保护示意分别如图 8–11、图 8–12 所示。

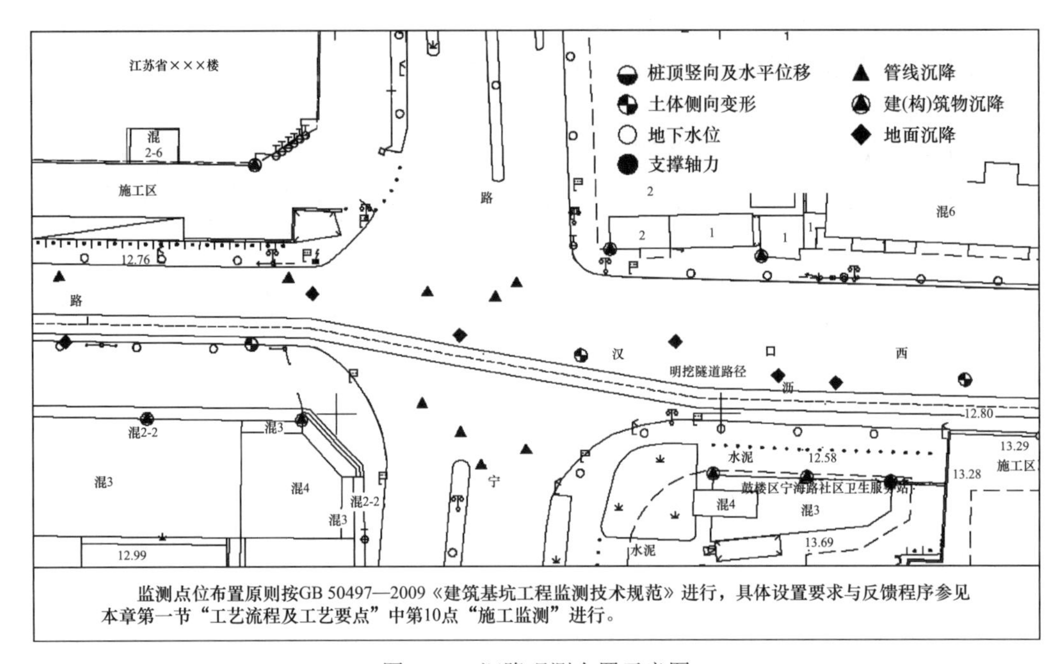

图 8–11　沉降观测布置示意图

图 8–12　电杆保护示意图

2. 做好小区及单位路口布置工作

（1）在围挡实施前，张贴发放“致市民的一封信”与“告车主一封信”，提前告知周边小区与车主施工计划情况。

（2）在小区及单位门前铺设钢便桥，满足车辆及人员的正常通行需求。

（3）为保证夜间行人与非机动车正常通行，可在围挡外增设照明路灯。

（4）为保障通行安全，用围挡隔离的方式设置机动车道与人行道。

（5）洒水车定时进行现场洒水作业，派专人定时对围挡进行清洗。

（6）成立安全文明督查小组，检查与督促现场安全文明实施情况。

（7）对现场所有孔洞、检查井等按要求进行围挡保护。

安全文明布置示意如图 8–13 所示。

图 8–13　安全文明布置示意

（三）围护、支撑及地基处理施工控制

1. 支护体系施工

（1）灌注桩施工。控制成孔质量、钢筋笼制作焊接、混凝土浇筑及超灌量。

（2）拉森钢板桩施工。拉森桩应垂直且需连续咬合，拔桩时应同步注浆。

（3）放坡开挖施工。坡度系数不能低于图纸及方案要求，坡面应及时进行处理。

2. 支撑体系施工

钢支撑设置应及时到位，施加压力需满足图纸要求。

3. 地基处理施工

高压旋喷桩、搅拌桩施工应控制入土深度、水泥用量及喷浆速度，28 天取芯满足要求。

（四）主体施工控制

1. 钢筋施工

（1）钢筋保护层厚度应符合图纸及规范要求。迎水面保护层厚度不小于 50mm。

（2）竖向受力分布筋的距离应符合图纸及规范要求。控制 S 沟的绑扎质量，避免漏绑、少绑。

2. 模板施工

（1）模板施工应位置准确、横平竖直、接缝严密，固定牢固。

（2）拆模时不得用铁撬棍撬开模板，严禁用铁铲、钢刷之类的工具清理残渣。

3. 混凝土施工

（1）混凝土强度等级与图纸相符，且具有抗渗性。

（2）下料均匀、振捣密实，不漏振、少振、过振。

4. 施工缝、伸缩缝施工

（1）伸缩缝留置位置正确，橡胶止水条安装准确、固定牢固，混凝土浇筑后应及时清理。

（2）水平施工缝留置止水钢板。

5. 防水施工

（1）结构基层表面处理到位。

（2）防水涂料涂刷均匀。

（3）防水材料搭接长度不小于规范要求。

（4）细部节点施工满足要求。

三、常见问题及对策

（一）预埋件凹陷

1. 问题分析

对于刚浇筑完拆模的现浇隧道而言，最易出现墙面预埋件凹陷问题。造成预埋件凹陷的主要原因为预埋件固定不牢固，混凝土工墙板浇筑时振动棒碰撞到预埋件，导致预埋件跑偏。

预埋件凹陷对后期隧道内支架及通长扁铁焊接都受影响，因此应保证预埋件平整。

2. 预防措施

（1）将预埋件直接通过对拉螺栓的方式固定在侧墙模板上，采用此种加固措施的预埋件基本不会跑偏，但是对模板的损坏较大，降低模板的使用周期。

（2）在预埋件位置的四个角位置上，每个角钉用 2 个钉子加以固定，保证紧贴、牢固。并在施工前对木工做好操作培训，做到规范化施工（预埋件若用 4 个钉子固定，容易跑偏）。

（3）做好混凝土工的交底培训工作，要求在预埋件位置振动棒应注意操作规范，防止扰动预埋件。

3. 事故事例分析

案例：某项目隧道预埋件由于固定不到位，导致预埋件凹入墙体 200mm。

事故处理方案：

（1）方案 1：在焊接支架时，在支架与预埋件之间增加 2 块钢板垫块，保证支架与钢板有效地连接接地。

（2）方案 2：为保证隧道成型效果，也可在凹陷的位置再增加 1 块钢板埋件（通过焊接的形式连接）。

（二）隧道渗漏水

1. 问题分析

对于隧道建设来说，最常见的问题为隧道渗漏水，造成隧道渗漏水的原因主要可以概括为以下 9 点：

（1）混凝土振捣不密实。

（2）对拉螺栓未加止水环。

（3）拆除模板时敲动对拉螺栓。

（4）隧道外侧防水未按要求实施。

（5）隧道墙板水平施工缝未按要求留置止水钢板。

（6）隧道橡胶止水带未能固定牢固。

（7）橡胶止水带连接不牢固。

（8）施工缝未处理干净。

（9）底板接地引上线未加止水环。

2. 预防措施

（1）施工前进行交底，要求振捣密实，不漏振、少振、过振。

（2）对拉螺栓中部焊接止水环。

（3）拆除模板施避免敲动对拉螺栓。

（4）应严格按图纸进行隧道外侧防水作业。

（5）隧道墙板水平施工缝时，钢板止水带在施工缝的上下各留设一半。

（6）橡胶止水带应居中布置，设置牢固。

（7）根据隧道断面尺寸，采用定制橡胶止水带。

（8）混凝土浇筑后及时对施工缝及钢筋上的浮浆进行清理。

（9）底板接地引上线加设止水环。

3. 事故事例分析

案例：某项目由于周边市政管线施工造成顶板损坏露筋、渗水。

事故处理方案：

（1）该处隧道较深，且积水较多，需先用水泵进行抽水作业。

（2）抽水完成后，需先将带电电缆两侧与上部的电缆用模板进行隔挡（防止触碰），再搭设钢管脚手架（搭设间距为 600mm），便于工人进行修补施工。

（3）除锈与凿毛：由于钢筋外露一段时间后，表面产生铁锈，为了使钢筋与混凝土良好黏结，所以必须对露筋部位进行除锈处理，具体为人工使用钢刷将钢筋表面铁锈刮除并清理干净，然后采用人工凿毛方法，清除表面浮层污物。

（4）在隧道的顶板与两侧侧墙板进行植筋，绑扎钢筋，支护模板，将其制成一个整体，并通过在井口设置溜槽的方式浇筑 C30 混凝土。

（三）定位测量控制

1. 问题分析

隧道路线一般在市政道路下，建成后会与其他规划的管线、建（构）筑物交叉。错误的隧道路径会导致返工、运行电缆破坏等不可控因素发生。

2. 预防措施

（1）通过地方规划部门所给的基准点，用 RTK 建立项目工程，通过该基准点（基准点一般有 3 个，点位涵盖整个路径范围）计算该段路径参数。

（2）通过计算的路径参数，将图纸中其余坐标点进行施放，用木桩（或钢钉）在现场做好标示。

（3）请设计院对现场施放的点位进行复核，保证施放点位的准确性。复核无误后完善复核手续，由监理、设计、业主确认后进行实施。

（4）确保点位准确后，现场施工项目部通过全站仪、经纬仪将基准点位挪到施工区域范围以外，以保证施工过程中的校核和重新施放。

（5）待工程结构施工结束回填前，重新对建设完成的结构进行采集比对，保证路径正确性。

RTK 控制点（建参数用）、现场全站仪用点分别见表 8–5 和表 8–6，现场数据网型示意图如图 8–14 所示。

表 8–5　RTK 控制点（建参数用）

序号	点号	等级	92 南京地方坐标系（新）		吴淞高程系	
			X 坐标	*Y* 坐标	高程等级	*H*（m）
1	P158503	一级	138 343.188	120 138.777	四等	7.177
2	P158506	一级	137 457.249	121 913.864	四等	11.899
3	P158500	一级	138 316.519	118 111.640	四等	12.097

表 8–6　现场全站仪用点

项目工程现场控制点			
点位	*Y* 坐标	*X* 坐标	高程等级 *H*（m）
JZ0	121 987.888 5	137 626.349 1	12.601 7
JZ1	121 913.862 6	137 457.246 9	11.899
JZ4	121 036.320 2	137 628.329 2	12.209 2
JZ5	119 809.145 3	138 069.682 4	12.140 5
JZ6	119 234.417	138 194.338	12.242 8
JZ7	118 269.417 5	138 317.370 6	12.059 4
QH1	118 111.639 7	138 316.516 5	12.097
QH2	118 518.252 9	138 328.325 4	12.045 2
QH3	121 536.118 7	137 529.677 7	12.221 2
QH4	120 519.254 7	137 736.562 2	12.008 9
QH5	122 378.642 3	137 757.281	7.618
QH6	122 280.886 3	137 585.317 1	8.281 7

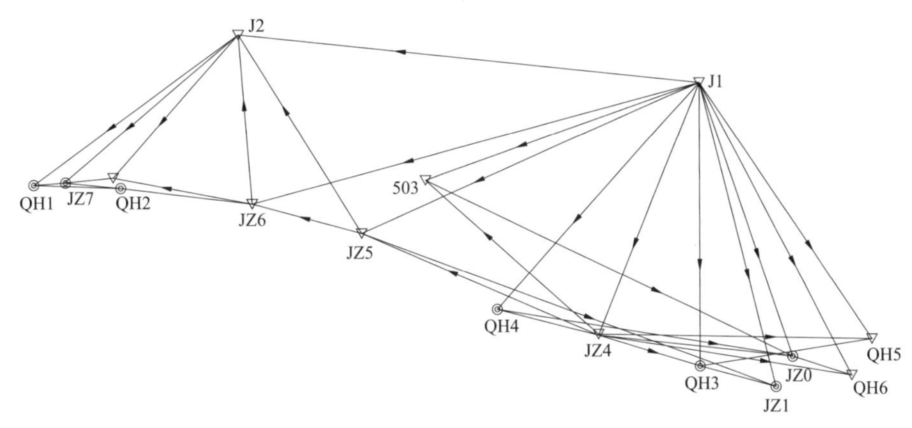

图 8–14 现场数据网型示意图

第二节 工 作 井

一、工作井典型施工工法

工作井用于盾构机、顶管机始发及接收，管片、管节等材料设备运输、安装、调试，作业人员出入通道，为设备千斤顶提供反作用力，竣工后作为永久构筑物。本节主要从工作中典型施工工法的特点、适用范围、工艺原理、工艺流程、人员组织、材料及设备、质量控制、安全控制 8 个方面，对工作井典型施工工法进行阐述。工作井外观如图 8–15 所示。

图 8–15 工作井外观图

（一）特点

工作井一般深度大，施工作业面小，周边有道路、桥梁、建筑物、其他市政管线等，需要进行深基坑支护体系施工，工作井坑底及盾构、顶管入洞出洞需进行土体加固。

（二）适用范围

工作井主要用于盾构法、顶管法施工始发及接收井，竣工后作为永久构筑物。

（三）工艺原理

工作井先进行深基坑支护体系施工及土体加固，然后开挖进行工作井本体的施工。常用围护结构有柱列桩围护、地下连续墙。工作井主体施工方式分顺作法和逆作法。本节重点阐述顺作法施工。

（四）工艺流程

工作井施工工艺流程如图 8–16 所示。

1. 施工现场布置

临边围挡、临时房屋及其他设施布置参照国网（基建/3）187—2014《国家电网公司输变电工程安全文明施工标准化管理办法》进行。专用材料设备布置按各阶段工艺要求，现场布置科学、合理、整洁。施工现场安全文明布置如图 8–17 所示。

2. 地基加固

工作井坑底及盾构、顶管入洞出洞需进行土体加固。常用土体加固方法有高压旋喷桩、水泥搅拌桩、注浆加固三种。

（1）高压旋喷桩。高压旋喷桩施工参照 GB 50202—2016《建筑地基基础工程施工质量验收规范》，以及 JGJ 79—2015《建筑地基处理技术规范》。

旋喷桩的施工，应根据工程需要和土质条件选用单管法、双管法或三管法。

旋喷桩方案确定后，应结合工程情况进行现场试验，确定施工参数和工艺。

（2）水泥搅拌桩。水泥搅拌桩施工参照 GB 50202—2016《建筑地基基础工程施工质量验收规范》，以及 JGJ 79—2015《建筑地基处理技术规范》。

水泥搅拌桩施工工艺分为浆液搅拌法和粉体搅拌法，可采用单轴、双轴、多轴搅拌成形。

（3）注浆加固。注浆加固施工参照 GB 50202—2016《建筑地基基础工程施工质量验收规范》，以及 JGJ 79—2015《建筑地基处理技术规范》。

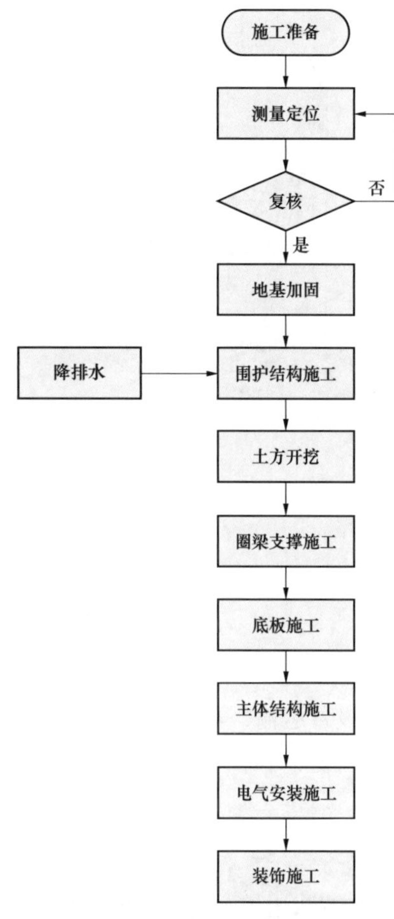

图 8–16　工作井工艺流程图

图 8–17　施工现场安全文明布置图

注浆加固设计前，应进行室内浆液配比试验和现场注浆试验，确定设计方法、检验施工方法和设备。加固材料可分为水泥浆液、硅化浆液和碱液等固化剂。

3. 围护

（1）钻孔灌注桩。钻孔灌注桩施工参照 GB 50202—2016《建筑地基基础工程施工质量验收规范》。

1）成孔。成孔工艺根据工程特点、地质条件、设计要求和试成孔要求合理选用。

2）清孔。清孔应分两次进行，第一次在成孔完毕后进行，第二次在安放钢筋笼和导管安装完毕后进行。

3）钢筋笼施工。钢筋笼宜分段制作。分段制作由钢筋笼的整体刚度、来料钢筋长度及起重设备的有效高度等因素确定。

钢筋笼安装入孔时，应保持垂直状态，对准孔位徐徐轻放，避免碰撞孔壁。

4）混凝土施工。混凝土初凝时间不应少于正常运输和灌注时间之和的 2 倍，且不少于 8h。单桩灌注应连续进行，混凝土灌注的充盈系数不得小于 1，也不宜大于 1.3。混凝土采用导管水下灌注。

（2）咬合桩。

1）导墙施工。咬合排桩施工前，应在桩顶上部沿咬合桩排桩两侧先做钢筋混凝土导墙。

2）切割成孔。咬合式排桩分硬切割和软切割两种。成孔工艺应根据工程特点、地质条件、设计要求和试成孔情况合理选用。

3）钢筋笼制作。钢筋笼宜分段制作。分段制作由钢筋笼的整体刚度、来料钢筋长度及起重设备的有效高度等因素确定。

4）混凝土施工。单桩灌注应连续进行，混凝土灌注的充盈系数不得小于 1，混凝土采用导管水下灌注。

（3）地下连续墙。地下连续墙施工参照 GB 50202—2016《建筑地基基础工程施工质量验收规范》。

1）导墙施工。导墙墙顶面应水平，至少高于地面 100mm。平行于地下连续墙轴线，导墙底面应与地面密贴。

2）成槽作业。成槽作业分多头钻施工法、抓斗式施工法、钻抓式施工法、冲击式施工法。成槽接缝尽可能避开转角和内隔墙连接位置，以保证地下连续墙的强度和整体性。挖槽结束后，清除槽底沉渣和沉淀物。

3）钢筋笼加工安装。钢筋笼应设置桁架、剪刀撑等增加整体刚度构造钢筋。钢筋笼应在清基后吊放，应对准槽段中心缓慢沉入，不得强行入槽。

4）混凝土施工。采用水下混凝土浇筑施工方法，水平分层浇筑。墙底注浆，在混凝土强度达到设计值后进行。

（4）止水帷幕。止水帷幕一般采用三轴搅拌桩和旋喷桩，工艺方法参见地基加固。

4. 土方开挖

基坑开挖遵循“先深后浅分级开挖，由上而下，先撑后挖，分层开挖”的原则，运用“时空理论”采用“竖向分层、纵向分段、纵向拉槽、横向扩边”的开挖方法。每一段土方从上到下分层开挖，施工区段内每层开挖完成架设钢支撑或浇筑混凝土支撑后才能进行下层土方的挖掘施工。混凝土梁支撑浇筑前应埋设混凝土应变感应芯片，如图 8–18 所示。

土方开挖过程中，加强对围护结构的变形位移及土体不均匀沉降的监测，密切注意对周边环境的保护。

5. 主体结构施工

工作井主体结构的钢筋绑扎、模板安装、混凝土浇筑参照 GB 50204—2015《混凝土结构工程施工质量验收规范》、GB 50666—2011《混凝土结构工程施工规范》，并符合设计要求。

土方开挖到接近底板设计标高时即停止，人工对槽底进行清理整平至设计标高后，组织相关单位对槽底地基加固进行勘验，确保地基承载力、渗透系数满足设计要求。

洞门钢环在工作井井壁施工时安装，和工作井井壁钢筋绑扎同时进行。

工作井内设施吊装完成后进行顶盖施工。为简化施工程序，加强成品保护，宜优先采用工作井预制顶盖方案，其外观如图 8–19 所示。

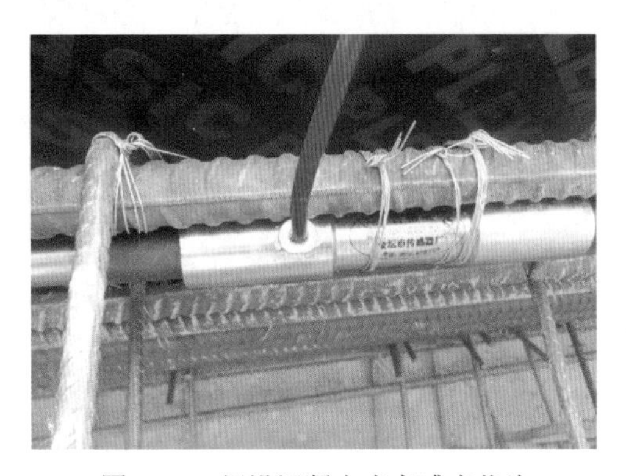

图 8–18　埋设混凝土应变感应芯片

图 8–19　工作井预制顶盖外观

6. 回填

结构混凝土施工完成后，先进行侧墙和顶板的外包防水层封闭和保护层施工。结构顶板采用每层厚度小于 500mm 的黏土回填，回填前对各类回填土进行密度及含水量试验，确定其铺土厚度及压实密度等。

（五）人员组织

施工人员配置应根据工程量和作业条件合理安排，主要现场人员职责划分见表 8–7。

表 8–7　　主要现场人员职责划分表

序号	岗位	数量	职 责 划 分
1	项目经理	1	全面负责整个项目的实施
2	项目总工	1	全面负责技术、质量管理等
3	安全员	若干	负责施工期间的安全管理等
4	技术员	若干	负责混凝土隧道钢模板施工方案策划、技术交底、施工期间各种技术问题等
5	测量员	若干	负责施工期间的测量与放样等
6	质检员	1	负责施工期间的质量检查及验收，包括各种质量记录等
7	施工员	若干	负责施工期间的施工管理等

续表

序号	岗位	数量	职 责 划 分
8	材料员	1	负责各种物资、机械设备及工器具的准备等
9	水电工	若干	负责施工现场水电接设及检查等
10	机械操作工	若干	负责施工期间施工机械的操作、维护、保养管理等
11	模板工	若干	负责模板工程的制作、拼装与安装工作等
12	钢筋工	若干	负责钢筋加工制作与安装等
13	混凝土工	若干	负责混凝土浇筑等
14	焊工	若干	负责基坑围檩及接地扁铁的安装及固定等

（六）材料及设备

主要材料设备见表8–8。

表8–8　　主要材料设备表

序号	机械或设备名称	数量	用于施工部位	备注
1	挖掘机	若干	工作井	
2	载重汽车	若干	工作井	
3	蛙式打夯机	若干	工作井	
4	机动翻斗车	若干	工作井	
5	汽车吊	若干	工作井	
6	支护桩机	若干	工作井	

（七）质量控制

1. 岗位质量责任制

项目经理是项目的第一责任人，施工员根据岗位职责在抓生产管理的同时负责相应的质量问题，项目总工、质检员则行使质量控制的监督检查职能。与各作业班组和特殊专业分包商签署质量目标保证书，通过组织管理和经济杠杆双重手段确保整个工程质量目标的实现。

2. 技术交底制度

坚持以技术进步来保证工程质量的原则，编制有针对性的施工方案，关键工序均作为主要质量控制点，做好施工前的技术方案编制与各级技术交底。

3. 物资验证制度

采购的各类物资，坚持验证合格方可投用的制度。验证的内容包括核查物资合格证、质量证明书及其规格、型号、标识、包装等。对于国家、部颁标准有复验要求的，必须进行规定的复验，确保不合格的物资不投用于工程之中。

4. 样板引路制度

施工操作注重工序的优化、工艺的改进和工序的标准操作，以统一操作要求，明确质量标准。

5. 过程三检制度

对各工序操作均实行自检、互检、专检制度。自检要做记录，预检及隐蔽工程检查按相关文件要求做好齐全的记录。

6. 质量否决制度

对不合格的分项、分部工程必须返工至合格，执行质量否决权制度，对不合格工序流入下一道工序造成的损失应追究相关者责任。

7. 成品保护制度

要合理安排工序，坚持按合理程序施工，严禁反序作业。应制订成品保护措施，防止下道工序对上道工序效果的破坏和污染，质检员和责任工程师坚持现场监督检查，及时发现和制止不贯彻落实成品保护措施的倾向和行为。

8. 工程质量等级评定、核定制度

各工序及最终工程质量均需进行评定和核定质量等级。未经核定或核定不合格的不得转序或交工。

9. 培训上岗制度

工程项目所有管理人员及操作人员均应经过业务知识技能培训。对于特殊岗位（工种）人员，必须经考核合格后持证上岗。

10. 检验标准

质量管理及检验严格按照相关国家法律、法规、行业规程规范标准进行。

（八）安全控制

1. 落实岗位责任制度

明确各级人员的安全职责，要求各级人员与项目经理签订安全岗位责任书，做到层层落实，事事有人管，处处有人抓。

2. 坚持安全三项制度

根据国网电力建设安全施工管理规定及相关安全奖罚条例，在施工准备阶段制订实施细则和项目安全管理制度，并对所有参加施工的人员进行岗前安全考试，把“群防群治，防治结合”的方针落实到施工全过程。

3. 坚持安全档案管理制度

设立安全教育考核，特种作业施工、生产机械、防火、防爆、劳动用品的发放，班组安全活动记录等台账、卡，做好安全档案记录管理。

4. 坚持“五同时”制度

编制施工措施、技术方案时，同时编制安全措施；布置施工任务时，同时布置安全工作；技术交底时，同时进行安全交底，危险点预测及预防；评比时，同时进行安全评比；总结工作时，同时总结安全工作。

5. 坚持监督检查制度

定期组织安全检查，严格检查“两票”和施工日志，查违章违纪、查安全活动及有关会议记录、查起重工具出库检查记录。

6. 严格执行事故报告制度

发生事故以最快方式逐级上报，按“四不放过”对事故调查、处理。在施工全过程中，由建设方、监理工程师对安全施工和文明施工情况进行监督检查。

7. 坚持机械管理制度

建立健全施工机械检查、验收制度。健全各类机械设备操作规程、规章制度。加强施工机械设备的日常维护管理。不得使用带故障的机械设备进行施工作业。

8. 坚持用电、防火安全管理制度

建立健全施工用电、防火、防爆安全管理制度和管理机构。配制足够的消防器材，并要保持性能良好，注意日常维护与保养。用电设备和电源线应符合用电管理要求。

9. 坚持安全工作会议制度

定期召开安全会议，及时了解和掌握安全施工动态，及时解决存在的问题，总结布置日常性工作。

10. 班组安全活动制度

施工班组要坚持班前会危险点的分析，布置安全措施，交代注意事项，班后会安全总结。

11. 坚持安全考核奖惩制度

建立健全安全考核标准，严格奖惩制度，对做得好的部门和个人给予一定的物质、精神奖励，对做得差的部门和个人给予经济处罚和批评。

12. 坚持安全设施标准化、规范化制度

严格做到安全设施的标准化、规范化。

13. 安全全过程控制

在施工全过程中按照安全体系保障图的要求实施安全的全过程控制，做到防患于未然。

二、管理控制要点

1. 高压旋喷桩

（1）喷浆量控制。

1）宜采用强度等级为 PO42.5 级及以上的普通硅酸盐水泥，根据需要加适量的外加剂及掺合料，用量由试验确定。

2）为了确保桩体每米掺合量及水泥浆用量达到设计要求，应随时抽查检验水泥浆水灰比是否满足设计要求。

3）储浆罐内的储浆应不小于 1 根桩的用量。若储浆量小于上述重量时，不得进行下 1 根桩的施工。施工中发现喷浆量不足，应整桩复搅，复喷的喷浆量不小于设计用量。如遇停电、机械故障原因，喷浆中断时应及时记录中断深度。在 12h 内采取补喷处理措施，并将补喷情况填报于施工记录内。

（2）提升速度控制。

1）旋喷桩提升速度控制参数：单管法 200～250mm/min；双管法 100mm/min；三管法 50～150mm/min，或由现场试验确定。

为保证旋喷桩桩端、桩顶及桩身质量，钻孔喷浆时应在桩底部停留 60s，进行磨桩端，余浆上提过程中全部喷入桩体，且在桩顶部位进行磨桩头，停留时间为60s。

2）施工时应严格控制喷浆时间和停浆时间。每根桩开钻后应连续作业，不得中断喷浆。严禁在尚未喷浆的情况下进行钻杆提升作业。

2. 水泥搅拌桩

（1）浆液水灰比或水泥掺量控制。水泥浆液水灰比应符合设计要求，加入缓凝剂防止初凝，挂牌施工。保证每根桩的浆液一次单独拌制而成。因故搁置超过2h以上的拌制浆液，应作废处理，严禁再用。

干粉喷浆应有专人记录每根桩的水泥用量，单桩水泥用量不得少于设计用量，每延米水泥用量误差不得超过5%。

施工过程应留存水泥进货原始单据，并认真做好材料监控工作，以单根水泥用量进行复核比对。

（2）桩长和垂直度控制。在桩机钻杆身上做好明显标志，严格控制桩顶和桩底标高。检查桩机立柱导向架垂直度不低于1/200。

（3）钻进提升速度控制。钻进或提升的速度应控制在0.5～1m/min以内。通过试桩，掌握下钻、提升的困难程度，确定钻头进入硬土层电流变化的程度，确定合适的输浆量（输灰量），掌握水泥浆（干粉）到达搅拌机喷浆口（喷灰口）的时间，桩机提升速度、复搅下沉和复搅提升速度等施工参数。

3. 注浆加固

（1）冒浆控制。

1）注浆顺序应采用跳孔施工，以防窜浆；采用先外围后内部的注浆方式，以防浆液外流。

2）浆液沿注浆孔壁冒出地面时，宜在地表孔口用速凝胶泥或水泥浆等密封管壁和地表土孔隙，并间隔2～4h后再进行下一个深度注浆。

3）注浆中发生地面冒浆现象应立即停止施工，查明冒浆原因。如注浆孔封闭效果欠佳，可待浆液凝固后重复注浆，如地层灌注不进，应结束注浆。

（2）注浆后处理。注浆结束后应及时拔管，拔管后土中的孔洞用水泥砂浆封堵，按设计图纸要求对注浆效果进行检验。

4. 钻孔灌注排桩

（1）防止坍孔控制。

1）钻进过程中要经常检测各项泥浆指标，及时补充性能指标合格的泥浆，以防止坍孔。试验人员每天至少测量2次泥浆指标（包括注入孔口泥浆和排出孔口泥浆），不符合要求的坚决废弃。

2）钻孔灌注排桩施工应采取间隔跳打，并应在灌注混凝土24h后进行相邻成孔施工。

3）成桩前应在桩位埋设护筒，埋设深度应超过杂埋土深度。

4）根据不同的土层采用不同的泥浆比重和不同的转速，在砂性土和含少量卵石中钻进时，可用1或2挡转速，并控制进尺；在水位高的粉砂层钻进时，应低挡慢速钻进，同时加大泥浆比重和提高孔内水位。

（2）垂直度控制。成孔时钻机定位准确、水平、稳固。钻机定位应纠正钻架的垂直度，保持钻头在吊紧状态下钻进。成孔时应经常检查钻机的垂直度、水平度和转盘中心的位移。

（3）灌注质量控制。钻孔施工至设计标高时，立即进行第 1 次清孔。清渣完成后，安装钢筋笼，在浇筑混凝土前进行第 2 次清孔，孔底沉渣厚度小于 100mm。

水下混凝土必须连续施工，每根桩的浇筑时间按初盘混凝土的初凝时间控制。导管第 1 次埋入混凝土面以下不得少于 0.8m；浇筑过程导管埋入混凝土面深度宜为 2～6m，严禁将导管提出混凝土面。

5. 咬合桩

（1）软法切割超缓凝混凝土缓凝时间控制。超缓凝混凝土的缓凝时间应在施工前确定，不应小于 60h。委托混凝土供应商进行混凝土的配比设计和生产。控制 A 序桩在未初凝状态前进行 B 序桩钻孔和浇筑。咬合桩施工顺序如图 8–20 所示。

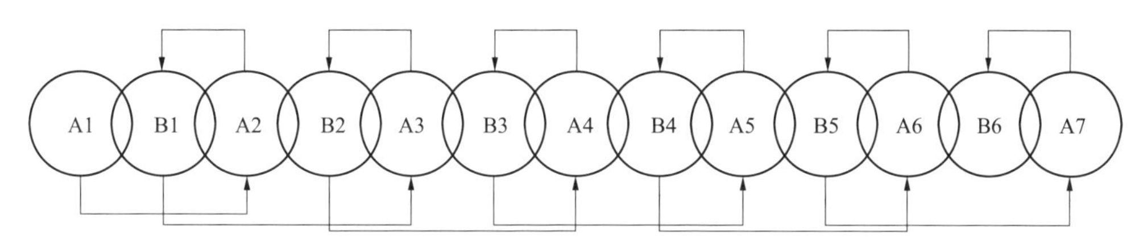

图 8–20　咬合桩施工顺序图

制定严格的检查制度和监控措施：

1）混凝土在使用前现场必须检查坍落度及观感质量是否符合要求，坍落度超标或观感质量太差的不得使用。

2）每车混凝土取一组试件，监测其缓凝时间及坍落度损失情况。

（2）桩垂直度的控制。

1）套管的顺直度检查和校正。施工前在平整地面上检查和校正单节套管的顺直度，然后按桩长配置，将套管全部连接，检查全长顺直度。

2）成孔过程中桩的垂直度监测和检查。选择 2 个地面以上的相互垂直的套管，采用线锤监测其垂直度，发现偏差随时纠正。

每节套管压完后，要进行孔内垂直度测量，不合格要及时纠偏。

3）纠偏。成孔过程中如发现垂直度偏差过大，必须及时进行纠偏调整，纠偏的常用方法有以下三种：① 利用钻机油缸进行纠偏：适用于垂直度偏差不大或套管入土不深（5m 以下）；② A 桩纠偏：当 A 桩在入土 5m 以下发生较大偏移时，可先利用钻机油缸直接纠偏，如达不到要求，可向套管内填砂或粘土，一边填土一边拔起套管，直至将套管提升到上一次检查合格的地方，然后调直套管，检查其垂直度合格后再重新下压；③ B 桩的纠偏：B 桩的纠偏方法与 A 桩基本相同，不同之处是不能向套管内填土而应填入与 A 桩相同的混凝土，否则有可能在桩间留下土夹层，影响排桩的防水效果。

（3）桩深度控制。下压套管，始终保持套管底口超前于开挖面的深度不小于 2.5m。终孔时，取土面要高于套管底口至少 1.5m。

6. 地下连续墙

（1）泥浆配合比控制。施工前根据易坍塌的土层合理确定泥浆配合比，并现场试验确定。

制备膨润土泥浆一定要充分搅拌，否则会影响泥浆的失水率和黏度。新配置的泥浆应静置 3h 以上。

在施工过程中应定期对泥浆指标进行检查测试，随时调整，不合格的泥浆要及时置换，并做好泥浆检测记录。

在遇较厚的粉砂、细砂土层，可适度提高泥浆黏度指标，但不可大于 45s。在地下水位较高，又不宜提高导墙顶标高情况下，可适度提高泥浆密度，但不宜超过 $1.25g/cm^3$。

（2）槽段防塌控制。对松散坍塌的土层宜预先进行槽壁加固，缩小单位槽段长度，选择合适的泥浆配合比，控制泥浆和地下水液位变化及地下水流动速度，加强降水，减少地面荷载和控制动荷载。

成槽过程中成槽机抓斗应慢提。与槽边保持 3m，下方铺设钢板，挖出土方立即运走。

槽段成孔后及时安装钢筋笼进行混凝土浇筑。

（3）垂直度控制。成槽过程中利用成槽机的显示仪进行垂直度跟踪观测，做到随挖随纠，达到设计的垂直度要求。

合理安排每个槽段中的挖槽顺序，使抓斗两侧的阻力均衡。

消除成槽设备的垂直度偏差，根据成槽机的仪表控制垂直度。

成槽结束后，利用超声波检测仪检测垂直度，如发现垂直度没有达到设计和规范要求，及时进行修正。

机械操作人员严格按照设计槽孔偏差控制液压铣铣头下放位置，将液压铣铣头中心线对正槽孔中心线，缓慢下放液压铣铣头施工成槽。

（4）渗漏水控制。地下连续墙的清底工作应彻底，清底时严格控制每斗的进尺量不超过 15cm，以便将槽底泥块清除干净，防止泥块在混凝土中形成夹心现象，引起地下连续墙漏水。

槽段接头段应具有良好的抗渗性和整体性，接头处不允许有夹泥，施工时必须用特制接头刷，上下刷除多次，直到接头无泥为止。

7. 支撑施工

（1）混凝土支撑强度控制。支撑施工与基坑开挖相互配合，挖一层土，做一道混凝土支撑，在达到强度 90%后开挖下一层土，再做下道支撑。

（2）钢支撑预应力控制。钢支撑轴力在支撑两端同步对称进行，应按设计值分级施加，并持荷观察度数表变化，如有压力回弹，需再次实施加压。钢支撑的架设至拆除的整个过程，须对钢支撑严格监测，确保其稳定性。

8. 主体结构施工

（1）洞门钢环加工安装控制。钢环由专业钢结构加工厂家进行加工。为防止钢环在吊装、运输过程中变形，钢环分块运至施工现场，然后再焊接成一体，并在钢环内焊接支撑，避

图 8–21　钢环外观图

免钢环在吊装就位时产生变形。钢环外观如图 8–21 所示。

钢环的中心及高程确定好以后即可进行吊装，吊装前要确定钢环的支撑是否牢固结实。就位时按照测量所给高程及中心将钢环固定好，将钢环及其外周钢筋与墙筋焊接牢固，避免出现扭转、倾斜等问题。

（2）预留孔控制。钢筋绑扎过程中，根据设计图纸布设各种预埋管路、预埋铁件及预留孔洞，并对其位置进行复测，以确保定位的准确性，而后采取有效措施（焊接、支撑、加固等）将其牢固定位，以防止混凝土在浇筑过程中变形移位。混凝土浇筑前，对图复查，以防遗留。

预留孔洞周边混凝土浇筑时，下料必须均匀一致，避免出现混凝土高差过大现象。机械振捣时配以人工插捣。

（3）防水控制。

1）结构防水：① 在设计混凝土配比时可掺入适量粉煤灰及具有减水、缓凝、增塑的泵送剂，减少水泥用量和用水量降低水化热，解决混凝土在固结过程中因水化热而产生的收缩裂缝；② 混凝土浇注时加强捣固，确保混凝土的密实度并控制混凝土的入模温度≤28℃且≥5℃及坍落度≤150mm，待混凝土硬化后要加强养护，养护期内结构表面要经常保持湿润，从而减少混凝土收缩裂缝；③ 结构施工缝留置在结构受剪力或弯矩最小处；④ 结构侧墙防水采用涂刷水泥基渗透结晶型防水涂料。

2）施工缝防水：所有迎水面施工缝均采用中埋式钢边橡胶止水带进行防水处理，仅在无法安装止水带的局部采用遇水膨胀止水条加强防水处理，所有非迎水面结构可采用遇水膨胀止水条进行防水处理。

当结构混凝土强度达到 70%以后，对基面凿毛处理，剔除表面混凝土露出新茬，确保混凝土界面良好结合。

立模前，基面用高压风认真清理，确保基面清洁，无砂石尘土等杂物，浇筑混凝土前对基面洒水湿润，基面上不允许有积水。

水平施工缝在混凝土浇筑前要在凿毛的基面上铺一层与结构混凝土相同标号的防水砂浆。底板、侧墙与顶板的竖向施工缝在混凝土浇筑时要按序分层均匀浇筑，并充分振捣，确保界面有足够厚度的水泥砂浆，确保混凝土结合密实。

三、常见问题及对策

1. 搅拌桩常见问题

（1）无法按设计施工。无法达到设计深度，无法按设计走向施工，各方应共同协商，确定解决办法。

（2）施工停机状况。遇到停电或特殊情况造成停机导致成桩工艺中断时，均应将搅拌机下降至停浆点以下 0.5m 处，待恢复供浆时再喷浆钻搅，以防出现不连续桩体。如因故停机时间较长，宜先拆卸输浆管路，妥为清洗，以防浆液硬结堵管。

（3）管道堵塞。发现管道堵塞，应立即停泵处理。待处理结束后立即把搅拌钻具上提和下沉 1.0m 后方能继续注浆，等待 10～20s 恢复向上提升搅拌，以防断桩发生。

（4）施工冷缝处理。施工过程中因超时无法搭接或搭接不良，应作为冷缝记录在案。各方应研究后，采取在搭接处补做搅拌桩或旋喷桩等技术措施，确保搅拌桩的施工质量。

2. 钻孔灌注桩常见问题

（1）塌孔。在松散易塌的土层，适当埋深护筒，用黏土密实填封护筒周边。使用优质泥浆，提高泥浆的比重和黏度。保持护筒内泥浆液位高于地下水位。安装钢筋笼要对准孔位，防止触碰孔壁，尽量缩短浇灌混凝土的时间。

当遇地下水流大、水位高，护筒护壁不起作用时，可在桩附近采用井点降水，降低孔内地下水位。

（2）缩颈。在软塑地层，采用失水率小的优质泥浆护壁，降低失水率；加快膨胀土层成孔速度；对于磨损的钻头及时补焊或焊接一定数量的合金刀片，钻进起钻时进行扫孔。

（3）成孔偏斜。钻孔偏斜时检查钻杆是否弯曲，钻头是否晃动较大，纠正后可提起钻头上下反复扫钻几次。如纠正无效，应回填黏土至偏孔处 0.5m 以上，待沉积密实后重新成孔。遇不均匀地层和孤石时钻速要慢。

（4）断桩。断桩是由混凝土浇灌准备不充分和操作不规范等造成的。必须要备用搅拌机、发电机等应急设施，以免停电停水。认真清孔，防止孔壁坍塌。选择合适的混凝土配合比，避免堵管。计算首盘混凝土量，一次灌注完成。连续快速浇筑，严格遵守操作规程，控制混凝土面标高和导管埋深。

3. 咬合桩常见问题

（1）遇地下障碍物的处理方法。进行钻孔咬合桩施工前必须对地质情况十分清楚，否则会导致工程失败。对一些比较小的障碍物，如卵石层、体积较小的孤石等，可以先抽干套管内积水，然后再吊放作业人员下去将其清除即可。

（2）克服钢筋笼上浮的方法。由于套管内壁与钢筋笼外缘之间的空隙较小，因此在上拔套管的时候，钢筋笼将有可能被套管带着一起上浮。其预防措施主要是：

1）B 桩混凝土的骨料粒径应尽量小一些，不宜大于 20mm。

2）在钢筋笼底部焊上一块比钢筋笼直径略小的薄钢板以增加其抗浮能力。

（3）分段施工接头的处理方法。当一台钻机施工无法满足工程进度，需要多台钻机分段施工时，可采用砂桩处理与先施工段的接头问题，如图 8–22 所示。在施工段与段的端头设置一个砂桩（成孔后用砂灌满），待后施工段到此接头时挖出砂灌上混凝土即可。

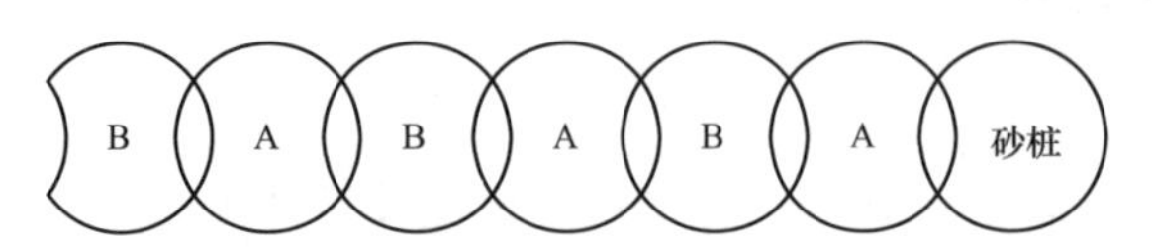

图 8–22　分段施工接头预设砂桩示意图

（4）事故桩的处理方法。钻孔咬合桩的施工未能按正常要求进行而形成事故桩。事故桩的处理主要分以下 3 种情况：

1）平移桩位侧咬合：如图 8–23 所示，B 桩成孔施工时，其一侧 A1 桩的混凝土已经凝固，使旋挖钻机不能按正常要求切割咬合 A1、A2 桩。在这种情况下，宜向 A2 桩方向平移 B 桩桩位，使旋挖钻机单侧切割 A2 桩施工 B 桩，并在 A1 桩和 B 桩外侧另增加一根旋喷桩作为防水处理。

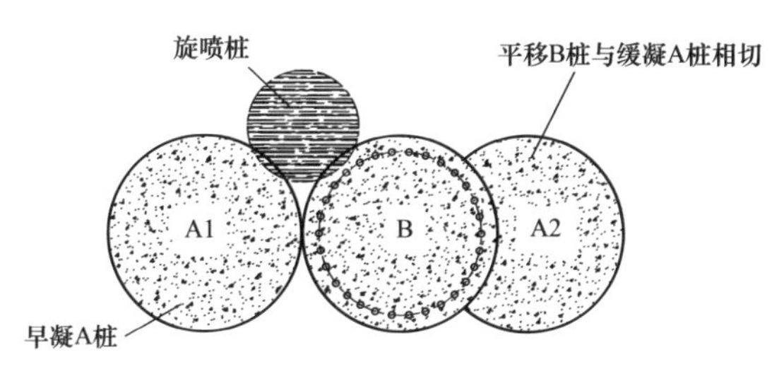

图 8–23　平移桩位单侧咬合示意图

2）背桩补强：如图 8–24 所示，B1 桩成孔施工时，其两侧 A1、A2 桩的混凝土均已凝固，在这种情况下，则放弃 B1 桩的施工，调整桩序继续后面咬合桩的施工，以后在 B1 桩外侧增加 3 根咬合桩及 2 根旋喷桩作为补强、防水处理。在基坑开挖过程中将 A1 和 A2 桩之间的夹土清除喷上混凝土即可。

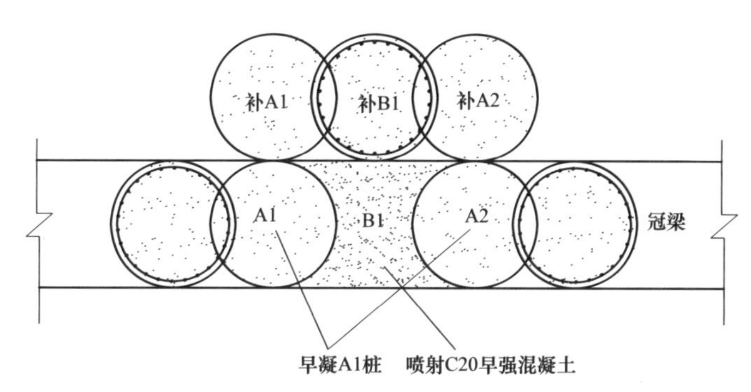

图 8–24　咬合桩背桩补强示意图

3）预留咬合企口：如图 8–25 所示，在 B1 桩成孔施工中发现 A1 桩混凝土已有早凝倾向但还未完全凝固，此时为避免继续按正常顺序施工造成事故桩，可及时在 A1 桩右侧施工一砂桩以预留出咬合企口，待调整完成后再继续后面桩的施工。

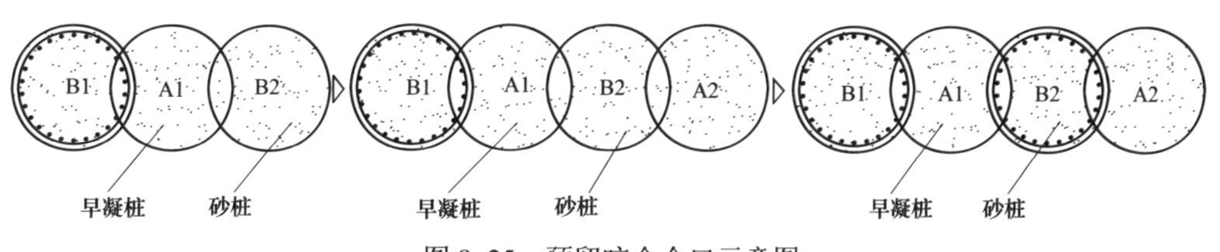

图 8–25　预留咬合企口示意图

4. 地下连续墙常见问题

（1）槽壁局部塌方。

1）加强泥浆管理，调整配合比；

2）加大泥浆比重和黏度，及时补浆，提高泥浆水头，并使泥浆排出和补给量平衡；

3）对地基采取降低水位和加固措施；

4）塌孔严重的，用优质黏土（或掺 20%水泥）回填至塌孔处，重新成槽；

5）松软砂层，要控制进尺，不要过快；

6）成槽后及时下沉钢筋笼和浇灌混凝土；

7）控制地面荷载；

8）减小单元槽段宽度。

（2）导管进泥或混凝土夹层。

1）灌注混凝土时应几根导管同时进行；

2）首批混凝土应计算保持足够的数量，槽内混凝土上升速度不应低于 2m/h；

3）导管插入混凝土埋深不小于 2m，导管接口要扣紧，并设胶圈密封；

4）快速浇筑防止塌孔。

5. 围护墙渗漏水

工作井土方开挖后，围护墙上出现渗漏水，给工作井内顶管、盾构施工带来不便。渗漏严重的，造成土砂颗粒的流失，引起围护墙背面的地面坍陷，可采取以下 3 种方式处理：

（1）渗水量小，不影响施工。在工作井基坑底设置排水沟、集水井的方式，集中排出。

（2）渗水范围大，但没有泥砂流失。对局部渗水量大的部位，进行打孔引流，通过集水井集中排出，引流钢管周围采用防水砂浆或堵漏网进行封堵。引流钢管根据周边环境和井内工作条件要求，确定是否二次封堵。

（3）渗水点水量大，有泥砂流失。根据渗漏范围和深度，在围护后采用压密注浆和高压旋喷柱处理。浆液中掺入加快凝固的固化剂。

6. 道路桥梁、邻近建筑和管线位移的控制

工作井开挖时应加强对道路桥梁、邻近建筑和管线的观测。当位移或沉降达到报警值，应立即采取措施。对影响范围内的地基进行压密注浆或搅拌桩等加固处理。对建筑物的沉降可采用跟踪注浆方法。注浆孔布置在围护墙背后和建筑物前，采用跟踪注浆应严密观察建筑物的沉降。

对工作井周边管线的处理方法有以下 2 种：

（1）管线离工作井距离较远，开挖后位移或沉降较大，可开挖隔离沟或采用在工作井一侧施打钢板桩封闭。

（2）管线离工作井距离较近，可采用将管线暴露，悬挂在支承架上的办法。

第三节　盾　构　隧　道

一、盾构典型施工工法

盾构典型施工工法从盾构的特点、适用范围、工艺原理、工艺流程、人员组织、机械设备及材料、质量控制、安全控制 8 方面加以介绍。图 8–26 为盾构机实物图。

图 8–26　盾构机实物图

（一）特点

盾构法施工劳动强度相对较低，掘进速度快，洞壁完整美观，安全性高；尤其在城市主城区建设，盾构法明显有环境影响小、噪声小、道路交通影响小、政策处理难度小等突出优势。

（二）适用范围

盾构法适用于深度大、地下水压大的环境；适用于软土、砂软土、软岩等地层，施工不受地形、地貌、江河水域等地表环境条件的限制，也不受天气条件限制。

（三）工艺原理

盾构法是暗挖法施工中的一种全机械化施工方法，盾构机械在地层中推进，通过盾构外壳和管片支承四周围岩，防止隧道内坍塌，同时在开挖面前方用切削装置进行土体开挖，通过出土机械（泥浆系统）运出洞外，靠千斤顶在后部加压顶进，并拼装预制混凝土管片，形成隧道结构。

（四）工艺流程

土压平衡盾构机施工工艺流程图和泥水平衡盾构机施工工艺流程图分别如图 8–27、图 8–28 所示。

1. 施工现场布置

盾构施工现场临时设施包括管片堆放场、浆液拌合站、集土（泥）坑、通风机、充电间、物资仓库、材料堆放棚、临时水电管线、临时道路、洗车台等，泥水平衡盾构现场还包括泥水分离站及泥浆制备设备，在项目开工前应对施工临时设施做合理的规划布置并满足国网（基建/3）187《国家电网公司输变电工程安全文明施工标准化管理办法》要求。

2. 进出洞口加固

进出洞口加固参照 GB 50446—2017《盾构法隧道施工及验收规范》的要求，相关加固工法应符合 GB 50202—2016《建筑地基基础工程施工质量验收规范》的要求。

另外，使用玻璃纤维筋作为盾构通过范围内的围护结构的受力筋，施工时应注意以下 6 点：

（1）玻璃纤维筋与钢筋为绑扎连接，必须按照相关规范保证足够的搭接长度。

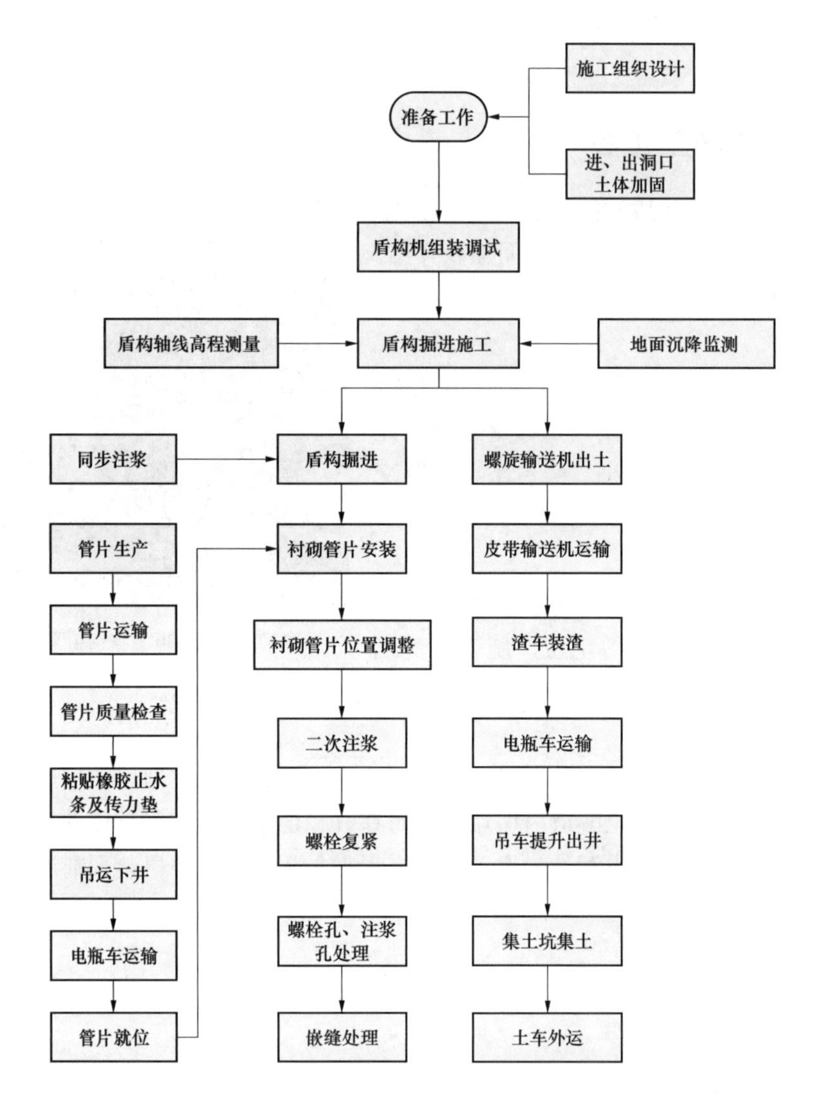

图 8–27　土压平衡盾构机施工工艺流程图

（2）对于玻璃纤维筋钢筋笼起重吊装，由于玻璃纤维筋的抗弯性能较差，要尽量使其保持垂直，避免发生扭曲变形。

（3）玻璃纤维筋混凝土地下连续墙水下混凝土施工质量需严格控制。

（4）当盾构机是以刮刀为主的软土刀盘配置时，不宜采用刀具直接切削围护结构方式始发。

（5）当采用泥水盾构直接切削玻璃纤维筋时，要及时、定期的反循环冲洗出浆泵，防止掘削的玻璃纤维筋碎屑漂浮在泥浆上方堵塞出浆泵。

（6）掘进过程中要控制好掘进参数刀盘转速、刀盘扭矩、刀具贯入量等，确保刀具安全。

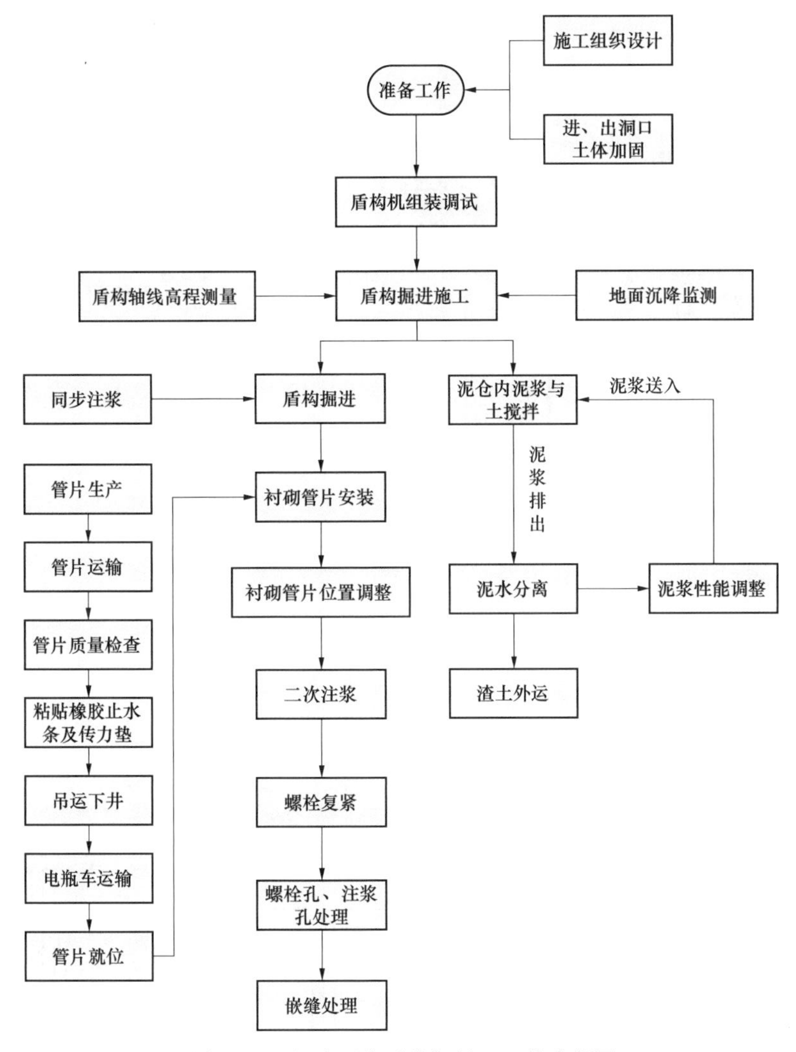

图 8–28　泥水平衡盾构机施工工艺流程图

3. 始发准备工作

（1）始发基座安装。盾构基座安装时，应使盾构定位后的高程比隧道设计轴线高程高约 30mm，以利于调整盾构初始掘进的姿态。盾构在吊入始发井组装前，需对盾构始发基座安装进行准确测量，确保盾构始发时姿态正确。

如果盾构机始入曲线段，隧道中线和线路中线在曲线段有一定的偏移量，由于盾构机主机在全部进入加固区时几乎不能够调向，为了使盾构机进入加固区后管片衬砌不超限，盾构机始发的方向不能垂直于工作井端墙，而是同洞门处线路中线点的一条割线方向平行。

（2）洞门密封装置的安装。洞门密封装置由帘布橡胶、扇形压板、防翻板、垫片和螺栓等组成。土压平衡盾构始发洞门密封示意如图 8–29 所示，泥水平衡盾构始发洞门密封示意如图 8–30 所示。

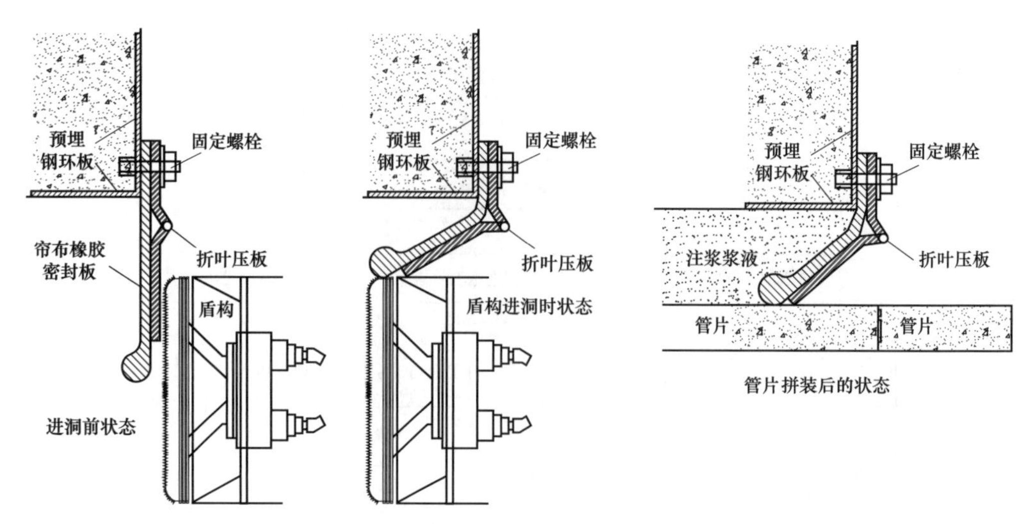

图 8–29　土压平衡盾构始发洞门密封示意图

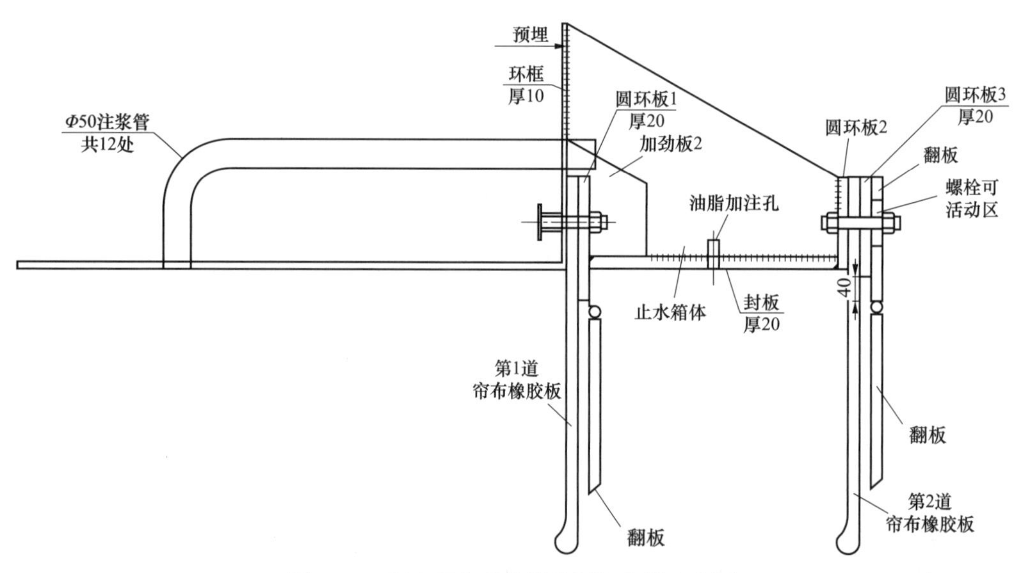

图 8–30　泥水平衡盾构始发洞门密封示意图

（3）组装反力架。反力架的安装位置应根据工作井空间合理确定，组装反力架时，先用经纬仪双向校正 2 根立柱的垂直度，使其形成的平面与盾构机的推进轴线垂直。如果始发位于曲线上，反力架和洞门端墙不平行，为了保证盾构推进时反力架横向稳定，用膨胀螺栓和型钢对反力架的支撑进行横向的固定。

（4）凿除端墙钢筋混凝土。洞门混凝土凿除前，端头加固的土体需达到设计所要求的强度、渗透性、自立性等技术指标后，方可开始洞门凿除工作。

为确保施工安全，端墙结构凿除应分两步进行：施工时先凿除混凝土保护层的 2/3 厚，并将外层钢筋焊割掉，当盾构机组装调试完成并推进至洞门时将剩余的钢筋焊割掉，凿除剩余围护结构；在进行第二次凿除施工时，准备好喷浆机及喷浆料，一旦工作面出现失稳迹象，马上进行喷浆以封闭开挖面。

凿除施工时，在盾构机与开挖面之间搭建脚手架，利用人工进行凿除围护结构混凝土施工，凿除按照从上往下、从中间往两边的顺序进行。

4. 盾构机吊装

盾构机进出工作井吊装分整体吊装（见图 8–31）和分体吊装（见图 8–32）2 种吊装方法。盾构机吊装前应编制盾构吊装安全专项方案，对吊车负荷、地基承载力、工作井结构稳定性、钢丝绳选用、卸扣选用、吊耳受力等进行核算，制订详细的吊装步骤，并做好技术交底和人员培训。同时要编制专项应急预案，责任落实到人，确保吊装安全。

图 8–31　盾构机整体吊装

图 8–32　盾构机分体吊装

5. 盾构机组装、调试

盾构机的组装、调试参照 GB 50446—2017《盾构法隧道施工及验收规范》的相关要求。

6. 负环管片拼装

当完成洞门凿除、洞门密封装置安装及盾构组装调试等工作后，组织相关人员对盾构设备、反力架、始发基座等进行全面检查与验收。验收合格后，开始将盾构向前推进，并安装负环管片。

从下而上依次安装第一环管片，要注意管片的转动角度，一定要符合设计，换算单位误差不能超过 10mm。管片在被推出盾尾时，要及时支撑加固，防止管片下沉或失圆。同时也要考虑盾构掘进时可能产生的偏心力，因此支撑应尽可能稳定。

负环管片拼装时应在盾壳内安装管片定位块，为管片在盾尾内的定位做好准备，当刀盘抵达开挖面时，推进油缸产生足够的推力稳定管片，可不继续安装定位块。

7. 土压平衡盾构掘进

（1）掘进控制程序。土压平衡盾构掘进控制程序如图 8–33 所示。

在盾构掘进中，保持土仓压力与作业面压力（土压、水压之和）平衡是防止地表沉降，保持建筑物安全的一个很重要因素。盾构土仓压力计算参考 DL/T 5484—2013《电力电缆隧道设计规程》及其他专业书籍综合确定。

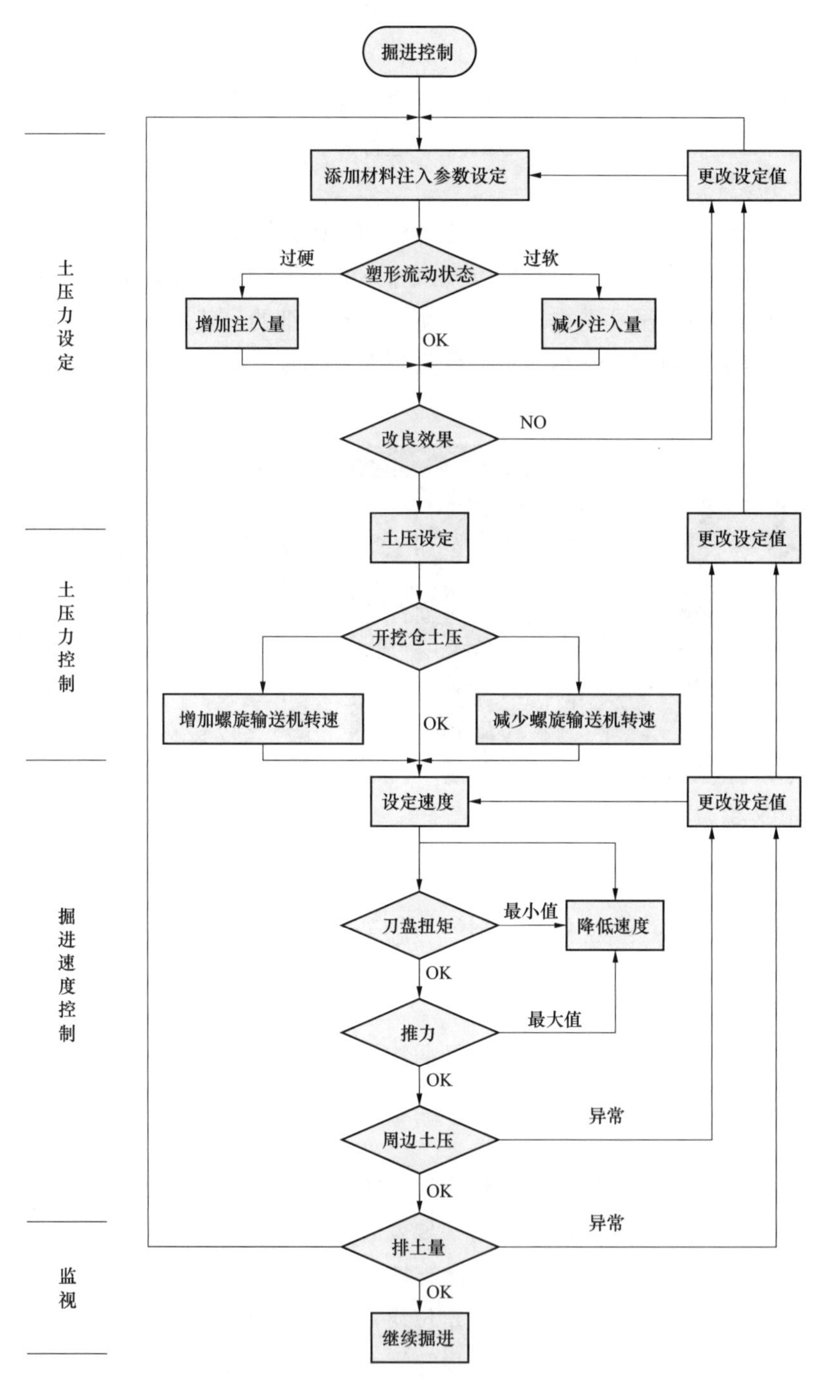

图 8–33　土压平衡盾构掘进控制程序

土仓压力通过设定掘进速度、调整排土量，或设定排土量、调整掘进速度 2 种方法建立，并应维持切削土量与排土量平衡，以使土仓内的压力稳定平衡。

排土量控制是盾构在土压平衡工况下工作时的关键技术之一，理论螺旋输送机的排土量 Q_s 是由螺旋输送机的转速决定的，当推进速度和土仓压力设定，盾构可自动设定理论转速 N

由式（8–1）确定：

$$Q_s = V_s N \tag{8–1}$$

式中　V_s——设定的每转一周的理论排土量；

Q_s——盾构掘进速度决定的理论渣土量，即 $Q_s=AVn_0$，其中 A 为切削断面面积；n_0 为松散系数；V 为掘进速度。

（2）掘进中的渣土改良。

1）在含砂量大的地层中掘进，需要稳定开挖面改良土体。可同时向刀盘面和土仓内注入泡沫进行渣土改良，必要时可向螺旋输送机内注入泡沫。泡沫的注入量为每立方米渣土 200～500L。

2）在比较坚硬的砂卵地层掘进，需要降低对刀具、螺旋输送机的磨损，防止涌水，可通过向刀盘前和土舱内及螺旋输送机内注入膨润土泥浆的方法来改良渣土。泥浆的注入量一般为每立方米渣土注入 20%～30%。

3）在富水地层采用土压平衡模式掘进时，需要防止涌水、喷涌及降低刀盘扭矩，可向刀盘面、土仓内和螺旋输送机内注入膨润土。膨润土添加量应据具体情况确定。

（3）盾构掘进方向的控制与调整。盾构掘进由于受隧道曲线和操作因素影响会产生一定的偏差，必须采取有效技术措施控制掘进方向，及时有效纠正掘进偏差。

1）盾构掘进方向控制。

① 采用隧道自动导向系统和人工测量辅助进行盾构姿态监测。

② 采用分区操作盾构机推进油缸控制盾构掘进方向。

2）盾构姿态调整及纠偏。在实际施工中，由于地质突变等原因，盾构机推进方向可能会偏离设计轴线并超过管理警戒值。在稳定地层中掘进，因地层提供的滚动阻力小，可能会产生盾体滚动偏差；在线路变坡段或急弯段掘进，有可能产生较大的偏差。因此应及时调整盾构机姿态、纠正偏差。

① 分区操作推进油缸来调整盾构机姿态，纠正偏差，将盾构机的方向控制调整到符合要求的范围内。

② 在急弯和变坡段，必要时可利用盾构机的超挖刀进行局部超挖来纠偏。

③ 有必要时，可通过铰接千斤顶调整盾构姿态，已调整盾构机掘进方向，调整过后应及时测量铰接千斤顶行程，并计算出铰接角度，输入到自动导向系统，确保继续推进。

④ 当滚动超限时，盾构机会自动报警，此时采用盾构刀盘反转的方法纠正滚动偏差。

⑤ 在切换刀盘转动方向时，保留适当的时间间隔，切换速度不宜过快，切换速度过快可能造成管片受力状态突变，而使管片损坏。

⑥ 根据开挖面地层情况及时调整掘进参数，调整掘进方向时应设置警戒值与限制值，达到警戒值时应实行纠偏程序。

⑦ 蛇行修正及纠偏时应缓慢进行，如修正过程过急，蛇行反而更加明显。在直线推进的情况下，选取盾构当前所在位置点与设计线上远方的一点作一直线，然后再以这条线为新的基准进行线形管理。在曲线推进的情况下，使盾构当前所在位置点与远方点的连线同设计曲

线相切。

⑧ 推进油缸油压的调整不宜过快、过大，否则可能造成管片局部破损甚至开裂。

⑨ 正确进行管片选型，确保拼装质量与精度，以使管片端面尽可能与计划的掘进方向垂直。

⑩ 盾构始发、到达时方向控制极其重要，应按照始发、到达掘进的有关技术要求，做好测量定位工作。

8. 泥水平衡盾构机掘进

（1）泥水盾构掘进管理要点。泥水盾构掘进管理要点应参照 GB 50446—2017《盾构法隧道施工及验收规范》的相关要求。

（2）掘进参数管理。

1）切口水压的设定。盾构切口水压由地下水压力、静止土压力、变动土压力组成，切口泥水压力应介于理论计算值上、下限之间，并根据地表建构筑物的情况和地质条件适当调整。切口泥水压力计算参考 DL/T 5484—2013《电力电缆隧道设计规程》及其他专业书籍综合确定。

2）掘进速度。正常掘进条件下，掘进速度应设定为 20～40mm/min；在通过软硬不均地层时，掘进速度控制在 10～20mm/min。在设定掘进速度时，注意以下 4 点：

① 盾构启动时，需检查推进油缸是否顶实，开始推进和结束推进之前速度不宜过快。每环掘进开始时，应逐步提高掘进速度，防止启动速度过大冲击扰动地层。

② 每环正常掘进过程中，掘进速度值应尽量保持恒定，减少波动，以保证切口水压稳定和送、排泥管畅通。在调整掘进速度时，应逐步调整，避免速度突变对地层造成冲击扰动和切口水压摆动过大。

③ 推进速度的快慢必须满足每环掘进注浆量的要求，保证同步注浆系统始终处于良好的工作状态。

④ 掘进速度选取时，必须注意与地质条件和地表建筑物条件匹配，避免速度选择不合适对盾构刀盘、刀具造成非正常损坏和造成隧道周边土体扰动过大。

3）掘削量的控制。掘进实际掘削量可由式（8–2）计算得到：

$$Q=(Q_2-Q_1)\cdot t \tag{8–2}$$

式中 Q_2——排泥流量，m³/h；

Q_1——送泥流量，m³/h；

t——掘削时间，h。

当掘削量过大时，应立即检查泥水密度、黏度和切口水压。此外，也可以利用探查装置调查土体坍塌情况，在查明原因后应及时调整有关参数，确保开挖面稳定。

4）泥水指标控制。

① 泥水密度：泥水密度是泥水主要控制指标。送泥时的泥水密度控制在 1.05～1.08g/cm^3；使用黏土、膨润土（粉末黏土）提高相对密度，添加 CMC 增大黏度。排泥密度一般控制在 1.15～1.30g/cm^3。

② 漏斗黏度：黏性泥浆在砂砾层可以防止泥浆损失、砂层剥落，使作业面保持稳定。在坍塌性围岩中，使用高黏度泥水。但是泥水黏度过高，处理时容易堵塞筛眼，造成作业性下降；在黏土层中，黏度不能过低，否则会造成开挖面塌陷或堵管事故，一般漏斗黏度控制在25～35s。

③ 析水量：析水量是泥水管理中的一项综合指标，它更大程度上与泥水的黏度有关，悬浮性好的泥浆意味着析水量小，反之则大。泥水析水量一般控制在5%以下，降低土颗粒和提高泥浆黏度是保证析水量合格的主要手段。

④ pH 值：泥水的 pH 值一般为 8～9。

⑤ API 失水量 $Q \leqslant 20$mL（100kPa，30min）。

5）泥水分离技术。

① 泥水分离站：选择泥水分离设备时，必须考虑设备应具有与推进速度相适应的分离能力及能有效地分离排泥浆中的泥土、水分 2 方面。同时，在考虑分离站的能力时还应有一定的储备系数。

② 泥浆制备：泥水制作流程及控制措施如图 8–34 所示。

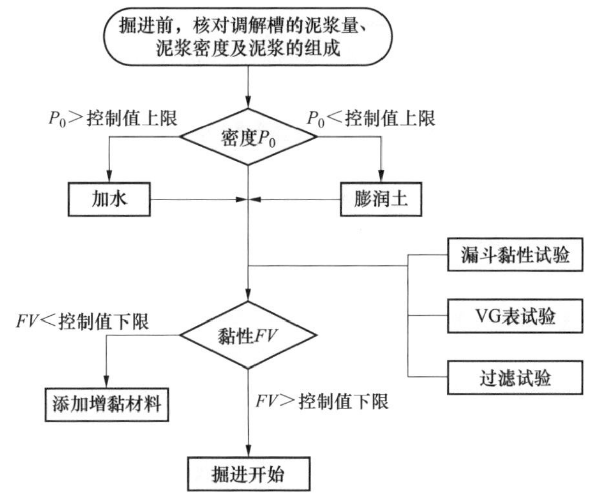

图 8–34　泥水制作流程及控制措施图

P_0—泥浆密度；FV—漏斗黏度

从泥水分离站排出的泥浆经沉淀后进入调整槽，在调整槽内对泥浆进行调配，确保输送到盾构的泥浆性能满足使用要求。制浆设备主要包含 1 个剩余泥水槽、1 个黏土溶解槽、1 个清水槽、1 个调整槽、1 个 CMC（增黏剂）储备槽、搅拌装置等。

9. 管片生产及拼装工艺

（1）管片生产、供应。

1）管片生产。管片生产包括钢筋制作、钢模准备、钢板预埋、混凝土浇筑、脱模、养护、储存等。管片质量控制应符合 GB 50446—2017《盾构法隧道施工及验收规范》、JCT 2030—2010《预制混凝土衬砌管片生产工艺技术规程》、GB/T 22082—2008《预制混凝土衬砌管片》的要求。其中，管片内弧面预埋钢板位置定位应准确，防腐处理应符合设计文件要求。

2）管片存储、运输。管片存储在预制厂内，按生产日期和类型分3层堆放，以便查找，中间用方木垫隔，以免破损；吊装时用1台吊车和1台叉车将管片吊在平板车上，运输至工地，工地设有临时管片存储场。

3）管片质量验收。盾构管片质量控制应符合GB 50446—2017《盾构法隧道施工及验收规范》、JC/T 2030—2010《预制混凝土衬砌管片生产工艺技术规程》、GB/T 22082—2008《预制混凝土衬砌管片》的要求。

（2）管片拼装工艺。管片拼装工艺流程图如图8–35所示，拼装时应注意以下6点：

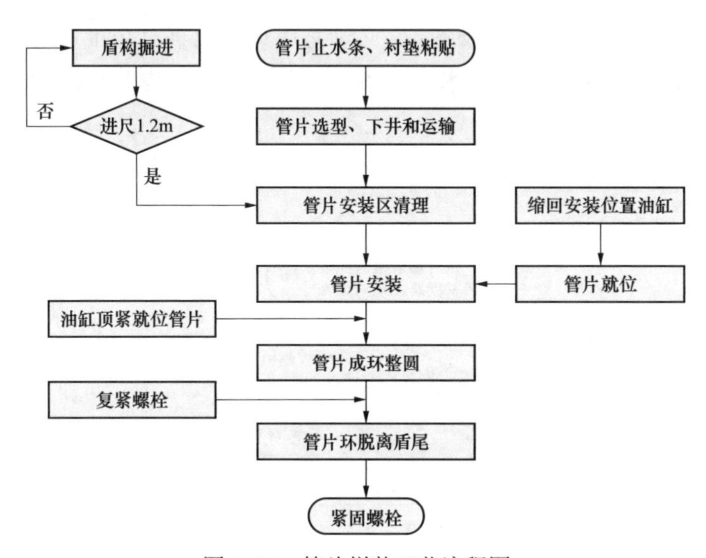

图8–35　管片拼装工艺流程图

1）管片选型以满足隧道线型为前提，重点考虑管片安装后盾尾间隙要满足下一掘进循环限值，确保有足够的盾尾间隙，以防盾尾直接接触管片。一般来说，管片选型与安装位置是根据推进指令先决定的，目标是使管片环安装后推进油缸行程差较小。

2）管片安装必须从隧道底部开始，然后依次安装相邻块，最后安装封顶块。

3）封顶块安装前，应对止水条进行润滑处理，安装时先径向插入2/3，调整位置后缓慢纵向顶推。

4）管片安装到位后，及时伸出相应位置的推进油缸顶紧管片，其顶推力应大于稳定管片所需力，然后方可移开管片安装机。

5）管片安装完后及时整圆，在管片环脱离盾尾后要对管片连接螺栓再次进行紧固。

6）管片拼装还应符合GB 50446—2017《盾构法隧道施工及验收规范》的相关要求。

10. 盾构注浆

（1）同步注浆。同步注浆工艺流程框图如图8–36所示。

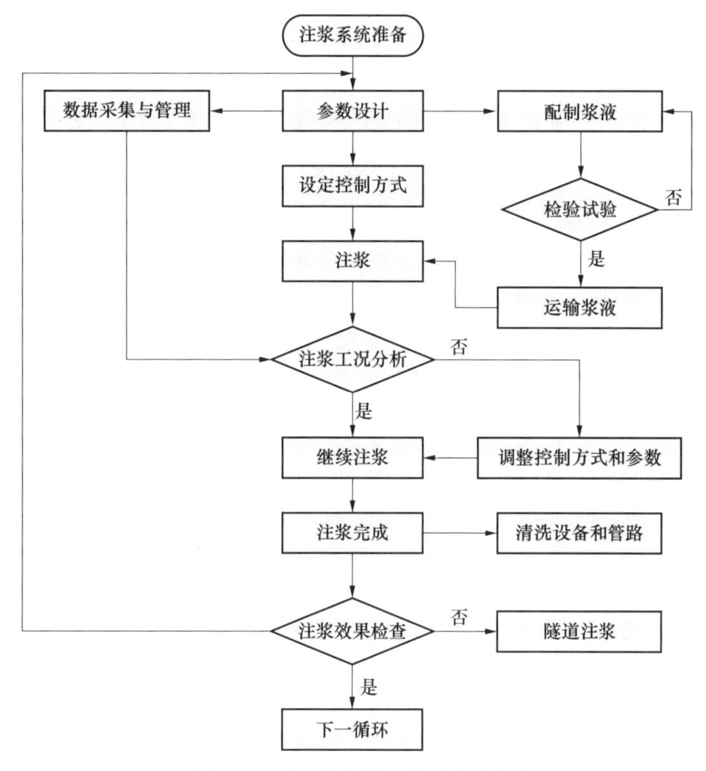

图 8–36　同步注浆工艺流程框图

（2）注浆要求。盾构注浆应符合 GB 50446—2017《盾构法隧道施工及验收规范》的要求。

（3）注浆材料。浆液原材料一般为水泥、砂石、水玻璃、膨润土、黏土、有机物等，通过现场搅拌站制成浆液，浆液配比应根据土质情况、含水量、地层稳定性等因素经试验确定。

通常使用的注浆材料有单液型和双液型。

11. 盾构换刀作业

盾构换刀作业施工是盾构施工的关键点之一。

（1）换刀地点的选择。由于电力隧道一般会穿越城市现有主干道，交通繁忙，人流密集，因此考虑到盾构换刀潜在的风险，一般尽量选择在相对空旷或者非机动车道的线路位置，也要根据盾构机刀具实际磨损情况来决定，如确实无法避免在主干道位置开仓换刀，应在路面加以适当围闭。

（2）开挖面的加固。砂卵地层遇水时砂土易流失，造成开挖面失稳，给换刀作业带来一定的危险和困难，因此，在掘进过程中换刀，开仓后，需对开挖面进行加固处理，以确保开挖面稳定。

（3）换刀作业内容。

1）检查刀具是否损坏及刀具的磨损情况。

2）检查刀盘耐磨层的磨损情况。

3）刀具安装部件如楔块、安装块、螺栓保护帽是否松脱或损坏。

4）更换已经磨损的刀具。

5）对刀具安装质量进行检查。

（4）常压下换刀程序。当盾构掘进于硬岩或自稳能力较强的地段（整体性较好的地层或预加固地层）时，不需带压进仓，这种情况下可在常压下直接进入刀盘作业。在计划换刀位置前的掘进采用慢速推进和慢转刀盘的方式，以减小盾构机对开挖仓工作面土体的扰动。同时采用凝固时间短的浆液进行同步注浆，并对连接桥附近的成形隧洞进行二次补注浆，以增加盾尾附近成型隧洞的稳定性。在土（泥）仓排空，无异常情况，满足开仓条件并经过开仓审批后方可打开人仓进行换刀。刀具更换程序应为：刀盘清理→刀具检查和磨损量的测量→制订换刀计划→刀具拆除→安装新的刀具→做好详细的刀具更换记录→整体检查。

（5）带压换刀作业过程。人员进入、离开土仓程序框图分别如图 8–37、图 8–38 所示。

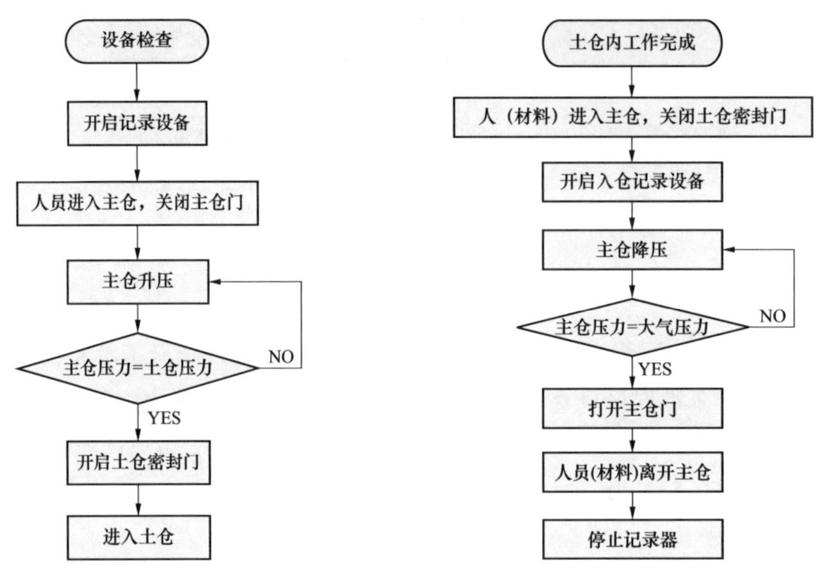

图 8–37　人员进入土仓程序框图　　图 8–38　人员离开土仓程序框图

（带压）换刀是盾构施工工艺中最具有安全风险的流程之一，因此在每次开仓换刀之前必须经过严格的科学论证和程序审批，其中盾构法开仓气压作业应符合 CJJ 217—2014《盾构法开仓及气压作业技术规范》的相关要求。

12. 施工测量与监控量测

盾构施工测量应符合 GB 50026—2016《工程测量规范》、GB 50446—2017《盾构法隧道施工及验收规范》的相关要求。

隧道环境监控量测包括线路地表沉降观测、沿线邻近建（构）筑物变形测量和地下管线变形测量等。盾构隧道监控量测应符合 GB 50026—2016《工程测量规范》、GB 50911—2013《城市轨道交通工程监测技术规范》的相关要求。

（五）人员组织

施工人员配置应根据工程量和作业条件合理安排。主要现场人员职责划分见表 8–9。

表 8–9　　主要现场人员职责划分表

序号	岗　位	人数	职　责
1	项目经理	1	项目总体负责
2	技术总工	1	施工技术指导
3	生产负责人	1	现场管理和施工协调
4	操作手	2～3	盾构机操作及协调洞内生产
5	机电工程师	2	机电维护
6	实验员	1	注浆、泥浆配比监测
7	质检员	2	质量检查
8	测量员	4	线路及沉降监测
9	管片拼装手	2～3	管片拼装
10	注浆工	2～3	同步、二次注浆
11	看土工	2～3	出土量检查
12	井口司索工	2～3	辅助吊装
13	电瓶车司机	4	驾驶电瓶车
14	巡线工	2～3	铺设轨线
15	拌合站工	4～6	搅拌注浆材料
16	管片防水粘贴工	2～3	粘贴防水材料
17	吊机司机	2～3	驾驶吊机
18	地面司索工	2	辅助吊装
19	充电工	2	电瓶充电养护
20	管片修补工	1	修补管片
21	机修工	2～4	修理保养机械
22	电工	2～4	电缆维护
23	电焊工	2～4	焊接施工

（六）机械设备及材料

施工机械设备应根据工程规模、进度要求合理配置，主要施工机械设备表见表 8–10。

表 8–10　　主要施工机械设备表

序号	设备名称	单位	数量	用　途
1	盾构机及附属设备	套	1	掘进施工
2	A 液拌制设备	套	1	A 液拌制
3	膨润土液拌制设备	套	1	膨润土液拌制
4	轴流风机	套	1～3	隧道通风
5	多级清水泵	套	3	清水加压

续表

序号	设备名称	单位	数量	用　途
6	充电机	套	2	充电
7	电瓶组	套	6～12	为电瓶车供电
8	电瓶机车组	套	3～6	隧道水平运输
9	吊机设备	台	1	垂直运输
10	泥水分离设备（泥水平衡盾构）	套	1	泥水分离
11	泥浆制备设备（泥水平衡盾构）	套	1	泥浆制备
12	泥浆泵（泥水平衡盾构）	台	5	泥浆输送

（七）质量控制

1. 质量控制标准

GB 50446—2017《盾构法隧道施工及验收规范》

GB/T 22082—2008《预制混凝土衬砌管片》

GB 50299—1999《地下铁道工程施工及验收规范》

2. 质量保证措施

（1）盾构隧道轴线偏差控制。

1）盾构隧道轴线偏差主要是由地质条件、机械设备、施工操作等因素造成的，在盾构施工中的每一环推进前，先要充分了解盾构所处的位置和姿态，否则无法控制下一环推进轴线和制订纠偏措施。

2）盾构姿态数据收集应全面、及时、准确，采用隧道自动导向系统和人工测量辅助的方法测量并记录，姿态测量数据包括盾构刀盘、中折、盾尾中心的平面与高程的偏离设计轴线值；盾构的自转角；目前隧道的里程、环数；盾构的纵坡等。

3）选择合适的操作方法控制盾构姿态，主要控制手段有调整分区油压、千斤顶编组、控制推进速度、调整相邻管片转角及盾尾间隙量和管片端面平整度、更换注浆位置、调整控制土压、使用仿形刀、使用盾构铰接装置。

4）盾构机通过进洞口加固区后，应能确保土压（泥水）平衡建立，避免土体失稳。

（2）管片拼装质量控制。

1）严格控制进场管片的检查，严禁使用破损、有裂缝的管片。下井吊装管片和运送管片时应注意保护管片和止水条，以免损坏。

2）止水条及软木衬垫粘贴前，应彻底清洁管片，以确保其粘贴稳定牢固。施工现场管片堆放区应有防雨淋设施。

3）管片安装前应对管片安装区进行清理，清除污泥、污水，保证安装区及管片相接面的清洁。

4）严禁非管片安装位置的推进油缸与管片安装位置的推进油缸同时收缩。

5）管片安装时必须运用管片安装的微调装置将待装的管片与已安装管片的内弧面纵面调整到平顺相接以减小错台。调整时动作要平稳，避免管片碰撞破损。

6）同步注浆压力必须得到有效控制，注浆压力不得超过限值。

7）管片安装质量以满足设计要求的隧道轴线偏差和有关规范要求的椭圆度及环、纵缝错台标准进行控制。

（3）隧道防水质量控制。

1）管片结构的自防水。为使管片达到强度和抗渗等级的要求，必须从提高管片的制作精度、完善制作工艺、合理选用原材料，以及混凝土配比等方面加以控制。因此，在管片生产、运输、存放和拼装过程中注意以下 6 点：

① 选用符合国家质量标准的各种合格原材料，并通过进场检验，满足要求；

② 通过试验选用合理的防水混凝土配合比；

③ 完善制作工艺和养护措施，加强生产过程中的质量监督和计量装置的检验校核；

④ 按照建设单位提出的各项检验项目和检查频率对管片进行及时检验，当发现不合格品时，将原因追查到底并在整改后进行生产；

⑤ 加强管片堆放、运输中的管理和检查，防止管片产生附加应力而开裂或在运输中碰掉边角，确保管片完好无损；

⑥ 管片在拼装前做外观检查，并在拼装过程中规范操作，避免误操作而损坏管片。

2）弹性橡胶防水条防水。在施工弹性橡胶防水条过程中注意以下 5 个问题：

① 加强施工测量和盾构机操作，提高盾构掘进质量，使线路平顺，减小隧道轴线的偏差和纠偏力度，保证管片铺设顺畅、弹性密封垫各部位受力均匀，提高防水效果。

② 拼装前将密封垫条牢固地粘贴在管片的凹槽内。粘贴弹性密封垫前先清除密封沟槽内接触面的灰尘，然后按照粘贴操作程序将弹性密封垫粘贴牢固。

③ 加强管片拼装施工管理，提高拼装质量。管片拼装操作人员经过岗位培训，并具有熟练的操作技术。

④ 提高同步注浆质量。衬砌环脱出盾尾后，及时、有效地向衬砌背后压浆。填充衬砌环背后空隙，尤其对软弱围岩段，增加对隧底的压浆，控制好注浆压力和进浆量，使隧底土体稳定以减少管片衬砌的后期沉降，有利于管片衬砌远期的防水。

⑤ 拼装封顶块时，在橡胶条上涂抹润滑剂以避免橡胶止水条受挤压而破坏。

3）螺栓孔及吊装孔的防水。

① 螺栓孔防水：主要靠橡胶密封圈，密封圈采用遇水膨胀橡胶材料，利用压密和膨胀双重作用加强防水，使用寿命终结后可以进行更换，另外连接螺栓的防腐蚀处理是延长使用寿命和防止隧道渗漏的重要方面。根据现场条件和已有经验，可采用填实保护法，涂敷保护法或封盖保护法等保护螺栓不被水浸锈蚀。

② 吊装孔防水：管片吊装孔兼作注浆孔，管片设计中吊装孔内外表面并未连通，而是在外侧留有 25mm 厚的混凝土，只有在需要进行二次注浆的地方才将吊装孔打穿进行注浆，这对于能够通过同步注浆控制地表下沉的地层来说，提高了结构自防水的能力；对于需要进行二次注浆的地段，在注浆过程中，把逆止阀作为临时防泥水措施，待注浆结束后，清除预留孔内残余物，用橡胶密封圈和防水砂浆封固孔口，防止地层水渗入。密封圈用遇水膨胀橡胶制作。

（八）安全控制

1. 施工机械安全控制措施

（1）车辆驾驶员和各类机械操作员，必须持证上岗，并定期进行安全管理规定的教育。

（2）机械设备在施工现场集中停放，严禁对运转中的机械设备进行检修、保养。

（3）指挥机械作业的指挥人员，指挥信号必须准确，操作人员必须听从指挥，严禁违章作业。

（4）使用钢丝绳的机械，必须定期进行保养，发现问题及时更换，在运行中禁止工作人员跨越钢丝绳，用钢丝绳起吊、拖拉重物时，现场人员应远离钢丝绳。

（5）设专人对机械设备、各种车辆进行定期检查、维修和保养，对查出的隐患及时处理，并制订防范措施，防止发生机械伤害事故。

2. 垂直提升安全措施

（1）提、放吊斗，由专人负责指挥。吊起时，坑内作业人员要躲避在安全处。

（2）起吊作业前，对司机进行安全技术培训和技术交底。

（3）夜间施工必须有充足的照明设施，若遇暴雨、大风等情况时，应停止施工。

3. 其他安全控制措施

（1）盾构始发时，盾构在空载向前推进时，主要控制盾构的推进油缸行程和限制盾构每一环的推进量。要在盾构向前推进的同时，检查盾构机是否与始发基座、始发洞口发生干涉，检查反力架是否稳定以及其他异常事件，确保盾构安全的向前推进。

（2）加强对电瓶车驾驶人员的安全责任心教育，严格按照操作规程操作，严禁超速、超载运行，确保施工安全。

（3）加强安全用电管理，尤其是对盾构机 10kV 高压电的管理。

（4）安装管片时，其他非操作人员不得进入安装区。吊运管片时，吊运范围内不得站人。

二、管理控制要点

（一）盾构机选型控制

1. 盾构机选型原则

（1）选择的盾构机机型和功能必须满足标段线路条件、工期、施工条件和环境等要求。

（2）选用的盾构机应具有良好的性能和可靠性。

（3）类似地质、施工条件下盾构选型、施工实例及其效果。

（4）盾构机制造商的知名度、良好的业绩、信誉与技术服务。

2. 盾构机选型依据

标段招标文件、招标设计、岩土工程勘察报告等要求，区间隧道工程地质、水文地质以及线路条件、地层沉降、工期和环境保护、施工条件等。

3. 盾构机功能选择

（1）基本功能。具备开挖系统、出碴系统、渣土改良系统、管片安装系统、注浆系统、动力系统、控制系统、测量导向系统等基本功能。

（2）能够在高地下水砂砾石地层长距离掘进，还需具备以下 8 个功能：

1）具备土压平衡模式掘进功能；

2）足够的刀盘驱动扭矩和盾构推力；

3）合理的、高耐磨性的刀盘及刀具设计，足够的刀盘开口率，开口形状及合理位置；

4）能承受大偏心力矩的主轴承设计，具有高的主轴承设计寿命，有效的主轴承密封及刀盘减振设计；

5）盾构机的铰接系统和盾尾密封系统在压力状态下的可靠防水密封性能；

6）优良的渣土改良系统：配备泡沫注入系统和膨润土注入系统；

7）可靠的盾构机防喷涌设施；

8）功能完善可靠的操作室设计。

（3）具备处理大粒径卵石和漂石的能力：

1）刀盘及刀具具有中硬岩切削能力，通过安装在刀盘上的双刃滚刀对大粒径漂石进行破碎；

2）刀盘和螺旋输送机能满足一定粒径的卵石和破碎后的漂石的排出能力，且具有较高的耐磨性。

（4）特殊地段的通过能力：

1）穿越砂卵石地层，盾构机应具备土压平衡掘进和保压能力；

2）过高水压地层，盾构机应具备防喷涌的能力；

3）砂卵石地层刀盘、刀具要有抗磨损保护措施。

（5）精确的方向控制。盾构机必须具有高精度的导向系统，确保线路方向的正确性，盾构方向的控制包括以下 2 个方面：

1）盾构机本身能够进行纠偏；

2）采用先进的激光导向技术保证盾构掘进方向正确。

（6）环境保护。盾构法施工的环境保护包括以下 2 个方面：

1）盾构施工时对周围自然环境的保护，即地面沉降满足设计要求，无大的噪声、振动等；

2）要求盾构施工时使用的辅助材料如油脂、泡沫等不能对环境造成污染。

（7）掘进速度满足计划工期要求。

（8）设备可靠性、技术先进性与经济性的统一。

（9）盾构机的选型还需参照 GB 50446—2017《盾构法隧道施工与验收规范》的要求。

（二）盾构始发、到达施工控制

1. 盾构始发掘进施工要点

（1）盾构始发掘进时的总推力应控制在反力架承受能力以下，同时确保在此推力下刀具切入地层所产生的扭矩小于始发基座提供的反扭矩。

（2）在盾构推进、建立土压过程中，应认真观察洞门密封、始发基座、反力架及反力架支撑的变形、渣土状态等情况，若发现异常，应适当降低土压力（或泥水压）、减小推力、控制推进速度。

（3）由于始发基座轨道与管片有一定的空隙，为了避免负环管片全部推出盾尾后下沉，可在始发基座导轨上焊接外径与理论间隙相当的圆钢，利用圆钢将负环混凝土管片托起。

（4）随着负环管片拼装的进行，应不断用准备好的木楔填塞负环管片与始发基座轨道及三角支撑之间的间隙，待洞门围护结构完全拆除后，盾构应快速地通过洞门进行始发掘进施工。

（5）当始发掘进至第 50～60 环时，可拆除反力架及负环管片。盾构施工中，始发掘进长度应尽可能缩短，但不短于以下 2 个长度中的较大值：① 管片外表面与土体之间的摩擦力应大于盾构的推力，根据管片环的自重及管片与土体间的摩擦系数，计算出此长度；② 始发长度应能容纳配套设备。

（6）始发前盾尾钢丝刷必须用手涂型盾尾油脂进行涂抹，且必须达到涂抹质量（饱满、均匀），每根钢丝上均匀粘有油脂。

（7）严禁盾构在始发基座上滑行期间进行盾构纠偏作业。

（8）盾构始发过程中，严格进行渣土管理，防止由于渣土管理控制不当造成地表沉降或隆起；开始掘进后，必须加强地表沉降监测，及时调整盾构掘进参数。

（9）当盾尾完全进入洞门密封后，调整洞门密封，及时通过同步注浆系统对洞门进行注浆，封堵洞圈，防止洞门封堵处漏泥水和所注浆液外漏现象的发生。

（10）在始发阶段，由于盾构设备处于磨合阶段，要注意对推力、扭矩的控制，同时也要注意各部位油脂的有效使用。

2. 盾构到达施工要点

（1）盾构到达前应检查端头土体加固效果，确保加固质量满足要求。

（2）做好贯通测量，并在盾构贯通之前 100、50m 处对盾构姿态进行 2 次人工复核测量，确保盾构顺利贯通。

（3）及时对到达洞门位置及轮廓进行复核测量，不满足要求时及时对洞门轮廓进行必要的修整。

（4）根据各项复测结果确定盾构姿态控制方案并提前进行盾构姿态调整。

（5）合理安排到达洞门凿除施工计划，确保洞门凿除后不暴露过久，并针对洞门凿除施工制订专项施工方案。

（6）盾构接收基座定位要精确，定位后应固定牢靠。

（7）增加地表沉降监测的频次，并及时反馈监测结果指导施工。盾构到站前要加强对接收工作井结构的观察，并加强与施工现场的联系。

（8）为保证近洞管片稳定，盾构贯通时需对近洞口 10～15 环管片进行纵向拉紧，拉紧装置采用钢制构件。

（9）帘布橡胶板内侧涂抹油脂，避免刀盘刮破影响密封效果。

（10）在盾构贯通后安装的几环管片，一定要保证注浆及时、饱满。盾构贯通后必要时对洞门进行注浆堵水处理。

（三）隧道内通风、环境控制

隧道内通风、环境质量应符合 GB 50299—1999《地下铁道工程施工及验收规范》的相关要求，通风设备规格计算：

1. 通风计算

通风计算需在满足作业人员的呼吸和最小风速要求中取较大值为条件计算。

（1）按洞内同时工作的最多人数计算：

$$Q = kmq \tag{8–3}$$

式中 Q——所需风量，m³/min；

k——风量的备用系数，取 k=1.2；

m——洞内同时工作的最多人数。

（2）按洞内允许最小风速计算：

$$Q = 60VS \tag{8–4}$$

式中 V——洞内允许最小风速，m/s，考虑辅助散热及经验和资料，取 V=0.25m/s；

S——隧道横截面积，m²。

2. 漏风计算

风机的送风量（$Q_{供}$）需满足式（8–1）、式（8–2）中计算的最小风量外，还应考虑外漏的风量，一般用漏风系数来考虑，即：

$$Q_{供}=PQ \tag{8–5}$$

式中 Q——式（8–1）、式（8–2）计算结果中的最大值，即计算风量，m³/min；

P——漏风系数，根据风管的材料 P=1.280。

3. 风压计算

在通风过程中，要克服风流沿途所受阻力，保证将所需风量送入工作面，并达到规定风速，则必须要有一定的风压，气流所受的阻力有摩擦阻力和局部阻力，其公式可用式（8–6）、式（8–7）计算：

$$h_{机} \geqslant h_{总阻} \tag{8–6}$$

$$h_{总阻} = \sum h_{摩} + \sum h_{局} \tag{8–7}$$

式中 $h_{机}$——通风机的风压，Pa；

$h_{总阻}$——风流受到的总阻力，Pa；

$h_{摩}$——气流经过各种断面的管道时产生的摩擦阻力，Pa；

$h_{局}$——气流经过断面变化，拐角、分岔等处分别产生的阻力，Pa。

盾构施工中采用混合通风方式，在选择风机时，应对每一段风道进行计算，并选择合适的风机和风机布置方式，否则就会出现串联通风中各风机风量不匹配现象，以及接力风机进风门风压太低而导致风管被吸扁的现象。

4. 风机应克服的阻力

（1）摩擦阻力（$h_{摩}$）。摩擦阻力是风管周壁与风流相互摩擦，以及风流中空气分子间的扰动和摩擦而产生的阻力，也称沿程阻力。根据流体力学的达西公式可以导出风管通风的摩擦阻力公式，如下：

$$h_{摩}=6.5\frac{\alpha L}{d^5}Q^2 \tag{8-8}$$

式中　α——摩擦阻力系数，取$\alpha=0.0016$，$N \cdot S^2/m$；

L——风管长度，m；

d——风管直径，m；

Q——风道流量，m^3/s。

（2）局部阻力（$h_{局}$）。风流经过风管的某些部位（如断面扩大、断面减小、拐弯、交叉等）时，由于速度或方向发生变化而导致风流本身产生剧烈的冲击，由此产生的风流阻力称为局部阻力，计算式如下：

$$h_{局}=0.99\frac{\xi Q^2}{d^4} \tag{8-9}$$

式中　ξ——局部阻力系数，取ξ=1.0。

d——风管直径，m；

Q——风道流量，m^3/s。

$$h_{总阻}=6.5\frac{\alpha LQ^2}{d^5}+0.99\frac{\xi Q^2}{d^4} \tag{8-10}$$

根据$Q_{机} \geqslant 1.1Q_{供}$（1.1为风量储备系数）和$h_{机} \geqslant Ph_{总阻}$选择合适的主风机。

（四）特殊地段施工控制

1. 浅覆土层施工控制

（1）详细查明和分析地质状况和隧道周边的环境状况，确定专项施工措施。

（2）应根据隧道所处位置与地层条件，合理的设置开挖面压力，控制地层变形。

（3）通过调整分区油压、千斤顶编组、控制推进速度、调整相邻管片转角，以及盾尾间隙量和管片端面平整度、更换注浆位置、调整控制土压、使用仿形刀、使用盾构“铰接”装置等一系列措施控制盾构姿态平稳，防止发生突变。

（4）加强地表监控，建立信息化施工管理体系。

（5）做好同步注浆和二次补注浆，采用多次少量的方法，严格控制地表沉降。

2. 小半径曲线施工控制

（1）控制推进反力引起的管片变形、移动、渗水等。

（2）使用超挖装置严格控制超挖量。

（3）壁后注浆选择体积变化小、早期强度高、速凝型的注浆材料。

（4）增加施工测量频率。

（5）采取措施防止后配套车架脱轨或倾覆。

3. 大坡度地段施工控制

（1）上坡施工时应加大盾构下半部分推力，对后方台车采取防止脱滑措施。

（2）壁厚注浆宜采用收缩率小、早期强度高的浆液。

4. 地下管线、地下障碍物地段施工控制

（1）调整掘进参数，严格控制掘进速度和出渣量，减小地表的沉降和隆起，确保管线安全。

（2）施工前查明地下障碍物，并制订处理方案，如遇天然气管网、高压给水网等可能引起重大安全隐患的管道时，应会同产权单位制订加固方案。

（3）地下障碍物从地面处理时，应选择合理的处理方法，处理后应进行回填，确保盾构安全通过。

（4）在开挖面拆除障碍物时，可选择带压作业或加固地层的施工方法，控制地层开挖量，确保开挖面支撑稳定。

5. 穿越建（构）筑物施工控制

（1）下穿前收集建（构）筑物的基础资料。

（2）严格控制盾构掘进参数。对盾构机的推进速度、顶进力、同步注浆技术、二次注浆严格控制。

（3）同步注浆量控制：随时根据监测情况调整同步注浆量和注浆压力，同步注浆量及注浆压力要控制适中。一般应加大同步注浆量至 200%～225%。注浆材料宜选用体积变化小、早期强度高、速凝型的注浆材料。

（4）施工时应连续掘进，严格控制盾构机头部地层的沉降。

（5）做好施工应急预案，保证施工安全。

（6）进行专项监控量测。

6. 小净距隧道施工控制

（1）施工时根据地层情况，严格控制掘进速度、土仓压力、出渣量、注浆压力等，减少对邻近隧道的影响。

（2）对先行和既有隧道加强监控量测。

（3）可采取加固隧道间土体、先行隧道内支设钢支撑等辅助措施控制地层和隧道变形。

7. 穿越运营隧道施工控制

（1）穿越运营隧道前，应对运营隧道的结构、位置、水文地质、环境进行详细调查，预估施工对其影响，编制并实施控制运营隧道变形的专项技术方案。

（2）在运营隧道内进行沉降实时连续监测，及时分析反馈，用于指导和调整盾构施工参数。

（3）盾构穿越后及时进行壁后注浆，原则是少量、多点、多次、均匀的分层双液注浆，加固范围及强度指标按设计和专项技术方案要求执行。

8. 穿越江河的隧道施工控制

（1）详细查明工程地质和水文条件及河床的状况。设定适当的开挖面压力，加强开挖面管理和掘进参数的控制，防止冒浆和地层坍塌。

（2）应对河床隆层进行监测，宜采用测量船作业或河底扫描。

（3）配备足够的排水设备和设施。

（4）应采用快凝早强的注浆材料，加强壁后同步注浆和二次补注浆。

9. 复杂地质条件下的隧道施工控制

（1）准备足够的膨润土泥浆、泡沫剂、聚氨酯、海绵板、双快水泥等抢险材料。

（2）一般选择复合式盾构，应根据地层情况对盾构的选型和各参数进行优化选择。

（3）综合考虑穿越地层的地质条件，合理选择刀盘形式和刀具配置方式、数量。

（4）选择合适的换刀地点和换刀方式，及时更换刀具或改变其配置，以适应前方地层的掘进。

（5）对于盾构穿越不同地层时应及时转换施工措施，保证正常掘进，如遇渗透性小的砂质土层应及时进行渣土改良，保证土压，防止喷涌，如遇完整岩层应考虑刀具检查及更换。

（6）根据开挖面地质预测信息，调整掘进参数、壁后注浆和土仓压力，保证开挖面稳定和掘进速度。

三、常见问题及对策

（一）泥饼问题

盾构机穿越黏性土层时，由于刀盘面需维持较高的压力，而且温度一般也很高。这样黏性土在高温、高压作用下易压实固结产生泥饼，特别是在刀盘的中心部位。当产生泥饼时，掘进速度急剧下降，刀盘扭矩也会上升，滚刀无法正常滚动导致偏磨，大大降低开挖效率，甚至无法掘进。施工中主要采取下列措施防止泥饼产生：

（1）适量增加泡沫的注入量，减小渣土的黏附性，降低泥饼产生的几率。

（2）刀盘背面和土仓压力隔板上设搅拌棒，以加强搅拌强度和范围，并通过土仓隔板上搅拌棒的泡沫孔向土仓中注射泡沫，改善渣土和易性，增大渣土流动性。

（3）必要时螺旋输送机内也要加入泡沫，以增加渣土的流动性，利于渣土的排出。

（4）采用 2/3 仓土加气压模式掘进。

（5）一旦产生泥饼，可空转刀盘使泥饼在离心力的作用下脱落。确保开挖面稳定的情况下也可采用人工进仓清除。

（二）地表沉降问题

当土仓内压力不足以与外界水土压力平衡时，盾构刀盘面前方土层易坍塌，从而引起地表沉降。管片脱出盾尾后，管片与地层间存在一环形建筑空间，在软岩地层中如果不及时进行同步注浆填充，拱顶围岩极有可能产生变形引起地表过量沉降，可采取下列措施防止地表沉降：

（1）维持土仓内压力平衡，随时调整预定压力。在掘进停止时也应保持土仓内压力与外界水土压力平衡，螺旋机再次排土前，刀盘应把土仓内的水、土充分搅拌，使土仓内土体有良好的密水性，避免喷涌破坏土压平衡。

（2）在盾构机掘进过程中保证注浆量和注浆压力，实际注浆量应达到理论空隙量的 150%～250%，必要时要进行二次注浆。盾尾注浆孔口的注浆压力应大于隧道埋深处的水土压力。

（三）盾构机换刀问题

盾构机换刀作业大多在土（泥）仓内操作，作业人员失去机壳保护，如果开挖面土体突然失稳，泥水涌向土仓，可能会引发工程事故，因此，换刀的安全是换刀控制的关键。刀具检查与更换应注意以下安全要点：

（1）更换前应做好准备工作，尽量减少停机时间。

（2）换刀作业尽量选择在中间竖井或地质条件较好、地层较稳定的地段进行。如必须在地质条件较差的地层进行时，必须带压更换或对地层进行预加固，确保开挖工作面稳定。

（3）刀具更换时必须确保作业人员的安全。更换刀具的人员必须系安全带，刀具的吊装和定位必须使用吊装工具，尤其是在更换滚刀时要使用抓紧钳和吊装工具。所有用于吊装刀具的吊具和工具都必须经过严格的检验，以确保人员和设备的安全。

（4）需转动刀盘时，必须使进仓人员撤离至安全区域，由专人操作，任何人不得擅自启动。

（5）换刀前要制订详细的换刀方案、步骤和要求，并做好技术交底和人员培训。同时，还要制订详细的应急预案。

（6）带压进仓作业要有严格的带压进仓方案；带压进仓作业要制订安全措施，并进行交底。

（7）刀具更换机具使用按照相关机具操作规程进行；刀具更换后的废弃物应统一回收，避免造成环境污染。

（8）更换刀具时必须做好更换记录，更换记录主要包括刀具编号、原刀具类型、刀具磨损量、修复刀具的运行记录、更换原因、更换刀具类型、更换时间和作业人员姓名等。

第四节　顶　管　隧　道

一、顶管典型施工工法

顶管施工是继盾构施工之后发展的另一种地下管道施工的非开挖方式。本节结合不同区域地质条件及输变电线路工程地下隧道土建工程的相关要求，从顶管施工特点、适用范围、工艺原理、工艺流程、人员组织、机械设备、质量控制、安全控制 8 方面，对顶管施工工法进行阐述。

（一）特点

机械化作业，劳动强度低，文明施工程度高，土方开挖量小，不影响交通。

（二）适用范围

适用于开挖施工无法进行或不允许开挖、深度大的场合，适用于淤泥质土层、黏土层、砂砾土层及含水率较高的土层，可穿越公路、铁路、河流、地面建筑物进行地下管道施工。常用的土压平衡顶管机和泥水平衡顶管机外观如图 8–39 所示。

(a)

(b)

图 8–39　土压平衡顶管机和泥水平衡顶管机外观

（a）土压平衡顶管机外观；（b）泥水平衡顶管机外观

（三）工艺原理

土压平衡顶管施工指顶进过程中利用泥土仓内保持一定压力与螺旋输送机排土平衡地下水压力和土压力，排出土量与掘进土量处于平衡状态。

泥水平衡顶管施工指水力切削和采用水力运输弃土，利用泥水压来平衡地下水压力和土压力的顶管方式。

在施工时借助于主顶油缸及中继间等的顶推力，把顶管机从工作井内穿过土层一直推到接收井内吊起。

（四）工艺流程

顶管法施工流程如图8–40所示。

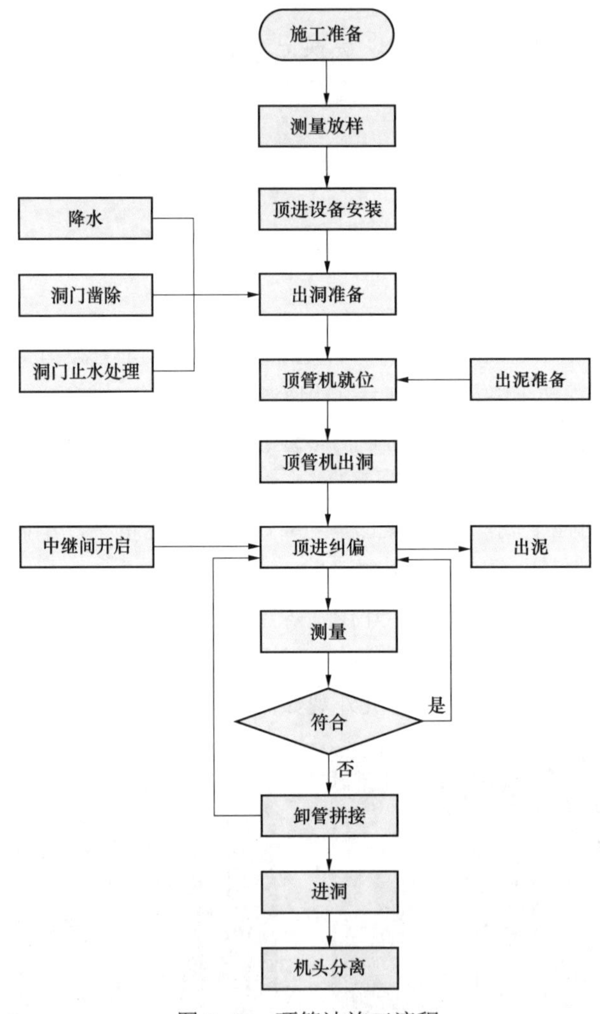

图8–40　顶管法施工流程

1. 施工现场布置

临边围挡、临时房屋及其他设施布置参照国网（基建/3）187《国家电网公司输变电工程安全文明施工标准化管理办法》执行。施工区域规划汽吊工位、泥浆沉淀池或堆土区、管节堆放区、其他物资库房及堆放区。

2. 设备设施安装

在工作井内安装钢结构预制顶管基座，基座上的导轨按照顶管设计轴线并按实测洞门中心居中放置，设置支撑加固，保证基座稳定不变形，然后安装主顶设备油缸、油泵、油路、顶管机头，安装通信、通风、照明系统，并调试完成。

后座采用特制钢制后座，紧贴工作井混凝土后座，并与主顶油缸成 90° 夹角，空隙用混凝土填实。

3. 顶管进出洞口土体加固

顶管进出洞口土体加固对控制地表沉降和围护结构的侧向位移有显著作用，特别是软弱地基。为保证顶管施工安全，进出洞口土体加固施工必须满足设计要求。

4. 安装洞门止水装置

安装洞门止水装置是指对管子与洞口之间间隙采取一定措施，封堵住井外部的地下水和泥砂。处理不好，轻者会影响工作坑的作业，严重的会造成洞口上部地表塌陷，甚至会造成事故，危及周围的构筑物和地下管线的安全。

可采用传统的橡胶袜、套橡胶抹套，顶进距离较长的宜采用盘根止水装置。

5. 顶管掘进

在顶进系统顶管机运转前，各操作人员应对各系统各部位进行认真检查和调试，按正确的操作程序进行操作，及时根据仪表调整土压及顶进速度。

保持顶管机出洞后的轴线方向与姿势的正确。顶进纠偏可采取调整纠偏千斤顶（见图 8–41）的办法进行编组操作，如管道偏左则千斤顶采用左伸右缩方法，反之亦然。勤纠偏，每项纠偏角度应保持在 10′～20′，不得大于 1°。严格控制工具管大幅度纠偏以免造成顶进困难。如偏差超过质量标准应通知停止顶进，研究有效措施，方可继续顶进。

图 8–41　纠偏千斤顶

6. 管节安装

管节安装时，滑动部位可均匀涂薄层硅油等对橡胶无侵蚀性的润滑材料，以减少摩擦阻力。承插时外力必须均匀，橡胶圈不移位、不翻转、不露出管外，否则，应拔出重新安装。

安装时，顶管前三节管节采用螺栓连接。

7. 顶管压浆

顶管压浆时，储浆池内的触变泥浆由地面上的压浆泵通过管路压送至管道内各压浆总管，并到达连通各压浆孔的软管内，通过控制压浆孔球阀来控制压浆。压浆孔球阀布置在工作井内。在地面压浆泵的出口处装置压力表，便于观察、调节和控制压浆压力。压浆压力根据各部位覆土深度、地面沉降和隆起的测量报表进行调整。

8. 测量

测量在顶进轴线控制中最为重要，曲线顶进中测量最为复杂。当曲线部分比较短，管径比较大，曲率半径比较大时，可采用全站仪布置在工作井内全程测设。当无法通视时，必须在管内布设测站，测站的数量由顶进线路的曲率及一次测量的最大距离决定。管内存在视线较差，作业环境恶劣，每个测站随管道的顶进不断移动，每个测站可视距离短等诸多不利因素，给测量工作带来难度，应加强复核。

（五）人员组织

施工人员配置应根据工程量和作业条件合理安排，主要现场人员职责划分见表 8–11。

表 8–11　　主要现场人员职责划分表

序号	岗位	人数	职责划分
1	项目经理	1	全面负责整个项目实施
2	项目总工	1	全面负责技术、质量管理
3	施工员	2	负责施工期间施工管理
4	安全员	1	负责施工期间安全管理
5	质检员	1	负责施工期间的质量检查及验收，包括各种质量记录等
6	测量员	若干	负责施工期间的质量检查及验收，包括各种质量记录等
7	吊车司机	2	操作吊车
8	起重挂钩工	2	辅助吊装
9	指挥工	2	指挥吊装
10	机操工	2	操作机械设施
11	电工	2	用电设施维护
12	电焊工	2	焊接施工
13	机修工	2	修理保养机械

（六）机械设备

主要机械设备见表 8–12。

表 8–12　　主 要 机 械 设 备 表

序号	设备名称	单位	数量	用　　途
1	汽车吊	台	2	吊运顶管设备材料
2	顶管机	套	1	顶进机头
3	电动空压机	套	1	进出洞开凿
4	主顶动力站	台	1	顶进设施
5	液压千斤顶	只	计算确定	提供顶力
6	注浆泵	台	若干	顶进注浆设备
7	高扬程砂砾泵	台	若干	用于泥水平衡排泥
8	管道泵	台	若干	顶进进水、排泥设备
9	潜水排污泵	台	若干	井内抽水
10	电焊机	台	若干	焊接加固管件
11	电瓶车	台	1	用于土压平衡牵引运土

（七）质量控制

1. 质量控制标准

DGTJ 08—2049《上海市顶管工程技术规程》

CECS 246《给水排水工程顶管技术规程》

GB 50204《混凝土结构工程施工及验收规范》

2. 质量保证措施

（1）管节质量要求。

1）较高的轴向承载力和环刚度要求，环刚度测试如图 8–42 所示。

图 8–42 环刚度测试

2）管节接头应具有传递轴向荷载能力和发生一定偏向条件下的止水能力。

3）满足表面光洁密实及长度、内外径、端面垂直度、接头尺寸严密性等技术要求。

（2）施工质量保证措施。

1）工程实施前，对受施工影响的管线及有关构筑物设置监护观测点，工程实施时，定时观测其沉降情况，及时向建设单位、施工监理和其他相关单位提供观测资料，以便了解管线及建（构）筑物的沉降动态，及时采取措施。

2）后座安装时必须与后座墙紧贴，并与顶管轴线垂直。

3）井下机架与后顶装置安装就位时，由测量人员进行监测，将水平与垂直偏差控制在 3mm 以内，保证顶进机架的定位精确，为顶进质量把好第一关。

4）开洞口前应对顶管机进行确认性调试。

5）对进场的管节进行强度验收（见图 8–43）以及外观质量验收（见图 8–44）。特别是前 3 节，必须挑选几何尺寸较好的管节，使顶进轴线与泥浆套能在顶进之初就保持良好。

图 8–43 管节强度验收

图 8–44 外观质量验收

6）顶进施工的同时，密切关注地表沉降量的变化，将数据及时反馈给施工人员，以便采取措施，调整顶进参数，将对环境的影响减到最小程度。

7）顶进过程中绘制轴线偏差图，根据图表决定纠偏措施，贯彻“勤测、勤纠、缓纠”，切忌剧烈的纠偏动作。

8）触变泥浆压送与顶进同时进行，泥浆应根据规定的配合比调制、储存。按管理工序操作，以保持泥浆减阻的效果；绘制顶力曲线图，将顶力控制在管节和后靠允许顶力之内，严禁超出，以免产生管节变形和焊缝开裂等质量问题。

9）严格按压浆操作规程进行压浆操作，尽可能地降低顶进阻力。对于地表沉降控制要求高的管线、构筑物，按时定量进行定点补压浆，并进行沉降观测，严格控制地表沉降量，施工结束后及时进行泥浆置换，确保管道运行期间安全。

10）顶进过程中经常检查后靠的稳定情况。在后靠上设置位移观测点，每顶进一节管子，对后靠进行一次位移观测。

11）当顶力接近后靠顶力设计值或管节所能承受的最大顶力时，应开启中继间。

（八）安全控制

（1）在工程开工前应向当地公用地下管线部门了解施工区域地下管线情况。当穿越或靠近危险设施，不仅应当用仪器定位，还应通过小心手工挖掘使危险设施暴露出来。

（2）了解架空线路走向和电压等级标志，严禁越过无防护设施的外电架空线路作业，钻进设备、起重设备任何部位或被吊物边缘与架空线路边线最小安全距离应符合《施工现场临时用电安全技术规范》相关条款要求。

（3）起吊机头和管节前应清除所经道路的障碍物；吊装前根据设备重量、吊装距离、地基承载力计算合理选择吊机吨位。吊装时，工作区铺设20mm厚钢板，防止地层不均匀沉陷导致吊机倾斜出现安全事故。

（4）在工作人员进管前半小时在洞口处用风机进行通风，检查有毒气体含量，确保管内空气清新。焊接过程应对管道进行通风，减少烟雾进入管内。

（5）加强施工周围工作井、道路的变形观测，遇暴雨等异常情况应加密监测周期。如变形有异常，应立即停工，分析原因，及时采取措施补救。

（6）顶进中发生破管时，应立即停止顶进作业，采取措施补救或拆除换管。加强管道的检查验收，吊放顶进要采取管道保护措施。

（7）发生大风、暴雨、洪涝或者井内漫水，应及时报告应急管理小组，小组人员按分工各负其责。及时通知施工人员离开施工现场，电工关闭现场电源，相关人员对其机械、车辆及其他产品进行防护和加固，确保人员生命安全。

（8）除正常供电外，现场必须配备1台发电机，遇到停电现象，立即使用发电机供电。避免顶力急剧增加或基坑内积水来不及排除而导致设备损坏。

（9）顶管内照明采用24V安全电压，在地面操纵室内安装1个专用行灯变压器以提供24V安全电源，每5m安装1个24V 60W防潮防爆型行灯提供照明，中继间部位另外加设1只，灯头外围必须加设钢丝网罩。为解决压降问题，管内100m处增加1只行灯变压器。

二、管理控制要点

（一）顶管机选型

根据地质勘探和周边调查环境资料，综合经济性、安全性、施工工期、区域环保要求进行顶管机选型。

土压平衡顶管机适用于软黏土、粉质黏土地质和浅层覆土，挖掘面稳定，地面沉降小，对于城市环保要求高的区域应优先选用，但施工工期较长。

泥水平衡顶管机是全土质型，土质适应范围较广，可在地下水压力高、变化范围较大的地质条件下工作。地面的沉降影响较小，更适合长距离顶管施工，施工速度快，经济性好。但泥浆处理和运输较困难，不适用于对弃土运输严格管控的城区。

顶进含较大卵石和块状物体的土层，选择具有破碎功能的顶管机，并根据不同土质和不同口径选择不同刀盘形式。有面板的顶管机需针对土质设计出合理的开口率，泥水平衡顶管机开口率一般为8%～20%，粉砂地层控制在8%。

（二）测量控制

1. 地面及井下平面测量

建立平面控制网，地面上控制桩由GPS定位（见图8–45）确定工作井轴线。

图8–45　GPS定位

顶管施工前，测量出工作井、接收井洞门中心坐标，并在工作井前后井壁上测设出顶进基准线。

控制点对中盘强制对中，定期复核各控制点。控制点测量结果必须经监理复合并签字确认。

投放顶管测量始测点和2个后视点，始测点设在顶管后座的专用测量平台上，后视点设于前导墙上部的井壁上，定期互相校核。测量工作尽量选用阴天或温差较小的天气作业，以确保测量精度。

工作井井壁上的后视点，必须做在管道安装后的可视范围内，作为顶管顶进测量的后视点。

2. 地面及井下高程测量

施工前，利用建设单位提供的水准点引测到工作井及接收井附近不易沉降的位置作为临时水准点。水准测量采用DS1水准仪配铟钢尺进行往返测量，其精度必须控制在规范范围内，并经监理复核签字确认。

高程传递采用钢尺导入法进行作业，采用2台DS1水准仪同时观测。为确保精度，井上同时利用2个水准点作为后视，观测结果应加钢尺尺长改正和温度改正。井下临时水准点做在井壁上，为便于复核，井下临时水准点应不少于2个，并经常复核。

3. 管道顶进测量

（1）测站布置。在工作井内布置一固定测量台，测量台支架（见图8–46）用型钢制作，测量专用对中盘（见图8–47）配铜螺钉强制对中，避免测量时的对中误差。

图 8–46　测量台支架

图 8–47　测量专用对中盘

安装时用锤球将洞门中心和后背标记的连线精确投到对中盘中心，安装完毕后，利用以上导线测量方法对对中盘中心进行复测，使之精确位于工作井和接收井中心连线的延长线上。测量仪器视准轴高度设在轴线高度。

图 8–48　测站布设

（2）测量方法。测站布置：管内视可视情况每隔 100～200m 布设测站，如图 8–48 所示。

每个测站采用对中盘强制对中，从管外测站及后视点依次向管内测量。

为减小测量误差，测量一律采用 4 测回，GB 50026—2007《工程测量规范》要求控制测角精度。

正常情况下，每顶进 1 节管测量 1 次，遇轴线偏差较大时，须每 1m 测量 1 次。

（3）精度控制。地面导线测量与临时水准控制点测量尽量选择在阴天或温差不大时进行。测量时应注意加温度改正。

临时水准点采用往返测量，闭合差控制在 $\pm 40\sqrt{L}$ mm 以内。

地面导线采用闭合导线测量，4 测回，闭合差控制在 1/2000 以内。

地面临时水准点及顶管轴线控制点必须经监理复核并签字认可。

管道内测量，采用全站仪 2 测回，GB 50026—2007《工程测量规范》要求控制测角精度。

（三）注浆减阻

1. 泥浆制作

能否在管子周围形成完整的泥浆套是顶管施工中成功与否的一个关键环节，尤其在长距离和曲线顶管中。

顶管施工中制作触变泥浆应首选钠基膨润土。浆液能稳定，且有良好的触变性，又有一定的稠度。施工过程中，泥浆应保证不失水、不沉淀、不固结，泥浆配比应根据不同的地质情况作相应调整，使泥浆适应不同的土层特性，起到预期的减阻效果。施工过程中还可配制特殊的泥浆以满足顶进施工中的特殊要求。

2. 注浆工艺

注浆效果好坏除了与注浆材料有关，还与注浆孔布置、注浆泵选择及注浆压力大小有关。注浆孔布置应首选在钢套环连接处，浆液在钢套环与混凝土管外壁之间先形成泥套，然后继续注浆，浆液从间隙中挤出来，容易形成完整的泥浆套。注浆泵应选用脉动较小的螺杆泵，注浆压力不宜太高。

（1）机尾同步注浆。在顶进过程中，通过顶管机尾部的同步注浆，填充顶管机后形成的环形空隙，使空隙先于管道接触泥土前建立泥浆套，减小管节推进时外壁阻力。

（2）沿线补浆。顶管机头后面连续放置3～4节有注浆孔的管子，后续管节每隔1节设置1个，每个断面设置3～4只注浆孔，注浆孔设置如图8–49所示。

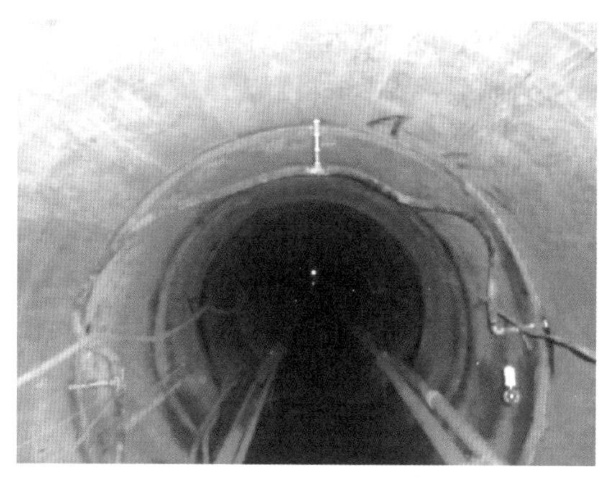

图8–49　注浆孔设置

通过管道上的预留孔，采用多点对称压注使泥浆均匀地填充在管节外壁和周围土体间的空隙中，以对管外壁泥浆套缺损进行补浆。

（四）中继间布置和使用

控制顶力由管材的允许顶力、工作井后靠的土体抗力和顶进油缸的推力等因素决定。由于长距离顶进，控制顶力不能无限放大，所以中继间作为顶进接力工具，当顶进阻力超过主顶的顶推力、管道材料、后靠背允许承受的最大荷载，应当采用中继间进行分段分级顶进。

图8–50　中继间布置

中继间的间距一般为100～150m，中继间油缸规格相同，应取偶数对称布置，如图8–50所示。

对中继间应编组使用，从顶管机头向后按顺序依次将每段向前推移。当主顶推力达到最大设计值的40%～60%，应安放1个中继间。当主顶推力达最大设计值的70%～80%，应再安放1个中继间，若主顶推力达到最大设计值的80%，则须启用该中继间。

（五）出洞技术要点

为避免出洞段管节沉降过大、地面塌陷，以及危及周边建筑物及工作井事故发生，应采取搅拌桩、高压旋喷桩等洞口加固措施，并认真做好洞口降水措施。设置水位观测井，以确认降水效果。

有内外封门的，当顶管机出洞时，先拆除内封门，顶管机入洞后再拔起钢板桩外封门。

采用灌注桩支护的，应在洞口范围人工凿除。

工作井预留洞口内侧预埋钢筒，顶管前焊接安装洞口止水装置。

机头出洞应缓慢连续推进，机头与前几节管节的上端用拉杆连接，控制顶管机姿态。

（六）进洞技术要点

（1）事先在接收井洞口开启若干小孔观察洞口外侧土体加固情况，确保机头进入洞门内没有大量水土流出。

（2）在接收井内按顶管轴线安装好接收基架，使顶管机能平稳地进入接收井，防止进洞后直接落到接收井底板上，造成后续管道损坏。

（3）为保证顶管机顺利进入接收井，在离接收井30m左右时要加强对顶管机姿态的观测，及时纠正顶进轴线的偏差，保证顶管机能顺利进洞。

（4）在距洞口5m左右时减慢顶进速度，并降低前方土压力及泥水压力。

（5）机头距洞口1m以内时暂停顶进，用空压机凿除围护井灌注桩。若是砖封门，进洞时顶管机直接切削破门。

（6）顶管机进洞后，尽快把顶管机和管节分离。

（7）焊接环形钢板临时封堵，用快速水泥封堵管道与预留孔的孔隙，并预留8～10个压浆孔。

（8）用水泥和水玻璃按一定配比，对洞门进行双液注浆。

（9）拆除接收井内基架。

（七）顶进轴线控制

（1）导轨安装必须严格控制精度：轴线位置为3mm；顶面高程为0～+3mm；2个导轨间距为±2mm。确保机头出洞有良好的导向。

（2）顶进初始阶段，根据激光点的位置随偏随纠，在开始的100m，将平面及高程偏差控制在20mm以内。

（3）顶进阶段要做到勤测勤纠，每项纠偏角度应保持在10′～20′，不得大于1°。偏差较大或有偏差趋势时加大测量频率。

（4）认真做好测量及纠偏记录，测量结果必须反映机头切口的偏差情况，并分别绘制平面、高程偏差曲线图。根据曲线图认真分析可能的发展趋势，制订切实可行的纠偏方案。

（5）设置轴线偏差报警值，在顶进过程中，轴线累计偏差值超过50mm或每米管节偏差超过3mm时，操作人员必须上报项目部，由项目部组织技术人员进行分析研究（必要时请专家论证），分析其可能的发展趋势，制订切实可行的纠偏方案。

（6）在顶进过程中，每顶进100m，测量人员须对测量控制点复核1次；距离进洞口200m以内，每顶进30m对测量控制点复核1次。每次复核必须从建设单位提供的原始控制点开始复核，一直复核到机头切口，确保顶管顺利进洞。

（八）曲线顶管施工控制

1. 曲线顶管总体措施

（1）曲线顶管应先计算管节开口量。由于曲线段曲率半径较小，曲线形成比较困难，因此在顶管机后部设1个中继间，增大顶管机的纠偏力及纠偏量，帮助顶管机顶进过程中形成所需的曲线。

（2）应用顶管机在顶进过程中纠正某方向人为因素造成的偏差时，应控制偏差值符合设计的曲线要求，用多个管节形成的缓和曲线来代替所需的圆弧曲线。

（3）在曲线的外圆按各曲线段的开口量设置木楔子，防止曲线部分被后续顶进的管道拉直，以及增加顶管的受力面。

（4）曲线顶进过程中的关键点是不断进行轴线修正。在曲线顶进过程中，管道会不断向外侧漂移，因此在顶进过程中要注意下列问题：

1）在顶进过程中必须保证连续精确的测量，正确掌握顶管机所处的位置。根据测量结果调整顶进参数，以及顶管机纠偏千斤顶的长度差值。

2）施工轴线变化处的管节内侧张角，派专人及时用适当厚度的楔子填充其中，使整个顶进管道沿着曲线轨迹前进。

3）控制好顶进施工轴线，使其垂直轴线方向的分力小于土体侧向抗力。做好顶管机顶进的轴线与后继楔子（开口量）的控制，使顶进轴线轨迹形成良好、规则的圆弧曲率，可以避免因分力作用使轴线偏离。

2. 钢筋混凝土管节特殊处理

小曲率半径处采用单独加工的特殊管材，其强度等级、抗渗等级、几何尺寸误差应符合设计标准，并满足下列要求：

（1）在计算复核开口量后，管节长度宜缩小。

（2）钢套管长度适当加长，同时楔形橡胶圈宽度适当加宽。

（3）插口一端端部加设钢环，以满足管子端部局部受力需要。

（4）接头的允许偏转角应大于 0.5°。

（5）混凝土管传力面上均应设置环形木垫圈，如图 8–51 所示，并用胶粘剂粘在传力面上。

（6）在混凝土管上预埋4个压浆孔，成90°角对称布置。

（7）橡胶圈指标应满足下列要求：硬度（邵尔 A°）50±5；拉伸强度≥13MPa；扯断延长率 ≥500%。

（8）预埋钢套环与混凝土管的结合面需增加 1 环遇水膨胀橡胶条，从而保证曲线状态下的管接口密封良好。

图 8–51 环形木垫圈

（9）最前面 3 节管材，在承口处的外圆一侧（顶进方向右侧）预留 4 只油缸盒，以便安装启曲油缸，用于张开管缝。

（10）前 20m 管节在管节内壁整圈设置 250mm×20mm 预埋铁板，以便在施工中采用拉杆螺栓连接控制其张角变化。

3. 木垫圈

为了防止曲线段顶进时，圆弧内侧管壁应力集中而导致管端混凝土破裂，木垫圈应满足下列要求：

（1）木垫圈应选用质地均匀富有弹性的松木。

（2）木垫圈的压缩模量不应大于 140MPa。

（3）木垫圈厚度采用 30mm，另外专门制作厚度 9.6mm 的木衬板用于圆弧外壁张缝的填塞。

（九）管节防沉降控制

1. 泥浆置换

顶管进洞后，为防止管道运行期间沉降，必须立即进行泥浆置换。利用管道内既有的注浆孔压注泥浆液，水泥浆液的水灰比应适当减小，控制在 1:1 以下，压注时打开相邻的注浆孔，使触变泥浆从附近的注浆孔挤出，直到流出的浆液为水泥浆后，封闭注浆孔继续压注水泥浆液，至注浆压力接近 1.5 倍的被动土压力。注浆时须对地面、管线随时进行沉降观测，防止注浆压力过大引起地面、管线隆起。

2. 管节接头

管道接口套环应对正管缝与管端外周，管端垫板粘接牢固、不脱落。管道接头密封良好，橡胶密封圈安放位置正确。需要时应按要求进行管道密封检验；管节无裂纹、不渗水，管道内部不得有泥土、建筑垃圾等杂物。顶管结束后，管节接口的内侧间隙应按设计规定处理；设计无规定时，可采用石棉水泥、弹性密封膏或水泥砂浆密封，填塞物应抹平，不得突入管内（见图 8–52）。钢筋混凝土管道的接口应填料饱满、密实，且与管节接口内侧表面齐平，接口套环对正管缝、贴紧，不脱落。

图 8–52　管节接口的内侧间隙填塞物不得突入管内

三、常见问题及对策

（一）机头出洞时磕头

由于土体承载力较小，且机头自身较重，出洞时容易磕头（即机头前倾），可采取以下防治措施：

（1）千斤顶安装时，将其合力作用点下降 5～10cm，也可视实际情况，灵活采用千斤顶个数。

（2）机头出洞时，将机头预抬 2～3cm。

（3）将出洞口导轨接长至井外壁，或在洞口止水圈下部用混凝土浇筑一个弧形托块。

（4）第 1 节管与机头拼装时，尽量加长机头在导轨上的长度。

（5）在工作井外洞口下部注浆加固土体。

（二）机头旋转

顶管机出洞时，由于机头与导轨之间摩擦力较小，难以平衡刀盘切入土体时的反力矩，机头产生偏转，出洞后，还会带着管节一起偏转；或者纠偏量过大，纠偏频繁；或者中继间油缸安装不平行，油缸动作不同步，有时还会涉及相邻管节；主顶油缸安装不平行同样会使管节产生偏转。可采取以下防治措施：

（1）将机头及后续 3 节管节连接在一起，如图 8–53 所示。

（2）顶进中尽量避免过大及频繁纠偏。

（3）主顶油缸、中继间油缸安装要平行于轴线，控制油路要使油缸动作同步。

图 8–53　机头与后续管节连接

（4）顶进中可利用刀盘反力矩纠正偏转，具体做法是：适当加大刀盘切土深度，然后将刀盘回转方向切换到与机头偏转方向一致。

（5）在机头一侧加配重，调整机头偏转。

（三）地面冒水、冒浆

遇到渗透系数较大的土层，泥浆及触变泥浆很容易冒出地面，或者开挖面泥浆的黏滞度低，稳定性不好，易造成冒水、冒浆。可采取以下防治措施：

（1）控制泥水舱的泥水压力，保持在 1～1.1 倍正面静止土压力为宜。

（2）要注意土层土质特性，施加性能适当的护壁浆液，增加进水的泥浆比例，提高泥水相对密度。

（四）机头上扬

由于上方土压力过小，不易建立平衡，将有可能导致机头上扬，虽采取了纠偏措施，但效果不大的现象。施工时可采取以下措施：

（1）在机头内部根据需要，加压配重，增加机头部位重量，强制性控制机头上扬。

（2）顶进时根据各部位的覆土厚度及时调整设定土压力、控制泥水压力等参数。

（五）地面隆起

泥水平衡压力设定值过高，开挖面土压大于被动土压力，造成机头顶进轴线前上方地面开裂、隆起时，可采取以下防治措施：

顶进时先设置 15m 试验段，计算土压力设定值并通过试验段地面沉降测量记录，调整合适的土压平衡压力值，同时根据沿线覆土深度及土质情况及时调整。

（六）泥水管产生沉淀、堵塞

泥水管内的沉淀大多发生在砂土层中或含水量较少的黏土中，此时黏土易变成泥团，回填土中的砖块等垃圾在管道弯头处或阀门处也会使管道堵塞。可采取以下防治措施：

（1）排泥泵无法满足所需的流量要求时应进行更换。

（2）停止推进前必须对排泥泵管道在旁路状态下进行较为彻底的清洗。

（3）如果在含水量较少的黏土中推进，应减小刀口开闭量，减小刀盘每转 1 圈时所切削的泥土厚度，同时适当加大送水量。

（4）在排泥管道与基坑旁通之间加 1 只沉淀箱，可使土块或卵石在该箱里沉淀下来，过一段时间只需打开箱底将其排出即可。

（5）如果泥砂已经沉淀在泥浆管中，冲洗较困难时，可将排泥管与进水管交换，反向冲洗。

（七）泥水压力大

顶进距离较长且排泥系统中无接力泵或排量过小、排泥泵吸泥管漏气、排泥泵扬程过低、排泥管路有堵塞、进水泵排量过大而与排泥泵不匹配等情况均会造成泥水压力增高，此时可采取以下防治措施：

（1）顶进距离过长时，管道中间安装接力泵。

（2）经常检查排泥泵吸泥口，排除阻塞。

（3）更换较高扬程的排泥泵。

（4）采用逆洗循环，清洗堵塞的排泥管道。

（5）进水泵、排泥泵、接力泵之间的流量关系应匹配。

（八）后背开裂、位移、变形

当后背承载力过小，或顶进顶力过大超过沉井后背的极限荷载时，后靠背可能被主顶油缸顶得严重变形或损坏，或与后座墙一起产生位移，无法承受主顶油缸的推力，顶管被迫中止。此时可采取以下措施：

（1）加大后靠钢板，增加后靠受力面积。

（2）后座墙后的土体采用压密注浆或高压旋喷加固土体。

（3）及时向技术部门汇报，公司及时组织相关技术人员研究对策。

（九）管道接口渗漏水

管节接口密封材料不合格造成管道接口渗漏水，可采取以下措施：

（1）严格执行管节和接口密封材料的验收制度，严禁使用不合格产品。

（2）严格控制管道轴线，必须按“勤纠”“小纠”的原则进行，以避免接口不匀使胶圈减小止水作用。

（3）下管时，要在钢丝绳与管口之间加橡胶垫，保护管口。

（4）采用 F 形插口管材，并选用相匹配的橡胶圈，事先检查橡胶圈的质量，临下管前抹好润滑剂，安装要正确。

（十）洞口沉降

在顶进过程中，管节不断带走洞口附近的土颗粒，造成洞口附近地面沉降，此时可采取向洞口打土的方法进行控制。

在洞口 2 点和 11 点位置插入 2 寸钢管，不断用泥泵打入小颗粒黏土（或掺入干膨润土），补充洞口附近土颗粒的流失。

（十一）钢筋混凝土管节裂缝

管节质量不合格或顶力超过管节承压极限，纵向和环向有明显裂缝，会造成管道渗水、漏水，此时可采取以下措施：

（1）管材进场后要进行质量验收，验收不合格要及时退货。

（2）顶进时严格控制管道轴线偏差，控制顶力在管节允许的承压范围以内。

（3）在管节运输过程中采取管垫等保护措施，并做到吊（支）点正确，轻装轻卸。

第五节　沉　管　隧　道

一、沉管典型施工工法

沉管法是在水底建筑隧道的一种施工方法，主要分钢筋混凝土与钢沉管 2 种形式。本节主要从沉管法施工特点、适用范围、工艺原理、工艺流程、人员组织、机械设备及材料、质量控制、安全控制 8 方面，对沉管法施工进行阐述。

沉管隧道施工现场示意如图 8–54 所示。

（一）特点

沉管隧道施工先进方便、防水可靠、综合造价低、质量易控制。

（二）适用范围

沉管法一般适用于江河的中下游河床演变较稳定和浅海（港）湾处，广泛适用于各种软弱地基条件。

（三）工艺原理

沉管法是先将管节制作、拼装完成后，浮运至已开挖管槽进行下沉、固定作业，再进行岸上最终接头的施工方法。

（四）工艺流程

沉管法施工工艺流程如图 8–55 所示。

1. 准备工作

（1）技术准备。

1）隧道施工前必须进行全面技术交底，其内容应包括各工序、各步骤、各工况的具体技术要求。

图 8–54　沉管隧道施工现场示意图

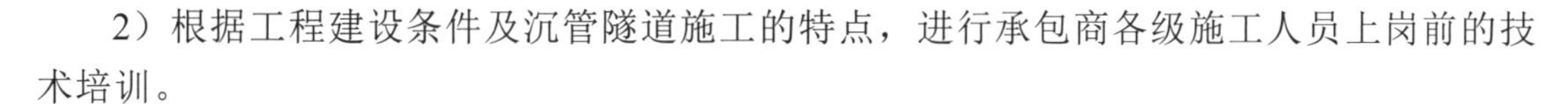

2）根据工程建设条件及沉管隧道施工的特点，进行承包商各级施工人员上岗前的技术培训。

3）按工程特点和环境条件要求做好有关各项测量及监测的准备工作。

4）建立完善气象、水文和水质监测预报系统：

① 系统监测预报数据应包括气温、温度、降雨、雾况、风向和风速、水位、波浪、水流速及流向、水温、水质量密度及水质等；

② 系统应能按施工要求的频率及精度报送上述数据。

5）建立混凝土重度、级配和品质控制系统。

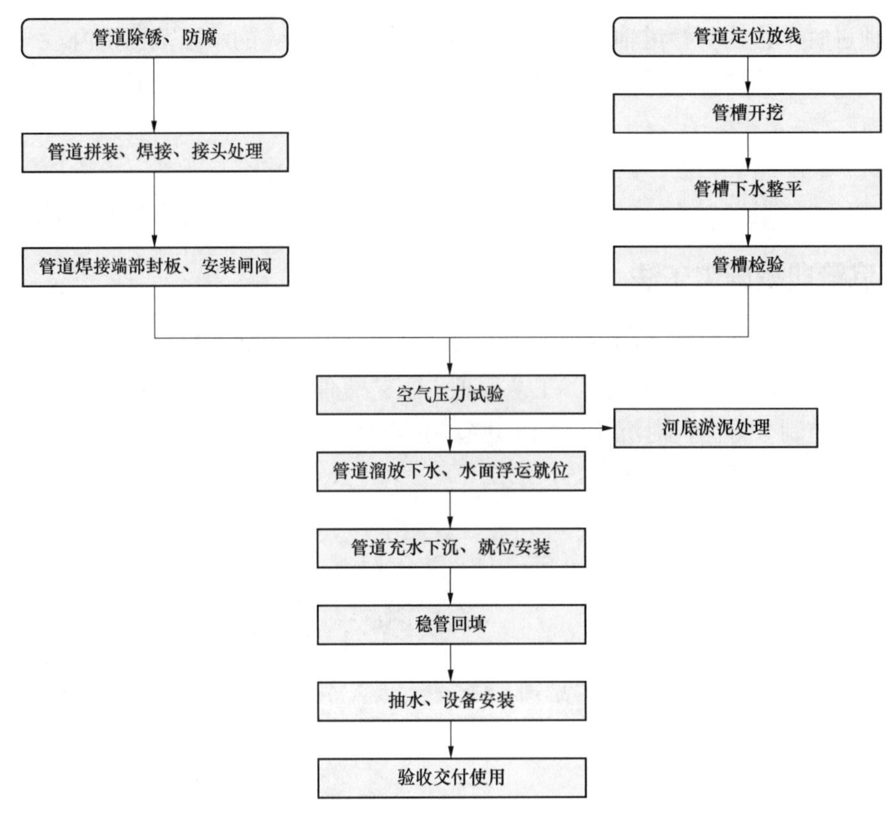

图 8–55　沉管法施工工艺流程图

（2）施工机械、设备准备。

1）沉管隧道施工应配备污染少、能耗低、效率高的机械。

2）沉管隧道施工机械应机况良好，零配件、附件齐全，施工机械的配备要适应施工进度要求，其整备时间要短，能及时迅速投入使用，确保正常施工。

3）沉管隧道施工机械设备的安装应选择适宜的地点，应尽量减少机械运转时的废气、噪声、废液、振动等对周围环境造成的影响。在靠近居民区时，各项排放指标均应达到现行有关标准规定。

4）隧道施工机械配套应满足以下要求：

① 隧道施工机械配套生产能力应为均衡施工能力的 1.2～1.5 倍；

② 施工中的关键机械，如混凝土的拌合设备、混凝土喷射机、混凝土输送泵、通风机、水泵等必须有一定的备品备件；

③ 施工机械应优先选择排放达标、噪声小的机械，宜优先选择电力机械。

5）沉管隧道施工配备的施工船舶应满足以下要求：

① 施工船舶应为按现行《中华人民共和国船舶登记条例》依法登记的船舶；

② 施工船舶应具有良好的稳定性、强度、吃水浅（纵倾）和水密性，并按交通运输部令 2009 年第 15 号《中华人民共和国船舶安全检查规则》有关要求，经过安全检查；

③ 施工船舶应具有防止使用燃油、生活污水、垃圾、废气、压载水中的有害物质（病原

体）等造成污染的预防措施。

6）沉管隧道施工应配备潜水员安全工作、医疗救护的设施，这些设施应按有关规定，经过安全检查。

7）隧道施工临时供水、供电应满足以下要求：

① 临时供水、供电应满足隧道等施工需要。

② 隧道两岸段及管节拼装施工宜采用固定的临时供电方式，但必须在现场配备足够供电能力的备用发电设备系统。沉管段施工宜采用移动的临时供电方式，即由船舶电源供电。

③ 临时供电系统所选用的变压器、开关柜、电缆、电线、照明灯具等均应符合电器设备的有关安全规定。

④ 如果离岸距离远，宜采用运输船供水及配备独立发电。

⑤ 临时供水系统一般包括生产、生活和消防，应符合相关的使用标准，同时应相应配备现场生产排水系统和生活排水系统。排水必须经过处理，达标后才准许排放。

（3）施工组织准备。编制实施性施工组织设计，在全面调查研究基础上，按照合同要求的工期，有计划的合理组织和安排好工期、施工方案、施工方法、施工顺序，并提出劳动力、材料、机具设备等生产资源的合理配置。

实施性施工组织设计应包括以下内容。

1）工程概况：包括地理位置、地理特征、气候气象、工程地质、水文地质、工程设计概况、工期要求、质量要求、主要工程数量、合同造价构成等；

2）工程特点、施工条件、施工方案；

3）管节预制场地布置、场地内管线及风、水、电供应方法；

4）详细的管节预制方案，包括管节制作、除锈防腐处理、管节拼接、管节加强板制作、管节焊缝探伤实验、管节水密性实验等；

5）隧道两岸上段、施工场地布置、场地内管线及风、水、电供应方法；

6）安全、质量控制目标；

7）施工进度安排、施工形象进度；

8）沉管段基槽开挖方法、水下爆破设计、清渣运输、基础整平等；

9）管节浮运和沉放方案、气象和水文预报、监控量测、施工测量、管节内通风和排水、潜水员作业、工程试验等；

10）沉管段基础处理方案、沉降检测和处理等；

11）机械和船舶配备、劳动力配备、主要材料供应计划、当地材料供给等；

12）施工过程中对环境的直接影响和潜在的影响，对各种影响因素采取的环境保护措施；

13）隧道施工地区发生自然灾害、地质灾害、施工中发生紧急情况时的应急预案。

2. 测量放线

（1）平面控制系统。基槽开挖水下挖泥采用 DGPS 定位，投入使用的挖泥船舶均配置该系统。挖泥船配备的 DGPS 定位系统与设置在岸上的 DGPS 差分参考台配套使用。

（2）高程控制系统。基槽开挖深度基准面通常采用所在地的城建高程系统。通过现场观测潮位变化数据后，设立满足施工要求的临时验潮站，为挖泥船和测量提供实时潮位。

（3）定位与深度控制。

1）平面控制。采用 DGPS 进行导航定位。挖泥船安装 DGPS 定位仪，并与安装“工程电子图形控制系统”软件的计算机联合使用。挖泥船上的 DGPS 在接收卫星信号的同时，也接收安装在陆地平面控制点上的 DGPS 基准点的差分信号，从而测得准确的挖泥位置坐标，并通过计算机以图形的形式实时显示出挖泥船在设计疏浚区的相对位置。同时，还可在计算机的屏幕上显示挖泥区不同设计高程的泥面。

2）深度控制。

① 通过挖泥船的挖深显示仪，可实时观测相对挖泥深度。潮位变化通过人工验潮观测后报送到挖泥船上，挖泥船据此调整下斗深度。

② 根据各施工段的浚深和边坡要求及施工环境，确定各分条浚深设计高程。

③ 在各施工段施工范围内，先进行首层开挖。在首层开挖完成后，按次层设计高程，控制次层的开挖。

④ 在开挖过程中，抓机手、大副、施工现场管理人员，充分利用各种检测手段，严格控制浚深设计高程，如控制缆绳长度等。

⑤ 每相邻 2 个施工段之间的衔接部分在开挖时要密切注意各段的设计挖深，防止漏挖和错挖。在开挖过程中严格控制前移距离。

⑥ 在前移之前检测实挖部分水深，当深度达到设计要求，方可前移。

⑦ 在开挖最后一层时，必须严格控制下斗深度。

（4）测量要求。

1）图比例。航道通常采用的比例为 1:1000。

2）技术要求。满足工程施工图纸和 JTJ 131—2012《水运工程测量规范》的要求。

3）施工前，对施工基线的测量控制点、水准点进行交接复核，依次测设施工基线和施工水准点。施工基线、施工水准点和定位标点的设置及测量误差应满足相关技术规范的要求。

4）工程开工前，对施工区域进行水深测量，以后每周进行 1 次进度测量，用于指导施工。

3. 钢管管节制作、防腐

（1）管节制作。

管节制作要求：钢管一般在专业钢制管厂制作完成后运至施工现场，再在现场进行焊接、拼装连接。

在河道岸堤处修整一块钢管制作场地，用于钢管下水前的制作、防腐与拼接作业。

钢管通常包含刚性加强环、钢支座、钢制集水坑等附件。

钢管拼接完成后，先进行气密性试验，合格后方可进行外壁防腐。

（2）钢管卷管制作。

1）材料采购进场：① 钢板按设计要求确定品种定尺并向钢厂订货；② 保证材料质量，进货要进行验收，并做好记录；③ 采购的材料具有质量保证书；④ 做好材料的发放和使用台账，具有可追溯性，做到专料专用。

2）放样：① 放样前对部件结构要充分认识，对部件的尺寸做到心中有数；② 放样时要考虑切割裕量和焊接收缩的裕量；③ 放样时所使用的量具必须按规定经过计量核准方可使用；④ 放样结束后，必须经技术人员检查验收合格后方可下料。

3）下料：① 下料采用多头切割机加工；② 钢板的坡口制备采用半自动切割机加工；③ 下料在下料架上进行，并用角向砂轮打磨；④ 管件经下料及坡口加工后按下列要求进行检查，合格后方可进行下一道工序：

a. 坡口处母材无裂纹、重皮、坡口损伤及毛刺等缺陷；

b. 坡口加工尺寸应符合工艺评定的技术要求。

4）卷制、校圆、组装：① 钢板在卷制机上卷制成圆形，卷制时使用吊车配合；② 卷制后，在卷板机上进行电焊点固焊，并完成打底焊层后在卷板机上进行校圆，确保管子圆度；③ 卷制好的钢管吊至焊接场地，采用埋弧自动焊焊接直缝；④ 直缝焊接并验收完毕后，进行环向加固及部分内部加固，各短节钢管进行组合对口；⑤ 组合对口时管口均匀对接，不要造成单面错口，留有 0～1mm 对口间隙；⑥ 钢管组合成后，做停工检查，经尺寸外观检验合格后进行环缝焊接；⑦ 成形拼装及轴向加固，确保外观尺寸及直线度，检验合格后进行焊接。

5）焊接。

a. 焊接工艺的确定：根据不同的焊接方法，制订不同的包括以下内容的焊接工艺流程。

（a）管材标准、等级和设计要求；

（b）管径和壁厚；

（c）坡口设计和加工；

（d）焊接方式方法；

（e）焊条、焊丝、焊剂等的生产厂家、商品名称及牌号；

（f）焊条、焊丝直径；

（g）焊接位置；

（h）焊接方向；

（i）焊道数。

b. 纵缝、环缝全部采用埋弧自动焊。

c. 坡口型式、对口间隙、钝边宽度与角度的选用。

d. 焊接人员具有相应的焊接资格。

e. 焊接前将坡口及每侧 20mm 位置的铁锈和割口表面的氧化物、熔渣飞溅及油漆垢锈等清理干净，直至发出金属光泽。

f. 焊接程序：直缝先焊外壁，后焊内壁；环缝先焊外圈，再焊内圈。直缝、环缝都采用埋弧自动焊。

g. 所有焊缝应进行外观检查，合格后按要求做焊缝检验和无损探伤检验。

h. 焊缝检测处存在超标缺陷必须及时进行返修处理，返修时可采用碳弧气刨或砂轮打磨方法清除缺陷，经检验人员确认后补焊，修补长度不得小于 50mm。补焊方法可视缺陷情况，采用手工电弧焊或半自动焊。

i. 表面缺陷经打磨后焊缝不低于母材，可不进行补焊。

钢板卷管示意如图 8–56 所示。

图 8–56 钢板卷管示意图

（3）管道除锈、防腐。

1）管段分节。卷管完成后按单节运输管长进行拼焊作业。拼焊完成后进行除锈、内外防腐作业，其中钢管两端各预留 200mm 不做防腐。

2）喷砂除锈。在钢管拼焊完成后即进行喷砂除锈，喷砂除锈要点：

① 金属表面处理前应将其表面的焊渣、毛刺、焊接飞溅物及油污、石蜡等污染物清除干净。

② 金属表面的除锈等级，应符合 GB/T 8923《涂覆涂料前钢材表面处理　表面清洁度的目视评定》，除锈等级应达到 Sa 2.5 级。

③ 当使用喷砂除锈时，喷嘴入口处空气压力不宜小于 0.5MPa，喷嘴与金属表面距离一般在 80～200mm，喷射角一般为 30°～75°，金属表面有点蚀的区域应使喷射角接近 90°。喷砂后的金属表面必须进行清扫。可用干燥的压缩空气将金属表面吹扫干净。喷砂后不得使用布或棉纱进行金属表面的清扫；当表面温度低于露点温度 3℃或相对湿度大于 70%时，不宜进行喷砂除锈。

④ 除锈后的金属表面应尽快进行防腐施工，其间隔时间不宜超过 8h。

3）钢管内防腐。钢管内防腐待沉管下沉结束、电缆支架焊接完成后进行。防腐材料的选择、涂料厚度严格按设计及规范要求进行。

4）钢管外防腐。单节钢管制作完成后，进行管道外壁防腐，严格按设计图纸及规范对防腐材料的选择、涂料刷涂次数及厚度进行管控，防腐制作完成后，进行测厚与电火花试验。

每节预制钢管两侧 200mm 不进行防腐作业，待现场最终拼接完成后进行。

钢管防腐后管材示意如图 8–57 所示。

图 8–57 钢管防腐后管材示意图

4. 钢管管节拼装

（1）管道拼装时，严格按照技术规范要求进行坡口加工，双面剖口，接口组对 2 条管子接头的纵向焊接必须错开。

（2）对接前应将焊接的坡面及管壁 200mm 范围内的铁锈、泥土、油脂等污垢清除干净。

（3）在焊缝上，填缝金属组织应成颗粒状，外表呈整齐鱼鳞状，不得有裂纹、气孔、夹渣等缺陷。

（4）管节端部外壁焊 3 层，在焊下一层前，必须清除上一层的焊渣和碎屑。

（5）管道对接焊缝处采用钢制包箍加强焊接，抱箍所覆盖的焊缝必须铲平，焊缝与外壁一样平整，焊接时必须错开对称焊接，以免管道变形，包箍位置按设计规定设起吊环，以备吊管下沉使用。

（6）根据设计及规范要求对管道焊接质量进行检查：对于角焊，要求进行外观检测，对于对接焊缝，要求对不小于 20%的焊缝进行无损探伤检查，并按要求提供检查报告。

（7）管节焊接、拼装与防腐完成后，在钢管两端各设密封板。在封板上设进水管、排水管和阀门。完成后进行气压气密性试验。

钢管拼接示意如图 8–58 所示。

图 8–58　钢管拼接示意图

5. 管槽开挖

（1）沟槽开挖。

1）采用 DGPS 定位系统进行测量定位，按本章测量放线的要求进行。

2）对沉管两岸护坡进行降坡处理，清挖岸坡上的树木、杂草等障碍物。

3）翻挖管位两侧岸坡基槽土方，并及时清理外运。

4）挖泥船可按照水力式和机械式进行分类，其中水力式可分为绞吸式挖泥船和耙吸式挖泥船；机械式挖泥船可分为链斗式挖泥船、抓斗式挖泥船和铲斗式挖泥船。

河道内施工常用的为抓斗式挖泥船和铲斗式挖泥船。

（2）根据设计提供的现场管槽断面标高，确定水位、水深及水下开挖深度，管槽采用挖泥船及运泥驳船进行开挖，开挖的渣土全部用船运至弃土场附近码头后装车，运至专用渣土场。

（3）管槽整平：管槽开挖验槽合格后，即可进行管槽整平，对超深部位，先用漏斗或串筒抛卸砂卵石填平，凸出部分由潜水员在水下用高压水枪扫平或继续利用反铲抓除，槽底标高高差均控制在±10cm 以内。

沟槽开挖示意如图 8–59 所示。

(a)

(b)

(c)

图 8–59　沟槽开挖示意图

（a）示意图 1；（b）示意图 2；（c）示意图 3

6. 管节运输及就位

（1）管道浮运。

1）制作完成的沉管管节通常采用干坞与吊运的方式运至水面上。前者一般适用于质量较重、体积较大的管节，后者一般适用于质量较轻、体积较小的管节。而电力沉管管节质量与体积一般介于两者之间，考虑到干坞建设成本较大，吊运风险性较高，可采用创新型整体式平移溜入水方式，进行浮运：在管节下方制作滑轮组，滑轮组下方设置钢板基础，采用所有滑轮组同幅度平移的方式靠近水岸，外部采用挖掘机对称布置在管节位置，用于“推”与“拉”，在临近钢管下水位置设置钢板，用于下溜入水的缓冲作用。

2）管道浮运采用一艘牵引船在前、一艘牵引船在后，将钢管浮运至指定地点。钢管浮运示意如图 8–60 所示。

(a)

(b)

图 8–60　钢管浮运示意图

（a）示意图 1；（b）示意图 2

（2）沉管工艺相关参数确定。管道充水安装应合理布置吊点，根据吊点受力情况布置具有相应起吊能力的船只，以使管道实现平稳、均衡下沉。

1）吊点布置、吊点起吊能力。经过对管道翻转和下沉过程的受力分析，确定设置吊点 2 个。各吊点位置及起吊力如图 8–61 起吊船舶布置图所示。

2）翻转：利用汽车吊机在两端吊点位置处，结合船上卷扬机作用，由现场指挥分别下达各吊点起吊或松缆具体尺寸指令，各吊点应协调作业，将水平置于水面上的沉管吊起，实现翻转。

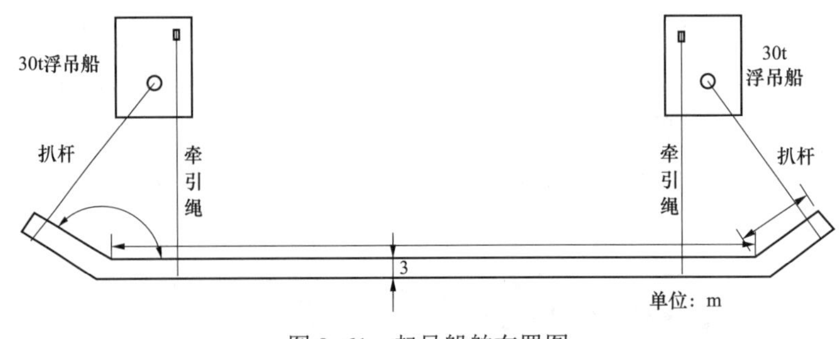

图 8–61　起吊船舶布置图

（3）沉管施工。

1）管道浮运就位：管道在岸上经过各项指标检验合格后拖溜入水面，将管道浮运到管槽轴线水面上，通过定位船把管道置于预定的位置上，然后按预先设计确定布置吊点位置，把起吊船只准确定位，船上用卷扬机、滑轮组、钢丝绳与管道吊环牢固连接。

2）翻转后管道注水下沉。管道浮运至预定水面定位完毕。各项工作准备就绪，由专职指挥员下达注水沉管指令，打开管道两端注水闸阀和排气阀，用 1 台抽水量潜水泵从一端注水，在潜水泵出水管安装水表，以方便注水计量。在注水过程中经常检查各吊点有无异常情况，各吊点应协调作业，在注水过程中视具体情况，可以以 10～15t 为一个充水阶段。每完成一个充水阶段，由专职指挥员分别下达各吊点起吊或松缆具体尺寸指令，在此过程中各吊点管顶标高应根据不同时段的计算结果进行调整，力求使已下沉的各吊点的重力与设计各吊点吊力基本相等，以保证各吊点的吊环、吊缆不受破坏。此时接近充满水的管道轴线与基槽线相一致，若不一致要进行必要的调整，然后才能充水继续下沉，直到整条管道全部按设计管槽轴线下沉就位为止。

图 8–62　钢管注水下沉示意图

钢管注水下沉示意如图 8–62 所示。

7. 管节固定

管道下沉入槽就位后，由潜水员在水下检查调平，先设置钢筋混凝土压块，再按要求在管顶浇筑水下混凝土，覆盖层厚度不小于 1.0m。浇筑时通过驳船及导管，将混凝土导到基槽底部，逐段、逐层进行浇筑。由于水下混凝土相对密度较大、流动性较好。因此，在浇筑水下混凝土前，应采用必要的抗浮措施，防止钢沉管在水下混凝土凝固前上浮，以保障结构安全。

（1）沉管压块设置。当沉管下沉到位后，为保证钢沉管在水流中的稳定性，且为保证钢管在浇筑水下混凝土时不跑偏，采用在钢沉管上布置钢筋混凝土压块的方式先对钢沉管进行对称稳压控制。浮吊船设置压块时要对称，且在潜水员指挥下进行，要利用管子吊点做的浮标准确吊放，最后由潜水员在水下进行管位对接验收。

（2）水下混凝土浇筑施工要点。

1）导管布置。混凝土由导管从岸边抽至浇筑点，且在每根导管（约 2m）设置 2 个空油桶，用于将导管浮在水面上，应根据设计路径要求进行排列，每隔 5m 设置 1 个浇筑点，每根导管的平面位置布设在浇筑范围的中心，浇筑时导管的有效扩散半径为 3m，流动坡度不陡于 1:5，与下一根导管的扩散半径相互搭接，并能盖满管底全部位置。

2）导管埋入深度。为防止导管外的水进入导管，并获得比较平缓的混凝土表面坡度，导管下端应插入混凝土内一定深度，其深度为：

$$t=r/3 \tag{8-11}$$

式中 t ——导管插入混凝土深度，m；

r ——混凝土扩散半径，m。

则 $t=r/3=3/3=1$m，即导管应插入混凝土 1m。

3）对混凝土的要求。对混凝土的要求包括供应量、混凝土坍落度、混凝土和易性和混凝土材料 4 方面。

a. 供应量：水下混凝土最小浇筑速度（每根导管在 1h 内使水下混凝土平均升高量）不宜小于 0.25m/h。

b. 混凝土坍落度：为了达到要求的混凝土扩散半径，故水下混凝土的坍落度较大，一般为 18～22cm。在开始浇筑时为了保证导管底部立即被混凝土包围埋住，故坍落度可控制在 16～18cm。

c. 混凝土和易性：水下混凝土应保持良好的和易性，砂率 45%～50%，水泥用量 380～450kg/m^3。

d. 混凝土材料：水泥标号不低于 32.5 级，初凝时间不小于 3h，选用中粗砂；石子粒径为 5～40mm 时需加水下混凝土不分散剂。

4）水下混凝土浇筑。水下混凝土浇筑包括准备工作、清底、浇筑方法、储料、开始浇筑、提升导管、浇筑工作结果、水下测量 8 个步骤。

a. 准备工作：导管法浇筑时，将导管装置固定在浇筑部位。顶部有储料漏斗，并用起重船吊住，使其可自由升降。

b. 清底：由潜水员按设计要求整理基坑底，用水力机械清除浮泥，经检查合格后方可进行水下混凝土封底。

c. 浇筑方法：浇筑水下混凝土示意如图 8–63 所示，其操作方法和步骤如下：

d. 储料：在开始浇筑前，每根导管及漏斗内均应储备足够的混凝土，一般应不少于 1～1.5m^3。当砍断绳索或粗铁丝开始浇筑时，使导管下端的混凝土能尽快地堆高，并包裹住导管口。当漏斗储量较小时，可将球塞下放一段距离，然后再将漏斗内储满混凝土，以增加储量。

e. 开始浇筑：开始浇筑时导管底部要接近地基面。当上述工序完成后，应在吊斗或泵车内储备一部分混凝土，在统一指挥下剪断绳索或钢丝时，混凝土即随球塞从管口排出。开始浇筑时必须十分注意，当球塞顺利通过导管，并确认已排出管外时，可将导管下降 100～200mm，同时，迅速地向漏斗内补充混凝土，使导管下的混凝土堆尽快扩散和升高，可靠地埋住导管口。

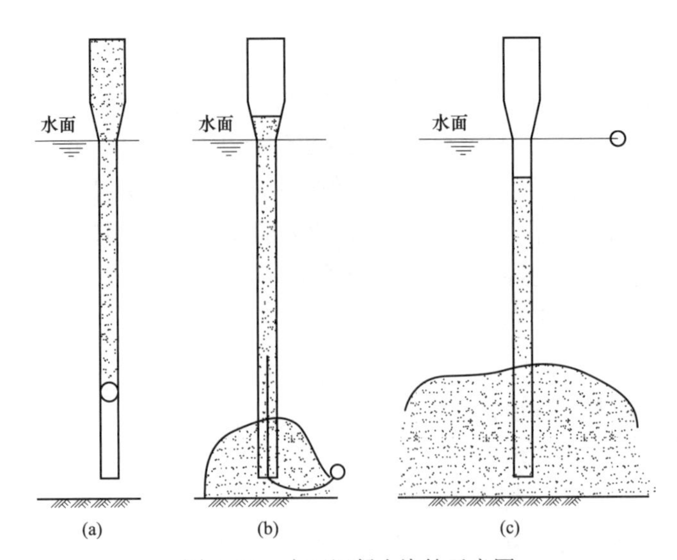

图 8–63　水下混凝土浇筑示意图

（a）示意图 1；（b）示意图 2；（c）示意图 3

f. 提升导管：导管埋入混凝土深度以 1000mm 为宜。过小会导致管内进水的严重事故；过大会导致提升困难，甚至有拔不出或将导管拔断的危险。因此，在浇筑过程中应根据理论计算与现场实际测量数据逐步提升导管，应切忌将管底提出混凝土外。

g. 浇筑工作结束：在浇筑工作快要结束时，为了获得较平坦的混凝土表面，可采用流动性大的混凝土，但不应改变水灰比，并适当增加导管埋在混凝土内的深度。当根据水下测量资料，混凝土表面已达到设计标高时，即可将导管从混凝土内拔出，但要预留必须铲除的 100～200mm 厚的混凝土表面松软层，并且要检查导管到沉井四角的混凝土表面坡度，以及在混凝土的扩散范围内是否有死角。

h. 水下测量：在混凝土浇筑过程中，应经常不断地使用测绳测量水下混凝土面的上升情况，导管下口埋入混凝土内的深度以及混凝土的扩散半径。

（3）河床恢复。在水下混凝土浇筑结束一段时间后，由挖泥船将沟槽开挖时临时弃置的泥土用泥驳装运，来回填管道沟槽，恢复河床。抛填位置由定位工程船确定。抛填时应勤测河床的标高，抛填完成后进行河床的实测验收。

8. 岸上最终接头处理

（1）围堰施工。围堰施工方式是最早、最原始的最终接头处理方式，主要用于最后沉放管节与岸上结构物间，也可用于水深较浅的两管节间。它是先将要处理的接头结构周围用钢板等做成的围堰围起来，再用泵抽干里面的水，然后在无水的条件下进行接头结构施工的方法。这种方法的优点是能保证接头的施工质量，接头结构施工无水中作业；缺点是围堰的支护、止水作业水下工程量大。

（2）沉管两侧闷板去除与岸坡段连接。采用拉森钢板桩的方式将沉管两侧端头进行围堰处理，围堰完成后，用水泵将水抽干，采用气割方式将沉管两头闷板割除，同时按对接钢管设置剖口，待气割完成后用打磨机对剖口进行打磨，再逐节进行焊接、防腐作业。

（3）岸上段的护岸形式。岸上段的护岸可分为施工需要的临时护岸与永久护岸 2 种形式。

在采用明挖法进行岸上暗埋段施工时，通常需要将永久护岸拆除。为了不使河（海）水倒灌，一般需要做一段临时护岸，待暗埋段施工完成后，按规划或防洪要求恢复永久护岸，有时也可将临时护岸与永久护岸合二为一。

为了使沉放的管节能与岸上的暗埋段顺利对接，需要将暗埋段延伸出岸线外一定长度。此时，可在原岸线外构筑临时围堰与岸上暗埋段基槽的两侧挡土结构及两侧永久护岸组成临时护岸。当岸上暗埋段施工完成后，在其上构筑护岸与两侧永久护岸连接，然后拆除岸线外的临时围堰，即可进行管节沉放对接作业。

（五）人员组织

施工人员配置应根据工程量和作业条件合理安排。主要现场人员职责划分见表 8–13。

表 8–13　　主要现场人员职责划分表

序号	岗位	数量	职 责 划 分
1	项目经理	1	全面负责整个项目的实施
2	项目总工	1	全面负责技术、质量管理等
3	技术员	2	负责沉管施工方案策划，负责技术交底，负责施工期间各种技术问题的处理
4	测量员	2	负责施工期间的测量与放样
5	质检员	2	负责施工期间的质量检查及验收，包括各种质量记录
6	安全员	2	负责施工期间的安全管理
7	队长	2	负责施工期间各种资源的调配与安排
8	施工员	2	负责施工期间的施工管理
9	材料人员	若干	负责各种物资、机械设备及工器具的准备
10	水电工	若干	负责施工现场水电接设及检查
11	机械操作工	若干	负责施工期间施工机械的操作、维护、保养管理
12	焊工	若干	负责预制管焊接安装
13	普通用工	若干	负责隧道其他工作

（六）机械设备及材料

主要测量仪器配备和拟投入的主要施工机械设备分析见表 8–14 和表 8–15。

表 8–14　　主要测量仪器配备表

序号	名 称	型号	精 度
1	全站仪	若干	测回水平方向标准差 211
2	RTK 定位仪	若干	测回水平方向标准差 211
3	水准仪	若干	标准差+5mm
4	钢卷尺	若干	标准差+5mm

表 8–15 拟投入的主要施工机械设备表

序号	机械或设备名称	用于施工部位
1	挖掘机	沉管
2	载重汽车	沉管
3	挖泥船	沉管
4	牵引船	沉管
5	浮吊船	沉管
6	吊车	沉管
7	交流电焊机	沉管
8	发电机（备用）	沉管
9	潜水泵	沉管

（七）质量控制

1. 钢管制作结果的检查验收和达到的标准要求

按 DL/T 5210.5—2009《电力建设施工质量　验收及评价规程　第 5 部分：管道及系统》、DL/T 5210.7—2010《电力建设施工质量　验收及评价规程　第 7 部分：焊接》进行。

（1）管道制作。钢管制作参照 GB 50205—2015《钢结构工程施工质量验收规范》进行。

（2）焊接。

1）上岗焊工必须取得相应项目（手工焊、埋弧焊）资格证书，并在有效期内。

2）焊条、焊剂使用前应按其说明书要求进行烘焙，重复烘焙不得超过 2 次，焊条、焊丝和焊剂应存放在干燥，通风良好，温度高于 50°，且相对空气湿度小于 60%的库房内。

3）制作过程应严格按照工艺评定的参数进行，特别是焊接电流的大小和焊接速度应控制在焊接参数的范围内。

4）由于采用 K 形对接坡口，单面焊接后，应做好背部清理工作，保证另一侧的焊缝质量。

5）焊接应无夹渣，未焊透，无咬边等现象，表面成型良好。

6）所有焊缝电焊工作进行 100%的外观自检，专职焊接质检人员进行 100%复检，表面质量合格后由质量员书面委托金属检验部门进行无损探伤的检查。

2. 钢管卷制质量控制措施

（1）钢板焊接材料必须合格，下料保证对角线，卷制保证圆度，对口保证直线度，并且做好焊接工艺评定，按要求施工。

（2）焊条使用前应检查外观质量状况，并严格按使用说明的规定烘干，焊剂必须按规定烘干，焊丝必须去除油污、锈斑等。

（3）气割坡口，清除熔渣毛刺，并磨光，保证坡口表面光洁平整。

（4）点圆焊缝是正式焊缝的一部分，如发现裂缝及其他不允许的缺陷时，铲除并易位重焊。

（5）在钢板材料进场后进行焊接工艺试验，检查焊接方法见本节工艺流程部分。

（八）安全控制

1. 管节浮运的报批和公告

管节浮运组织复杂，运输里程较远，运输船舶较多，需要占用的航道比较宽，占用的时间也比较长，而占用的航道基本上是国际、国内运输的主航道，因此，管节浮运必须得到航道、海事、港监及海运企业对过往船舶的协助和支持。

承担管节浮运的承包商除要求编制详细的管节浮运实施方案外，还需要报请有关部门审批。

（1）海事部门。承包商需要在管节浮运作业施工开始前 1 个月将浮运路线、浮运起止时间等有关信息以文字图表的形式报送当地海事部门。海事部门根据施工计划要求，制订航线疏导方案或避让措施，并以无线电、媒体等形式进行公告，提前通知过往船舶。

在管节浮运过程中，海事部门也需要现场监督指挥，落实疏导方案或避让措施，保证管节浮运作业和航运的顺利进行，尽量减少相互干扰和影响。

（2）航道管理部门。承包商需要在管节浮运作业施工开始前 1 个月将浮运路线、浮运起止时间等有关信息以文字图表形式报送航道管理部门，航道管理部门根据施工占用的水域，另行开辟临时航道或指定临时系泊锚地，并设置符合要求的航行标志和信号，对于临时设置的灯光信号或无线电信号，需要派人 24h 值守。

对于临时设置的航道和临时锚地使用时间和注意事项等有关信息，航道管理部门应以无线电、媒体等形式公告。

（3）港监部门。管节浮运、沉放和基础处理期间需要从各地调集大量专门施工船舶，这些船舶会对港口的泊位、维修保养、油料供应、后勤供养等造成新的压力，因此，承包商需要提前通知港务监督部门，就施工船舶涉及港务部门的有关问题做出妥善安排，保证正常施工的需要。

2. 沉管施工过程中施工安全注意事项

（1）开工前了解航道情况、通航要求，细化施工方案。施工单位需提前到海事管理机构办理相关手续，施工现场严格按要求做好防护措施，并组织防护艇在上、下游疏导交通，禁止外来船舶进入。

（2）同海事管理机构协商，划出专门的施工水域，布设航标，引导船舶安全通行。合理安排施工作业程序，防止施工用的船舶、机械侵占航道。

（3）积极配合海事管理机构等部门的例行检查和指导。水上作业的浮吊、船舶应做好相关的安全保障措施，使施工船舶保持良好的操作使用性能，符合海事管理机构的相关规定。

（4）施工船舶、设施正确显示表示其工作性质和状态的信号，并在批准的水域内施工。所有参与施工作业的船舶必须船舶适航、船员适任并保持正常值班和正规瞭望，在正常航行时应严格遵守相关规定，服从海事执法人员现场监管。

（5）设立专职联系人与安全员，确保海事管理机构联系通畅，定时向海事管理机构告知施工进度和施工计划。根据施工要求如需调整作业水域，及时报海事、航道管理部门批准，按要求落实安全措施后施工作业。

（6）安排专职的安全员每天巡视，确保航道设施、水上临时设施、上下游警示标牌、警示灯正常完好。

（7）水上施工作业人员均配备安全帽、救生衣、防滑胶鞋、安全带等安全防护用品，保证施工安全和施工人员自身安全。

（8）施工作业的船舶（浮吊、挖泥船、驳船）必须拉锚固定，不得停靠于影响航道正常通行的位置，锚绳不得设置于航道范围内。

（9）遇到风力大于 6 级时，停止一切水上施工作业，所有水上设施采取有效措施保护和固定。

（10）成立 24h 值班小组，发现问题及时解决汇报。

二、管理控制要点

（一）关键施工步骤管控

严格控制各个关键工序，保证各个环节之间的衔接与配合度。

1. 管槽控制

管槽开挖完成后，经用全站仪定位，超声波测探仪检测，潜水员水下检查槽底标高（控制在±10cm），验收合格后可进行管道的浮运和就位下沉。

2. 焊缝控制

根据设计及规范要求，对管道焊接质量进行检查：对于角焊，要求进行外观检测，对于对接焊缝，要求对不小于 20%的焊缝进行无损探伤检查，并按要求提供检查报告。在检查合格之后才能进行防腐处理。

3. 防腐控制

首先进行除锈验收，要求除锈后的管道表面光洁干净，完成防腐层后，用测厚仪测量其厚度。

4. 试压控制

管道的压力试验分 2 个阶段进行。管道整体拼装后，在浮运之前进行水上气压试验；在管道下沉就位后，覆盖砂石之前进行水压试验。两次实验的参数需满足相关规范及设计要求。

5. 覆盖控制

管道在水下进行水压试验合格后，进行水下浇灌混凝土，覆盖厚度不小于 1.0m。回声测探仪与潜水员水下检查相结合，发现欠填或漏填的管段立即补填。覆盖验收合格后，整个工程验收完毕，之后在沉管内敷线。

（二）特殊地段施工控制

在通航水域进行沉管作业施工时，根据《江苏省航道管理条例》《江苏省内河航标管理实施细则》等规定，建设单位应设置航标。实施施工作业或者活动的船舶、设施应当按照有关规定在明显处昼夜显示规定的号灯号型。在现场作业船舶或者警戒船上配备有效的通信设备，施工作业或者活动期间指派专人警戒，并在指定的频道上守听；施工单位现场施工时应遵循以下要素：

（1）施工期间，按照海事管理机构要求，在距施工区域上游 200m、下游 50m 处设置禁停警示标志。

（2）施工单位在航道施工时，应在施工船舶上显示施工的旗号及信号，指引过往企业船舶从航道海事管理机构指定的位置通行。在船上配备齐全的夜间信号灯和甚高频设备及通信设备。

（3）安排专职的安全员每天巡视，确保航道设施、水上临时设施、上下游警示标牌、警示灯正常完好，发现有缺失或损坏的，要及时更换。除按照有关规定显示信号外，施工船舶白天悬挂黄色施工专用旗帜，夜间按照规定挂红灯并停靠在航道外。同时，在夜间该施工水域一定要设置合理有效的照明设施及警示灯等确保通航安全，同时要避免灯光太强或者灯光直射水中，影响船舶的安全通行。

（4）施工水域应设置浮标引导附近企业自用船舶及施工船舶，施工作业的船舶（浮吊、挖泥船、驳船）必须拉锚固定，不得停靠于影响航道正常通行的位置，锚绳不得设置于航道范围内。

（三）管节制作完成后溜放下水

根据国内一般沉管管节施工方式，大型管道采用建设干坞的形式实现浮运出闸；小型管道采用在河（海）岸边制作完成后吊车吊运的方式下水；在考虑中型质量的管节下水时，干坞浮运下水建设成本太大，吊车吊运管节又不能满足技术安全要求，可采用在河（海）岸边整体平移、溜放下水的方式实现。

1. 准备工作

（1）焊缝检测符合要求。

（2）气压试验检测符合要求。

（3）钢管沉管内外防腐处理检测符合要求。

（4）在靠近河道旁设置钢板缓冲带，用于沉管下水时的缓冲。

（5）在沉管下设置滑轮组，并在每个滑轮组位置设置对讲机。

（6）现场设置钢丝绳及挖掘机，用于后期拖拉。

2. 下溜入水作业

（1）现场负责人通过对讲机，统一发号示令平移滑轮组，保证滑轮组整体平移。

（2）滑轮组每平移一段距离后，对现场管位进行测量，以确定是否整体平移，并对焊缝、管节质量进行检查，保证管节的完好性。

（3）在平移至水岸边时，采用多台设备同时对沉管进行推溜下水（并设置钢丝绳拴住钢管，能及时调整位置）。

（4）在临近钢管下水位置设置钢板，用于下溜入水的缓冲作用。

钢沉管下溜水示意图、滑轮组制作示意图、钢沉管下滑轮组布置示意图分别如图 8–64～图 8–66 所示。

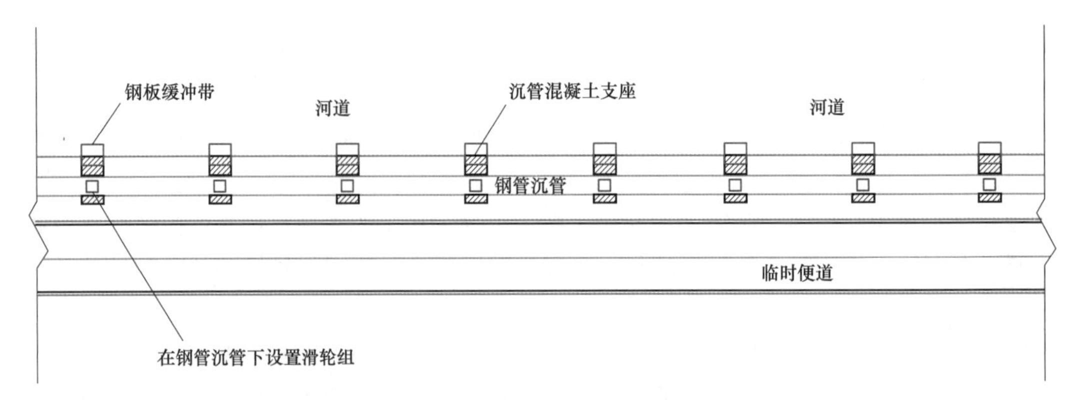

图 8–64 钢沉管下溜水示意图

图 8–65 滑轮组制作示意图

图 8–66 钢沉管下滑轮组布置示意图

三、常见问题及对策

（一）沉管位置与标高偏差

1. 问题分析

通常造成位置与标高偏差原因为：基槽开挖未按设计图纸进行；河底存在一定的流动性淤泥。

2. 预防措施

应严格按照 DGPS 定位测量要求进行，同时为保证开挖基槽准确性，可采取以下复核措施。

（1）河底土方开挖的控制。

1）在挖泥船开挖完成后，用 GPS 结合钢测杆进行密布点位标高统计，并最终形成断面尺寸图纸，符合沟槽标高。

2）用超声波水下测位仪测量水下地形情况。

3）在沉管下沉前，再次捞出淤泥（因为河堤为淤泥，随着水流动，淤泥会流入基坑，需再次清捞）。

（2）沉管位置控制。在沉管下沉前，在沉管两侧打设木桩，设置下沉位置控制点，保证管位下沉对中。

（二）沉管渗水

1. 问题分析

沉管渗水主要原因为：沉管焊接不牢固；沉管管材在浮运及下沉过程中受到损坏等。

2. 预防措施

（1）焊缝实验。根据设计要求对管道焊接质量进行检查：对于角焊，要求进行外观检测；对于对接焊缝，要求对不小于 20%的焊缝进行无损探伤检查，并按要求提供检查报告。在检查合格之后才能进行防腐处理。

（2）管道的压力试验分 2 个阶段进行。管道整体拼装后，在浮运之前进行水上气压试验；在管道下沉就位后，覆盖砂石之前进行水压试验。2 次实验的参数需满足相关规范及设计要求。

（3）在沉管浮运与制作过程中做好管材保护工作，防止船只、机械的恶意碰撞。

（三）沉管上浮

1. 问题分析

造成沉管上浮的主要原因为：水下混凝土包封强度未达到设计要求就予以抽水；抗浮验算不符合要求。

2. 预防措施

（1）验算抗浮。通过计算钢管的浮力与钢沉管自重、水下混凝土包裹的重量比例，验算抗浮是否满足要求，在不满足要求时需加大荷载重量，以保证管道能有效抗浮。

（2）在水下混凝土浇筑保养达到强度之后方能回土、抽水，保证整体性强度。

（3）在钢沉管河岸两侧设置沉降观测监测点，抽水时实时观测钢沉管的管位标高。

（四）沉管隧道沉降问题

1. 问题分析

沉管地基及基础的整体均匀沉降对沉管结构并不构成威胁，关键是控制不均匀沉降。沉管不均匀沉降值必须限制在沉管结构和接头所能承受的范围内。沉管隧道的沉降原因主要有：沉管地基变形为一个卸载、回弹、再压缩的过程；槽底原状土的扰动；基础的初始压缩；河床断面的变化等。

2. 预防措施

（1）采用压浆法处理沉管基础。

（2）对可液化地层换填处理。

（3）所有沉管管节沉放时，根据具体位置预留沉降量。

（4）全部接头采用半柔半刚接头并设置竖向剪切键，以抵抗不均匀沉降。

第六节　浅 埋 暗 挖 隧 道

一、浅埋暗挖典型施工工法

本部分主要从特点、适用范围、工艺原理、施工工艺流程、人员组织、机械设备及材料、质量控制、安全控制 8 个方面介绍浅埋暗挖典型施工工法，其施工现场如图 8–67 所示。

图 8–67　浅埋暗挖施工现场

（一）特点

浅埋暗挖法具有埋深浅，结构形式灵活多变，对地面建筑、道路和地下管线影响不大，拆迁占地少，扰民少，污染城市环境少等优点，但其施工速度慢，喷射混凝土粉尘多，劳动强度大，机械化程度不高，高水位地层结构防水比较困难。

（二）适用范围

浅埋暗挖法适用范围较广，适用于硬岩、软岩，以及各种不同深度、形状、断面的洞室。但是，若要在地下水含量高的地层中采用浅埋暗挖，必须首先解决地下水问题，否则开挖后很难做到一次支护。

（三）工艺原理

浅埋暗挖法沿用新奥法（New Austrian Tunneling Method）基本原理，初次支护按承担全部基本荷载设计，二次模筑衬砌作为安全储备；初次支护和二次衬砌共同承担特殊荷载。

（四）施工工艺流程

浅埋暗挖施工工艺流程如图 8–68 所示。

1. 施工方法确定

浅埋暗挖施工方法多种多样，适用于电力隧道的施工方法可分为以下 2 种。

（1）全断面开挖法。全断面开挖法适用于土质稳定、断面较小的隧道施工，适用于人工开挖或小型机械作业。采取自上而下一次开挖成形，沿着轮廓开挖，按施工方案一次进尺并及时进行初期支护。优点是可以减少开挖对围岩的扰动次数，有利于围岩天然承载拱的形成，工序简便；缺点是对地质条件要求严格，围岩必须有足够的自稳能力。

（2）台阶开挖法。台阶开挖法适用于土质较好的隧道施工，软弱围岩、第四纪沉积地层隧道。台阶开挖法将结构断面分成上下 2 个工作面或多个工作面，分步开挖。根据地层条件和机械配套情况，台阶法又可分为正台阶法和中隔壁台阶法 2 种，其中正台阶法能较早使支护闭合，有利于控制其结构变形及由此引起的地面沉降，具有足够的作业空间和较快的施工速度，灵活多变，适用性强。

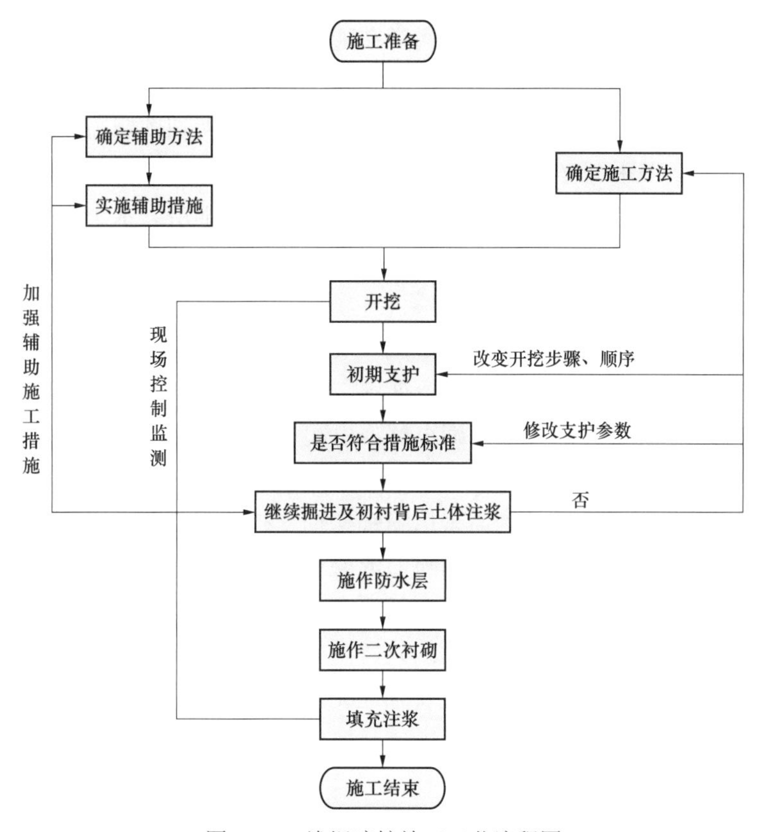

图 8–68　浅埋暗挖施工工艺流程图

2. 辅助施工措施确定

辅助施工措施的选择直接影响工程施工速度和造价，在安全条件得到保证的前提下，应优先选择简单易行的方法。浅埋暗挖法的辅助施工措施较多，常用的有以下 6 种。

（1）注浆法。注浆法是浅埋暗挖施工中使用最多的一种辅助工法。浆液在土体中固结，在注浆压力作用下扩散并挤密土体，起到加固地层、止水的作用，通常配合小导管、大管棚使用。注浆方式有小导管注浆、大管棚注浆、TSS 管注浆、帷幕注浆、全断面注浆等，注浆材料有普通水泥、超细水泥、水泥水玻璃、改性水玻璃、化学浆液等。

（2）降水法。采用降低地下水位的方法，为浅埋暗挖提供干燥的施工作业条件，尤其在北京、上海、深圳等地，地上下水位较高，必须采取降水措施，才能实现暗挖施工。降水法主要有井点降水、管井降水、电渗降水等，也有采用洞内轻微井点降水。建议在纱卵石地层施工时，采用直接降水法；砂土地层施工时，采用注浆降水法。

（3）超前小导管法。超前小导管支护是软弱地层浅埋暗挖施工时，优先采用的一种地层预加固方法。通过超前小导管注浆，使地层得到固结改良，保证土方开挖时开挖面稳定，阻止过大沉降发生。浅埋暗挖法超前小导管长度为 3～5m，直径为 30～50mm，环向间距为 20～30mm，延开挖轮廓线 120° 范围内向掌子面前方土层，以一定外插角打入带孔小导管，并注浆液。

（4）长管棚法。该法用于暗挖隧道的超前加固，布置在隧道的拱部周边。管棚一般都要进行注浆，以获得更好的地层加固效果。通常在隧道洞口段施工或穿越铁路、地下和地面结构物、重要文物保护区、河底、海底及通过破碎带等特殊场合，建议采用小导管注浆法。

（5）水平旋喷法。该法主要用于地层加固，如局部地层特别软弱需加固，或有建（构）筑物需要特殊保护时。在粉细砂层地层，低压渗透注浆难以形成连续致密的注浆体，不能有效地起到超前支护和防沉作用。为此采用水平旋喷方式加固地层。水平旋喷具有刚度大、止水防沉、有效减少土体位移等特点。在地表建筑物和管线密集地层施工中应用该法比其他方法经济。

（6）注浆冻结法。由于冷冻法易引起融沉，冷冻质量不易控制，故不适用于地下水流速过大的地层。在南方地区，建议采用注浆冷冻法。通过注浆，在地层中形成骨架，降低水流速度，再冷冻地层，可保证冷冻效果，减小解冻引起的地表沉降。

3. 初期支护

（1）浅埋暗挖法施工时地下结构需采用喷锚初期支护，主要包括钢筋网喷射混凝土、锚杆—钢筋网喷射混凝土、钢拱架—钢筋网喷射混凝土等支护结构形式，可根据围岩的稳定状况，采用上述一种或多种结构组合。

（2）在浅埋软岩地段、自稳性差的软弱破碎围岩、断层破碎带、砂土层等不良地质条件下施工时，若围岩自稳时间短、不能保证安全地完成初次支护，为确保施工安全，加快施工进度，应采用各种辅助技术进行加固处理，使开挖作业面围岩保持稳定。

4. 土体注浆

（1）初衬背后注浆。初衬背后注浆位置距离开挖面未封闭位置距离宜为3～6m。当地层软弱或隧道上方有重要建筑物时，应适当缩短距离，但注浆前应喷射50～100mm混凝土封闭开挖面以避免漏浆。背后填充注浆的施工顺序应符合下列要求：

1）沿隧道轴线由低到高，由下而上，从少水到多水处。

2）在多水地段应先两头后中间。

3）对竖井应由上向下分段注浆，在本段内应从下往上注浆。

（2）注浆材料。

1）应具备良好的可注性，固结体应具有一定强度、抗渗、稳定、耐久和收缩率小等特点，浆液须无毒。注浆材料可采用改性水玻璃浆、普通水泥单液浆、水泥—水玻璃双液浆、超细水泥等注浆材料。一般情况下改性水玻璃浆适用于砂类土，水泥浆和水泥砂浆适用于卵石地层。

2）水泥浆或水泥砂浆主要成分为P·O42.5级及以上的硅酸盐水泥、水泥砂浆；水玻璃浓度应为40～45°Bé，外加剂应视不同地层和注浆工艺进行选择。

3）注浆材料的选用和配合比的确定应根据工程条件和试验确定。

（3）注浆工艺。

1）注浆工艺应简单、方便、安全，应根据土质条件选择注浆工艺。

2）在砂卵石地层中宜采用渗入注浆法；在砂层中宜采用挤压、渗透注浆法；在黏土层中宜采用劈裂或电动硅化注浆法；在游泥质软土层中宜采用高压喷射注浆法。

5. 防水与二衬砌结构施工

浅埋暗挖法施工隧道通常采用复合式衬砌设计，衬砌结构是由初期（一次）支护、防水层和二次衬砌组成的。要求工程完工后做到不渗漏水，以保证隧道结构使用功能和运行安全。

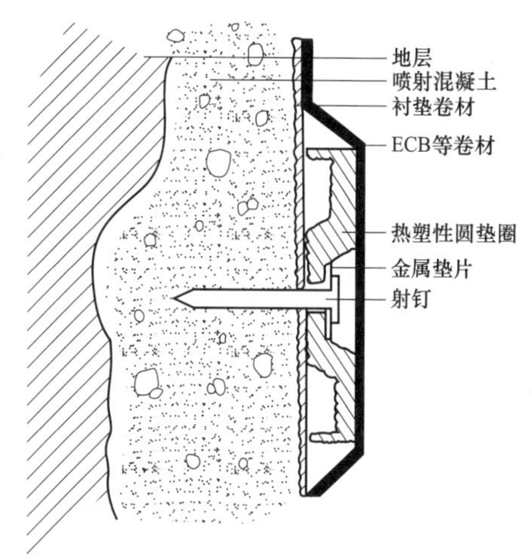

图 8–69　地下工程防水构造图

地下工程防水的设计和施工应“防、排、截、堵”相结合，根据工程地质、水文地质、地震烈度、结构特点、施工方法和使用要求等要素，并遵循“以防为主，刚柔结合，多道防线，因地制宜，综合治理”的原则，采取与其相适应的防水措施。地下工程防水构造图如图 8–69 所示。

（1）复合式衬砌防水层施工应优先选用射钉铺设，结构组成如图 8–69 所示。

（2）防水层施工时喷射混凝土表面应平顺，不得留有锚杆头或钢筋断头，表面漏水应及时引排，防水层接头应擦净。防水层可在拱部和边墙按环状铺设，开挖和衬砌作业不得损坏防水层，铺设防水层地段距开挖面不应小于爆破安全距离，防水层纵横向铺设长度应根据开挖方法和设计断面确定。

（3）衬砌施工缝和沉降缝的止水带不得有割伤、破裂，固定应牢固，防止偏移，提高止水带部位混凝土浇筑的质量。

（4）二衬混凝土施工：

1）二衬采用补偿收缩混凝土，具有良好的抗裂性能，主体结构防水混凝土在工程结构中不但起防水作用，还和钢筋一起承担结构受力。

2）立衬混凝土浇筑应采用组合钢模板体系和模板台车 2 种模板体系。对模板及支撑结构进行验算，以保证其具有足够的强度、刚度和稳定性，防止发生变形和下沉。模板接缝要拼贴平密，避免漏浆。

3）混凝土浇筑采用泵送模筑，两侧边墙采用插入式振动器振捣，底部采用附着式振动器振捣。混凝土浇筑应连续进行，两侧对称，水平浇筑，不得出现水平和倾斜接缝。若混凝土浇筑因故中断，则必须采取措施对 2 次浇筑混凝土界面进行处理，以满足防水要求。

6. 监控量测、信息反馈

盾构隧道监控量测应符合 GB 50026—2016《工程测量规范》、GB 50911—2013《城市轨道交通工程监测技术规范》的要求。

采用雷达探测等手段对隧道施工影响范围内的地表，尤其是重要建筑物周围或下方进行探测，找出地层中的空洞和松散区域，采取注浆加固。加强监控量测，及时根据设计布设量测点，并按要求量测频率进行监测，出现异常时，应加密量测点和提高量测频率，准确掌握地面各栋建筑物的变形发展趋势和变化规律，及时采取有效措施，确保建筑物安全。

（五）人员组织

施工人员配置应根据工程量和作业条件合理安排，主要现场人员职责划分见表 8–16。

表 8-16　　主要现场人员职责划分表

序号	岗　位	人数	职　责
1	项目经理	1	项目总体负责
2	技术总工	1	施工技术指导
3	生产负责人	1	现场管理和施工协调
4	实验员	1	注浆、泥浆配比监测
5	质检员	2	质量检查
6	测量员	4	线路及沉降监测
7	土方开挖工	若干	开挖掘进
8	格栅架立工	若干	格栅架立
9	喷锚工	若干	喷锚
10	钢筋工	若干	钢筋加工
11	电焊工	若干	焊接施工
12	混凝土浇筑工	若干	浇筑混凝土
13	机械操作工	若干	机械操作
14	杂工	若干	打扫卫生
15	电工	若干	电缆维护
16	自卸车司机	若干	运输渣土
17	挖机司机	若干	土体挖掘
18	装载机司机	若干	装配渣土

（六）机械设备及材料

机械设备及材料见表 8-17。

表 8-17　　机械设备及材料表

序号	设备名称	单位	数量	备　注
1	电焊机	台	若干	40kW
2	喷浆机	台	若干	
3	混凝土搅拌机	台	若干	7kW
4	注浆机	台	若干	
5	空压机	台	若干	12m³
6	压力泵	台	若干	3kW
7	切割锯	台	若干	
8	潜水泵	台	若干	2kW
9	砂轮切割机	台	若干	
10	电动葫芦	台	若干	5t
11	轮胎汽车	台	若干	25t

续表

序号	设备名称	单位	数量	备　注
12	自卸汽车	台	若干	
13	装载机	台	若干	
14	挖掘机	台	若干	

（七）质量控制

1. 质量控制标准

GB 50204—2015《混凝土结构工程施工质量验收规范》

JGJ 18—2012《钢筋焊接及验收规程》

CECS 370—2014《隧道工程防水技术规范》

SL 377—2007《水利水电工程锚喷支护技术规范》

HG/T 20691—2017《高压喷射注浆施工技术规范》

DB 41/T 1165—2015《道路非开挖式地聚合物注浆加固处治技术规范》

2. 质量保证措施

浅埋暗挖法严格遵循“十八字”方针：管超前、严注浆、短开挖、强支护、快封闭、勤量测。

（1）管超前。指采用超前管棚或超前导管注浆加固地层。掌子面未开挖前先进行超前管棚或超前导管注浆加固地层，使松散、软弱地层经注浆加固后形成一个壳体，增强其自稳能力，防止地层坍塌现象产生。导管采用ϕ30～50mm 钢管，管的尖端和管上小孔专门加工。沿导洞拱部排管，排管呈扇状，管距为 300～500mm，仰角约为 5°。

（2）严注浆。在导管超前支护后，立即压注水泥浆液填充砂层孔隙，浆液凝固后，土体集结成具有一定强度的“结石体”使周围地层形成一个壳体，增强其自稳能力，为施工提供一个安全环境。严注浆包含以下 3 个方面内容：

1）超前导管注浆（单浆液或双浆液）；

2）拱脚及墙部开挖前按规定预埋管注浆；

3）初期支护背后注浆（低压力 0.2～0.4MPa）。

（3）短开挖。根据地层情况不同，采用不同的开挖长度，一般在地层不良地段每次开挖进尺采用 0.5～0.8m，甚至更短，由于开挖距离短，可争取时间架立钢拱架，及时喷射混凝土，减少坍塌现象的发生。

（4）强支护。一定按照喷射混凝土—开挖—架立钢架—挂钢筋网—喷混凝土的次序进行初期支护施工。采用加大拱脚的办法减小地基承载应力。

（5）快封闭。初期支护从上至下及早形成环形结构，是减小地基扰动的重要措施。采用正台阶法施工时，下半断面及时紧跟，及时封闭仰拱。

（6）勤量测。坚持监控量测资料进行反馈指导施工，是浅埋暗挖法施工的基点，所以地面、洞内都要埋设监控点，通过这些监控点可以随时掌握地表和洞内土体各点因开挖和外力产生的位移，进而指导施工。

（八）安全控制

1. 隧道内有害气体检测措施

（1）瓦检仪器由专人保管、充电，应随时保证测试的准确性。按各种仪器说明书要求，定期送地市级以上质量技术鉴定机构进行鉴定，对需要大修的仪器应送国家认定机构进行修复。

（2）重点区域及部位坚持“一炮三检制”，即装药前、爆破前、爆破后，均应进行检测。

（3）每个检测点应设明显的记录牌，每次检测应及时填写在记录本上，并定期逐级上报。

2. 安全用电措施

（1）施工现场临时用电的安装、维护、拆除应由取得特殊工种上岗证的专职电工进行操作。

（2）变压器设置围栏，设门加锁，专人管理，悬挂“高压线危险，切勿靠近”的警示牌。变压器必须设接地保护装置，其接地电阻不得大于4Ω。

（3）室内配电柜、配电箱前设绝缘垫，设门加锁，并安装漏电保护装置。各类电器开关箱和电器设备，按规定设接地或接零保护装置。

（4）检修电器设备时必须停电作业，电源箱或开关握柄上挂有“有人操作，严禁合闸”的警示牌或派人看管，严禁带电作业。

（5）施工现场的手持照明灯使用24V以下的安全电压，在潮湿的基坑、洞室掘进用的照明灯必须使用12V以下的安全电压。

（6）露天照明采用防水灯头，残缺的灯头、灯泡及时更换，防止发生电击事故，严禁用金属丝代替熔丝。

3. 施工机械安全控制措施

（1）车辆驾驶员和各类机械操作员，必须持证上岗，并定期进行安全管理规定的教育。

（2）机械设备在施工现场集中停放，严禁对运转中的机械设备进行检修、保养。

（3）指挥机械作业的指挥人员，指挥信号必须准确，操作人员必须听从指挥，严禁违章作业。

（4）使用钢丝绳的机械必须定期进行保养，发现问题及时更换，在运行中禁止工作人员跨越钢丝绳，用钢丝绳起吊、拖拉重物时，现场人员应远离钢丝绳。

（5）设专人对机械设备、各种车辆进行定期检查、维修和保养，对查出的隐患要及时处理，并制订防范措施，防止发生机械伤害事故。

二、管理控制要点

（一）开挖方式控制

1. 全断面法

隧道开挖后测量周边轮廓线，绘制断面图并与设计断面核对以下要点。

（1）拱部允许最大超挖值：Ⅰ级围岩为20cm、Ⅱ～Ⅳ级围岩为25cm，边墙允许平均超值挖值为10cm。

（2）拱角和墙角以上1m内严禁欠挖。

2. 台阶法

（1）台阶数不宜过多，台阶长度要适当，对城市第四纪地层，台阶长度一般以控制在1*D*

内（D 为隧道跨度）为宜。

（2）对岩石地层，针对破碎地段可配合挂网喷锚支护施工，以防止落石和崩塌。

（二）辅助工艺控制

本部分主要介绍以下 8 种常用且需特别注意的支护及加固方式的控制要点。

1. 小导管法控制要点

（1）按设计要求，严格控制小导管的长度、开孔率、安装角度和方向。

（2）小导管的尾部必须设置封堵孔，防止漏浆。

（3）浆液必须配比准确，符合设计要求。

（4）注浆时间和注浆压力应由试验确定，应严格控制注浆压力。一般条件下：改性水玻璃浆、水泥浆初压压力宜为 0.1～0.3MPa；砂质土终压压力应不大于 0.5MPa；黏质土终压压力应不大于 0.7MPa；水玻璃—水泥浆初压压力宜为 0.3～1.0MPa，终压压力宜为 1.2～1.5MPa。

（5）注浆施工期应进行监测，监测项目通常有地（路）面隆起、地下水污染等，特别要注意防止浆液溢出地面或超出注浆范围。

2. 长管棚法控制要点

（1）钻孔精度控制。

1）钻孔开始前应在管棚孔口位置埋置套管，把钢管放在标准拱架上，测定钻孔孔位和钻机的中心，使两点一致。为了防止钻孔中心振动，钢管应用 U 形螺栓与拱架稍加固定，以防弯曲，并应每隔 5m（视情况可调整，一般为 2～6m）对正在钻进的钻孔及插入钢管的弯曲度及其发展趋势进行测定检查。

2）在松软地层或不均匀地层中钻进时，管棚应设定外插角，角度一般不宜大于 3°，避免管节下垂进入开挖面，应注意检测钻孔的偏斜度，发现偏斜度超出要求应及时纠正。

（2）钢管就位控制。

1）铜管的打入随钻孔同步进行，并按设计要求接长，接头应采用厚壁管箍，上满丝扣，确保连接可靠。

2）钢管打入土体就位后，应及时隔（跳）孔向钢管内及周围压注水泥浆或水泥砂浆，使钢管与周围岩体密实，并增加钢管的刚度。

（3）注浆效果控制。

1）严格控制管棚间距，防止管栅出现间距过大或偏离现象。

2）严格按试验参数控制注浆量，防止因注浆效果不好出现流沙等现象。

3）必要时宜与小导管注浆相结合，开挖时可在管棚之间设置小导管。

3. 隧道内锚杆加固控制要点

锚杆施工应保证孔位的精度在允许偏差范围内，钻孔不宜平行于岩层层面，宜沿隧道周边径向钻孔。锚杆必须安装垫板，垫板应与喷混凝土面密贴。钻孔安设锚杆前应先进行喷射混凝土施工，孔位、孔径、孔深要符合设计要求，锚杆露出岩面长度不大于喷射混凝土的厚度，锚杆施工应符合质量要求。

4. 降水法控制要点

当采用降水方案不能满足要求时，应在开挖前进行帷幕预注浆、加固地层等堵水处理。

根据水文、地质钻孔和调查资料，当预计有大量涌水，或涌水量不大但开挖后可能引起大规模塌方时，应在开挖前进行注浆堵水，加固围岩。

5. 土方开挖控制要点

（1）宜用激光准直仪控制中线和隧道断面仪控制外轮廓线。

（2）每开挖一榀钢拱架的间距，应及时支护、喷锚、闭合，严禁超挖。

（3）在稳定性差的地层中停止开挖，或停止作业时间较长时，应及时喷射混凝土封闭开挖面。

（4）相向开挖的 2 个开挖面相距约 2 倍管（隧）径时，应停止一个开挖面作业，进行封闭，由另一开挖面作贯通开挖。

6. 防水结构施工控制要点

（1）防水层在某些部位施作必要的加强层（如连拱处及明暗挖交界处）。

（2）加强对防水层留槎的保护（如连拱处）及成品的保护（要求二衬钢筋绑扎时注意保护防水层，万一弄破及时修补好）。

（3）注意不同防水层之间的严格密封性，为此应合理选材。

（4）防水层施工完后的充气检查及修补对保证防水层的质量起重要作用。

（5）施工中组织与管理的科学化、严密化，包括有关单位、有关人员的相互密切配合是防水成功的必要的组织保证。

（6）专业化的防水施工队伍，施工前的专业培训是防水成功的基本保证。

7. 填充注浆

采用无收缩浆液注浆（掺有 xpm 增强剂）的方法填充加固初衬与二衬之间空隙，使初衬与二衬结构之间力的传递均匀，减少原有防水层的破坏，阻止水的扩散。注浆范围为隧道顶部之间的空隙。沉降缝、隧道底角治理采用高压注射反应型聚氨酯填充补强结构混凝土细小缝隙，其反应胶结体长期处于稳定状态，充填水的渗漏渠道，达到止水目的。

8. 仰拱结构施工控制要点

（1）仰拱顶填充一般采用 C10 混凝土，其铺设范围、厚度均应符合设计要求。严禁在 C10 混凝土中掺填片石。当要用片石混凝土回填时，其混凝土标号应不小于 C20，并应有变更手续。仰拱填充与隧道排水边沟等构造物有直接关系，为此在实施此部分圬工时，应事先定位排水沟等结构的尺寸，并设立相应的模板。

（2）在施作仰拱或铺设找平层及路面混凝土时一定要事先设计好应预留的沉降缝（伸缩缝）的位置。沉降缝处二衬的混凝土（包括拱墙、仰拱）一定要在同一竖直面中断开，而且应按设计及规范要求进行结构处理。

（3）建议在围岩变化不大的地段（洞口除外），尽量少设或不设伸缩缝，因为对此缝处理不好，将是衬砌漏水的薄弱环节。

（三）隧道防坍控制

（1）早喷锚、强支护，尽快封闭成环。尽快进行喷锚，合理控制开挖速度，提高初期支护的刚度和承载力，在喷混凝土未形成强度前提供抗力；在 1～1.5 倍洞径内封闭成环。采用钢架可加强初期支护，为小导管注浆。长管棚提供支点，对增加抗形变能力起着相当大的作用，是防坍的重要手段。

（2）重视开挖手段和开挖方式的选择。尽量选取减少扰动围岩、减少围岩松动范围的机械开挖、风镐开挖、手工开挖方式。采用爆钻法开挖时，必须实施光面爆破或预裂爆破方法，做到不破坏开挖面的稳定。台阶法、CD 法、双侧壁导坑法等开挖方法采用的上下分层和竖向分块，有利于保证开挖掌子面和顶、帮的稳定性。为配合上述开挖方法，分别采用环形开挖，控制台阶长度，掌子面喷混凝土封闭，锁脚锚杆、拱墙角加固注浆等辅助施工措施，能使上述开挖方法更加安全可靠。

（四）特殊地质施工控制

（1）粉细砂地层在地铁隧道施工中是自稳性比较弱的地层，在该地层中施工不能带水作业，以防出现流砂。在无水状态下必须采取注浆加固处理后才能开挖，否则会出现流砂或大面积坍塌。在粉细砂地层中一般采用改性水玻璃化学浆液。该种浆液易渗透、扩散均匀，固结砂体效果好。

（2）砂、卵石地层在临空的情况下是易失稳的地层，因其没有黏聚力，开挖控制的要点是采用注浆方法使其黏聚在一起，在开挖过程中保证安全。在松散的砂、卵石地层中开挖，先要封闭掌子面，然后再打管注浆，这样可减少在打管过程中扰动土体造成坍塌，同时浆液不易外冒造成材料浪费。

（3）软、流塑状地层是自稳能力差、易坍塌的软土地层。开挖的控制要点是注浆加固土体。不仅要有超前小导管注浆，还需在掌子面上布孔注浆。掌子面按梅花状布孔，按由内向外的顺序跳孔注浆。软土地层土颗粒小，浆液难渗透，一般采用劈裂注浆方法，挤密地层土体，但要控制注浆压力和管距布置。注浆压力大，浅埋地层的地面容易隆起，有缝隙的地方容易跑浆，因此需要采用低压，小间距布孔，间歇性的注浆加固有效开挖土体。软、流塑状地层易采用双液浆或超细水泥浆。

三、常见问题及对策

1. 带水作业问题

开挖作业面一定要坚持“无水施工”原则。粗粉粒和砂粒在黏土结构中起骨架作用，但由于黏土中砂粒含量很少，而且大部分砂粒不能直接接触，能直接接触的大多为粗粉粒。细粉粒通常依附在较大颗粒表面，特别是聚集在较大颗粒的接触点处与胶体物质一起作为填充材料。黏粒以及土体中所含的化学物质（如铁、铝）和一些无定型的盐类等，多聚集在较大颗粒的接触点起胶结和半胶结作用，使黏土具有较高的强度。在遇水时，由于水对各种胶结物的溶解，软化作用和对细颗粒的冲刷，使黏土的强度突然下降，从而导致开挖面坍塌。

（1）全断面注浆止水。全断面注浆止水的效果比较好，但经济成本比较高，需要封闭和拆除开挖面、搭设脚手架等辅助工序，施工周期较长。

（2）真空降水。真空降水造价比较低，但界面凹凸不平，很难把水抽干。

（3）开挖面疏水。在开挖面打设疏水花管，1 榀 1 打，间距为 50～100cm，长度为 2.5～3.5m，角度为水平向下 3°～5°，把水引离（临时）仰拱及开挖处，避免泡槽。

2. 地表沉降问题

浅埋暗挖地下工程具有覆土薄、地质条件差、承载小、变形快等特点，而且施工影响波及地表，常引起过大地表沉降，因此，必须对地表沉降进行控制。控制地表沉降的关键是减小对地层的扰动，提高地层强度，保持开挖面稳定，进行及时、密贴、大刚度的支护等。

（1）预注浆法。在隧道开挖之前，预先进行注浆，充塞岩石土体裂隙、空隙或孔隙，加固地层，以利于施工的方法，称为预注浆法。预注浆可以从开挖面、地表或导洞内注浆。浅埋或松散地层，有必要采用地表预注浆；对于存在地下水、饱和水或含水松散地层，采用大孔径深孔全断面预注浆。

（2）纤维喷混凝土用来代替网喷混凝土，能更好的控制地表沉降。含有纤维的喷混凝土衬砌相当或优于通常的钢筋网喷混凝土衬砌，随着纤维长度的增加，其强度及延展性都有所提高。

第七节　定　向　钻

一、定向钻典型施工工法

本部分主要介绍定向钻典型工法的特点、适用范围、工艺原理、工艺流程、人员组织、主要材料及设备、质量控制、安全控制等内容。定向钻机外观示意如图 8–70 所示。

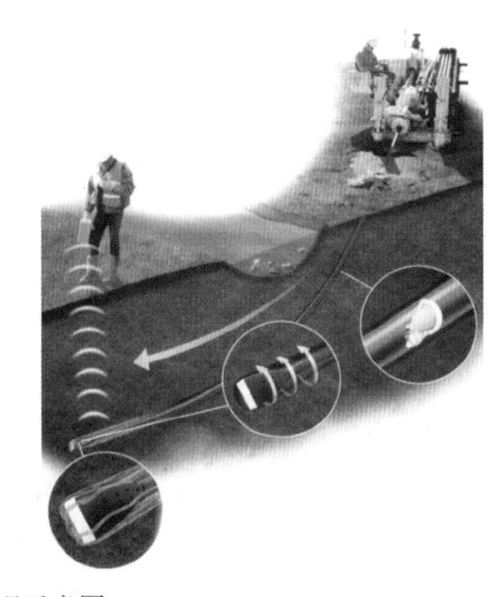

图 8–70　定向钻机外观示意图

（一）特点

定向钻是一种非开挖敷设管道的施工方法，具有施工速度快、对地层扰动小，施工精度高、安全性好、施工成本低等优点，解决了传统开挖施工对居民生活的干扰，以及对交通、环境、周边建筑物基础的破坏和不良影响，具有较高的经济效益和社会效益。

（二）适用范围

定向钻施工方法应用范围广泛，适用于城市道路、铁路、河流及其他不宜开挖施工地段的管线穿越工程。它对地表环境及地层条件适应能力强，杂填土、淤泥、软土、砂层、软岩及硬岩等均可适用。由于定向钻可采用曲线路径通过障碍物，因此也适用于一些转弯半径小，且不方便修建深基坑的工程。定向钻施工不受地形、地貌、江河水域等地表环境条件的限制，也不受天气条件限制。

以集束型套管为电缆外保护的管线，适用于较短距离穿越工程，有较强的灵活性。

以钢制管与 MPP 等材料集束型管（放置钢管内）结合为电缆外保护的管线，适用于一些长距离、大断面穿越工程或其他特殊条件下的穿越工程，此工艺可有效地保护集束管线不被外力破坏。

（三）工艺原理

根据事先设计好的管线铺设路径，由定向钻设备驱动钻头从地面钻入，地面仪器接收由地下钻头内的传送器发出的信息，控制钻头按照预定的轨迹前进，直至到达目的地，然后卸下钻头更换适当尺寸和特殊类型的回程扩孔器，使之能够在拉回钻杆的同时将钻孔扩大至所需直径，最后将所需敷设的管线返程牵回钻孔入口处，管线回拖结束后再进行管道内电缆敷设。工艺原理示意如图 8–71 所示。

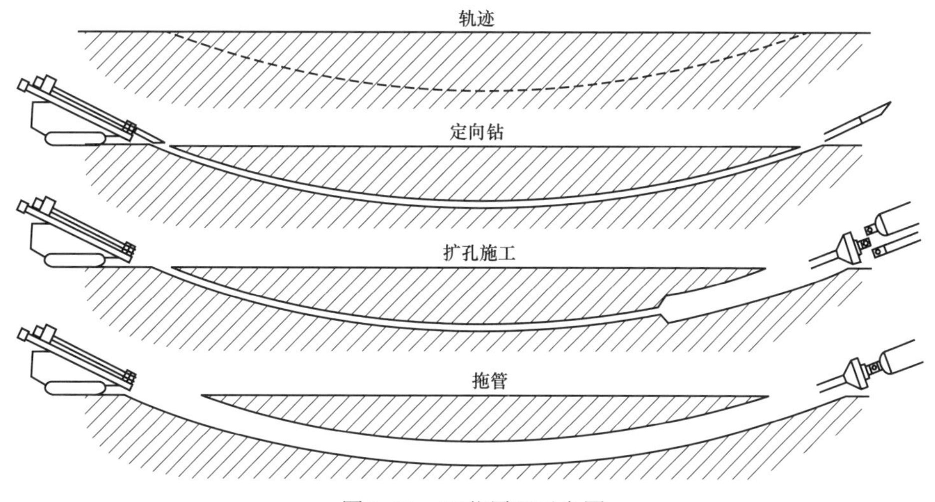

图 8–71　工艺原理示意图

（四）工艺流程

工艺流程示意如图 8–72 所示。

1. 施工现场布置

根据设计交底（桩）与施工图纸，使用全站仪或 GPS 等测量设备放样出定向钻工程的入土点和出土点，结合施工现场实际情况测量放样入土端、出土端及回拖管道安装场地的控制边线，控制线标定后进行进场道路的修筑和施工场地的铺垫，修筑和铺垫规格要保证大型设备运输车辆和材料运输车辆的进出。设备进入施工现场，按照安全、有序、美观等要求进行设备摆放，并满足国网（基建 3）187 号〔2014〕《国家电网公司输变电工程安全文明施工标准化管理办法》。入土点场地示意和出土点场地示意分别如图 8–73、图 8–74 所示。

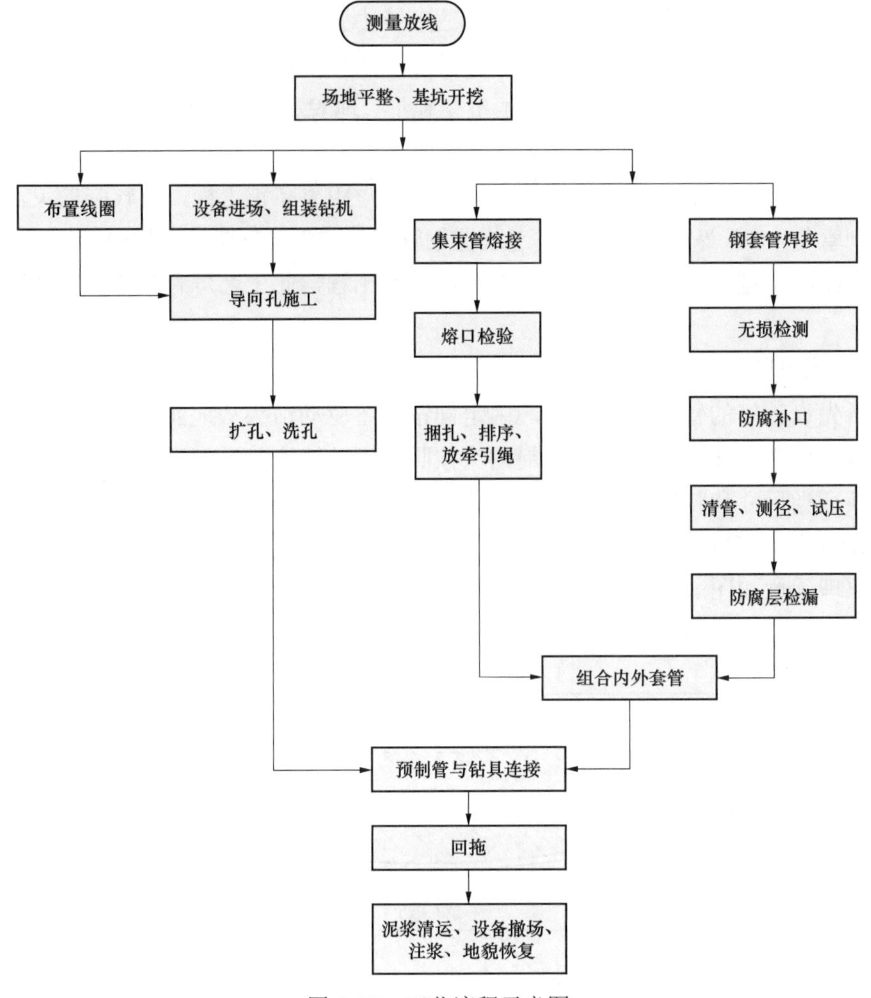

图 8–72　工艺流程示意图

2. 泥浆收集池

制作泥浆池 2 个（两侧场地各 1 个），根据工程规模规划泥浆池开挖尺寸。不适合开挖泥浆池的地段，可采用罐车外运泥浆。

3. 地锚稳固

锚固方式主要有锚桩锚固、沉箱、桩基、浇筑等。应根据设备类型、场地条件确定。地锚应牢固稳定，使钻机在钻导向孔、回扩孔、回拖时不出现位移、沉降或倾覆等现象。小型钻机在市区施工时宜采用地锚杆稳固钻机，避免开挖地面。对于特殊工程大型钻机的地锚稳定可采用沉箱、桩基、浇筑等结合的方式。

4. 定向钻机组装、调试

将钻机就位在穿越中心线位置上，并与地锚进行连接固定。钻机就位完成后，先进行系统液压管路连接，再将系统电子控制系统连接。在确认各项系统连接完成后，对整个设备系统进行自检和维护。开机试运转，检验钻机设备各项操作和运转是否正常，如发现问题，应及时进行维修和调整，避免设备在施工中出现故障。有些小型钻机为一体式，无需组装连接，

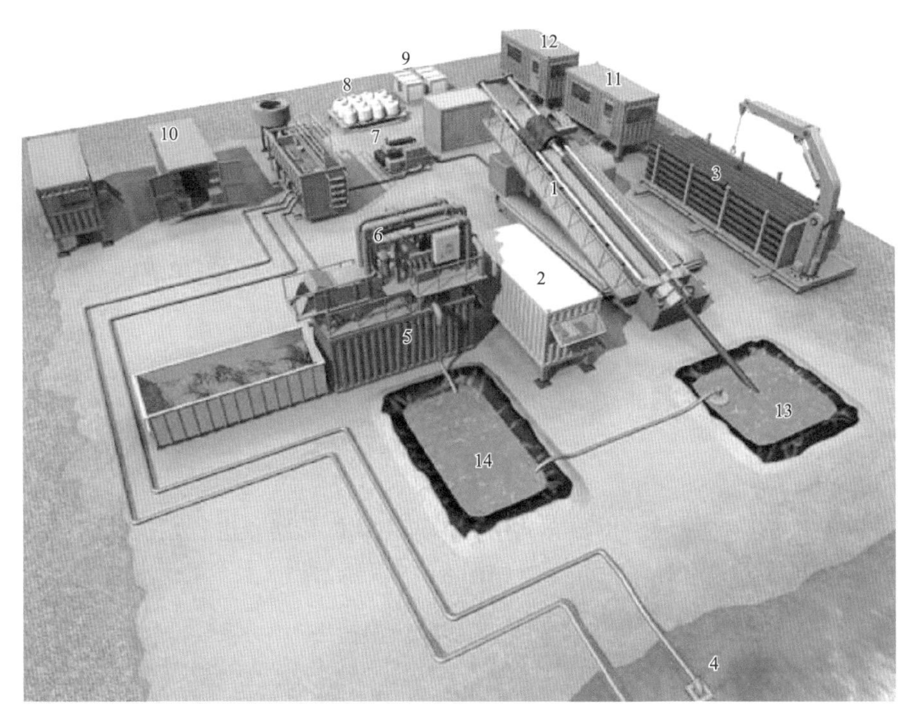

图 8-73　入土点场地示意图

1—钻机；2—控向室/动力源；3—钻杆；4—水泵；5—泥浆混合罐；6—泥浆回收设备；7—泥浆泵；8—泥浆材料；9—发电机；10—配件仓库；11、12—现场办公室；13—入泥浆池；14—沉淀池

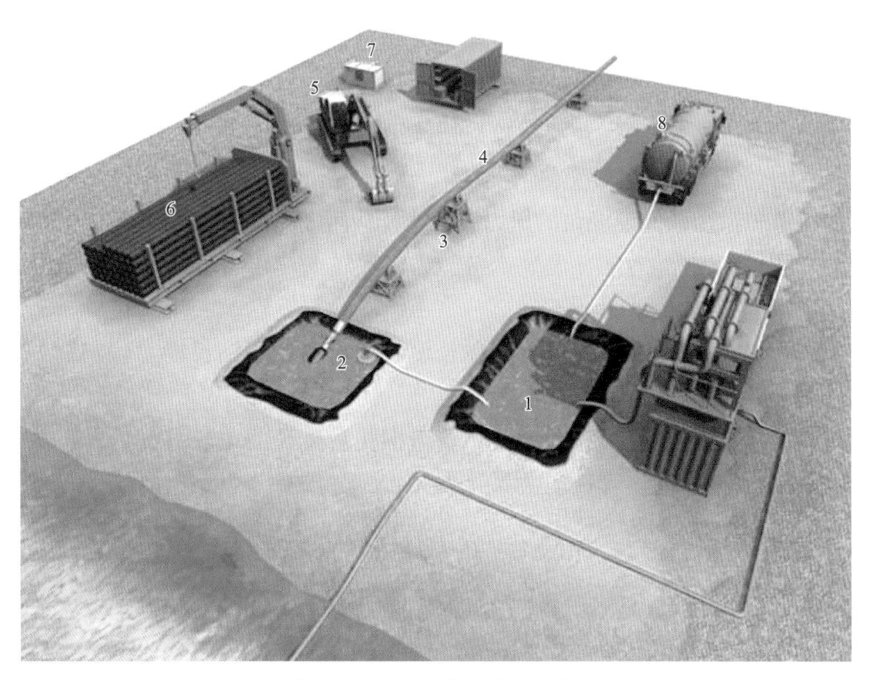

图 8-74　出土点场地示意图

1—沉淀池；2—出土点泥浆池；3—管道支架；4—回拖管道；5—挖掘机；6—钻杆；7—发电机；8—泥浆罐车

只需就位、调试即可施工。

5. 泥浆液混配

泥浆被视为定向钻工法的血液，是工程成败的关键。根据地质情况，现场确定泥浆配比方案，并及时测量泥浆各项参数，检查泥浆效果，发现问题，立即处理。

6. 导向孔钻进

（1）标定控向参数，在穿越中心线的不同位置测取，且每个位置至少测 4 次，进行对比，并做好记录。

（2）测量并复核入土点、出土点的高程及距离。

（3）应严格按设计的穿越曲率半径进行，每根钻杆的折角不宜过大，控制导向孔在规范误差内。

7. 扩孔与洗孔

当导向孔钻进作业完成后，拆除导向钻具，再连接扩孔器，进行预扩孔作业。扩孔宜采取多次、分级扩孔的方式进行。扩孔示意如图 8–75 所示。

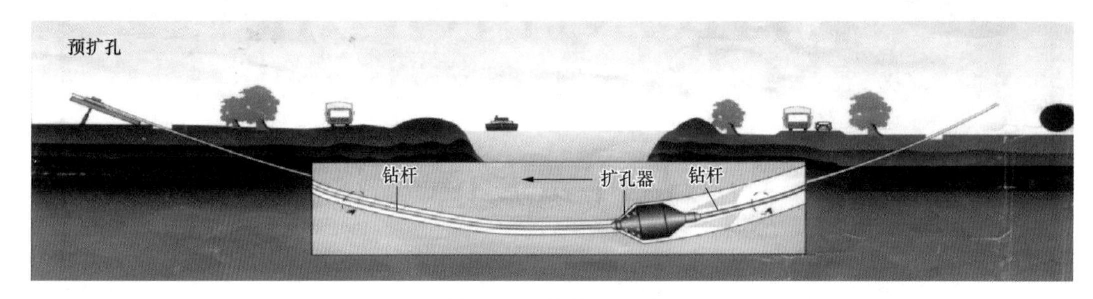

图 8–75　扩孔示意图

每级扩孔施工中，根据返浆含沙量及扭矩变化来确定是否洗孔，避免发生扩孔卡钻、抱钻等情况。洗孔所用的扩孔器尺寸及次数根据施工方案和现场各项参数确定。

在现场施工时，可以根据地质变化情况及上一级扩孔情况，合理调整下一级的扩孔尺寸和扩孔器喷浆孔的数量和直径，保证泥浆的压力和流速，从而提高携带能力，减少岩屑床的生成。

在大孔径扩孔作业中，为保证泥浆携带能力，穿越两岸可各安装 1 组泥浆泵站，进行泥浆对注作业，加大泥浆排量。

最终扩孔孔径应根据不同的管径、穿越长度、地质条件和钻机能力确定。一般情况下最终扩孔孔径和管径关系应符合下列规定：

（1）对于集束管道，最终扩孔尺寸宜为管道捆扎后直径的 1.2～1.5 倍；

（2）钢管最终扩孔孔径与管径的关系见表 8–18。

表 8–18　　钢管最终扩孔孔径与管径的关系　　mm

穿越管道管径	最小扩孔直径
＜219	管径+100
219～610	1.5 倍管径
＞610	管径+300

8. 管线预制与回拖

（1）管线预制。

1）钢管管线预制：焊接前应按确定的焊接工艺规程编制作业指导书。预制管线的标准要符合工程标准并做好相关检测和评定，验收合格后方可进行下道工序。

2）集束电力保护套管连接：多采用热熔焊接工艺，热熔焊接操作简单方便，但对于长距离的管道连接要求较大，应按厂家提供的操作规程进行操作，确保热熔温度和湿度要求达标，保证集束管道连接牢固，满足抗拉要求。MPP 管热熔接示意如图 8–76 所示。

对于钢管内穿集束管道的工程，管道回拖后（或回拖前）将热熔完成并正确捆扎好的集束管牵引至钢管内。钢管内穿集束管示意如图 8–77 所示。

图 8–76　MPP 管热熔接示意图

图 8–77　钢管内穿集束管示意图

（2）管道回拖。

1）回拖是定向钻最后一步，也是最关键的一步。在回拖时应进行连续作业，避免因停工造成回拖阻力增大。管道回拖示意如图 8–78 所示。

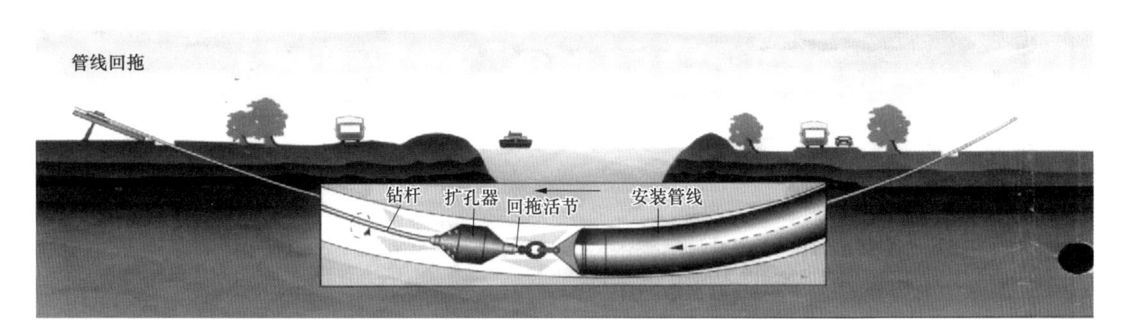

图 8–78　管道回拖示意图

2）管线回拖前应先检查扩孔器内各通道及喷浆孔是否畅通，而后方可连接。连接应牢固，并记录丝扣预紧力数值。钻具组合完成后，泵送泥浆液冲洗，并检查喷浆孔出浆情况。

3）回拖过程中要密切关注钻机参数，根据钻机参数调整回拖速度，确保管道顺利完成回拖。

9. 注浆加固

（1）注浆加固的作用。管道回拖完成后，对管道和孔壁之间的缝隙进行注浆作业，消除地基空洞和暗道，防止地面发生塌陷，注浆液的选择根据工程地质情况而定。

（2）注浆方式。对于短距离的定向钻可采用在出入土两端孔洞入口向孔内注浆；对于长距离的定向钻工程可采用出入土两端孔洞入口向孔内注浆和管道沿途钻孔注浆结合的方式进行。

（3）注浆注意事项。

1）注浆应在完成管道回拖和轨迹复测后马上进行，防止塌陷。

2）中间钻孔位置应准确，避免对管线造成影响。

3）多个注浆作业面时应把控注浆时机，避免泥浆封闭在独立空间。

4）注意置换泥浆量。

5）注浆材料性能不被泥浆破坏。

6）注浆压力值要准确计算，避免管道挤压和地面隆起。

7）注浆材料的收缩和凝结性不应对围岩和管材造成挤压和剪切力。

8）注浆材料应环保。

（五）人员组织

施工人员配置应根据工程量和作业条件合理安排。主要现场人员职责划分见表 8–19。

表 8–19　主要现场人员职责划分表

序号	岗位	人数	职　责
1	项目经理	1	项目总负责人
2	项目总工	1	项目技术负责人
3	质量员	1	项目质量监督管理
4	安全员	1	项目安全监督管理
5	材料员	1	项目材料管理
6	机组长	2	施工现场管理
7	司钻	4	钻机操作
8	泥浆工程师	4	泥浆配置
9	普工	若干	辅助施工

（六）机械设备及材料

1. 定向钻主要设备

定向钻主要设备见表 8–20。

表 8–20　定向钻主要设备表

序号	设备名称	单位	用　途
1	定向钻机	台	施工
2	导向仪	套	轨迹控制

续表

序号	设备名称	单位	用　途
3	发电机	台	发电
4	泥浆回收系统	套	泥浆回收利用
5	高压泥浆泵站	台	泥浆循环
6	钻杆	m	连接钻具
7	钻头	套	导向孔施工
8	扩孔器	套	切削、掘进
9	泥浆混配器	套	泥浆制造
10	吊管机	台	管道吊装
11	电焊机	台	管道焊接
12	半自动切割机	台	管道对口修理
13	对口器	台	管道对口连接
14	热熔焊接器	套	集束管道连接
15	陀螺仪	套	轨迹复测

2. 定向钻主要施工材料

定向钻主要施工材料见表 8–21。

表 8–21　　　　定向钻主要施工材料表

序号	材料名称	单位	用　途
1	集束管（MPP 等）	m	电缆护套管
2	钢管	m	电缆护套管
3	膨润土	t	制造泥浆
4	泥浆添加剂	t	提高泥浆性能
5	油料	t	机械设备能源
6	信号线	m	信号传输
7	磁场线圈（或磁靶）	m（套）	人工磁场
8	滤网	片	泥浆回收
9	焊材	盒	管线焊接

（七）质量控制

（1）施工前，作业人员应熟悉图纸，了解各穿越点的穿越标高、位置，穿越段内的地质情况、管网分布、地下构筑物及地上建筑物等。

（2）导向孔钻进作业前，将控向系统调校准确，对钻机等设备试运转。

（3）导向孔钻进选用合适的钻头、钻杆。调试正常后，按设计曲线采用合适的钻进工艺钻导向孔。

（4）钻导向孔时，管线穿越单根钻杆改变角度不超过最大允许值。

（5）钻进作业时，泥浆黏度控制在需求范围内，泥浆配置合理，搅拌均匀。

（6）根据钻进孔径和地质情况，合理调整预扩孔次数及每次扩孔孔径。

（7）预扩前，试喷泥浆，检查扩孔器水眼是否通畅，泥浆压力是否正常。

（8）预扩时，根据扩孔直径和地质情况，适当调整泥浆黏度和泥浆压力及排量。

（9）穿越管段预制完成后，在管端安装拖拉头，并制订合理的回拖计划。

（10）回拖作业前，连接合适的扩孔器、旋转接头、U 形环、拖拉头和管线。

（11）回拖前试喷泥浆，确保扩孔器水眼通畅，检查泥浆压力是否正常。

（12）回拖作业时严格控制泥浆压力、旋转扭矩、回拖力，密切注意管线回拖情况。

（13）回拖时，泥浆黏度应严格控制，并保证泥浆供给量。

（八）安全控制

1. 钻导向孔

（1）按钻机安装顺序安装钻机系统、泥浆系统、控向系统，避免机械伤害。

（2）组装完毕后对钻机进行调试，启动后，看各液压表压力是否正常，转换高低速开关是否能脱开，各钳口张开和夹紧是否迅速、到位。查看各液压管件是否漏油，如漏油应及时排除，以避免设备损坏和污染环境。

（3）司钻操作室内的电缆连接、电缆插头的选配应严格按照操作规程进行。破损电缆、插头、插板应及时更换，连接头不能虚接，避免人员触电。

（4）开钻前，应检查钻机各部位是否正常，油、水是否充足，各停车阀门、电瓶开关是否处于接通状态，控制线、泥浆管、接地线是否接好，确保操作安全。

（5）启动发动机后应首先怠速运转，使机器充分升温后方可全负荷运转。

（6）操作手柄应平稳，使钻机均匀变速，忌速度突变。

（7）泥浆开通前，观察钻头旋转是否灵活，钻头水眼是否畅通有力。同时检查控向信号是否正常。应通知钻头周围人员远离钻头 5m 以外，钻头正前方严禁站人，避免泥浆喷溅伤人。

（8）钻进中，如遇泥浆压力突然升高时，立即停止钻进，泥浆压力恢复正常后，才允许钻进，避免设备损坏。

（9）当钻机带电报警时，司钻应回拖钻杆，使钻头脱离电缆。

（10）钻导向孔时应听从控向员的指挥，做到动作准确无误。

（11）钻机熄火时，应怠速运转几分钟后，方可熄火。熄火后，应将所有停车阀门、电瓶开关压下或断开。

（12）要待设备动作全部完成之后，方可指挥接线人员、上卸钻具人员实施操作，要避免上卸钻具时人员被碰伤。

（13）控向人员应在接卸钻杆的间隔期间，离开电脑屏幕，休息眼睛、活动颈部及其他关节。

（14）泥浆人员要定期巡视各个泥浆罐情况，检测搅拌器的运行状况，保证运行良好；上下泥浆罐，应攀缘扶梯；严禁非相关人员上下泥浆罐；严禁用手直接探入泥浆罐。

（15）泥浆配置人员除应穿戴规定的劳保防护用品外，还必须佩戴防护风帽、口罩、防尘镜。

（16）非施工人员未经允许禁止进入操作室。

（17）接线工必须穿防滑工作鞋。

2. 扩孔作业

（1）要密切注视钻杆回拖情况，如遇钻杆发生弹跳、扭矩突变应立即停止扩孔，缓慢推进后，退手柄，恢复正常后，继续扩孔，以避免设备损坏。

（2）密切注意泥浆压力变化情况，若泥浆压力突然下降时，应立即停止扩孔，泥浆压力恢复正常后，才允许扩孔。

（3）司钻人员应密切注意操作台面上各种仪表的指数和现场的各种动向，如发现仪表读数异常，应立即停止操作，待处理恢复正常后方可继续操作。

（4）要待设备动作全部完成之后，方可指挥装卸钻具人员实施操作，要避免装卸钻具时人员被碰伤。

（5）随时和对岸保持联系，保证启动设备时，周围人员撤离到安全范围内，避免因设备动作造成的碰伤，泥浆飞溅造成的液压击伤和皮肤损害。

3. 管线回拖

（1）回拖启动应平缓，用力均匀，操作人员应密切注视连接部位的连接情况，如果仪表读数有瞬时剧烈跳动现象，应停止操作，检查原因，进行调整之后再行回拖。

（2）对于大管径、长距离的回拖，宜用吊装设备配合启动，以防启动瞬间仪表读数突变，造成设备损坏。

（3）司钻人员应密切注意操作台面上各种仪表的指数和现场的各种动向，如发现仪表读数异常，应立即停止操作，待处理恢复正常后方可继续操作。

（4）要待设备动作全部完成之后，方可指挥接线人员、装卸钻具人员实施操作，要避免装卸钻具时人员被碰伤。

（5）随时和对岸保持联系，保证启动设备时，周围人员撤离到安全范围内，避免因设备动作引起碰伤、泥浆飞溅，造成液压击伤和皮肤损害。

4. 设备拆除

（1）必须待设备完全停止运转并冷却之后，按钻机系统、泥浆系统、控向系统安装的反顺序进行拆除，边拆除、边归类、边清洁，对于易散离的物资应合理捆扎，将拆除的设备分别装车。

（2）各工种要相互配合，协调行动，指挥人员指令清晰、明白到位。

（3）对于需用专用工具进行拆卸的地方，必须使用专用工具，禁止野蛮作业。

（4）要使用合理的吊装机具，对于有包装要求的器具严格按要求进行包装和运输。

（5）设备吊装过程中，要服从指挥，合理安放。

二、管理控制要点

（一）定向钻机的选型

定向钻钻机的选择是工程成败的关键点，主要依据水文地质条件、周边环境、穿越距离和建设规模等因素，结合现有设备状况，进行选择和配套。其选择应满足以下 3 点要求。

1. 回拖力设计要求

钻机回拖力大小宜根据计算值的 1.5～3 倍选择，回拖力计算公式为：

$$F_{拉} = \pi Lf\left[\frac{D^2}{4}\gamma_{泥} - 7.85\delta_l(D-\delta_l)\right] + k_{粘}\pi DL \tag{8-12}$$

式中 $F_{拉}$ ——计算的拉力，t；

L ——穿越管段的长度，m；

f ——摩擦系数，0.1～0.3；

D ——管材的直径，m；

$\gamma_{泥}$ ——泥浆的密度，t/m^3；

δ_l ——管材壁厚，m。

2. 扩孔时扭矩的要求

钻机扭矩大小宜根据计算值的 1.5 倍以上选择，扭矩的计算公式为：

$$T = f_t AD_0 + fG_0R_0L + Kg\pi d_0L + \sum G_iR_i \tag{8-13}$$

式中 f_t ——单位土体地层切削阻力值，kN/m^2；

D_0 ——切削土体回转半径，m；

A ——钻具切削刃与岩石的接触面积，m^2；

f ——钻杆与地层摩擦系数；

d_0 ——钻杆外径，m；

K ——泥浆黏滞系数，N/m^2；

L ——穿越长度，m；

g ——重力加速度，m/s^2；

G_0 ——单位长度钻杆浮重，kN。

3. 场地使用条件的要求

依据场地地形、交通、管线埋深等条件，选择不同类型的钻机，如一体式、分体式、履带式、汽轮式或各种长度钻机（3、6、10m 钻杆机型）等。

（二）钻孔轨迹控制

（1）根据建设项目需求、地上地下构筑物分布、地质条件，以及预敷设管线的要求等因素，规划定向钻钻孔轨迹见表 8–22，确保曲线的合理性、可靠性及安全性。施工过程中应使实际轨迹符合设计轨迹，以保证铺设管道位置的准确性。

表 8–22　　定向钻导向孔轨迹参数设计

管材类型	入土角	出土角	曲率半径		
			直径＜400mm	400mm≤直径＜800mm	直径≥800mm
塑料管（MPP 等）	8°～30°	4°～20°	不应小于 1200 倍钻杆外径	不应小于 250 倍管材半径	不应小于 300 倍管材半径
钢管	8°～18°	4°～12°	不宜大于 1500 倍直径，且不应小于 1200 倍直径		

（2）钻导向孔是定向钻穿越施工过程中重点控制的关键工序，导向孔质量是关系到管道是否回拖成功的关键。导向孔在钻进过程中偏离设计穿越曲线的原因可以归纳为以下 4 种。

1）钻机就位方位与管线设计穿越方位有较大偏差，造成在导向孔钻进的过程中其轨迹逐渐偏离设计穿越曲线；

2）受外部磁场的影响，控向方位角不是钻头走向的真实方位角，从而控向软件计算钻头方位的参数发生变化，导致计算机采集的数据并非钻头的真实位置；

3）受地质结构的影响，导向孔在钻进过程中要穿越不同的地层，即使是同一地层其硬度分布也会软硬不均，因此，钻头在钻进的过程中比较容易偏向相对较软的地层，造成穿越轨迹与设计曲线发生偏移；

4）在导向孔钻进过程中，由于钻机操作人员（司钻员、控向员）人为操作有误，使穿越轨迹与设计曲线发生偏移。

（3）针对以上 4 种造成钻孔轨迹偏移的原因，可采取如下控制措施。

1）保证钻机就位方位与设计管线中心线重合的措施。钻机就位前，用测量仪器放出管线穿越中心线，根据穿越入土角、钻机自身尺寸（车长、车宽、轮距等）等参数计算出钻机就位的精确位置。在钻机就位过程中，用测量仪器测量钻机就位偏差，经计算钻机就位方位相对于管线中心线的角度偏差，如果其值超过 0.1°，需要根据偏左偏右情况重新调整钻机，经多次就位—测量—调整—再测量，直到偏差控制在 0.1° 范围内。钻机就位后，计算出精确的偏差数值，在开始钻导向孔时及时调整此偏差为 0，从而保证导向孔轨迹与设计穿越曲线重合。

2）外部磁场对方位角的影响及控制措施。外部磁场主要由地下管道、地下光缆、刚性建筑物（构筑物）、大型船只、地上高压线等产生，这些外部磁场将影响地磁场强度和地磁角度，从而影响控向方位角，控向方位角的不确定会导致钻孔时方向失控。

根据现场确定的外部磁场位置，在导向施工中，探测器到达外部磁场前，导向孔方向不能出现过大的左右偏移量，保持实际方位角与控向方位角的偏差在允许的范围内。在进入外部磁场时，实际方位角发生变化，此时的方位角与控向方位角不同，钻进时暂不考虑干扰后的方位角而直接按直线钻进，在进行数据测量时，根据控向工具面的位置输入与控向方位角接近的方位角。钻头穿越过磁场干扰区后，计算机控向数据恢复正常，此时导向孔轨迹与设计穿越曲线偏差应当在许可范围内，如两者偏差较大，首先计算出实际偏差量，然后将经过磁场干扰区的钻杆抽出后重新钻进进行偏差调整。在已知偏差量的情况下进行调整，通过调整消除磁场影响，使导向孔轨迹与设计穿越曲线重合。

3）地质结构对导向轨迹影响的措施。认真分析穿越各地层组成成分、物理力学性质，并选取合理的钻具。在钻进前，控向人员要掌握各穿越地层中土壤类型、含水量、孔隙度、黏聚力、内摩擦角、地基承载力标准值、侧摩阻力、锥尖阻力等，并将这些数据标识在穿越曲线图上，以指导司钻人员操作。

4）控制人为因素造成导向孔轨迹与设计穿越曲线偏差的措施。开工前，进行有针对性的培训，加强控向人员与司钻人员的配合，司钻人员以控向人员的指令为准，按照指令进行操作，防止人为操作导致钻孔出现偏移。控向人员应严格按照设计曲线计算每次倾角的调整度数，认真掌握并注意穿越过程中的轨迹变化，通过轨迹变化确定控向方向的变化，从而控制导向孔轨迹与设计穿越曲线的偏移。钻导向孔时，钻杆（10m）折角宜符合表 8–23 的要求。

表 8–23　导向孔钻杆折角参数表

钢管管径（mm）	每根最大折角（°）	4 根累加折角（°）
ϕ325 以下	2.1	6.0
ϕ377	1.7	5.7
ϕ406	1.6	5.4
ϕ508	1.4	4.3
ϕ610	1.2	3.6
ϕ711	1.1	3.0
ϕ813	1.0	2.6
ϕ914	0.9	2.4
ϕ1016 以上	0.8	2.2

注　集束管道定向钻的导向孔轨迹折角应满足钻杆的折角参数要求。

（三）扩孔级数控制

（1）扩孔级数的确定。一般采用等厚或等扭矩孔径级配方法计算扩孔级数。

1）等厚度孔径级配计算法：

$$d_i = d_0 + \frac{D - d_0}{n} \tag{8–14}$$

2）等扭矩孔径级配计算法：

$$d_i = \frac{1}{2} \times \left[\frac{i \times D^3 + (n-1)d_0^3}{n} \right]^{\frac{1}{3}} \tag{8–15}$$

式中　n ——扩孔级数；

i ——第 i 级扩孔，取 1，2，…，n；

D ——末级扩孔直径（终孔直径），m；

d_0 ——导向孔直径，m；

d_i ——第 i 级扩孔直径，m。

（2）扩孔级数需综合考虑地层条件、周边环境、欲铺设管道长度等因素。

1）地层硬度：地层硬度较低时，可选择相对较少的扩孔级数；地层硬度较高时，可选择相对较多的扩孔级数。

2）地层成孔性：地层成孔性较好时，可选择相对较多的扩孔级数；地层成孔性较差时，在条件允许的情况下宜选择相对较少的扩孔级数。

3）周边环境复杂性：施工周边环境复杂时，宜选择较多的扩孔级数，避免一次扩孔厚度过大，对周边地下管线、构筑物或地面环境造成较大的影响，甚至破坏。

4）欲铺设管道直径：管道直径较小时，选择较少的扩孔级数，在条件允许时也可以一次性扩孔，同时回拖铺设管道。

5）欲铺设管道长度：管线较长时，不宜选择过多的扩孔级数。

（四）管道回拖控制

作为定向钻施工的最后一道关键工序，回拖作业的成败直接决定着整个定向钻工程的成败，必须控制好以下 6 点：

（1）导向孔轨迹要平滑圆润，无较大折角。

（2）扩孔孔径要合理，符合管道回拖孔径要求，在管道回拖前对孔道进行反复洗孔，保证孔道通畅干净，钻机扭矩等参数保持在合理范围内再进行回拖作业。

（3）根据工程规模计算出回拖拉力，根据回拖拉力大小合理选择钻机类型。

（4）管道回拖作业前对孔内泥浆进行置换，控制泥浆比重并保证其具有足够的润滑性，减小管道和泥浆之间的摩擦力。

（5）对回拖管道采取相应措施，减少回拖管道的摩擦力，具体措施见表 8–24。

（6）管道回拖过程中应密切关注钻机参数，合理操控钻机进行回拖作业。

表 8–24　　减少管道回拖摩擦力措施

方法	适用情况	具体操作	注意事项	优缺点
滑轮支撑	小、中型管径	将回拖管线置于滚动滑轮上，以滚动摩擦取代平面摩擦	滑车轴承应有足够压力承受力，滑车固定应牢靠	优点：结构简易； 缺点：滑车易翻滚
发送沟法	中、大型管线	将回拖管线置于事先修建完成的沟渠（不小于管径 2 倍）内，注水漂浮管线。水浮法示意如图 8–79 所示	管线入孔段约 50m 内应保证与穿越路径相符	优点：摩擦阻力小，管线外壁保护好； 缺点：场地要求严格
起吊法	中、大型管线	将一定数量的吊车（吊管机）布置在管线一侧，回拖时，全部吊起管线，同步摆臂（前行）。起吊法示意如图 8–80 所示	计算管线质量，合理布置起吊设备，回拖时设备步调应一致	优点：摩擦阻力小，管线外壁保护好； 缺点：场地要求严格
送管法	大型管线	采用送管机，在回拖管线处增加中继助力	送管机地锚应牢固，应与钻机配合密切	优点：回拖助力强劲； 缺点：结构复杂
配重法	中、大型管线	通过计算管线在孔内浮力，采用一定介质增加管线质量以抵消浮力产生的摩擦阻力	应准确计算数据，选择合理的配重介质	优点：可明显减少回拖拉力； 缺点：配重介质的选择、运用和清理复杂
综合法	小、中、大型管线	根据施工环境，采用上述 2 种或多种方法相结合的回拖方法	尽可能采取简易且有效的方法	优点：机动、灵活适用范围广； 缺点：对施工人员能力要求较高

（五）穿越复杂地层控制

复杂地层是定向钻施工中的难题，在施工过程中极易发生各种问题，因此对穿越复杂地层要做好各个环节的把控。

（1）认真分析地勘报告和施工图纸，制订最佳施工方案，精心组织，周密安排，针对不同工序和施工层位加强过程控制，落实好施工的每一个步骤，抓好每一个环节，形成落实到底的工作运行机制，切实做到认识到位、工作到位。

（2）复杂地层中导向孔轨迹控制至关重要，为保证轨迹精度应选择经验丰富的控向人员和控向设备，施工时及时调整每一根钻杆的钻进速度，控制每一根钻杆的控向参数，使导向孔轨迹做到平滑圆缓，为顺利回拖管道打下坚实基础。

（3）复杂地层的穿越对于钻具是严格的考验，合理的钻具可以起到事半功倍的效果，对于复杂地层可以选择不同地层使用不同钻具的方式进行施工。

1）钻头选择。钻头是定向钻施工的重要工具之一，对于不同地层采用不同的钻头，钻头选择参考见表 8–25。

表 8–25　　钻头选择参考表

地质条件	钻具选择	说　明
泥质黏土	掌面大的钻头	要想向前推进较小的距离就实现钻孔变向，必须选用全角变化率为 10° 以上的钻头
硬土层	较小钻头	要保证钻头至少比探头外筒尺寸大 12.5mm
钙质层	最小钻头	采用特殊的切削破碎技术实现钻孔方向的改变
糖粒砂	中等尺寸钻头	镶焊硬质合金钻头耐磨性最好
砂质淤泥	中等到大尺寸钻头	需要高扭矩来驱动钻头，泥浆的泵量及钻机锚固是钻孔成功的关键
致密砂层	小尺寸锥形钻头	钻头尺寸必须大于探头外筒尺寸，该地质条件钻头向前推进较难，可较快实现控向，钻机锚固是钻孔成功的关键
砾石层	镶焊小尺寸硬质合金的钻头	大颗粒卵石层，钻进难度大，不过若卵石层间有足够的胶结性土，钻进也是可行的
岩层	孔内动力钻具	采用动力钻头钻到硬质岩时，可在无明显方向改变的条件下实现掘进

图 8–79　水浮法示意图

图 8–80　起吊法示意图

2）扩孔器的选择。当导向孔施工结束后需安装1个扩孔器来扩大钻孔，以便回拖成品管线，一般将钻孔扩大至成品管尺寸的1.2～1.5倍，根据成品管和钻机的规格可采用多级扩孔。对于不同的地层，采用不同的扩孔器（见图8–81），这是保证回扩成孔的关键。扩孔器选择参考见表8–26。

表8–26　扩孔器选择参考表

地质条件	钻具选择	说明
黏性较大土层、砂土层	快速切削型扩孔器	可取得有效的切削效果，但无法破碎坚硬的岩石
岩层	拼合型钻头扩孔器	由剖开的牙轮锥形体制造，并将其焊接到金属板和短的间接构件上，是一种通用的、经济的扩孔工具。易定做，有多种切削具类型和规格
	锥形牙轮扩孔器	广泛应用在硬度40MPa以内的各种地层
破碎地层	双向型扩孔器	在岩石崩落的地层中可以向前或向后钻进。这种平衡式的牙轮是稳定的，而且能够自动跟踪导向孔。大型牙轮和密封式轴承的应用延长了其在孔内的寿命

(a)

(b)

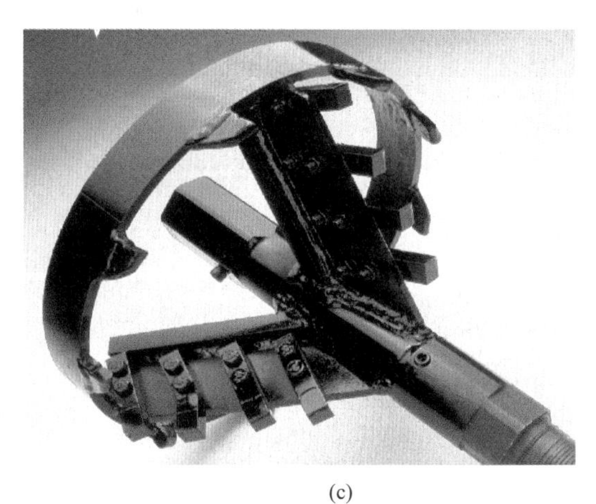

(c)

(d)

图8–81　扩孔器示意图

（a）示意图1；（b）示意图2；（c）示意图3；（d）示意图4

（4）泥浆配方的选择是针对不同地层来确定的，复杂地层地质变化较大，不同的层位使用不同的泥浆配方，因此钻机操作人员要及时与泥浆人员保持联系，随时改变泥浆配方，保证所使用泥浆拥有良好的钻屑携带能力、润滑能力、封堵能力、凝胶性等。

（六）泥浆体系控制

1. 施工阶段泥浆控制

（1）定向钻所使用的泥浆液是多种类型的流体介质，其作用为排除孔内钻屑、平衡地层压力、黏结稳固孔壁、润滑钻杆、冷却钻头，有时还能辅助钻头冲碎岩土、协同造斜导向、驱动螺杆钻具等。泥浆控制原理示意如图 8–82 所示。

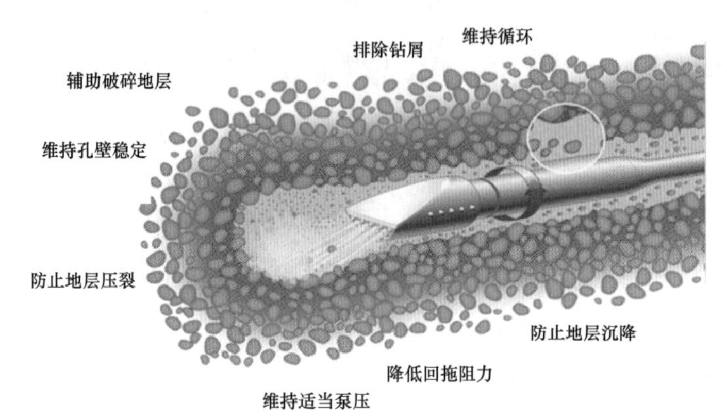

图 8–82　泥浆控制原理示意图

（2）泥浆液性能参数包括密度、黏度、切力、流动性、失水性、造壁性、抑制性、润滑性、黏附性、稳定性、含砂量、酸碱度、堵漏能力等。

（3）泥浆体系依据地层的成孔性和成孔难点、泥浆的性能参数，同时兼顾钻孔直径、钻具组合和钻进参数等进行配比和调控，泥浆性能参数参考见表 8–27。

表 8–27　泥浆性能参数参考表

地层类型	典型岩土名称	成孔难点与关键技术措施	主导性能参数指标控制	主要兼顾的其他性能参数控制
松散破碎地层	粉细砂、砂土、砾石、卵石、强风化岩石、千枚岩、糜棱岩、建筑垃圾等	颗粒、散块之间缺乏胶结，孔壁易坍塌，埋挤、卡死钻具及回拖管线。提高泥浆黏度与切力是首要技术手段	视黏度： ≥18mPa·s（一般散碎）； ≥28mPa·s（较为散碎）； ≥38mPa·s（严重散碎）； 切力：≥5～18Pa	漏斗黏度≥60～70s； 失水量≤18mL/30min； pH 值 8～10； 润滑系数≤0.2； 密度适当
水敏性地层	黏土层（高含蒙脱石），水敏性泥岩、页岩、板岩等	孔壁吸水膨胀，导致钻孔缩径抱杆、抱管、塌陷，回转扭矩与拉力激增。降低钻井液的失水量，提高其对岩土水敏的抑制性	失水量： ≤18mL/30min（准水敏）； ≤10mL/30min（较水敏）； ≤3mL/30min（强水敏）； 滚动回收率≥65%～85%	含砂量≤2%； 漏斗黏度≥25s； 膨胀量≤2%； 密度、pH 值适当
水溶性地层	富含钠盐、钾盐、岩盐、石膏、天然碱、芒硝等的岩土	造成孔壁溶解、孔径超大甚至上窿塌方；溶解物侵蚀泥浆使其性能遭到破坏。降失水；用含盐泥浆降低孔壁溶解并使自身稳定	离子浓度： ≥2g/L（准水溶）； ≥15g/L（较水溶）； ≥100g/L（强水溶）； 失水量≤5～20mL/30min	溶解度≤5%； 含砂量≤2%； 漏斗黏度≥25s； 密度、pH 值适当

续表

地层类型	典型岩土名称	成孔难点与关键技术措施	主导性能参数指标控制	主要兼顾的其他性能参数控制
高压蠕变地层	软土、软质泥岩与页岩、淤泥等流塑体，且地层压力高	钻孔蠕变缩径，抱死钻杆和回拖管线，回转扭矩与回拖拉力激增。加大泥浆液密度以提高对孔壁的外向挤涨平衡力	密度： 1.2～1.4g/cm³（稍高压）； 1.4～1.6g/cm³（较高压）； 1.6～1.8g/cm³（高压）	失水量≤20mL/30min； 采用加重粉剂时： 黏度≥35s； 切力≥10Pa
低压漏失地层	高空隙度散砾、裂缝发育岩体、碳酸盐岩溶洞溶隙	泥浆液漏失严重，地面冒浆，地面隆起，扰动其他地下设施。降低泥浆密度和动压差以减轻漏失动力；运用随钻堵漏剂	密度： 0.6～1.0g/cm³； 随钻堵漏剂： 0.5～3.0mm 的粒状、纤维状惰性材料	流型指数≤0.75； 动塑比≥0.4Pa/mPa·s； 润滑性系数≤0.02； 漏斗黏度≥45s； 滤失量≤10mL/30min
坚硬、稳定岩石地层	花岗岩、片麻岩、大理岩、石英脉等各种硬岩体	进尺速度很慢，钻头磨损严重，容易烧钻。但孔壁稳定、钻屑颗粒细小。以提高泥浆润滑性为主导的技术措施	润滑性系数： ≤0.20（一般研磨性）； ≤0.12（较强研磨性）； ≤0.06（很强研磨性）； 视黏度≤5mPa·s	密度≤1.15g/cm³； 漏斗黏度≤35s； 切力≤3Pa； 固相含量≤2%

注　漏斗黏度为马氏漏斗黏度 $S_{马}$，若采用苏氏漏斗黏度 $S_{苏}$，则换算关系为 $S_{苏}=1.4S_{马}-25$。

2. 施工中泥浆回收再利用

（1）清除孔内返回泥浆中的钻屑和砂渣，不仅能够提高循环再生泥浆的质量，为定向钻工程节省耗材，而且有利于处置废弃泥浆和满足环境保护的要求。泥浆回收系统示意如图 8–83 所示。

图 8–83　泥浆回收系统示意图

（2）泥浆的除砂固控，按不同粒度采用不同的方法和设备，由粗到细分为自然沉降、振动筛、旋流除砂、旋流除泥、离心分离 5 个级别。

（3）化学除砂是通过加入絮凝剂使泥浆中的固相颗粒聚集变大而有利于聚沉清除的方法，可提高自然沉降法或机械分离法的除砂效率。化学除砂絮凝剂包括无机絮凝剂、合成有机絮凝剂、天然有机絮凝剂 3 大类。使用化学处理剂要注意防毒、防腐蚀，现场应配备必要的劳动保护用品。

（4）施工中至少有 1 名技术人员负责泥浆的配制、监测、维护与记录。

（5）施工现场配备漏斗黏度计、比重称、失水量仪、含砂量仪和 pH 试纸等。每班至少监测 1 次泥浆的常规性能。根据测量结果，及时添加相应的配浆材料。

3. 废弃泥浆环保控制

废弃泥浆是钻进过程中从孔内排出的含有大量岩屑和失去性能并难以恢复而遗弃的泥浆，或终孔后残留的泥浆。按国家环保生态环境的规定，不得向公共水域（包括海域）排放，也不得排入下水道和农田。随着定向钻施工技术应用领域的不断扩展，废泥浆处理越来越重要，因此，废弃泥浆的处理是环境保护的重点。处理废弃泥浆的主要方法如下：

（1）直接排放法。废弃泥浆不经处理直接排放，只限于低毒、无毒和易生物降解（降解后的小分子和残渣也不会对环境造成潜在的污染）的泥浆。

（2）分散处理法。采用直接排放法，污染物含量超标，但可以采用分散处理。比如与泥土混合，降低污染物的相对含量，从而达到环境要求的可以排放或堆积的标准。或者用水稀释，少量多次以达到环境要求的标准。

（3）脱水法。该法利用化学絮凝剂沉降、机械分离等强化措施，使废弃泥浆中的固、液两类得以分离。其基本流程包括化学处理和机械处理 2 部分：

1）化学处理一般采用无机盐（$CaCl_2$，Fe_2SO_4 等）和有机高分子絮凝剂的联合作用，以中和颗粒表面的负电荷，利用固体颗粒聚集沉淀和高分子的吸附架桥絮凝使水土分离。

2）机械处理用于加速固液分离，常用方法有真空过滤、压力过滤、离心分离等。

（4）回填法。废弃泥浆在储浆池内通过沉降分离上部清液，达到环保标准后直接排放，剩余部分经干燥后（不一定要求全部干燥，只需达到一定程度就可以），在储浆池内就地掩埋。但必须保证顶部土层有 1～1.5m 厚，填埋后恢复地貌。对毒性较大的废弃泥浆，不能用此法处理，否则会造成二次污染。

（5）固化法。在废弃泥浆里加入固化剂，使其转化为土壤或胶结强度很大的固体，可就地掩埋或作为建筑材料使用。固化法能消除废弃泥浆中的金属离子和有机物对土体、土壤和生态环境的影响和危害，可视为一种比较可靠的方法。

（6）坑内密封法。先在坑底和坑壁铺一层有机土，然后铺一层塑料垫，再铺一层有机土，也可在坑底和四周加固化层，以防渗漏。将基本干燥的废弃泥浆填在坑内，之后进行覆盖密封，恢复地貌。

三、常见问题及对策

（一）钻机失稳

施工中，钻机在额定的工作能力区间内，发生移动的事故称为钻机失稳，其易导致人身安全事故、机械损伤或因钻机不能充分发挥其应有的性能而导致施工失败。防止钻机失稳的措施有以下 6 点：

（1）钻机施工前应锚固。在一些小型钻机施工或大型钻机施做小型工程时，常为了方便节省时间、成本，施工前并未对钻机进行锚固，导致钻机受力后滑移或倾覆。

（2）锚固所使用的材料设施应满足质量要求，锚固的方式应结合现场的环境及地质情况综合考虑。

（3）整体抗水平滑动锚固力大于钻机额定回拖力的 1.5 倍。

（4）整体抗前倾覆能力大于回拖钻机实施最大回拖力时作用于钻机的向前倾覆扭力矩，即包括前端抗压、后端抗拔，重点考虑前端抗压受力情况。

（5）整体抗后倾覆能力应大于导向钻进时实施最大顶推力时作用于钻机的向后倾覆扭矩力，重点考虑前端抗拔。

（6）小型钻机在市区施工时宜采用地锚杆稳固钻机，避免开挖地面。对于特殊工程，大型钻机的地锚稳定可采用沉箱、桩基、浇筑等结合的方式。

（二）导向孔钻进中随钻探测信号失准

导向孔钻进施工中常常会出现钻探信号失准，其原因为外部磁场对方位角的影响，外部磁场主要由地下管道、地下光缆、刚性建筑物（构筑物）、大型船只、地上高压线等产生，这些外部磁场将影响地磁场强度和地磁角度，从而影响控向方位角，控向方位角的不确定最终导致钻孔时方向失控。

防止信号失准的措施有：

（1）采用抗干扰能力强的导向设备。

（2）采用经验丰富控向人员操作控向。

（3）穿越路径增加人工磁场、磁靶等校正方位角。

人工磁场在穿越中心线两侧布设闭合线圈，简单方便，经济有效。其优点是不受外部磁场干扰，可以准确无误地将钻孔数据反映出来，当探头到达此闭合线圈的区域内，接通直流电源产生磁场，通过人工磁场可以测得穿越轴线的左右偏移和穿越标高。通过人工磁场与地磁场左右偏差的比较，可以确定目前钻头方位角，从而确定下一根钻杆的行进方位。由于人工磁场在地磁场受干扰的情况下可以提供准确的管线穿越方位角，在地磁场不受干扰的情况下可以校正控向方位角的正确性，从而能够很好地控制导向孔与设计穿越曲线偏移，保证穿越曲线的平滑性。

（三）钻进过程中的泥浆跑冒

1. 钻导向孔阶段

在导向孔钻进阶段因为管线穿越孔还没有钻通，因此在导向孔钻进的过程中，泥浆在盲孔中向入土点返出，如果入土点前端孔堵塞，则泥浆会向地层薄弱点扩散，就有可能在导向孔沿线地表冒出泥浆。因此，在管线导向孔钻进的前段部位，要采用比较大的泥浆量，较大的泥浆流量便于携带出破碎的泥土，使导向孔始终通路，不发生堵塞。在导向孔的后半段，泥浆压力减小，因为穿越距离长时泥浆很难再从入土点孔洞内返出。施工中司钻手要适当控制泥浆泵量，并增大泥浆浓度和黏度，使孔壁上形成泥皮阻漏，这样可有效地防止泥浆漏失。在穿越河流时，泥浆漏失严重的情况可通过在泥浆中加水泥或粉煤灰来控制。冒浆示意如图 8–84 所示。

2. 扩孔阶段

开始扩孔的前半段，要采用比较大的泥浆量，利用泥浆的流动把孔内的泥土带到出土点。在扩孔中段，泥浆量要减小，因为距离出土点与入土点都比较远，泥浆从这两点返出需要的压力较大，如泥浆量过大易导致浆液从沿线冒出。在回扩到距离入土点较近时泥浆排量再次加大，泥浆将从入土点孔洞返出。

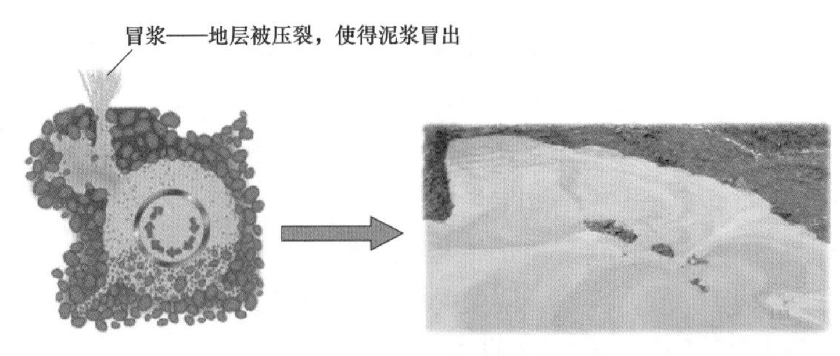

图 8–84　冒浆示意图

3. 回拖阶段

在管线回拖阶段，因为整个穿越孔内充满了泥浆，因此在回拖管线的过程中，泥浆的排量与压力不用太大，随着管线进入穿越空洞，孔内的泥浆将被管线挤出，因此管线的回拖速度不能太快。

4. 成立泥浆应急小组

成立泥浆应急小组，该小组负责管线沿穿越沿线进行泥浆情况巡查，发现有冒泥浆点要及时通知技术人员及时调整穿越方案，控制泥浆继续在该点冒出。小组成员组织泥浆清理，避免泥浆跑冒面积扩大。

（四）卡钻

（1）导向孔钻进过程中，钻头很可能卡钻，表现为泥浆压力剧增，或伴随钻机扭矩瞬间的增大（旋转钻进时），此时钻头停止转动。可立即停止钻杆推进，改为往钻机方向拉钻杆，降低泥浆的压差，然后用更慢的推力和推进速度钻进。

（2）扩孔过程中发生卡钻，在硬岩地质中主要是由扩孔速度过快导致的，在软岩中卡钻大多是由于泥浆配比不达标导致钻屑无法从孔内排出。因此，在不同地质情况下发生的卡钻要根据具体情况采取相应的解卡措施。对于非扩孔速度和泥浆原因导致的扩孔阶段卡钻，可采用套洗专用工具套洗解卡。

（3）抱杆主要发生在导向孔钻进时，泥浆配比不达标和钻杆长时间不转动都是导致抱杆的主要原因，因此导向孔施工时要进行连续作业，并配制达标泥浆。对于长距离导向施工，可在适当距离内增加补浆短接，解决长距离钻杆抱杆发生。抱杆示意如图 8–85 所示。

图 8–85　抱杆示意图

（五）钻孔塌孔

钻孔塌孔的原因、预防及处理见表 8–28。

表 8–28　　　　　　　　　　塌 孔 分 析 表

因素	原　因	预　防	处理
地质因素	（1）砂层、杂填土层、卵砾石层、淤泥等地层均为不稳定地层，当泥浆压力不能平衡地层压力时，就会发生塌孔。 （2）土层被钻具钻开时，孔壁被挤压产生的应力与泥浆液柱压力产生压差，当压差大于岩土屈服强度时，就会产生剥薄、掉块和坍塌，泥浆浸泡下这些现象更加严重。 （3）当钻孔所在地层中含有泥页岩时，由于泥页岩具有独特分层特性及高黏土含量，泥页岩水化一方面造成力学强度降低，另一方面由于水化膨胀而诱发或加剧孔壁受力不平衡，造成泥页岩裂解塌孔	塌孔的预防措施首先满足 2 个条件：泥浆液柱压力≥岩石空隙压力，尽量减少水渗入岩土或孔壁四周的水渗出： （1）增大泥浆密度，提高泥浆液柱压力以平衡地层压力。 （2）使用较大动塑比值[①]的泥浆来保护孔壁	当塌孔不严重时，适当增大泥浆密度，减少失水，小排量循环，使泥浆呈平板形层流或塞流，将塌块和岩屑带出。当塌孔严重、塌块尺寸较大时，选择高切力、高黏度泥浆，保持泥浆在环形空间层流状态下，适当加大冲洗排量，以便将大塌块带出
物理因素	（1）回拉、扩孔（回拖铺管）速度过快，泥浆泵压力过大，钻孔内泥浆液柱压剧增。 （2）导向孔曲率半径过小，钻杆或扩孔器旋转挤压孔壁，带动泥浆冲蚀孔壁。 （3）导向孔上部地层漏失，地层压力释放，孔内泥浆液柱压降低，导致塌孔。 （4）泥浆液流动，长时间浸泡冲蚀孔壁，降低土层内聚力和内摩擦角。[②] （5）泥浆液流动冲蚀	（1）开泵避免过快，让钻杆尽量保持在恒定张力下工作，以避免液柱压力骤增，以及钻具对孔壁的猛烈撞击。 （2）根据地下障碍物分布情况做好钻孔轨迹设计和扩孔程序，避免导向孔曲率过大引起钻具回转挤压孔壁。 （3）合理控制泥浆密度和流变性能，使泥浆具有一定的液柱压力，保持泥浆的低返速，呈平板流形（孔壁稳定、流速均匀、孔内净化好）的状态。 （4）提高钻进速度，缩短施工周期，减少泥浆浸泡冲蚀时间，同时保持泥浆均匀、性能稳定，严禁出现泥浆性能大幅度变化的情况	
泥浆因素	泥浆黏度不够	（1）配置泥浆应适当降低失水量，减少渗入孔壁的水分，适当增大泥浆滤液黏度，pH 值控制在 8.5～9.5。 （2）针对泥页岩易水化、膨胀、分散的特性，可选用： 1）低失水、高矿化度泥浆（氯化钠、氯化钙泥浆等抑制性泥浆），可显著地控制泥页岩水化膨胀，防止塌孔。 2）石膏泥浆性能稳定且流动性好，300～500mg/L 浓度的钙离子能防止泥页岩地层膨胀坍塌。 3）甲基泥浆中的钙离子 K^+易嵌入氧离子六角环，可以使结构更加紧密，也可使黏土负电荷减少，从而减弱泥页岩水化	

① 在钻井液工艺中，常用动切力与塑性黏度的比值（简称动塑比）表示剪切稀释性的强弱，动塑比值越大，剪切稀释性越强，为了能够在高剪切率下有效地破岩和在低剪率下有效地携带岩屑，要求钻进液具有较高的动塑比（一般情况下将动塑比控制在 0.36～0.48Pa/（mPa・s）是比较适宜的）。

② 内摩擦角在力学上可以理解为块体在斜面上的临界自稳角，在这个角度内，块体是稳定的，大于这个角度，块体就会产生滑动。

（六）管线回拖中的问题

作为管道定向钻施工的最后一道工序，管道回拖过程中最常见的问题就是管道回拖受卡。受卡原因很多，包含钻机选型、导向孔控制、扩孔孔径、泥浆体系等方面。因此要保证回拖前作业的质量，如导向孔、扩孔、洗孔作业的质量和时间连续性。但有时受穿越地层地质的影响，在扩孔、洗孔后，在管道回拖前或在管道回拖过程中，孔洞发生孔壁坍塌、缩孔等导致回拖卡钻现象。因此必须在回拖前做好管道卡钻的应急措施准备。

在管道回拖时如遇到回拖力增加至超出预计的最大安全拉力时，可判断为管道在孔洞中遭遇孔壁坍塌导致抱管现象产生。出现此种情况时，可立即在管尾安装夯管锤进行锤击，使管道受到夯管锤的振击后摆脱穿越孔洞对其的束缚，从而回拖作业得以继续进行。国内外定向钻穿越中，使用夯管锤辅助回拖的措施是十分有效的。夯管锤安装示意如图 8–86 所示。

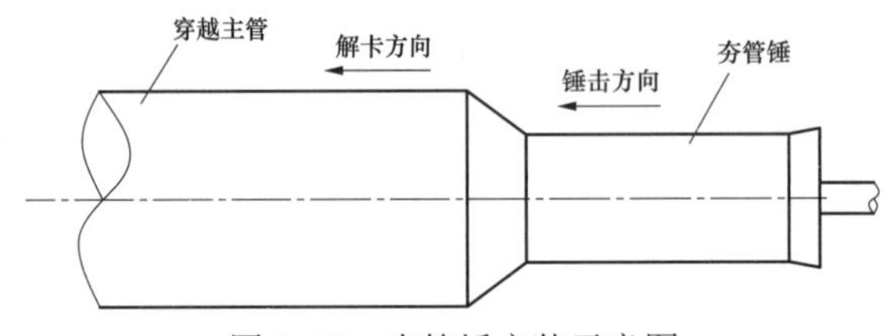

图 8–86　夯管锤安装示意图

若采用夯管锤振击遇卡管道后，回拖仍然不能继续进行，则可判断为穿越孔洞内坍塌现象比较严重，管道无法继续回拖。针对此情况，应及时地安装动滑轮组，将其与回拖管道的尾部连接，将管道及时从孔洞中拽出，避免管道存留在孔洞内时间过长而导致更大的解卡阻力。滑轮组安装示意如图 8–87 所示。

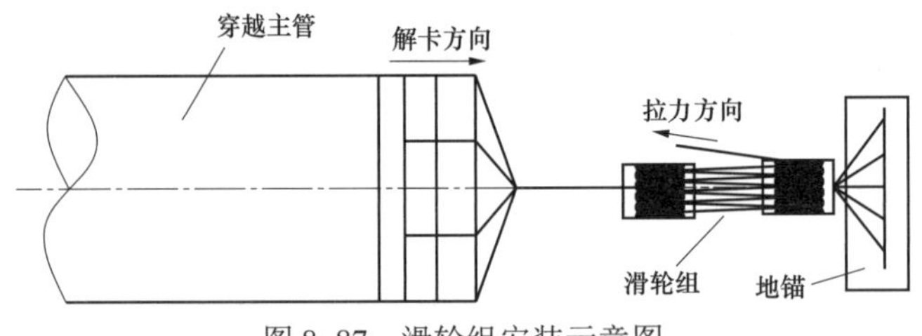

图 8–87　滑轮组安装示意图

若使用滑轮组仍无法将管道拽出，则可使用夯管锤与滑轮组相结合的方式进行解卡，解卡示意如图 8–88 所示。

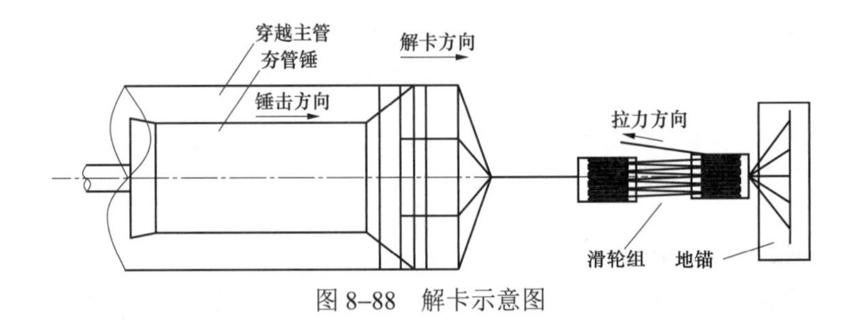

图 8–88　解卡示意图

第八节　人身健康、安全、环境保护

一、健康管理

（一）劳动保护

（1）应符合国家和地方的劳动保护法规和规范要求。

（2）施工人员应配备相应的劳动保护用品。

（二）医疗保健

（1）医疗。施工现场应配备医药箱并依据施工地域、季节和作业特点，配备相应的急救药品。

（2）保健。应建立员工健康检查、疾病预防、饮食卫生等方面的卫生保健制度，并认真执行。

（三）公共卫生

（1）应注意驻地环境卫生，定时清理垃圾。

（2）宿舍内应经过消毒处理，应保持干净整洁，应有防鼠、防蝇、防蚊措施。

（3）餐厅、厨房应保持干净整洁，餐具必须消毒，不得食用不明和变质食物。

（4）保持个人卫生，经常洗澡换衣，防止流行病发生。

二、安全保护

（一）施工现场安全用电规定

（1）为确保施工对供电可靠性、安全性的要求，必须建立和执行一整套严格的停送电和设备维护保养的操作制度。

（2）操作人员必须持有电工执照，一人操作，一人监护；必须做好配电系统的日常巡检工作；安全用具和消防器材（电气专用）应完整，做好五防工作。人员在检修电路和电气设备之前必须完成停电、验电、放电，装设接地线，挂标示牌等技术措施，并悬挂“有人工作禁止合闸”的标志。

（3）所采用的电线、装置和装备应符合国家有关标准。

（4）施工现场严格采用“三相五线”制，一律采用 TN—S 接零保护系统；重复接地导线使用绿/黄双色绝缘多股铜线，不得使用废旧、受损及带节电缆线，电阻值应符合规范要求，其截面积不得小于 2.5mm^2。

（5）动力配电箱与照明配电箱应独立设置。

（6）各种电力设施需加装保护围栏及防触电装置；配电房周围 3～5m 范围内不得有其他建筑及堆放杂物；凡有用电的设备均配置相应的灭火器。

（7）现场所有用电设备金属外壳必须接地，所有配电箱内电器配件必须保证完整无缺，所有分配电箱必须重复接地。

（8）变压器设置围栏，设门加锁，专人管理，悬挂“高压线危险，切勿靠近”的警示牌，变压器必须设接地保护装置，其接地电阻不得大于 4Ω。

（9）移动式配电箱、开关箱应安装在固定支架上，并有防潮、防雨、防晒措施。

（10）临时动力线、开关盒、插座盒、金属柜和设备外围设施等要醒目标记操作电压的最大值。

（11）临时架设的线路及移动电气设备的绝缘必须良好，使用完毕要及时拆除。在施工过程中，电动机械、电气设备的照明因工作需要撤除后，不应留有可能带电的电线。如果电线必须保留，应切断电源，并将裸露的电线端部包上绝缘胶带。

（12）隧道内应设双回路电源，并有可切断装置，照明线路施工区域内不得大于 36V，成洞和施工区域外的地段可用 220V。

（13）照明灯具的金属外壳、金属支架必须设保护接零；灯具的配套装置须有外壳，并设保护接零，严禁器件外露。

（二）电焊工作的安全规定

（1）严格按照铭牌上标明的参数使用焊机，不得超负荷使用。

（2）使用焊机前，应检查焊机的接线、外壳接地、电流范围等项符合要求，焊机内无异物后，方可合闸。

（3）工作时，焊机铁芯不应有强烈振动，压铁芯的螺钉应拧紧。

（4）工作中焊机及电流调节器的温度不应超过 60℃。

（5）应做好维护保养，保持焊机内外清洁，保证焊机和焊接软线绝缘良好，若有破损或烧伤应立即修好。

（6）电工应定期检查焊机电路的技术状况及焊机各处的绝缘性能，如有问题应及时排除。

（7）超作时，须穿戴好劳保用品，如工作服、工作帽、手套等。

（8）在焊接和切割的工作场所，须有防火设备，如灭火器、沙箱等。

（9）在管道或隧道内施焊时，须设置通风装置。

（10）严禁在已喷涂过油漆、胶料、燃料等容器内电焊或电切割。

（11）在禁火场所进行电焊作业时，须有动火证，并且在监护人员到位和防火措施完成后，方可作业。

（12）高空作业时，施工人员应佩戴安全带，并遵守高空作业的有关规定。

（13）施工人员在施工过程中，应谨防触电，注意不被弧光和金属飞溅等伤害。

（14）当焊接或切割工作结束后，须仔细检查焊接场地周围，确认没有起火隐患后方可离开。

三、环境保护

环境保护是我国的一项基本国策，随着人民生活水平的不断提高，环境保护意识也在不断地增强。保护我们赖以生存的自然与社会环境已成为当前的一项突出问题。随着社会经济的快速发展，各种建设与施工在日益增加，而建筑施工造成的环境影响也在不断增多。因此施工现场的环境保护工作已变得十分重要。

当建设项目路径确定后，应对施工场地周围的水文地质、植被、地貌、气候特征、人文环境、文化古迹进行调查，了解当地有关部门环境管理办法、环境功能区划分标准、污染物排放标准等，并相应采取必要的保护措施。

（一）施工现场空气污染的防治措施

（1）施工现场道路应指定专人定期洒水清扫，形成制度，防止道路扬尘。

（2）对于细颗粒散体材料（如泥浆原材料、水泥、粉煤灰、白灰等）的运输、储存要注意遮盖、密封，防止飞扬。

（3）车辆开出工地要做到不带泥沙，基本做到不撒土、不扬尘，减少对周围环境的污染。

（4）除设有符合规定的装置外，禁止在施工现场焚烧油毡、橡胶、塑料、皮革、枯草、各种包装物等废弃物品，以及其他会产生有毒、有害烟尘和恶臭气体的物质。

（5）机动车都要安装减少尾气排放的装置，确保符合国家标准。

（6）工地茶炉应尽量采用电热水器。若只能使用烧煤茶炉和锅炉时，应选用消烟除尘型茶炉和锅炉，大灶应选用消烟节能回风炉灶，使烟尘降至允许排放范围。

（7）大城市市区的建设工程已不允许搅拌混凝土。在允许设置搅拌站的工地，应将搅拌站封闭严密，并在进料仓上方安装除尘装置，采用可靠措施控制工地粉尘污染。

（8）拆除旧构筑物时，应适当洒水，防止扬尘。

（二）施工过程水污染的防范措施

（1）施工现场搅拌站废水、废弃泥浆、电石（碳化钙）的污水必须经沉淀池沉淀合格后再排放，最好采取措施回收利用。

（2）现场存放油料，必须对库房地面进行防渗处理，如采用防渗混凝土地面、铺油毡等。使用油料时，要采取防止油料“跑、冒、滴、漏”等措施以免污染水体。

（3）施工现场 100 人以上的临时食堂，可设置简易有效的隔油池排放污水，定期清理，防止污染。

（4）工地临时厕所、化粪池应采取防渗措施。中心城市施工现场的临时厕所可采用水冲式厕所，并有防蝇、灭蛆措施，防止污染水体和环境。

（5）化学用品、添加剂等要妥善保管，库内存放，防止渗漏污染周边水源。

（三）施工现场噪声的控制措施

（1）采取措施将噪声污染降低到最低程度，并与受其污染的组织和有关单位协商，达成协议。

（2）在居民区、学校、医院等公用设施附近施工时，应采取措施和改进施工方法，使施工产生的噪声和振动尽可能减至最低程度，并将措施汇报给相关单位批准。

（3）施工使用的挖掘机、空压机、风镐、搅拌机、压路机、电锯等高噪声和高振动的施工机械，应避免夜间在居住区和敏感区附近作业。

（4）尽量采用低噪声设备和工艺代替高噪声设备和工艺。

（5）施工现场指挥生产，采用无线电对讲机，既可进行工作联络，又可减少人为的叫喊声。进入施工现场不得高声喊叫、无故乱吹哨，限制高音喇叭的使用，最大限度地减少噪声扰民。

（6）控制强噪声作业的时间，凡在人口稠密区进行强噪声作业时，需严格控制作业时间，一般晚10点～次日早6点应停止强噪声作业。如必须昼夜施工时，尽量采取降低噪声措施，并与当地居委会、村委会或当地居民协调，悬挂安民告示，求得群众谅解。

（7）合理安排作业时间，将噪声较大的施工工序放在白天进行，避免夜间进行噪声较大的工作。

（8）尽量使用商品混凝土，混凝土构件，尽量工厂化，减少现场加工量。

（9）钢轨和型钢搬运轻拿轻放，下垫枕木。

（四）固体废物污染的防护措施

（1）制订泥浆和废渣的处理、处置方案，选择有资质的运输单位及时清运。在收集、储存、运输、利用、处置过程中，采取防扬散、防流失、防渗漏或其他防止污染环境的措施。

（2）对收集储存、运输、利用、处置废弃物的设施、设备和场所，加强管理和维护，保证其正常运行和使用。

（3）教育施工人员养成良好的卫生习惯，不随地乱丢垃圾、杂物，保持工作和生活环境整洁。

（4）施工中产生的建筑垃圾和生活垃圾，应当分类、定点堆放，并与环卫公司签订合同，由环卫公司进行专业化及时清运，不得乱堆乱放。

（5）综合利用资源，对固体废物实行充分回收和合理利用。

（五）水土保持措施

（1）施工作业带清理和平整遵循保护林木、植被及配套设备，防止或减少水土流失的原则。

（2）施工通过林区时，砍伐林木前需报当地林业行政主管部门，批准后方能采伐；清理时尽可能降低砍伐数量，不能损坏作业带以外的树木、草地。

（3）对于作业带外被不慎砍伤的树木，要采取补救措施。有条件的地方树木可以从地面切断，不要伤根，让它能重新萌芽生长。

（4）注意保护和有效利用土地资源，尽量利用已有道路，修路不得堵塞和充填排水通道；开挖基坑时，草场和林地的可耕土壤，将表层土壤与深层土壤分别堆放，回填时先回填深层土，然后回填表层土；如因工程施工需要，需回填或修筑施工便道取土的，应在当地有关部门规定的取土场取土，不得在规定范围以外任意取土。

（5）严禁在崩塌滑坡区和泥石流易发区取土、挖砂、采石。

（6）严禁利用野外植物生火取暖等破坏植被的行为。

（7）禁止施工车辆、设备任意辗压、侵占非施工用地，破坏植被及农作物。

（8）严禁猎杀野生动物。

（9）对驾驶员进行宣传教育，增强保护生态环境的意识。

（10）工程用弃水，只能排放在经批准的地方，排放处应预先做好排水通道，修筑排水槽、池等，避免冲刷、破坏植被。

（11）工程竣工后，最大程度地恢复原有地貌，对废弃的砂、石、土运至规定的专门存放地堆放，不得向江河、湖泊、水库和专门存放地以外的沟渠倾倒。

（12）对陡坡和山区处，当回填完成后，作业带区应重新平整到大体上接近原来的地形。

（13）对管道施工区域可能造成水土流失或对管道安全造成威胁的陡坡、陡坎、河岸、沟岸等，应按设计要求修建护坡或采取其他土地整治措施以防水土流失。

（14）在回填堆放挖出的土壤时，不可把表层的草皮或表土除去。

（15）开挖基坑回填后，在冲沟、河谷地段应立即按原来地形地势将沟渠修复，以保证排水畅通。

（16）水流穿越处要恢复原来的河道梯度和外形。

（六）文物古迹遗址保护措施

文物古迹是指人类在历史上创造的或人类活动遗留的具有价值的、不可移动的实物遗存，包括地面与地下的古文化遗址、古墓葬、古建筑、石窟寺、石刻、近现代史迹及纪念建筑、由国家公布应予保护的历史文化街区（村镇），以及其中原有的附属文物。在工程建设中，首先应避免途经或靠近此类地段。如无法避免，应采取必要保护措施。

（1）在已知有文物古迹的地段施工时，应取得当地文物管理部门的同意并要求文物部门派专人现场指导对文物的保护工作。

（2）会同文物保护管理部门，了解文物分类情况，及时制订保护方案。

（3）在涉及有文物古迹的地段施工时，应在进入现场前组织全体施工人员深入学习文物保护法和当地文物保护部门对文物保护的有关规定，增强文物保护意识，自觉树立保护文物、爱护历史遗产的意识。

（4）建立健全文物保护制度，把文物保护措施落实到每一个参建人员工作中。

（5）在施工过程中，偶然发现文物或有考古、地质研究价值的物品时，应及时采取保护措施，防止人员哄抢或二次破坏，并立即联络当地文物管理部门，积极协助文物部门工作。

第九章 电缆电气施工部分

高压电缆工程建设过程中对电气施工各个环节的施工安装技术、施工质量要求较高，一旦出现施工质量问题将对投运后的电缆线路产生较大隐患，甚至会引发故障并对社会产生较大的负面影响。为了有效控制高压电缆电气施工过程中的安全质量，统一施工工艺要求，规范施工工艺行为，本章总结了高压电缆工程电缆电气施工安全质量管理方案，包括电缆典型施工方法、施工管控要点及常见问题与对策。

第一节 电缆典型施工方法

一、高压电缆直埋敷设典型施工方法

直埋敷设施工方法多应用在电缆线路不太密集和交通不太拥挤的城市地下走廊，将电缆敷设于地下壕沟中，在沟底和电缆上覆盖软土层和砂，且设有保护板，再与地坪埋齐。高压电缆直埋敷设典型施工方法介绍了110kV及以上电压等级电缆直埋敷设施工方法，该方法在工程应用中能够提高电缆敷设效率和质量，保证施工安全。

（一）特点

（1）高压电缆直埋敷设施工方法采用人工或卷扬机牵引的方式展放电缆，也可两者兼用，方法简便易行，有成熟的经验，能防止电缆展放过程中对电缆造成机械损伤。

（2）在沟中每隔2～2.5m放置1个滚轮，将电缆端头从电缆盘上引出放在滚轮上，然后用绳子扣住电缆向前牵引，如果电缆较长和较重，除了在电缆端头牵引外，还需要一部分人员在电缆中部帮助拖拉，并监护电缆在滚轮上的滚动情况。

（3）敷设电缆要缓慢牵引，敷设在沟底的电缆不必将它拉得很直，而需要有一些波形，使其长度较沟的长度多0.5%～1.0%，防止温度降低使电缆缩短而承受过大压力。

（4）电缆在沟内放好后，上面铺以100mm厚的软土或细砂，然后盖上混凝土预制板，覆盖宽度超过电缆两侧各 50mm，以保护电缆使其不致受到机械损伤，最后用土分层填实。在郊区及空旷地带的电缆线路，应在其直线段每隔 50～100m 处、转弯处、接头处、进入建筑物处竖立1根露出地面的混凝土标志桩，在标志桩上注明电缆型号、规格、敷设日期和线路走向等。

（5）高压电缆直埋敷设施工方法适合大截面电缆直埋敷设，能够提高工作效率，保证电缆敷设质量。

（二）适用范围

高压电缆直埋敷设典型施工方法适用于110kV及以上电压等级，截面积为400～2500mm^{2}的电力电缆直埋敷设施工。

（三）施工工艺流程

高压电缆直埋敷设施工工艺流程图如图9–1所示，其具体流程如下。

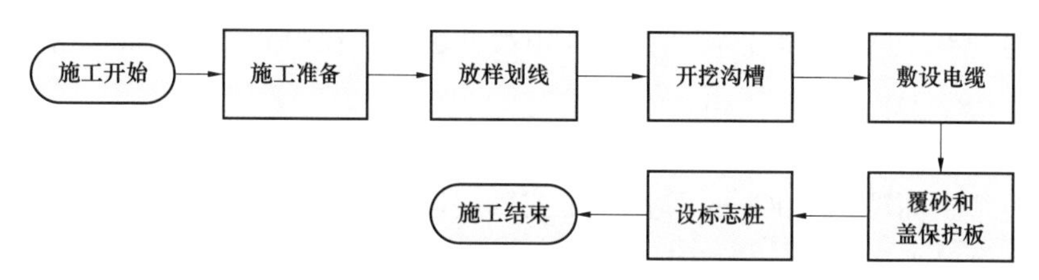

图9–1 高压电缆直埋敷设施工工艺流程图

1. 施工准备

（1）现场勘察，路径复测。根据现场勘察情况决定电缆敷设的方式、方法（采用人工敷设或机械敷设）。

（2）制订施工计划，编制施工方案，以确定电缆接头位置、敷设电缆的次序、跨越或穿越各种道路和障碍物的措施，以及安全运送电缆的办法。

（3）进行对外联系。根据路径情况和已确定的施工方案，对各种公用设施产生影响的要取得有关部门的协助，以及有关部门和单位的协议、批准和许可。

（4）检查敷设电缆及其所需各种材料、工器具是否合格和齐全。

2. 放样划线

（1）根据现场勘察和最后确定的敷设电缆路径走向来放样划线。

（2）在工矿场区内，可用石灰粉或者绳子在地上标明电缆沟的位置、开挖宽度，其宽度应根据人体宽度和电缆条数及电缆间距而定。

（3）在农村，可用标志桩钉在地上，标明电缆沟的位置。

（4）在山坡地带，应挖成蛇形曲线，曲线的振幅为1.5m，这样可以减缓电缆的敷设坡度，使其最高点受拉力较小，且不易被洪水冲断。

3. 开挖沟槽

（1）应垂直开挖，挖出来的泥土堆在沟槽的两旁。

（2）在土质松软处开挖时，应在沟壁上加装护板，以防电缆沟倒塌。

（3）电缆沟验收合格后，在沟底铺上100mm厚的砂层。

4. 敷设电缆

（1）可采用人工或卷扬机牵引进行电缆敷设。

（2）架设电缆线盘，将电缆盘按线盘箭头所示方向滚到电缆沟开挖方向端头位置，再将钢轴穿于线盘孔中，用千斤顶将线盘两端顶起，并使电缆从盘的上方放出，然后将事先准备的特制钢丝网套套在电缆末端。

（3）用防捻器与牵引钢丝绳连接，再沿沟底每隔 2～2.5m 放置 1 个滚轮，将电缆放在滚轮上，以电缆牵引时不与地面摩擦为原则。

（4）施放电缆时，牵引方向应与电缆盘施放方向一致，在电缆盘两侧须有协助推盘及负责刹住电缆盘滚动的人员。

（5）当电缆全部放在滑轮上后，便可逐段将电缆提起移去滑轮，并将电缆放在沟底，一边检查电缆是否受伤，一边将电缆摆直。

（6）当电缆有中间接头时，应将其放在电缆井坑中。在中间接头的周围应有防止发生火灾的设施。

5. 覆砂和盖保护板

（1）在电缆上面覆以 100mm 厚的软土或砂层，然后盖上混凝土保护板，板的宽度应超过电缆直径两侧以外各 50mm，并使一个人能够搬动。

（2）覆土前应抽干沟内积水，并分层夯实，保证路基稳固，最后清理施工场地。

6. 设标志桩

（1）应在其直线段每隔 50～100m 处、转弯处、接头处、进入建筑物处竖立 1 根露出地面的混凝土标志桩。

（2）在标志桩上注明电缆型号、规格、敷设日期和线路走向等。

（四）人员组织

根据工程量和现场实际情况合理安排人员，开展施工作业。施工现场人员组织见表 9–1。

表 9–1　　施工现场人员组织表

√	序号	人员类别	职　　责	作业人数
	1	现场负责人	处理施工过程中出现的突发问题，保证施工质量及安全，施工开始前向参加工作的相关人员进行交底	1
	2	技术负责人	施工前编制作业指导书及相关的专项方案，处理施工过程中的技术问题，在开始施工前配合工作负责人进行安全技术交底	1
	3	质量负责人	对本工序的施工质量负责，施工前对质量通病制订预防措施，施工过程中检查各部位质量能否满足验收要求	1
	4	安全负责人	对本工序的安全负责，施工前对可能出现的危险源点进行分析预判并制订相应的预防措施，对现场安全作业情况进行监督	1
	5	材料负责人	对本工程的物资供应负责，保证施工材料及时准确地进入施工现场，确保不因物资供应问题影响施工进度	1～2
	6	资料员	对施工资料进行收集整理，负责档案移交	1～2
	7	信息员	负责信息上传及维护基建信息管理系统	1
	8	电缆工	电缆展放过程的分段监护及紧急情况的处理	若干
	9	吊车指挥	电缆轴、放线架的安装、拆除	1
	10	司吊	电缆轴、放线架的安装、拆除	1
	11	司索	电缆轴、放线架的安装、拆除	若干
	12	电工	安装、控制卷扬机牵引电缆进行敷设	若干
	13	普通工	清理沟槽、排水、搬运电缆输送机、布电缆辊、拆除电缆外包装、牵引电缆方向、摆放电缆等体力工作	若干

（五）材料和设备

1. 施工主要材料

施工主要材料见表 9–2。

表 9–2　　施工主要材料表

√	序号	名称	型号及规格	单位	数量
	1	电缆	由工程性质决定	m	据实际工作核对
	2	白棕绳	4～6 分	m	若干
	3	铁丝	10、12 号	kg	若干
	4	润滑油		kg	若干
	5	热收缩封帽	由工程性质决定	只	若干
	6	刚性封帽	由工程性质决定	只	若干
	7	液化气	15kg/罐（安装用）	罐	若干
	8	防水带	50mm×3m×1.65mm	卷	若干
	9	自黏性 PVC 带	18mm×6m	卷	若干
	10	电缆标示牌	由工程性质决定	块	若干

2. 施工主要机械设备

施工主要机械设备见表 9–3。

表 9–3　　施工主要机械设备表

√	序号	名称	型号及规格	单位	数量	备注
	1	电源线盘	220V/380V	个	若干	
	2	电焊机		台	若干	
	3	盘锯	5402（ϕ415mm、2200r/min）	把	若干	
	4	手锯	0～320mm	把	若干	
	5	放线架	由工程性质决定	套	2	
	6	千斤顶	20t	台	4	
	7	空心钢管	由工程性质决定	根	若干	
	8	电缆盘制动设备	自制	个	若干	
	9	直线滑轮	由工程性质决定	只	若干	可根据现场情况调整
	10	回力撑	由工程性质决定	根	若干	
	11	转角滑轮/滑板	由工程性质决定	组	若干	可根据现场情况调整
	12	发电机	68kW	台	若干	可根据现场情况调整
	13	液化气枪	双开金属护套 JH–2/25mm	把	若干	
	14	对讲机		只	若干	

续表

√	序号	名称	型号及规格	单位	数量	备注
	15	卷尺	100m	把	若干	
	16	撬棍		根	若干	
	17	工具箱	自制	只	若干	
	18	灭火器	MFZ/ABC3（3kg）	只	若干	
	19	绝缘电阻表	5000V/2500V	台	1	
	20	吊车	由工程性质决定	台	1	
	21	起吊钢丝绳	由工程性质决定	付	若干	

（六）质量控制

（1）电缆转弯处最小弯曲半径符合验收规范要求，详见表 9–4。

表 9–4　　电缆最小弯曲半径

电缆型式	最小弯曲半径
单芯交联聚乙烯绝缘电力电缆	20*D*

注　*D* 为电缆外径。

（2）电缆允许敷设最低温度符合厂家要求，厂家无要求时，应符合验收规范规定的电缆允许敷设最低温度，低于此温度时应采取加热等措施，详见表 9–5。

表 9–5　　电缆允许敷设最低温度

电缆类型	允许敷设最低温度（℃）
单芯交联聚乙烯绝缘电力电缆	0

（3）电缆就位应轻放，严禁磕碰。

（4）电缆敷设时，控制转弯处的侧压力符合设计规范，不应大于 3kN/m。

（5）设专人看守转弯滑轮两侧，防止电缆出现裕度损伤电缆。

（6）电缆敷设完成后，对电缆外护套进行绝缘电阻测试和直流耐压试验，若试验未通过，应及时查找电缆外护套破损点，对破损处外护套进行绝缘密封修复处理，直到试验合格。

（7）每条电缆敷设完成后，应及时在电缆两端悬挂线路名称标识牌。

（8）直埋敷设地下的电力电缆应有铠装和防腐层护套。

（9）直埋电缆沟的沟底必须平整，应无坚硬物质，否则应在沟底铺 1 层 100mm 厚的细砂或软土，然后再覆盖混凝土保护板。在地面上必须装设电缆走向警告标志，并绘制走向详图存档。

（10）电缆敷设完成后，及时填写敷设记录和相关资料并整理归档。

（七）安全措施

（1）施工时开挖槽沟四周装设围栏和安全警示标志，设专人看护。

（2）电源配电箱应接地良好，剩余电流动作保护装置安装符合要求。

（3）为了不影响建筑物的结构和电缆施工，直埋敷设电缆与建筑物的距离不得小于 0.6m。

（4）正确使用安全防护用品、用具。

（5）在起重、运输重物时，使用机械吊装或人工吊装的方法，应采取保护措施，保证设备和其他附件完好。

（6）吊装电缆盘前，检查起重工具，如钢丝绳型号是否符合要求，钢丝绳套有无断股，轴承座及吊装环是否开裂等。吊装时起重臂下严禁站人，设专人指挥。

（7）敷设电缆过程中，控制设备、通信设备保持畅通完好，确保电缆施工中人员、设备安全。

（8）电缆外护套试验时，电缆两端设专人看护，试验区域设好围档和警示标志，试验完毕对电缆放电接地。

（9）焊接施工作业人员必须配备和使用防护用具，防止电弧光灼伤作业人员。

（八）环保措施

（1）施工前，合理选择电缆敷设地点，尽量避免占用土地植被、林地等地区。

（2）施工过程中，注意保护周围环境，做到少破坏植被，余土、弃渣妥善处理。

（3）合理安排工作计划和资源调配，做到节能降耗，减少施工过程对电能、车辆等的使用。

（4）施工完毕后及时清理施工现场，杂物和包装物品集中存放、及时运走，做到工完、料尽、场地清，恢复地貌。

（九）验收

1. 验收程序

施工项目部在重要隐蔽工程隐蔽前和关键工序转序前均需进行三级自检，并向监理项目部提出验收申请，隐蔽工程由监理项目部进行现场检查，符合要求并签字确认后，现场方可隐蔽并进入下一道工序的施工。对于关键工序的转序验收，监理项目部完成初检后由业主项目部组织开展中间验收。

执行首件样板验收制度，对不同的电缆敷设形式、固定方式分别进行现场验收和资料验收，对发现的缺陷实行闭环管理，首件样板验收合格后方可继续施工。运维单位根据施工计划参与隐蔽工程和关键环节的中间验收，隐蔽工程验收和关键环节的中间验收均应留下相关记录，并附验收影像资料，对验收中发现的问题应进行整改并组织复验。

施工单位在电缆敷设前，应取得由运维单位出具的土建通道、照明、通风等基本附属设施及支架、接地等附属设备，验收合格并许可施工的书面意见；电缆敷设应通过持证上岗、设备挂牌、关键环节拍照摄像、试验等手段严把施工质量验收关。

2. 验收环节

（1）施工前，合理选择电缆敷设地点，避开含有酸、碱强腐蚀或杂散电流电化学腐蚀影响严重的地段。

（2）直埋敷设的电缆，严禁位于地下管道的正上方或正下方。

（3）电缆应敷设于壕沟里，并应沿电缆全长的上、下紧邻侧铺以厚度不少于 100mm 的软土或砂层。

（4）沿电缆全长应覆盖宽度不小于电缆两侧各 50mm 的保护板，保护板宜采用混凝土。

（5）城镇电缆直埋敷设时，宜在保护板上层铺设醒目标志带。

（6）位于城郊或空旷地带，沿电缆路径的直线间隔 100m、转弯处或接头部位，应竖立明显的方位标志或标桩。

（7）电缆外皮至地面的深度不得小于 0.7m；当位于行车道或耕地下时，应适当加深，且不宜小于 1.0m。

（8）直埋敷设于冻土地区时，宜埋入冻土层以下，当无法深埋时可敷设在土壤排水性好的干燥冻土层或回填土中，也可采取其他防止电缆受到损伤的措施。

二、高压电缆在排管、工作井内敷设典型施工方法

排管、工作井被广泛地应用于各类电缆工程中，排管、工作井中的电缆敷设以电缆输送机与组合滑轮配合、集中同步电气控制的施工方法展放电缆。高压电缆在排管、工作井内敷设典型施工方法介绍了 110kV 及以上电压等级电缆在排管、工作井中的施工方法，在工程应用中能够提高电缆敷设效率和质量，保证施工安全。

（一）特点

高压电缆在排管、工作井内敷设典型施工方法具有以下 5 个特点。

（1）本施工方法采用电缆输送机与组合滑轮配合的方式展放电缆，能有效分散电缆敷设时的牵引力，控制侧压力，防止电缆在展放过程中受到机械损伤。

（2）本施工方法在电缆就位时通过专用电缆打弯机调整蛇形波幅，有利于控制电缆蛇形敷设工艺，确保施工快速、高效。

（3）每台电缆输送机处装设总控箱、分控箱，敷设中总控箱和分控箱均设专人控制全线电缆输送机的启动、停止和输送方向。分控箱处设跳闸按钮，紧急时刻，可使全线电缆输送机停止工作，保证施工安全。

（4）全线采用调频载波电话或步话机等进行通信，信息畅通，实现电缆敷设工程的统一指挥。

（5）本施工方法适用于大截面积电缆在排管、工作井内的敷设，能够提高工作效率，保证电缆敷设质量。

（二）适用范围

高压电缆在排管、工作井内敷设典型施工方法适用于 110kV 及以上电压等级，截面积为 400～2500mm^2 的电力电缆在排管、工作井内的敷设施工（充油电缆除外）。

（三）施工工艺流程

高压电缆在排管、工作井内敷设施工工艺流程如图 9–2 所示，其具体工艺流程如下。

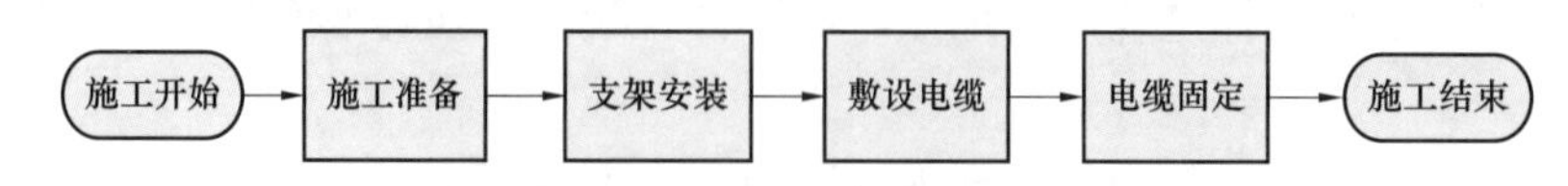

图 9–2　高压电缆在排管、工作井内敷设施工工艺流程图

1. 施工准备

（1）施工前根据工程设计交底内容，核对施工图纸，勘察现场，编制施工大纲。

（2）现场配备足够的施工电源，敷设机械设备和文明施工用具，根据电缆型号、规格选取电缆输送机与滑轮。

（3）核实电缆路径长度，保证电缆设计长度满足电缆路径实际长度，复核电缆接头位置。

（4）电缆开箱检查，具体检查项目见表 9–6。

表 9–6　　电缆开箱检查项目表

序号	检查项目	检查标准	检查结果
1	电缆盘外观检查	外观完整，无明显破损	
2	电缆出厂技术文件检查	产品合格证、出厂试验报告、电缆铭牌齐全且为原件	
3	电缆外观检查	电缆型号、规格、长度应符合设计要求，电缆封端应严密，当外观检查对电缆的密封防潮产生怀疑时，应进行受潮判断和试验。电缆标识完整、字迹清晰	
4	外护层试验	使用 5000V 绝缘电阻表摇测电缆外护套，绝缘电阻不低于 0.5MΩ	
施工负责人： 监理： 厂家代表：			

（5）对电缆敷设所用到的每一孔排管管道进行检查，先用排管疏通器进行双向疏通清理，处理排管接头毛刺，再用软布包裹疏通器疏通，清洗排管管内泥沙，清理电缆工作井通道，保证电缆敷设通道内畅通、无积水。

（6）排管口、高差起落处均安装铝合金令口、环形滑轮，以防电缆划伤、跳位。

（7）电缆敷设工作井垂直落差较大时，在工作井口放线架处或工作井垂直向下中间部位加设电缆输送机。

2. 支架安装

（1）支架安装前工作井内应具备以下条件：

1）支架安装前先根据设计图纸检查预埋铁件的位置、数量及其牢固性。清除预埋件周边水泥，清除预埋板锈渣及污垢。

2）工作井内通风、照明、排水设施完善，环境干燥、安全。

3）电焊机及其他设备应可靠接地、绝缘良好，接线箱及电源应符合规范要求，设备进入工作井内施工现场时，严禁碰伤沟壁及地面。操作人员作业时应由专业人员监护到位，防止意外发生。电焊作业人员应持证上岗，着装规范。

（2）检查到货支架有无严重锈蚀、显著变形，尺寸符合设计要求。

（3）根据设计要求焊接支架：先采用点焊，然后用水平尺找正支架，做到横平竖直后再焊接牢固。用线绳在 2 对支架间拉上 2 道直线作为其他焊接支架的标高，线绳要求绷直无下垂。按照所标记标高进行支架的焊接安装。以此方式逐一进行下一步施工，确保支架在同一水平面内，高低偏差不大于 5mm。

（4）接地扁钢采用设计要求规格的镀锌扁钢，焊接搭接长度不小于扁钢宽度的 2 倍且三面施焊，接地扁钢与不锈钢支架立铁焊接时三面施焊。接地扁钢应平直，转角转弯处半径不得小于扁钢厚度的 2 倍。

（5）电缆支架层间距离符合设计规定，电缆支架安装应牢固，横平竖直。各支架的同层横档应在同一水平面上。在有坡度的建（构）筑物上安装的支架，应与建（构）筑物同坡度。支架最上层及最下层至工作井顶和地面的距离应符合设计尺寸要求。

（6）工作井与排管口连接处增加电缆伸缩补偿装置。伸缩补偿装置三维效果及现场应用如图 9–3 所示。

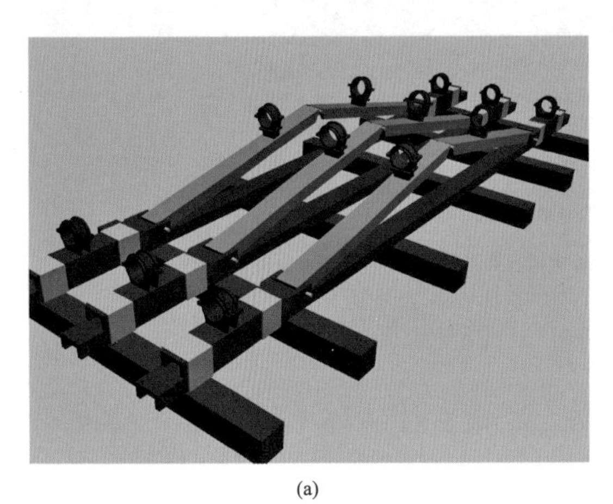

(a)

(b)

图 9–3　伸缩补偿装置三维效果及现场应用图

（a）伸缩补偿装置三维效果图；（b）伸缩补偿装置现场应用图

3. 敷设电缆

（1）现场布置、调试通信和动力设备。在电缆盘、转弯处、排管进出口、工作井内、终端、电缆输送机及控制箱等关键部位设置通信设备，保证通信畅通。电缆输送机布置示意如图 9–4 所示。

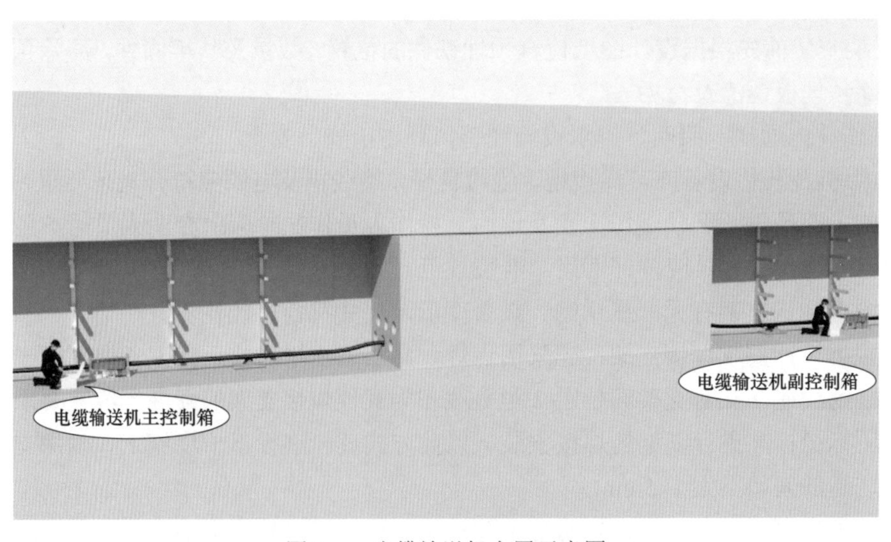

图 9–4　电缆输送机布置示意图

在电缆敷设前，在电缆盘处搭建电缆放线支架，放线支架要求平稳、牢固可靠。安装井口滑轮，井口滑轮与井圈牢固固定，避免坠入井下。搭建好的放线支架和井口滑轮的布置位置应满足电缆弯曲半径要求。电缆敷设示意如图 9–5 所示。

图 9–5　电缆敷设示意图

（2）根据电缆敷设方案在电缆牵引头、电缆盘、各输送机、各控制箱、转弯处及可能造成电缆损伤的地方设专人监护，展放过程中遇有异常情况应立即停止牵引并报告施工现场总指挥、技术人员，待问题处理后才继续展放。对于不同的地形环境派专人随时调整施工机具的位置。

（3）电缆排管管口处应衬垫铝合金令口，并设专人看护，防止损伤电缆。

（4）电缆敷设过程中，电缆盘处设 1～2 名人员负责检查电缆外观有无破损，协助牵引人员把电缆牵引头从电缆盘上端引出，顺利送到井口下方或牵引至电缆输送机。

（5）将电缆导入滑轮和电缆输送机，操作分控箱启动电缆输送机，旋紧电缆输送机紧固螺杆使履带夹紧电缆。电缆在人工操作和电缆输送机的输送作用下向前输送，电缆到达下一台电缆输送机时，重复上述操作。

（6）使用电缆盘制动装置控制电缆盘停止和转动速度，电缆盘线速度应与电缆输送速度同步，电缆盘制动装置控制电缆敷设的速度不宜超过 15m/min，一般取 6m/min。

（7）输送机在敷设过程中应固定牢固，根据周边的敷设环境，选择适当的固定方式。

（8）电缆在敷设过程中，应设专人监控电缆盘的运转情况，随时调整电缆盘工位，防止电缆盘倾倒。

（9）电缆在弯道、高落差处敷设时，应严格控制电缆的弯曲半径。单芯电缆允许最小弯曲半径为 20*D*（*D* 为电缆外径）。

（10）每相电缆敷设完毕后，应及时做好回路、相序标识工作。

4. 电缆固定

（1）电缆就位后，根据设计要求使用专用电缆打弯机具调整电缆的波幅。电缆打弯示意如图 9–6 所示。

图 9–6　电缆打弯示意图

（2）按设计要求对电缆进行固定，使用电缆固定夹具（三相固定夹具、单相固定夹具）将电缆固定在支架上。如电缆支架为导磁性材料，应在电缆固定夹具下方增加绝缘隔磁板。

（3）采用紧密品字形排列电缆固定方式时，应用尼龙绳每隔 1m 进行绑扎，不得使用铁丝绑扎。

（4）在工作井转弯两侧的切点和坡道引上、引下部位进行连续固定。

（5）电缆夹具固定电缆时，橡胶垫要与电缆贴紧，露出夹具两侧的橡胶垫基本相等，夹具两侧螺栓应均匀受力，螺栓露出扣长 2～5 扣，直至橡胶垫与夹具接触紧密。

（6）电缆蛇形敷设的每一节距部位，宜采取挠性固定。蛇形转换成直线敷设的过渡部位，宜采取刚性固定。

（四）人员组织

根据工程量和现场实际情况合理安排人员，开展施工作业。施工现场人员组织见表 9–7。

表 9–7　　施工现场人员组织表

√	序号	人员类别	职　　责	作业人数
	1	现场负责人	处理施工过程中出现的突发问题，保证施工质量及安全，施工开始前向参加工作的相关人员进行交底	1
	2	技术负责人	施工前编制作业指导书及相关的专项方案，处理施工过程中的技术问题，在开始施工前配合工作负责人进行安全技术交底	1
	3	质量负责人	对本工序的施工质量负责，施工前对质量通病制订预防措施，施工过程中检查各部位质量能否满足验收要求	1
	4	安全负责人	对本工序的安全负责，施工前对可能出现的危险源点进行分析预判并制订相应的预防措施，对现场安全作业情况进行监督	1

续表

√	序号	人员类别	职　　责	作业人数
	5	材料负责人	对本工程的物资供应负责，保证施工材料及时准确地进入施工现场，确保不因物资供应问题影响施工进度	1～2
	6	资料员	对施工资料进行收集整理，负责档案移交	1～2
	7	信息员	负责信息上传及维护基建信息管理系统	1
	8	电缆工	调试输送机、电缆展放过程的分段监护及紧急情况的处理	2
	9	吊车指挥	电缆轴、放线架的安装、拆除	1
	10	司吊	电缆轴、放线架的安装、拆除	1
	11	司索	电缆轴、放线架的安装、拆除	若干
	12	电工	安装、拆除电缆输送机电源、调试输送机	若干
	13	普通工	清理沟槽、排水、搬运电缆输送机、布电缆辊、拆除电缆外包装、牵引电缆方向、摆放电缆等体力工作	若干
	14	电焊工	敷设支架焊接	若干

（五）材料和设备

1. 施工主要材料

施工主要材料见表 9–8。

表 9–8　　施 工 主 要 材 料 表

√	序号	名称	型号及规格	单位	数量	备注
	1	电缆	由工程性质决定	m	据实际工作核对	
	2	白棕绳	4～6 分	m	100	
	3	铁丝	10、12 号	kg	20	
	4	润滑油		kg	20	
	5	热收缩封帽	由工程性质决定	只	若干	
	6	刚性封帽	由工程性质决定	只	若干	
	7	液化气	15kg/罐（安装用）	罐	2	
	8	防水带	50mm×3m×1.65mm	卷	10	
	9	自黏性 PVC 带	18mm×6m	卷	10	
	10	电缆标示牌	由工程性质决定	块	若干	
	11	铝合金令口	由工程性质决定	只	若干	

2. 施工主要机械设备

施工主要机械设备见表 9–9。

表 9–9　　施工主要机械设备表

√	序号	名称	型号及规格	单位	数量	备注
	1	电源线盘	220V/380V	个	2	
	2	电焊机		台	2	
	3	盘锯	5402（ϕ415mm、2200r/min）	把	2	
	4	手锯	0～320mm	把	4	
	5	放线架	由工程性质决定	套	2	
	6	千斤顶	20t	台	6	
	7	空心钢管	由工程性质决定	根	若干	
	8	电缆盘制动设备	自制	个	2	
	9	直线滑轮	由工程性质决定	只	若干	可根据现场情况调整
	10	回力撑	由工程性质决定	根	若干	
	11	转角滑轮/滑板	由工程性质决定	组	若干	可根据现场情况调整
	12	输送机	JSD–5/JSD–8	台	若干	可根据现场情况调整
	13	发电机	68kW	台	4	可根据现场情况调整
	14	抽水泵	由工程性质决定	台	若干	可根据现场情况调整
	15	木梯或绝缘梯	由工程性质决定	张	2	
	16	液化气枪	双开金属护套 JH–2/25mm	把	10	
	17	排风机	由工程性质决定	台	若干	可根据现场情况调整
	18	防护井圈	由工程性质决定	只	若干	可根据现场情况调整
	19	对讲机		只	10～15	
	20	卷尺	100m	把	若干	
	21	撬棍		根	若干	
	22	工具箱	自制	只	若干	
	23	灭火器	MFZ/ABC3（3kg）	只	若干	
	24	绝缘电阻表	5000V/2500V	台	1	
	25	气体检测仪	四合一（可检测 O_2、H_2S、CO 和可燃气体）	台	1	
	26	吊车	由工程性质决定	台	1	
	27	起吊钢丝绳	由工程性质决定	付	若干	

（六）质量控制

（1）电缆转弯处最小弯曲半径符合验收规范要求，详见表 9–10。

表 9–10　　　　　　　　　　　　电缆最小弯曲半径

电 缆 型 式	最小弯曲半径
单芯交联聚乙烯绝缘电力电缆	20*D*

注　*D* 为电缆外径。

（2）电缆允许敷设最低温度符合厂家要求，厂家无要求时，应符合验收规范规定的电缆允许敷设最低温度，低于此温度时应采取加热等措施，详见表 9–11。

表 9–11　　　　　　　　　　　　电缆允许敷设最低温度

电 缆 类 型	允许敷设最低温度（℃）
单芯交联聚乙烯绝缘电力电缆	0

（3）电缆就位应轻放，严禁磕碰支架端部和其他尖锐硬物，调整蛇形波幅时，严禁使用有尖锐棱角铁器。

（4）电缆敷设时，控制转弯处的侧压力符合设计规范，不应大于 3kN/m。

（5）设专人看守转弯滑轮两侧，防止电缆出现裕度损伤电缆。需派专人在输送机间随时调整滑轮位置，防止滑轮移动与翻转。

（6）电缆敷设完成后，对电缆外护套进行绝缘电阻测试和直流耐压试验，若试验未通过，应及时查找电缆外护套破损点，对破损处外护套进行绝缘密封修复处理，直到试验合格。

（7）每条电缆敷设完成后，应及时在电缆两端悬挂线路名称标识牌。

（8）支架立柱应平直，无明显扭曲。误差应在技术要求范围内，切口无卷边、毛刺；支架应固定牢固，无显著变形，各横撑间的垂直净距与设计偏差符合技术规范；支架立柱应用接地扁铁环通，规范美观。电缆支架防腐应符合设计要求。

（9）电缆工作井支架层间距离符合设计规定，支架安装应牢固，横平竖直。各支架的同层横档应在同一水平面上，其高低偏差应符合设计及规范要求，偏差不超过±5mm。在坡度面上安装的支架，应与其坡度相同。

（10）电缆水平敷设时，蛇形波幅误差一般控制在±10mm 以内。三角形敷设时波幅参照设计规定。

（11）电缆悬吊固定、引上固定过程中应多处固定，防止局部受力过大，损伤电缆。

（12）电缆引上位置裕度符合设计要求，端部密封良好。

（13）电缆敷设位置、排列及固定符合设计规范要求，牢固美观。

（14）电缆敷设完成后，及时填写敷设记录和相关资料并整理归档。

（15）电缆敷设完成后，应对管道进行封堵。

（七）安全措施

（1）施工时工作井入口四周装设围栏和安全警示标志，设专人看护，夜间施工工作井入口处应装设警示灯。

（2）电源配电箱应接地良好，剩余电流动作保护装置安装符合要求，电缆输送机及控制箱接地良好。

（3）在工作井内使用电源，遇潮湿结露处导线接头必须用防潮接线盒，防止人员触电。

（4）正确使用安全防护用品、用具。

（5）在工作井内作业，起重、运输重物时，如电缆输送机、转弯滑轮等，使用机械吊装或人工吊装的方法，并采取保护措施，保证设备和其他附件完好。

（6）吊装电缆盘前，检查起重工具，如钢丝绳型号是否符合要求，钢丝绳套有无断股，轴承座及吊装环是否开裂等。吊装时起重臂下严禁站人，设专人指挥。

（7）在电缆敷设过程中注意对运行电缆的保护，勿登踏、磕碰运行电缆。

（8）敷设电缆过程中，控制设备、通信设备保持畅通完好，确保电缆施工中人员、设备安全。

（9）每人看守电缆输送机不能超过 2 台，重点部位 1 人 1 台；每台电缆输送机要有专人经常检查，发生故障及时处理；电缆敷设时，施工人员严禁在电缆敷设内角停留；电缆输送时，严禁人员搬动或调整输送机滑轮或垫放东西。

（10）电缆上、下支架时应设专人统一指挥，防止电缆碰撞电缆支架受损。

（11）工作井内动火必须履行动火手续，专人监护，并配备消防器材。

（12）电缆外护套试验时，电缆两端设专人看护，试验区域设好围档和警示标志，试验完毕对电缆放电接地。

（13）焊接施工作业人员必须配备和使用防护用具，防止电弧光灼伤作业人员。

（14）每天工作结束后清点人数，人员全部上井后盖好井盖。

（八）环保措施

（1）施工前，合理选择电缆敷设地点，尽量避免占用土地植被、林地等地区。

（2）施工过程中，注意保护周围环境，做到少破坏植被，余土、弃渣妥善处理。

（3）合理安排工作计划和资源调配，做到节能降耗，减少施工过程对电能、车辆等的使用。

（4）施工完毕后及时清理施工现场，杂物和包装物品集中存放、及时运走，做到工完、料尽、场地清，恢复地貌。

（九）验收

1. 验收程序

施工项目部在重要隐蔽工程隐蔽前和关键工序转序前均需进行三级自检，并向监理项目部提出验收申请，隐蔽工程由监理项目部进行现场检查，符合要求并签字确认后，现场方可隐蔽并进入下一道工序的施工。对于关键工序的转序验收，监理项目部完成初检后由业主项目部组织开展中间验收。

执行首件样板验收制度，对不同的电缆敷设形式、固定方式分别进行现场验收和资料验收，对发现的缺陷实行闭环管理，首件样板验收合格后方可继续施工。运维单位根据施工计划参与隐蔽工程和关键环节的中间验收，隐蔽工程验收和关键环节的中间验收均应留下相关记录，并附验收影像资料，对验收中发现的问题应进行整改并组织复验。

施工单位在电缆敷设前，应取得由运维单位出具的土建通道、照明、通风等基本附属设施及支架、接地等附属设备，验收合格并许可施工的书面意见；电缆敷设应通过持证上岗、设备挂牌、关键环节拍照摄像、试验等手段严把施工质量验收关。

2. 验收环节

（1）排管通道所选用的排管内径宜取 1.5 倍电缆外径值。

（2）电缆敷设时，电缆所受的侧压力和弯曲半径应根据不同电缆的要求控制在允许范围内，侧压力无规定时不应大于 3kN/m。

（3）电缆敷设后，按设计要求将工作井内的电缆固定在电缆支架上，并将排管口封堵好。

（4）电缆应用专用打弯机调整蛇形波幅，打弯幅值应符合设计文件及相关规范的要求。

（5）固定夹具表面应平滑、便于安装，有足够的机械强度和适合使用环境的耐久性特点。

（6）水平敷设时，在终端、接头或转弯处紧邻部位的电缆上，应设置不少于 1 处的刚性固定。

（7）固定夹具数量和间距符合设计要求，螺栓长度宜露出螺母 2～3 扣。

（8）支架安装与设计相符，横平竖直，无显著扭曲，切口无卷边、毛刺；焊缝应满焊且焊缝高度应满足设计要求，焊接牢固、焊渣打磨；相关构件在焊接和安装后应进行相应的防腐处理；支架应用接地扁铁环通，其规格应符合设计要求。

（9）电缆敷设在工作井的排管出口处可作挠性固定。挠性固定电缆用的夹具、扎带、捆绳或支托架等部件，表面应平滑、便于安装，有足够的机械强度和适合使用环境的耐久性特点。

（10）挠性固定方式夹具的间距：电缆垂直敷设时，取决于电缆自重下垂所形成的不均匀弯曲度，一般采用的间距为 3～6m；电缆水平敷设时，夹具间距可以适当放大。

（11）不得采用磁性材料金属丝直接捆扎电缆。

（十）应用实例

电缆开盘、电缆护层试验、输送机敷设电缆、电缆固定分别如图 9–7～图 9–10 所示。

图 9–7　电缆开盘

图 9–8　电缆护层试验

图 9–9　输送机敷设电缆

三、高压电缆在隧道内敷设典型施工方法

高压电缆隧道多应用在城市负荷密集区、市中心区及变电站进出线区。高压电缆隧道可有效解决线路通道问题，节约土地使用。隧道中电缆敷设以电缆输送机与组合滑轮配合，集中同步电气控制的施工方法展放电缆。本部分介绍了 110kV 及以上电压等级电缆在隧道内敷设施工的方法，该方法在工程应用中能够提高电缆敷设效率和质量，保证施工安全。

（一）特点

（1）高压电缆在隧道内敷设典型施工方法采用电缆输送机与组合滑轮配合的方式展放电缆，能有效分散电缆敷设时的牵引力，控制侧压力，防止电缆在展放过程中发生机械损伤。

（2）本施工方法在电缆就位时通过专用电缆打弯机调整蛇形波幅，有利于控制电缆蛇形敷设工艺，确保施工快速、高效。

（3）每台电缆输送机处装设总控箱、分控箱，敷设中总控箱和分控箱均设专人控制全线电缆输送机的启动、停止和输送方向。分控箱处设跳闸按钮，紧急时刻，可使全线电缆输送机停止工作，保证施工安全。

图 9–10　电缆固定

（4）全线采用调频载波电话或步话机等进行通信，信息畅通，实现电缆敷设工程的统一指挥。

（5）本施工方法适合大截面积电缆在封闭式隧道内等环境下敷设，能够提高工作效率，保证电缆敷设质量。

（二）适用范围

高压电缆在隧道内敷设典型施工方法适用于 110kV 及以上电压等级，截面积为 400～2500mm^2 电力电缆在隧道内敷设施工（充油电缆除外）。

（三）施工工艺流程

高压电缆在隧道内敷设施工工艺流程如图9–11所示。

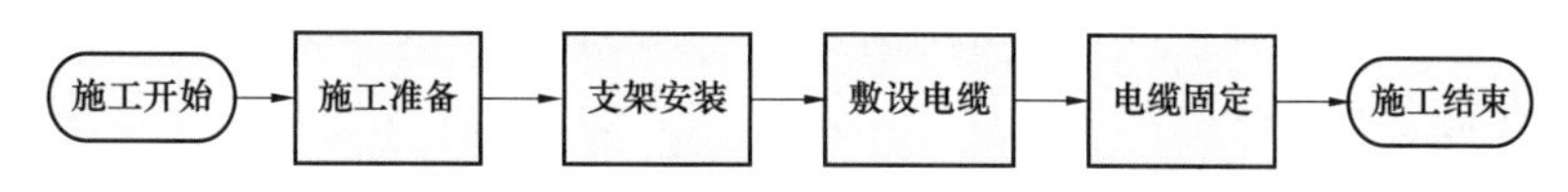

图9–11　高压电缆在隧道内敷设施工工艺流程图

1. 施工准备

（1）施工前根据工程设计交底内容，核对施工图纸，勘察现场，编制施工大纲。

（2）现场配备足够的施工电源，敷设机械设备和文明施工用具，根据电缆型号、规格选取电缆输送机与滑轮。

（3）核实电缆路径长度，保证电缆设计长度满足电缆路径实际长度，复核电缆接头位置。

（4）电缆开箱检查，具体检查项目见表9–12。

表9–12　　电缆开箱检查项目表

序号	检查项目	检查标准	检查结果
1	电缆盘外观检查	外观完整，无明显破损	
2	电缆出厂技术文件检查	产品合格证、出厂试验报告、电缆铭牌齐全且为原件	
3	电缆外观检查	电缆型号、规格、长度应符合设计要求，电缆封端应严密，当外观检查对电缆的密封防潮产生怀疑时，应进行受潮判断和试验。电缆标识完整、字迹清晰	
4	外护层试验	使用5000V绝缘电阻表摇测电缆外护套，绝缘电阻不低于0.5MΩ	
施工负责人： 监理： 厂家代表：			

（5）清理电缆隧道通道，保证电缆敷设通道内畅通、无积水。

（6）高差起落处应安装环形滑轮，以防电缆划伤、跳位。

2. 支架安装

（1）支架安装前电缆隧道内应具备以下条件：

1）支架安装前先根据设计图纸检查预埋铁件的位置、数量及其牢固性。清除预埋件周边水泥，清除预埋板锈渣及污垢。

2）电缆隧道内排水、通风畅通，照明设施完善。电缆隧道内工作环境干燥、安全、舒适。利用电缆隧道通风口全线每50m临时设置1处进风口和1台1.5kW轴流式排风机，保证隧道内空气流通，有效排除因焊接而产生的有毒、有害气体。电缆隧道内的照明使用安全电压（不高于36V），保证用电安全。

3）电焊机及其他设备应可靠接地、绝缘良好，接线箱及电源应符合规范要求，设备进入工作井内施工现场时，严禁碰伤沟壁及地面。操作人员作业时应由专业人员监护到位，防止意外发生。电焊作业人员应持证上岗，着装规范。

（2）检查到货支架有无严重锈蚀、显著变形，尺寸符合设计要求。

（3）将电缆隧道每一施工段合理划分为若干小施工段，区段长度以 2 个伸缩缝长度为宜。根据设计要求在每个施工区段两端各焊接 1 对支架立柱：先采用点焊，然后用水平尺找正支架，做到横平竖直后再焊接牢固。用线绳在 2 对支架间拉上 2 道直线作为其他焊接支架的标高，线绳要求绷直无下垂。按照所标记标高进行支架的焊接安装。以此方式逐一进行下一步施工，确保支架在同一水平面内，高低偏差不大于 5mm。

（4）接地扁钢采用设计要求规格的镀锌扁钢，焊接搭接长度不小于扁钢宽度的 2 倍且三面施焊，遇电力隧道伸缩缝处扁钢应做成 Ω 形连接，接地扁钢与不锈钢支架立铁焊接时三面施焊。接地扁钢应平直，转角转弯处半径不得小于扁钢厚度的 2 倍。

（5）电缆支架层间距离符合设计规定，支架安装应牢固，横平竖直。各支架的同层横档应在同一水平面上，其高低偏差应符合设计及规范要求，偏差不超过 ±5mm。在坡度面、预制箱涵相接段位置上安装的支架，应与其坡度相同。

3. 敷设电缆

（1）现场布置、调试通信和动力设备。在电缆盘、牵引端、转弯处、隧道进出口、终端、电缆输送机及控制箱等关键部位设置通信设备，保证通信畅通。

在电缆敷设前，在电缆盘处、电缆隧道进口搭建电缆放线支架，放线支架要求平稳、牢固可靠。安装井口滑轮，井口滑轮与井圈牢固固定，避免坠入井下。搭建好的放线支架和井口滑轮的布置位置应满足电缆弯曲半径要求。电缆敷设示意如图 9–12 所示。

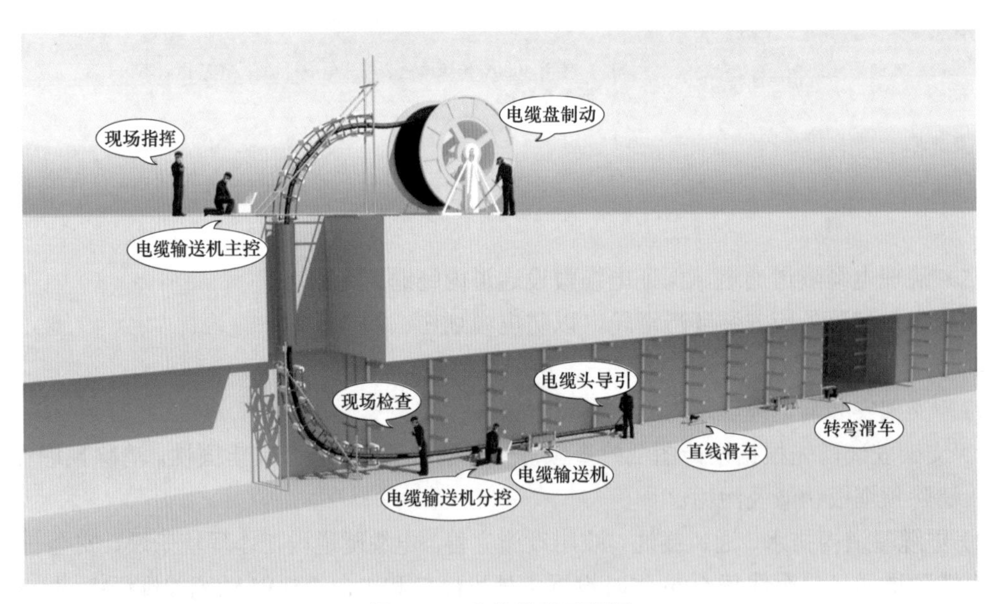

图 9–12　电缆敷设示意图

（2）根据电缆敷设方案在电缆导向端、电缆盘、各输送机、转弯处及可能造成电缆损伤的地方设专人监护，每台电缆输送机处装设分控箱，敷设中总控箱和分控箱均设专人控制全线电缆输送机的启动、停止和输送方向。分控箱处设跳闸按钮，紧急时刻可使全线电缆输送机停止工作，保证施工安全。展放过程中遇有异常情况应立即停止输送并报告施工现场总指挥、技术人员，待问题处理后再继续展放。对于不同的地形环境派专人随时调整施工机具的位置。

（3）电缆敷设过程中，电缆盘处设 1～2 名人员负责检查电缆外观有无破损，协助牵引人员把电缆牵引头从电缆盘上端引出，顺利送到井口下方或牵引至电缆输送机。

（4）将电缆导入滑轮和电缆输送机，操作分控箱启动电缆输送机，旋紧电缆输送机紧固螺杆使履带夹紧电缆。电缆在人工操作和电缆输送机的输送作用下向前输送，电缆到达下一台电缆输送机时，重复上述操作。

（5）使用电缆盘制动装置控制电缆盘停止和转动速度，电缆盘线速度应与电缆输送速度同步，电缆盘制动装置控制。电缆敷设的速度不宜超过 15m/min，一般取 6m/min。

（6）输送机在敷设过程中应固定牢固，根据周边的敷设环境，选择适当的固定方式。

（7）电缆在敷设过程中，应设专人监控电缆盘的运转情况，随时调整电缆盘工位，防止电缆盘倾倒。

（8）电缆在弯道、高落差处敷设时，应严格控制电缆的弯曲半径。单芯电缆允许最小弯曲半径为 $20D$（D 为电缆外径）。

（9）每相电缆敷设完毕后，应及时做好回路、相序标识工作。

4. 电缆固定

（1）电缆就位后，根据设计要求使用专用电缆打弯机具调整电缆的波幅。隧道电缆敷设示意如图 9–13 所示。

图 9–13　隧道电缆敷设示意图

（2）按设计要求对电缆进行固定，使用电缆固定夹具（三相固定夹具、单相固定夹具）将电缆固定在支架上。如电缆支架为导磁性材料，应在电缆固定夹具下方增加绝缘隔磁板。

（3）采用紧密品字形排列电缆固定方式时，应用尼龙绳每隔 1m 进行绑扎，不得使用铁丝绑扎。

（4）在电缆隧道转弯两侧的切点和坡道引上、引下部位进行连续固定。

（5）电缆夹具固定电缆时，橡胶垫要与电缆贴紧，露出夹具两侧的橡胶垫基本相等，夹具两侧螺栓应均匀受力，螺栓露出扣长 2～5 扣，直至橡胶垫与夹具接触紧密。

（四）人员组织

根据工程量和现场实际情况合理安排人员，开展施工作业。施工现场人员组织见表 9–13。

表 9–13　　施工现场人员组织表

√	序号	人员类别	职　　责	作业人数
	1	现场负责人	处理施工过程中出现的突发问题，保证施工质量及安全，施工开始前向参加工作的相关人员进行交底	1
	2	技术负责人	施工前编制作业指导书及相关的专项方案，处理施工过程中的技术问题，在开始施工前配合工作负责人进行安全技术交底	1
	3	质量负责人	对本工序的施工质量负责，施工前对质量通病制订预防措施，施工过程中检查各部位质量能否满足验收要求	1
	4	安全负责人	对本工序的安全负责，施工前对可能出现的危险源点进行分析预判并制订相应的预防措施，对现场安全作业情况进行监督	1
	5	材料负责人	对本工程的物资供应负责，保证施工材料及时准确地进入施工现场，确保不因物资供应问题影响施工进度	1～2
	6	资料员	对施工资料进行收集整理，负责档案移交	1～2
	7	信息员	负责信息上传及维护基建信息管理系统	1
	8	电缆工	调试输送机、电缆展放过程的分段监护及紧急情况的处理	2
	9	吊车指挥	电缆轴、放线架的安装、拆除	1
	10	司吊	电缆轴、放线架的安装、拆除	1
	11	司索	电缆轴、放线架的安装、拆除	若干
	12	电工	安装、拆除电缆输送机电源、调试输送机	若干
	13	普通工	清理沟槽、排水、搬运电缆输送机、布电缆辊、拆除电缆外包装、牵引电缆方向、摆放电缆等体力工作	若干
	14	电焊工	敷设支架焊接	若干

（五）材料和设备

1. 施工主要材料

施工主要材料见表 9–14。

表 9–14　　施工主要材料表

√	序号	名称	型号及规格	单位	数量
	1	电缆	由工程性质决定	m	根据实际工作核对
	2	白棕绳	4～6 分	m	100
	3	铁丝	10、12 号	kg	50
	4	润滑油		kg	20
	5	热收缩封帽	由工程性质决定	只	若干
	6	刚性封帽	由工程性质决定	只	若干
	7	液化气	15kg/罐（安装用）	罐	2
	8	防水带	50mm×3m×1.65mm	卷	10
	9	自黏性 PVC 带	18mm×6m	卷	10
	10	电缆标示牌	由工程性质决定	块	若干

2. 施工主要机械设备

施工主要机械设备见表 9–15。

表 9–15　　施工主要机械设备表

√	序号	名称	型号及规格	单位	数量	备注
	1	电源线盘	220V/380V	个	2	
	2	电焊机		台	2	
	3	盘锯	5402（ϕ415mm、2200r/min）	把	2	
	4	手锯	0～320mm	把	4	
	5	放线架	由工程性质决定	套	2	
	6	千斤顶	20t	台	6	
	7	空心钢管	由工程性质决定	根	若干	
	8	电缆盘制动设备	自制	个	2	
	9	直线滑轮	由工程性质决定	只	若干	可根据现场情况调整
	10	回力撑	由工程性质决定	根	若干	
	11	转角滑轮/滑板	由工程性质决定	组	若干	可根据现场情况调整
	12	输送机	JSD–5/JSD–8	台	1～2	可根据现场情况调整
	13	发电机	68kW	台	4	可根据现场情况调整
	14	抽水泵	由工程性质决定	台	若干	可根据现场情况调整
	15	木梯或绝缘梯	由工程性质决定	张	若干	
	16	液化气枪	双开金属护套 JH–2/25mm	把	10	

续表

√	序号	名称	型号及规格	单位	数量	备注
	17	排风机	由工程性质决定	台	若干	可根据现场情况调整
	18	防护井圈	由工程性质决定	只	若干	可根据现场情况调整
	19	对讲机		只	10～15	
	20	卷尺	100m	把	10	
	21	撬棍		根	2	
	22	工具箱	自制	只	10	
	23	灭火器	MFZ/ABC3（3kg）	只	若干	可根据现场情况调整
	24	绝缘电阻表	5000V/2500V	台	1	
	25	气体检测仪	四合一（可检测 O_2、H_2S、CO 和可燃气体）	台	1	
	26	吊车	由工程性质决定	台	1	
	27	起吊钢丝绳	由工程性质决定	付	若干	可根据现场情况调整

（六）质量控制

（1）电缆转弯处最小弯曲半径符合验收规范要求，详见表 9–16。

表 9–16　　电缆最小弯曲半径

电缆型式	最小弯曲半径
单芯交联聚乙烯绝缘电力电缆	20*D*

注　*D* 为电缆外径。

（2）电缆允许敷设最低温度符合厂家要求，厂家无要求时，应符合验收规范规定的电缆允许敷设最低温度，低于此温度时应采取加热等措施，详见表 9–17。

表 9–17　　电缆允许敷设最低温度

电缆类型	允许敷设最低温度（℃）
单芯交联聚乙烯绝缘电力电缆	0

（3）电缆就位应轻放，严禁磕碰支架端部和其他尖锐硬物，调整蛇形波幅时，严禁使用有尖锐棱角铁器。

（4）电缆敷设时，控制转弯处的侧压力符合设计规范，不应大于 3kN/m。

（5）设专人看守转弯滑轮两侧，防止电缆出现裕度损伤电缆。需派专人在输送机间随时调整滑轮位置，防止滑轮移动与翻转。

（6）电缆敷设完成后，对电缆外护套进行绝缘电阻测试和直流耐压试验，若试验未通过，应及时查找电缆外护套破损点，对破损处外护套进行绝缘密封处理，直到试验合格。

（7）每条电缆敷设完成后，应及时在电缆两端悬挂线路名称标识牌。

（8）电缆支架层间距离符合设计规定；电缆支架安装应牢固，横平竖直。各支架的同层横档应在同一水平面上；在有坡度的建（构）筑物上安装的支架，应与建（构）筑物同坡度；支架最上层、最下层至隧道顶和地面的距离应符合设计尺寸要求。电缆支架焊接处防腐处理应符合设计要求。

（9）电缆水平敷设时，蛇形波幅误差一般控制在±10mm 以内。三角形敷设时波幅参照设计规定。

（10）电缆悬吊固定、引上固定过程中应多处固定，防止局部受力过大，损伤电缆。

（11）电缆敷设位置、排列及固定符合设计规范要求，牢固美观，端部密封良好，做好成品保护。

（12）电缆敷设完成后，及时填写敷设记录和相关资料并整理归档。

（七）安全措施

（1）施工时检修井口四周装设围栏和安全警示标志，设专人看护，夜间应装设警示灯。

（2）电源配电箱应接地良好，剩余电流动作保护装置安装符合要求，电缆输送机及控制箱接地良好。

（3）电缆敷设施工人员进入隧道前，要进行有害气体检测，O_2、CO、可燃性气体、H_2S 气体含量合格后方可下井工作，不符合要求时采取通风措施，符合要求后方可下井工作。在隧道内工作区域应持续监测或定时监测，并应做好记录。

（4）正确使用安全防护用品、用具。

（5）在隧道内起重、运输重物时，如电缆输送机、转弯滑轮等，使用机械吊装或人工吊装的方法，并采取保护措施，保证设备和其他附件完好。

（6）吊装电缆盘前，检查起重工具，如钢丝绳型号是否符合要求，钢丝绳套有无断股，轴承座及吊装环是否开裂等。吊装时起重臂下严禁站人，设专人指挥。

（7）在电缆敷设过程中注意对运行电缆的保护，勿登踏、磕碰运行电缆。

（8）敷设电缆过程中，控制设备、通信设备保持畅通完好，确保电缆施工中人员、设备安全。

（9）每人看守电缆输送机不能超过 2 台，重点部位 1 人 1 台；每台电缆输送机要有专人经常检查，发生故障及时处理；电电缆敷设时，施工人员严禁在电缆敷设内角停留；电缆输送时，严禁人员搬动或调整输送机滑轮或垫放东西。

（10）电缆上、下支架时应设专人统一指挥，防止电缆碰撞电缆支架受损伤。

（11）隧道内动火必须履行动火手续，专人监护，并配备消防器材。

（12）进入隧道人员配备手电等应急照明器材。

（13）电缆外护套试验时，电缆两端设专人看护，试验区域设好围档和警示标志，试验完毕对电缆放电接地。

（14）焊接施工作业人员，必须配备和使用适当的防护用品防止电弧光灼伤作业人员。

（15）每天工作结束后清点人数，人员全部上井后盖好隧道井盖，确保所有工作人员安全上井。

（八）环保措施

（1）施工前，合理选择电缆敷设地点，尽量避免占用土地植被、林地等地区。

（2）施工过程中，注意保护周围环境，做到少破坏植被，余土、弃渣妥善处理。

（3）合理安排工作计划和资源调配，做到节能降耗，减少施工过程对电能、车辆等的使用。

（4）施工完毕后及时清理施工现场，杂物和包装物品集中存放、及时运走，做到工完、料尽、场地清，恢复地貌。

（九）验收

1. 验收制度

施工项目部在重要隐蔽工程隐蔽前和关键工序转序前均需进行三级自检，并向监理项目部提出验收申请，隐蔽工程由监理项目部进行现场检查，符合要求并签字确认后，现场方可隐蔽并进入下一道工序的施工。对于关键工序的转序验收，监理项目部完成初检后由业主项目部组织开展中间验收。

执行首件样板验收制度，对不同的电缆敷设形式、固定方式分别进行现场验收和资料验收，对发现的缺陷实行闭环管理，首件样板验收合格后方可继续施工。运维单位根据施工计划参与隐蔽工程和关键环节的中间验收，隐蔽工程验收和关键环节的中间验收均应留下相关记录，并附验收影像资料，对验收中发现的问题应进行整改并组织复验。

施工单位在电缆敷设前，应取得由运维单位出具的土建通道、照明、通风等基本附属设施及支架、接地等附属设备，验收合格并许可施工的书面意见；电缆敷设应通过持证上岗、设备挂牌、关键环节拍照摄像、试验等手段严把施工质量验收关。

2. 验收环节

（1）电缆敷设时，电缆所受的牵引力、侧压力和弯曲半径应符合验收规范要求。

（2）电缆敷设后，应根据设计要求将电缆固定在支架上，如采用蛇形敷设应按照设计规定的蛇形节距和幅度进行固定。电缆应排列整齐，走向合理，不应交叉。

（3）在可能造成电缆损伤的地方应采取可靠的保护措施，有专人监护并保持通信畅通。

（4）电缆应用专用打弯机调整蛇形波幅，打弯幅值应符合设计文件及相关规范的要求。

（5）固定夹具表面应平滑、便于安装，有足够的机械强度和适合使用环境的耐久性特点。

（6）垂直敷设或超过45°倾斜敷设时，宜设置不少于2处的刚性固定，间距应不大于2m。

（7）水平敷设时，在终端、接头或转弯处紧邻部位的电缆上，应设置不少于1处的刚性固定。

（8）支架安装与设计相符，横平竖直，无显著扭曲，切口无卷边、毛刺；焊缝应满焊且焊缝高度应满足设计要求，焊接牢固、焊渣打磨；相关构件在焊接和安装后应进行相应的防腐处理；支架应用接地扁铁环通，其规格应符合设计要求。

（9）固定夹具数量和间距符合设计要求，螺栓长度宜露出螺母2～3扣。

（10）电缆敷设在隧道出口处可作挠性固定。挠性固定电缆用的夹具、扎带、捆绳或支托架等部件，应表面平滑、便于安装，有足够的机械强度和适合使用环境的耐久性特点。

（11）挠性固定方式夹具的间距：电缆垂直敷设时，取决于电缆自重下垂所形成的不均匀弯曲度，一般采用的间距为 3～6m；电缆水平敷设时，夹具间距可以适当放大。

（12）不得采用磁性材料金属丝直接捆扎电缆。

（十）应用实例

电缆护层试验、输送机敷设电缆、电缆固定分别如图 9–14～图 9–16 所示。

图 9–14　电缆护层试验

图 9–15　输送机敷设电缆

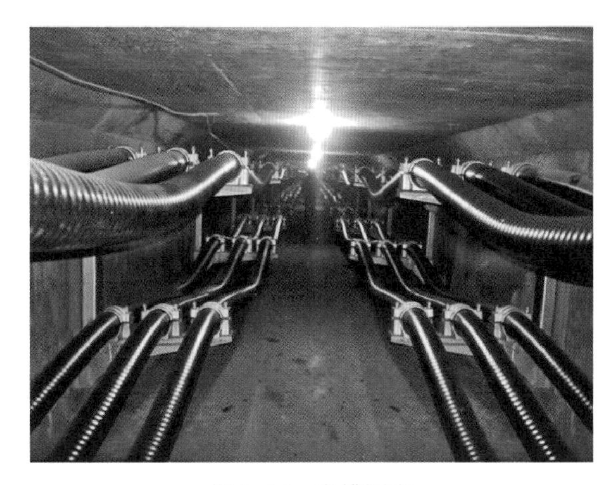

图 9–16　电缆固定

四、高压电缆在沉井、顶管、盾构内敷设典型施工方法

沉井、顶管、盾构常被用于各类电缆工程中。沉井技术比较稳妥可靠，挖土量少，对邻近建筑物的影响较小。顶管、盾构施工均是地面下暗挖的管道敷设施工技术，非开挖技术彻底解决了管道施工对城市建筑物的破坏和道路交通堵塞的难题。沉井、顶管、盾构中以电缆输送机与组合滑轮配合、集中同步电气控制的施工方法展放电缆。本部分介绍了 110kV 及以上电力电缆在沉井、顶管、盾构内敷设的施工方法。此方法在工程应用中能够提高电缆敷设的效率和质量，保证施工安全。

（一）特点

高压电缆在沉井、顶管、盾构内敷设典型施工方法具有以下 5 个特点。

（1）高压电缆在沉井、顶管、盾构内敷设典型施工方法采用电缆输送机与组合滑轮配合的方式展放电缆，能有效分散电缆敷设时的牵引力，控制侧压力，防止电缆在展放过程中发生机械损伤。

（2）本施工方法在电缆就位时通过专用电缆打弯机调整蛇形波幅，有利于控制电缆蛇形敷设工艺，确保施工快速、高效。

（3）每台电缆输送机处装设分控箱，敷设中总控箱和分控箱均设专人控制全线电缆输送机的启动、停止和输送方向。分控箱处设跳闸按钮，紧急时刻，可使全线电缆输送机停止工作，保证施工安全。

（4）全线采用调频载波电话或步话机等进行通信，信息畅通，实现电缆敷设工程的统一指挥。

（5）本施工方法适合大截面积电缆在沉井、顶管、盾构内敷设，能够提高工作效率，保证电缆敷设质量。

（二）适用范围

高压电缆在沉井、顶管、盾构内敷设典型施工方法适用于110kV及以上电压等级，截面积为400～2500mm^{2}电力电缆在沉井、顶管、盾构内敷设施工（充油电缆除外）。

（三）施工工艺流程

高压电缆在沉井、顶管、盾构内敷设施工工艺流程如图9–17所示。

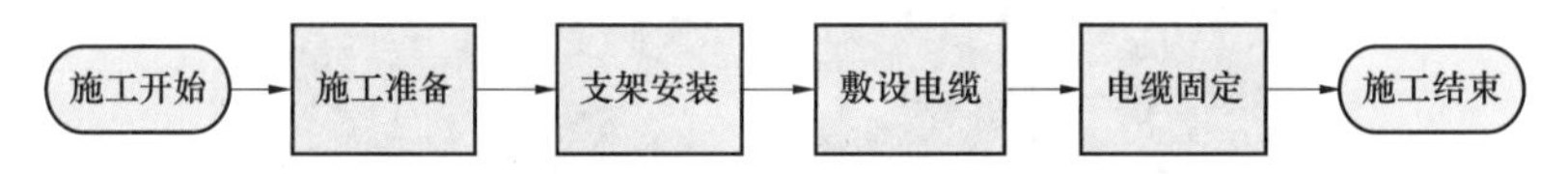

图9–17　高压电缆在沉井、顶管、盾构内敷设施工工艺流程图

1. 施工准备

（1）施工前根据工程设计交底内容，核对施工图纸，勘察现场，编制施工大纲。

（2）现场配备足够的施工电源，敷设机械设备和文明施工用具，根据电缆型号、规格选取电缆输送机与滑轮。

（3）核实电缆路径长度，保证电缆设计长度满足电缆路径实际长度，复核电缆接头位置。

（4）电缆开箱检查，检查项目详见表9–18。

表9–18　电缆开箱检查项目表

序号	检查项目	检查标准	检查结果
1	电缆盘外观检查	外观完整，无明显破损	
2	电缆出厂技术文件检查	产品合格证、出厂试验报告、电缆铭牌齐全且为原件	
3	电缆外观检查	电缆型号、规格、长度应符合设计要求，电缆封端应严密，当外观检查对电缆的密封防潮产生怀疑时，应进行受潮判断和试验。电缆标识完整、字迹清晰	
4	外护层试验	使用5000V绝缘电阻表摇测电缆外护套，绝缘电阻不低于0.5MΩ	
施工负责人： 监理： 厂家代表：			

（5）对电缆敷设所用到的顶管管道进行检查，用管道疏通器进行双向疏通清理，清除导管内侧尖刺和杂物。清理电缆沉井、顶管、盾构通道，保证电缆敷设通道内畅通、无积水。

（6）沉井、顶管、盾构口、高差起落处均安装环形滑轮，以防电缆划伤、跳位。

（7）电缆敷设沉井垂直落差较大时，在沉井口放线架处或沉井垂直向下中间部位加设电缆输送机。

2. 支架安装

（1）支架安装前电缆沉井、顶管、盾构内应具备以下条件：

1）支架安装前先根据设计图纸检查预埋铁件的位置、数量及其牢固性。清除预埋件周边水泥，清除预埋板锈渣及污垢。

2）电缆沉井、盾构内排水、通风畅通，照明设施完善。电缆沉井、盾构内工作环境干燥、安全、舒适。利用沉井、盾构全线每 50m 临时设置 1 台 1.5kW 轴流式排风机，保证沉井、盾构内空气流通，有效排除因焊接而产生的有毒、有害气体。电缆沉井、盾构内的照明使用安全电压（不高于 36V），保证用电安全。

3）电焊机及其他设备应可靠接地、绝缘良好，接线箱及电源应符合规范要求，设备进入工作井内施工现场时，严禁碰伤沟壁及地面。操作人员作业时应由专业人员监护到位，防止意外发生。电焊作业人员应持证上岗，着装规范。

（2）检查到货支架有无严重锈蚀、显著变形，尺寸符合设计要求。

（3）将电缆沉井、顶管、盾构每一施工段合理划分为若干小施工段，区段长度以 2 段管缝之间长度为宜。根据设计要求在每个施工区段两端各焊接 1 对支架立柱：先采用点焊，然后用水平尺找正支架，做到横平竖直后再焊接牢固。用线绳在 2 对支架间拉上 2 道直线作为其他焊接支架的标高，线绳要求绷直无下垂。按照所标记标高进行支架的焊接安装。以此方式逐一进行下一步施工，确保支架在同一水平面内，高低偏差不大于 5mm。

（4）接地扁钢采用设计要求规格的镀锌扁钢，焊接搭接长度不小于扁钢宽度的 2 倍且三面施焊，遇电力沉井、顶管、盾构管缝处扁钢应做成 Ω 形连接，接地扁钢与不锈钢支架立铁焊接时三面施焊。接地扁钢应平直，转角转弯处半径不得小于扁钢厚度的 2 倍。

（5）电缆支架层间距离符合设计规定，支架安装应牢固，横平竖直。各支架的同层横档应在同一水平面上，其高低偏差应符合设计及规范要求，偏差不超过 ±5mm。在坡度面、预制箱涵相接段位置上安装的支架，应与其坡度相同。

3. 敷设电缆

（1）现场布置、调试通信和动力设备。在电缆盘、转弯处、沉井、顶管、盾构进出口、终端、电缆输送机及控制箱等关键部位设置通信设备，保证通信畅通。

在电缆敷设前，在电缆盘处、电缆沉井、顶管、盾构进出口搭建电缆放线支架，放线支架要求平稳、牢固可靠。电缆沉井内需要搭设敷设用的钢管构架，搭建好的放线支架和沉井口滑轮的布置位置应满足电缆弯曲半径要求。高压电缆在沉井内敷设示意如图 9-18 所示。

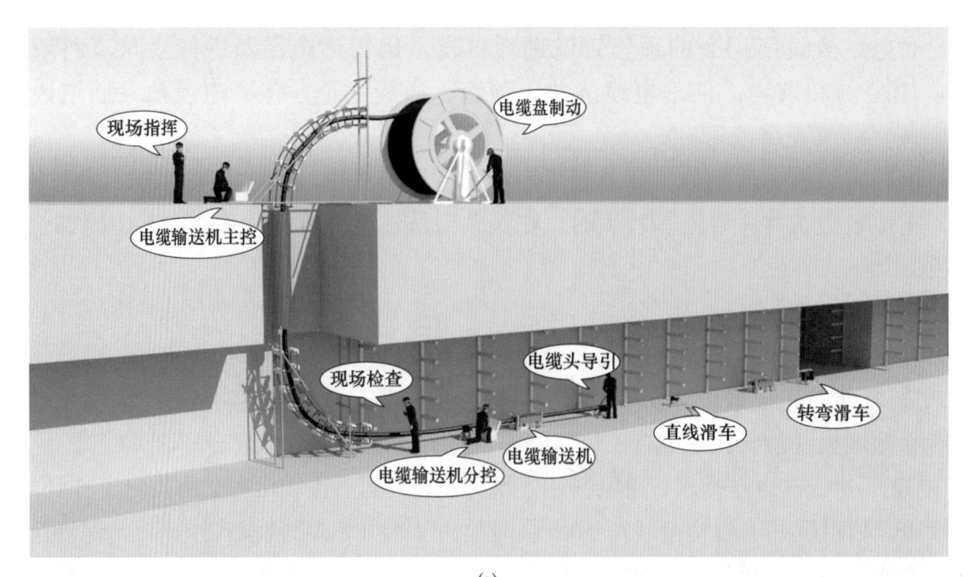

(a)

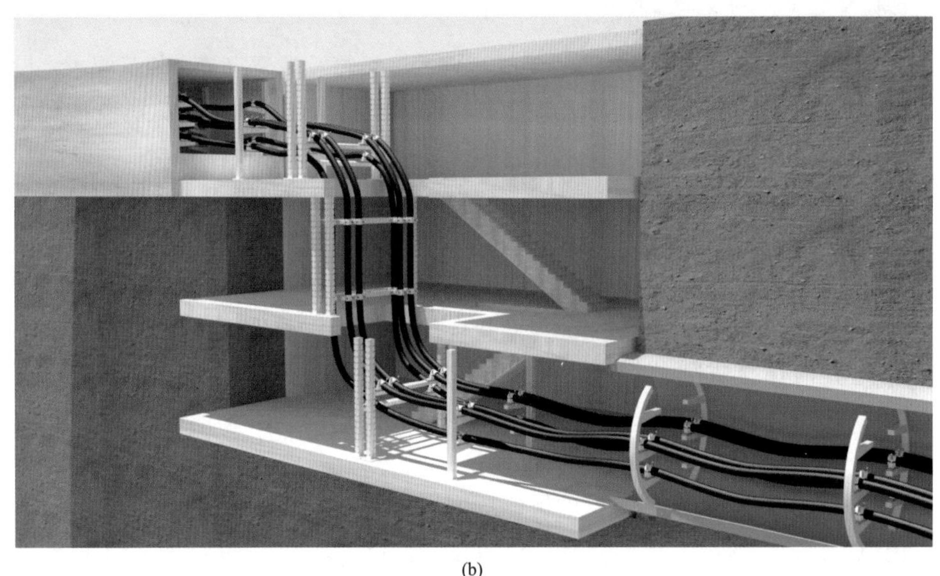

(b)

图 9–18　高压电缆在沉井内敷示意图

（a）示意图 1；（b）示意图 2

（2）高落差斜直线爬坡电缆敷设时，在顶管内靠近脚手架处、上面电缆沟口均布置 1 台输送机。电缆敷设时利用缆沟内输送机自带导引轮牵引、顶管内输送机输送及人工配合来敷设电缆。

（3）根据电缆敷设方案在电缆牵引头、电缆盘、各输送机、各控制箱、转弯处及可能造成电缆损伤的地方设专人监护，展放过程中遇有异常情况应立即停止牵引并报告施工现场总指挥、技术人员，待问题处理后再继续展放。对于不同的地形环境派专人随时调整施工机具的位置。

（4）电缆敷设过程中，电缆盘处设 1～2 名人员负责检查电缆外观有无破损，协助牵引人员把电缆牵引头从电缆盘上端引出，顺利送到井口下方或牵引至电缆输送机。

（5）将电缆导入滑轮和电缆输送机，操作分控箱启动电缆输送机，旋紧电缆输送机紧固螺杆使履带夹紧电缆。电缆在人工操作和电缆输送机的输送作用下向前输送，电缆到达下一台电缆输送机时，重复上述操作。

（6）使用电缆盘制动装置控制电缆盘停止和转动速度，电缆盘线速度应与电缆输送速度同步，电缆盘制动装置控制。电缆敷设的速度不宜超过 15m/min，一般取 6m/min。

（7）输送机在敷设过程中应固定牢固，根据周边的敷设环境，选择适当的固定方式。

（8）电缆在敷设过程中，应设专人监控电缆盘的运转情况，随时调整电缆盘工位，防止电缆盘倾倒。

（9）电缆在弯道、高落差处敷设时，应严格控制电缆的弯曲半径。单芯电缆允许最小弯曲半径为 20*D*（*D* 为电缆外径）。

（10）电缆敷设应做好回路、相序标识工作。

4. 电缆固定

（1）电缆就位后，根据设计要求使用专用电缆打弯机具调整电缆的波幅。电缆打弯示意如图 9–19 所示。

图 9–19　电缆打弯示意图

（2）按设计要求对电缆进行固定，使用电缆固定夹具（三相固定夹具、单相固定夹具）将电缆固定在支架上。如电缆支架为导磁性材料，应在电缆固定夹具下方增加绝缘隔磁板。

（3）采用紧密品字形排列电缆固定方式时，应用尼龙绳每隔 1m 进行绑扎，不得使用铁丝绑扎。

（4）在电缆沉井、顶管、盾构转弯两侧的切点和坡道引上、引下部位进行连续固定。

（5）电缆夹具固定电缆时，橡胶垫要与电缆贴紧，露出夹具两侧的橡胶垫基本相等，夹具两侧螺栓应均匀受力，螺栓露出扣长 2～5 扣，直至橡胶垫与夹具接触紧密。

（6）电缆蛇形敷设的每一节距部位，宜采取挠性固定。蛇形转换成直线敷设的过渡部位，宜采取刚性固定。

（四）人员组织

根据工程量和现场实际情况合理安排人员，开展施工作业。施工现场人员组织见表9–19。

表9–19　　施工现场人员组织表

√	序号	人员类别	职　责	作业人数
	1	现场负责人	处理施工过程中出现的突发问题，保证施工质量及安全，施工开始前向参加工作的相关人员进行交底	1
	2	技术负责人	施工前编制作业指导书及相关的专项方案，处理施工过程中的技术问题，在开始施工前配合工作负责人进行安全技术交底	1
	3	质量负责人	对本工序的施工质量负责，施工前对质量通病制订预防措施，施工过程中检查各部位质量能否满足验收要求	1
	4	安全负责人	对本工序的安全负责，施工前对可能出现的危险源点进行分析预判并制订相应的预防措施，对现场安全作业情况进行监督	1
	5	材料负责人	对本工程的物资供应负责，保证施工材料及时准确地进入施工现场，确保不因物资供应问题影响施工进度	1～2
	6	资料员	对施工资料进行收集整理，负责档案移交	1～2
	7	信息员	负责信息上传及维护基建信息管理系统	1
	8	电缆工	调试输送机、电缆展放过程的分段监护及紧急情况的处理	2
	9	吊车指挥	电缆轴、放线架的安装、拆除	1
	10	司吊	电缆轴、放线架的安装、拆除	1
	11	司索	电缆轴、放线架的安装、拆除	1～2
	12	电工	安装、拆除电缆输送机电源、调试输送机	2
	13	普通工	清理沟槽、排水、搬运电缆输送机、布电缆辊、拆除电缆外包装、牵引电缆方向、摆放电缆等体力工作	若干
	14	电焊工	敷设支架焊接	2

（五）材料和设备

1. 施工主要材料

施工主要材料见表9–20。

表9–20　　施 工 主 要 材 料 表

√	序号	名称	型号及规格	单位	数量	备注
	1	电缆	由工程性质决定	m	根据实际工作核对	
	2	白棕绳	4～6分	m	100	
	3	铁丝	10、12号	kg	20	
	4	润滑油		kg	20	
	5	热收缩封帽	由工程性质决定	只	若干	
	6	刚性封帽	由工程性质决定	只	若干	

续表

√	序号	名称	型号及规格	单位	数量	备注
	7	液化气	15kg/罐（安装用）	罐	2	
	8	防水带	50mm×3m×1.65mm	卷	10	
	9	自黏性 PVC 带	18mm×6m	卷	10	
	10	电缆标示牌	由工程性质决定	块	若干	

2. 施工主要机械设备

施工主要机械设备见表 9–21。

表 9–21　　施工主要机械设备表

√	序号	名称	型号及规格	单位	数量	备注
	1	电源线盘	220V/380V	个	2	
	2	电焊机		台	2	
	3	盘锯	5402（ϕ415mm、2200r/min）	把	3	
	4	手锯	0～320mm	把	3	
	5	放线架	由工程性质决定	套	2	
	6	千斤顶	20t	台	4	
	7	空心钢管	由工程性质决定	根	若干	
	8	电缆盘制动设备	自制	个	2	
	9	直线滑轮	由工程性质决定	只	若干	可根据现场情况调整
	10	回力撑	由工程性质决定	根	若干	
	11	转角滑轮/滑板	由工程性质决定	组	若干	可根据现场情况调整
	12	输送机	JSD–5/JSD–8	台	若干	可根据现场情况调整
	13	发电机	68kW	台	2	可根据现场情况调整
	14	抽水泵	由工程性质决定	台	3	可根据现场情况调整
	15	木梯或绝缘梯	由工程性质决定	张	2	
	16	液化气枪	双开金属护套 JH–2/25mm	把	5	
	17	排风机	由工程性质决定	台	若干	可根据现场情况调整
	18	防护井圈	由工程性质决定	只	若干	可根据现场情况调整
	19	对讲机		只	10～15	
	20	卷尺	100m	把	10	
	21	撬棍		根	2	
	22	工具箱	自制	只	10	

续表

√	序号	名称	型号及规格	单位	数量	备注
	23	灭火器	MFZ/ABC3（3kg）	只	若干	可根据现场情况调整
	24	绝缘电阻表	5000V/2500V	台	1	
	25	气体检测仪	四合一（可检测 O_2、H_2S、CO 和可燃气体）	台	1	
	26	吊车	由工程性质决定	台	1	
	27	起吊钢丝绳	由工程性质决定	付	若干	
	28	钢丝绳	由工程性质决定	根	若干	
	29	防捻器	由工程性质决定	只	若干	

（六）质量控制

（1）电缆转弯处最小弯曲半径符合验收规范要求，详见表 9–22。

表 9–22　电缆最小弯曲半径

电缆型式	最小弯曲半径
单芯交联聚乙烯绝缘电力电缆	20D

注　D 为电缆外径。

（2）电缆允许敷设最低温度符合厂家要求，厂家无要求时，应符合验收规范规定的电缆允许敷设最低温度，低于此温度时应采取加热等措施，详见表 9–23。

表 9–23　电缆允许敷设最低温度

电缆类型	允许敷设最低温度（℃）
单芯交联聚乙烯绝缘电力电缆	0

（3）电缆就位应轻放，严禁磕碰支架端部和其他尖锐硬物，调整蛇形波幅时，严禁使用有尖锐棱角铁器。

（4）电缆敷设时，控制转弯处的侧压力符合设计规范，不应大于 3kN/m。

（5）设专人看守转弯滑轮两侧，防止电缆出现裕度损伤电缆。需派专人在输送机间随时调整滑轮位置，防止滑轮移动与翻转。

（6）电缆敷设完成后，对电缆外护套进行绝缘电阻测试和直流耐压试验，如试验未通过，应及时查找电缆外护套破损点，对破损处外护套进行绝缘密封处理，直到试验合格。

（7）每条电缆敷设完成后，应及时在电缆两端悬挂线路名称标识牌。

（8）支架立柱应平直，无明显扭曲。误差应在技术要求范围内，切口无卷边、毛刺；支架固定应牢固，无显著变形，各横撑间的垂直净距与设计偏差符合技术规范；支架立柱应用接地扁铁环通，规范美观。电缆支架防腐应符合设计要求。

（9）电缆支架层间距离符合设计规定；电缆支架安装应牢固，横平竖直。各支架的同层横档应在同一水平面上；在有坡度的建（构）筑物上安装的支架，应与建（构）筑物同坡度；支架最上层及最下层至沉井、顶管、盾构顶和地面的距离应符合设计尺寸要求。

（10）电缆水平敷设时，蛇形波幅误差一般控制在±10mm 以内。三角形敷设时波幅参照设计规定。

（11）电缆悬吊固定、引上固定过程中应多处固定，防止局部受力过大，损伤电缆。

（12）电缆引上位置裕度符合设计要求，端部密封良好。

（13）电缆敷设位置、排列及固定符合设计规范要求，牢固美观。

（14）电缆敷设完成后，及时填写敷设记录和相关资料并整理归档。

（七）安全措施

（1）沉井、盾构内临时照明电源电压应为 36V。

（2）施工时工作井口四周装设围栏和安全警示标志，设专人看护，夜间施工作井口处应装设警示灯。

（3）电源配电箱应接地良好，剩余电流动作保护装置安装符合要求，电缆输送机及控制箱接地良好。

（4）在沉井、盾构内使用电源，遇潮湿结露地段导线接头必须用防潮接线盒，防止人员触电。

（5）电缆敷设施工人员进入沉井、盾构前，要进行有害气体检测，O_2、CO、可燃性气体、H_2S 气体含量合格后方可下井工作，不符合要求时采取通风措施，符合要求后方可下井工作。在沉井、盾构内工作区域应持续监测或定时监测，并应做好记录。

（6）正确使用安全带等安全用品、用具。安全带应挂在垂直上方牢固的结构件上；工作人员上、下井时宜配备速差自控器。

（7）在工作井起重、运输重物时，如电缆输送机、转弯滑轮等，使用机械吊装或人工吊装的方法，并采取保护措施，保证设备和其他附件完好。

（8）吊装电缆盘前，检查起重工具，如钢丝绳型号是否符合要求，钢丝绳套有无断股，轴承座及吊装环是否开裂等。吊装时起重臂下严禁站人，设专人指挥。

（9）在电缆敷设过程中注意对运行电缆的保护，勿登踏、磕碰运行电缆。

（10）敷设电缆过程中，主控箱处设专人指挥工作，保持通信畅通，如果失去联系应立即停止敷设，通信畅通后方可继续敷设。

（11）每人看守电缆输送机不能超过 2 台，重点部位 1 人 1 台；每台电缆输送机要有专人经常检查，发生故障及时处理；电缆敷设时，施工人员严禁在电缆敷设内角停留；电缆输送时，严禁人员搬动或调整输送机滑轮或垫放东西。

（12）电缆上、下支架时应设专人统一指挥，防止电缆碰撞电缆支架受损伤。

（13）沉井、盾构内动火必须履行动火手续，专人监护，并配备消防器材。

（14）进入沉井、盾构人员配备手电等应急照明器材。

（15）电缆外护套试验时，电缆两端设专人看护，试验区域设好围档和警示标志，试验完毕对电缆放电接地。

（16）焊接施工作业人员必须配备和使用适当的防护用品，防止电弧光灼伤作业人员。

（17）每天工作结束后清点人数，确保所有工作人员安全。

（八）环保措施

（1）施工前，合理选择电缆敷设地点，尽量避免占用土地植被、林地等地区。

（2）施工过程中，注意保护周围环境，做到少破坏植被，余土、弃渣妥善处理。

（3）合理安排工作计划和资源调配，做到节能降耗，减少施工过程对电能、车辆等的使用。

（4）施工完毕后及时清理施工现场，杂物和包装物品集中存放、及时运走，做到工完、料尽、场地清，恢复地貌。

（九）验收

1. 验收制度

施工项目部在重要隐蔽工程隐蔽前和关键工序转序前均需进行三级自检，并向监理项目部提出验收申请，隐蔽工程由监理项目部进行现场检查，符合要求并签字确认后，现场方可隐蔽并进入下一道工序的施工。对于关键工序的转序验收，监理项目部完成初检后由业主项目部组织开展中间验收。

执行首件样板验收制度，对不同的电缆敷设形式、固定方式分别进行现场验收和资料验收，对发现的缺陷实行闭环管理，首件样板验收合格后方可继续施工。运维单位根据施工计划参与隐蔽工程和关键环节的中间验收，隐蔽工程验收和关键环节的中间验收均应留下相关记录，并附验收影像资料，对验收中发现的问题应进行整改并组织复验。

施工单位在电缆敷设前，应取得由运维单位出具的土建通道、照明、通风等基本附属设施及支架、接地等附属设备，验收合格并许可施工的书面意见；电缆敷设应通过持证上岗、设备挂牌、关键环节拍照摄像、试验等手段严把施工质量验收关。

2. 验收环节

（1）电缆应排列整齐，走向合理，不应交叉。电缆敷设时，电缆所受的牵引力、侧压力和弯曲半径应根据不同电缆的要求控制在允许范围内，侧压力无规定时不应3kN/m。

（2）电缆敷设后，应根据设计要求将电缆固定在支架上，如采用蛇形敷设应按照设计规定的蛇形节距和幅度进行固定，并将顶管口封堵好。

（3）在可能造成电缆损伤的地方应采取可靠的保护措施，有专人监护并保持通信畅通。

（4）电缆应用专用打弯机调整蛇形波幅，打弯幅值应符合设计文件及相关规范的要求。

（5）固定夹具表面应平滑、便于安装，有足够的机械强度和适合使用环境的耐久性特点。

（6）垂直敷设或超过45°倾斜敷设时，宜设置不少于2处的刚性固定，间距应不大于2m。

（7）水平敷设时，在终端、接头或转弯处紧邻部位的电缆上，应设置不少于1处的刚性固定。

（8）支架安装与设计相符，横平竖直，无显著扭曲，切口无卷边、毛刺；焊缝应满焊且焊缝高度应满足设计要求，焊接牢固、焊渣打磨；相关构件在焊接和安装后应进行相应的防腐处理；支架应用接地扁铁环通，其规格应符合设计要求。

（9）固定夹具数量和间距符合设计要求，螺栓长度宜露出螺母 2～3 扣。

（10）电缆敷设在沉井、顶管、盾构出口处可作挠性固定。挠性固定电缆用的夹具、扎带、捆绳或支托架等部件，应表面平滑、便于安装，有足够的机械强度和适合使用环境的耐久性特点。

（11）挠性固定方式夹具的间距：电缆垂直敷设时，取决于电缆自重下垂所形成的不均匀弯曲度，一般采用的间距为 3～6m；电缆为水平敷设时，夹具的间距可以适当放大。

（12）不得采用磁性材料金属丝直接捆扎电缆。

（十）应用实例

电缆开盘、盾构内输送机敷设电缆、沉井内输送机敷设电流、电缆护层试验、沉井内电缆固定、顶管内电缆固定分别如图 9–20～图 9–25 所示。

图 9–20　电缆开盘

图 9–21　盾构内输送机敷设电缆

图 9–22　沉井内输送机敷设电缆

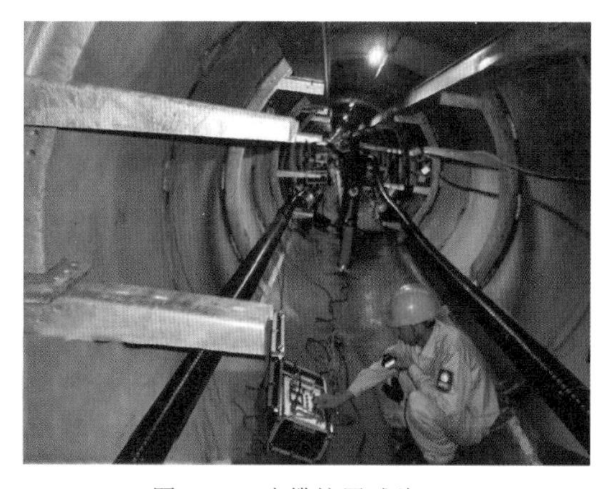

图 9–23　电缆护层试验

图 9–24　沉井内电缆固定

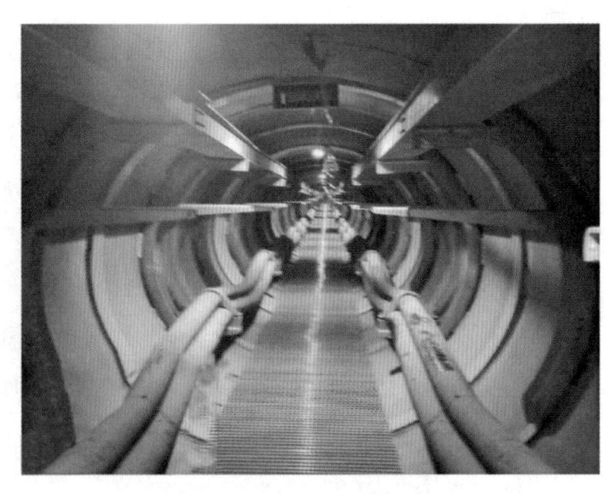

图 9–25　顶管内电缆固定

五、高压电缆沿桥梁敷设典型施工方法

电缆路径需跨越山谷、河流等时，可利用既有桥梁或新建电缆专用桥作为通道。电缆沿桥梁敷设一般采用卷扬机钢丝绳牵引和电缆输送机牵引相结合的办法。本部分介绍了 110kV 以上电压等级电缆沿桥梁敷设的典型施工方法。

（一）特点

（1）高压电缆沿桥梁敷设典型施工方法采用电缆输送机与组合滑轮配合的方式展放电缆，能有效分散电缆敷设时的牵引力，控制侧压力，尤其注意控制电缆上下桥梁时的敷设方式，防止电缆展放过程中对电缆造成机械损伤。

（2）本施工方法针对沿桥梁敷设的关键控制要点进行分析，包括电缆牵引入桥箱的方式、电缆桥箱内打弯、桥箱伸缩缝的补偿、防振措施等，保证电缆敷设的质量。

（3）每台电缆输送机处装设总控箱、分控箱，敷设中总控箱和分控箱均设专人控制全线电缆输送机的启动、停止和输送方向。分控箱处设跳闸按钮，紧急时刻，可使全线电缆输送机停止工作，保证施工安全。

（4）全线采用调频载波电话或步话机等进行通信，信息畅通，实现电缆敷设工程的统一指挥。

（5）本施工方法适合电缆沿桥梁敷设，能够提高工作效率，保证电缆敷设质量。

（二）适用范围

高压电缆沿桥梁敷设典型施工方法适用于 110kV 及以上电压等级，截面积为 400～2500mm^2 电力电缆沿桥架敷设施工（充油电缆除外）。

（三）施工工艺流程

高压电缆在排管、工作井内敷设施工工艺流程如图 9–26 所示。

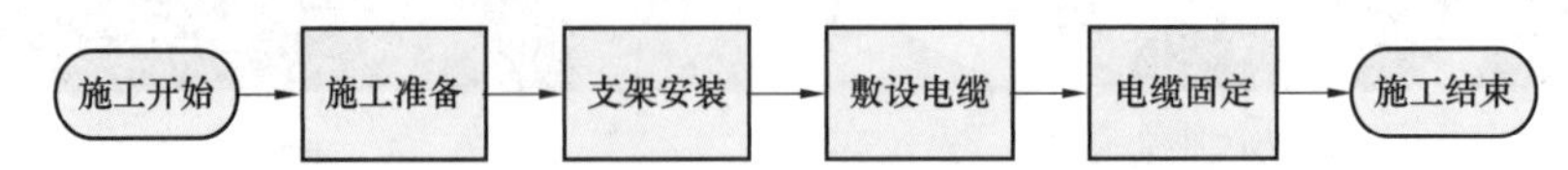

图 9–26　高压电缆在排管、工作井内敷设施工工艺流程图

1. 施工准备

（1）施工前根据工程设计交底内容，核对施工图纸，勘察现场，编制施工大纲。

（2）现场配备足够的施工电源，电缆沿长距离桥箱敷设时，桥箱内没有任何施工电源，一侧低压供电方式会产生一定的电压降和超负荷用电，因而可在桥梁两侧分别挂设配变台架，同时向桥箱内送入 2 回相互独立的低压电源（380V），并在每个工作桥箱中增设配电箱，合理分配电源。现场还需具备足够的敷设机械设备，根据电缆型号、规格选取电缆输送机与滑轮。

（3）核实电缆路径长度，保证电缆设计长度满足电缆实际路径长度。

（4）电缆开箱检查，具体检查项目见表 9–24。

表 9–24　　电缆开箱检查项目表

序号	检查项目	检查标准	检查结果
1	电缆盘外观检查	外观完整，无明显破损	
2	电缆出厂技术文件检查	产品合格证、出厂试验报告、电缆铭牌齐全且为原件	
3	电缆外观检查	电缆型号、规格、长度应符合设计要求，电缆封端应严密，当外观检查对电缆的密封防潮产生怀疑时，应进行受潮判断和试验。电缆标识完整、字迹清晰	
4	外护层试验	使用 5000V 绝缘电阻表摇测电缆外护套，绝缘电阻不低于 0.5MΩ	
施工负责人： 监理： 厂家代表：			

（5）在敷设电缆前，电缆端部应制作牵引端。将电缆盘安放在合适部位，并搭建适当的脚手架、滑轮、滚轮支架。在电缆盘处和电缆上、下桥处设置足够电缆输送机，以减小电缆的牵引力和侧压力。在电缆桥箱内安放滑轮，清除桥箱内外杂物，检查支架预埋情况并修补。

2. 支架安装

（1）支架安装前桥箱内应具备以下条件：

1）支架安装前先根据设计图纸检查预埋铁件的位置、数量及其牢固性。清除预埋件周边水泥，清除预埋板锈渣及污垢。

2）桥箱内通风、照明、排水设施完善，环境干燥、安全。

3）电焊机及其他设备应可靠接地、绝缘良好，接线箱及电源应符合规范要求，设备进入工作井内施工现场时，严禁碰伤沟壁及地面。操作人员作业时应由专业人员监护到位，防止意外发生。电焊作业人员应持证上岗，着装规范。

（2）检查到货支架有无严重锈蚀、无显著变形，尺寸符合设计要求。

（3）由于桥箱内部空间限制，通常桥箱内三相电缆通常水平排列。桥箱底板上留有圆孔预埋件，用于膨胀螺栓固定，预埋件每隔一定长度一组。将槽钢用膨胀螺栓固定在桥底板上形成槽钢轨道，再将其他槽钢固定其上，构成电缆敷设支架。

（4）桥上所有钢制支架设施均与上下桥处的钢结构竖井相连，钢结构竖井采用输电线路铁塔的接地方式，用圆钢与竖井主材相连，引下至接地网。

（5）电缆支架间距需严格符合设计规定；在电缆自重与重力加速度的影响下，电缆可能会产生依赖于电缆支架间距的某一频率的振动，为了防止由于桥梁振动引起电缆和桥之间谐振，电缆支撑的间距 L 需要避开谐振频率范围，因而，电缆支架间距经过测算和验证，电缆支架安装时应严格按设计规定进行。

（6）支架安装应牢固，横平竖直。

（7）桥梁伸缩缝处需增加电缆伸缩补偿装置。伸缩装置结构原理和外观示意分别如图 9–27、图 9–28 所示。

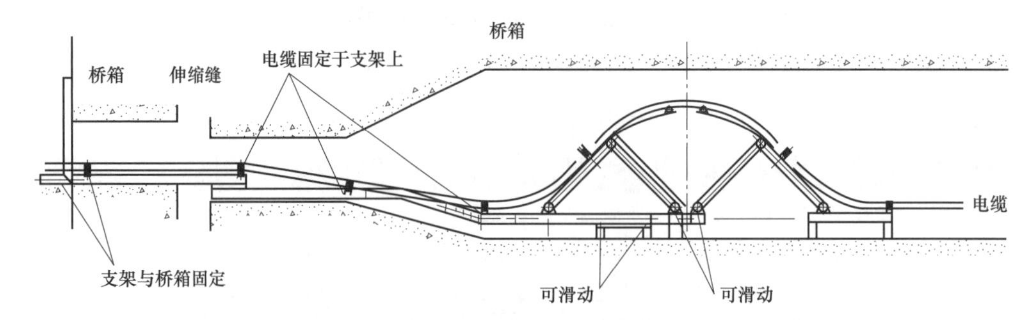

图 9–27　伸缩装置结构原理图

图 9–28　伸缩装置外观示意图

3. 敷设电缆

（1）现场布置、调试通信和动力设备。在电缆盘、桥堍处、电缆输送机及控制箱等关键部位设置通信设备，保证通信畅通。

在电缆敷设前，在电缆盘处搭建电缆放线支架，放线支架要求平稳、牢固可靠。安装井口滑轮，井口滑轮与井圈牢固固定，避免坠入井下。搭建好的放线支架和井口滑轮的布置位置应满足电缆弯曲半径要求。

（2）根据电缆敷设方案在电缆牵引头、电缆盘、各输送机、桥堍处、转弯处及可能造成电缆损伤的地方设专人监护，展放过程中遇到异常情况应立即停止牵引并报告施工现场总指挥、技术人员，待问题处理后再继续展放。对于不同的地形环境派专人随时调整施工机具的位置。

（3）将电缆导入滑轮和电缆输送机，操作分控箱启动电缆输送机，旋紧电缆输送机紧固螺杆使履带夹紧电缆。电缆在人工操作和电缆输送机的输送作用下向前输送，电缆到达下一台电缆输送机时，重复上述操作。

（4）使用电缆盘制动装置控制电缆盘停止和转动速度，电缆盘线速度应与电缆输送速度同步，电缆盘制动装置控制电缆敷设的速度不宜超过 15m/min，一般取 6m/min。

（5）施放电缆时，通常将电缆盘支放在桥下的地面上。由于在桥箱入口处，电缆由垂直转为水平，需要经过一个很大的转角，在桥墩下，电缆从地面上桥墩也需要经过很大转角，小弯曲半径很容易损伤电缆。因而在电缆上、下桥的部位需要合理布置输送机，以免对电缆造成损伤。

可采用搭建临时脚手架的方式为电缆设置上桥临时路径，电缆敷设进入桥箱后再将电缆恢复至竖井路径中，最终拆除脚手架。电缆上桥临时路径示意和路径施工现场分别如图 9–29、图 9–30 所示。

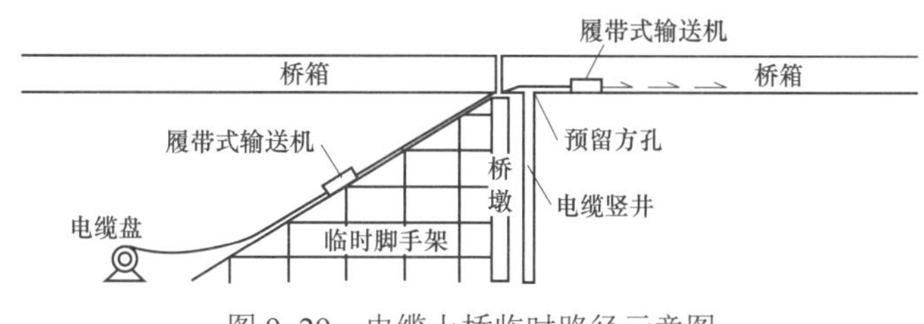

图 9–29　电缆上桥临时路径示意图

图 9–30　电缆上桥临时路径施工现场图

（6）桥箱中间段电缆为直线施放，所需拉力值较小，侧压力可控，可在电缆整体拉入桥箱后，采用同步牵引机、输送机并组合滑轮的敷设方式进行牵引，使电缆安全敷设到位。

（7）受桥箱内纵向空间的限制，三相电缆通常水平排列，为消除热胀冷缩的影响，电缆需采取水平蛇形布置。桥箱内电缆水平蛇形敷设如图 9–31 所示。

图 9–31　桥箱内电缆水平蛇形敷设图

（8）电缆在高落差段敷设时，应严格控制电缆的弯曲半径。单芯电缆允许最小弯曲半径为 20*D*（*D* 为电缆外径）。

（9）每相电缆敷设完毕后，应及时做好回路、相序标识工作。

4. 电缆固定

（1）按设计要求对电缆进行固定，使用电缆固定夹具将电缆固定在支架上。

（2）电缆夹具固定电缆时，橡胶垫要与电缆贴紧，露出夹具两侧的橡胶垫基本相等，夹具两侧螺栓应均匀受力，螺栓露出扣长 2～5 扣，直至橡胶垫与夹具接触紧密。

（3）电缆上桥、下桥段竖井坡道引上、引下部位进行连续固定。

（4）采用橡胶垫块固定在电缆支座上可以吸收大部分由于桥梁振动产生的能量，减小对电缆金属护套的影响。需在电缆固定支架与底座之间放置氯丁橡胶，在电缆与夹具之间放置橡胶皮。

（5）为了适应桥箱内电缆水平蛇形敷设，铝合金夹具出口处要有圆角结构，并且在安装时要与电缆前进方向有一定角度。

（四）人员组织

根据工程量和现场实际情况合理安排人员，开展施工作业。施工现场人员组织见表 9–25。

表 9–25　　施工现场人员组织表

√	序号	人员类别	职　　责	作业人数
	1	现场负责人	处理施工过程中出现的突发问题，保证施工质量及安全，施工开始前向参加工作的相关人员进行交底	1
	2	技术负责人	施工前编制作业指导书及相关的专项方案，处理施工过程中的技术问题，在开始施工前配合工作负责人进行安全技术交底	1
	3	质量负责人	对本工序的施工质量负责，施工前对质量通病制定预防措施，施工过程中检查各部位质量能否满足验收要求	1
	4	安全负责人	对本工序的安全负责，施工前对可能出现的危险源点进行分析预判并制订相应的预防措施，对现场安全作业情况进行监督	1
	5	材料负责人	对本工程的物资供应负责，保证施工材料及时准确地进入施工现场，确保不因物资供应问题影响施工进度	1～2
	6	资料员	对施工资料进行收集整理，负责档案移交	1～2
	7	信息员	负责信息上传及维护基建信息管理系统	1
	8	电缆工	调试输送机、电缆展放过程的分段监护及紧急情况的处理	2
	9	吊车指挥	电缆轴、放线架的安装、拆除	1

续表

√	序号	人员类别	职　责	作业人数
	10	司吊	电缆轴、放线架的安装、拆除	1
	11	司索	电缆轴、放线架的安装、拆除	2
	12	电工	安装、拆除电缆输送机电源、调试输送机	2
	13	普通工	清理沟槽、排水、搬运电缆输送机、布电缆辊、拆除电缆外包装、牵引电缆方向、摆放电缆等体力工作	若干
	14	电焊工	敷设支架焊接	若干

（五）材料和设备

1. 施工主要材料

施工主要材料见表 9–26。

表 9–26　　施工主要材料表

√	序号	名　称	型号及规格	单位	数量	备注
	1	电缆	由工程性质决定	m	据实际工作核对	
	2	白棕绳	4～6 分	m	100	
	3	铁丝	10、12 号	kg	20	
	4	润滑油		kg	20	
	5	热收缩封帽	由工程性质决定	只	若干	
	6	刚性封帽	由工程性质决定	只	若干	
	7	液化气	15kg/罐（安装用）	罐	2	
	8	防水带	50mm×3m×1.65mm	卷	10	
	9	自黏性 PVC 带	18mm×6m	卷	10	
	10	电缆标示牌	由工程性质决定	块	若干	
	11	铝合金令口	由工程性质决定	只	若干	

2. 施工主要机械设备

施工主要机械设备见表 9–27。

表 9–27　　施工主要机械设备表

√	序号	名　称	型号及规格	单位	数量	备注
	1	电源线盘	220V/380V	个	2	
	2	电焊机		台	2	
	3	盘锯	5402（ϕ415mm、2200r/min）	把	3	

续表

√	序号	名　　称	型号及规格	单位	数量	备注
	4	手锯	0～320mm	把	3	
	5	放线架	由工程性质决定	套	2	
	6	千斤顶	20t	台	4	
	7	空心钢管	由工程性质决定	根	若干	
	8	电缆盘制动设备	自制	个	2	
	9	直线滑轮	由工程性质决定	只	若干	可根据现场情况调整
	10	回力撑	由工程性质决定	根	若干	
	11	转角滑轮/滑板	由工程性质决定	组	若干	可根据现场情况调整
	12	输送机	JSD–5/JSD–8	台	若干	可根据现场情况调整
	13	发电机	68kW	台	2	可根据现场情况调整
	14	抽水泵	由工程性质决定	台	2	可根据现场情况调整
	15	木梯或绝缘梯	由工程性质决定	张	2	
	16	液化气枪	双开金属护套 JH–2/25mm	把	5	
	17	排风机	由工程性质决定	台	2	可根据现场情况调整
	18	防护井圈	由工程性质决定	只	若干	可根据现场情况调整
	19	对讲机		只	10～15	
	20	卷尺	100m	把	10	
	21	撬棍		根	2	
	22	工具箱	自制	只	10	
	23	灭火器	MFZ/ABC3（3kg）	只	若干	可根据现场情况调整
	24	绝缘电阻表	5000V/2500V	台	1	
	25	气体检测仪	四合一（可检测 O_2、H_2S、CO 和可燃气体）	台	1	
	26	吊车	由工程性质决定	台	1	
	27	起吊钢丝绳	由工程性质决定	付	若干	

（六）质量控制

（1）电缆转弯处最小弯曲半径符合验收规范要求，详见表 9–28。

表 9–28　　电缆最小弯曲半径

电　缆　型　式	最小弯曲半径
单芯交联聚乙烯绝缘电力电缆	20*D*

注　*D* 为电缆外径。

（2）电缆允许敷设最低温度符合厂家要求，厂家无要求时，应符合验收规范规定的电缆允许敷设最低温度，低于此温度时应采取加热等措施，详见表 9–29。

表 9–29　　电缆允许敷设最低温度

电　缆　类　型	允许敷设最低温度（℃）
单芯交联聚乙烯绝缘电力电缆	0

（3）电缆就位应轻放，严禁磕碰支架端部和其他尖锐硬物，调整蛇形波幅时，严禁使用有尖锐棱角铁器。

（4）电缆敷设时，控制转弯处的侧压力符合设计规范，不应大于 3kN/m。

（5）设专人看守转弯滑轮两侧，防止电缆出现裕度损伤电缆。需派专人在输送机间随时调整滑轮位置，防止滑轮移动与翻转。

（6）为吸收电缆本体热机械应力，并补偿吸收桥梁本体的热胀冷缩伸缩量，防止电缆从支架上拱起或滑移，电缆需采用蛇形敷设方式。

受桥箱内纵向空间的限制，三相电缆通常水平排列，电缆则采取水平蛇形布置。蛇形敷设幅度的确定除需考虑电缆热胀冷缩幅度等常规因素以外，还需要考虑各桥箱分散到单位长度（两抱箍之间）的伸缩量，以确定打弯幅度。

（7）桥箱本体结构随温度的变化会有一定的伸缩，因而桥梁本体会有伸缩缝。而电缆固定于在桥箱中，会跟随桥箱一起伸缩，在伸缩缝处会出现拉伸或折拱。为确保桥梁伸缩缝扩大时不拉坏电缆，桥梁伸缩缝收缩时不折损电缆，必须采取吸收补偿伸缩的装置。

通常在工程中采用一种钢结构装置，该装置一侧固定在桥体上，另一侧可滑动，形成一个呈 Ω 形状的拱形装置后，将电缆固定。当桥体伸缩缝有伸缩变化时，拱形装置拱起或下落，调节电缆的伸缩量，使电缆能够随桥身纵向伸缩，从而达到补偿伸缩、保护电缆的目的。

（8）高压电缆金属护层往往采用单点接地或交叉互联接地方式，桥箱内的电缆中间接头同样需要直接接地或经保护器接地。由于电缆中间接头位于桥箱中，无法直接接入接地网，因此可采用在河流中桥墩处设置水下接地极，并用接地线顺桥墩引至电缆接头处。

考虑到河流中金属接地极容易腐蚀，还可采取在河边设置普通的接地网，后采用截面积较大的铜制接地线，连接至电缆接头处的护层保护器接地端。

此外，还可利用大桥混凝土结构中的钢筋骨架、金属结构物等金属管道通过桥墩接地的方案。利用大桥钢筋接地的方案可有效减小接地电阻，节约接地材料，达到均衡电位的目的。

（9）防振措施。电缆在桥梁上振动的幅度和频率随桥梁构造、形状、荷载种类不同而不同。为减轻振动对电缆的影响，考虑采用以下措施：

1）采用铝护套电缆。铝护套电缆的耐振性能大大优于铅护套电缆，铝的容许形变值约为铅的 2 倍，选用铝护套可以大大提高电缆自身的抗振能力，敷设在大桥的电缆推荐采用铝护套电缆。

2）在电缆自重与重力加速度的影响下，电缆可能会产生依赖于电缆支架间距的某一频率的振动，为了防止由于桥梁振动引起电缆和桥之间谐振，电缆支撑的间距 L 需要避开谐振频率范围，对此有：

$$L \leqslant [\pi \cdot (E_1 \cdot g / W)^{1/2} / (2f)]^{1/2} \tag{9-1}$$

式中 f——桥的振动频率，Hz；

E_1——电缆抗弯阻力，$kg \cdot cm^2$；

g——重力加速度；

W——电缆自身质量，kg/cm。

一般大桥固有频率为 0.1～0.5Hz，活载频率（汽车）为 7～20Hz。通常情况下经过计算可得支架间距 L 一般应控制在 2m 以内。

3）大桥电缆通道一般选用支架敷设。采用橡胶方形垫块固定在电缆支座上可以吸收大部分桥梁振动产生的能量，减小对电缆金属护套的影响。此外，电缆夹头内还可采用一定厚度的橡胶层，达到防振效果。

（10）防火措施。考虑到桥梁电缆的特殊敷设环境，为防止各种热源和火源会引燃高压电缆并可能危及桥梁和通行车辆，电缆外护套需采用阻燃材料。电缆表面涂刷具有良好隔热阻燃效果的防火涂料，可起到防止火灾蔓延的作用。

（11）附属设施安装。跨江电缆敷设工程中，需增设许多附属设施。为了能够方便进出桥箱，在桥墩预留进出孔的下方，通常设计电缆竖井，竖井仿照输电线路铁塔，一般采用钢结构骨架，钢筋混凝土基础。在施工中为施放电缆及人员物资提供通道，施工完成后，制作蒸汽式混凝土板和彩钢板外壁，形成封闭式的竖井，带门、带窗、带锁，即防止闲杂人员攀爬偷盗，还方便运行人员巡视检修。在桥箱中应安装节能灯照明装置和通风排气管道，施工时用的鼓风机可留在桥箱中，方便日后通风排气。

（七）安全措施

（1）施工范围四周装设围栏和安全警示标志，设专人看护。

（2）电源配电箱应接地良好，剩余电流动作保护装置安装符合要求，电缆输送机及控制箱接地良好。

（3）在桥箱内使用电源，遇潮湿结露处导线接头必须用防潮接线盒，防止人员触电。

（4）正确使用安全防护用品、用具。

（5）在桥箱内作业，运输重物时，如电缆输送机、转弯滑轮等，使用机械吊装或人工吊装的方法，并采取保护措施，保证设备和其他附件完好。

（6）吊装电缆盘前，检查起重工具，如钢丝绳型号是否符合要求，钢丝绳套有无断股，轴承座及吊装环是否开裂等，吊装时起重臂下严禁站人，设专人指挥。

（7）在电缆敷设中注意对电缆的保护，勿登踏、磕碰运行电缆。

（8）敷设电缆过程中，控制设备、通信设备保持畅通完好，确保电缆施工中人员、设备的安全。

（9）每人看守电缆输送机不能超过 2 台，重点部位 1 人 1 台；每台电缆输送机要有专人经常检查，发生故障及时处理；电缆敷设时，施工人员严禁在电缆敷设内角停留；电缆输送时，严禁人员搬动或调整输送机滑轮或垫放东西。

（10）电缆上、下支架时应设专人统一指挥，防止电缆碰撞电缆支架损伤电缆。

（11）桥箱内动火必须履行动火手续，专人监护，并配备消防器材。

（12）电缆外护套试验时，电缆两端设专人看护，试验区域设好围档和警示标志，试验完毕对电缆放电接地。

（八）环保措施

（1）施工前，合理选择电缆敷设地点，尽量避免占用土地植被、林地等地区。

（2）施工过程中，注意保护周围环境，做到少破坏植被，余土、弃渣妥善处理。

（3）合理安排工作计划和资源调配，做到节能降耗，减少施工过程对电能、车辆等的使用。

（4）施工完毕后及时清理施工现场，杂物和包装物品集中存放、及时运走，做到工完、料尽、场地清，恢复地貌。

（九）验收

1. 验收程序

施工项目部在重要隐蔽工程隐蔽前和关键工序转序前均需进行三级自检，并向监理项目部提出验收申请，隐蔽工程由监理项目部进行现场检查，符合要求并签字确认后，现场方可隐蔽并进入下一道工序的施工。对于关键工序的转序验收，监理项目部完成初检后由业主项目部组织开展中间验收。

执行首件样板验收制度，对不同的电缆敷设形式、固定方式分别进行现场验收和资料验收，对发现的缺陷实行闭环管理，首件样板验收合格后方可继续施工。运维单位根据施工计划参与隐蔽工程和关键环节的中间验收，隐蔽工程验收和关键环节的中间验收均应留下相关记录，并附验收影像资料，对验收中发现的问题应进行整改并组织复验。

施工单位在电缆敷设前，应取得由运维单位出具的土建通道、照明、通风等基本附属设施及支架、接地等附属设备，验收合格并许可施工的书面意见；电缆敷设应通过持证上岗、设备挂牌、关键环节拍照摄像、试验等手段严把施工质量验收关。

2. 验收环节

（1）电缆敷设时，电缆所受的侧压力和弯曲半径应根据不同电缆的要求控制在允许范围内，侧压力无规定时不应 3kN/m。

（2）电缆应用专用打弯机调整蛇形波幅，打弯幅值应符合设计文件及相关规范的要求。

（3）固定夹具表面应平滑、便于安装，有足够的机械强度和适合使用环境的耐久性特点。

（4）固定夹具数量和间距符合设计要求，螺栓长度宜露出螺母 2～3 扣。

（5）支架安装与设计相符，横平竖直，无显著扭曲，切口无卷边、毛刺；焊缝应满焊且焊缝高度应满足设计要求，焊接牢固、焊渣打磨；相关构件在焊接和安装后应进行相应的防腐处理；支架应用接地扁铁环通，其规格应符合设计要求。

六、海底电缆工程典型施工方法

海底电缆工程广泛应用于区域电网跨海互联、向海洋孤岛及石油钻探平台供电、输送海上再生能源的发电并网等各类工程中。海底电缆敷设施工受到海洋地域环境、海洋水文、施工设备和技术等条件的影响，施工复杂困难。本部分介绍了海缆敷设的典型施工方法，在工程应用中能够提高海底电缆敷设的效率和质量，保证施工安全。

（一）特点

海底电缆施工工艺的主要特点是采用浅吃水的箱型工程驳船作为电缆施工船。敷设方式包括自航式敷设与牵引式敷设。多数情况下采用牵引式敷设进行施工，其采用绞锚牵引、拖轮侧推或舵桨侧推动力的方法进行海底电缆的敷设施工。路由偏差采用差分全球定位系统（DGPS 定位系统）进行实时测量和控制。海底电缆牵引式敷设施工工艺示意如图 9–32 所示。

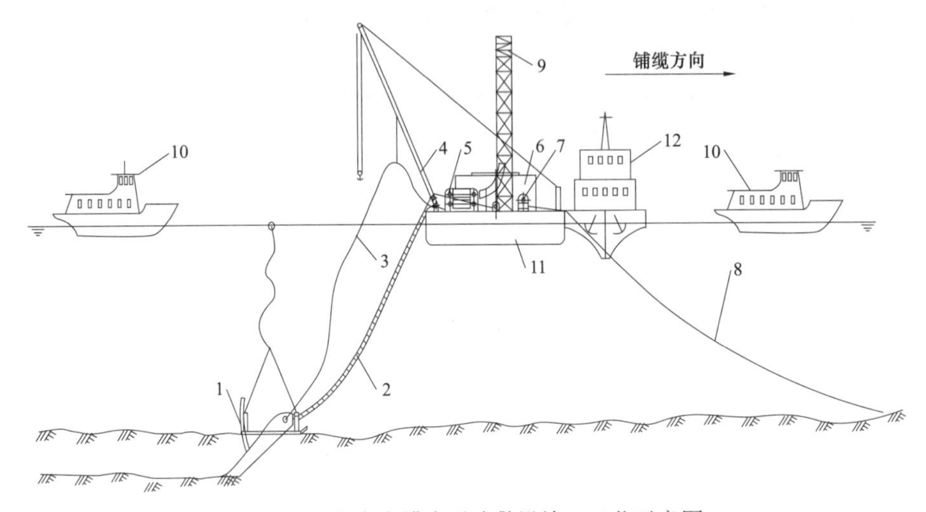

图 9–32　海底电缆牵引式敷设施工工艺示意图

1—水力喷射敷设机；2—导缆笼、电缆及拖曳钢丝绳；3—高压输水胶管；4—起重把杆；5—履带布缆机、计米器、入水槽等；6—储缆圈；7—牵引绞车；8—牵引钢丝绳；9—退扭架；10—警戒船；11—电缆敷埋施工船；12—拖轮

（二）适用范围

海底电缆工程典型施工方法适用于 110kV 及以上电压等级，截面积为 400～2500mm^2 的海底电缆敷设施工。

（三）施工工艺流程

海底电缆施工工艺流程如图 9–33 所示。

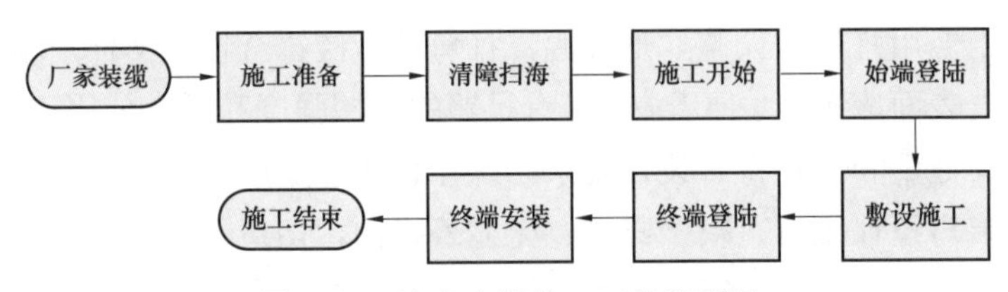

图 9–33　海底电缆施工工艺流程图

1. 施工前期准备

（1）现场准备：

1）办理各类开工许可手续。

2）施工前期协调：施工路由渔网、障碍物的清障协调；途径施工路由的来往客船协调等

海事、渔业相关部门的协调工作。

3）岸滩电缆沟槽开挖建设。

4）核实电缆路径的长度，保证电缆设计长度满足电缆路程实际长度，复核电缆接头位置。

（2）技术准备：施工人员到达施工现场，对工程所用的测量控制点用仪器进行测量复核，了解施工海域水文、气象等情况，报请业主确认。及时将拟建海底电缆施工路由、附近已敷埋海底电缆、供水管线的实际路由、避风点位置等有关参数输入到各施工船的导航计算机系统中。

施工前，将本次施工用的所有定位导航系统与设计、路由调查坐标系统进行复核，消除不同型号的差分定位系统（以下简称 DGPS）接收机可能产生的系统误差、仪器误差，取得定位数据的一致性。

（3）海缆过驳运输：施工船靠泊海底电缆厂家码头后用缆绳固定，海底电缆头绑扎上钢绳网套，安装活络转头，再与牵引钢绳连接，将海底电缆头牵引至码头退扭架塔顶出口处。海底电缆退扭架高度应满足海底电缆生产厂家技术要求，盘绕前海底电缆头部预留 5m 长度在海底电缆盘里圈内，以方便海底电缆测试。

海底电缆在盘放时逐层进行，盘放方向一般为俯视顺时针方向，现场根据实际情况按生产厂家技术人员要求盘放。盘放顺序遵循先内后外，先下后上的总体原则。一般先由里圈开始，逐圈盘放至外圈；第二层再由外圈盘放至里圈，如此逐层反复进行。

海底电缆盘放应紧密整齐，减少海底电缆之间的空隙，避免运输途中产生位移。人工盘放海底电缆时严禁使用金属利器，防止海底电缆表面刮损。高架栈桥等输送设备沿途所有的滚轮应保证运转灵活。计量海底电缆长度的计米器应精确可靠且与海底电缆上的米标相符。

海底电缆装上施工船后，施工单位应同厂家办理海底电缆及其附件的交接试验和有关手续。海底电缆装船并测试完毕后，应可靠密封海底电缆头，防止海水潮气的渗入。

施工船装载海底电缆航行至施工现场，航行前集合所有船员召开航次会议，交底落实甲板设备、材料固定工作，确保航行中海底电缆的安全性。

2. 主施工阶段

（1）施工路由勘察。施工船抵达施工现场前，前期进场的技术人员应按设计图纸路由完成两端登陆点的地形勘测、测量放线，以及牵引机具布置的准备工作等。

（2）施工路由扫海。海面可见障碍物有养殖网箱、插桩、渔网、浮漂等其他障碍物，必须在海底电缆敷埋施工前进行彻底清理。

海底障碍物的清理主要指清除海底残存的网、绳、缆、桩等小型障碍物和沉船，避免对敷埋海底电缆、施工质量及敷设机械构成威胁。一般采用锚艇尾系扫海工具，沿海底电缆敷埋路由往返航行进行清理。发现无法清理的障碍物，上报建设单位。施工路由附近有沉船等大型障碍物，则应探摸准确其坐标位置是否影响海底电缆施工。

养殖区清理工作由建设单位协调负责，养殖拆除后，对该段反复多次扫海。

扫海施工时采用 DGPS 系统精确定位导航，控制扫海的区域范围为±10m。

3. 海底电缆陆地登陆作业

（1）登陆准备工作：

1）设置牵引装置，并将牵引钢缆引至施工船上与海底电缆相连。

2）设置海底电缆滚轮以避免电缆损伤。

3）检查通信设备。

4）调整敷设船舶位置使海底电缆正对登陆点，使船舶与登陆点具有一定安全距离。

（2）海底电缆牵引作业。海底电缆引到岸上时，可用浮筒浮托将余线全部浮托在海面上，再牵引至陆上。严禁拖拉电缆，并应进行以下牵引作业的监控：

1）牵引钢缆的拉力。监控牵引拉力，并与允许数值进行比较，当拉力较允许数值有增加时应暂缓作业，找出拉力数值增加的原因。

2）海底电缆敷设米数。

（3）海底电缆引至岸上的区段，应采取适合敷设条件的防护措施，且应符合下列规定：

1）岸边固定时，应采用保护管、沟槽敷设电缆，必要时可设置工作井连接。

2）岸边未固定前，宜采取迂回形式敷设以预留适当备用长度的电缆。

3）浮托在海面上的电缆敷设完后应按设计路径沉入海底。

（4）浅滩沟槽开挖。浅滩沟槽是指从敷设犁计划投放点到陆上施工机械能够开挖到的位置之间部分。对于该区域内沟槽开挖，拟采用水陆两用挖机进行开挖。

登陆段开挖工作分以下 2 部分：

1）可在登陆施工前开挖，该段开挖后应临时用原土筑坝封堵沟槽存水，以便登陆时可以采用轮胎浮运法登陆，从而减少登陆阻力，减少支架滚轮及接力布缆机的投入数量，登陆完成后拆除轮胎，海底电缆沉入沟底。

2）可在海底电缆登陆到位后，由水陆两用挖机在已敷未埋海缆边开挖沟槽，然后将海缆放入沟内。后开挖时须由人工在海底电缆位置指挥，确保海底电缆的安全。

4. 海底电缆敷设施工步骤

（1）施工准备工作。

1）电缆张拉控制。海底电缆在敷设过程中受到多种外力作用，其中，敷设速度对电缆在敷设过程中受到的张力影响最大。根据计算和施工实践，为避免电缆入水时打扭或打圈，在海底电缆敷设过程中始终要保持一定的张力。电缆入水角度应控制在 30°～60°，以 45° 为宜。

电缆敷设张力近似计算公式如下：

$$T = W \times D\,(1-\cos\theta) \tag{9-2}$$

式中 T——敷设机敷设张力，kN；

W——海缆在海水中重量，kg；

D——水深，m；

θ——海缆入水角，（°）。

采用牵引顶推敷设时，其速度宜为 1～8m/min；采用拖轮或自航牵引敷设时，其速度宜为 20～40m/min。

2）抗流性能。敷设机为综合机械，在水下的工作状态与工况条件相适应。敷设机主机纵向与侧向迎水面小于 3m²、跨幅大于 5m、重心低于 0.4m，自然摆放在水底，在 6 节水流中能保持良好姿态，作业时抗流性好。

3）敷设牵引力。敷设机靠施工船牵引前进，被动牵引力主要有敷设机雪橇以及犁体与海床土质的摩擦力、高压射水水流正面阻力。经多次施工实测，在一般软土地质以及砂层条件下，该牵引力约为 80kN。

4）敷设深度。电缆敷设时，敷设机雪橇板紧贴海床面前进，电缆敷设深度也就时犁体插入土体的深度。该深度通过变幅犁体调节，可在 0～3.5m 之间变化。

5）敷设速度。敷设机的敷设速度也是施工船牵引敷设机前进的速度。施工船靠卷扬机绞缆前进。因此，电缆敷设速度由卷扬机的绞缆线速度决定，并由连接于卷扬机的变频器控制与调节；可在 0～12m/min 的速度范围内变化。施工过程中，根据不同土质情况，敷设速度一般控制在 1～12m/min。

各种机械设备检查就位，通信频道调试完成，航行通告已登报、施工水域风力 7 级以下、监护警戒艇到位，一切准备工作就绪后，即进行后续施工。

（2）敷设施工工作。

1）投放敷设机，如图 9–34 所示。

① 电缆放入入水槽后，船头电缆装入敷设机腹部，关上门板，采用巴杆吊机将敷设机缓缓吊入水中，搁置在海床面上。严格按照敷设机的投放操作规程，按照以下程序进行作业。

② 敷设机起吊，脱离停放架。

③ 电缆装入敷设机腹部，关上门板并在敷设犁电缆出口处设置吊点，保证投放敷设犁时电缆的弯曲半径。

④ 敷设机缓缓搁置海床面。

⑤ 潜水员水下检查电缆与敷设机相对位置，并解除吊点。

⑥ 启动高压水泵。

⑦ 启动埋深监测系统。

⑧ 启动牵引卷扬机。

⑨ 施工船起锚，开始牵引敷设作业。

图 9–34　投放敷设机

2）电缆敷设施工。

① 敷设前检查敷设用的各类机械运转是否正常，电气设备是否安全可靠，若有异常情况应立即排除。

② 海底电缆使用牵引式敷设方法，即施工船上设置牵引卷扬机，收绞预先敷设在路由轴线上的牵引钢缆，牵引敷设施工船前进。施工船的航向偏差由施工拖轮纠正。在敷设施工船船尾同时牵引水下敷设机，海底电缆由导缆笼进入敷设机后，被埋于海床上。

3）电缆敷设控制。

① 电缆敷设导航定位系统：采用 DGPS 定位系统，通过国家 GPS 参考台差分信号进行修正，使系统定位精度优于 1m，通过导航软件显示船的航迹、测线、锚位、障碍物或建造物，使质量控制数据可与航迹信息同时显示。

② 电缆敷设监测系统：采用电缆敷设监测系统，通过数据采集仪采集各传感器传输敷设速度、牵引张力、电缆张力等的感应电流或电压信号，并接入计米器、水深仪、流速仪，经初步转换后传输给后台应用处理软件，经运算处理，显示至微机显示屏或外接显示屏上，并进行连续存储。电测人员将各种数据反馈给施工指挥人员，以供现场及时掌握作业情况。通过布缆机的张力控制，可以保证电缆在敷设时保证一定的悬链形态，同时又随时控制张力在电缆的允许范围内。

③ 电缆敷设纠偏措施：为避免电缆敷设施工时，由于海上作业时间较长，施工船容易受到大风、海浪、水流、潮汐作用的影响，导致电缆偏离设计路由；可采用施工船前方钢缆牵引，后方的敷设机相当于另 1 只稳船锚。此外，施工船由施工拖轮、锚艇在施工船背水侧或背风侧进行顶推、侧推动力定位，控制电缆敷设施工时的航向偏差。

施工中技术人员通过 DGPS 接收机采集当前船位坐标和铺缆偏差数据；经软件计算后可以及时反应船体所受外力大小与方向。偏差控制指挥人员由此可以及时指挥调节顶推动力船的顶推位置、顶推方向，进车速度，从而控制安装船的铺缆偏差。根据成功的实践表明，此施工方法可将偏差控制在±10m 范围内。

④ 施工过程中，专业技术人员在施工船上对电缆进行连续实时监测，包括电缆弯曲半径、电缆张力等。

⑤ 施工期间，由辅助船采用专人负责 DGPS 定位导航进行施工定位抛锚工作，每次抛锚点应离开原海底电缆及供水管线路由（建设单位提供的路由）150m 以上的安全距离，且做好相关记录，确保相邻海底电缆及供水管线的安全。施工实时监控如图 9–35 所示。

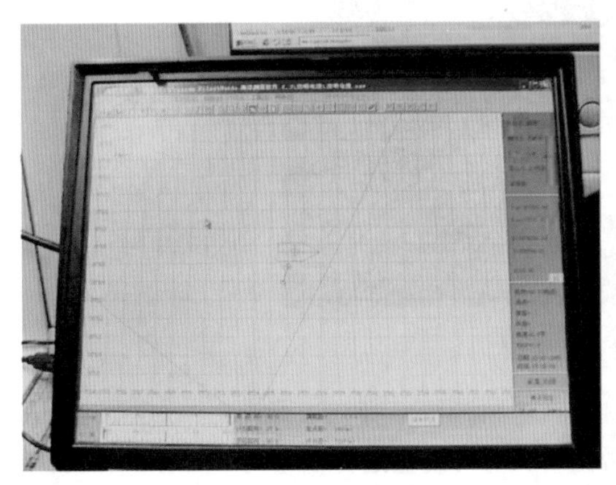
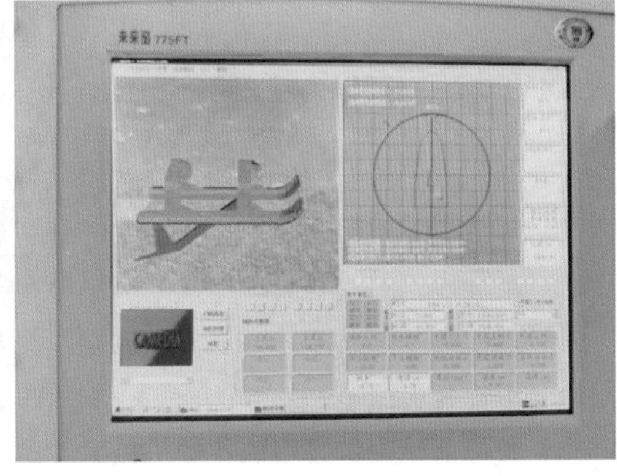

图 9–35 施工实时监控图

4）敷设机的回收。电缆敷设进入滩涂段后，可利用若干高潮位尽量向岸边进行敷设，确保机械敷设长度，尽量减少人工或挖机的开挖长度。

敷设作业进行至终端位置附近，抛设定位系船八字形开锚 4 只以固定船位，然后进行敷设机的回收操作。严格按照以下操作规程：

① 调整牵引钢缆和敷设机起吊索具，将敷设机移位至距船尾 7～9m 处。

② 逐件卸去导缆笼。

③ 采用把杆将敷设机吊出水面，调整牵引钢缆及起吊索具，将敷设机搁置在专用停放架上。敷设机回收如图 9–36 所示。

图 9–36　敷设机回收图

5）终端登陆施工。敷设机回收完毕后，调整锚位将施工船调头 90°，然后甩出电缆尾线，并用轮胎将电缆绑扎后助浮于海面上，使电缆在海面上形成不断扩大的 Ω 形。电缆头甩出浮于水面上后，将电缆头系于预先铺设在终端路由上的钢丝绳上，通过缓缓绞动机动绞磨机将电缆牵引至岸上，按照设计要求预留一定长度后，立即将海面上的电缆沉放至海床。

若需过堤坝进行穿管施工时，电缆头应同步牵引进入预先施工好的过堤坝顶管，并进入终端站接线柜，留足设计规定的裕量。若滩涂登陆距离长，电缆牵引可分次进行，确保电缆牵引张力在设计范围内。电缆牵引登陆完毕后，在终端房（或杆）上安装电缆锚固装置固定。

6）交越施工作业：施工的海底电缆与原有的海底电缆、海底管道交叉时应进行交叉防护施工。

① 路由复测时，标定好交叉地点坐标。

② 在交叉点处已建海底管缆上沿海底管缆轴线方向抛沙袋，形成防护层。

③ 施工时在距交叉点 20m 将敷设机吊起，并记录坐标、绑定标志物（如浮漂）。在跨过交叉点 20m 后，再记录坐标、绑定标志物（如浮漂），重新开始放下敷设机继续敷设。

④ 在海底电缆交叉防护区域，用壁厚不小于 15mm、防护长度不小于 40m 的橡胶保护管套在与管缆交叉段的电缆上，然后用金属卡子将胶皮保护管与海底电缆进行固定。

⑤ 在交叉点处新建海底电缆方向抛沙袋，形成防护层。新建海底电缆与已建管缆交叉部位的垂直净距离不小于 0.4m。

7）海底电缆的保护措施。海底电缆保护应根据海深、海床地质情况、海面船舶通行情况，综合考虑风险程度、维修成本等，采取相应保护措施，降低海底电缆受到损害的风险。通常有以下 5 种保护方式：① 掩埋保护：根据施工海域海底地质状况，使用水力冲埋、预挖沟、机械切割等掩埋保护方式。② 加盖保护：在海底电缆敷设困难区域，使用混凝土压块、抛石、石笼加盖等保护方式。③ 保护套管防护：在海底礁石区或岩石登陆段，可在海底电缆上套用铸铁、玻璃钢、塑胶等材质的保护套管。④ 在海底电缆登陆两端设立警示标志，严禁损坏海缆。海缆海底路由上设立禁锚区域。⑤ 设立瞭望台，随时观察海面上海底电缆路由上是否有船舶抛锚或遭到破坏。

（四）人员组织

根据工程量和现场实际情况合理安排人员，开展施工作业。施工现场人员组织见表 9–30。

表 9–30　　施工现场主要人员组织表

√	序号	人员类别	职　责	作业人数
	1	现场负责人	处理施工过程中出现的突发问题，保证施工质量及安全，施工开始前向参加工作的相关人员进行交底	1
	2	技术负责人	施工前编制作业指导书及相关的专项方案，处理施工过程中的技术问题，在开始施工前配合工作负责人进行安全技术交底	1
	3	质量负责人	对本工序的施工质量负责，施工前对质量通病制订预防措施，施工过程中检查各部位质量能否满足验收要求	1
	4	安全负责人	对本工序的安全负责，施工前对可能出现的危险源点进行分析预判并制订相应的预防措施，对现场安全作业情况进行监督	1
	5	材料负责人	对本工程的物资供应负责，保证施工材料及时准确地进入施工现场，确保不因物资供应问题影响施工进度	1～2
	6	资料员	对施工资料进行收集整理，负责档案移交	1～2
	7	信息员	负责信息上传及维护基建信息管理系统	1
	8	电缆工	调试输送机、电缆展放过程的分段监护及紧急情况的处理	若干
	9	机管员	负责机械管理	1
	10	起重工	负责重物起吊	1
	11	潜水员	负责水下作业	2
	12	电工	安装、拆除电缆输送机电源、调试输送机	2
	13	电焊工	支架焊接	2
	14	电测及定位人员	负责定位	2

（五）材料和设备

1. 施工主要材料

施工主要材料见表 9–31。

表 9–31　　施工主要材料表

序号	名　称	规　格	单位
1	高压皮笼	3MPa，ϕ150	m
2	导缆笼	ϕ350	只
3	钢绳	6×37；ϕ12～32	m
4	锚	海军锚，750～5000kg	只

2. 施工主要机械设备

施工主要机械设备见表 9–32。

表 9–32　　施工主要机械设备表

序号	机 械 设 备	规　格	单　位
1	敷设机	HLA–5	台
2	发电机	40～200kW	台
3	机动卷扬机	1～8t	台
4	电焊机	DC 150A	台
5	水泵	150TW×9	台
6	空压机	0.9m^3	台
7	定位系统	NR108	套
8	电测系统	ONSPEC	套
9	电缆盘		只
10	退扭架		只
11	巴杆	50t	台
12	单边带		套
13	甚高频		套
14	手持对讲机		套
15	激光经纬仪	JCM–3	台
16	回声测深仪		台
17	流速仪		台

注　材料与设备数量及规格据实际情况而定。

海底电缆工程驳船、交通船、辅助船等分别如图 9–37～图 9–39 所示。

图 9–37　海底电缆工程驳船

图 9–38　交通船

图 9–39　辅助船

（六）质量控制

（1）过缆质量控制。

1）过缆时施工船应停泊稳定。电缆盘内应保持平整，电缆按照俯视顺时针方向由外向内、再由内向外盘放；电缆头部应预留 3m 裕量，以方便电缆测试。

2）过缆过程中应注意潮位变化；施工船带缆应留有合理裕量。

3）过缆弧槽弯曲半径大于 4.2m。

4）确保塔顶电缆入口通道光滑。

5）过缆速度控制在 300m/h 以内，布缆机应保持匀速，防止突然下滑。

（2）电缆登陆施工质量控制。

1）准确测量登陆需用电缆长度。终端电线杆电缆长的预留根据电缆终端头制作的要求。

2）清除登陆路径沿途尖锐障碍物。必要时可以垫以托轮、编织袋、毛竹等保护物以减小摩擦。

3）登陆时电缆张力控制在 50kN 以内，防止牵引的突然启动和停止。

（3）电缆敷设施工质量控制。

1）电缆退扭高度控制在 10m 以上。

2）电缆通道由滚轮组成，表面光滑平整，间距为 600mm。

3）电缆的最小允许弯曲半径：对于 220kV 海底光电复合缆为海缆外径的 25 倍，敷设时电缆承受的侧压力不大于 2000kg/m。

4）施工船上电缆通道上的所有电缆弯曲半径均不得小于电缆外径的 25 倍。

5）电缆入水角度控制在 45°～55°。

6）电缆敷设速度控制在 6～9m/min，电缆刹车一般情况下不予采用。

7）作业时同步监测敷设机的水下姿态。海床面平整条件下，当敷设机的左右高差超过 50cm，前后高差超过 100cm 时，采取停止或减慢牵引速度，调整敷设机牵引缆长度，调整牵引缆入水角度等措施，使敷设机姿态恢复正常。

8）电缆敷设深度应严格控制，海底电缆敷设深度控制在 2～5m，当敷设深度低于设计要求时，应减慢敷设速度，增加水泵压力。

9）敷设机的投放、回收作业，应在风浪、潮流较小的情况下进行，投放完成后若有必要，应派潜水员水下检查电缆与敷设机的相对位置。

10）敷设航线偏差由拖轮顶推辅助控制，允许偏差控制在路由轴线两侧±15m 范围内。

11）敷设放线架应使海缆的最小退扭高度不小于 1/2 盘绕周长。敷设安装完毕，应派遣潜水员下水检查电缆沿线是否出现电缆打扭，若打扭，则必须把打扭部分弄直。

12）建议绘制出海底电缆敷设路由地形图，敷设过程中要随时校正敷缆船位置，并记录敷设后的海底电缆位置，同时注意敷设张力。入水后，海底电缆放出长度、敷设距离应随时校对调整，避免施放时电缆过紧（海底电缆悬空形成悬挂状态会造成海底电缆局部严重磨损）或过松（造成打扭）。海底电缆敷设过程中要保持少许张力，要按不同的水深、船速来改变入水角。

13）海底电缆敷设深度应满足设计要求，施工完成后形成深度记录，可由第三方检验部门对记录进行复验。

14）海底电缆敷设应沿设计路由进行施工，施工时距海底电缆设计路由偏差±10m，敷设总长度控制在海底电缆设计路由总长度±5%以内。

15）海底电缆敷设施工时，在不小于海底电缆弯曲半径下进行，海底电缆受到的牵引力、侧压力不得超过海底电缆技术规格书中的要求。

（七）安全措施

1. 船机设备和施工人员安全保障措施

（1）船舶作业安全生产保证措施。

1）施工船需按国家相关规定配备齐全救生、消防、通信和锚泊等设施，船舶的“安全检验记录簿”的检验期限在有效期内，施工期间由船长负责进行日、周、月安全检查，对查出的安全隐患要及时落实安全整改措施。

2）船舶应根据工程特点配有通信装置，且必须保证 2 台甚高频，并保持 24h 处于开机状态，确保通信畅通。船上的灯号、旗号、声号等装置必须配置齐全，并处于良好状态。

3）船舶的技术证书、国籍证书、防污染证书等相关证明文件齐全，且均在有效期范围内。船舶的航行海域必须符合施工水域的要求，排水量、装载量和干舷必须满足该船安全要求。

4）焊割、动火作业需在安全员的监督下进行。

5）作业班组作好“上岗交底”“上岗记录”“上岗检查”的“三上岗”活动，并每天进行作业讲评，记入班组安全作业台账。

6）施工船上悬挂水上施工信号旗，信号球等标志；夜间应采用雷达系统监视海面过往船只，并开启信号灯。

7）雨天或大雾天气，应按国际规定鸣声音信号或敲雾钟。

8）每天接收气象和海浪预报，并做好记录。与当地气象站建立专用通信渠道，以获得 3 天和 1 周内的气象动态信息。

9）潜水员水下作业时，应在潮流较小情况下进行，并悬挂慢车旗。

10）夜间施工和泊船作业，加强值班，留意潮汐变化；观察锚缆受力情况，按时测定船位防止走锚。

11）定期进行安全作业检查和施工质量检查，明确重点注意的安全环节。查出安全隐患，及时整改。

12）配电装置应布局合理，用电设备均需有接地零线。

13）落实安全、防火责任人，消防器材齐备。

14）海底电缆敷设作业时，严密注意各施工环节与技术参数变化情况。敷设发生异常情况后，应及时查明原因，排除故障后再进行施工。

15）操作起重把杆以及投放、回收敷设机时，注意上、下风人员与设备安全，配置合理的留缆。

（2）施工人员安全生产保证措施。

1）施工项目部实行各级安全生产岗位责任制。

2）将安全生产目标分解到项目各级，实行考核。

3）分部分项工程开工前，实行由项目工程师逐级进行书面安全技术交底制度，并由交底双方签字确认。

4）工程按规定需配备1名专职安全员，配合项目负责人对本项目进行安全生产管理，以杜绝违章指挥和违章作业现象发生。

5）各类施工人员必须具备相应的执业资格才能上岗，特殊工种作业人员必须持有特种作业操作证书方可上岗作业。

6）保证施工所需人员配备，不轻易缩短工期，不搞疲劳战。

7）及时办理施工作业人员的意外伤害保险。

8）正确使用各类安全防护设施和劳动防护用品，施工作业人员均需穿戴救生衣，佩戴安全帽。

9）项目部组织安全员、施工员进行日、周安全检查，对查出的安全隐患要及时落实安全整改措施。

（3）施工设备安全保证措施。

1）保证施工所需设备配置，所有进场施工设备安全性能良好，经验收合格后方可投入使用。

2）确保机械设备在运转过程中不产生噪声、粉尘、污水等，污染排放达标。

3）必须严格按照厂家说明书规定的要求和操作规程使用机械。

4）配备熟练的操作人员，电工、焊工、起重机操作人员等必须经过专门训练方可上岗操作。

5）机械使用必须贯彻“管用结合”“人机固定”的原则、实行定人、定机、定岗位的岗位责任制。

6）施工现场的机管员、机修和操作人员必须严格执行机械设备的保养规程，应按机械设备的技术性能进行操作，必须严格执行定期保养制度，做好操作前、操作中和操作后的清洁、润滑、紧固、调整和防腐工作。

2. 施工材料安全保证措施

（1）对用于施工中的材料，无论是自购或是甲方提供，供货方必须提供产品质量保证书，进场时必须按规定在现场监理监督下检查验收；本工程海底电缆更要按照设计要求的测试和验收程序，严格测试和验收。

（2）对存放在露天的大型施工材料，保存期间需用雨布覆盖，避免日晒、雨淋，存放区3m内不得动用明火，不得进行焊接切割施工作业。

（3）工程施工中必须配备合格的安全帽、安全带等安全防护设施和劳动防护用品。

（4）优先选用国家推荐的新材料，严禁使用危及施工质量和安全的材料。

（5）注意对施工用材料的分类储存保管，正确建立材料使用台账。

3. 施工环境安全保证措施

（1）施工现场平面图应科学合理布置，应符合安全、消防、环境保护的要求。

（2）施工现场的办公生活区应当与作业区分开设置，并保持安全距离。

（3）施工现场临时设施的搭建布置应符合安全、消防、环境卫生的要求。

（4）施工现场应根据本工程特点及施工的不同阶段，有针对性地设置、悬挂安全标志。

（5）大型施工设备的布置既应满足现场施工的需要，又应满足场地安装、拆卸、安全的需要。

（6）施工现场材料应分类堆放整齐，严禁阻碍施工交通道路。

（7）施工作业区内做到工作完、场地清。

（八）环保措施

（1）施工船上设立垃圾箱，禁止将垃圾、杂物倾倒入施工海域。施工船靠岸后将垃圾运输至垃圾点。

（2）施工船禁止直接向海域排污。施工船上设立污水处理池。

（3）发电机等机动设备排放废气经过净化处理管后进行排放，应符合海洋环境减排标准。

（九）工程验收

在工程验收时，应按下列要求进行检查：

（1）电缆型号、规格应符合设计规定；排列整齐，无机械损伤；标志牌应装设齐全、正确、清晰。

（2）电缆的固定、弯曲半径应符合规范要求；相序排列应与设备连接相序一致，符合设计要求。

（3）贯穿建筑物时，电缆孔洞防火措施应符合设计，且施工质量合格。

（4）测量绝缘电阻，符合规范要求。

（5）检查电缆线路的相位一致，并与电网相位相符。

（6）光电复合电缆需要测试光单元的衰减，测试结果应符合规范规定。

（7）测量海底电缆各电缆线芯对地或对金属屏蔽层间和各线芯间的绝缘电阻值，测试结果应符合 GB 50150—2006《电气装置安装工程电气设备交接试验标准》相关规定。

（8）海底电缆工程施工完成后，需要完善以下资料：

1）海底电缆路径设计文件。

2）竣工图。

3）海底电缆制造厂家提供的产品说明书、试验记录、合格证件及船检、商检证书。

4）附属设备（如接线箱）质量证明材料及检验安装记录。

5）隐蔽工程记录或签证（包括但不限于海底电缆保护管探摸报告、海底电缆埋深记录、海底电缆登陆处探摸报告、海底电缆交叉防护探摸报告）。

6）海底电缆敷设记录。

7）海底电缆试验记录。

8）质量检验及评定记录。

9）施工日志。

（十）应用实例

海底电缆敷设过程如图 9–40～图 9–46 所示，施工和登陆时采用的保护方式如图 9–47 所示。

图 9–40　从厂家接收电缆

图 9–41　电缆接收检验

图 9–42　扫海、清障工作

图 9–43　海底电缆始端登陆施工

图 9–44　海底电缆敷设施工

图 9–45　海底电缆终端登陆

图 9–46　海底电缆终端安装

图 9–47　海底电缆施工和登陆时采用的保护方式

七、高压电缆终端制作典型施工方法

电缆附件在电缆线路的运行中往往是最薄弱的部分，其制作质量、安装工艺的好坏直接影响到电缆线路的安全运行和使用寿命，是电缆线路是否能够安全运行的关键。本部分总结了电缆终端制作方法，可规范终端头安装工艺，使电缆终端头与电力电缆本身能具有相同的使用寿命，长期安全运行。

（一）特点

（1）在现场主要施工位置安装监控设备，实现对现场施工人员作业全过程实时远程管控。

（2）以首件样本的标准认真落实质量控制程序，实现工序检查和中间验收标准化，统一操作规范和工作原则，从而带动工程整体质量水平的提高。

（3）在安装户外终端时，对安装环境进行严格控制，通风、照明、排水、电源设施齐全，搭设防尘棚。安装过程中，作业人员全程穿着防尘服。

（4）高压电缆附件安装全过程使用《电缆附件安装关键环节管控卡》进行安装质量管控。

（5）安装人员必须持证上岗，需具备电缆行业相关资质证书，且需接受电力部门安全规程教育并经考试合格后方可进行施工作业。

（二）适用范围

高压电缆终端制作典型施工方法适用于 110kV 及以上电压等级，截面积为 400～2500mm^2 交联电缆终端施工。

（三）制作工艺流程

高压电缆终端制作工艺流程如图 9–48 所示。

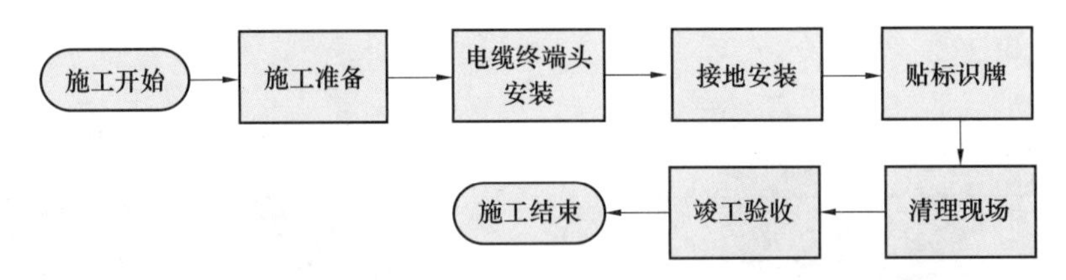

图 9–48 高压电缆终端制作工艺流程图

1. 施工准备

（1）电缆支架基础检查。电缆支架基础符合安装要求；基础表面清洁干净；基础误差、夹具固定件、电缆预留通道、接地线位置应满足设计图纸及产品技术文件的要求；确定电缆就位安装中心基准线，根据安装图纸依次确定各安装单元的中心线。

（2）场地整理。场地平整、清洁，无坑洼积水，并采取有效措施防尘防潮，满足施工要求；施工场地应满足起重机械的作业要求。

（3）搭设脚手架。脚手架搭设经验收合格，符合安装条件。

（4）场地防尘措施。安装区域应单独隔离、设置防尘围挡，严格进出管理；安装区域内应采取清洁、吸尘、覆盖等措施，防止尘土产生；安装区域外应无扬尘的土建施工作业，必要时采取洒水降尘措施。

（5）场地防潮措施。满足防雨、防潮湿、通风的条件，必要时可在现场搭设工作棚。

（6）工器具、材料准备。起重工具、临时电源、电焊机等工器具满足相应条件；根据厂家供应要求检查专用工具数量、规格、性能等是否满足安装要求；电动工具准备。

1）有统一、清晰的编号；外壳及手柄无裂纹或破损；电源线使用多股铜芯橡皮护套软电缆或护套皮线；保护接地连接正确、牢固可靠；电缆线完好无破损；插头符合安全要求，完好，无破损。

2）开关动作正常、灵活、无破损；机械防护装置良好；转动部分灵活可靠；连接部分牢固可靠。

3）抛光机等转动标志明显；绝缘电阻符合要求。

4）所有附件、备品备件及专用材料应置于干燥的室内保管，室外存放的部件应置于平整、无积水处，加蓬布遮盖。

（7）核对电缆线路名称、回路、相位。根据设计图纸要求核对电缆线路名称是否正确；根据设计图纸要求核对电缆线路回路是否正确并在电缆上标注；根据设计图纸要求核对电缆线路回路相位是否正确并在电缆上标注。

（8）电缆护层试验、接地电阻测量。确认电缆护层试验合格；护套绝缘检测，是否合格。

2. 电缆终端头安装

（1）初步切断电缆。将支撑绝缘子安装在电缆槽钢支架上，取支撑绝缘子表面为基准面，以基准面向上量取工艺要求的尺寸截断多余电缆。

（2）电缆外护套剥除。以基准面向下量取附件安装工艺要求的尺寸，此处为外护套锯断处；以外护套截断处为基准，向上量取附件安装工艺要求的尺寸作标记，此处为金属护套剥离点。将去除外护套部分的金属护套表面清洗干净；用玻璃片刮去外护套端口以下附件安装工艺要求的尺寸表面石墨涂层。

（3）打底铅。根据附件安装工艺，在电缆终端底部尾管口处的金属护套上对应的位置打底铅。

（4）电缆金属护套剥除。根据附件安装工艺尺寸，将金属护套剥除。需将金属护套口修成喇叭形状，并将截断口尖角毛刺打磨光滑平整。

（5）电缆加热校直。根据附件安装工艺尺寸，进行加热校直：

1）加热温度80℃；

2）应维持一定加热时间以消除机械应力；

3）冷却至环境温度。

（6）精确切断电缆。根据附件安装工艺尺寸要求，以安装平面为基准，量取附件安装工艺要求的尺寸截断电缆。

（7）压接出线棒。根据附件安装工艺要求，剥除线芯绝缘，绝缘端部削成锥体；除去导体上的半导电层，用锉刀导体端部休整成倒角；将出线棒插入导体线芯，根据附件安装工艺规定的尺寸，选择合适的模具，装配好压接工具，进行压接，压接表面如有毛刺或尖锐凸起，用锉刀修正，压接后出线棒与电缆导体呈直线。

（8）主绝缘及屏蔽口处理。从底板上表面量取附件安装工艺要求的尺寸，作为标记，剥离绝缘外屏蔽层，用专用工具（或玻璃）去除电缆外屏蔽层并做到平滑过渡。电缆绝缘外径符合附件安装工艺尺寸要求，并留有影像资料。打磨主绝缘，依次分别采用240、320、400、600、800、1000 号砂纸，将电缆绝缘表面及外半导电屏蔽口切断处打磨光滑。打磨后的电缆绝缘直径符合附件安装工艺尺寸要求；根据附件安装工艺要求，电缆主绝缘从上往下至少清洁2次，直到清洁干净为止。测量并记录正交方向主绝缘外径，外半导电层外径符合附件安装工艺尺寸要求。

（9）套入密封圈、尾管等附件。套入尾管及支撑环；调整4个支撑绝缘子，使其水平固定；套入底板，将底板与尾管安装到位；固定支撑绝缘子。

（10）清洗并安装应力锥。根据附件安装工艺要求，从半导电屏蔽口往下量取规定的尺寸，作为应力锥安装定位点并做标记；装配终端应力锥之前应清理电缆绝缘表面。检查无杂质、凹坑等缺陷后，检查、清洁应力锥内、外表面，在电缆绝缘表面用热风枪吹干，应力锥内壁均匀涂抹一薄层硅脂（油），将预制的电缆终端应力锥套入电缆定位点的位置并将电缆、应力锥用薄膜包裹。

（11）安装绝缘套管。先清洗绝缘套管内部及底板表面，在底板用于密封的O形密封圈表面涂抹一层硅脂（油），将其放在底板槽内；彻底清洁电缆绝缘表面及应力锥表面，将绝缘套管慢慢套入电缆，缓缓放在底板上，调节其方向与底板的螺孔位置一致，按照安装工艺要求，紧固螺栓。

（12）加注绝缘油。按附件安装工艺要求加注绝缘油。

（13）终端顶部处理。清洁顶端密封盖及绝缘套筒的上法兰的表面，在O形圈表面涂硅脂后将其置于密封槽内，在出线杆上套入盖板，按附件安装工艺要求紧固螺栓。

（14）尾管的安装与密封。清洁尾管；在尾管密封槽内涂抹少许硅脂；装好O形密封圈；用螺栓把尾管和过渡装置连接紧固；进行尾管搪铅及密封，在尾管和电缆金属护套交界处搪铅（接地连接和密封），然后包绕1层防水材料，最后加热收缩套管；将电缆固定完整后，夹紧夹具，调直电缆。

3. 接地安装

把接地线连接端子直接用螺栓拧紧固定在尾管预留的接地连接点上。

4. 贴标识牌

标牌上标明线路名称、相位、安装日期、安装人员、附件厂家、电缆厂家，以及监理单位、监理人员。贴牌必须贴在显眼位置，符合检修和检查线路的需要。

5. 清理现场

清理所有安装工具并打扫干净现场，把安装过程中留下的杂物堆积在指定部位或运走。

6. 竣工交接试验

根据设备运维单位的相关要求，进行电缆耐压试验、电缆局部放电试验等竣工交接试验。

7. 竣工

召开现场收工会，作业人员向工作负责人汇报安装结果。工作负责人对工作进行总结、讲评；清点工具，清理工作现场，拆除现场安全措施，人员撤离；工作负责人向工作许可人汇报工作结束，并向工作票签发人履行工作票终结手续。

8. 验收

及时做好现场质量检查，报表填写工作。电缆终端施工属于隐蔽工程，验收应在施工过程中进行，应加强过程监控工作。

（四）人员组织

根据工程量和现场实际情况合理安排人员，开展施工作业。施工现场人员组织见表9–33。

表9–33　　施工现场人员组织表

√	序号	人员类别	职　责	作业人数
	1	现场负责人	处理施工过程中出现的突发问题，保证施工质量及安全，施工开始前向参加工作的相关人员进行交底	1
	2	技术负责人	施工前编制作业指导书及相关的专项方案，处理施工过程中的技术问题，在开始施工前配合现场负责人进行安全技术交底	1
	3	质量负责人	对本工序的施工质量负责，施工前对质量通病制订预防措施，施工过程中检查各部位质量能否满足验收要求	1
	4	安全负责人	对本工序的安全负责，施工前对可能出现的危险源点进行分析预判并制订相应的预防措施，对现场安全作业情况进行监督	1
	5	材料负责人	对本工程的物资供应负责，保证施工材料及时准确地进入施工现场，确保不因物资供应问题影响施工进度	1～2
	6	动火作业负责人	对动火作业全程负责，合理安排动火操作人、监护人，确保动火作业的安全性	1
	7	资料员	对施工资料进行收集整理，负责档案移交	1～2
	8	信息员	负责信息上传及维护基建信息管理系统	1
	9	普通工	搬运电缆等体力工作	若干
	10	电工	安装、拆除照明设备	2

续表

√	序号	人员类别	职　责	作业人数
	11	电缆工	电缆终端头安装	若干
	12	附件厂家督导	督促现场附件安装人员，按照安装工艺标准化进行作业，对电缆附件安装全过程进行质量监督和确认	1~2
	13	电焊工	电缆支架、接地系统焊接	若干
	14	吊车指挥	绝缘套管、绝缘子、试验套管等的安装	1
	15	司吊	绝缘套管、绝缘子、试验套管等的安装	1
	16	司索	绝缘套管、绝缘子、试验套管等的安装	2

（五）材料和设备

1. 施工主要材料

施工主要材料见表9–34。

表9–34　　施工主要材料表

√	序号	名　称	型号及规格	单位	备注
	1	电缆普通终端头	由工程性质决定	套	根据实际工作调整数量
	2	手锯锯条	300×12×1.8mm（粗齿）	根	
	3	抽纸	190mm×200mm×200抽（2层）	盒	
	4	无尘纸	35cm×25cm（300张/盒）	盒	
	5	保鲜膜	30cm×200E	卷	
	6	锡纸	55m×45cm（±5%）	卷	
	7	塑料布	幅宽1m	m	
	8	液化气	15kg/罐（安装用）	罐	
	9	砂纸	240、320、400、600号	张	
	10	铜扎丝	ϕ2.3mm，0.5kg/卷	卷	
	11	PVC带	18mm×6m	卷	
	12	玻璃片	150mm×30mm×2mm	块	
	13	无水乙醇	纯度99.7%	瓶	
	14	焊锡丝	Sn63PbA，ϕ2.3mm，1kg/卷	卷	
	15	焊锡膏	100g/盒	盒	
	16	黄、绿、红油漆	0.75kg/罐	盒	
	17	铅条	0.5kg/根	kg	

续表

√	序号	名　　称	型号及规格	单位	备注
	18	锌锡焊料	0.25kg/根	kg	
	19	揩布	自制	块	
	20	硬脂酸	大块	kg	
	21	铁丝	10、12 号	kg	
	22	医用橡胶手套	大号（安装用）	副	
	23	棉纱	全棉	kg	

2. 施工主要机械设备

施工主要机械设备见表 9–35。

表 9–35　　施工主要机械设备表

√	序号	名　　称	型号及规格	单位	备注
	1	发电机	11kW，220V/380V	台	根据工程需要决定具体数量
	2	电缆剥削器	由工程性质决定	把	
	3	电缆校直设备	CB160（ϕ160mm，50kN 1210mm×360mm×300mm）	套	
	4	电缆加热器	ZZWX–2H 220V	台	
	5	电动压接机	GX200（200t）	台	
	6	压钳模	六角、圆形模（由工程性质决定）	套	
	7	分体式压钳头	200t	台	
	8	打磨机	550W 200～1000m/min	台	
	9	吸尘器	YLW72 2×1200W	台	
	10	电缆刀	LC–661/25mm	只	
	11	钢丝钳	0.2～0.26m	把	6～8 寸
	12	手锤	3.63kg	把	8 磅
	13	内六角扳手	5～16mm	套	
	14	力矩扳手	0～300N·m	套	
	15	游标卡尺	0～300mm	把	
	16	手锯	0～320mm	把	
	17	卷尺	5m	支	

续表

√	序号	名　　称	型号及规格	单位	备注
	18	水平尺	0～600mm	支	
	19	液化气枪	双开金属护套 JH–2/25mm	把	
	20	鲤鱼钳	0.2～0.26m	把	6～8 寸
	21	锉刀	0.15～0.2m	把	6～8 英寸
	22	剪刀		把	
	23	热风枪	3.5kW	台	
	24	手动葫芦	承重 0.75/1.5t	个	
	25	吊带	承重 1.5～2t	根	
	26	钢丝刷		把	
	27	平口起子	由工程性质决定	把	
	28	电烙铁	5kW	把	
	29	防护眼镜		副	
	30	灭火器	MFZ/ABC3（3kg）	个	
	31	绝缘电阻表	5000V/2500V	台	
	32	干湿温度计	温度：–20～50℃ 湿度：10%～90%RH	支	
	33	盘锯	5402（ϕ415mm，2200r/min）	把	
	34	带锯	HRB–1140（60～85m/min）	把	
	35	麻绳	ϕ12～14mm	m	
	36	尼龙吊带	0.5～2t	根	
	37	电源线盘	220V/380V	个	
	38	线路压钳	HT131LN–C 13t，C 形 42mm 开口	台	

（六）质量控制

（1）严格控制施工现场的温度、湿度与清洁程度。温度宜控制在 0～35℃，当温度超出允许范围时，应采取适当措施。相对湿度应控制在 70%及以下或以供应商提供的标准为准，当湿度大时，应采取适当除湿措施。严禁在雾或雨中施工。

（2）普通终端附件及工具、材料的堆放应搭专用工棚，棚内物件、工具应堆放整齐，做好防潮措施。

（3）终端头制作前要对电缆核对相位，相位核对不明确时，应立即停止施工，待相位确定后方可恢复施工。

（4）打底铅过程中温度和时间应符合工艺要求。将金属护套口修成喇叭形状，并将截断口尖角毛刺打磨光滑平整。

（5）电缆主绝缘处理时，应严格按照工艺规范要求处理界面压力，确保电缆绝缘直径的公差、偏心度控制在工艺要求的误差范围内。

（6）剥除线芯绝缘时不得损伤线芯，剥离绝缘外屏蔽层时不得损伤主绝缘表面，屏蔽口尺寸误差应符合工艺要求；按照安装工艺要求顺序套入电缆附件。

（七）安全措施

（1）安装前应熟悉安装图纸及要求并组织技术培训。

（2）电源系统采用三相五线制。接电源时，两人操作，做到一人监护一人操作。

（3）施工时电缆终端站四周装设围栏和安全警示标志，设专人看护，夜间施工作井口处应装设警示灯。

（4）关键尺寸及工艺应有两人以上复核检查。

（5）停电注意事项：

1）停电时，先开好开工会，在接到现场停电工作负责人的停电许可工作命令后，方可开始工作。

2）终端与线路搭接前，应先经验电挂好接地线后，方可进入铁塔停电线路区域工作，与相邻带电设备保持足够安全距离。

3）线路与电缆终端搭接后应再次进行全线核相。

（6）正确使用安全带等安全用品、用具。安全带应挂在垂直上方牢固的结构件上。

（7）动火必须履行动火手续，专人监护，并配备消防器材。

（8）每天工作结束后清点人数，确认全部人员已从站柱上撤下。

（八）环保措施

（1）电缆附件施工所涉及的变电站电缆开关室等的土建及装修工作，电缆构架及支架的安装工作应在电缆安装前完毕，并清理干净。

（2）安装时应控制施工现场的清洁度，必要时根据安装作业的要求搭制脚手架和工棚，并采取适当措施净化施工环境。

（3）脚手架的荷载不得超过 2.65kPa（270kg/m^2）。钢架结构表面需整体涂绝缘油漆，表面包覆干净的熟料布。

（4）承力木板外表面需包覆干净的塑料膜，不能有木屑与灰尘洒落。承力木板也可以采用钢跳板，但禁止采用竹跳板。

（5）棚布需采用双层棚布，钢架内衬干净的厚塑料薄膜，钢架外包覆防雨布。棚架搭建需牢固、防尘、防雨、防潮。

（6）施工过程中，注意保护周围环境，做到少破坏植被，余土、弃渣妥善处理。

（7）合理安排工作计划和资源调配，做到节能降耗，减少施工过程对电能、车辆等的使用。

（8）施工完毕后及时清理施工现场，杂物和包装物品集中存放、及时运走，做到工完、料尽、场地清，恢复地貌。

（九）验收

1. 验收制度

施工项目部在关键工序转序前均需进行三级自检，并向监理项目部提出验收申请，由监理项目部进行现场检查，符合要求并签字确认后，现场进入下一道工序的施工；关键工序的转序验收，监理项目部完成初检后由业主项目部组织开展中间验收。

执行首件样板验收制度，对不同类型的附件分别进行现场验收和资料验收，对发现的缺陷实行闭环管理，首件样板验收合格后方可继续施工。运维单位根据施工计划参与隐蔽工程和关键环节的中间验收，隐蔽工程验收和关键环节的中间验收均应留下相关记录，并附验收影像资料，对验收中发现的问题应进行整改并组织复验。

施工单位在附件安装时应通过持证上岗、设备挂牌、关键环节拍照摄像、试验等手段严把施工质量验收关。

2. 实物验收

（1）户外终端安装牢靠，外表清洁完整，安装符合产品技术文件要求，并留有影像资料。

（2）螺栓紧固力矩满足产品技术文件和相关标准要求。

（3）电气连接可靠，且接触良好，并留有影像资料。

（4）支架应焊接牢固，无显著变形。金属电缆支架必须进行防腐处理。位于湿热、盐雾及有化学腐蚀的地区时，应根据设计要求作特殊的防腐处理。支架及接地引线无锈蚀和损伤，设备接地线连接按设计和产品要求进行，接地应良好，接地标识清楚，并留有影像资料。

（5）油漆应完整，相色标识正确，接地良好，并留有影像资料。

（6）避雷器安装、引线安装符合设计规范要求并工艺美观。

（7）带电计数器装置应显示正确，并留有影像资料。

（8）本体接地箱防雨防潮良好，本体电缆防护良好，并留有影像资料。

（9）电缆垂直在中，上下和终端头保持一致，并留有影像资料。

（10）接地保护箱安装正确、牢固、美观，并留有影像资料。

3. 资料验收

（1）设计资料图纸、电缆清册、竣工图及设计变更的证明文件齐全有效，施工图及设计变更的证明文件齐全有效。

（2）制造厂提供的产品说明书、试验记录、装箱单、合格证明文件及安装图纸等技术文件齐全有效。

（3）安装记录，检验及评定资料齐全有效。

（4）各类试验报告齐全。

（十）应用实例

户外终端安装实例如图 9–49～图 9–54 所示。

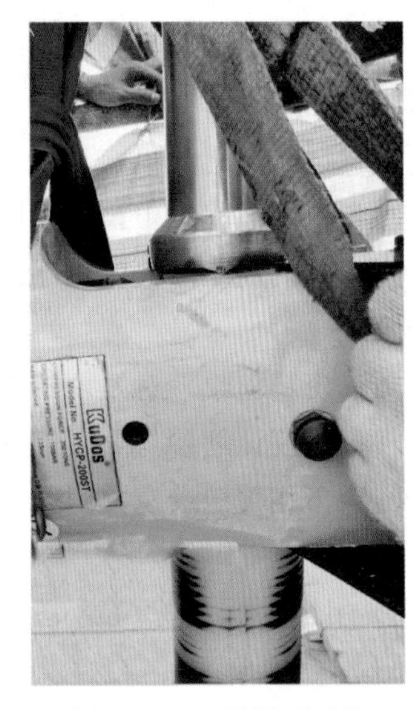

图 9–49　出线端子压接

图 9–50　电缆半导电层剥切

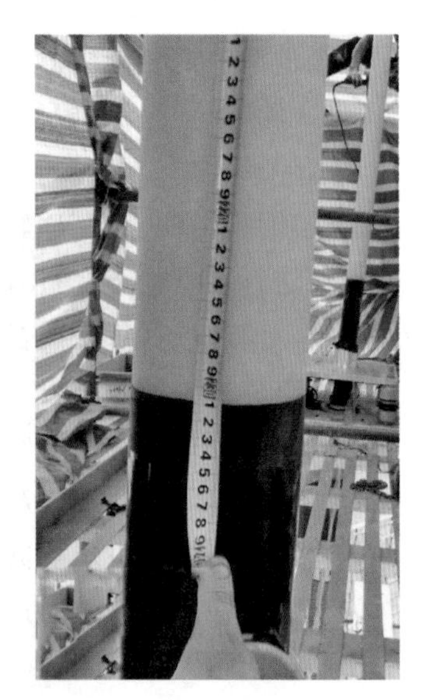

图 9–51　半导电屏蔽端口处理

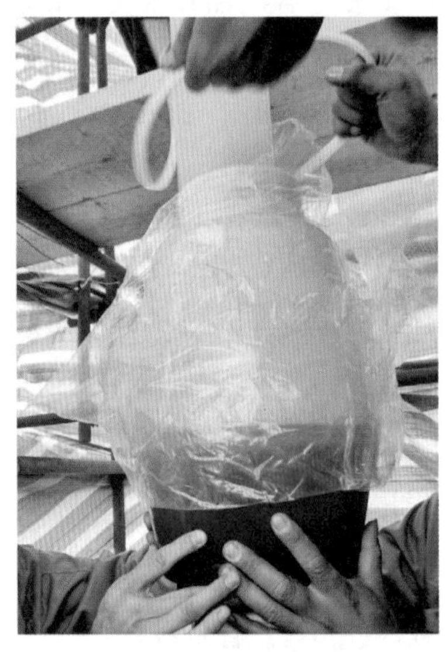

图 9–52　应力锥安装定位

图 9–53　绕包带材

八、高压电缆中间接头制作典型施工方法

电缆附件在电缆线路的运行中往往是最薄弱的部分，其制作质量、安装工艺的好坏直接影响到电缆线路的安全运行和使用寿命，是电缆线路是否能够安全运行的关键。本部分总结了电缆中间接头制作方法，可规范中间接头安装工艺，使接头与电力电缆本身能具有相同的使用寿命，长期安全运行。

（一）特点

（1）在现场主要施工位置安装监控设备，实现对现场施工人员作业全过程实时远程管控。

图 9–54　户外终端制作完成

（2）以首件样本的标准认真落实质量控制程序，实现工序检查和中间验收标准化，统一操作规范和工作原则，从而带动工程整体质量水平的提高。

（3）在安装隧道、盾构内的中间接头时，搭设防尘棚。在中间接头安装过程中，作业人员全程穿着防尘服。

（4）高压电缆附件安装全过程使用《电缆附件安装关键环节管控卡》进行安装质量管控。

（5）安装人员与工程招标时提供的名单应一致，安装人员要有电缆行业相关资质证书。如果不符合以上两点要求，需通过运行单位组织的统一考试，经考试合格后，取得专业上岗证，方可上岗工作。

（二）适用范围

高压电缆中间接头制作典型施工方法适用于 110kV 及以上电压等级，截面积为 400～2500mm^2 交联电缆中间接头安装。

（三）制作工艺流程

高压电缆中间接头制作工艺流程如图 9–55 所示。

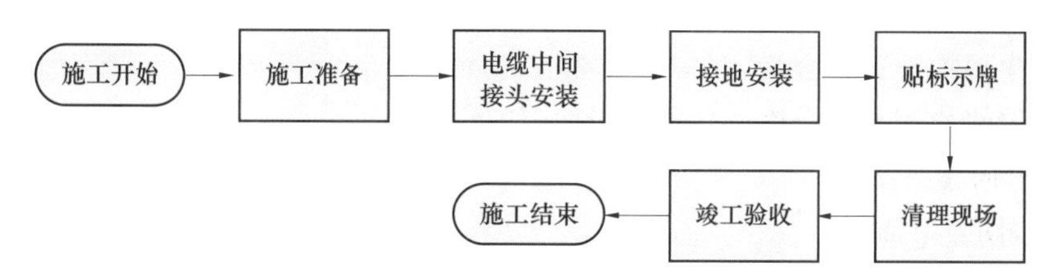

图 9–55　高压电缆中间接头制作工艺流程图

1. 施工准备

（1）中间接头安装区域检查。

1）接头位置设置符合设计及安装要求。

2）接头安装区域清洁干净，加装影像采集设备。

3）确定电缆接头安装中心基准线，根据施工图纸依次确定各安装单元的中心线。

4）按照设计图纸调整电缆核准相位。

5）要求电缆接头安装区域内保证通风、照明。

（2）场地整理。场地平整、清洁，无坑洼积水，并采取有效措施防尘防潮，满足施工要求。

（3）搭设防尘棚。防尘棚搭设牢固，符合防尘、通风符合安装条件，并留有影像资料。

（4）场地防尘措施。

1）安装区域应单独隔离、设置防尘棚，严格进出管理。

2）安装区域内应采取清洁、吸尘、覆盖等措施，防止尘土产生，并留有影像资料。

3）安装区域外应无扬尘的土建施工作业，必要时采取洒水降尘措施。

（5）工器具、材料准备。

1）临时电源、电焊机等工器具满足相应条件。

2）根据厂家供应要求检查专用工具数量、规格、性能等是否满足安装要求。

3）电动工具准备：

① 有统一、清晰的编号，外壳及手柄无裂纹或破损，电源线使用多股铜芯橡皮护套软电缆或护套皮线，保护接地连接正确、牢固可靠，电缆线完好无破损，插头符合安全要求，完好，无破损；

② 开关动作正常、灵活、无破损，机械防护装置良好，转动部分灵活可靠，连接部分牢固可靠。

4）所有附件、备品备件及专用材料应置于干燥的室内保管，室外存放的部件应置于平整、无积水处，加蓬布遮盖，并留有影像资料。

5）接头安装区域内应设置 LED 防爆冷光灯、防水垫板、防尘垫、抽水水泵、抽湿机及干湿温度计符合规范及规定，并留有影像资料。

（6）核对电缆线路名称、回路、相位。

1）根据设计图纸要求核对电缆线路名称是否正确。

2）根据设计图纸要求核对电缆线路回路是否正确并在电缆上标注。

（7）电缆护层试验、接地电阻测量。

1）确认电缆护层试验合格。

2）护套绝缘检测是否合格，并留有影像资料。

2. 电缆中间接头安装

（1）初步切断电缆。

1）根据电缆相位调整电缆；

2）根据设计、工艺要求，中间接头中心点向外重叠 300mm 切除多余电缆；

3）保证蛇形电缆敷设有一定伸缩裕度。

（2）电缆外护套剥除。

1）距电缆 A 端中心点向后量取安装工艺要求的尺寸为外护套端口，从外护套端口向中心点方向量取工艺要求尺寸为金属护套端口，去掉外护套，清洁金属护套表面，并留有影像资料。

2）距电缆 B 端中心点向后量取安装工艺要求的尺寸为外护套端口，从外护套端口向中心点方向量取工艺要求尺寸为金属护套端口，去掉外护套，清洁金属护套表面，并留有影像资料。

（3）打底铅。根据附件安装工艺，在附件铜壳与金属护套搭接处的金属护套上对应的位置打底铅，并留有影像资料。

（4）电缆金属护套剥除。根据附件安装工艺尺寸，将金属护套剥除，需将金属护套口修成喇叭形状，并将截断口尖角毛刺打磨光滑平整。

（5）电缆加热校直。根据附件安装工艺尺寸，进行以下加热校直工作，并留有影像资料。

1）加热温度为 80℃。

2）应维持一定加热时间以消除机械应力。

3）冷却至环境温度。

（6）精确切断电缆。在中心点位置切除多余电缆，并留有影像资料。

（7）剥除线芯绝缘。

1）线芯长度符合安装工艺要求，剥除电缆绝缘层后并在绝缘端部倒角 3mm 左右，并留有影像资料。

2）除去导体上的半导电层，用锉刀导体端部修整成倒角。

（8）主绝缘及屏蔽口处理。

1）根据附件安装工艺量取电缆半导电屏蔽口位置。

2）根据附件安装工艺要求的尺寸剥离绝缘外屏蔽层，用专用工具（或玻璃）去除电缆半导电屏蔽层并做到平滑过渡，电缆绝缘外径符合附件安装工艺尺寸要求，并留有影像资料。

3）过渡坡下端口开始至主绝缘末端口区域用 240、400、600、800、1000 号砂纸进行处理。

4）绝缘应处理得平滑、圆整，外径应符合安装工艺的要求，并留有影像资料。

5）屏蔽口平滑过渡，不得有明显凸凹痕迹，并留有影像资料。

6）测量并记录两侧电缆的绝缘外径、外半导电层外径与应力锥内径符合安装工艺要求，并留有影像资料。

（9）套入接头附件。根据安装工艺要求，在电缆两端分别套入热缩套管、密封保护壳，以及密封垫圈、热收缩管、预制件等电缆附件。

（10）导体连接管压接及中间主体装配。

1）将两端待连接电缆线芯穿入导体连接管，确保两端线芯端面位于导体连接管中心位置后将电缆水平调直，再次确认接头附件已完全套入后，用相对应的压接模具将导体连接管与导体线芯压接为一体。

2）按照安装工艺要求开割绝缘槽，安装屏蔽线和屏蔽罩。

3）用锉刀和砂纸修去压接飞边，打磨平整，清洗导体连接处后用半导电带绕包导体连接管至表面平整，其外径与电缆绝缘等直径，最大误差不能大于 0.5mm。

4）用无水乙醇和无尘纸或布清洗电缆端部绝缘表面及外半导电屏蔽层。

5）待擦洗溶剂彻底挥发后用热风枪将主绝缘表面烘干，持续 3min。

6）在电缆绝缘层表面均匀涂抹 1 层薄硅脂，将预制件按照安装工艺要求固定在电缆中心位置，并留有影像资料。

（11）包绕带材。根据图纸工艺要求分别绕包半导电、铜网、绝缘带，符合要求。

（12）密封保护壳装备。

1）按照安装工艺要求，将接头铜壳安装就位。

2）将接头铜壳两尾端与金属护套之间加入铅垫条搪铅封焊。在接头铜壳两端搪铅位置分别包 1 层密封胶、绕包 2 层防水密封带，重叠在接头铜壳搪铅位置，然后将中间接头置于最终固定位置，按照安装工艺要求，将热收缩保护套管收缩在指定位置，并留有影像资料。

3）在所有热缩管两侧端口绕包防水带、绝缘带和 PVC 带。

（13）灌注绝缘密封胶。

1)按防水密封胶使用说明要求将双组份液体充分搅拌后从密封保护壳体的一端浇注口倒入直至另一端排气口溢胶后停止，分 2 次灌注直至填满，密封孔洞，并留有影像资料。

2）用绝缘密封胶及防水带将绝缘保护外壳连接处绕包密封，现将大热缩管套入此位加热使其收缩，在所有热缩管两端口绕包防水带、绝缘带和 PVC 带。

3. 接地安装

（1）将同轴电缆内外芯分开，外芯用自黏性绝缘带、防水带来回绕包若干层，套入热缩二指套加热使其收缩。将 2 根热缩套管分别套入同轴电缆内外、芯，将外导电线芯分别与保护外壳短端上的接管压接后分别接地，用密封胶及防水带密封，将热缩管套入加热使其收缩。

（2）将安装好的中间接头表面擦洗干净，清理安装工具并将现场打扫干净。

4. 贴标识牌

（1）标牌上标明线路名称、相位、安装日期、安装人员、附件厂家及电缆厂家，以及监理单位、监理人员。

（2）贴牌贴在显眼位置，符合检修和检查线路的需要。

5. 清理现场

清理所有安装工具并打扫干净现场，把安装过程中留下的杂物堆积在指定部位或运走。

（四）人员组织

根据工程量和现场实际情况合理安排人员，开展施工作业。本典型施工现场人员组织见表 9–36。

表 9–36　　施工现场人员组织表

√	序号	人员类别	职　　责	作业人数
	1	现场负责人	处理施工过程中出现的突发问题，保证施工质量及安全，施工开始前向参加工作的相关人员进行交底	1
	2	技术负责人	施工前编制作业指导书及相关的专项方案，处理施工过程中的技术问题，在开始施工前配合现场负责人进行安全技术交底	1

续表

√	序号	人员类别	职　　责	作业人数
	3	质量负责人	对本工序的施工质量负责，施工前对质量通病制订预防措施，施工过程中检查各部位质量能否满足验收要求	1
	4	安全负责人	对本工序的安全负责，施工前对可能出现的危险源点进行分析预判并制订相应的预防措施，对现场安全作业情况进行监督	1
	5	材料负责人	对本工程的物资供应负责，保证施工材料及时准确的进入施工现场，确保不因物资供应问题影响施工进度	1～2
	6	动火作业负责人	对动火作业全程负责，合理安排动火操作人、监护人，确保动火作业的安全性	1
	7	资料员	对施工资料进行收集整理，负责档案移交	1～2
	8	信息员	负责信息上传及维护基建信息管理系统	1
	9	普通工	搬运电缆等体力工作	若干
	10	电工	安装、拆除照明设备	2
	11	电缆工	电缆中间接头安装	2
	12	附件厂家督导	督促现场附件安装人员，按照安装工艺标准化进行作业，对电缆附件安装全过程进行质量监督和确认	1～2
	13	电焊工	电缆支架、接地系统焊接	2

（五）材料和设备

1. 施工主要材料

施工主要材料见表9–37。

表9–37　　施工主要材料表

√	序号	名　　称	型号及规格	单位	备注
	1	电缆中间接头	由工程性质决定	套	根据实际工作调整数量
	2	手锯锯条	300mm×12mm×1.8mm（粗齿）	根	
	3	抽纸	190mm×200mm×200抽（2层）	盒	
	4	无尘纸	35cm×25cm（300张/盒）	盒	
	5	保鲜膜	30cm×200E	卷	
	6	锡纸	55m×45cm（±5%）	卷	
	7	塑料布	幅宽1m	m	
	8	液化气	15kg/罐（安装用）	罐	
	9	砂纸	240、320、400、600号	张	
	10	铜扎丝	ϕ2.3mm，0.5kg/卷	卷	
	11	PVC带	18mm×6m	卷	
	12	玻璃片	150mm×30mm×2mm	块	

续表

√	序号	名　称	型号及规格	单位	备注
	13	无水乙醇	纯度 99.7%	瓶	
	14	焊锡丝	Sn63PbA，ϕ2.3mm，1kg/卷	卷	
	15	焊锡膏	100g/盒	盒	
	16	黄、绿、红油漆	0.75kg/罐	盒	
	17	铅条	0.5kg/根	kg	
	18	锌锡焊料	0.25kg/根	kg	
	19	揩布	自制	块	
	20	硬脂酸	大块	kg	
	21	铁丝	10、12 号	kg	
	22	医用橡胶手套	大号（安装用）	副	
	23	棉纱	全棉	kg	

2. 施工主要机械设备

施工主要机械设备见表 9–38。

表 9–38　　　　施工主要机械设备表

√	序号	名　称	型号及规格	单位	备注
	1	发电机	11kW，220V/380V	台	根据实际工作调整数量
	2	电缆剥削器	由工程性质决定	把	
	3	电缆校直设备	CB160（ϕ160mm，50kN 1210mm×360mm×300mm）	套	
	4	电缆加热器	ZZWX–2H 220V	台	
	5	电动压接机	GX200（200t）	台	
	6	压钳模	六角、圆形模（由工程性质决定）	套	
	7	分体式压钳头	200t	台	
	8	打磨机	550W 200～1000m/min	台	
	9	吸尘器	YLW72 2×1200W	台	
	10	电缆刀	LC–661/25mm	只	
	11	钢丝钳	0.2～0.26m	把	6～8 寸
	12	手锤	3.63kg	把	8 磅
	13	内六角扳手	5～16mm	套	

续表

√	序号	名　　称	型号及规格	单位	备注
	14	力矩扳手	0～300N·m	套	
	15	游标卡尺	0～300mm	把	
	16	手锯	0～320mm	把	
	17	卷尺	5m	支	
	18	水平尺	0～600mm	支	
	19	液化气枪	双开金属护套 JH–2/25mm	把	
	20	鲤鱼钳	0.2～0.26m	把	6～8 寸
	21	锉刀	0.15～0.2m	把	6～8 英寸
	22	剪刀		把	
	23	热风枪	3.5kW	台	
	24	手动葫芦	承重 0.75/1.5t	个	
	25	吊带	承重 1.5～2t	根	
	26	钢丝刷		把	
	27	平口起子	由工程性质决定	把	
	28	电烙铁	5kW	把	
	29	防护眼镜		副	
	30	灭火器	MFZ/ABC3（3kg）	个	
	31	绝缘电阻表	5000V/2500V	台	
	32	干湿温度计	温度：–20～50℃ 湿度：10%～90%RH	支	
	33	盘锯	5402（ϕ415mm、2200r/min）	把	
	34	带锯	HRB–1140（60～85m/min）	把	
	35	麻绳	ϕ12～14mm	m	
	36	尼龙吊带	0.5～2t	根	
	37	电源线盘	220V/380V	个	
	38	线路压钳	HT131LN–C 13t，C 形 42mm 开口	台	
	39	抽湿机	由工程性质决定	台	
	40	鼓风机	由工程性质决定	台	

（六）质量控制

（1）严格控制施工现场的温度、湿度与清洁程度。温度宜控制在 0～35℃，当温度超出允许范围时，应采取适当措施。相对湿度应控制在70%及以下或以供应商提供的标准为准，当湿度大时，应采取适当除湿措施。严禁在雾或雨中施工。

（2）电缆中间接头附件及工具、材料的堆放应搭专用工棚，棚内物件、工具应堆放整齐，做好防潮措施。

（3）电缆中间接头制作前要对电缆核对相位，相位核对不明确时，应立即停止施工，待相位确定后方可恢复施工。

（4）打底铅过程中温度和时间应符合工艺要求。

（5）压接前确保两端线芯端面位于导体连接管中心位置，并将电缆水平调直；应根据安装工艺要求选用相对应的压接模具。

（6）搪铅过程中温度和时间应符合工艺要求。

（7）灌注绝缘密封胶时应按防水密封胶使用说明要求将双组份液体充分搅拌。

（8）电缆主绝缘处理时，应严格按照工艺规范要求处理界面压力，确保电缆绝缘直径的公差、偏心度控制在工艺要求的误差范围内。

（七）安全措施

（1）安装前应熟悉安装图纸及要求并组织技术培训。

（2）电源系统采用三相五线制。接电源时，两人操作，做到一人监护一人操作。

（3）施工时电缆沟周围装设围栏和安全警示标志，设专人看护，夜间施工作井口处应装设警示灯。

（4）关键尺寸及工艺应有两人以上复核检查。

（5）停电注意事项：停电时，先开好开工会，在接到现场停电工作负责人的停电许可工作命令后，方可开始工作。

（6）动火必须履行动火手续，专人监护，并配备消防器材。

（7）每天工作结束后清点人数，确认全部人员已从工作地点撤离。

（八）环保措施

（1）安装区域应单独隔离、设置防尘棚，严格进出管理。

（2）安装区域内应采取清洁、吸尘、覆盖等措施，防止尘土产生，并留有影像资料。

（3）安装区域外应无扬尘的土建施工作业，必要时采取洒水降尘措施。

（4）电缆沟内应干燥、无砂石、无污水，符合安装要求，并留有影像资料。

（九）验收

1. 验收制度

施工项目部在关键工序转序前均需进行三级自检，并向监理项目部提出验收申请，由监理项目部进行现场检查，符合要求予以签认后，现场进入下一道工序的施工；关键工序的转序验收，监理项目部完成初检后由业主项目部组织开展中间验收。

执行首件样板验收制度，对不同类型的附件分别进行现场验收和资料验收，对发现的缺陷实行闭环管理，首件样板验收合格后方可继续施工。运维单位根据施工计划参与隐蔽工程和关键环节的中间验收，隐蔽工程验收和关键环节的中间验收均应留下相关记录，并附验收影像资料，对验收中发现的问题应进行整改并组织复验。

施工单位在附件安装时应通过持证上岗、设备挂牌、关键环节拍照摄像、试验等手段严把施工质量验收关。

2. 实物验收

（1）电缆中间接头沟制作符合设计要求，并留有影像资料。

（2）中间接头安装牢靠，外表清洁完整，符合产品技术文件要求，并留有影像资料。

（3）电气接地连接可靠，且接触良好，并留有影像资料。

（4）支架应焊接牢固，无显著变形。金属电缆支架必须进行防腐处理。位于湿热、盐雾以及有化学腐蚀地区时，应根据设计要求作特殊的防腐处理。支架及接地引线无锈蚀和损伤，设备接地线连接按设计和产品要求进行，接地应良好，接地标识清楚。

（5）电缆固定应完整，相色标识正确，接地良好，并留有影像资料。

（6）接地箱密封良好，本体电缆防护良好，并留有影像资料。

（7）并列敷设的电缆，其接头的位置宜相互错开；电缆明敷时的接头，应用托板托置固定；直埋电缆接头盒外应有防止机械损伤的保护，并留有影像资料。

3. 资料验收

（1）设计资料图纸、电缆清册、竣工图及设计变更的证明文件齐全有效，施工图及设计变更的证明文件齐全有效。

（2）制造厂提供的产品说明书、试验记录、装箱单、合格证明文件及安装图纸等技术文件齐全有效。

（3）安装记录，检验及评定资料齐全有效。

（4）各类试验报告齐全。

（十）应用实例

中间接头安装实例如图 9–56～图 9–61 所示。

图 9–56　电缆加温校直

图 9–57　电缆主绝缘处理

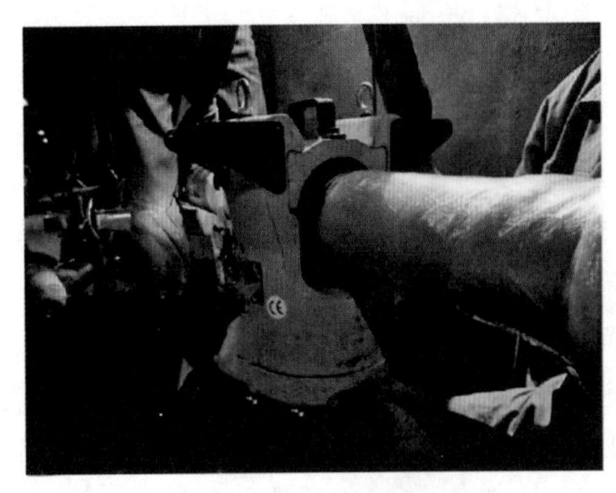

图 9–58 线芯压接

图 9–59 带材绕包

图 9–60 主要部件安装固定

图 9–61 中间接头组装完成

九、高压电缆交流耐压试验典型施工方法

高压电缆在运行中，绝缘会因长期受到电场、温度和机械振动的作用而逐渐劣化，形成缺陷。交流耐压试验符合电力设备在运行中所承受的电气状况，同时试验电压一般比运行电压高，因此通过交流耐压试验的设备有较大的安全裕度，因此交流耐压试验已经成为保证电缆安全运行的重要手段。本部分介绍了高压电缆交流耐压试验的典型施工方法，可规范高压电缆交流耐压试验的全过程控制。

（一）特点

（1）可以检测所有的电压极性，更接近与实际的实用情况。

（2）由于交流电压不会对电容充电，因此大多数情况下，无需逐渐升压，直接输出相应的电压就可以得到稳定的电流值。

（3）交流测试完成后，无需进行样品放电。

（二）适用范围

高压电缆交流耐压试验适用于 110kV 及以上电压等级，截面积为 400～2500mm^2 电力电缆主绝缘交流耐压试验。

（三）施工工艺流程

高压电缆交流耐压试验流程如图 9–62 所示。

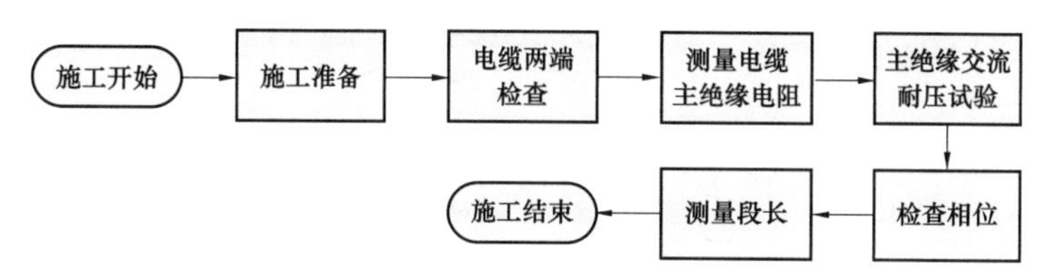

图 9–62　高压电缆交流耐压试验流程图

1. 施工准备

（1）组织现场勘察，确定试验工作范围及试验设备摆放位置，办理工作许可相关手续。

（2）组织作业人员进行交底，学习作业指导书，使全体作业人员熟悉作业内容、作业标准、安全注意事项。

（3）准备好试验设备与相关材料、相关图纸及相关技术资料。

（4）填写工作票（作业票）及危险源点预控卡等资料。

（5）准备工器具。

2. 电缆两端检查

拆引线搭头，外观检查，电缆终端套管检查、清扫。

3. 测量电缆主绝缘电阻

在交流耐压试验前后使用 5000V 绝缘电阻表测（在 GIS 内除外）。

4. 主绝缘交流耐压试验

某一相做耐压试验时另外两相短路接地。加压线使用的高压引线应尽量缩短，并采用专用的高压试验线，必要时用绝缘物支持牢固。对于 220kV 系统，在条件允许的前提下应 3～5 年做 1 次交流耐压试验。

5. 检查相位

宜与电缆主绝缘电阻同时进行。

6. 测量段长

取一段电缆进线波速调整，经过波速校准后，使用低压脉冲法进行。

（四）人员组织

根据工程量和现场实际情况合理安排人员，开展施工作业。本典型施工现场人员组织见表 9–39。

表 9–39　　施工现场人员组织表

√	序号	人员类别	职　　责	作业人数
	1	工作负责人	（1）对工作全面负责，在试验工作中要对作业人员明确分工，保证工作质量； （2）对安全作业方案及设备试验质量负责； （3）工作前对工作班成员进行危险点告知，交待安全措施和技术措施，并确认每一个工作班成员都已知晓	1

续表

√	序号	人员类别	职　　责	作业人数
	2	专责监护人	（1）识别现场作业危险源，组织落实防范措施； （2）对作业过程中的安全进行监护	1
	3	专项试验人员	线路相位核对及相对地绝缘电阻测量	2～3 人
	4	专项试验人员	测量电缆段长，校对电缆波速	2～3 人

（五）材料和设备

1. 施工主要材料情况

施工主要材料见表 9–40。

表 9–40　　施 工 主 要 材 料 表

√	序号	名　　称	型号及规格	单位	数量	备注
	1	绝缘带	根据实际工作选择	卷		根据实际工作调整数量
	2	回丝、电缆布、清洁纸	根据实际工作选择	块		
	3	螺丝若干	根据实际工作选择	包		
	4	酒精	根据实际工作选择	瓶		

2. 施工主要机械设备情况

施工主要机械设备情况见表 9–41。

表 9–41　　施工主要机械设备情况表

√	序号	名　　称	型号及规格	单位	数量	备注
	1	安全帽		顶	1/人	
	2	验电笔		副	若干	
	3	接地线 （注意电压等级和携带数量）		副	若干	
	4	绝缘绳		条	若干	
	5	绝缘梯		把	若干	
	6	绝缘杆		根	若干	
	7	绝缘手套		双	若干	
	8	安全围网（围栏）		个	若干	
	9	急救箱		套	1	
	10	发电机或发电车	ECO–37–2S/4	只/辆	1	200kVA
	11	温湿度计		只	1	
	12	绝缘小线、裸铜线		条	若干	

续表

√	序号	名　称	型号及规格	单位	数量	备注
	13	绝缘高压线（加压用）		条	1	裸铜导线
	14	照明灯具或应急灯		盏	若干	
	15	接地棒	220kV	副	2	
	16	清洁用具		套	若干	
	17	活络扳手、螺丝刀等组合工具		套	2	六角螺扳
	18	铺垫木板		块	若干	
	19	5000V 及以上绝缘电阻表	HVM5000 绝缘电阻测试仪	只	1	
	20	数字万用表		只	1	
	21	变频谐振耐压设备	WRV-260kV/83A 变频谐振试验系统	套	1	
	22	计算器		只	1	
	23	测量电缆段长设备	HDTDR-200 波反射法电缆故障定位仪	套	1	

（六）质量控制

（1）试验设备经检验合格。

（2）对电缆的主绝缘作耐压试验或测量电阻时，应分别在每一相上进行。每一相上进行试验或测量时，其他两相导体、金属屏蔽或金属套和铠装层一起接地。

（3）对金属屏蔽或金属套一端接地，另一端有护层过电压保护器的单芯电缆主绝缘做交流耐压试验时，必须将护层过电压保护器短接，使该端电缆金属屏蔽或金属套临时接地。

（4）试验电压过高会对电缆造成损害。本试验使用的电压测量装置应经过校准，并有校准报告，确保测量无误。

（5）对电缆加压前，应进行试验设备的升压检查；试验时应密切注意监视，并保证调压器处于零位，做到零起升压，同时防止发生电压突变。

（6）试验时应加强对电源以及试验回路的检查和监视，发现异常时必须立即停止试验。

（7）试验中若无异常，则继续升压至试验电压，达到耐压时间后迅速降压至零，切断电源并挂接地线。

（8）所有仪器仪表必须在检定周期内使用。

（七）安全措施

（1）出工前检查试验设备是否完好，是否在有效期内。

（2）工作负责人应在值班人员带领下核实工作地点、任务，以及隔离开关是否拉开、接地开关是否合上。

（3）工作负责人应在开工前向全体工作成员交代清楚工作地点、工作任务、隔离开关拉开和接地开关合上等情况，检查安全围栏和标识牌等安全措施，特别注意与邻近带电设备的安全距离，防止走错间隔。

（4）检查电源是否为独立电源，防止误跳运行设备。

（5）严禁蹦跳电源线，电源线必须固定，防止甩动或突然断开试验电源。

（6）登高人员必须使用安全带，必要时使用高空作业车。

（7）安全围栏设置，不要有缺口，安全围栏周围派人监护，防止无关人员进入。

（8）在加压之前清理无关人员，同时对工作组成员交代好安全事项，加压过程中设专人监护，并呼唱。

（9）试验中断、更改接线或结束后，必须切断主回路的电源，挂上接地线后才可以更换试验接线。

（10）工作负责人在试验工作结束后进行认真检查，确认拆接引线已恢复，现场无遗留工具和杂物。

（八）环保措施

（1）交流耐压试验开始前，合理选择试验升压地点，尽量避免占用土地植被、林地树木等地区。

（2）试验过程中，注意保护周围环境，做到少破坏植被。

（3）合理安排工作计划和资源调配，做到节能降耗，减少试验过程对电能、车辆等的使用。

（4）试验完毕后及时清理施工现场，杂物和包装物品集中存放、及时运走，做到工完、料尽、场地清，恢复地貌。

（九）验收

需在其他全部交接试验完成及工程竣工验收合格后进行，交流耐压试验时不应击穿。

（十）应用实例

交流耐压试验实例如图 9–63、图 9–64 所示。

图 9–63　试验车

图 9–64 试验设备

十、高压电缆线路局部放电试验典型施工方法

随着电力系统电压等级的不断提高，高压电缆在工作电压下的局部放电现象是导致电缆绝缘老化并击穿的重要原因。局部放电试验可检测到电力电缆绝缘内部的局部放电，因此已被成为高压电缆绝缘试验的重要项目之一。本部分介绍了高压电缆线路局放试验的典型施工方法，可规范高压电缆局部放电测量试验全过程控制。

（一）特点

（1）同于传统的介损测试，局部放电测试仪主要用来侦测高压设备的瑕疵，比如变压器绝缘纸中的气泡，高压电缆中杂质，电缆连接处的裂纹等。而这些在普通的介损测试中是没办法侦测到。

（2）局部放电试验是预防性试验，当电缆长期备用时，就要做这种试验来确定电缆是否受潮和损坏。

（二）适用范围

高压电缆线路局部放电试验典型施工方法适用于110kV及以上电压等级，截面积为400～2500mm^{2}电力电缆局部放电测量试验的现场作业。

（三）施工工艺流程

高压电缆线路局部放电试验流程如图 9–65 所示。

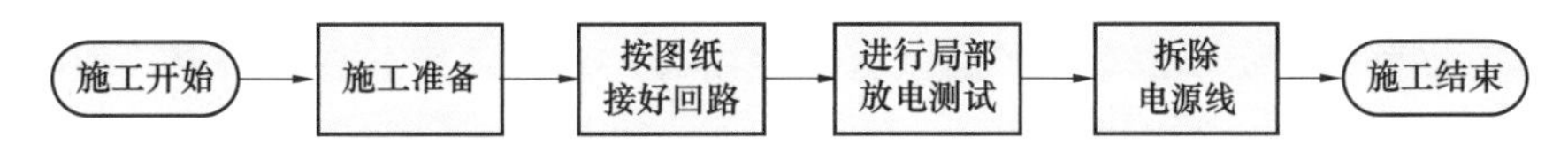

图 9–65 高压电缆线路局部放电试验流程图

1. 施工准备

（1）组织现场勘察，确定工作范围及作业方式，办理工作相关手续。

（2）组织作业人员进行交底，学习作业指导书，使全体作业人员熟悉作业内容、作业标准、安全注意事项。

（3）准备好施工设备与相关材料、相关图纸及相关技术资料。

（4）填写工作票（作业票）及危险源点预控卡等资料。

（5）准备工器具。

2. 按图纸接好回路

按局部放电试验方案接线图接好试验回路。

3. 进行局部放电测量

（1）无电压情况下背景局放图谱采集；

（2）1.0U_0 电压下局部放电图谱采集；

（3）1.36U_0 电压下局部放电图谱采集；

（4）1.7U_0 电压下局部放电图谱采集。

4. 拆除电源线

局部放电试验结束，拆除试验电源接线。

（四）人员组织

根据工程量和现场实际情况合理安排人员，开展施工作业。本典型施工现场试验人员组织见表 9–42。

表 9–42　　施工现场试验人员组织表

√	序号	人员类别	职　　责	作业人数
	1	工作负责人	（1）对工作全面负责，在试验工作中要对作业人员明确分工，保证工作质量； （2）对安全作业方案及设备试验质量负责； （3）工作前对工作班成员进行危险点告知，交待安全措施和技术措施，并确认每一个工作班成员都已知晓	1
	2	专责监护人	（1）识别现场作业危险源，组织落实防范措施； （2）对作业过程中的安全进行监护	1
	3	试验人员	严格按照试验规程的规定操作试验设备及仪器仪表，进行试验	4
	4	辅助人员	服从工作负责人安排，协助完成现场试验	6

（五）材料和设备

试验用材料和设备见表 9–43。

表 9–43　　试验用材料和设备表

√	序号	名称	型号及规格	单位	数量
	1	安全帽		顶	1/人
	2	安全围网（围栏）		个	若干
	3	急救箱		套	1
	4	发电机或发电车		只/辆	1
	5	温湿度计		只	1

续表

√	序号	名称	型号及规格	单位	数量
	6	照明灯具或应急灯		盏	若干
	7	局部放电测试仪		台	1
	8	电源接线盘		只	1
	9	万用表		只	1
	10	测量电缆		根	若干
	11	接地裸铜线		根	若干
	12	绝缘板		块	若干

（六）质量控制

（1）工作前认真准备，使工作人员明确工作过程、质量要求、试验方法、危险点和安全注意事项。

（2）与标准图谱比较，确定局部放电及类型。

（3）异常及缺陷应根据处理标准进行处理。

（4）当检测到异常时，需对该电缆接头相邻的两组接头进行检测，记录放电谱图和放电波形。

（七）安全措施

（1）试验的电缆线路上不应有人工作，工作现场应设好试验遮拦，悬挂好标示牌。

（2）试验引线应尽量缩短并固定牢固，若在杆塔侧测试，引线要注意与周围物体、同杆带电线路保持足够的安全距离。

（3）试验装置的金属外壳应可靠接地。

（4）试验操作过程中应与邻近带电部分和试验高压部分保持足够的安全距离。

（5）试验电缆线路两端需改接线处联系应清楚明了，均确认无误后方可进行试验，试验时两侧应有专人监护。

（6）加压前应检查试验设备状况，被试电缆线路上人员是否已撤离，并取得工作负责人许可后方可加压。在升压过程中，试验人员不准误触、误碰试验引线或屏蔽线。

（八）环保措施

（1）试验开始前，合理选择试验升压地点，尽量避免占用土地植被、林地树木等地区。

（2）试验过程中，注意保护周围环境，做到少破坏植被。

（3）合理安排工作计划和资源调配，做到节能降耗，减少试验过程对电能、车辆等的使用。

（4）试验完毕后及时清理施工现场，杂物和包装物品集中存放、及时运走，做到工完、料尽、场地清，恢复地貌。

（九）验收

需在电气安装完成，具备送电状态及竣工验收前进行，无局部放电缺陷图谱。

（十）应用实例

局部放电试验实例如图 9–66、图 9–67 所示。

图 9–66　试验接线

图 9–67　试验设备

第二节　管理控制要点

一、高压电缆工程电缆安装关键节点管控

（一）高压电缆工程电缆安装前的前置条件

1. 土电交接条件

（1）通道无不均匀沉降；

（2）通道截面几何尺寸与设计图纸相符；

（3）通道埋件位置准确，无凹陷凸出；

（4）通道接地电阻满足图纸要求；

（5）隧道、顶管、盾构等封闭沟槽不渗不漏。

2. 主设备进场验收条件

（1）在电缆、附件及相关附属材料设备进场前，厂家或供应商应提供物资监造报告。

（2）参建单位应做好物资设备进场开箱记录，厂家、监理、施工等单位共同进行签字确认。

（3）资料方面：检查供货合同编号、供货厂家、铭牌、型号、电压等级、规格、截面积、盘长等是否与设计文件一致，检查质保书或合格证、出厂试验报告、安装使用说明书、安装图纸及资料等是否齐全并符合供货合同要求。

（4）实物方面：检查电缆及电缆盘包装是否破损、变形，电缆卷绕方向是否合理，是否有托架支撑，牵引头是否密封，电缆包装铁皮是否牢固；检查电缆附件数量及配件、备品备件及专用工器具是否齐全、有效，外观是否良好无损坏。

3. 附属设施验收条件（通风、动力照明、消防报警、隧道综合监控等）

（1）通风。强排通风启停控制应满足基本的设置条件以及下井的启动条件：环境温度在

40～70℃时启动风机通风，温度超过 70℃必须停止风机。

（2）动力照明。电源固定，双路控制，灯具照明亮度满足要求（<7m/盏），潜水泵满足设计水流量。

（3）消防报警（防火门、防火封堵）。常开和常闭防火门的控制：常开遇火灾情况调为常闭，即系统在收到消防报警情况下，隧道内发生任何报警，都不启动风机，关闭相应区段的防火门。

（4）隧道综合监控。在变电站建立电缆隧道分布式组态监控平台，接入各个子系统数据，并进行数据展示、存储、报警等功能，具体可分为隧道环境监控、风机控制、液位和水泵监测、视频监控等。

4. 电缆试验前置条件

（1）组织现场勘察，确定试验工作范围及试验设备摆放位置，办理工作许可相关手续。

（2）组织作业人员进行交底，学习作业指导书，使全体作业人员熟悉作业内容、作业标准、安全注意事项。

（3）仪器、设备等试验条件满足要求，相关技术资料准备，人员资质报批。

（4）电缆通道及试验地点无杂物、无不相关人员，通信畅通。

（二）高压电缆工程电缆安装过程管控

1. 高压电缆敷设过程管控点

（1）敷设前：电缆敷设前路径勘察、电缆运输、现场保管、敷设前通道及电缆检查。

（2）敷设中：电缆盘移动控制、电缆敷设速度控制、电缆敷设外护套受力控制、外护套绝缘保护、弯曲半径、侧压力控制、蛇形敷设控制、夹具力矩控制。

（3）验收：电缆固定、标志牌装设、电缆蛇形敷设、电缆封堵、电缆支架安全、电缆护层试验均符合规范要求。

2. 高压电缆附件安装过程管控

（1）安装前：现场保管、工器具及材料准备、场地防潮措施、场地防尘措施、附件安装人员要求、电缆支架基础检查核对电缆线路名称、回路及相位、电缆护层试验、接地电阻测量。

（2）安装中：户外终端头安装控制、GIS 终端头安装控制、中间接头安装控制、接地系统安装控制。

（3）验收：实物验收、安装资料验收。

（三）高压电缆工程电缆试验过程管控

（1）试验前准备：试验设备准备、被试品相关技术资料准备、试验人员组织及准备、工器具及仪器仪表准备等。

（2）电缆试验：外护套试验、交叉互联系统试验、电缆相位检查及各项电阻测量、主绝缘交流耐压试验、电缆线路参数测量。

（3）验收。资料验收：各类试验报告齐全有效，对应的试验影像资料齐全。

二、高压电缆工程电缆电气施工验收

（一）隐蔽工程及关键工序转序验收

施工项目部在重要隐蔽工程隐蔽前和关键工序转序前均需进行三级自检，并向监理项目部提出验收申请，隐蔽工程由监理项目部进行现场检查，符合要求并签字确认后，现场方可隐蔽并进入下一道工序的施工；关键工序的转序验收，监理项目部完成初检后由业主项目部组织开展中间验收。

执行首件样板验收制度，对不同的电缆敷设形式、固定方式以及不同类型的附件分别进行现场验收和资料验收，对发现的缺陷实行闭环管理，首件样板验收合格后方可继续施工。运维单位根据施工计划参与隐蔽工程和关键环节的中间验收，隐蔽工程验收和关键环节的中间验收均应留下相关记录，并附验收影像资料，对验收中发现的问题应进行整改并组织复验。

施工单位在电缆敷设前，应取得由运维单位出具的土建通道、照明、通风等基本附属设施及支架、接地等附属设备验收合格并许可施工的书面意见；电缆敷设及附件安装应通过持证上岗、设备挂牌、关键环节拍照摄像、试验等手段严把施工质量验收关。

（二）工程竣工预验收和启动验收

按照GB 50168—2006《电气装置安装工程电缆线路施工及验收规范》，建设管理单位组织运行、设计、监理、施工、调试及物资供应等单位开展竣工预验收，启动验收委员会负责启动验收的组织工作。对于验收发现的问题，由验收组织单位出具整改通知单，明确整改内容、责任单位、监督复查单位及时间要求，施工单位应及时处理，完成整改并复验合格方可投运。

第三节　常见问题及分析

一、高压电缆在管道（工作井与排管结合敷设断面）内敷设行进中被异物划伤

当电缆管道内有细碎石子或固化的水泥石块等异物残留时，高压电缆在管道内行进时会被划伤，电缆线路投运后将出现故障从而影响电缆长期稳定运行。因此，在电缆敷设前，需采取以下措施：

（1）电缆管道铺设完成，应立即清理疏通，确认管道内无异物残留，将管道两端管口密封；

（2）电缆敷设前，用高压管道疏通车对每一孔管道进行冲洗；

（3）冲洗后，先用软布清洗管内泥沙，再用排管疏通器，进行双向疏通清理；

（4）密封疏通完成后的管口，以防泥沙再次进入，敷设电缆时再逐一打开。

管道疏通器、管道疏通三维效果、管道冲洗三维效果、管道封堵三维效果分别如图9–68～图9–71所示。

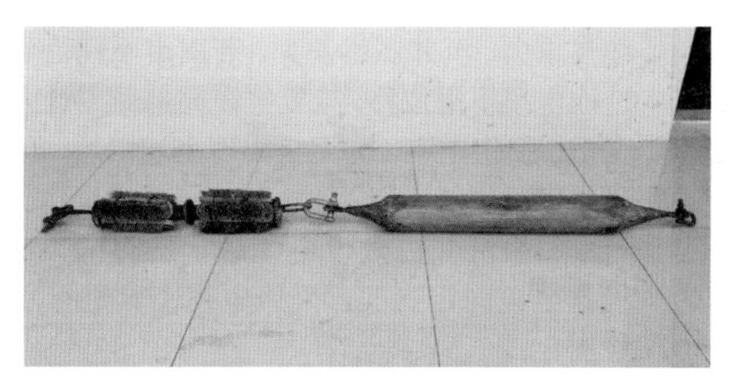

图 9–68 管道疏通器

图 9–69 管道疏通三维效果图

图 9–70 管道冲洗三维效果图

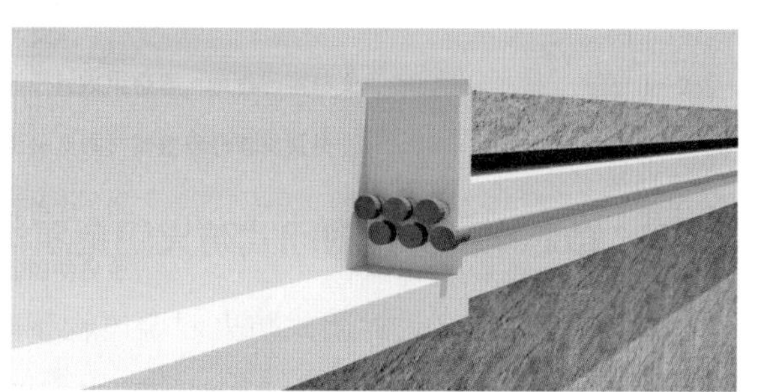

图 9–71 管道封堵三维效果图

二、电缆品字形排列敷设时绑扎固定不规范

电缆品字形排列时用尼龙扎带绑扎、固定，由于电缆在运行过程中会受到热机械力作用，导致尼龙扎带发生塑性形变甚至断裂，使电缆绑扎点失去固定，影响电缆长期安全稳定运行，为避免出现上述问题，可采用如下方法：尼龙绳具有拉力强度大、耐酸、耐碱、耐腐蚀、耐磨、耐风化性好等优点，因此，建议使用尼龙绳绑扎、固定电缆。每隔 2～2.5m 设 1 处绑扎点，每处用尼龙绳绑扎 3～5 圈。尼龙绳绑扎图、尼龙扎带断裂图分别如图 9–72、图 9–73 所示。

图 9–72 尼龙绳绑扎

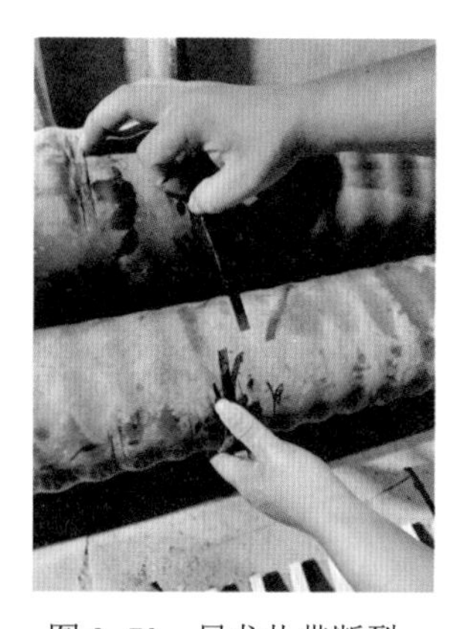

图 9–73 尼龙扎带断裂

三、电缆在沉井内垂直固定不规范

沉井内电缆敷设完成应使用电缆固定夹具将电缆垂直固定在电缆支架上。由于大截面电

图 9–74　沉井内电缆垂直固定

缆自重大、沉井高落差大，若固定不规范会造成电缆下滑位移，导致电缆局部受力过大变形，损伤电缆。为避免出现上述问题，可采用以下方法：

（1）沉井内敷设电缆时，应每隔 1m 设置电缆固定支架，采用电缆夹具进行刚性固定；

（2）沉井落差较大时，应适当增加电缆夹具数量，以增强电缆固定强度；

（3）在沉井进、出口处按设计要求打弯，留有裕度。沉井内电缆垂直固定如图 9–74 所示。

四、单芯电缆穿过封闭式防火门金属构架的隔磁问题

单根单芯电缆穿过封闭式防火门金属构架时，如金属构架不做隔磁处理，在电缆运行过程中会形成涡流，导致电缆发热，缩短电缆使用寿命。为避免出现上述问题，可采用以下方法：

（1）防火门金属构架选用隔磁材料；

（2）防火门金属构架采用敞开式结构，防止形成闭合磁路。

五、电缆中间接头两侧预留裕度不规范

电缆中间接头两侧电缆裕度打弯幅度不一致或两侧电缆裕度预留不足，未考虑到附件安装所需裕量。由于电缆在运行后受热机械力作用，造成中间接头发生位移，导致电缆中间接头损伤。为避免出现上述问题，可采用以下方法：

（1）根据设计要求，将电缆中间接头两侧裕度打弯幅度调整一致；

（2）根据电缆中间接头安装工艺要求，在电缆接头两侧留有适当裕度，供接头安装时消耗。

中间接头两侧裕度预留如图 9–75 所示。

图 9–75　中间接头两侧裕度预留

第十章 附属设施工程

电缆通道内的附属设施为电缆设备运行及通道内人员活动提供安全保障，是电缆线路建设工程中的重要组成部分。附属设施工程包括通风系统、照明系统、排水系统、消防系统及综合监控系统。本章从工程建设管理的角度，阐述各系统功能及技术要求，主要施工工艺流程、安装控制要点，以及各系统建设过程中常见问题的分析。

第一节 通风、照明、排水系统

一、典型施工工法

（一）通风系统

1. 系统功能

电缆隧道通风系统分为自然通风和机械通风 2 种。机械通风一般采用推拉型纵向通风方式，在工作井或电缆隧道内设轴流风机，对全线进行通风换气。当电力隧道内温度超过 40℃时，光纤测温系统发出报警信号，通风系统自动开启，直至电缆隧道内温度降至 35℃以下，通风系统停止运行。人员进入电缆隧道检修时，通风系统应提前 15～20min 开启并连续运行至检修结束。送风机的出风口、排风机的进风口均设置全自动防火调节阀，隧道内温度超过 70℃时，防火阀关闭，输出动作和联锁信号，联动关闭相应的排风机，即在电缆隧道火灾工况时，立即关闭排风机及联动的电动防火调节阀。通风机外观示意图如图 10–1 所示。

图 10–1　通风机外观示意图

2. 施工工艺流程

通风系统施工工艺流程为风管制作→风管安装→通风机安装→系统调试，详细介绍如下。

（1）风管制作。

1）地下构筑物内湿度较大，风管材料一般采用镀锌钢板。

2）根据施工图纸及现场施工情况测量画线。

3）按画线形状用机械剪刀和手工剪刀进行剪切。

4）板材下料后在轧口之前，必须用倒角机或剪刀进行倒角工作。

5）风管制作采用咬口连接、铆钉连接、焊接等方式。

① 焊接时必须焊缝均匀，无裂纹、无夹渣现象。

② 铆钉连接时，铆钉垂直于板面，板缝密合并排列整齐。板材间可不加垫料，如设计有规定时，遵循设计。

③ 咬口时手指距滚轮护壳不小于 50mm，手不准放在咬口机轨道上扶稳板料。咬口后的板料将画好的折方线放在折方机上，置于下模的中心线，操作时，使机械上刀片中心线与下模中心线重合，折成所需要的角度。

6）法兰加工。

① 矩形法兰加工：

a. 方法兰由 4 根角钢组焊而成，画线下料时考虑无齿锯片切去的角钢料，通常预留角钢 1.5 倍厚的长度，画线完毕用无齿锯切割，折方时组焊成的成品法兰内径不小于风管外径；

b. 下料调直后组对，焊接时采取防止变形措施，孔距不应大于 50mm，采用阻燃密封胶条做垫料时螺栓孔距适当放大，不得大于 300mm；

c. 法兰整形和修整焊缝，除去打孔毛刺等。

② 圆法兰加工：

a. 先将整根角钢或扁钢放在冷煨法兰卷圆机上按所需法兰直径，调整机械的可调零件，卷成螺旋形状后取下；

b. 对调整好的法兰进行焊接、打孔。

③ 无法兰加工：

a. 无法兰连接风管的接口应采用机械加工，尺寸应正确，形状应规则，接口处严密，风管接口处四角应有固定措施；

b. 在风管内铆法兰腰箍冲眼时，管外配合人员面部要避开冲孔。

7）风管边长大于等于 630mm，管段长度大于 1250mm 时应采取加固措施。边长小于等于 800mm 的风管宜采用楞筋、楞线的方法加固。

8）风管与法兰组合成形时，风管与扁钢法兰可用翻边连接；与角钢法兰连接时风管壁厚小于等于 1.5mm，可采用翻边连接，与角钢法兰连接时，风管壁厚小于等于 1.5mm 可采用翻边铆接。

9）风管壁厚大于 1.5mm，可采用翻边点焊和沿风管管口周围满焊，点焊时法兰与管壁外表面贴合；满焊时法兰应伸出风管管口 4～5mm，翻边应平整，不应遮住螺孔，四角应铲平，不应出现豁口，以免漏风。

（2）风管安装。

1）风管与风管的连接。风管尺寸和角度确认准确无误后，开始组对安装，风管的连接应顺直、不扭曲，且连接法兰的螺母应在同一侧；风管与风管法兰间的垫片采用厚 3mm 及以上的耐热橡胶板，垫片不应凸入管内，也不宜突出法兰，垫片中不应含有石棉及其他有害成分，且应耐油、耐潮、耐酸碱腐蚀。

2）风管与风机的连接。由于风机为圆形连接口，因此采用变径风管一端与风管连接，另一端粘接端盖板，在端盖板上开圆口和风机的软管连接。安装时，将帆布软管套在紧固套上，压入圆法兰，用螺钉固定，另一端帆布软管与风机连接。

（3）通风机安装。

1）开箱检查，按设备清单核对叶轮、机壳和其他部位的主要尺寸，进出风口的位置方向是否符合设计要求，做好检查记录。

2）风机设备安装前，应对轴承、传动部位及调节机构进行拆卸、清洗，装配后使其转动灵活。

3）风机吊装时，先确定 4 个吊点位置，采用防晃动支架，并设减振器，风机采用手动葫芦吊装，吊装至设计高度时，调整 4 个吊杆长度，并用水平仪找平、找正，以确保风机轴承同心率一致。

4）风机应独配相应的电闸开关，并可靠接地。

5）运转：经过全面检查手动盘车，供应电源相序正确后方可送电试运转，运转持续时间不应小于 2h。滑动轴承温升不超过 350℃，最高不超过 700℃。

（4）系统调试。

1）调试范围：设备单机试运转、系统联合试运转及调试。

2）调试方法及内容：

① 风机的叶轮旋转方向正确、运转平稳、无异常振动与声响，其电机运转功率符合设备技术文件的规定。在额定转速下连续运转 2h 后，滑动轴承外壳最高温度不得超过 70℃，滚动轴承不得超过 80℃。

② 系统无生产负荷的联合试运转及调试：风口风量测试可用热电风速仪、叶轮风速仪或转杯风速仪，用定点法或匀速移动法测出平均风速，计算出风量，系统总风量调试结果与设计风量的偏差不应大于 10%；系统经过平衡调整，各风口或吸风罩的风量与设计风量的允许偏差不应大于 15%。

（二）照明系统

1. 系统功能

隧道内根据不同区域和环境，选择不同类型、不同规格的照明灯具，为工作人员提供光线明亮、舒适的环境，美化建筑空间。为了达到最佳的照明和装饰效果，一般采用 LED 灯类型光源，其分为普通照明和应急照明 2 种照明方式。隧道照明示意图如图 10–2 所示。

图 10–2 隧道照明示意图

2. 施工工艺流程

照明系统施工工艺流程为电缆线管（槽盒）敷设及连接→照明配电箱（盘）安装→导线敷设及连接→金属箱体及管（槽盒）的接地或接零→照明灯具安装→开关插座安装→通电试运行，具体介绍如下。

（1）电缆线管（槽盒）敷设及连接。

1） 电缆线管分为明敷和暗敷 2 种。隧道内常用明敷，工作井内常用暗敷。

① 暗管敷设：各层水平线和墙厚度线弹好；现浇混凝土板内配管，在底层钢筋绑扎完后，上层钢筋未绑扎前，根据施工图尺寸位置配合土建施工；立管随墙（砌体）配合施工。

② 明管（槽盒）敷设：配合土建结构安装好预埋件。

2） 各管口应采取临时封堵措施，防止管内进入砂浆杂物。线管（槽盒）排列应横平竖直，转弯弧度美观。

3） 管路连接：管口应平整光滑；管与盒（箱）等器件应采用插入法连接。当采用塑料管材时，管与管之间采用套管连接，套管长度值为管外径的 1.5～3 倍，连接处结合面应涂专用胶合剂，接口应牢固密封。当采用金属管材时，应通过螺纹连接，此处应安装接地跨接线。管与管的对口应位于套管中间并对齐。管与器件连接时，插入深度宜为管外径的 1.1～1.2 倍。

4） 电缆保护管的内径不小于电缆外径的 1.5 倍；保护管弯曲半径为保护管外径的 10 倍，且不应小于所穿电缆的最小允许弯曲半径。

（2）照明配电箱（盘）安装。

1） 对嵌入式照明箱，砌墙时，根据图纸要求标高及尺寸预留洞口。户内配电箱中心距地 1300mm（箱体高度大于 800mm）或 1500mm（箱体高度小于 800mm），灯具开关离地 1300mm 安装。照明箱安装时，先找好箱体标高及水平尺寸，核对入箱的管路长短是否合适，间距是否均匀，排列是否整齐，将箱体按标定位置固定牢固。

2） 对明装式照明配电箱，根据图纸要求，先找好箱体标高及水平尺寸，确定安装螺栓位置，用膨胀螺栓予以固定。

3） 箱（盘）内配线应整齐美观，弧度一致，无绞接现象。导线连接可靠，不断股，绝缘无损伤。同一端子上导线连接不多于 2 根，防松垫圈等零件齐全。

4） 箱（盘）内开关动作灵活可靠，对于设置剩余电流动作保护装置的回路，其动作电流不大于 30mA，动作时间不长于 0.1s。

（3）导线敷设及连接。

1） 导线敷设。在管路敷设时，先将一根细铁丝串通，放线时，将配好的导线用铁丝牵引走线，敷设的导线在管内不允许有接头。线缆施放过程中应对线缆做适当保护，线管口应加垫橡胶套或其他保护措施，牵引中不得伤及线缆绝缘层，且不得有死弯；线缆入箱盘内应留有适当裕度；线管管口处应做封堵处理；线槽内电缆（线）捆扎应整齐。

2）导线连接。先削掉线头绝缘层，去掉表面氧化层，再进行连接。线缆入箱（盘）内应绑扎成束并排列整齐，绝缘层剥削长度应与接线端子相适应；多股软芯线应加装接线鼻子后方可连接；螺钉连接的芯线偎弯方向应和螺钉旋紧方向一致。线路的接点应在接线盒或插座等处，不应在线路中途开口连接。

3）线缆绝缘性能检测。线缆敷设完毕，所有灯具安装前必须对线缆回路做绝缘电阻测试，线缆对地及线间绝缘电阻测试值不得低于 0.5MΩ（1000V 绝缘电阻表）。

（4）金属箱体及管（槽盒）的接地。

1）金属箱体及支架型钢、金属管子，金属槽盒必须可靠接地；箱门和框架的接地端子间应用有保护管的编织铜线连接，且有标识。

2）箱间线路绝缘电阻测试：箱间线路的相间和相对地间绝缘电阻值，二次回路必须大于 1MΩ（1000V 绝缘电阻表）。

3）动力、照明配电箱（盘）内，应分别设置零线（N 线）和保护地线（PE 线）汇流排，零线和保护地线应在汇流排上连接，不得绞接，并应有标识。

（5）照明灯具安装。

1）根据施工图纸的要求，复核待安装灯具的型号规格、数量，按说明书了解灯具的安装方法。用吊钩、螺钉、膨胀螺栓等将灯具固定牢固可靠。

2）灯具接线要正确、可靠，功率符合设计要求。

3）灯具连接的软芯线截面必须满足灯具荷载要求。

4）应急照明灯具安装完成后，应有标识。

（6）开关插座安装。

1）清除底盒内残存砂浆、灰尘、污染物及其他杂物。

2）接线时，先将盒内导线理顺，将盒内留出的线削去绝缘层，将导线按顺时针方向盘绕在开关、座对应的接线柱上，旋紧压头，将线芯折回头插入接线端子内再用顶丝将其压紧。

3）开关插座接线：按接线要求，将盒内的导线与开关插座的面板连接好，将开关插座推入盒内，对正盒眼，用螺钉固定牢固。固定时使面板端正，暗装开关插座面板应与墙面平齐。一般电源插座底边距地面为 300mm，平开关板底边距地面为 1300mm。同一室内的开关、插座面板应在同一水平标高上，高差不应小于 5mm。

（7）通电试运行。灯具、配电箱（盘）安装完毕，且各条支路的绝缘电阻摇测合格后，方允许通电试运行。通电后应仔细检查和巡视，利用照度计检测隧道内的光度、亮度是否符合设计要求；检查灯具的控制是否灵活、准确；开关与灯具控制顺序相对应，如果发现问题必须先断电，然后查找原因进行修复。照明系统通电试运行时间为 24h，所有照明灯具必须开启，并每 2h 记录运行状况 1 次（各照明回路电压、电流），连续 24h 运行无故障为合格。

图 10–3　排水系统示意图

（三）排水系统

1. 系统功能

电缆隧道内的排水系统由潜水泵、排水管道和控制箱组成。当集水井内的积水达到一定水位时，排水系统自动工作，将工作井及电缆隧道内的积水及时排入市政管网内。确保检修维护的正常开展，消除积水对电缆使用寿命的影响。排水系统示意图如图 10–3 所示。

2. 施工工艺流程

排水系统施工工艺流程为管道加工→管道安装→水泵安装→管道试压及水泵试运转，具体介绍如下。

（1）管道加工。

1） 管材一般采用镀锌钢管。

2） 根据现场测绘草图，进行管材下料，断面的铁膜、毛刺应清除干净。

3） 按管径尺寸分次套制丝扣：管径为 15～32mm 套丝 2 次；管径为 40～50mm 套丝 3 次；管径为 70mm 以上套丝 3～4 次为宜。

（2）管道安装。管道连接包括螺纹连接、法兰连接、焊接、沟槽连接等方式。隧道内一般常用螺纹连接。螺纹连接是靠管端加工外螺纹的管子和有内螺纹的管件进行紧密连接的，其界面要求有足够的强度和严密性。为增强连接的密封性，螺纹连接时需在外螺纹上缠抹适当的填料，且填料只能一次性使用。填料有铅油麻丝、聚四氟乙烯生料带等，隧道内常用聚四氟乙烯生料带。

螺纹连接有短螺纹连接、长螺纹连接和活接头连接 3 种形式。

1） 短螺纹连接。短螺纹连接也称短丝连接，是将管子的外螺纹与管件或阀件的内螺纹进行固定性连接的方式。它用于一般管子与管配件的界面。

使用聚四氟乙烯生料带为填料时，先清理管端的外螺纹处，确保整洁、无杂物，然后缠绕生料带 4～5 圈，缠绕时面对管口按顺时针方向顺着管螺纹方向缠绕（即逆螺纹方向），用手将带内螺纹的管件旋上 2～3 扣为宜，至拧不动后，换用管钳拧转管件，直到拧紧为止。麻丝缠绕方法类似于生料带。

2） 长螺纹连接。长螺纹在散热器支管和立管连接处最常见。它由一根两端分别为短螺纹和长螺纹的管子和一个相应规格的锁紧螺母（根母）组成。

3） 活接头连接。为便于管道的拆卸，可采用活接头连接方式。它是一种较理想的可拆卸的活动连接。

（3）水泵安装。

1） 安装使用前，应仔细检查电泵外表是否完好无损，各连接处有无松动、漏油、电缆线有无碰划裂，并仔细检查年铭牌说明的流量、扬程、电压等，以便正确使用。

2）用绝缘电阻表测量电泵的冷态绝缘电阻应大于 50MΩ，低于该值应进行除潮处理，合格后方可使用。

3）电泵应独配相应的电闸开关，并可靠接地（双绿相间的为接地线）。

4）如电泵配带的电缆线不够长时，如所接的电缆线径必须是原水泵线的 1 倍，接头接牢，并尽可能减少线接头，且接头禁没在水中。

5）检查启动运行时是否正常（空运行不超过 10s），转向是否正确（泵盖上标明方向），若三相电泵转向不对，调换任意 2 根主线即可。

6）电泵应在手柄或吊环孔上串绳以提放备用，严禁用电缆吊、放、提、拉水泵。

（4）通水试验及水泵试运转。

1）通管前，先将集水坑内注满水，水泵启动后，排水畅通，管件接头均无渗漏现象。

2）试运转分空负荷调试和负荷试运转进行。空负荷调试将水泵与管道分开，单独开启水泵，水泵连续运行 8h，水泵各项指标均正常为合格。然后进行负荷试运转，负荷试运转时将水泵与管道连接，进行系统试运转。

二、管理控制要点

1. 通风系统质量管控要点

（1）风管的连接。

1）风管板材拼接的咬口缝应错开，不得有十字形拼接缝。

2）中、低压系统风管法兰的螺栓及铆钉孔的孔距不得大于 150mm；高压系统风管不得大于 100mm。矩形风管法兰的四角部应设有螺孔。当采用加固方法提高了风管法兰部位的强度时，其法兰材料规格相应的使用条件可适当放宽。

（2）风管与风机的连接。

1）制作变径风管，一端与相连风管的尺寸相同，另一端制成大于风机直径的正方形，并将正方形端用端盖板封闭。在端盖板切割一个与风机尺寸相等的圆，用帆布软接与风机连接。

2）用角铁制成和风机孔径相等的圆法兰，在法兰中心均匀布置风管连接用的螺钉孔及紧固套连接用的螺钉孔，将圆法兰用螺钉固定在端盖板的圆口上。

3）采用 2mm 厚扁铁制成外径小于圆法兰内径 3～4mm 的紧固套。

（3）因隧道井内潮湿，风机的操作控制电源箱要选用不锈钢板材做箱体，密封，并有相应的恒温驱潮设施，保证箱内电器元件的正常运行。

（4）吊杆支架螺栓要采用热镀锌件，防腐蚀，耐用。

2. 照明系统质量管控要点

（1）照明配电箱安装。

1）箱内配线整齐，无绞接现象。导线连接紧密，不伤芯线，不断股。垫圈下螺钉两侧压的导线截面积相同，同一端子上导线连接不多于 2 根，防松垫圈等零件齐全。

2）箱内开关动作灵活可靠，带有剩余电流动作保护装置的回路，其动作电流不大于 30mA，动作时间不大于 1s。

3）照明箱内，分别设置零线（N）和保护地线（PE 线）汇流排，零线和保护地线经汇流排配出。

（2）箱间配线。电流回路应采用额定电压不低于 750V、芯线截面积不小于 2.5mm^2 的铜芯绝缘电线或电缆；除电子元件回路或类似回路外，其他回路的电线应采用额定电压不低于 750V、芯线截面积不小于 1.5mm^{2}的铜芯绝缘电线或电缆。二次回路连线应成束绑扎，不同电压等级的交、直流线路及计算机控制线路应分别绑扎，且有标识。

（3）箱安装位置、开孔、回路编号等。

1）位置正确，部件齐全，箱体开孔与导管管径适配，暗装配电箱箱盖紧贴墙面，箱涂层完整；

2）箱内接线整齐，回路编号齐全，标识正确；

3）箱体不得采用可燃材料制作；

4）箱安装牢固，垂直度允许偏差为 1.5‰；底边距地面为 1.5m，照明配电板底边距地面不小于 1.8m。

（4）金属导管和线槽。金属的导管和线槽必须接地（PE）或接零（PEN）可靠，并符合下列规定：

1）镀锌钢导管、可挠性导管和金属线槽不得熔焊跨接接地线，以专用接地卡跨接的两卡间连线为铜芯软导线，截面积不小于 4mm^2；

2）当非镀锌钢导管采用螺纹连接时，连接处的两端焊跨接接地线，当镀锌钢导管采用螺纹连接时，连接处的两端用专用接地卡固定跨接接地线；

3）金属线槽不作设备的接地导体，当设计无要求时，金属线槽全长至少 2 处与接地（PE）或接零（PEN）干线连接；

4）非镀锌金属线槽间连接板的两端跨接铜芯接地线，镀锌线槽间连接的两端不跨接接地线，但连接板两端至少 2 个有防松螺帽或防松垫圈的连接固定螺栓。

（5）应急照明灯具安装。

1）应急照明灯的电源除正常电源外，另有一路电源供电；或者是独立于正常电源的柴油发电机组供电；或由蓄电池柜供电或选用自带电源型应急灯具。

2）应急照明在正常电源断电后，电源转换时间为：疏散照明不大于 15s；备用照明不大于 15s；安全照明不大于 0.5s。

3）疏散照明由安全出口标志灯和疏散标志灯组成。安全出口标志灯距地高度不低于 2m，且安装在疏散出口和楼梯口里侧的上方。

4）疏散标志灯安装在安全出口顶部，楼梯间、疏散走道及转角处应安装在 1m 以下的墙面上，不易安装的部位可安装在上部。

5）疏散标志灯的设置，不影响正常通行，且不在其周围设置容易混淆的其他标志牌等。

6）应急照明灯具、运行中温度大于 60℃的灯具，当靠近可燃物时，采取隔热、散热等防火措施。

7）应急照明线路在每个防火分区有独立的应急照明回路，穿越不同防火分区的线路有防火隔堵措施。

8）疏散照明线路采用耐火电线、电缆，穿管明敷或在非燃烧体内穿刚性导管暗敷，暗敷保护层厚度不小于30mm。电线采用额定电压不低于750V的铜芯绝缘电线。

（6）防爆灯具的选型及其开关的位置和高度。

1）灯具的防爆标志、外壳防护等级和温度组别与爆炸危险环境相适配。

2）灯具配套齐全，不用非防爆零件替代灯具配件（金属护网、灯罩、接线盒等）。

3）灯具的安装位置离开释放源，且不在管道的泄压口及排放口上下方安装灯具。

4）开关安装位置便于操作，安装高度为1.3m。

（7）因隧道内潮湿，电源箱选用不锈钢板材做箱体，密封，并有相应的恒温驱潮设施，保证箱内电器元件的正常运行。

（8）隧道（顶管、盾构）管片（管节）上如无安装灯具的埋件，要使用不锈钢膨胀螺栓打孔安装，且深度不宜大于5cm，避免管片（管节）渗漏水。

3. 排水系统质量管控要点

（1）潜水排水泵采用液位自动控制装置进行自动控制。液位自动控制装置除浮球式液位开关以外，如水中不含或只含少量悬浮杂质，也可选用投入式压力传感器及配套二次仪表。安装在集水井内的液位自动控制装置应尽可能远离进水口。

（2）除移动式安装软管连接部位采用织物增强橡胶软管外，潜水排水泵排出管管材可采用硬质给水塑料管、离心铸造球墨铸铁给水管、钢管、合管等。管材和管件的承压能力不应小于0.6MPa。

（3）在潜水排水泵排出管路上应设置控制阀门、止回阀、可曲挠橡胶管接头和压力表。国家建筑标准设计图集08S305《小型潜水排污泵选用及安装》中控制阀门推荐采用闸阀，也可根据需要采用蝶阀；止回阀推荐采用球形污水止回阀。

（4）单台潜水排水泵质量大于80kg的室内集水井检修孔上方楼板或梁上应预埋吊钩，供安装和检修时提升潜水排水泵用。

（5）排水管泵的出水口应装有逆止阀，防止排水回流。

（6）排水泵的操作控制电源箱，要安装在隧道井上层出入口，便于运行检修人员操作使用。因隧道内潮湿，电源箱选用不锈钢板材做箱体，密封，并有相应的恒温驱潮设施，保证箱内电器元件的正常运行。

三、常见问题及分析

常见问题及分析详见表10–1。

表10–1　　常见问题及分析

序号	项目	现　象	原 因 分 析	防 治 措 施
1	百叶送风口调节不灵活	叶片不平行，固定不稳固，产生振动，安装不平，不正	（1）外框叶片轴孔不同心，中心偏移； （2）墙上预留风口位置不正； （3）外框与叶片铆接过紧或者过松	（1）中心偏移不同心的轴孔，焊死后重新钻孔； （2）加大预留孔洞尺寸； （3）叶片铆接过紧时，可连续搬动叶片使其松动。铆接过松可继续铆接，其松紧程度以在风口出风风速6m/s下，叶片不动不颤，用手可轻轻搬动为宜

续表

序号	项目	现　象	原因分析	防治措施
2	矩形风管的刚性变形	风管的大边上下有不同程度的下沉，两侧面小边稍向外凸出，有明显的变形	（1）制作风管的钢板厚度不符合设计要求； （2）咬口形式选择的不当； （3）没有采取加固措施	（1）制作风管的钢板厚度，如设计图纸无特殊要求，必须遵守规范中的有关规定； （2）矩形风管的咬口形式，除板材拼接采用单平咬口外，其他各板边咬口应根据所使用的不同系统风管采用按扣式咬口、联合角咬口及转角咬口，使咬口缝设在四角部位，以增大风管的刚度； （3）矩形风管边长≥630mm，其管长度在1.2m以上，均应采取加固措施。经加固后的风管，其情况将有明显的改善。常用的加固方法有角钢框加固、角钢加固大边、风管壁板起棱线或滚槽等
3	风管翻边宽度不一致	法兰与风管轴线不垂直，法兰接口处不严密	（1）风管制作时没有严格角方； （2）风管与法兰的尺寸偏差过大； （3）风管与法兰没有角方	（1）为了保证管件的质量，防止管件制成后出现扭曲、翘角和管端不平整现象，在展开下料过程中应对矩形的四边严格进行角方； （2）法兰的内边尺寸正偏差过大，同时风管的外边尺寸负偏差也过大时，应更换法兰；在特殊情况下可采取加衬套管的方法来补救； （3）风管在套入法兰前，应按规定的翻边尺寸严格角方无误后，方可进行铆接翻边
4	导线的接线、连接质量和色标不符合要求	（1）多股导线不采用铜接头，直接做成“羊眼圈”状，但又不扩锡； （2）与开关、插座、配电箱的接线端于连接时，一个端子上接多根导线； （3）线头裸露、导线排列不整齐，没有捆绑包扎； （4）导线的三相、零线（N线）、接地保护线（PE线）色标不一致，或者混淆	（1）施工人员未熟练掌握导线的接线工艺和技术； （2）材料采购员没有按照要求备足施工所需的各种导线颜色及数量，或者施工管理人员为了节省材料而混用	（1）加强施工人员对规范的学习和技能的培训工作； （2）多股导线的连接，应用镀锌铜接头压接，尽量不要做“羊眼圈”状，如做，则应均匀搪锡； （3）在接线柱和接线端子上的导线连接只宜1根，如需接两根，中间需加平垫片，不允许3根以上的连接； （4）导线编排要横平竖直，剥线头时应保持各线头长度一致，导线插入接线端子后不应有导体裸露。铜接头与导线连接处要用与导线相同颜色的绝缘胶布包扎； （5）材料采购人员一定要按现场需要配足各种颜色的导线； （6）施工人员应清楚分清相线、零线（N线）、接地保护线（PE线）的作用与色标的区分，即A相—黄色，B相—绿色，C相—红色；单相时一般宜用红色；零线（N线）应用浅蓝色或蓝色；接地保护线（PE级）必须用黄绿双色导线

续表

序号	项目	现　　象	原 因 分 析	防 治 措 施
5	开关、插座的盒和面板的安装、接线不符合要求	（1）线盒预埋太深，标高不一，面板与墙体间有缝隙，面板有胶漆污染，不平直； （2）线盒留有沙浆杂物； （3）开关、插座的相线、零线、PE 保护线有串接现象； （4）开关、插座的导线线头裸露，固定螺栓松动，盒内导线裕量不足	（1）预埋线盒时没有牢靠固定，模板胀模，安装时坐标不准确； （2）施工人员责任心不强，对电器的使用安全重要性认识不足，贪图方便； （3）存在不合理的节省材料思想	（1）与土建专业密切配合，准确牢靠固定线盒；当预埋的线盒过深时，应加装一个线盒。安装面板时要横平竖直，应用水平仪调校水平，保证安装高度的统一。另外，安装面板后要饱满补缝，不允许留有缝隙，做好面板的清洁保护； （2）加强管理监督，确保开关、插座中的相线、零线、PE 保护线不能串接，先清理干净盒内的砂浆； （3）剥线时固定尺寸，保证线头整齐统一，安装后线头不裸露；同时为了牢固压紧导线，单芯线在插入线孔时应拗成双股，用螺钉项紧、拧紧； （4）开关、插座盒内的导线应留有一定的余量，一般以 100～150mm 为宜；要坚决杜绝不合理的省料贪料
6	潜水泵不吸水	压力表及真空表的指针剧烈跳动	（1）注入泵的水不够； （2）水管与仪表漏气； （3）底阀没有打开或已经堵塞； （4）吸水管阻力大或吸水管滤网堵塞； （5）吸水高度太高； （6）电动机错接线	（1）重新往泵内注水； （2）拧紧或堵塞漏气处； （3）检查并校正底阀或更换底阀； （4）更换吸水管或清洗滤网； （5）降低吸水高度； （6）调换电动机接线位置
7	不出水或流量低	（1）压力表有压力； （2）流量低于水泵设计要求	（1）出水管阻力太大或管内有异物； （2）水泵叶轮堵塞； （3）密封环有缺陷； （4）水泵转速不够或旋转方向不对	（1）检查或缩短水管，清除异物； （2）清洗水泵叶轮； （3）更换密封环； （4）检查、修理或更换电动机，使电动机正转
8	潜水泵消耗功率过大	（1）电动机发热； （2）电动机电流过负荷	（1）水泵填料压盖太紧、填料函发热； （2）叶轮有缺陷	（1）调整放松填料压盖； （2）修整或更换叶轮
9	轴承发热	轴承发热、烫手	（1）轴承缺油或油质不合格； （2）水泵轴承同电动机轴不同心； （3）轴承盖对轴承施加的紧力过大； （4）轴封填料过紧； （5）轴承损坏或轴承有缺陷	（1）在泵轴承处加油或检查、清洗轴承后更换润滑油； （2）调整水泵轴混凝土电动机轴的同心度； （3）调整轴承盖对轴承施加的紧力； （4）调整轴封填料； （5）更换轴承
10	潜水泵声音异常	（1）水泵运转有撞击声； （2）轴承有嗡嗡声或哨声	（1）转子部件（叶轮或轴套）在轴上松动； （2）泵轴弯曲出现叶轮等件撞击； （3）两轴承定距套没被轴承压紧或轴承没被端盖压靠； （4）轴承装配过紧； （5）轴承内油量不足； （6）轴承内滚动体与隔离架间隙过大	（1）紧固叶轮、轴套； （2）校正或更换泵轴； （3）压紧轴承定位套或用端盖压靠轴承外圈； （4）调整轴承装配间隙值； （5）向轴承内加油

第二节 消 防 系 统

一、典型施工工法

（一）系统功能

为保证城市电力电缆隧道满足日常运行及安全保障的要求，将全线隧道划分为多个防火分区。防火分区的划分主要是为了在有火灾的情况下能及时疏散人员，保证人员生命安全；其次，防火分区通过防火墙将电缆隧道化分为多个分区，同时在防火墙上设置常开式防火门，满足电缆隧道日常运行时的通风要求，当电缆隧道内温度超过70℃时由火灾自动报警系统联动控制关闭本分区两端防火门，同时关闭本分区的通风系统，从而保证电缆在燃烧之前就将实时信息传递到监控终端。

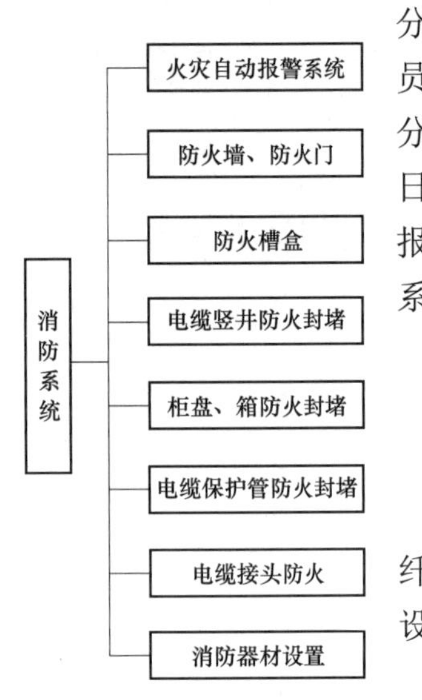

图10–4 消防系统架构图

（二）系统架构

消防系统架构图如图10–4所示。

1. 火灾自动报警系统安装

电缆隧道火灾自动报警系统常采用线型感温探测器（分布式光纤电缆测温系统），它不仅有火灾报警的功能，而且可以和其他防火设施形成联动，从而更好地保护电缆隧道的安全运行。

（1）火灾自动报警器应采用联动型控制器，其箱底宜高出地坪0.1～0.2m。

（2）落地式控制器柜前距离单列布置时不应小于1.5m，双列布置时不应小于2m。

（3）值班人员工作的一面，控制器到墙的距离不应小于3m。

（4）控制器柜后维修距离不应小于1m，控制器排列长度大于4m时，其两端应设置不小于1m的通道。

（5）分布式线型光纤测温度主机定位精度为1m，测量时间为2s/通道。

（6）分布式线型光纤感温火灾探测器每1m设置1个测温点。

（7）分布式线型感温火灾探测器应采用接触式的敷设方式对隧道内的所有动力电缆进行探测，采用S形布置在每层电缆的表面上，应采用1根感温光缆保护1根动力电缆的方式，并沿动力电缆敷设。

（8）分布式线型光纤感温火灾探测器在电缆接头、端子等发热部位敷设时，其感温光缆的延长度不应少于探测单元长度的1.5倍。

（9）主干电缆分布式线型光纤感温火灾探测器安装：电缆表面感温光缆的敷设，用绝缘扎带将光缆固定于电缆表面，使光缆与电缆的外表面紧密结合，每隔0.5m通过扎线将光缆固定在电缆表面，同时确保光缆不能承受比较大的应力。

（10）电缆接头分布式线型光纤感温火灾探测器安装：为保证测量精度，电缆接头感温光缆的安装采用跳线方式，电缆接头处预留1.5倍接头长度的光缆，将光缆双股缠绕在电缆接头上，光缆与电缆接头紧密接触。

2. 防火墙、防火门安装

电缆隧（沟）道进出口、工作井及相邻防火分区间均应设置防火墙。防火墙上应设有防火门，防火墙间距不宜大于 200m，防火门应采用甲级防火门。

（1）电缆隧（沟）道防火墙采用防火隔板、阻火包、柔性有机堵料和电缆防火涂料、角钢、槽钢组合进行构筑。柔性有机堵料包裹在电缆贯穿部位，包裹厚度不小于 20mm，孔洞其余部位将阻火包平铺地嵌入电缆空隙中，防火墙底部用防火砖块砌筑，并留有排水孔，墙体厚度 320mm，具体如图 10–5 所示。

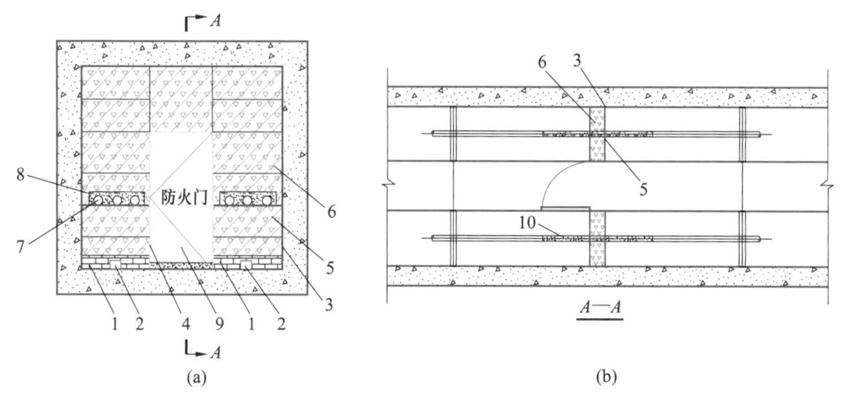

图 10–5　防火墙安装（阻火包）

（a）剖面图；（b）平面图

1—防火砖；2—排水孔；3—角钢；4—槽钢；5—防火隔板；6—阻火包；7—电缆；8—柔性有机堵料；9—防火门；10—防火涂料

（2）电缆隧（沟）道防火墙采用阻火模块封堵的用角钢、槽钢组合进行构筑，柔性有机堵料包裹在电缆贯穿部位，包裹厚度不小于 20mm，厚度不小于 240mm，砌筑时在防火墙底部预留排水孔。自黏性阻火模块直接砌筑，非自黏性阻火模块砌筑采用混合好的无机堵料进行勾缝、抹平，具体如图 10–6 所示。

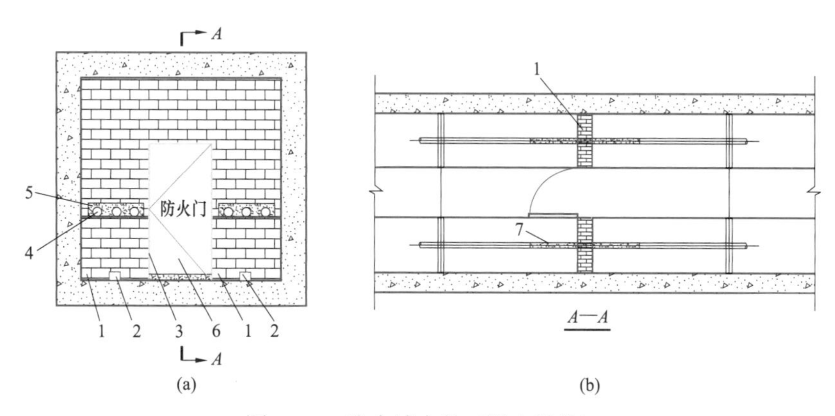

图 10–6　防火墙安装（阻火模块）

（a）剖面图；（b）平面图

1—阻火模块；2—排水孔；3—槽钢；4—电缆；5—柔性有机堵料；6—防火门；7—防火涂料

（3）电缆隧（沟）道防火墙采用防火复合板和防火隔板拼装的用角钢、槽钢组合进行构筑，柔性有机堵料包裹在电缆贯穿部位，包裹厚度不小于 20mm，防火墙底部用防火砖块砌筑，并留有排水孔。

（4）电缆沟防火墙采用密封模块根据电缆规格、数量及预留量，选择框架及模块。将框架固定可靠接地，框架与沟壁、沟底间隙用混凝土密封。有电磁屏蔽要求时，应将电缆被压紧部位剥至屏蔽层，使模块导电箔压紧电缆屏蔽层。逐层排放模块，层间放一块隔层板，填放最后一层模块前，加入两块隔层板。压紧模块，拧紧螺栓。增敷电缆前，取出压紧件，将增敷电缆穿入，恢复压紧件。

（5）电缆隧（沟）道防火墙两侧电缆各涂刷电缆防火涂料，涂刷分 3～5 次进行，每次涂刷后，应待涂膜表面干燥后再涂，一般涂刷间隔时间为 4～24h，长度大于等于 3m，涂刷总厚度为 1mm。

（6）防火门安装时，应将门扇先装到门框后，调整其位置及水平度。

（7）防火门在前后、左右、上下 6 个方向位置正确后，再将门框焊接在槽钢上，对焊接处进行防腐处理。

（8）防火门电动闭门器应安装在门框顶边加固处，固定牢固。防火门控制器离地面 1.5m 处安装。

3. 防火槽盒安装

电缆隧道内的光缆、低压动力电缆和控制电缆可采用专用槽盒敷设，防火槽盒的安装要求耐火时间大于等于 1h。防护等级为室内 IP40，防火槽盒选用耐火型槽盒。防火槽盒安装如图 10–7 所示。

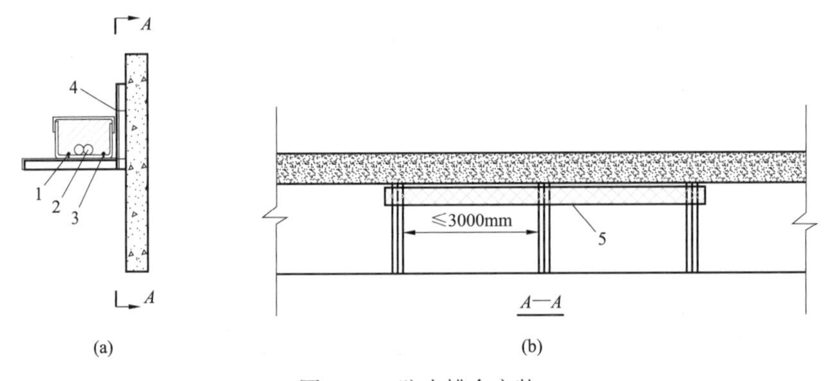

图 10–7　防火槽盒安装

（a）剖面图；（b）平面图

1—固定螺栓；2—电缆；3—托臂（支撑架）；4—支撑架；5—防火槽盒

（1）防火槽盒的安装宜采用 1 只 2m 长防火槽盒安装在钢桥架上或支架上，防火槽盒每隔 200m 以及始、终端用阻火包和柔性有机堵料组合封堵，封堵厚度为 320mm，两端各涂刷电缆防火涂料长度大于等于 1.5m，总厚度不小于 1mm。电缆引出孔洞，安装时产生的工艺缺口及缝隙用柔性有机堵料封堵严密。

（2）防火槽盒安装应总体平整、连接可靠，密封性好。槽盒底与支托架之间、槽盒底之间用长度适中的螺栓固定牢固；防火槽盒拼接缝之间采用专用连接片固定。如遇支架不整齐时，应予以校正。支架与支架之间的跨度不宜大于3m。

4. 电缆竖井防火封堵安装

（1）采用上下2层防火隔板、阻火包、柔性有机堵料和电缆防火涂料组合封堵。柔性有机堵料包裹在电缆贯穿部位，孔洞其余部位填充阻火包，具体如图10–8所示。

（2）采用1层防火隔板、阻火模块、柔性有机堵料和电缆防火涂料组合封堵。柔性有机堵料包裹在电缆贯穿部位，孔洞其余部位填充柔性有机堵料，具体如图10–9所示。

（3）用角钢或槽钢作支撑，封堵厚度大于等于240mm，封堵两侧电缆涂刷3m以上电缆防火涂料，总厚度不小于1mm。

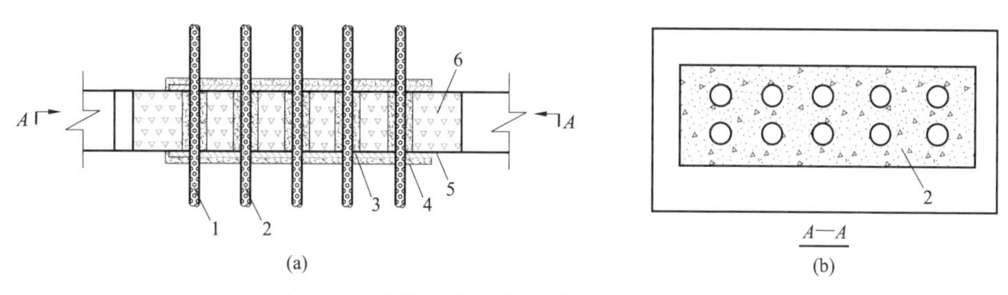

图10–8　电缆竖井防火封堵（采用阻火包）

（a）剖面图；（b）平面图

1—电缆；2—防火涂料；3—防火隔板；4—柔性有机堵料；5—角钢；6—阻火包

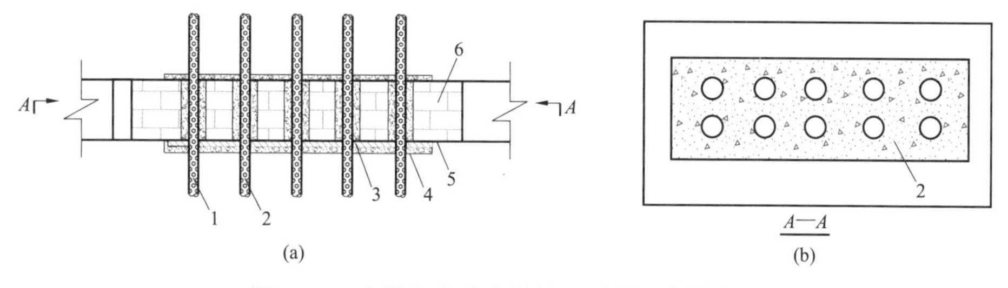

图10–9　电缆竖井防火封堵（采用阻火模块）

（a）剖面图；（b）平面图

1—电缆；2—防火涂料；3—防火隔板；4—柔性有机堵料；5—角钢；6—阻火模块

5. 柜盘、箱防火封堵安装

（1）柜盘内宜采用防火隔板和柔性有机堵料组合进行封堵。柔性有机堵料包裹在电缆贯穿部位及隔板四周缝隙，高出防火隔板20mm，具体如图10–10所示。

（2）端子箱宜采用有机防火堵料封堵，厚度大于等于20mm，具体如图10–11所示。

6. 电缆保护管防火封堵安装

电缆保护管防火封堵如图10–12所示。

（1）口径较小穿管管口用柔性有机堵料封堵，封堵厚度大于等于50mm。

（2）当电缆穿管管口较大时，宜采用柔性有机堵料和阻火包组合封堵，封堵厚度大于等于180mm。

（3）管口电缆涂刷防火涂料，长度大于等于3m，总厚度不小于1mm。

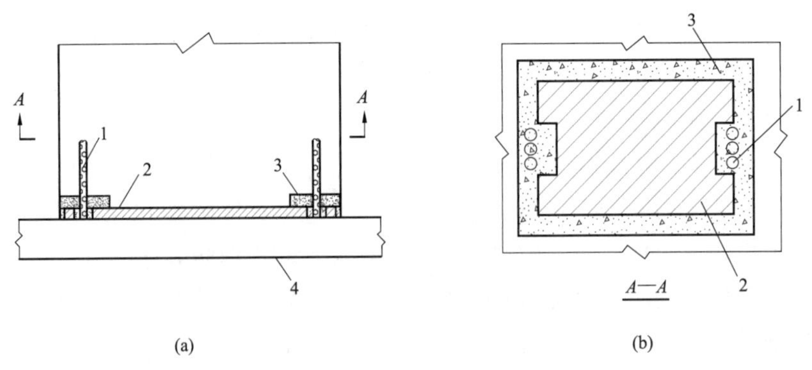

图 10–10　柜盘防火封堵

（a）剖面图；（b）平面图

1—电缆；2—防火隔板；3—柔性有机堵料；4—楼板

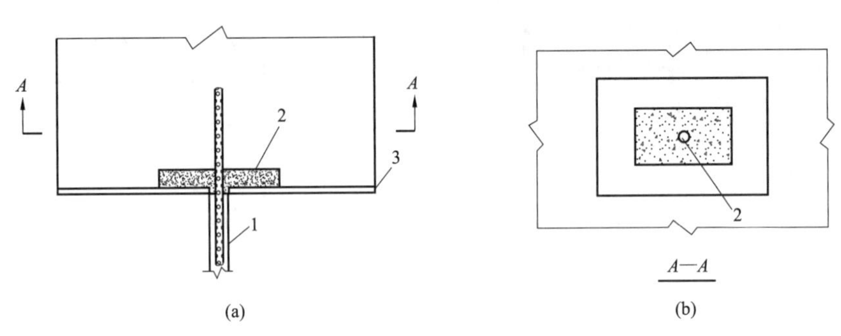

图 10–11　端子箱防火封堵

（a）剖面图；（b）平面图

1—电缆保护管；2—柔性有机堵料；3—箱底

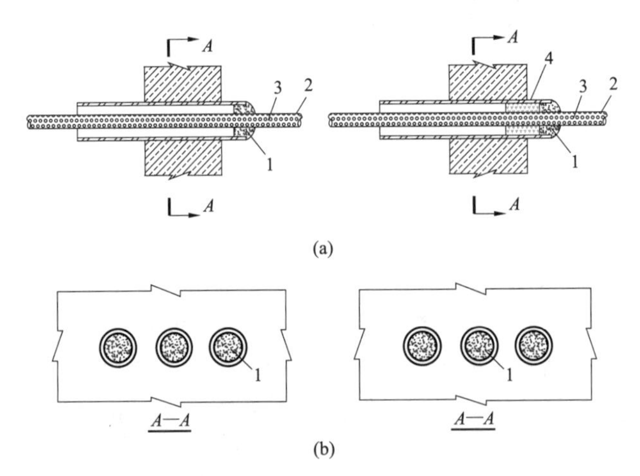

图 10–12　电缆保护管防火封堵

（a）剖面图；（b）平面图

1—柔性有机堵料；2—防火涂料；3—电缆；4—阻火包

7. 电缆接头防火安装

电缆接头防火如图 10–13 所示。

（1）电缆接头保护盒必须在停电状态下施工，接头封闭保护盒上、下 2 片用螺栓连接牢固。

（2）进出电缆接头保护盒两端的电缆及接头相邻区两侧各 3m 长的区段应使用耐火极限不低于 1h 的防火涂料或阻燃包带。防火涂料总厚度不小于 1mm。阻燃包带以 1/2 方式搭接缠绕在电缆上。

（3）对于动力电缆、潮湿部位电缆，使用阻燃包带比使用电缆防火涂更方便且具有较好的防火效果。

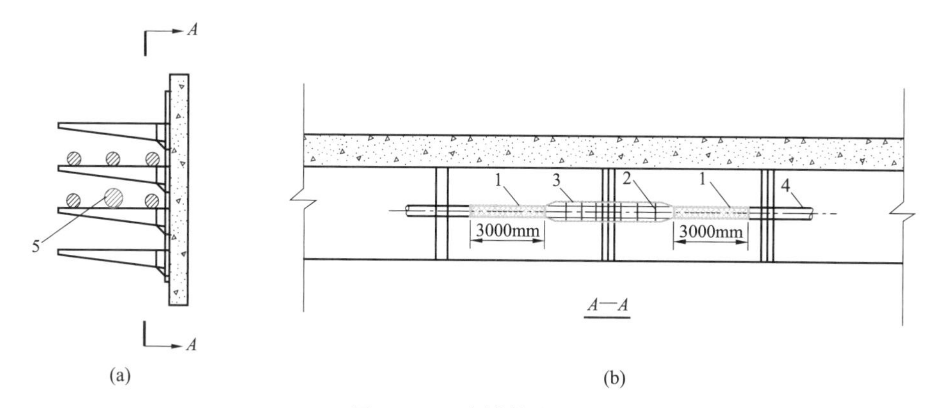

图 10–13　电缆接头防火

（a）剖面图；（b）平面图

1—防火涂料或阻燃烧包带；2—支撑件；3—电缆接头保护盒；4—电缆；5—电缆接头

8. 消防器材设置

在电缆隧道的进出口处、接头区和每个防火分区内，均宜设置灭火器、黄砂箱等消防器材，消防器材的设置距离不宜大于 30m。

二、管理控制要点

（一）火灾自动报警系统安装管控

（1）主电源引入线，应直接与消防电源连接，接地应牢固，并有明显标志。

（2）避免在感温火灾探测器上压敷重物，避免将感温火灾探测器锐折。

（二）防火墙、防火门、电缆竖井、盘柜、箱、保护管安装管控

1. 架安装管控

（1）隧道内焊接支架时，容易产生焊渣，可在电缆上铺设防火毯、阻火包或防火隔板对电缆进行保护。

（2）支架应焊接牢固、横平竖直、用水平尺测量支架平整度，对焊接点进行防腐处理。

（3）支架安装避免形成闭合磁回路，支架与隧道内接地网相连接。

2. 阻火包安装管控

（1）阻火包应交叉错缝堆砌、整齐牢固、密封严密，阻火包不得有破损现象。

（2）阻火包与电缆、电缆桥架、电缆隧（沟）道壁及顶部的缝隙处采用柔性有机堵料严密封堵并整形。

（3）阻火包的耐火极限不得小于 3h。

3. 阻火模块安装管控

（1）阻火模块与电缆桥（支）架、电缆、防火门、电缆隧（沟）道壁及顶部的缝隙用柔性有机堵料严密封堵并整形。与沟壁及顶部的缝隙填充柔性有机堵料严密封堵并整形。

（2）阻火模块的耐火极限不得小于 3h。

4. 密封模块安装管控

（1）安装框架预埋金属件，框架与沟壁、沟底间隙不小于 20mm。

（2）安装模块及密封圈，使模块与电缆间隙不大于 1mm。

（3）密封模块的耐火极限不得小于 3h。

5. 防火复合板、防火隔板安装

（1）防火隔板表面平整、光滑，防火隔板切割应平直、整齐。

（2）防火隔板安装应牢固，搭接均匀，表面平整、密封严密。

（3）固定或连接螺栓分布均匀，长短适中。

（4）防火复合板、防火隔板的拼缝间、防火隔板、防火复合板与隧（沟）道壁及顶部间电缆、电缆与桥架间，以及防火门的缝隙用柔性有机堵料或防火密封胶密封。

（5）防火复合板的厚度大于等于 10mm，耐火极限不得小于 2h。

（6）防火隔板的厚度大于等于 10mm，耐火极限不得小于 2h。

6. 柔性有机堵料安装

（1）柔性有机堵料形状规则，表面平整、光滑、填充密实。

（2）柔性有机堵料安装与防火隔板或封堵层表面平齐。

（3）柔性有机堵料耐火极限不得小于 2h。

7. 防火涂料涂刷安装

（1）动力电缆防火涂料涂刷长度大于等于 3m，控制电缆涂刷长度大于等于 1.5m，总厚度不小于 1mm。涂层厚薄应均匀。涂料干燥后无裂纹、无漏涂现象。

（2）电缆防火涂料耐火极限不得小于 1h。

8. 防火门安装管控

（1）安装应牢固，开关灵活、方向准确、无变形、关闭严密，门框扇表面应平整，无明显凹凸现象，缝隙应堵塞严实、不透光。

（2）门扇与上框的配合活动间隙不应大于 3mm。

（3）门扇与下框或地面的活动间隙不应大于 9mm。

（4）门扇与门框同贴合面间隙、门扇与门框有合页一侧、有锁一侧及上框的贴合面间隙，均不应大于 3mm。

（三）防火槽盒安装管控

（1）槽盒安装应牢固稳定，接口严密，引出线孔洞大小适当，切割规则。

（2）槽盒端头及电缆引出口封堵严密、平整，槽盒接缝处和两端封堵严密，外观不得有破损和弯曲变形。

（四）电缆接头防火安装管控

（1）电缆中间接头应置于电缆接头保护盒中间位置，电缆接头保护盒端口处电缆外围包柔性有机堵料或采用防火密封胶。

（2）电缆阻燃包带表面是否平整，有无分层、鼓泡、凹凸现象，检查阻燃包带是否有松脱现象。阻燃包带缠绕密实、搭接均匀。

三、常见问题及分析

常见问题及分析见表 10–2。

表 10–2　常见问题及分析

序号	项目	现象	原因分析	防治措施
1	支架未接地	电缆局部发热，使电缆老化	电缆产生的感应电流无法通过接地网传到大地	支架与隧道接地网相连接
2	支架未断开	电缆局部发热，电缆老化	形成闭合磁场，产生感应电流	（1）支架断开； （2）采用非导磁材料
3	防火涂料未刷到位	无法达到电缆防火要求	（1）工人涂刷遍数不够； （2）未按规定对电缆进行测量	（1）涂刷前先进行长度定位； （2）增加涂刷遍数
4	防火门开关不灵活	防火门无法正常闭合	（1）防火门铰链脱落； （2）防火门变形	（1）对防火门铰链进行固定； （2）运输过程加强对防火门保护； （3）安装前对防火门平直度进行检查

第三节　综合监控系统

一、系统功能和技术要求

（一）系统架构

为了加强高压电缆隧道工程建设和运行维护管理，提高电缆隧道中各种设备状态信息的可用性和易理解性，使电缆隧道的监控工作更直观，使运行维护人员有一个合适的平台，每个隧道工程均需要建设综合监控系统对监测的设备开展状态量数据查询、监测分析、信息交流。系统应当具有以下基本功能来提升运行维护管理。

（1）对隧道内电力电缆运行状况的监测。如电缆的绝缘状况、负荷水平、电缆接头状况、运行温度等。通过采集电缆的相关参数来实现对电缆运行状况的实时监测。

（2）对隧道内环境的监测。通过采集隧道内的温度、湿度、烟雾、水位、气体成分等信息监测隧道的运行状况，以提高隧道运行的可靠性。

（3）对隧道内设备的监控，指通风、排水、照明等的控制。

（4）对隧道内安防设施的监控，包括出入口门禁及井盖入口、视频监视等的监控。

（5）对隧道内发生的各种异常状况要能及时发现并进行准确告警，以保证电网的安全稳定运行和人身安全。

此外，为与管理平台配合，综合监控系统还应与接入的消防系统配合，综合监控系统能提供接口，向消防系统提供火灾预警、防火门状态等信息，并实现火灾早期的快速自动灭火。

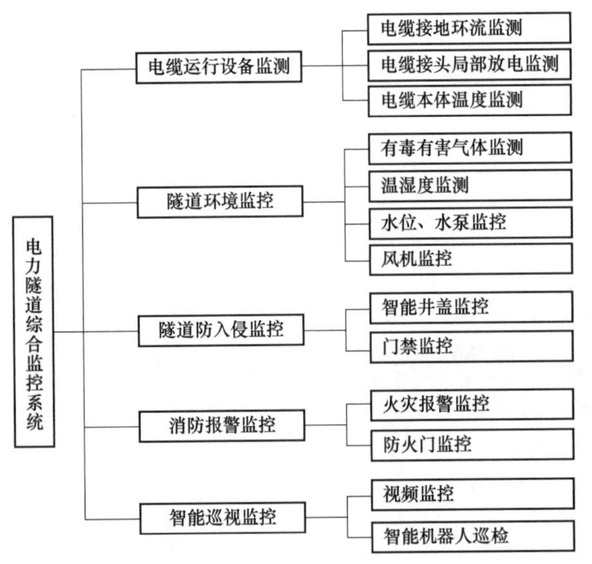

图 10–14 电力隧道综合监控系统设计框架

电力隧道综合监控系统设计框架如图 10–14 所示。

电力隧道综合监控系统可以分为现场测控层、通信中间层、管理展示层 3 个层级。各监控装置、传感器、操控设备、摄像头等现场测控设备，按隧道区段和功能需要分布在隧道内，构成现场测控层；隧道内各区段设置汇控箱，向所属区段内的现场测控设备提供接口，隧道内所有汇控箱以光纤环网相连接，构成通信中间层；系统主站通过光纤环网的主节点与下属设备进行通信，实现综合监控管理和展示，构成管理展示层。

电缆本体温度监测采用分布式光纤测温，虽然也属于现场测控设备，但是由于是以整条电缆或整条隧道为监控对象，不采取分区段接入的方式，而是由其测量主机直接在隧道终端接入环网节点，连接到系统主站。

管理展示层和通信中间层采用 Modbus TCP 通信协议，通信中间层和现场测控层采用自组协议。

电力隧道综合监控系统架构示意如图 10–15 所示。

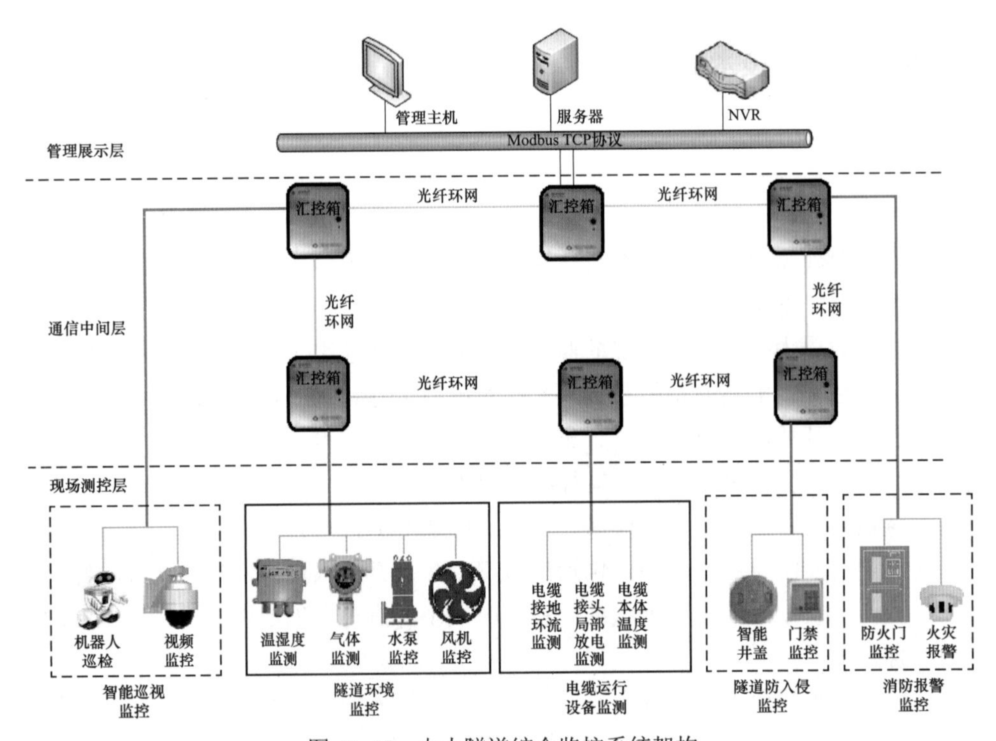

图 10–15 电力隧道综合监控系统架构

（二）系统功能

1. 电缆接地环流监测

电缆外绝缘发生故障，造成多点接地，从而产生护层循环电流，影响电缆的载流能力，严重时甚至使电缆发热而烧毁。通过监测电缆金属护层接地电流，诊断电缆早期绝缘缺陷和事故隐患，控制突发性绝缘事故，可以保障电缆设备的安全可靠运行。

（1）功能要求。每套监测装置可以分别监测三相电缆的金属护层接地电流，实时数据通过网络传输至管理平台，以图表和曲线的形式展示监测。电缆接地环流监测示意如图 10–16 所示。

（2）数据管理。可以实现数据的存储、调阅、对比等。

（3）报警功能。监测系统可以实现多种报警设置。

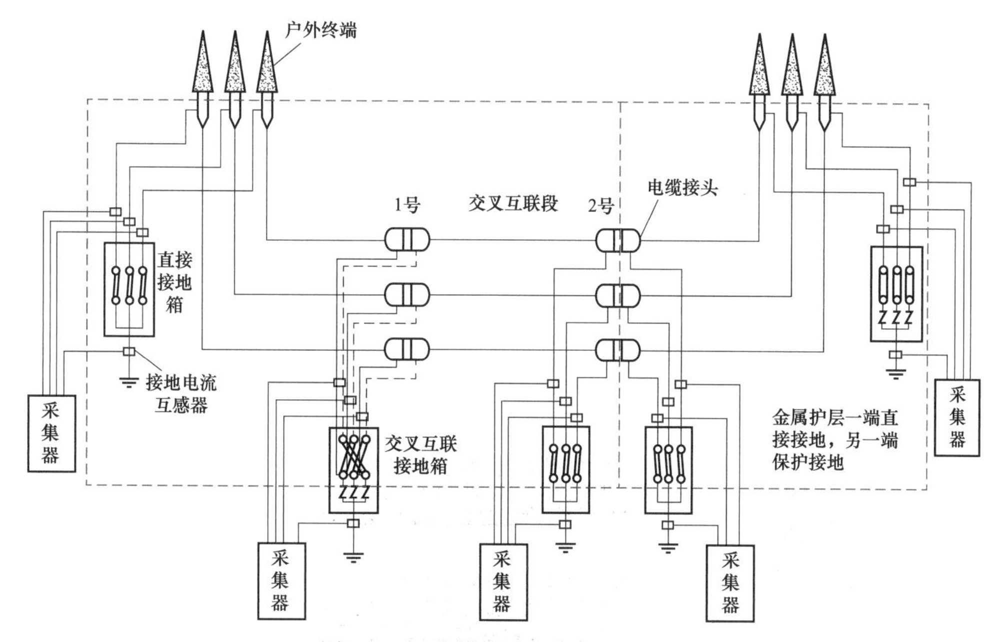

图 10–16　电缆接地环流监测示意图

2. 电缆接头局部放电监测

电缆局部放电大多发生在于电缆接头处，因电缆接头的制作工艺和隧道环境等影响，在接头中可能存在微小的局部放电，在投运初期往往不会造成明显影响，但是随着时间推移，放电部位的绝缘逐渐受到影响，老化加速，最终可能导致绝缘击穿或爆炸，引发事故。

高压电缆接头局部放电监测由甚高频局部放电传感器、工频相位传感器、采集处理单元等构成。甚高频传感器置于电缆接头处，以电磁耦合的方式接收到局部放电时产生的甚高频电磁信号，这些信号通过同轴电缆传送到采集处理单元，经过放大、滤波和 AD 转换，转化为数字信号，实时数据通过网络传输至管理平台。电缆接头局部放电监测系统示意如图 10–17 所示。

电缆接头局部放电监测具有如下功能：

（1）能检测放电量、放电相位、放电次数等基本局部放电参数，并进行长期统计。

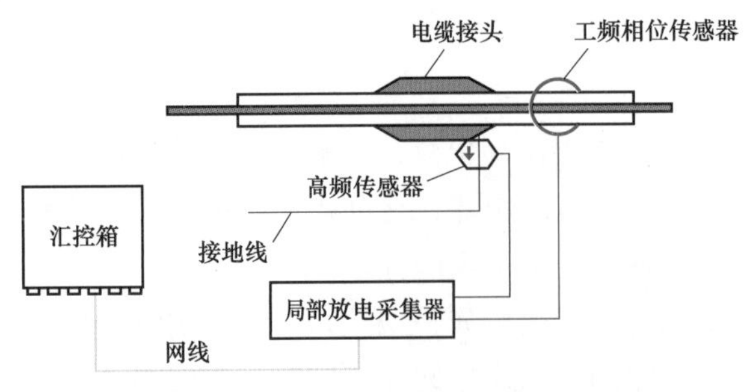

图 10–17　电缆接头局部放电监测系统示意图

（2）能够按统计结果形成二维、三维放电谱图及相应趋势图。

（3）能够根据谱图和趋势图进行分析，提供绝缘故障预警和报警。

3. 电缆本体温度监测

采用分布式光纤测温（DTS）实时监测电缆的全程表面温度和隧道环境温度，并能根据电缆的实际电流、电缆本体温度等信息，利用载流量分析软件对电缆的载流能力进行分析和预测，并在温度异常（包括温度过高、温升过快等）时发出报警。该系统由测温主机、测温光缆组成。电缆本体温度监测示意如图 10–18 所示。

（1）分布式测温。整根光缆不仅用作信号传输，同时也是温度探测传感器，对光缆全程进行温度探测，探测精度可根据需要人为设定。能对测量区域在长度上进行分区，对某些区域（如电缆接头）进行局部重点监测。

（2）报警功能。分布式光纤测温系统应具有连续测温功能，能检测电缆温度变化情况，报警值可在软件中设置，每个区域能设置高温报警、温升过速报警等参数。

（3）故障自检。当光缆发生断裂或信号衰减过大时，可以在光缆全长曲线上指示出断点的具体位置，及时报警。

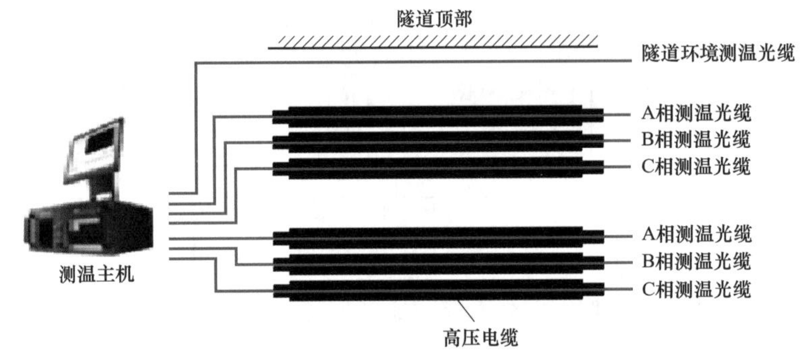

图 10–18　电缆本体温度监测示意图

4. 有毒有害气体监测

电力隧道是一个狭小、基本封闭的地下空间，容易积水积污，产生 CH_4 等气体；内部敷设的电缆老化，也会产生 H_2S、CO 等有毒气体；通风条件不利时，可燃和有毒气体将在隧道内蓄积，恶化隧道内环境，加剧电缆老化，并且容易引发火灾或导致人员中毒、窒息。

按 DL/T 5484—2013《电力电缆隧道设计规程》、Q/GDW 11455—2015《电力电缆及通道在线监测装置技术规范》中要求，监测隧道内的有毒、有害气体，采用气体传感器实时监测隧道内 CO、CH_4、O_2、H_2S 气体浓度，当隧道内 O_2 不足或有害气体超限时，可加强通风并发出报警，提示管理人员，避免火灾、中毒等事故的发生，保障电力运行及隧道内业人员的安全。有毒有害气体监测示意如图 10–19 所示。

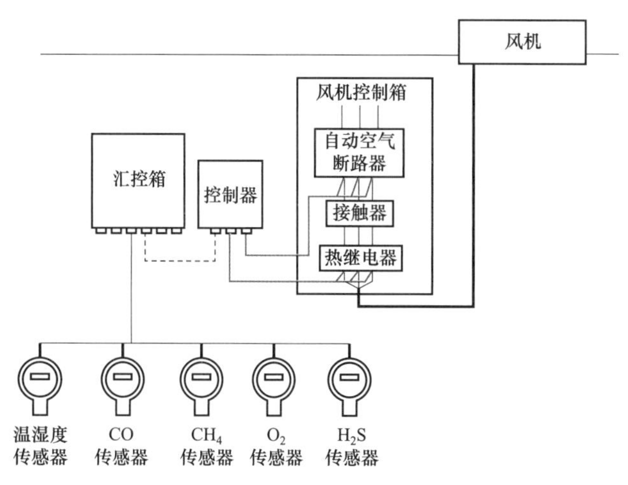

图 10–19　有毒有害气体监测示意图

5. 温、湿度监测

电力电缆的负荷能力和环境温度相关，环境湿度会影响部分电气设备的绝缘。因此，有必要对电力隧道内的温、湿度进行持续监控。当温、湿度超标时，系统能够发出报警，并调整隧道内通风系统的工作状态。

温、湿度传感器应采用高强度材料制作，并达到通道环境所要求的防水、阻燃、耐高温、耐腐蚀、耐磨损等特性要求。

6. 水位水泵监控

按 DL/T 5484—2013《电力电缆隧道设计规程》、Q/GDW 11455—2015《电力电缆及通道在线监测装置技术规范》中要求，电力隧道内设有集水井，并需对其水位进行监控，以适时启动和关闭排水泵，且集水井水位信号和排水泵工作状态需要传达到管理展示层。因此，需要安装水位传感器，对集水井进行水位监测，并需要把水泵控制箱的控制信号接入通信中间层的汇控箱。实时显示积水深度，当水位达到或超过警戒值时，系统发出报警，并与现场水泵联动，控制水泵抽水直到水位恢复到警戒值以下停止。可远程手动控制水泵开闭，警戒水位可人为设定。水位水泵监控示意如图 10–20 所示。

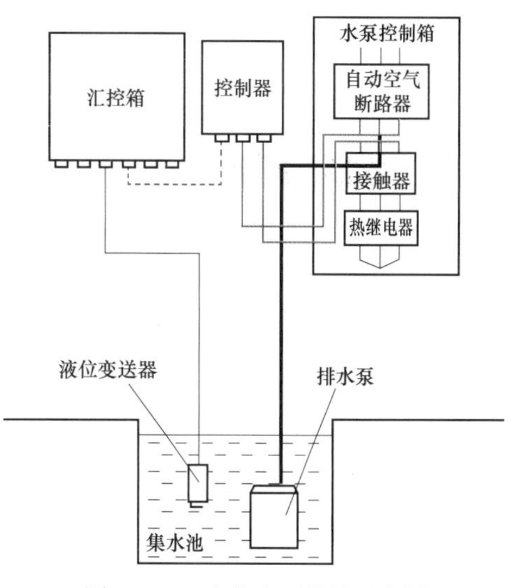

图 10–20　水位水泵监控示意图

7. 风机监控

按 DL/T 5484—2013《电力电缆隧道设计规程》要求，把风机控制箱的控制信号接入综合监控系统。后台可以实时对风机进行远程自动控制或强制控制。风机需要与光纤测温监测系统、有毒有害气体监测系统等实现联动：如当风机温度较高时及时通风换气；当发出火灾报警时风机不得启动；当 O_2 量不足时启动风机；当可燃气体超标时风机不得启动。

8. 智能井盖监控

地下电力设施的检查井井盖不仅是保障城市地下管线运行安全的重要设施，还影响着城市道路上车辆、行人的安全。传统的井盖管理方式是人工定期巡检，查看有无缺失、被撬、破损等，难以实时有效地对井盖进行监控，也无法对其开闭进行授权管理。采用智能井盖，可以大幅提升井盖管理水平，实现井盖的实时监控，并可接入管理平台，通过管理软件对井盖的授权开闭进行有效管理。智能井盖监控示意如图 10–21 所示。

电力隧道中宜采用有线智能井盖，其主要功能如下。

（1）提供多种授权开闭方式：可通过得到授权的手机现场开闭，也可通过系统主站遥控开闭。

（2）井盖异常开启报警：实时监控管道井盖的开启情况，采集井盖开启和关闭信号后，将信号上传至系统主站。

（3）井盖状态实时监测：监测井盖的位置、倾斜角度，及时将井盖的状态信息发送至系统主站。

（4）提供纯机械的应急开启功能：当有人员被困在隧道内时，可以手动直接开启井盖逃生，这一开启方式是纯机械的，不受隧道内供电情况影响。

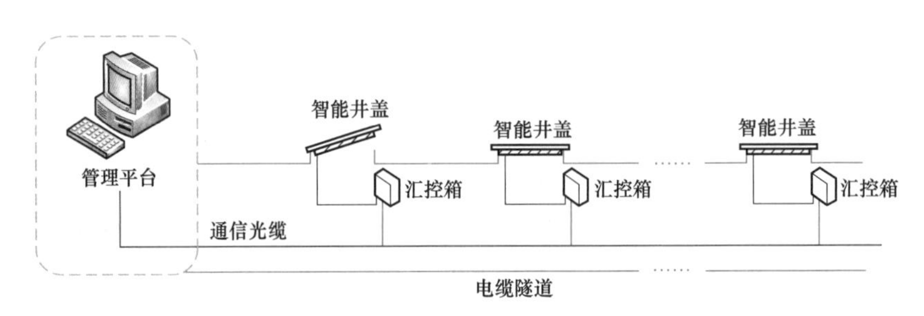

图 10–21　智能井盖监控示意图

9. 门禁监控系统

为方便人员进出管理，隧道采用智能门禁系统。智能门禁系统由读卡器、控制器、电锁和智能 LED 显示器组成。门禁监控系统示意如图 10–22 所示。

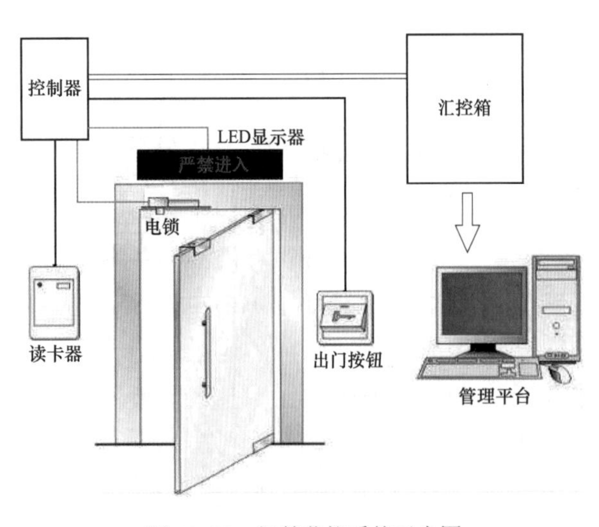

图 10–22　门禁监控系统示意图

在隧道出入口设置智能门禁控制系统。当巡查人员在闸门外出示经过授权的感应卡，经读卡器识别确认身份后，控制器驱动打开电锁放行，并记录进门时间；当使用者离开所控房间时，在门内触按放行开关，控制器驱动打开电锁放行，并记录出门时间。

智能门禁所记录的人员进出情况，均

通过以太网上传到系统监控中心，主站可以统计人员进出情况，并且随时获知目前隧道内的工作人员数量。

智能门禁配备 LED 显示器，用于显示当前隧道内的环境情况。当隧道内环境异常时，该显示器能够警报并禁止人员进入。

10. 火灾报警监控系统

电力隧道中电缆局部放电或接地故障而过热、可燃气体蓄积、施工人员不慎等原因，均可能引发火灾。由于电力隧道深埋地下，空间狭小、电缆密布，一旦起火，容易快速蔓延，且外部人员难以及时发现和进入隧道内灭火，因此，为提前发现和控制火灾事故，电力隧道内需设置火灾报警和自动灭火监控的消防设施。

在隧道内每个电缆接头上方安装自动灭火监控，该系统由超细干粉灭火剂为灭火介质的自动灭火装置、灭火智能控制主机、区域控制单元等组成。火灾报警监控系统示意如图 10–23 所示，其具有如下功能：

（1）安全可靠，每个智能灭火装置都具有感温自启动和机械式（撞击器）启动 2 种启动方式。

（2）具有自检和巡检功能，能对系统内每个灭火装置同时巡检，测试其工作状态。

（3）具有火警、故障 2 种报警功能，火警优先。

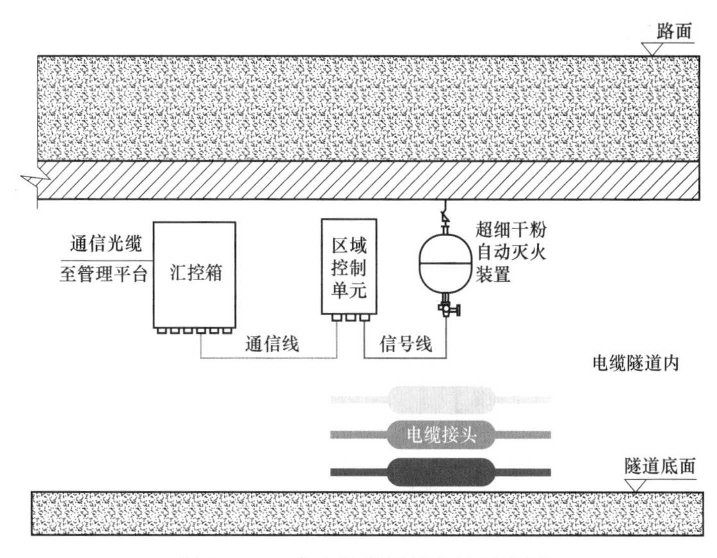

图 10–23　火灾报警系统监控示意图

11. 防火门监控

为防控火灾，电力隧道根据消防分区要求安装有防火门，防火门为常开式设计，将隧道分隔成多个防火区段。当某区段发生火灾时，两侧防火门关闭，可将火灾限制在本区段内。防火门需要与电缆本体测温监测、隧道环境监控等实现联动。防火门监控由电动闭门控制器、闭门器、监控器等组成，综合监控系统接入防火门的控制端口，管理平台可以随时查看各个防火门的状态，并可遥控其关闭。防火门监控示意如图 10–24 所示。

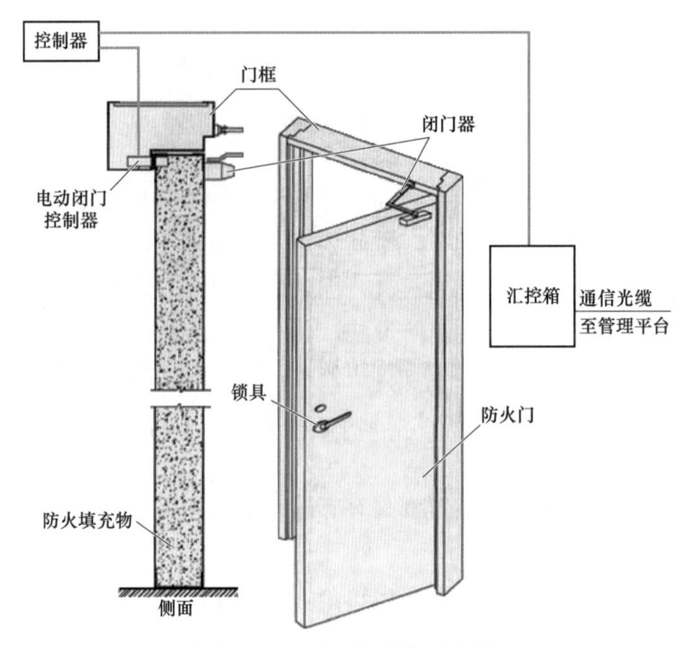

图 10–24　防火门监控示意图

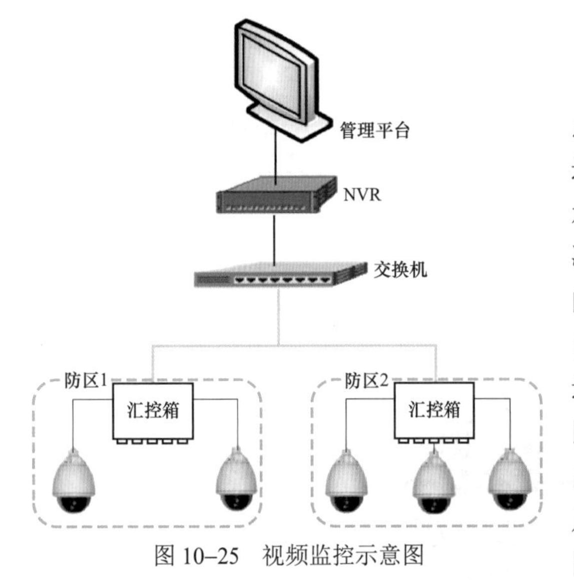

图 10–25　视频监控示意图

12. 视频监控

隧道视频监控系统可实时察看隧道监控点视频画面，并可以实现对隧道及电缆设备的远程巡视，同时可以加强监控手段和提高管理水平，实现对隧道突发情况远程指挥和现场情况分析。使用红外摄像头，实时监控隧道内的设备情况。除了具备数字化摄像监控系统自身的视频采集、存储、报警等基本功能外，还具备图像分析处理能力，对于非法闯入禁区的行为自动报警。主要监控电缆接头、隧道出入口处、隧道主要积水处、隧道交汇处，以及其他需要重点监测的区域。视频监控示意如图 10–25 所示。

13. 智能机器人巡检

采用机器人取代人工，对隧道内进行自动巡检，将所得图像和测量参数传回监控中心供运维人员查看，可大幅减低劳动强度，同时有效提高检测质量，避免安全事故发生。隧道适合采用有轨式巡检机器人。机器人可搭载云台式遥控摄像机（可见光与热成像）、拾音器、温湿度传感器、有害气体传感器、烟雾传感器等诸多设备仪器，沿隧道移动，巡检隧道内设备、环境与基础设施。有轨式巡检机器人结构示意如图 10–26 所示。

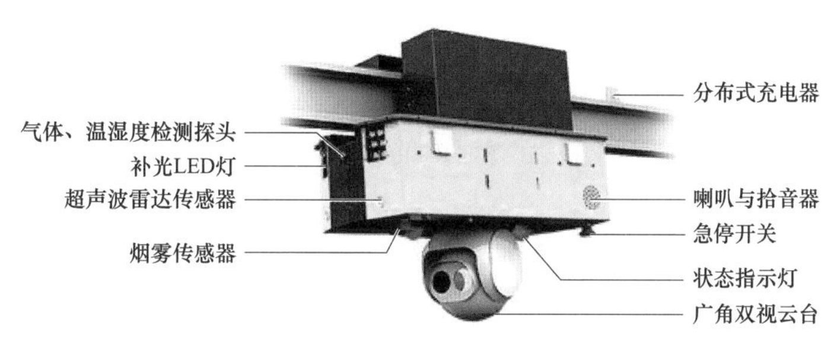

图 10–26　有轨式巡检机器人结构示意图

机器人巡检可以分为以下 3 种模式：

（1）定时自动巡检。此种模式下，机器人按程序预定的时间、线路、观测方式对隧道进行自动巡检。

（2）临时自动巡检。此种模式下，机器人收到巡检指令后，立即按程序预定的线路和观测方式对隧道进行自动巡检。

（3）遥控巡检。此种模式下，机器人按后台控制者的指令进行移动和观测，其每一步行动都要依靠后台遥控。

机器人自动巡检系统在电缆设备监控方面，可以起到以下作用：

（1）利用热成像设备查看电缆温度。

（2）利用高清摄像机查看电缆护层是否受损。

（3）可以拖载灭火器，快速赶往火警地点进行扑救。有轨式灭火机器人外观示意如图 10–27 所示。

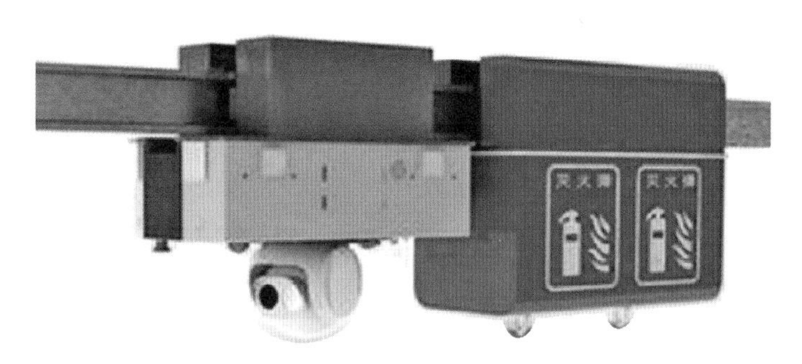

图 10–27　有轨式灭火机器人外观示意图

（三）系统联动技术要求

系统在正常运行情况下各子系统的联动原理流程图，如图 10–28 所示。

系统在收到消防火灾报警情况下，隧道内发生任何报警都不启动风机，关闭相应区段防火门。

系统在未收到消防报警情况下，当隧道内的有毒气体（包含 H_2S 和 CO）超标时，监控系统发出报警信号并关闭对应区段防火门，将有毒气体隔断在相应区段内，防止扩散，同时启动该区段风机，将有毒气体排出。

系统在未收到消防报警情况下，当隧道内的可燃气体（CH_4）超过 4.4ppm 时，监控系统接收到可燃气体超标报警信号，监控系统关闭防火门，将可燃气体隔断在相应区段内，防止扩散，同时启动风机，将可燃气体排出：当可燃气体超过 17ppm 时，关闭风机，防止发生爆炸。

系统在未收到消防报警情况下，当隧道内的 O_2 低于 15%VOL 时，监控系统接收到 O_2 低于标准报警信号，打开风机换气。

隧道环境测温按防火分区分段，实时监测最高温度值并定位（距防火区起点距离）。系统可实现高温定值设定，火灾温度定值设定 40℃为高温报警，联动风机；设定 70℃为火灾报警，关闭风机并联动防火门关闭。

视频监控、门禁监控、智能井盖监控之间建立联动：当发生入侵报警时，现场发出声光报警或语音提示，同时在监控后台显示报警点的位置和时间，视频监视区自动显示报警区域的现场图像画面。

火灾报警监控应与视频监控、门禁监控、智能井盖监控、智能机器人巡检之间建立联动；当发生火灾报警时，现场发出声光报警或语音提示，同时联动相应区域门禁、智能井盖出入口控制，打开相应区域疏散通道，同时监控后台显示火灾报警点位置和时间，视频监视区自动显示报警区域的现场图像画面。当确认火灾时，火灾报警监控系统应能联动关闭着火分区及相邻分区风机设备，当现场有人时，现场人员可按下紧急按钮，提示现场区域有人员，监控后台管理人员可延时灭火处理，当现场无人时，火灾报警监控系统启动灭火机器人和现场灭火装置进行灭火。

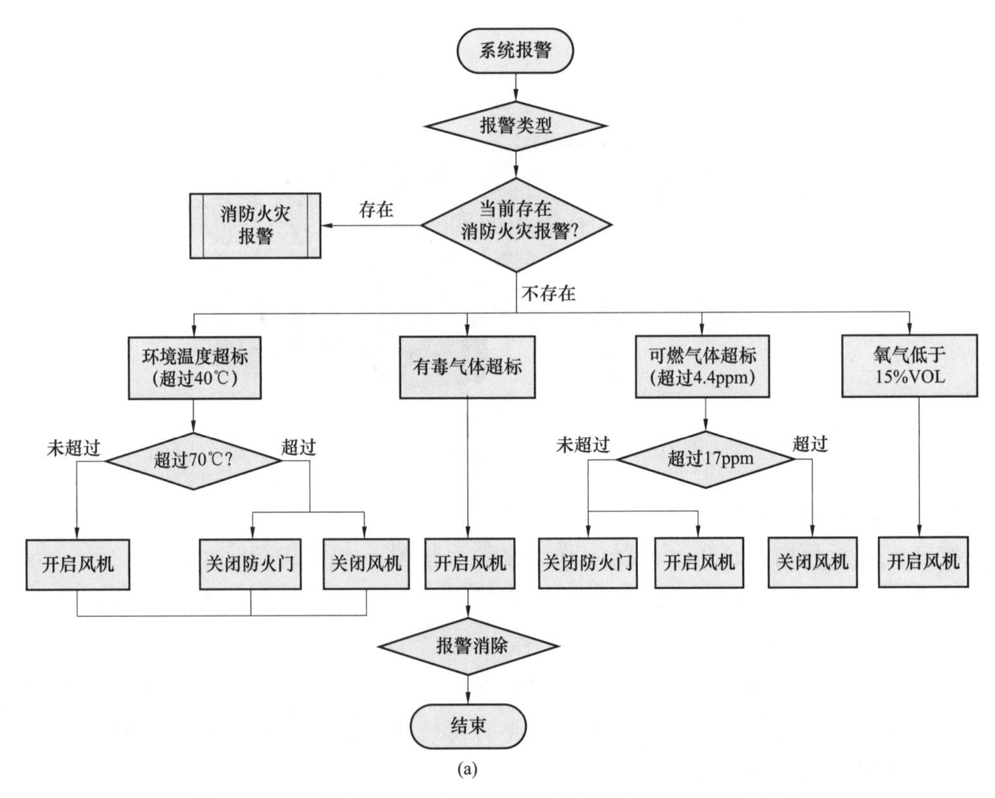

图 10–28　正常运行情况下各子系统的联动原理流程图（一）

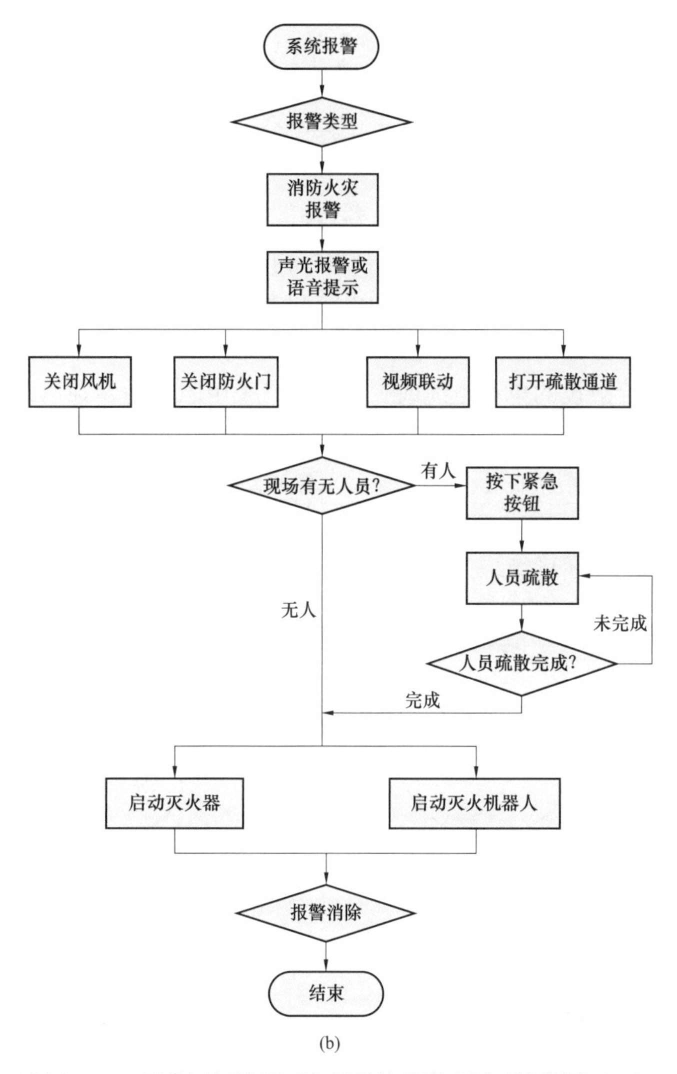

图 10–28　正常运行情况下各子系统的联动原理流程图（二）

（a）流程图 1；（b）流程图 2

（四）系统实施

1. 安装

（1）电缆接地环流监测安装。

1）采集器安装：布置于直接接地箱或交叉互联保护接地箱旁边。安装位置的选择要合理，以便于检修工作的开展，水平高度跟接地箱保持一致（采用支架立式或挂壁式安装）。

2）电流互感器安装：① 直接接地箱用圆形电流互感器安装在接地电缆上；② 交叉互联接地箱用方形电流互感器安装在接地箱内的交叉铜排上。

3）严禁电流互感器在开路状态下安装。

4）采集器外壳必须可靠接地。

（2）电缆接头局部放电监测安装。

1）采集器安装：布置于每组电缆中间接头和电缆终端接头位置，安装位置的选择要合理，以便于检修工作的开展，水平高度为 1～1.5m（采用支架立式或壁挂式安装）。

2）传感器安装：固定在电缆接头处引出的接地线上，位置应尽量靠近接头，最远不超过 0.5m；每组传感器安装的方向要一致。

3）采集器外壳必须可靠接地。

（3）电缆本体温度监测安装。

1）测温主机采用标准机架式安装在后台机柜内。

2）测温光缆敷设采用 S 形方式，应和电缆和电缆表面可靠接触。在人工可以接触的地方，采用非金属固定件将光缆固定，测温光缆绑扎固定方式为可拆卸式，扎带间的固定距离为 0.5～1m。对于并行敷设的单芯电缆或三芯电缆，采用阻燃耐腐蚀尼龙扎带将测温光缆固定在电缆的顶面。安装完毕的光缆应不受拉力，主要依靠重力贴合在电缆顶面。

3）如果电缆采用品字形排列，则将测温光缆固定在三相电缆的中间，测温光缆布设如图 10–29 所示；如果电缆采用水平排列，则在 A、B、C 每相电缆上布置 1 根测温光缆，在电缆中间接头部位采用双环形缠绕方式，测温光缆布置如图 10–30 所示。

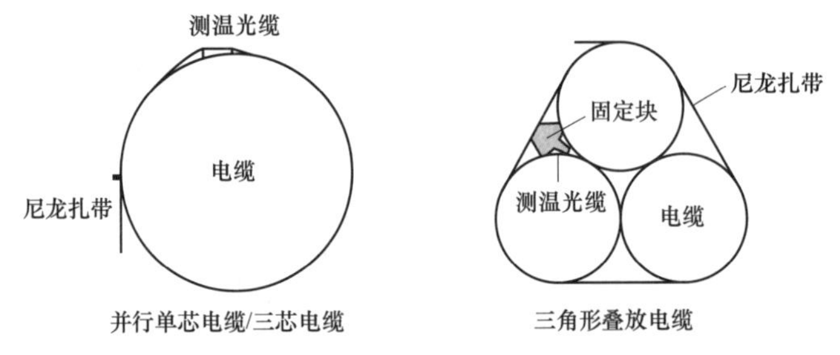

图 10–29　电缆品字形排列时测温光缆布设示意图

黑色细线表示测温光纤、红色粗线表示电缆、红色方块表示电缆接头

电缆接头（盘绕25m）　A

电缆接头（盘绕25m）　B

电缆接头（盘绕25m）　C

每根光纤在接头附近预留10m，做为试验和预留。

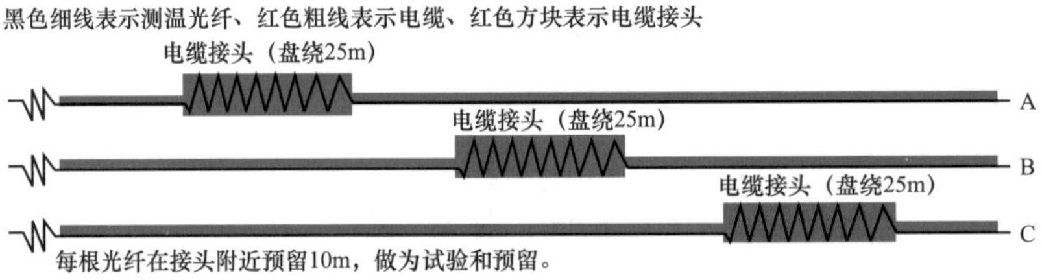

图 10–30　电缆水平排列时测温光缆布设示意图

4）电缆接头是温度监测的重点，测温光缆采用双环形缠绕方式固定在电缆中间接头处，如图 10–31 所示。保证感温光纤与电缆中间接头紧密接触，每个单独接头的双环形缠绕光纤展开长度应大于 25m。使用胶皮和尼龙捆扎绳将测温光缆捆扎在电缆接头上，捆扎点之间距离通常不大于 0.5m，光缆环的起始端、尾端、折返点均应进行捆扎，起始端和尾端可以根据实际情况捆扎在一起。在电缆终端及中间接头处的测温光缆上挂设标牌（40mm×40mm），标识测温光缆起止点、电缆线路名称、测温光缆距起点长度、分区号等信息。每根光纤在接头附近单独预留 10m 的长度作为日常运行维护时试验段和故障时的预留段。

5）光缆末端保留一定长度的尾缆（通常不小于 20m 或按照测温主机要求的最小尾纤长度）；在光缆敷设完成时，应用热可缩端帽封堵端头，并将余缆盘圈后挂起或安放在托架上，不能将尾缆放于地下，以防光缆端头被水浸泡。

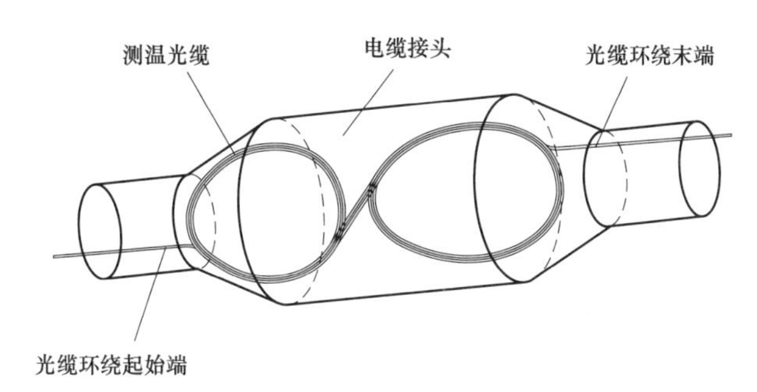

图 10–31　电缆接头处双环形缠绕方式敷设示意图

6）光缆接头盒应具备高防水密封性能，光缆接头盒绑扎固定在电缆侧面，不得放置在地面或支架上，以防被水浸泡。

7）隧道顶部环境测温光缆安装方法：从需监测的隧道顶部起点到终点拉紧 1 根 2～4mm^2 的 304 不锈钢钢丝绳，间隔 10～15m 安装 1 个膨胀钩以防钢丝绳下垂。测温光缆沿着钢丝绳每间隔 1m 用阻燃耐腐蚀尼龙扎带固定，以对光缆起到最大程度的保护作用。每隔 500m 预留 5m 裕量的光缆环，以便于后期维护。根据隧道内防护分区原则在每个分区的起始处挂设铝质标牌（40mm×40mm），标识测温光缆起止点、测温光缆距起点长度，分区号等信息。

（4）有毒有害气体监测安装。

1）按照电缆隧道内防火分区原则，每 200m 设置 1 个分区，每个分区需安装 1 组有毒有害气体传感器（CO、CH_4、O_2、H_2S）。

2）气体传感器的安装位置根据被测气体可能泄漏点的情况合理布置（采用壁挂式安装）。根据被测气体与空气的比重确定安装高度，通常比空气重的气体安装高度为距离地面 30～60cm，比空气轻的气体安装高度为距离隧道顶部 30～60cm。

3）气体传感器要防止受高温热源的辐射，过高的温度会影响其使用效果及寿命。

4）气体传感器外壳必须可靠接地。

（5）温、湿度监测安装。

1）按照电缆隧道内防火分区原则，每 200m 设置 1 个分区，每个分区需安装 1 组温、湿度传感器。

2）温、湿度传感器不是密封性的，为了测量的准确度和稳定性，应尽量避免在酸性、碱性及含有机溶剂的环境，以及粉尘较大的环境中使用。安装水平高度为 1～1.5m（采用壁挂式安装）。

（6）水位水泵监控安装。

1）隧道内排水系统有就地水泵控制箱，只需把水泵控制箱里的开启关闭控制触点、运行和故障状态触点通过屏蔽信号线接入汇控箱即可。

2）液位变送器信号线采用带屏蔽的电缆，防止电磁波干扰。

3）液位变送器安装在隧道内集水池，将探头投入水池内距离池底 10～20cm 处，远离潜水泵和淤泥污垢位置。

4）在有潜水泵等大波动场合使用的液位变送器安装最好使用插钢管的方法，钢管要固定牢固，钢管上每隔一段距离要开一个孔，钢管位置要远离进出水口。

5）接线盒要固定牢固，或安装固定支架，做到 IP68 的防护措施。

（7）风机监控安装。隧道内通风系统有就地风机控制箱，只需把风机控制箱里的开启关闭控制触点、运行和故障状态触点通过屏蔽信号线接入汇控箱即可。

（8）智能井盖监控安装。

1）智能井盖尺寸需根据现场实际情况定制，确保满足现场需求。前期现场勘察时需要确认是标准井盖还是特殊井盖，明确井盖现场安装工况要求。

2）由于涉及供电线路及信号线路，需要对连接到井盖上的线缆进行良好的保护及固定，其原则为：不可干涉井盖的进出；不可将线缆直接裸露固定于墙面，需要使用保护管进行保护后再固定；需要进行明确的标识及提示；智能井盖安装示意如图 10–32 所示。

3）智能井盖在确认安装完毕后，再进行相应通电操作，确认其运行无误后方可进行测试和使用，在最终交付前，完成井盖所有功能的有关测试（包括上锁、解锁、打开、关闭等），并确认井盖具有符合要求的防护能力和承载性。

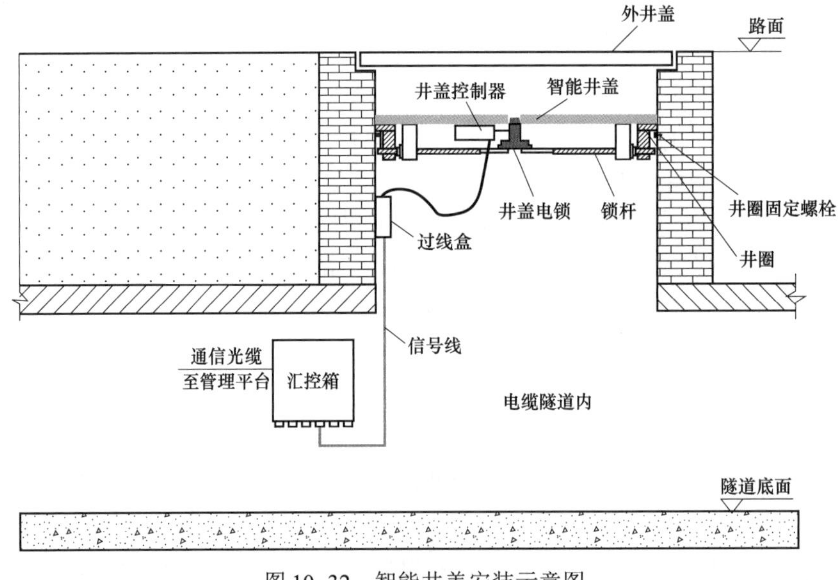

图 10–32　智能井盖安装示意图

（9）门禁监控安装。

1）读卡器安装在进门处，安装高度为距离地面 1.3m；在读卡器感应范围内，切勿靠近或接触高频和强磁场。

2）出门按钮安装在出门处，安装高度为距离地面 1.3m。

3）电磁锁安装在门和门框的上沿。

4）LED 显示器安装在门的正上面。

5）控制器安装位置可以根据现场情况确定。

（10）火灾报警监控安装。

1） 在隧道内每个电缆接头上方隧道顶部安装超细干粉自动灭火装置。

2） 超细干粉自动灭火装置安装应确保不影响设备的正常操作，且不宜放在容易碰撞处。

3） 区域控制单元、外控电源安装在超细干粉自动灭火装置附近距离地面 1.2～1.5m 的适当位置。

4） 灭火智能控制主机的监控半径为 1km 内，安装水平高度为 1.5m。

5） 安装时严禁明火操作。

（11）防护门监控安装。

1） 电动闭门器安装在门和门框的上沿。

2） 控制器采用壁挂式安装在进门一侧，安装高度为距离地面 1.5m。

3） 安装完毕后，把防火门调至常开状态。

（12）视频监控安装。

1） 安装高度：根据隧道不同结构选择不同安装高度，室内安装一般为 2.5m，实际情况根据现场隧道结构和环境确定。

2） 安装角度：尽量避开逆光，如不要对着强光源（照明灯），避免画面曝光。

3） 避免干扰：对于网络监控，220V 电压线，对其干扰不大，但是为了避免干扰，通信信号线与 220V 电压线要隔离，不能敷设在同一槽盒或穿线管内。

4） 支架选用：支架应选用牢固的，且要安装在比较牢固的墙面或地面，安装后应防止监控画面发生抖动。

5） 电源选择：应选用 12V 2A 以上的电源，且尽量采用独立供电电源。

6） 线缆预留：从监控摄像机出线的线缆应预留 20cm 裕量，以不影响监控摄像机的转动和角度调整。

（13）智能机器人巡检安装。

1） 机器人应采用小型化、模块化有轨式机器人，安装在隧道顶部，其距离地面高度不低于 1.5m。

2） 轨道的安装：隧道顶部预设支架挂轨固定方式，固定支架在直线段，每隔 1m 安装 1 只支架，弯道处每隔 0.5m 装 1 只支架。弯轨道弯曲半径 $R \leqslant 1000$mm，弯轨弯曲弧度可选为 30°、45°、60°、90°等，同时应满足弯曲、变轨和不小于 30°爬坡等技术要求。

3） 轨道需采用高强度铝合金，具有良好的防腐、防锈能力，同时具有快速、方便的拆装、维护特性。

4） 轨道系统支持变轨技术，可以适应分支隧道应用。

5） 隧道内遇到工作井口的位置，轨道设计方案应符合工程现场实施条件，能保证机器人及工作人员正常通行工作井。

2. 调试

调试包括单体调试和系统调试：单体调试主要针对每个装置进行检查和试验；系统调试则是针对整个系统的通信情况和整体功能进行检查和试验。

各分系统安装完成后，应对各系统的整体功能和性能进行检查、测试。系统测试的内容如下：

（1）系统通电，确认所有装置状态正常。

（2）通信检查，确认各部分通信均正常。

（3）按功能进行逐一测试，各种功能应能正确执行。

（4）按照系统性能要求，通过模拟信号源施加模拟信号并进行测量，确保测量的准确度。

（5）通过系统中心主站对各系统功能和性能进行测试。

（6）应对系统进行连续通电试运行，试运行时间应不少于 72h。

（7）调试过程中应做好调试记录。

二、管理控制要点

（一）光缆敷设质量控制

光缆应采用低烟、无卤、阻燃、防蚀的产品，并考虑防鼠害和防迷流腐蚀，以及电力隧道的特殊环境。基于光缆易折、易断，施工难度大的特殊性，对光缆的敷设主要有下列要点：

（1）由于光缆对质量有很高要求，而每条光缆两端最易受到损伤，所以在光缆敷设至目的地后，两端需要预留 10m 裕量，保证光纤熔接时剪掉受损光缆后不会影响光缆使用长度。

（2）计算好敷设长度，一定要预留足够裕量。

（3）一次敷设长度不要太长（一般为 1～2km），敷设时应从中间开始向两边牵引。

（4）通信光缆牵引力一般不大于 1kN（注意：测温光缆比较脆弱，牵引力一般不大于 50N），而且应牵引光缆的加强心部分，并作好光缆头部的防水加强处理。

（5）光缆引入和引出处须加顺引装置，不可直接拖地。

（6）铠装光缆的铠装层要注意可靠接地。

（二）汇控箱安装质量控制

（1）汇控箱应装设在干燥、通风及常温场所；由于电缆隧道空间狭窄，汇控箱安装位置不能影响到通道通行，不得装设在易受外来固体物撞击、强烈振动，液体侵溅及高热源的场所。

（2）汇控箱应采用不锈钢材料制作，不锈钢的厚度应大于 1.5mm。

（3）汇控箱应装设端正、牢固。根据现场情况直接固定在墙面或采用支架固定，汇控箱底部距离地面 1.5m。

（4）汇控箱必须防雨、防尘，要做到 IP68 的防护措施。

（5）汇控箱箱体必须做好可靠接地。

（三）保护管敷设质量控制

（1）对于明敷设的通信光缆、电源线缆及信号线缆需要加套 PVC 管、不锈钢 304 软管、镀锌钢管保护敷设安装。

（2）线管与线槽（盒）、箱、盘、柜等连接时，严禁用熔焊方式开孔，且应采用外迫母锁接头紧固。管口应有护线塑料套保护。

（3）隧道墙面上的线管应排列整齐美观。支吊架、卡码设置合理，固定点间距均匀，每隔 1m 设 1 个固定点。

（四）综合监控系统的接地质量控制

（1）监控系统的交流工作接地、安全工作接地、直流工作接地、防雷接地的要求应符合 GB 50174—2017《数据中心设计规范》的规定。

（2）监控系统应设专用二次接地网，并与综合接地网一点直接连接，应彻底消除与其他接地的耦合，二次接地网应采用不小于 10mm^2 的黄绿铜缆与综合接地网可靠连接。

（3）监控系统的各子系统应采用单点接地，并宜采取等电位措施，以满足各子系统抗干扰和电气安全的双重要求。

三、常见问题及分析

（一）气体传感器探头校准问题

气体传感器校准问题：最初校准和再校准的时间间隔长短取决于许多因素，通常包括传感器的使用温度、湿度、压力，暴露于何种气体中，以及暴露于气体中的时间长短。

解决方法：大多数产品能在较长时间内提供非常稳定的信号，使用气体传感器只需要定期校准，一般至少每年 1 次。如对传感器使用要求极高或用于安全应用，则校准工作可能需要相对频繁些。

（二）测温光缆遇到排管穿越敷设问题

有些隧道结构中有排管结合，此时敷设测温光缆比较困难。由于测温光缆本身比较脆弱，在排管管沟施工敷设时直接用线管穿线器穿越敷设会导致测温光缆易折、易断，常用做法是用线管穿线器先在排管段内穿越敷设 1 条牵引绳，把测温光缆和牵引绳一起绑住，轻拉牵引绳把测温光缆从排管内穿出。

（三）高压电缆表面上测温光缆敷设问题

敷设在电缆表面的测温光缆用橡胶带扎紧贴在电缆表面，电缆投运后，由于热胀冷缩作用，可能造成铺在表面上的光纤拉断。采用 S 形敷设方式，绑扎固定方式采用阻燃耐腐蚀尼龙扎带固定（每个绑扎处应加套保护套管，起到对测温光缆的保护），预防因高压电缆热胀冷缩造成光缆拉断。

（四）水位传感器安装问题

水位传感器采用投入式或潜挂式安装，因隧道内集水池水质较差，传感器长时间浸泡在污水中，会在传感器表面形成污垢包裹，影响其测量精度。规范的安装方式为：将水位传感器探头悬挂在集水池内距离池底部 10～20cm 处（要尽量远离进出水口、水泵、搅拌器等），避开水井底部稀泥。定期检查传感器，如发现传感器上有污垢包裹，要及时清洗。

第十一章 电缆施工新技术

本章通过江苏地区高压电缆建设经验总结，提供常见电缆土建工程上的新技术，分享电缆安装新技术成果，率先在全国电力行业内系统归纳电缆安装的具体要求及控制要素。

第一节 土建管理新技术

一、冬季混凝土保养及绿色施工

1. 混凝土保养

混凝土冬季施工时，为保证混凝土隧道成型后质量，结合明挖隧道施工场地特点，可采取以下措施：

（1）在混凝土中添加防冻剂，保证混凝土质量。

（2）在混凝土浇筑完成后，通过在基坑上设置塑料薄膜的方式将隧道形成一个相对密闭空间，起到一定的空间保温作用。

（3）在隧道内每间隔 8m 设置 1 盏太阳灯，并用草袋对浇筑完的混凝土结构进行覆盖，对混凝土起到加热、保温作业，最大限度地保障混凝土凝固后的质量。

冬季混凝土保养示意如图 11–1 所示。

图 11–1　冬季混凝土保养示意图

2. 绿色施工

（1）现场倡导绿色施工，落实“四节一环保”的具体措施。

（2）施工泥浆全封闭外运（见图 11–2）。

（3）采用防尘网覆盖，减少扬尘。

（4）监测噪声排放等措施实现环境保护。

（5）明挖隧道在市区施工时，设置可移动式冲洗平台（见图 11–3），保障车辆干净。

（6）工作井施工时，为防止井下人员发生中毒事故，进行井下强制通风。

（7）地下顶管施工时，为防止管道人员发生中毒事故，通过空气检测仪（见图 11–4）24h 对隧道内空气指标进行检测。

（8）隧道内使用防火玻璃钢走到板和玻璃钢环亮化隧道。

图 11–2 现场施工泥浆箱示意图

图 11–3 移动冲洗平台示意图

二、顶管隧道射频技术应用

由于地下隧道工程作业条件差，地下通信救援困难，为了加强实时监控，强化安全管理，故依靠先进的信息化、物联网手段，采取射频识别技术对地下作业人员的信息进行储存、跟踪、定位。

在作业人员安全帽中植入芯片式考勤卡，卡内录入作业人员个人信息，在进入工作井入口处设置固定的射频读卡器，详细记录人员进出时间、数量，并通过专业设备实时跟踪工人在地下位置。

图 11–4 空气检测仪示意图

三、顶管隧道 BIM 模拟技术应用

对于长距离、小曲率的顶管施工，可采用 BIM 和测量机器人技术，减轻测量强度，提高测量的精度，减少测量出错的概率。

BIM 是数字化信息模型，建立顶管线路的数字化三维模型，可模拟测量管节在通过小曲率路径时管节的开口、空间位置。

可在智能移动平板上浏览 BIM 模型、三维展示，全方位、便捷提取特征点进行放样。智能移动平板通过无线网络连接到自动智能型全站仪，向全站仪发送指令和特征点坐标，遥控操作，并且动态读取全站仪的测量结果。通过全站仪导向光、自动跟踪测量、放样软件图形、文字、语音等多种提示，智能地帮助作业人员快捷准确地完成放样和测量。

四、土压平衡盾构机双螺旋改造

螺旋输送机是土压平衡盾构排土系统的重要组件之一。在盾构施工中，螺旋输送机不仅具有排除开挖舱内渣土的作用，更重要的是具有控制螺旋输送机底部压力，进而维持盾构开挖面土压平衡的作用。螺旋输送机的几何尺寸、角度和机内渣土的性质是平衡螺旋输送机底部压力的重要因素。

通常情况下，土压平衡盾构采用一节螺旋输送机就能满足施工要求。然而在一些地质条件比较复杂、地层水土压力较大的地区，一节螺旋输送机无法平衡舱内压力，双节串联螺旋输送机接续平衡土压力被初步采用。

五、定向钻射流反循环技术应用

目前，在定向钻施工时，泥浆液是通过高压泵增压，由钻杆中心孔道经扩孔器喷嘴喷出，携带岩屑从钻杆和孔壁的环形空间返回到地表。而面对一些管径尺寸大、穿越距离长、落差深度大、破碎程度明显的岩层，传统泥浆循环方式所到达的效果就相对比较差。为满足携带岩屑要求，一般采取增大泵量、提高流速及提高泥浆性能等方法，从而很大程度上增加了资金的投入。

为解决此类问题，引进了射流反循环技术，打破了长久以往的固定循环模式，即使泥浆液经过钻杆和钻孔的环状空间，流到孔底携带岩屑后，由钻杆中返回地表。

射流反循环的工作原理是利用高速的液流经喷嘴射入循环管路，造成负压，这种负压能使管路产生抽吸作用。只要喷嘴选择适当，可以产生 0.8～0.9 个大气压的负压值，较普通泵的有效吸水压力高。射流反循环采用离心泵，从而使泵壳和叶轮的磨损大为降低，提高泵的寿命。实际工作中发现，射流反循环对管道密封要求并不是很高，有少量空气进入后，不影响抽吸作用，不会出现断流现象。泥浆反循环工法消耗小、使用方便。它与正循环工法相比优点在于：在大口径扩孔施工中，由于存在较大的环状空间，如果采用正循环就要求泥浆有较强的浮碴能力。浮碴能力与泥浆流速和泥浆浓度有直接关系，在大口径正循环中泵量一定的情况下提高流速是不现实的，只有靠提高泥浆浓度、比重等指标来增强浮碴能力。另外，成孔后由于泥浆的浓度大，清孔难度大，进而增加了管道回拖阻力。而反循环浮碴能力依赖于钻杆内腔大的泥浆流速，大的沉碴和岩屑会从钻杆内腔返回地表，避免了重复破碎，时效大大提高，而且增加了钻头的寿命。

六、定向钻超长距离穿越

随着技术的发展，短距离的电力定向钻施工已经非常成熟，而在修建一些超长电缆通道时则必需调整作业方法，定向转超长距离穿越运用导向孔对接技术方法有如下优点。

（1）穿越距离长：特别适合穿越长度在 2000m 以上，单方向穿越难度大的工程。

（2）穿越精度高：入（出）土点误差几乎为零。

（3）穿越安全性强：主施工钻机侧的钻头找到辅助施工钻机侧的钻头后，在钻好的孔内跟随辅助施工钻头出土，这样避免了单次穿越钻杆长距离受力发生弯曲变形从而断裂，提高了施工安全系数。

现简要介绍导向孔对接工艺方法：

对穿作业需用 2 台钻机协同作业完成，其中 1 台为主施工钻机，另 1 台为辅助钻机。根据工程规模设置对接点，对接点前、后 50m 范围（共 100m）内为对接区。在穿越入出土点与出土点之间铺设电缆用于提供人工磁场强度，如若较深地域不能铺设电缆，可使用交流磁靶代替。校准导向孔穿越控向系统，标定控向参数，为保证数据准确，在穿越中心线的不同位置测取，进行对比，并做好记录。结合使用控向系统和磁信号电缆，采用主施工钻机沿着设计穿越曲线钻进。当主钻机钻进导向孔时，辅助钻机同时进行钻进，结合使用控向系统和信号电缆，沿着设计穿越曲线钻进。2 台钻机钻进时相互协调，在同一时间内钻进对接区域。

当辅助钻机抵达对接区域时，启动辅助钻机钻头短节内安装的轴向磁铁，引导主钻机的钻头钻进，2 个导向孔交叉时，导向孔之间的偏差控制在 2m 范围内。

2 台钻机相互协调工作，使主钻机采用的探头经过辅助钻机的轴向磁铁，根据探头采集的磁信号计算出 2 个导向孔之间的准确偏差，依据偏差，主钻机一边采集辅助钻机轴向磁铁的磁信号，一边利用采集的磁信号控制钻进方向，减小偏差，使之逐步向辅助钻机已形成的导向孔平缓趋进，直至钻进至辅助钻机施工的导向孔内。在主钻机钻进的同时，辅助钻机逐步回退钻杆，主钻机顺原孔跟进，最终沿辅助钻机已完成的导向孔出土，完成整个导向孔的钻进施工。

第二节　电气管理新技术

一、电缆弯道敷设滑轮组新技术

电缆弯道敷设滑轮组在电缆敷设过程中解决了电缆因牵引方向改变形成的侧向受力与轴向受力给电缆带来的损伤等诸多问题。

高电压大截面电力电缆在敷设过程中，由于电缆质量大、所在地理位置复杂、弯道多等因素，拉力和侧压力的急剧增加导致局部受压，容易使电缆发生变形，形成巨大损害。

滑轮组用方管焊制滑轮安装支架，分别在支架内安装滚筒以控制电缆拐弯方向和行驶轨道，两侧滚筒的安装轴距按左右进行组装。该专用滑轮组的使用不仅提高了电缆敷设施工的科学性和实用性，使现场设备操作安全稳定，电缆敷设时的拉力和侧压力降低到最低，减小了安全隐患的发生率，保证了电缆的安全性，同时还可以减轻电缆沟、竖井及隧道、桥箱等多种敷设环境中的人力负担，缩短工程的施工工期，提高电缆敷设施工水平。电缆弯道敷设滑轮组的应用实例如图 11–5 所示。

图 11–5　电缆弯道敷设滑轮组的应用实例

二、电缆敷设蛇形打弯机新技术

电缆蛇形敷设打弯机可调整电缆蛇形波幅，有利于控制电缆蛇形敷设工艺，确保施工快速、高效，抵消电缆在运行时产生的热机械力。

电缆蛇形敷设打弯机以千斤顶作为工作动力，输出动力比较均匀，采用钢制弧形曲面，内垫橡胶材料，增加了弯曲施工时与电缆的接触面，进而减少了单位面积的受力，保证了电缆外护层安全。利用控制打弯机的顶杆长度控制电缆偏距，保证了电缆的蛇形敷设符合技术要求。该打弯机制作简单、操作简便，使用寿命长，经济性好，根据现场试用，各技术参数很好地满足了电缆敷设要求。电缆打弯操作、成型实例分别如图 11–6、图 11–7 所示。

图 11–6　电缆打弯操作实例

图 11–7　打弯成型实例

三、电缆伸缩补偿装置新技术

当电缆在管道内不具备打弯条件时，需要在管道两端留有一定裕量的电缆以保证电缆能够径向移动，抵消热机械力的影响。在管道两端与电缆隧道或大型电缆沟紧密衔接处增加电缆伸缩补偿装置，可以解决上述问题。

电缆伸缩补偿装置将简单的三角形力学运用到减少和消除热机械应力对电缆造成的危害的技术上。通过点对点之间的位移产生的形变，使电缆在受到径向水平伸缩力后转变成一种垂直的由下而上的力，在该力的作用下帮助电缆进行移位，达到伸缩效果。电缆伸缩补偿装置三维效果和应用实例如图 9–3 所示。

四、充气式电缆管道密封装置新技术

使用充气式电缆管道密封装置对电缆管口进行封堵，不但具有可靠密封、防水、防污、防火、防小动物进入等功能，而且耐腐蚀、抗老化，拆装便捷，可重复利用，适用于各种规格电缆管口。

该装置包括具有密封内腔的直条状袋体，袋体的上表面设有一条防水胶条，袋体的下表面设有一条黏结条；袋体的侧边上设有充气口，充气口上设有气嘴底座，气嘴底座上设置气嘴，气嘴通过充气口与袋体的密封内腔连通。上述袋体为层状结构，从外到内依次由防火层、防鼠层和复合材料层复合成一体。

该充气式电缆管道密封装置已在大量 220kV 电缆工程中使用，能够保证电缆管道密封装置的完好率，取得了较好的效果，并且能保持密封面良好无裂纹、无渗水，保持电缆管道两侧工作井干燥无积水，减少积水排除、管道清淤工作，节约了大量的时间和人力。密封装置安装实例如图 11–8 所示。

图 11–8　密封装置安装实例

五、大截面单芯电缆中间接头支架新技术

大截面单芯电缆中间接头支架是一种适用于高压单芯电缆多种截面尺寸、不同厂家附件安装的一体化多功能中间接头操作平台，用于高压电缆中间接头制作。

该中间接头支架降低了大截面电缆施工消耗的人力、物力，提高了施工安全、质量和工作效率。支架平台包括电缆接头支架平台、组合式电缆定位包箍、压钳操作平台。支架平台采用三维 CAD 建模技术、多体动力学仿真技术和有限元分析技术，实现了在统一的电缆支架平台上的电缆固定、压接、对接、电缆调整、拉锥等操作。中间接头支架实例如图 11–9 所示。

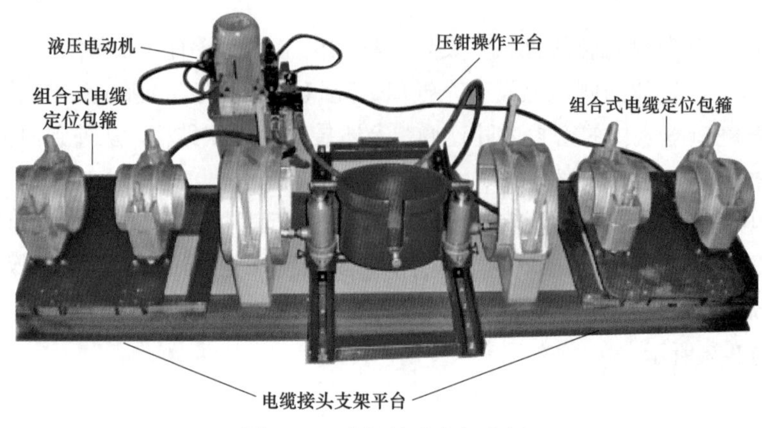

图 11–9　中间接头支架实例

第十二章 电缆施工管理

通过总结江苏地区高压电缆安装的建设经验，最终编制了七大典型电缆安装管控卡片、八种管理制度，形成一整套施工管理经验，可有效提高高压电缆工程的安装质量。

第一节 卡 片 管 理

卡片管理主要是对电缆电气安装所制订的管理卡片，旨在有效控制施工过程中的关键环节。管控卡方便现场人员作业，规范高压电缆安装标准化工艺施工流程，现场施工管理人员只需根据施工管控卡中内容进行施工，达到管控卡中要求后打勾进行下一道工序，有效控制现场安装质量。

电缆安装卡片共包含土电交接关键环节管控责任卡、电缆到货验收关键环节管控责任卡、附属设施关键环节管控责任卡、电缆敷设关键环节管控责任卡、电缆附件安装关键环节管控责任卡、电缆交接试验关键环节管控责任卡、标准工艺应用作业及检查卡 7 类卡片。

一、土电交接关键环节管控责任卡

土电交接关键环节管控责任卡

工程名称：________________________________工程

管控范围：________________________________

安装序列号：______________________________

施工时间：________年____月____日至________年____月____日

使 用 说 明

（1）本卡实行“每间隔一卡”，为安装调试的原始记录，须工作当日手签，复印无效。

（2）本卡主要依据土电交接质量验收及评定规程、交接试验标准、强制性条文、相关厂家作业指导书编制而成，其他电压等级参照执行。

（3）对于本卡中的管控项目，应尽量“实时、实际、量化”。可使用施工记录、验评记录作为本卡的支撑依据。

（4）每项具体工作后面的签字栏，相关责任方应签字。

主要责任单位　相关单位　不相关单位（不签字）

电缆沟移交、电缆排管移交、非开挖拉管移交、电缆明挖隧道移交、顶管式隧道移交、盾构式隧道移交关键环节管控责任卡分别见表12–1～表12–6。

表12–1　　电缆沟移交关键环节管控责任卡

工序内容		控制标准	土建施工单位代表	监理单位代表	电气施工单位代表	运行单位代表	建设管理单位代表
1	地质、水文情况	土层物理力学性质，以及地下水和环境资料满足设计要求。（　）					
2	路径检测	满足设计要求。（　）					
3	主要供应商确认	能够生产、质保体系是否完善。（　）					
4	主要材料质保资料	满足图纸、施工验收规范要求。（　）					
5	隐蔽验收记录	满足图纸、施工验收规范要求。（　）					
6	外观质量☆	不应有严重缺陷。对已经出现的严惩缺陷，应由施工单位提出技术处理方案，并经监理（建设）、设计单位认可后进行处理。对经处理的部位，应重新检查验收。（　）					
7	尺寸偏差☆	不应有影响结构性能和使用功能的尺寸偏差。对超过尺寸允许偏差且影响结构性能和安装、使用功能的部位，应由施工单位提出技术处理方案，并经监理（建设）、设计单位认可后进行处理。对经处理的部位，应重新检查验收。（　）					
8	内表面平整度	≤10mm。（　）					
9	沟壁垂直度	≤8mm。（　）					
10	沟底标高	±5mm。（　）					
11	变形缝宽度	±5mm。（　）					
12	预埋件中心位移	≤10mm。（　）					
13	预埋件与混凝土面的平整度差	≤5mm。（　）					
14	预埋件偏差	水平偏差≤3mm；标高偏差+2～–10mm。（　）					

表12–2　　电缆排管移交关键环节管控责任卡

工序内容		控制标准	土建施工单位代表	监理单位代表	电气施工单位代表	运行单位代表	建设管理单位代表
1	地质、水文情况	土层物理力学性质，以及地下水和环境资料设计要求。（　）					
2	路径检测	满足设计要求。（　）					
3	主要供应商确认	能够生产、质保体系是否完善。（　）					

续表

工序内容		控制标准	土建施工单位代表	监理单位代表	电气施工单位代表	运行单位代表	建设管理单位代表
4	主要材料质保资料	满足图纸、施工验收规范要求。（ ）					
5	隐蔽验收记录	满足图纸、施工验收规范要求。（ ）					
6	外观质量	无错台、折线、高程突然变化，接口相互错开、接口严密、不漏浆。（ ）					
7	接头位置	上、下层排管接口错开 0.5～1.0m。（ ）					
8	管枕位置	≤30mm。（ ）					
9	排管排距及间距	间距≤5mm；排距≤20mm。（ ）					
10	中心位置	≤20mm。（ ）					
11	管内畅通检查	光滑，无积水、杂物。（ ）					
12	管口封堵	封堵密实。（ ）					

表 12-3　非开挖拉管移交关键环节管控责任卡

工序内容		控制标准	土建施工单位代表	监理单位代表	电气施工单位代表	运行单位代表	建设管理单位代表
1	地质、水文情况	土层物理力学性质，以及地下水和环境资料满足设计要求。（ ）					
2	路径检测	满足设计要求。（ ）					
3	主要供应商确认	能够生产、质保体系是否完善。（ ）					
4	主要材料质保资料	满足图纸、施工验收规范要求。（ ）					
5	隐蔽验收记录	满足图纸、施工验收规范要求。（ ）					
6	管线状况	线形平顺，无突变、变形现象，实际曲率半径与图相符。（ ）					
7	入土点位置	平面轴向、平面横向 20mm。（ ）					
		垂直向高程±20mm。（ ）					
8	出土点位置	平面轴向 500mm、平面横向 1/2 拉管管径。（ ）					
		垂直向高程±20mm。（ ）					
9	管道位置	水平轴线 1/2 拉管管径。（ ）					
		底高程+20–30mm。（ ）					
10	管内畅通检查	光滑，无积水、杂物。（ ）					
11	管口封堵	封堵密实。（ ）					

表 12–4 电缆明挖隧道移交关键环节管控责任卡

工序内容		控制标准	土建施工单位代表	监理单位代表	电气施工单位代表	运行单位代表	建设管理单位代表
1	地质、水文情况	土层物理力学性质，以及地下水和环境资料满足设计要求。（ ）					
2	路径检测	满足设计要求。（ ）					
3	主要供应商确认	能够生产、质保体系是否完善。（ ）					
4	主要材料质保资料	满足图纸、施工验收规范要求。（ ）					
5	隐蔽验收记录	满足图纸、施工验收规范要求。（ ）					
6	外观质量☆	不应有严重缺陷。对已经出现的严惩缺陷，应由施工单位提出技术处理方案，并经监理（建设）、设计单位认可后进行处理。对经过处理的部位，应重新检查验收。（ ）					
7	尺寸偏差☆	不应有影响结构性能和使用功能的尺寸偏差。对超过尺寸允许偏差且影响结构性能和安装、使用功能的部位，应由施工单位提出技术处理方案，并经监理（建设）、设计单位认可后进行处理。对经过处理的部位，应重新检查验收。（ ）					
8	内表面平整度	≤10mm。（ ）					
9	沟壁垂直度	≤8mm。（ ）					
10	底面标高	±10mm。（ ）					
11	变形缝宽度	±5mm。（ ）					
12	预埋件中心位移	≤10mm。（ ）					
13	预埋件与混凝土面的平整度差	≤5mm。（ ）					
14	预埋件偏差	水平偏差≤3mm；标高偏差+2～−10mm。（ ）					

表 12–5 顶管式隧道移交关键环节管控责任卡

工序内容		控制标准	土建施工单位代表	监理单位代表	电气施工单位代表	运行单位代表	建设管理单位代表
1	地质、水文情况	土层物理力学性质，以及地下水和环境资料满足设计要求。（ ）					
2	路径检测	满足设计要求。（ ）					
3	管节供应商资质确认	能够生产、质保体系是否完善。（ ）					
4	管节质保资料	JC/T 640—2010《顶进施工法用钢筋混凝土排水管》。管节内外压检测合格（GB/T 16752—2006《混凝土和钢筋混凝土排水管试验方法》）。（ ）					
5	地表面观察	无严重隆起或沉降。（ ）					

续表

工序内容		控 制 标 准	土建施工单位代表	监理单位代表	电气施工单位代表	运行单位代表	建设管理单位代表
6	直线顶管水平轴线	±150mm。（ ）					
7	直线顶管内底高程	±80mm。（ ）					
8	曲线顶管水平轴线	±150mm。（ ）					
9	曲线顶管内底高程	+100、−150mm。（ ）					
10	相邻管间错口	≤20mm。（ ）					
11	外观	线形平顺、无突变、表面光洁、无明显渗水和水珠。（ ）					

表 12–6　　盾构式隧道移交关键环节责任管控卡

工序内容		控 制 标 准		土建施工单位代表	监理单位代表	电气施工单位代表	运行单位代表	建设管理单位代表
1	地质、水文情况	土层物理力学性质，以及地下水和环境资料满足设计要求。（ ）						
2	路径检测	满足设计要求。（ ）						
3	管片供应商确认	能够生产、质保体系是否完善。（ ）						
4	管片质保资料	满足 GB/T 22082—2008《预制混凝土衬砌管片》要求。（ ）						
5	地表面观察	无严重隆起或沉降。（ ）						
6	成型验收	轴线平面置	±100mm。（ ）					
		轴线高程	±100mm。（ ）					
		椭圆度	±8‰盾构外径。（ ）					
		径向错台	8mm。（ ）					
		环面错台	9mm。（ ）					
7	外观	线形平顺、无突变、表面光洁、无明显渗水和水珠。（ ）						

二、电缆到货验收关键环节管控责任卡

电缆到货验收关键环节管控责任卡

工程名称：________________________________工程

管控范围：________________________________

安装序列号：________________________________

施工时间：________年____月____日至________年____月___日

使 用 说 明

（1）本卡实行“每间隔一卡”，为安装调试的原始记录，须工作当日手签，复印无效。

（2）本卡主要依据隧道消防（防火门、防火封堵）质量验收及评定规程、交接试验标准、强制性条文、相关厂家作业指导书编制而成，其他电压等级参照执行。

（3）对于本卡中的管控项目，应尽量“实时、实际、量化”。可使用施工记录、验评记录作为本卡的支撑依据。

（4）每项具体工作后面的签字栏，相关责任方应签字。

主要责任单位　　相关单位　　不相关单位（不签字）

电缆现场检查、电缆附件开箱检查验收关键环节管控责任卡分别见表 12-7、表 12-8。

表 12-7　　电缆现场检查验收关键环节管控责任卡

序号	工作步骤	工 作 要 求	时间	厂家代表	施工单位代表	监理单位代表	运行单位代表	建设管理单位代表
1	相关凭证	设备材料供货合同编号：________ 供货厂家：________						
2	外包装	无破损，并留有影像资料。（　）						
3	铭牌核对	与设计、合同一致。（　）						
4	型号核对	与设计、合同一致，并留有影像资料。（　）						
5	质保书或合格证	齐全、有效。（　）						
6	出厂试验报告	齐全、有效。（　）						

表 12-8　　电缆附件开箱检查验收关键环节管控责任卡

序号	工作步骤	工 作 内 容	时间	厂家代表	施工单位代表	监理单位代表	运行单位代表	建设管理单位代表
1	说明	设备材料供货合同编号：________ 供货厂家：________ 本次开箱检查箱号：________						
2	外包装	无破损，并留有影像资料。（　）						
3	铭牌核对	与设计、合同一致，并留有影像资料。（　）						
4	型号核对	与设计、合同一致。（　）						
5	质保书或合格证	齐全、有效。（　）						
6	根据装箱清单进行核对	齐全、有效，并留有影像资料。（　）						
7	出厂试验报告	齐全、有效，并留有影像资料。（　）						

续表

序号	工作步骤	工 作 内 容	时间	厂家代表	施工单位代表	监理单位代表	运行单位代表	建设管理单位代表
8	安装使用说明书	齐全、有效。（ ）						
9	安装图纸及资料	齐全、有效。（ ）						
10	备品备件及专用工器具	齐全，规格符合供货合同要求。（ ）						
11	缺件	无缺件。（ ）						

三、附属设施关键环节管控责任卡

（一）隧道消防关键环节管控责任卡

隧道消防关键环节管控责任卡

工程名称：________________________________工程

管控范围：________________________________

安装序列号：______________________________

施工时间：________年____月____日至________年____月___日

使 用 说 明

（1）本卡实行“每间隔一卡”，为安装调试的原始记录，须工作当日手签，复印无效。

（2）本卡主要依据隧道消防（防火门、防火封堵）质量验收及评定规程、交接试验标准、强制性条文、相关厂家作业指导书编制而成，其他电压等级参照执行。

（3）对于本卡中的管控项目，应尽量“实时、实际、量化”。可使用施工记录、验评记录作为本卡的支撑依据。

（4）每项具体工作后面的签字栏，相关责任方应签字。

主要责任单位　　相关单位　　不相关单位（不签字）

附属设施验收流程图如图 12–1 所示。

设备材料开箱检查、设备材料保管、施工前准备、线缆敷设、设备安装、设备调试试验等关键环节管控责任卡分别见表 12–9～表 12–14。

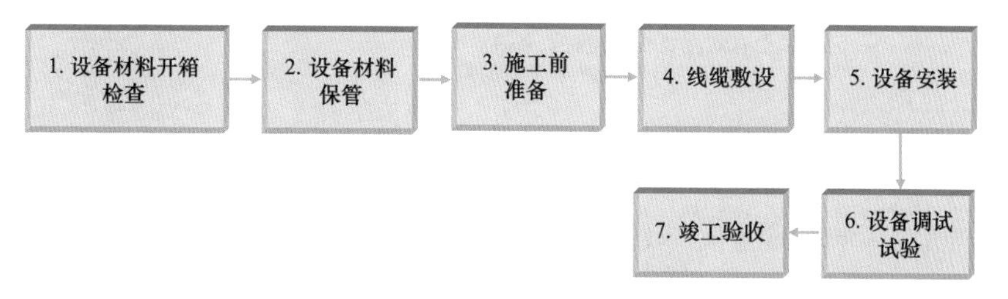

图 12–1　附属设施验收流程图

表 12–9　设备材料开箱检查关键环节管控责任卡

序号	工作步骤	工作内容	时间	是否影像留存	厂家代表	施工单位代表	监理单位代表	运行单位代表	建设管理单位代表
1	说明	设备材料供货合同编号：________ 供货厂家：________ 本次开箱检查箱号：________							
2	外包装	无破损。（　）							
3	铭牌核对	与设计、合同一致。（　）							
4	型号核对	与设计、合同一致。（　）							
5	质保书或合格证	齐全、有效。（　）							
6	装箱清单	齐全、有效。（　）							
7	出厂试验报告	齐全、有效。（　）							
8	安装使用说明书	齐全、有效。（　）							
9	安装图纸及资料	齐全、有效。（　）							
10	备品备件及专用工器具	齐全，规格符合供货合同要求。（　）							
11	缺件	无缺件。（　）							

表 12–10　设备材料保管关键环节管控责任卡

序号	工作步骤	工作要求	时间	是否影像留存	厂家代表	施工单位代表	监理单位代表	运行单位代表	建设管理单位代表
1	保管场地整理	按原包装放置于平整、无积水、无腐蚀性气体的场地。（　）							
2	装卸	不得倒置、倾翻、碰撞和受到剧烈的振动；（屏柜、电缆盘等）重大单元应尽量一次就位或靠近安装位置。（　）							
3	防雨防潮	（1）对有防雨要求的设备应有相应防雨措施。（　） （2）对于有防潮要求的附件、备件、专用工器具及设备专用材料应置于干燥的室内。（　） （3）所有运输用临时防护罩在安装前应保持完好，不得取下。（　）							
4	附件材料保管	应符合产品技术文件要求；保持原包装完整。（　）							

表 12–11　　　　　　　施工前准备关键环节管控责任卡

序号	工作步骤	工　作　要　求	时间	是否影像留存	厂家代表	施工单位代表	监理单位代表	运行单位代表	建设管理单位代表
1	现场踩点检查	（1）查看现场基础建设环境是否符合进场安装要求。（　　） （2）根据设计图纸核对安装位置。（　　） （3）检查现场是否平整、清洁，无坑洼积水，并采取有效措施防尘防潮，满足施工要求。（　　） （4）施工现场应满足安装作业要求。（　　）							
2	附件安装人员要求	（1）作业人员必须熟练掌握本专业作业技能及《电业安全工作规程》电缆部分专业知识，经年度《电业安全工作规程》考试合格。（　　） （2）持有本专业职业资格证书或持有附件安装培训证书。（　　）							
3	场地防尘、防潮措施	安装区域内应采取清洁、吸尘、覆盖等措施，防止尘土产生。（　　）							
4	工器具、材料准备	主要工器具： （1）作业范围内应设置专用电源箱，由专职人员负责，并认真检查；各线路配线负荷标志清晰，熔丝或熔片容量、保护接地系统连接符合安全规程要求；箱体应接入接地网，箱门完好，内部无杂物。（　　） （2）电动工具准备： 1）有统一、清晰的编号；外壳及手柄无裂纹或破损；电源线使用多股铜芯橡皮护套软电缆或护套皮线。保护接地连接正确、牢固可靠；电缆线完好无破损；插头符合安全要求，完好，无破损。（　　） 2）开关动作正常、灵活、无破损；机械防护装置良好；转动部分灵活可靠；连接部分牢固可靠。（　　） （3）所有附件、备品备件及专用材料应置于干燥的室内保管，室外存放的部件应置于平整、无积水处，加蓬布遮盖。（　　）							
5	消防控制系统（防火门）安装前检查	（1）消防控制器、测温光纤、电源线、信号线、联动控制线敷设前应进行检查测试，检查线路是否通畅，并注意线外护层有无裂缝断裂。（　　） （2）按设计图纸规定的尺寸、标高和开启方向，在隧道内弹出门框的安装位置线。检查防火门表面平整，洁净，无麻点、凹坑，无锈蚀；表面涂料颜色均匀。（　　）							
6	防火封堵	（1）检查防火隔板表面平整度、阻火包不得有破损现象、柔性有机堵料无变色，黏度符合国家标准、防火涂料薄厚应均匀。（　　） （2）按设计图纸规定的尺寸，在隧道内标出阻火隔断安装位置线。（　　） （3）核对施工材料与设计选用材料是否符合。（　　） （4）隐蔽工程中的防火封堵应在封闭前进行中间验收，并填写相应的隐蔽工程施工记录和中间验收记录。（　　）							
7	存在问题								

表 12-12　　线缆敷设关键环节管控责任卡

序号	工作步骤	工　作　内　容	时间	是否影像留存	厂家代表	施工单位代表	监理单位代表	运行单位代表	建设管理单位代表
1	线缆敷设	（1）电缆、光缆引入和引出处须加顺引装置，不可直接拖地。（　） （2）光缆敷设弯曲半径至少为光缆外径的15～20倍。（　） （3）布放光缆时，索引速度不宜过快，一般为15m/min。（　） （4）两端做好标签，预留长度 10～20cm。（　） （5）光缆敷设完毕，应检查光纤有无损伤再进行接续。（　） （6）敷设电缆时，走线要简洁顺直，尽量避免交叉。（　） （7）线缆穿管前应检查保护管是否畅通，管口应加护圈，防止穿管时损伤导线。（　） （8）导线在管内或线槽内不应有接头和扭结。导线的接头应在接线盒内焊接或用端子连接。（　） （9）布线时不得损伤保护套管和踩踏线缆。（　） （10）线缆在输出端口预留 30～50cm。（　） （11）光缆熔接采用光纤终端盒保护。（　） （12）所有线缆均进行防护，进入槽盒，做到整齐、美观。电缆沟、穿过楼板及其他需防护位置时使用不锈钢管或镀锌管防护。（　）							
2	存在问题								

表 12-13　　设备安装关键环节管控责任卡

日期：＿＿＿＿＿＿　　天气：＿＿＿＿＿＿　　温度：＿＿＿＿＿＿　　湿度：＿＿＿＿＿＿

序号	工作步骤	工　作　要　求	时间	是否影像留存	厂家代表	施工单位代表	监理单位代表	运行单位代表	建设管理单位代表
1	划线定位（阻火隔断）	按设计图纸规定的尺寸，在隧道内标出阻火隔断安装位置线。（　）							
2	支架安装（阻火隔断）	（1）采用镀锌 5 号角钢、10 号槽钢组合进行构筑。（　） （2）阻火隔断支架厚度≥320mm。（　） （3）支架整体表面应平整、水平、垂直。（　）							
3	防火隔板安装	（1）按使用部位大小切割防火隔板，用膨胀螺栓或专用挂钩螺栓将防火隔板固定在阻火隔断两侧支架上。（　） （2）隔板安装应牢固，搭接均匀，整体平整。（　） （3）隔板切割应平直、整齐。（　） （4）固定或连接螺栓分布均匀，长短适中。（　） （5）防火隔板的厚度≥10mm，耐火极限≥1h。（　）							

续表

序号	工作步骤	工 作 要 求	时间	是否影像留存	厂家代表	施工单位代表	监理单位代表	运行单位代表	建设管理单位代表
4	阻火包安装	（1）阻火包应交叉堆叠、密实、牢固、平整。（ ） （2）封堵后阻火包不得有破损现象。（ ） （3）阻火包的耐火极限≥3h。（ ）							
5	柔性有机堵料安装	（1）电缆四周包裹一层柔性有机堵料，厚度≥20mm，耐火极限≥1h。（ ） （2）柔性有机堵料应高出防火隔板或封堵层表面 10mm 以上；柔性有机堵料形状规则，表面平整、光滑。（ ）							
6	涂刷防火涂料	（1）封堵两侧电缆各涂刷电缆防火涂料，长度≥1m，涂刷厚度 1mm 左右。（ ） （2）耐火极限≥2h。（ ） （3）每隔 2h 涂刷 1 边，共涂刷 3 边。（ ）							
7	划线定位（防火门）	按设计图纸规定的尺寸、标高和开启方向，在隧道内弹出门框的安装位置线。（ ）							
8	立框校正	门框就位后，应校正其垂直度，按设计要求调整至与安装高度一致，与内、外墙面距离一致，门框上下宽度一致，而后用对拔木楔在门框四角初步定位。（ ）							
9	连接固定	（1）门框用螺栓临时固定，必须进行复核，以保证安装尺寸准确。框口上尺寸允许误差应≤1.5mm，对角线允许误差应≤2.0mm。（ ） （2）安装门时，要将门扇装到门框后，调整其位置及水平度。（ ） （3）前后、左右、上下 6 个方向位置安装正确后，将门框连接铁脚与洞口预埋铁件焊牢，焊接处要涂上防锈漆。（ ）							
10	堵塞缝隙	（1）堵塞缝隙：门框与墙体连接后，取出对拔木楔，用岩棉或矿棉将门框与墙体之间的周边缝隙堵塞严实，根据门框不同的结构，将门框表面留出槽口，用 M10 水泥砂浆抹平压实，或将表面与铁板焊接封盖，并及时刷上防锈漆，做好防锈处理。（ ） （2）门框灌浆：门框灌浆时，等灌浆硬后进行调整，再将门扇安装上去。（ ）							
11	安装门扇	（1）安装门时，要将门扇装到门框后，调整其位置及水平度。（ ） （2）门扇关闭后，缝隙应均匀，表面应平整。安装后的防火门，要求门扇与门框搭接量不小于 10.0mm，框扇配合部位内侧宽度尺寸偏差不大于 2.0mm，高度偏差不大于 2.0mm，对角线长度之差小于 3.0mm，门扇闭和后配合间隙小于 3.0mm，门扇与门框之间的两侧缝隙不大于 4.0mm，上侧缝隙不大于 3.0mm，双扇门中缝间隙不大于 4.0mm。（ ）							

续表

序号	工作步骤	工作要求	时间	是否影像留存	厂家代表	施工单位代表	监理单位代表	运行单位代表	建设管理单位代表
12	安装五金	安装门锁、合金或不锈钢执手及其他装置等，可按照使用说明书的要求进行，均应达到各自的使用功能。（　　）							
13	清理涂漆	安装结束后，应随即将门框、门扇、洞口周围的污垢等清理干净。油漆后的门现场安装后及竣工前要自行检查是否有划伤，修补的地方，用保护薄膜做好防护措施，避免污染五金。（　　）							
14	消防控制器安装	（1）火灾报警控制器在墙上安装时，其底边距地（楼）面高度不应小于 1.5m；落地安装时，其底宜高出地坪 0.1～0.2m。（　　） （2）控制器应安装牢固，不得倾斜。安装在轻质墙上时，应采取加固措施。（　　） （3）引入控制器的电缆或导线，应符合下列要求： 1）配线应整齐，避免交叉，并应固定牢靠。（　　） 2）电缆芯线和所配导线的端部，均应标明编号，并与图纸一致，字迹清晰，不易褪色。（　　） 3）端子板的每个接线端，接线不得超过 2 根。（　　） 4）电缆芯和导线，应留有不小于 20cm 的裕量。（　　） 5）导线应绑扎成束。（　　） 6）导线引入线穿线后，在进线管处应封堵。（　　） （4）控制器的主电源引入线，应直接与消防电源连接，严禁使用电源插头。主电源有明显标志。（　　） （5）控制器的接地，应牢固，并有明显标志。（　　）							
15	电缆光纤测温	（1）测温光缆直接从测量主机引出，沿着待测电缆夹层或桥架敷设，对于高压电缆，1 根高压电缆敷设 1 根感温光纤。（　　） （2）测温光缆的安装需贴紧探测区域，以实现温度或火灾的快速响应。用塑料扎带把光缆和电缆捆扎在一起。电缆竖井中感温光纤宜紧贴竖井侧壁敷设。电缆接头处感温光纤应盘绕成环，贴附在电缆接头处，环的弯曲半径应不小于光纤外径的 20 倍。（　　） （3）在隧道顶部用支架和钢丝绳牵引固定安装测温光缆，连接到测量主机。（　　） （4）测温光缆熔接采用光纤终端盒保护。（　　）							
16	清理现场	清理所有安装工具并打扫干净现场，把安装过程中留下的杂物堆积在指定部位或运走。（　　）							
17	存在问题								

表 12–14　设备调试试验关键环节管控责任卡

序号	工作步骤	工 作 内 容	时间	是否影像留存	厂家代表	试验单位代表	监理单位代表	运行单位代表	建设管理单位代表
1	火灾报警装置通电检查	（1）通电前的检查。（　） （2）检查各接线是否连接到位。（　） （3）万用表测试接线是否存在短路现象。（　）							
2	系统功能检查	防火门的运行状态系统（常开变为常闭）显示的是否正常。（　）							
3	存在问题								

（二）隧道综合监控关键环节管控责任卡

隧道综合监控关键环节管控责任卡

工程名称：＿＿＿＿＿＿＿＿＿＿＿＿＿＿＿＿＿＿＿＿＿＿＿＿＿＿工程

管控范围：＿＿＿＿＿＿＿＿＿＿＿＿＿＿＿＿＿＿＿＿＿＿＿＿＿＿

设备序列号：＿＿＿＿＿＿＿＿＿＿＿＿＿＿＿＿＿＿＿＿＿＿＿＿＿

施工时间：＿＿＿＿＿年＿＿＿月＿＿＿日至＿＿＿＿＿年＿＿＿月＿＿日

使 用 说 明

（1）本卡实行“每间隔一卡”，为安装调试的原始记录，须工作当日手签，复印无效。

（2）本卡主要依据隧道综合监控质量验收及评定规程、交接试验标准、强制性条文、相关厂家作业指导书编制而成，其他电压等级参照执行。

（3）对于本卡中的管控项目，应尽量“实时、实际、量化”。可使用施工记录、验评记录作为本卡的支撑依据。

（4）每项具体工作后面的签字栏，相关责任方应签字。

主要责任单位　　相关单位　　不相关单位（不签字）

隧道综合监控安装流程图如图 12–2 所示。

设备材料开箱检查、设备材料保管、施工前准备、线缆敷设、设备安装、设备调试试验、验收等关键环节管控责任卡分别见表 12–15～表 12–22。

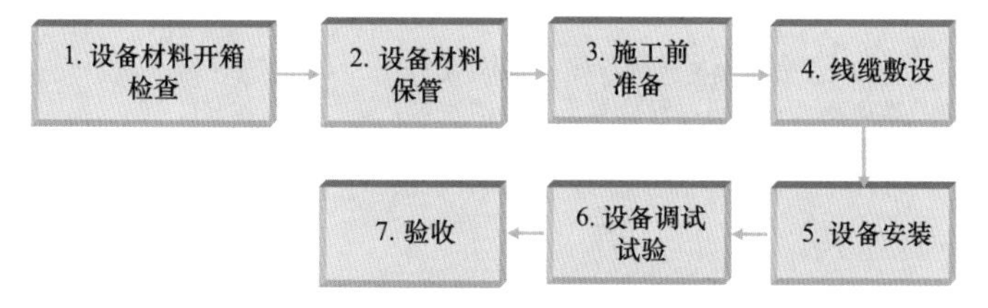

图 12–2　隧道综合监控安装流程图

表 12–15　设备材料开箱检查关键环节管控责任卡

序号	工作步骤	工作内容	时间	是否影像留存	厂家代表	施工单位代表	监理单位代表	运行单位代表	建设管理单位代表
1	说明	设备材料供货合同编号：________ 供货厂家：________ 本次开箱检查箱号：________							
2	外包装	无破损。（　）							
3	铭牌核对	与设计、合同一致。（　）							
4	型号核对	与设计、合同一致。（　）							
5	质保书或合格证	齐全、有效。（　）							
6	装箱清单	齐全、有效。（　）							
7	出厂试验报告	齐全、有效。（　）							
8	安装使用说明书	齐全、有效。（　）							
9	安装图纸及资料	齐全、有效。（　）							
10	备品备件及专用工器具	齐全，规格符合供货合同要求。（　）							
11	缺件	无缺件。（　）							

表 12–16　设备材料保管关键环节管控责任卡

序号	工作步骤	工作要求	时间	是否影像留存	厂家代表	施工单位代表	监理单位代表	运行单位代表	建设管理单位代表
1	保管场地整理	按原包装放置于平整、无积水、无腐蚀性气体的场地。（　）							
2	装卸	不得倒置、倾翻、碰撞和受到剧烈的振动；（屏柜、电缆盘等）重大单元应尽量一次就位或靠近安装位置。（　）							
3	防雨防潮	（1）对有防雨要求的设备应有相应防雨措施。（　） （2）对于有防潮要求的附件、备件、专用工器具及设备专用材料应置于干燥的室内。（　） （3）所有运输用临时防护罩在安装前应保持完好，不得取下。（　）							
4	附件材料保管	应符合产品技术文件要求；保持原包装完整。（　）							

表 12–17　　设备材料现场保管时间记录表

到货批次	设备编号	到货日期	接收人	开箱检查日期	检查人	安装开始日期	安装班组长	现场保管天数	保管结论

表 12–18　　施工前准备关键环节管控责任卡

序号	工作步骤	工 作 要 求	时间	是否影像留存	厂家代表	施工单位代表	监理单位代表	运行单位代表	建设管理单位代表
1	现场踩点检查	（1）查看现场基础建设环境是否符合进场安装要求。（　） （2）根据设计图纸核对设备安装位置。（　） （3）检查现场是否平整、清洁，无坑洼积水，并采取有效措施防尘防潮，满足施工要求。（　） （4）施工现场应满足设备安装作业要求。（　）							
2	附件安装人员要求	（1）作业人员必须熟练掌握本专业作业技能及《电业安全工作规程》知识，经年度《电业安全工作规程》考试合格。（　） （2）持有本专业职业资格证书或持有附件安装培训证书。（　）							
3	场地防尘、防潮措施	安装区域内应采取清洁、吸尘、覆盖等措施，防止尘土产生。（　）							
4	工器具、材料准备	主要工器具： （1）作业范围内应设置专用电源箱，由专职人员负责，并认真检查；各线路配线负荷标志清晰，熔丝或熔片容量、保护接地系统连接符合安全规程要求；箱体应接入接地网，箱门完好，内部无杂物。（　） （2）电动工具准备： 1）有统一、清晰的编号；外壳及手柄无裂纹或破损；电源线使用多股铜芯橡皮护套软电缆或护套皮线。保护接地连接正确、牢固可靠；电缆线完好无破损；插头符合安全要求，完好，无破损。（　） 2）开关动作正常、灵活、无破损；机械防护装置良好；转动部分灵活可靠；连接部分牢固可靠。（　） （3）所有附件、备品备件及专用材料应置于干燥的室内保管，室外存放的部件应置于平整、无积水处，加蓬布遮盖。（　）							

续表

序号	工作步骤	工作要求	时间	是否影像留存	厂家代表	施工单位代表	监理单位代表	运行单位代表	建设管理单位代表
5	线缆敷设前检查	（1）测温光纤、通信光缆敷设前应进行单盘检查测试，光缆衰耗必须符合设计要求，并注意光缆外护层有无裂缝断裂，核对光缆端别。（　） （2）电源线、信号线、网络组合线敷设前应进行检查测试，检查线路是否通畅，并注意线外护层有无裂缝断裂。（　）							
6	存在问题								

表 12–19　　　　线缆敷设关键环节管控责任卡

序号	工作步骤	工作内容	时间	是否影像留存	厂家代表	施工单位代表	监理单位代表	运行单位代表	建设管理单位代表
1	线缆敷设	（1）电缆、光缆引入和引出处须加顺引装置，不可直接拖地。（　） （2）光缆敷设弯曲半径至少为光缆外径的15～20倍。（　） （3）布放光缆时，索引速度不宜过快，一般为15m/min。（　） （4）两端做好标签，预留长度 10～20cm。（　） （5）光缆敷设完毕，应检查光纤有无损伤再进行接续。（　） （6）敷设电缆时，走线要简洁顺直，尽量避免交叉。（　） （7）线缆穿管前应检查保护管是否畅通，管口应加护圈，防止穿管时损伤导线。（　） （8）导线在管内或线槽内不应有接头和扭结。导线的接头应在接线盒内焊接或用端子连接。（　） （9）布线时不得损伤保护套管和踩踏线缆。（　） （10）线缆在输出端口预留 30～50cm。（　） （11）光缆熔接采用光纤终端盒保护。（　） （12）所有线缆均进行防护，进入槽盒，做到整齐、美观。电缆沟、穿过楼板及其他需防护位置时使用不锈钢管或镀锌管防护。（　）							
2	存在问题								

表 12–20　　设备安装关键环节管控责任卡

序号	工作步骤	工　作　要　求	时间	是否影像留存	厂家代表	施工单位代表	监理单位代表	运行单位代表	建设管理单位代表
1	屏柜	（1）屏体为标准屏，外形尺寸为：800×600×2260mm（宽×深×高），防护等级：不低于 IP30。（　　） （2）颜色为 Z32。（　　） （3）屏内工作电源为 220V 交流电源。（　　） （4）屏内放置工控机、多计算机（KVM）切换器、测温主机、网络硬盘录像机（NVR）和工业级以太网交换机等，组成变电站端主站系统。（　　）							
2	汇控箱	（1）箱体安装位置应符合设计要求，当设计无要求时，高度宜为底边距地 1.4m。（　　） （2）箱体暗装时，箱体板与框架应与建筑物表面配合严密，严禁采用电焊或气焊将箱体与预埋管焊在一起，管进箱应用锁母固定。（　　） （3）明装分线箱时，应先找准标高再钻孔，用膨胀螺栓固定箱体。要求箱体背板与墙面平齐。（　　） （4）箱体具有良好的防水、防尘性，满足 IP66。（　　）							
3	电缆护层接地环流在线监测	电流互感器使用开合式传感器，有利于现场安装。通道 1～4 为电流互感器，安装到电缆接地线上（A，B，C，总接地），通道 5 及感应取电电流互感器安装到 B 相主电缆上。通过信号线与汇控箱监测单元连接。信号通过光纤局域网，传送到后台数据服务器存储并显示。（　　）							
4	电缆局放在线监测	传感器由磁芯、罗高夫斯基线圈、滤波和取样单元及电磁屏蔽盒组成，使用开合式，有利于现场安装，信号通过光纤局域网，传送到后台数据服务器存储并显示。（　　）							
5	电缆光纤测温在线监测	（1）测温光缆直接从测量主机引出，沿着待测电缆夹层或桥架敷设，对于高压电缆，1 根高压电缆敷设 1 根感温光纤，对于电缆夹层，在每一层电缆夹层中，探测光缆 S 形铺设。（　　） （2）测温光缆的安装需贴紧探测区域，以实现温度或火灾的快速响应。用塑料扎带把光缆和电缆捆扎在一起。电缆竖井中感温光纤宜紧贴竖井侧壁敷设。电缆接头处感温光纤应盘绕成环，贴附与电缆接头处。环的弯曲半径应不小于光纤外径的 20 倍。（　　） （3）在隧道顶部用支架和钢丝绳牵引固定安装测温光缆，连接到测量主机。（　　） （4）测温光缆熔接采用光纤终端盒保护。（　　）							
6	电缆油压在线监测	传感器安装在高压充油电缆上，通过信号线与汇控箱监测单元连接。信号通过光纤局域网，传送到后台数据服务器存储并显示。（　　）							

续表

序号	工作步骤	工作要求	时间	是否影像留存	厂家代表	施工单位代表	监理单位代表	运行单位代表	建设管理单位代表
7	风机联动控制	（1）汇控箱控制信号接入风机控制状态触点。（　） （2）汇控箱运行信号接入风机运行状态触点。（　） （3）汇控箱故障信号接入风机故障状态触点。（　）							
8	水位监测	（1）汇控箱运行信号接入水泵运行状态触点。（　） （2）汇控箱故障信号接入水泵故障状态触点。（　） （3）水位变送器安装在距集水池底部10cm处，信号接入汇控箱。（　）							
9	防火门状态监测	汇控箱控制信号接入防火门控制状态触点。（　）							
10	井盖监控	在检查井下安装智能井盖，通过信号线与汇控箱监测单元连接。信号通过光纤局域网传送到后台数据服务器存储并显示，远程实时监控开闭锁状态。（　）							
11	照明控制	（1）照明灯具选用结构紧凑、小巧，尽量少占空间，灯具防护等级选用IP65，每套灯具均配1.5m长的灯头线。在灯具生产时灯头线已和灯具连接好，连接处的IP等级要求达到IP65，以保证灯具的整体防护效果，便于施工。灯具的光源采用LED。（　） （2）隧道内的照明灯具吸顶安装在隧道顶部，安装支架焊接固定在预埋件上，纵向安装间距为7.5m，每一回路采用三相供电，尽量使各相负荷平衡。工作井内照明灯具吸顶安装在楼板上或侧装在工作井内壁上。（　）							
12	环境监测	（1）传感器安装位置应符合设计要求，当设计无要求时，高度宜为底边距地1.4m。（　） （2）传感器具有良好的防水、防尘性，满足IP66。（　） （3）安装传感器时，固定支架要牢固还应保证传感器口在合适的位置。（　） （4）各传感器的安装应牢靠、紧固。（　）							
13	视频监控	（1）摄像机为吊顶安装，使用膨胀螺栓固定摄像机吊装支架方式固定在隧道项部，安装高度为隧道内距地面2～3m。（　） （2）摄像机镜头应避免强光直射，保证摄像管靶面不受损伤。镜头视场内，没有遮挡监视目标的物体。（　） （3）摄像机镜头从光源方向对准监视目标，避免逆光安装，当需要逆光安装时，应降低监视区域的对比度。（　） （4）摄像机在安装时，每个进线孔采用专业的防水胶或热熔胶做好防水、防水蒸气等流入的措施，以免对摄像机电路造成损坏。（　） （5）摄像机应安装牢靠、紧固。（　）							

续表

序号	工作步骤	工作要求	时间	是否影像留存	厂家代表	施工单位代表	监理单位代表	运行单位代表	建设管理单位代表
14	挂线路标识牌	（1）标签规格统一，挂装牢固。（　） （2）标签注明编号、回路号等信息。（　） （3）除两端外，在拐弯、交叉、较长直线端增设标签。（　） （4）标牌位置必须在显眼位置，符合检修和检查线路的需要。（　）							
15	清理现场	清理所有安装工具并打扫干净现场，把安装过程中留下的杂物堆积在指定部位或运走。（　）							
16	存在问题								

表 12–21　　设备调试试验关键环节管控责任卡

序号	工作步骤	工作内容	时间	是否影像留存	厂家代表	试验单位代表	监理单位代表	运行单位代表	建设管理单位代表
1	装置通电检查	（1）通电前的检查。（　） （2）检查各接线是否连接到位。（　） （3）万用表测试接线是否存在短路现象。（　） （4）装置通电后按照以下步骤检查是否正常： 1）PLC 各指示灯运行正常，无硬件和配置类告警信息。（　） 2）光纤交换机运行指示灯和环网连接指示灯是否正常。（　） 3）摄像机是否正常。（　）							
2	系统功能检查	（1）水泵、风机、防火门的运行状态系统显示是否一致。（　） （2）集水井水位和传感器的数据比对，是否合理。（　） （3）气体传感器的数据是否合理。（　） （4）环境温度、电缆本体问题和测温光纤的数据比较是否合理。（　） （5）视频监控图像是否清晰，流畅。（　） （6）风机、防火门控制操作是否正常。（　） （7）风机、防火门联动是否正常。（　） （8）照明联动是否正常。（　） （9）电缆接地环流采集是否正常。（　） （10）电缆局放采集是否正常。（　） （11）电缆油压采集是否正常。（　） （12）井盖监控联动是否正常等。（　）							
3	存在问题								

表 12–22　　验收关键环节管控责任卡

序号	工作步骤	工作内容	时间	是否影像留存	厂家代表	施工单位代表	监理单位代表	运行单位代表	建设管理单位代表
1	实物验收	（1）设备、屏柜、箱体安装牢靠，外表清洁完整，安装符合产品技术文件要求。（　　） （2）螺栓紧固力矩达到产品技术文件和相关标准要求。（　　） （3）电气连接可靠，且接触良好。（　　） （4）支架应焊接牢固，无显著变形。金属支架必须进行防腐处理。位于湿热、盐雾及有化学腐蚀地区时，应根据设计要求作特殊的防腐处理。支架及接地引线无锈蚀和损伤，设备接地线连接按设计和产品要求进行，接地应良好，接地标识清楚。（　　） （5）屏柜、箱体接地良好。（　　） （6）前端、机房设置装置应运行正常。（　　） （7）线缆敷设整齐、防护良好，线路标示牌走向清晰。（　　） （8）汇控箱防水防潮良好安装正确、牢固、美观。（　　）							
2	资料验收	（1）设计资料图纸、综合监控系统清册、竣工图及设计变更的证明文件齐全有效，施工图及设计变更的证明文件齐全有效。（　　） （2）制造厂提供的产品说明书、试验记录、装箱单、合格证明文件及安装图纸等技术文件齐全有效。（　　） （3）安装调整记录，检验及评定资料齐全有效。（　　） （4）各类试验报告齐全。（　　）							
3	系统运行验收	（1）各项功能需求测试（光纤测温、环境监测、视频监视、防火门监控、风机联动监控、水位监测、电缆接地环流、电缆局放、电缆油压、井盖监控等）符合设计要求。（　　） （2）通信测试，符合环网通信设计要求，运行稳定。（　　） （3）数据采集测试应正常。（　　） （4）控制监测测试应正常。（　　）							
4	存在问题								

四、电缆敷设关键环节管控责任卡

电缆敷设关键环节管控责任卡

工程名称：________________________________工程

管控范围：________________段________________相

（包含单元编号：________________________________）

设备序列号：________________________________

施工时间：____________年______月______日至____________年______月____日

使 用 说 明

（1）本卡为一回路一册，册中各页均不得毁损。工程开工前由省级公司根据项目使用设备数下发。

（2）本卡实行“每回路三相一卡”，为安装调试的原始记录，须工作当日手签，复印无效。

（3）本卡主要依据高压电缆质量验收及评定规程、交接试验标准、强制性条文、相关厂家作业指导书编制而成，其他电压等级参照执行。

（4）对于本卡中的管控项目，应尽量“实时、实际、量化”。可使用施工记录、验评记录作为本卡的支撑依据。

（5）每项具体工作后面的签字栏，相关责任方应签字。

主要责任单位　　相关单位　　不相关单位（不签字）

（6）责任单位及责任人按表 12–23 填写。

表 12–23　　责任单位及责任人

责任分工	单位名称	责任岗位	责任人姓名
建设管理单位		业主项目经理/副经理	
		质量专责	
		技术专责	
设计单位		项目设总	
		主设	
监理单位		项目总监	
		专业监理	
监造单位		项目组长	
施工单位		项目经理	
		项目总工	
		专职质检员	
设备厂家		项目经理	
		安装负责人	
调试单位		项目负责人	
运行单位		班长/设备主人	

注　责任人须与参建单位项目组织机构发文一致。

电缆敷设安装流程图如图 12–3 所示。

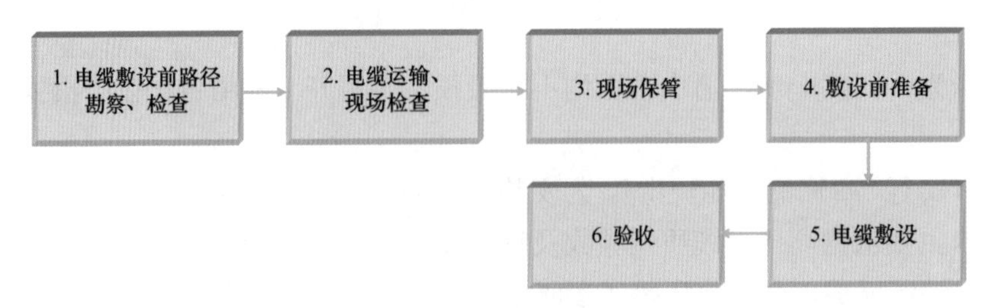

图 12–3 电缆敷设安装流程图

电缆敷设前路径勘察和检查、电缆运输和现场检查、现场保管、敷设前准备、电缆敷设、验收等关键环节管控责任卡分别见表 12–24～表 12–29。

表 12–24　　电缆敷设前路径勘察和检查关键环节管控责任卡

序号	工作步骤	工 作 内 容	时间	厂家代表	施工单位代表	监理单位代表	运行单位代表	建设管理单位代表
1	电缆敷设前路径勘察	（1）电缆通道路径走向，是否有与图纸一致。（　　） （2）电缆通道断面是否与设计图纸一致。（　　） （3）电缆通道是否符合现场敷设要求。（　　） （4）中间接头沟、电缆沟、工作井内有无其他障碍物，并留有影像资料。（　　） （5）电缆通道转弯点弯曲半径是否符合敷设要求。（　　）						
2	测量电缆路径长度	（1）测量电缆通道长度与设计图纸是否一致。（　　） （2）电缆盘长是否满足电缆实际路径长度。（　　）						
3	电缆通道内附件检查	（1）电缆通道内支架、通风、照明、排水、检修电源是否齐备、满足要求。（　　） （2）电缆通道现场是否具备运输和吊装车辆停放及工作要求。（　　）						
4	核对电缆线路名称、回路、相位	（1）根据设计图纸要求核对电缆线路名称是否正确。（　　） （2）根据设计图纸要求核对电缆线路回路是否正确。（　　）						
5	存在问题							

表 12–25　　电缆运输和现场检查关键环节管控责任卡

序号	工作步骤	工　作　要　求	时间	厂家代表	施工单位代表	监理单位代表	运行单位代表	建设管理单位代表
1	相关凭证	设备材料供货合同编号：______ 供货厂家：______						
2	外包装	无破损，并留有影像资料。（　）						
3	铭牌核对	与设计、合同一致。（　）						
4	型号核对	与设计、合同一致，并留有影像资料。（　）						
5	质保书或合格证	齐全、有效。（　）						
6	出厂试验报告	齐全、有效。（　）						
7	电缆盘运输	（1）起吊电缆做好安全措施，周围设安全围栏，设专人监护。（　） （2）电缆盘在运输中应用平板拖车运送，绑牢，前后卡上木塞，防止滚动，并留有影像资料。（　） （3）电缆盘运输、装卸应注意周围环境，确保吊车起吊安全。（　） （4）电缆盘放置，应核对电缆箭头方向，并留有影像资料。（　） （5）核对电缆盘的放置顺序及编号。（　）						
8	存在问题							

表 12–26　　现场保管关键环节管控责任卡

序号	工作步骤	工　作　要　求	时间	厂家代表	施工单位代表	监理单位代表	运行单位代表	建设管理单位代表
1	保管场地整理	将原包装电缆盘放置于平整、无积水、无腐蚀性气体的场地，并留有影像资料。（　）						
2	装卸	电缆盘不得平置、倾翻、碰撞和受到剧烈的撞击；重大单元应尽量一次就位或靠近安装位置，避免二次转运，并留有影像资料。（　）						
3	防雨防潮	（1）对有防雨要求的设备应有相应防雨措施，并留有影像资料。（　） （2）电缆防护罩在敷设前应保持完好，不得撤卸。（　）						
4	电缆盘保管	应符合产品技术文件要求，保持原包装完整。（　）						
5	存在问题							

表 12-27　　敷设前准备关键环节管控责任卡

日期：________　天气：________　温度：________　湿度：________

序号	工作步骤	工作要求	时间	厂家代表	施工单位代表	监理单位代表	运行单位代表	建设管理单位代表
1	电缆路径及通道的检查	（1）核对电缆敷设路径长度与盘长是否符合要求。（　　） （2）测量并记录敷设地点与电缆终端及接头处的距离，以便准确预留长度及电缆裕度。（　　） （3）预留孔洞、预埋件安装牢固，强度符合设计要求，并留有影像资料。（　　） （4）电缆沟、隧道、工作井、竖井及人孔等处的土建工作结束，电缆沟排水畅通，无积水，金属部分的防腐层完整，电缆隧道、顶管、夹层内通风照明符合要求，并留有影像资料。（　　） （5）电缆路径沿线场地清理干净、道路畅通，沟盖板齐备。（　　） （6）电缆敷设用的脚手架及其他临时设施应安装完毕并符合安全规范要求，留有影像资料。（　　） （7）电缆排管及拉管口符合电缆敷设要求，并根据敷设方案或作业指导书中要求做好相位及线路名称标记，以确保电缆敷设相位无误，并留有影像资料。（　　） （8）检查电缆沟转弯点是否符合电缆弯曲半径的要求。（　　）						
2	电缆检查	（1）对电缆规格、型号、截面积、电压等级等进行详细检查，均需与设计图纸一致。（　　） （2）电缆外观无扭曲，牵引头、护层无损伤，并留有影像资料。（　　） （3）电缆封端应严密，当外观检查有怀疑时，应进行受潮判断或试验。（　　） （4）根据实测路径长度及到货电缆长度，将电缆进行分盘，并按电缆敷设方案或作业指导书要求将电缆进行排序，最终确定敷设顺序。（　　） （5）敷设前制作电缆标记牌，确保电缆敷设相位、线路方向与施工图纸相符。标记牌上应注明线路名称编号、电缆规格、型号、电缆等级及敷设路径区间等信息，并留有影像资料。（　　） （6）电缆盘摆放地点设置明显告示牌、挂红灯、红旗、设遮栏，夜晚挂红灯警示，确保过往人员、车辆的安全。（　　） （7）冬季电缆敷设，温度达不到规范要求时，应将电缆提前加温。（　　）						
3	电缆敷设工器具检查	（1）敷设电缆前，对支架、大轴、千斤顶、电缆滚轮、转向导轮、吊链、滑轮、钢丝绳进行检查试运转。（　　） （2）对敷设电缆的输送机、牵引机进行检查，并留有影像资料。（　　） （3）对绝缘电阻表、皮尺、钢锯、手锤、扳手、电气焊工具、电工工具进行检查。（　　） （4）切断电缆的电锯、电源、煤气包、电缆封帽完好。（　　） （5）检查吊装电缆钢丝千斤是否符合要求。（　　） （6）敷设用的无线电对讲机或扩音喇叭是否完好。（　　）						

续表

序号	工作步骤	工 作 要 求	时间	厂家代表	施工单位代表	监理单位代表	运行单位代表	建设管理单位代表
4	施工人员准备	（1）编制电缆敷设作业指导书并审核通过。（ ） （2）敷设前根据施工方案或作业指导书对敷设人员进行技术交底、安全交底及现场危险源辨识教育培训。经考试合格后方可参与施工，并，并留有相关人员影像资料。（ ）						
5	存在问题							

表 12–28　　电缆敷设关键环节管控责任卡

序号	工作步骤	工 作 内 容	时间	厂家代表	施工单位代表	监理单位代表	运行单位代表	建设管理单位代表
1	措施落实	（1）电缆盘落点周围设置安全围挡，挂警示牌，设专人监护。（ ） （2）电缆沟、隧道、工作井、竖井及人孔等处设置安全围挡，挂警示牌，设专人监护，并留有影像资料。（ ） （3）施工现场安全、文明、环境、质量控制、优质服务措施完备。（ ）						
2	电缆敷设前护层测量	电缆护层测量试验符合要求，并留有影像资料。（ ）						
3	电缆敷设	（1）采用同步牵引机、输送机及滑轮组方式进行电缆敷设。（ ） （2）牵引机的牵引速度及拉力控制符合要求，并留有影像资料。（ ） （3）电缆敷设时，电缆应从电缆盘上端引出，不应使电缆在支架或地面上摩擦拖拉。电缆上不得有铠装压扁、电缆绞拧、护层折裂等未消除的机械损伤，并留有影像资料。（ ） （4）电缆的最小弯曲半径应符合验收规范要求，并留有影像资料。（ ） （5）电缆敷设时应排列整齐，不宜交叉，电缆固定，标志牌符合要求，并留有影像资料。（ ） （6）敷设电缆时，应在牵引头或钢丝网套与牵引钢缆之间装设防捻器，并留有影像资料。（ ） （7）110kV 及以上电压等级电缆敷设时，转弯处侧压力不应大于 3kN/m。（ ） （8）高电压、大截面电缆蛇形、垂直打弯符合设计要求，并留有影像资料。（ ） （9）做好防止损伤电缆护层的安全措施。（ ） （10）电缆牵引头及沿线设专人监视。（ ） （11）电缆敷设完后，应及时清除杂物，封堵好管口，盖好盖板。必要时，应将盖板缝隙密封，并留有影像资料。（ ） （12）应对电缆相序进行挂牌，并留有影像资料。（ ）						

续表

序号	工作步骤	工　作　内　容	时间	厂家代表	施工单位代表	监理单位代表	运行单位代表	建设管理单位代表
4	电缆敷设后护层耐压试验	（1）在电缆护层试验前做好安全措施，设专人监护。（　　） （2）电缆护层试验合格，并留有影像资料。（　　）						
5	存在问题							

表 12–29　　验收关键环节管控责任卡

序号	工作步骤	工　作　内　容	时间	厂家代表	施工单位代表	监理单位代表	运行单位代表	建设管理单位代表
1	电缆的固定	（1）垂直或超过 45° 倾斜敷设的电缆应固定在每个支架上；桥架上每隔 2m 处固定电缆，并留有影像资料。（　　） （2）水平敷设的电缆，在电缆首末两端及转弯、电缆接头两端处；隧道、竖井、工作井、变电站内电缆夹层内安装支架处固定电缆，并留有影像资料。（　　） （3）交流系统的单芯电缆或分相后的分相铅套电缆的固定夹具不应构成闭合磁路。（　　） （4）裸铅（铝）护套电缆的固定处，应加软衬垫保护，并留有影像资料。（　　） （5）护层有绝缘要求的电缆，在固定处应加绝缘衬垫，并留有影像资料。（　　） （6）电缆固定要牢固，防止脱落，避免使电缆受机械振动影响，并应做好防火和防机械损伤措施，并留有影像资料。（　　） （7）大截面电缆在排管、拉管、桥梁等固定处需加装伸缩装置，并留有影像资料。（　　）						
2	标志牌的装设	（1）在电缆终端头、电缆接头、转弯处、夹层内、隧道及竖井的两端、人孔井等处，电缆上应装设标志牌，并留有影像资料。（　　） （2）标志牌上应注明线路名称编号、电缆型号、规格、起止点、厂家、敷设日期等信息。（　　） （3）标志牌规格宜统一、具备防腐能力、挂装应牢固且字迹应清晰不易脱落。（　　）						
3	电缆敷设	（1）电力电缆和控制电缆不应配置在同一层支架上。（　　） （2）并列敷设的电力电缆，其相互间的净距应符合设计要求，并留有影像资料。（　　） （3）电缆固定在支架上，电缆排列，夹具固定符合设计要求，并留有影像资料。（　　） （4）电缆是否完好。（　　） （5）电缆隧道内和不填砂土的电缆沟内的电缆应设置有防火设施，并留有影像资料。（　　） （6）电缆引进隧道、人孔井及建筑物时，应穿入管中，并在穿管段增加阻水法兰等设施，以防渗漏水，并留有影像资料。（　　） （7）电缆人孔井井盖安装符合规范要求，并留有影像资料。（　　） （8）电缆路径上标识牌规范、齐全。（　　）						

续表

序号	工作步骤	工作内容	时间	厂家代表	施工单位代表	监理单位代表	运行单位代表	建设管理单位代表
4	电缆封堵	（1）电缆管口或电缆竖井口处要有防火泥封堵，封堵应严实可靠，不应有明显的裂缝和可见的孔隙，孔洞较大处应加耐火板后再进行封堵，并留有影像资料。（　） （2）在电缆沟中应用软质耐火材料分段设置防火墙，并留有影像资料。（　） （3）电缆穿过竖井、墙壁、楼板或进入电气盘、柜的孔洞处需用防火堵料密实封堵，并留有影像资料。（　）						
5	电缆支架	（1）电缆支架表面光滑无毛刺，适应实用环境，耐久稳固，满足所需承载能力要求，并留有影像资料。（　） （2）金属电缆支架全长均应接地良好。（　） （3）当设计无要求时，电缆支架最上层至竖井顶部或楼板距离不小于 150～200mm；支架最下层至沟底或地面的距离不小于 50～100mm。（　） （4）支架与预埋件焊接固定时，焊缝饱满；用膨胀螺栓固定时，连接紧固防松零件齐全。（　）						
6	电缆护层试验	电缆护层试验合格并有详细试验记录。（　）						
7	完工资料	（1）敷设记录正确、完整。（　） （2）电缆检查记录正确、完整。（　） （3）电缆生产厂家、盘号正确、完整。（　） （4）电缆试验记录、核相记录正确、完整。（　） （5）电缆线路地理信息图正确、完整。（　）						
8	存在问题							

五、电缆附件安装关键环节管控责任卡

（一）电缆 GIS 终端安装关键环节管控责任卡

电缆 GIS 终端安装关键环节管控责任卡

工程名称：________________________________工程

管控范围：____________________间隔______________相

（包含单元编号：________________________________）

设备序列号：________________________________

施工时间：________年______月______日至________年______月______日

使　用　说　明

（1）本卡册一回路一册，册中各页均不得毁损。工程开工前由省级公司根据项目使用设

备数下发。

（2）本卡实行“每回路三相一卡”，为安装调试的原始记录，须工作当日手签，复印无效。

（3）本卡主要依据高压电缆质量验收及评定规程、交接试验标准、强制性条文、相关厂家作业指导书编制而成，其他电压等级参照执行。

（4）对于本卡中的管控项目，应尽量“实时、实际、量化”。可使用施工记录、验评记录作为本卡的支撑依据。

（5）每项具体工作后面的签字栏，相关责任方应签字。

（灰色）	主要责任单位	（空白）	相关单位	（斜线）	不相关单位（不签字）

（6）责任单位及责任人按表 12–30 填写。

表 12–30　　　　责任单位及责任人

责任分工	单位名称	责任岗位	责任人姓名
建设管理单位		业主项目经理/副经理	
		质量专责	
		技术专责	
设计单位		项目设总	
		主设	
监理单位		项目总监	
		专业监理	
监造单位		项目组长	
施工单位		项目经理	
		项目总工	
		专职质检员	
设备厂家		项目经理	
		安装负责人	
调试单位		项目负责人	
运行单位		班长/设备主人	

注　责任人须与参建单位项目组织机构发文一致。

电缆 GIS 终端安装流程图如图 12–4 所示。

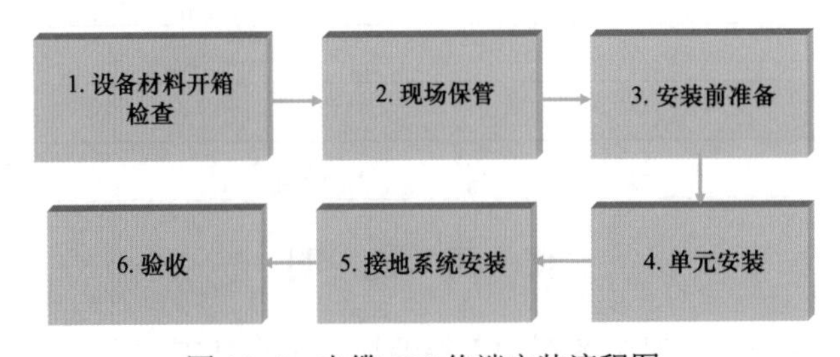

图 12–4　电缆 GIS 终端安装流程图

设备材料开箱检查、现场保管、安装前准备、单元安装、接地系统安装、验收等关键环节管控责任卡分别见表12–31～表12–37。

表12–31　　设备材料开箱检查关键环节管控责任卡

序号	工作步骤	工　作　内　容	时间	厂家代表	施工单位代表	监理单位代表	运行单位代表	建设管理单位代表
1	说明	设备材料供货合同编号：______ 供货厂家：______ 本次开箱检查箱号：______						
2	外包装	无破损。(　　)						
3	铭牌核对	与设计、合同一致，并留有影像资料。(　　)						
4	型号核对	与设计、合同一致，并留有影像资料。(　　)						
5	质保书或合格证	齐全、有效。(　　)						
6	根据装箱清单进行核对	齐全、有效，并留有影像资料。(　　)						
7	出厂试验报告	齐全、有效，并留有影像资料。(　　)						
8	安装使用说明书	齐全、有效。(　　)						
9	安装图纸及资料	齐全、有效。(　　)						
10	备品备件及专用工器具	齐全，规格符合供货合同要求。(　　)						
11	缺件	无缺件。(　　)						

表12–32　　现场保管关键环节管控责任卡

序号	工作步骤	工　作　要　求	时间	厂家代表	施工单位代表	监理单位代表	运行单位代表	建设管理单位代表
1	保管场地整理	按原包装放置于平整、无积水、无腐蚀性气体的场地。(　　)						
2	装卸	不得倒置、倾翻、碰撞和受到剧烈的振动；(绝缘附件、套管等)重大单元应尽量一次就位或靠近安装位置，避免二次转运。(　　)						
3	防雨防潮	(1) 对有防雨要求的设备应有相应防雨措施。(　　) (2) 对于有防潮要求的附件、备件、专用工器具及设备专用材料，应置于干燥的室内，特别是组装用O形圈、绝缘油等。(　　) (3) 所有运输用临时防护罩在安装前应保持完好，不得取下。(　　) (4) 满足供应商要求的储存温度。 供应商要求储存温度为：______，实际储存温度______。(　　)						

续表

序号	工作步骤	工　作　要　求	时间	厂家代表	施工单位代表	监理单位代表	运行单位代表	建设管理单位代表
4	环氧套管保管	应符合产品技术文件要求；保持原包装完整。（　）						
5	附件材料保管	应符合产品技术文件要求；保持原包装完整。（　）						

表 12–33　　GIS 终端附件单元现场保管时间记录表

到货批次	单元编号	到货日期	接收人	开箱检查日期	检查人	安装开始日期	安装班组长	现场保管天数	保管结论

表 12–34　　安装前准备关键环节管控责任卡

序号	工作步骤	工　作　要　求	时间	厂家代表	施工单位代表	监理单位代表	运行单位代表	建设管理单位代表
1	电缆支架基础检查	（1）电缆支架基础符合安装要求。（　） （2）基础表面清洁干净。（　） （3）基础误差、抱箍固定件、电缆预留通道、接地线位置应满足设计图纸及产品技术文件的要求。（　） （4）确定电缆就位安装中心基准线（一般以GIS 终端安装位置为基准线），根据安装图纸依次确定各安装单元的中心线。（　）						
2	场地整理	（1）场地平整、清洁，无坑洼积水，并采取有效措施防尘防潮，满足施工要求。（　） （2）施工场地应满足起重机械的作业要求。（　）						
3	附件安装人员要求	（1）作业人员必须熟练掌握本专业作业技能及《电业安全工作规程》知识，并经考试合格。（　） （2）持有本专业职业资格证书或持有附件安装培训证书，留有安装人员影像资料。（　）						
4	搭拆脚手架	脚手架搭设经验收合格，符合安装条件。（　）						
5	场地防尘措施	（1）安装区域应单独隔离、设置防尘围挡，严格进出管理。（　） （2）安装区域内应采取清洁、吸尘、覆盖等措施，防止尘土产生。（　） （3）安装区域外应无扬尘的土建施工作业，必要时采取洒水降尘措施。（　）						

续表

序号	工作步骤	工　作　要　求	时间	厂家代表	施工单位代表	监理单位代表	运行单位代表	建设管理单位代表
6	场地防潮措施	满足防雨、防潮湿、通风的条件，必要时可在现场搭设工作棚。（　　）						
7	工器具、材料准备	主要工器具： （1）起重工具、临时电源、电焊机等工器具满足相应条件。（　　） （2）根据厂家供应要求检查专用工具数量、规格、性能等是否满足安装要求。（　　） （3）电动工具准备： 1）有统一、清晰的编号；外壳及手柄无裂纹或破损；电源线使用多股铜芯橡皮护套软电缆或护套皮线。保护接地连接正确、牢固可靠；电缆线完好无破损；插头符合安全要求，完好，无破损。（　　） 2）开关动作正常、灵活、无破损；机械防护装置良好；转动部分灵活可靠；连接部分牢固可靠。（　　） （4）抛光机等转动标志明显；绝缘电阻符合要求。（　　） （5）所有附件、备品备件及专用材料应置于干燥的室内保管，室外存放的部件应置于平整、无积水处，加蓬布遮盖。（　　） （6）GIS 室内应设置太阳灯、防尘垫、力矩扳手及干湿温度计。（　　）						
8	核对电缆线路名称、回路、相位	（1）根据设计图纸要求核对电缆线路名称是否正确。（　　） （2）根据设计图纸要求核对电缆线路回路是否正确并在电缆上标注。（　　） （3）根据设计图纸要求核对电缆线路回路相位是否正确并在电缆上标注，并留有影像资料。（　　）						
9	电缆护层试验、接地电阻测量	（1）确认电缆护层试验合格。（　　） （2）护套绝缘检测，留有影像资料，判断是否合格。（　　）						
10	存在问题							

表 12-35　　单元安装关键环节管控责任卡

日期：________　天气：________　温度：________　湿度：________

序号	工作步骤	工　作　要　求	时间	厂家代表	施工单位代表	监理单位代表	运行单位代表	建设管理单位代表
1	电缆 GIS 终端构架安装检查	（1）电缆构架尺寸规格符合施工图纸要求，并留有影像资料。（　　） （2）构架安装应牢固可靠。（　　）						
2	吊装电缆检查	（1）核对施工图纸，电缆吊装相位正确。（　　） （2）检查电缆弯曲半径、支架固定是否符合要求，并确认电缆无损伤、受潮现象。（　　）						

续表

序号	工作步骤	工 作 要 求	时间	厂家代表	施工单位代表	监理单位代表	运行单位代表	建设管理单位代表
3	GIS 终端操作平台搭建检查	（1）操作平台搭建应符合设计图纸要求。（ ） （2）操作平台应安全、牢固、可靠。（ ） （3）防雨、防尘棚应紧密、完整并起到防雨尘作用。（ ）						
4	初步切断电缆	将支撑绝缘子安装在电缆槽钢支架上，取支撑绝缘子表面为基准面，以基准面向上量取________mm 并截断电缆。（ ）						
5	电缆护套剥除	（1）根据图纸要求以基准面向下量取________mm，此处为金属护套锯断处。（ ） （2）以金属护套截断处为基准，向下量取________mm 作标记，此处为外护套剥离点。将去除外护套部分的金属护套表面清洗干净。（ ） （3）用玻璃片刮去外护套端口以下________mm 表面石墨涂层，并留有影像资料。（ ）						
6	打底铅	根据电缆终端底部尾管口处在金属护套上对应位置上、下 50mm 的范围内打底铅，并留有影像资料。（ ）						
7	电缆加热校直	根据图纸工艺尺寸，进行加热校直，并留有影像资料。（ ）						
8	精确切断电缆	根据图纸尺寸要求，切断电缆，并留有影像资料。（ ）						
9	套入密封圈、尾管等附件	（1）套入热缩管、密封圈。（ ） （2）套入尾管。（ ） （3）套入锥托。（ ）						
10	压接出线棒	（1）除去导体上的半导电层，用锉刀导体端部休整成倒角。（ ） （2）将出线棒插入导体线芯，根据安装总图附表规定的尺寸，选择合适的模具，装配好压接工具进行压接，压接表面如有毛刺或尖锐凸起，用锉刀修正。（ ） （3）出线棒是否与电缆线芯保持顺直，并留有影像资料。（ ）						
11	主绝缘处理	（1）从底板上表面量取________mm 长度作为标记，剥离绝缘外屏蔽层，用专用工具（或玻璃）去除电缆外屏蔽层并做到平滑过渡，电缆绝缘外径符合图纸工艺尺寸要求。（ ） （2）打磨主绝缘：依次分别采用 240、320 号和 400 号砂纸，将电缆绝缘表面及外半导电屏蔽切断口处打磨光滑。打磨后的电缆绝缘直径符合图纸工艺尺寸要求。（ ） （3）根据图纸要求，电缆主绝缘从上往下至少清洁 2 次，直到清洁干净为止。测量并记录正交方向主绝缘外径，外半导电层外径符合图纸工艺尺寸要求，并留有影像资料。（ ）						

续表

序号	工作步骤	工作要求	时间	厂家代表	施工单位代表	监理单位代表	运行单位代表	建设管理单位代表
12	绝缘屏蔽层端口处理	（1）根据图纸工艺尺寸要求，从外屏蔽层断口最高点往上量取________mm 作标记，标记往上的主绝缘用保鲜膜保护。（　　） （2）将外屏蔽电漆摇匀后，向外屏蔽电层方向 45°喷涂半导电漆。要求电缆整个圆柱形表面喷涂均匀，在外屏蔽电漆干后，喷涂第 2 遍，保证喷涂表面光洁，符合工艺要求，并留有影像资料。（　　）						
13	清洗并安装应力锥	（1）根据工艺要求，从内屏蔽断口或喷漆的端口往下量________mm 为应力锥安装定位点并做标记。（　　） （2）装配终端应力锥之前应清理电缆绝缘表面。检查无杂质、凹坑等的缺陷时，在电缆绝缘表面均匀涂抹一薄层硅脂（油），检查、清洁应力锥内、外面，将预制的电缆终端应力锥套入电缆定位点的位置，将电缆、应力锥用薄膜包裹，并留有影像资料。（　　）						
14	安装绝缘套管	（1）先清洗环氧套筒内部及底板表面，在底板密封用的 O 形圈的表面涂抹 1 层硅脂（油），把它放底板的槽内，并留有影像资料。（　　） （2）彻底清洁电缆绝缘表面及应力锥的表面，将环氧套筒慢慢地套入电缆内，上紧锥托、尾管、封铅和热缩管。（　　）						
15	环氧管进仓	（1）清理环氧套管与开关。（　　） （2）根据开关厂家要求，将环氧管缓缓地套入开关内部。（　　） （3）将电缆固定完整后，夹紧抱箍，调直电缆，并留有影像资料。（　　）						
16	连接接地	把接地线连接端子直接用螺栓拧紧固定在尾管预留的连接面上。（　　）						
17	贴电缆线路标识牌	（1）标牌上标明线路名称、相位、安装日期、安装人员、监理单位、监理人员、附件厂家及电缆厂家。（　　） （2）贴牌位置必须在显眼位置，符合检修和检查线路的需要。（　　）						
18	电缆封堵	根据开关站内部要求进行封堵，并留有影像资料。（　　）						
19	清理现场	清理所有安装工具并打扫干净现场，把安装过程中留下的杂物堆积在指定部位或运走。（　　）						
20	存在问题							

表 12–36　　接地系统安装关键环节管控责任卡

序号	工作步骤	工　作　内　容	时间	厂家代表	施工单位代表	监理单位代表	运行单位代表	建设管理单位代表
1	接地系统安装	（1）按照设计要求安装设备底座的接地线，并留有影像资料。（　　） （2）接地线安装应工艺美观、标识规范。（　　） （3）接地电阻符合设计要求。（　　） （4）接地保护箱安装正确，工艺美观、标识规范，并留有影像资料。（　　）						
2	存在问题							

表 12–37　　验收关键环节管控责任卡

序号	工作步骤	工　作　内　容	时间	厂家代表	施工单位代表	监理单位代表	运行单位代表	建设管理单位代表
1	实物验收	（1）GIS 安装牢靠，外表清洁完整，动作性能符合产品技术文件要求。（　　） （2）螺栓紧固力矩达到产品技术文件和相关标准要求。（　　） （3）电气连接可靠，且接触良好，并留有影像资料。（　　） （4）支架及接地引线无锈蚀和损伤，设备接地线连接按设计和产品要求进行，接地应良好，接地标识清楚，并留有影像资料。（　　） （5）油漆应完整，相色标识正确，接地良好，并留有影像资料。（　　） （6）本体接线盒防雨防潮良好，本体电缆防护良好，并留有影像资料。（　　）						
2	资料验收	（1）设计资料图纸、竣工图及设计变更的证明文件齐全有效，施工图及设计变更的证明文件齐全有效。（　　） （2）制造厂提供的产品说明书、试验记录、装箱单、合格证明文件及安装图纸等技术文件齐全有效。（　　） （3）安装调整记录，检验及评定资料齐全有效。（　　） （4）影像资料齐全。（　　）						
3	存在问题							

（二）电缆户外终端安装关键环节管控责任卡

电缆户外终端安装关键环节管控责任卡

工程名称：__________________________________工程

管控范围：____________________间隔（塔/站）____________相

（包含单元编号：________________________________）

设备序列号：________________________________

施工时间：________年______月______日至________年______月______日

使 用 说 明

（1）本卡一回路一册，册中各页均不得毁损。工程开工前由省级公司根据项目使用设备数下发。

（2）本卡实行“每回路三相一卡”，为安装调试的原始记录，须工作当日手签，复印无效。

（3）本卡主要依据高压电缆质量验收及评定规程、交接试验标准、强制性条文、相关厂家作业指导书编制而成，其他电压等级参照执行。

（4）对于本卡中的管控项目，应尽量“实时、实际、量化”。可使用施工记录、验评记录作为本卡的支撑依据。

（5）每项具体工作后面的签字栏，相关责任方应签字。

▨（灰色）主要责任单位　□ 相关单位　▧（斜线）不相关单位（不签字）

（6）责任单位及责任人按照表 12–38 填写。

表 12–38　　责 任 单 位 及 责 任 人

责任分工	单位名称	责任岗位	责任人姓名
建设管理单位		业主项目经理/副经理	
		质量专责	
		技术专责	
设计单位		项目设总	
		主设	
监理单位		项目总监	
		专业监理	
监造单位		项目组长	
施工单位		项目经理	
		项目总工	
		专职质检员	
设备厂家		项目经理	
		安装负责人	
调试单位		项目负责人	
运行单位		班长/设备主人	

注　责任人须与参建单位项目组织机构发文一致。

电缆户外终端接头安装流程图如图 12–5 所示。

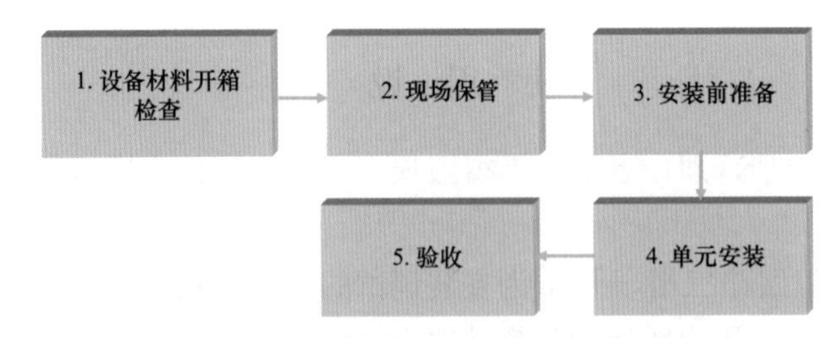

图 12–5　电缆户外终端接头安装流程图

设备材料开箱检查、现场保管、安装前准备、单元安装、验收等关键环节管控责任卡分别见表 12–39～表 12–44。

表 12–39　设备材料开箱检查关键环节管控责任卡

序号	工作步骤	工　作　内　容	时间	厂家代表	施工单位代表	监理单位代表	运行单位代表	建设管理单位代表
1	说明	设备材料供货合同编号：______ 供货厂家：______ 本次开箱检查箱号：______						
2	外包装	无破损，并留有影像资料。（　）						
3	铭牌核对	与设计、合同一致，并留有影像资料。（　）						
4	型号核对	与设计、合同一致，并留有影像资料。（　）						
5	质保书或合格证	齐全、有效。（　）						
6	根据装箱清单进行核对	齐全、有效，并留有影像资料。（　）						
7	出厂试验报告	齐全、有效，并留有影像资料。（　）						
8	安装使用说明书	齐全、有效。（　）						
9	安装图纸及资料	齐全、有效。（　）						
10	备品备件及专用工器具	齐全，规格符合供货合同要求。（　）						
11	缺件	无缺件。（　）						

表 12–40　现场保管关键环节管控责任卡

序号	工作步骤	工　作　要　求	时间	厂家代表	施工单位代表	监理单位代表	运行单位代表	建设管理单位代表
1	保管场地整理	按原包装放置于平整、无积水、无腐蚀性气体的场地，并留有影像资料。（　）						
2	装卸	不得倒置、倾翻、碰撞和受到剧烈的振动；（绝缘子、绝缘附件、避雷器、套管等）重大单元应尽量一次就位或靠近安装位置，避免二次转运。（　）						

续表

序号	工作步骤	工作要求	时间	厂家代表	施工单位代表	监理单位代表	运行单位代表	建设管理单位代表
3	保管环境	（1）对有防雨要求的设备应有相应防雨措施，并留有影像资料。（　） （2）对于有防潮要求的附件、备件、专用工器具及设备专用材料应置于干燥的室内，特别是组装用O形圈、绝缘油等。（　） （3）所有运输用临时防护罩在安装前应保持完好，不得取下，并留有影像资料。（　） （4）满足供应商要求的储存温度： 供应商要求储存温度为：______，实际储存温度______。（　）						
4	套管保管	应符合产品技术文件要求；保持原包装完整，并留有影像资料。（　）						
5	附件材料保管	应符合产品技术文件要求；保持原包装完整，并留有影像资料。（　）						

表12–41　　户外终端附件单元现场保管时间记录表

到货批次	单元编号	到货日期	接收人	开箱检查日期	检查人	安装开始日期	安装班组长	现场保管天数	保管结论

表12–42　　安装前准备关键环节管控责任卡

序号	工作步骤	工作要求	时间	厂家代表	施工单位代表	监理单位代表	运行单位代表	建设管理单位代表
1	电缆支架基础检查	（1）电缆支架基础符合安装要求，并留有影像资料。（　） （2）基础表面清洁干净。（　） （3）基础误差、抱箍固定件、电缆预留通道、接地线位置应满足设计图纸及产品技术文件的要求，并留有影像资料。（　） （4）确定电缆就位安装中心基准线（一般以GIS终端安装位置为基准线），根据安装图纸依次确定各安装单元的中心线，并留有影像资料。（　）						
2	场地整理	（1）场地平整、清洁，无坑洼积水，并采取有效措施防尘防潮，满足施工要求，并留有影像资料。（　） （2）施工场地应满足起重机械的作业要求。（　）						

续表

序号	工作步骤	工 作 要 求	时间	厂家代表	施工单位代表	监理单位代表	运行单位代表	建设管理单位代表
3	附件安装人员要求	（1）作业人员必须熟练掌握本专业作业技能及《电业安全工作规程》知识，并经考试合格。（　　） （2）持有本专业职业资格证书或持有附件安装培训证书，并留有相关人员影像资料。（　　）						
4	搭拆脚手架	脚手架搭设经验收合格，符合安装条件。（　　）						
5	场地防尘措施	（1）安装区域应单独隔离、设置防尘围挡，严格进出管理，并留有相关人员影像资料。（　　） （2）安装区域内应采取清洁、吸尘、覆盖等措施，防止尘土产生。（　　） （3）安装区域外应无扬尘的土建施工作业，必要时采取洒水降尘措施。（　　）						
6	场地防潮措施	满足防雨、防潮湿、通风的条件，必要时可在现场搭设工作棚，并留有影像资料。（　　）						
7	工器具、材料准备	主要工器具： （1）起重工具、临时电源、电焊机等工器具满足相应条件。（　　） （2）根据厂家供应要求检查专用工具数量、规格、性能等是否满足安装要求。（　　） （3）电动工具准备： 1）有统一、清晰的编号；外壳及手柄无裂纹或破损；电源线使用多股铜芯橡皮护套软电缆或护套皮线。保护接地连接正确、牢固可靠；电缆线完好无破损；插头符合安全要求，完好，无破损。（　　） 2）开关动作正常、灵活、无破损；机械防护装置良好；转动部分灵活可靠；连接部分牢固可靠。（　　） （4）抛光机等转动标志明显；绝缘电阻符合要求。（　　） （5）所有附件、备品备件及专用材料应置于干燥的室内保管，室外存放的部件应置于平整、无积水处，加蓬布遮盖，并留有影像资料。（　　）						
8	核对电缆线路名称、回路、相位	（1）根据设计图纸要求核对电缆线路名称是否正确。（　　） （2）根据设计图纸要求核对电缆线路回路是否正确并在电缆上标注，并留有影像资料。（　　） （3）根据设计图纸要求核对电缆线路回路相位是否正确并在电缆上标注。（　　）						
9	电缆护层试验、接地电阻测量	（1）确认电缆护层试验合格。（　　） （2）护套绝缘检测，是否合格，并留有影像资料。（　　）						
10	存在问题							

表 12–43　　单元安装关键环节管控责任卡

日期：________　天气：________　温度：________　湿度：________

序号	工作步骤	工 作 要 求	时间	厂家代表	施工单位代表	监理单位代表	运行单位代表	建设管理单位代表
1	电缆终端构架安装检查	（1）电缆构架尺寸规格符合施工图纸要求，并留有影像资料。（　　） （2）构架安装应牢固可靠。（　　）						
2	吊装电缆检查	（1）核对施工图纸，电缆吊装相位正确。（　　） （2）检查电缆弯曲半径、支架固定是否符合要求并确认电缆无损伤、受潮现象，并留有影像资料。（　　）						
3	户外终端操作平台搭建检查	（1）操作平台搭建应符合设计图纸要求。（　　） （2）操作平台应安全、牢固、可靠。（　　） （3）防雨、防尘棚应紧密、完整，起到防雨尘作用，并留有影像资料。（　　）						
4	初步切断电缆	将支撑绝缘子安装在电缆槽钢支架上，取支撑绝缘子表面为基准面，以基准面向上量取________mm 截断电缆，并留有影像资料。（　　）						
5	电缆护套剥除	（1）根据图纸要求以基准面向下量取________mm，此处为金属护套锯断处。（　　） （2）以金属护套截断处为基准，向下量取________mm 作标记，此处为外护套剥离点。将去除外护套部分的金属护套表面清洗干净，并留有影像资料。（　　） （3）用玻璃片刮去外护套端口以下________mm 表面石墨涂层，并留有影像资料。（　　）						
6	打底铅	根据电缆终端底部尾管口处在金属护套上对应位置上、下 50mm 的范围内打底铅，并留有影像资料。（　　）						
7	电缆加热校直	根据图纸工艺尺寸，进行加热校直，并留有影像资料。（　　）						
8	精确切断电缆	根据图纸工艺尺寸要求，以安装平面为基准，量取________mm 截断电缆，并留有影像资料。（　　）						
9	套入密封圈、尾管等附件	（1）套入尾管及支撑环。（　　） （2）调整 4 个支撑绝缘子，使其水平固定，并留有影像资料。（　　） （3）套入底板，将底板与尾管安装到位。（　　） （4）固定支撑绝缘子，力矩 30Nm。（　　）						
10	压接出线棒	（1）除去导体上的半导电层，用锉刀导体端部休整成倒角。（　　） （2）将出线棒插入导体线芯，根据安装总图附表规定的尺寸，选择合适的模具，装配好压接工具，进行压接，压接表面如有毛刺或尖锐凸起，用锉刀修正，压接后出线杠与电缆导体呈直线，并留有影像资料。（　　）						

续表

序号	工作步骤	工 作 要 求	时间	厂家代表	施工单位代表	监理单位代表	运行单位代表	建设管理单位代表
11	主绝缘处理	（1）从底板上表面量取________mm的长度，作为标记，剥离绝缘外屏蔽层，用专用工具（或玻璃）去除电缆外屏蔽层并做到平滑过渡，电缆绝缘外径符合图纸工艺尺寸要求，并留有影像资料。（　　） （2）打磨主绝缘：依次分别采用240、320号和400号砂纸，将电缆绝缘表面及外半导电屏蔽切断口处打磨光滑。打磨后的电缆绝缘直径符合图纸工艺尺寸要求，并留有影像资料。（　　） （3）根据图纸要求，电缆主绝缘从上往下至少清洁2次，直到清洁干净为止。测量并记录正交方向主绝缘外径，外半导电层外径符合图纸工艺尺寸要求，并留有影像资料。（　　）						
12	绝缘屏蔽层端口处理	（1）根据图纸工艺尺寸要求，从外屏蔽层断口最高点往上量取________mm，作标记，标记往上的主绝缘用保鲜膜保护，并留有影像资料。（　　） （2）将外屏蔽电漆摇匀后，向外屏蔽电层方向45°喷涂半导电漆。要求电缆整个圆柱形表面喷涂均匀，在外屏蔽电漆干后，喷涂第2遍，并保证喷涂表面光洁，并留有影像资料。（　　）						
13	清洗并安装应力锥	（1）根据工艺要求，从内屏蔽断口或喷漆的端口往下量________mm为应力锥安装定位点并做标记，并留有影像资料。（　　） （2）装配终端应力锥之前应清理电缆绝缘表面。检查无杂质、凹坑等的缺陷时，在电缆绝缘表面均匀涂抹一薄层硅脂（油），检查、清洁应力锥内、外面，将预制的电缆终端应力锥套入电缆定位点的位置并将电缆、应力锥用薄膜包裹，并留有影像资料。（　　）						
14	安装绝缘套管	（1）先清洗绝缘套筒内部及底板表面，在底板密封用的O形圈的表面涂抹1层硅脂（油），把它放底板的槽内。（　　） （2）彻底清洁电缆绝缘表面及应力锥的表面，将绝缘套筒慢慢地套入电缆内，缓缓放在底板上，调节其方向与底板的螺孔位置一致，用8个M12×40的螺栓以20Nm的力矩固定，并留有影像资料。（　　）						
15	加注绝缘油	（1）把绝缘油先加热到110℃，并保持15min，然后再冷却到80～90℃（根据附件厂家工艺要求，绝缘油不需要加温时可省略此步骤），再慢慢将绝缘油注入绝缘套管内。（　　） （2）液面须保持在距离套筒上表面以下________mm处。液面位置根据安装图纸所示，并留有影像资料。（　　）						

续表

序号	工作步骤	工　作　要　求	时间	厂家代表	施工单位代表	监理单位代表	运行单位代表	建设管理单位代表
16	终端顶部处理	（1）清洁顶端密封盖及绝缘套筒的上法兰的表面，在 O 形圈的表面涂硅脂后，置于密封槽内，在出线杆上套入盖板，并用 16 个 M10×25 的栓将盖板固定在绝缘套筒顶部的法兰上，力矩为 20Nm，并留有影像资料。（　　） （2）清洁橡胶密封圈和铝环，并在上面涂硅脂，按正确顺序套入出线杆，用压力环和 5 个 M10×30 的螺栓以 20Nm 的力矩将密封圈固定，最后用锁紧螺钉将压力环固定，并留有影像资料。（　　）						
17	尾管的安装与密封	（1）清洁尾管。（　　） （2）在尾管密封槽内涂抹少许硅脂。装好 O 形密封圈。（　　） （3）用螺栓把尾管和过渡装置连接紧固，并留有影像资料。（　　） （4）尾管的搪铅及密封，在尾管和电缆的金属护套交界处搪铅（接地连接和密封），然后包绕 1 层防水泥，最后加热收缩热收缩套管。（　　） （5）将电缆固定完整后，夹紧抱箍，调直电缆，并留有影像资料。（　　）						
18	连接接地	把接地线连接端子直接用螺栓拧紧固定在尾管预留的连接面上，并留有影像资料。（　　）						
19	贴电缆线路标识牌	（1）标牌上标明线路名称、相位、安装日期、安装人员、附件厂家及电缆厂家，监理单位、监理人员。（　　） （2）贴牌位置必须在显眼位置，符合检修和检查线路的需要。（　　）						
20	清理现场	清理所有安装工具并打扫干净现场，把安装过程中留下的杂物堆积在指定部位或运走。（　　）						
21	存在问题							

表 12–44　　验收关键环节管控责任卡

序号	工作步骤	工　作　内　容	时间	厂家代表	施工单位代表	监理单位代表	运行单位代表	建设管理单位代表
1	实物验收	（1）户外终端安装牢靠，外表清洁完整，安装符合产品技术文件要求，并留有影像资料。（　　） （2）螺栓紧固力矩达到产品技术文件和相关标准要求。（　　） （3）电气连接可靠，且接触良好，并留有影像资料。（　　） （4）支架应焊接牢固，无显著变形。金属电缆支架必须进行防腐处理。位于湿热、盐雾及有化学腐蚀地区时，应根据设计要求作特殊的防腐处理。支架及接地引线无锈蚀和损伤，设备接地线连接按设计和产品要求进行，接地应良好，接地标识清楚，并留有影像资料。（　　）						

续表

序号	工作步骤	工 作 内 容	时间	厂家代表	施工单位代表	监理单位代表	运行单位代表	建设管理单位代表
1	实物验收	（5）油漆应完整，相色标识正确，接地良好，并留有影像资料。（ ） （6）避雷器安装、引线安装符合设计规范要求并工艺美观。（ ） （7）带电计数器装置应显示正确，并留有影像资料。（ ） （8）本体接地箱防雨防潮良好，本体电缆防护良好，并留有影像资料。（ ） （9）电缆垂直在中，上下和终端头保持一致，并留有影像资料。（ ） （10）接地保护箱安装正确、牢固、美观，并留有影像资料。（ ）						
2	资料验收	（1）设计资料图纸、电缆清册、竣工图及设计变更的证明文件齐全有效，施工图及设计变更的证明文件齐全有效。（ ） （2）制造厂提供的产品说明书、试验记录、装箱单、合格证明文件及安装图纸等技术文件齐全有效。（ ） （3）安装调整记录，检验及评定资料齐全有效。（ ） （4）各类试验报告齐全。（ ）						
3	存在问题							

（三）电缆中间接头安装关键环节管控责任卡

电缆中间接头安装关键环节管控责任卡

工程名称：________________________________工程

管控范围：____________________沟____________相

（包含单元编号：______________________________）

设备序列号：________________________________

施工时间：________年______月______日至________年______月______日

使 用 说 明

（1）本卡一回路一册，册中各页均不得毁损。工程开工前由省级公司根据项目使用设备数下发。

（2）本卡实行“每回路三相一卡”，为安装调试的原始记录，须工作当日手签，复印无效。

（3）本卡主要依据高压电缆质量验收及评定规程、交接试验标准、强制性条文、相关厂家作业指导书编制而成，其他电压等级参照执行。

（4）对于本卡中的管控项目，应尽量“实时、实际、量化”。可使用施工记录、验评记录作为本卡的支撑依据。

（5）每项具体工作后面的签字栏，相关责任方应签字。

主要责任单位　相关单位　不相关单位（不签字）

（6）责任单位及责任人按照表 12–45 填写。

表 12–45　　责任单位及责任人

责任分工	单位名称	责任岗位	责任人姓名
建设管理单位		业主项目经理/副经理	
		质量专责	
		技术专责	
设计单位		项目设总	
		主设	
监理单位		项目总监	
		专业监理	
监造单位		项目组长	
施工单位		项目经理	
		项目总工	
		专职质检员	
设备厂家		项目经理	
		安装负责人	
调试单位		项目负责人	
运行单位		班长/设备主人	

注　责任人须与参建单位项目组织机构发文一致。

电缆中间接头安装流程图如图 12–6 所示。

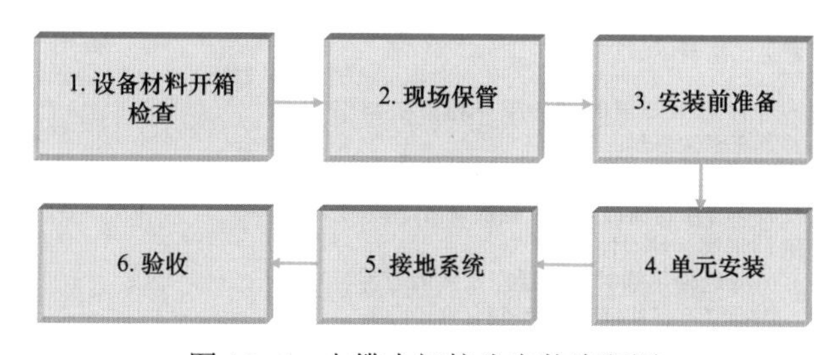

图 12–6　电缆中间接头安装流程图

设备材料开箱检查、现场保管、安装前准备、单元安装、接地系统等关键环节管控责任卡分别见表 12–46～表 12–51。

表 12-46　设备材料开箱检查关键环节管控责任卡

序号	工作步骤	工　作　内　容	时间	厂家代表	施工单位代表	监理单位代表	运行单位代表	建设管理单位代表
1	说明	设备材料供货合同编号：______ 供货厂家：______ 本次开箱检查箱号：______						
2	外包装	无破损，并留有影像资料。(　　)						
3	铭牌核对	与设计、合同一致，并留有影像资料。(　　)						
4	型号核对	与设计、合同一致。(　　)						
5	质保书或合格证	齐全、有效。(　　)						
6	根据装箱清单进行核对	齐全、有效，并留有影像资料。(　　)						
7	出厂试验报告	齐全、有效，并留有影像资料。(　　)						
8	安装使用说明书	齐全、有效。(　　)						
9	安装图纸及资料	齐全、有效。(　　)						
10	备品备件及专用工器具	齐全，规格符合供货合同要求。(　　)						
11	缺件	无缺件。(　　)						

表 12-47　现场保管关键环节管控责任卡

序号	工作步骤	工　作　要　求	时间	厂家代表	施工单位代表	监理单位代表	运行单位代表	建设管理单位代表
1	保管场地整理	按原包装放置于平整、无积水、无腐蚀性气体的场地，并留有影像资料。(　　)						
2	装卸	不得倒置、倾翻、碰撞和受到剧烈的振动；(绝缘附件)重大单元应尽量一次就位或靠近安装位置，避免二次转运。(　　)						
3	保管环境	(1) 对有防雨要求的设备应有相应防雨措施，并留有影像资料。(　　) (2) 对于有防潮要求的附件、备件、专用工器具及设备专用材料应置于干燥的室内，特别是组装用O形圈、绝缘油等。(　　) (3) 所有运输用临时防护罩在安装前应保持完好，不得取下，并留有影像资料。(　　) (4) 满足供应商要求的储存温度。(　　) 供应商要求储存温度为：______，实际储存温度______。(　　)						
4	附件保管	应符合产品技术文件要求；保持原包装完整。(　　)						

表 12–48　　户外终端附件单元现场保管时间记录表

到货批次	单元编号	到货日期	接收人	开箱检查日期	检查人	安装开始日期	安装班组长	现场保管天数	保管结论

表 12–49　　安装前准备关键环节管控责任卡

序号	工作步骤	工 作 要 求	时间	厂家代表	施工单位代表	监理单位代表	运行单位代表	建设管理单位代表
1	中间接头沟检查	（1）接头沟设置符合设计及安装要求。（　　） （2）接头沟内部清洁干净，并留有影像资料。（　　） （3）电缆预留通道、接地线位置应满足设计图纸及产品技术文件的要求。（　　） （4）确定电缆就位安装中心基准线（一般以电缆中间接头安装位置为基准线），根据施工图纸依次确定各安装单元的中心线。（　　） （5）按照设计图纸调整电缆核准相位。（　　）						
2	场地整理	（1）场地平整、清洁，无坑洼积水，并采取有效措施防尘防潮，满足施工要求，并留有影像资料。（　　） （2）施工场地应满足起重机械的作业要求。（　　）						
3	附件安装人员要求	（1）作业人员必须熟练掌握本专业作业技能及《电业安全工作规程》知识，并经考试合格。（　　） （2）持有本专业职业资格证书或持有附件安装培训证书，并留有相关人员影像资料。（　　）						
4	搭设防尘、防雨棚	防尘、防雨棚搭设牢固，符合防尘、防雨、通风符合安装条件，并留有影像资料。（　　）						
5	场地防尘措施	（1）安装区域应单独隔离、设置防尘棚，严格进出管理。（　　） （2）安装区域内应采取清洁、吸尘、覆盖等措施，防止尘土产生，并留有影像资料。（　　） （3）安装区域外应无扬尘的土建施工作业，必要时采取洒水降尘措施。（　　）						
6	工器具、材料准备	主要工器具： （1）起重工具、临时电源、电焊机等工器具满足相应条件。（　　） （2）根据厂家供应要求检查专用工具数量、规格、性能等是否满足安装要求。（　　） （3）电动工具准备：						

续表

序号	工作步骤	工 作 要 求	时间	厂家代表	施工单位代表	监理单位代表	运行单位代表	建设管理单位代表
6	工器具、材料准备	1）有统一、清晰的编号；外壳及手柄无裂纹或破损；电源线使用多股铜芯橡皮护套软电缆或护套皮线。保护接地连接正确、牢固可靠；电缆线完好无破损；插头符合安全要求，完好，无破损。（　） 2）开关动作正常、灵活、无破损；机械防护装置良好；转动部分灵活可靠；连接部分牢固可靠。（　） （4）抛光机等转动标志明显；绝缘电阻符合要求。（　） （5）所有附件、备品备件及专用材料应置于干燥的室内保管，室外存放的部件应置于平整、无积水处，加蓬布遮盖，并留有影像资料。（　） （6）接头沟内应设置太阳灯、防水垫板、防尘垫、抽水水泵、抽湿机及干湿温度计符合规范及规定，并留有影像资料。（　）						
7	核对电缆线路名称、回路、相位	（1）根据设计图纸要求核对电缆线路名称是否正确。（　） （2）根据设计图纸要求核对电缆线路回路是否正确并在电缆上标注。（　）						
8	电缆护层试验、接地电阻测量	（1）确认电缆护层试验合格。（　） （2）护套绝缘检测，是否合格，并留有影像资料。（　）						
9	存在问题							

表 12–50　　单元安装关键环节管控责任卡

日期：__________　天气：__________　温度：__________　湿度：__________

序号	工作步骤	工 作 要 求	时间	厂家代表	施工单位代表	监理单位代表	运行单位代表	建设管理单位代表
1	中间接头安装检查	（1）电缆沟规格符合施工图纸要求。（　） （2）电缆沟内应干燥、无砂石、无污、水，符合安装要求，并留有影像资料。（　）						
2	电缆检查	（1）核对施工图纸，电缆相位正确，并留有影像资料。（　） （2）检查电缆的弯曲半径，是否符合要求并确认电缆无损伤、受潮现象，并留有影像资料。（　）						
3	初步切断电缆	（1）根据电缆相位调整电缆。（　） （2）根据设计、工艺要求，中间接头中心点向外重叠 300mm 切除电缆。（　）						

续表

序号	工作步骤	工 作 要 求	时间	厂家代表	施工单位代表	监理单位代表	运行单位代表	建设管理单位代表
4	电缆护套剥除	（1）距电缆 A 的端部量取________mm 为外护套端面，向前量取________mm 去掉外护套。由外护套端面向前量取________mm 去掉金属屏蔽套，并留有影像资料。（　　） （2）距电缆 B 的端部量取________mm 为外护套端面，向前量取________mm 去掉外护套。由外护套端部向前量取________mm 去掉金属屏蔽套，并留有影像资料。（　　） （3）分别将金属屏蔽套的末端修整，并向外翻。以防止划伤电缆。保留露出________mm 半导电缓冲层，其余去掉，注意不要伤及绝缘。将去除外护套部分的金属护套表面清洗干净。将两根电缆自外护套以外________mm 的石墨层去掉，在半导电层绕包加热带，并留有影像资料。（　　）						
5	打底铅	根据电缆二端尾管口处在金属护套上对应位置 1 周 50mm 的范围内打底铅，并留有影像资料。（　　）						
6	电缆加热校直	根据图纸工艺尺寸，进行加热校直，并留有影像资料。（　　）						
7	精确切断电缆	根据图纸工艺尺寸要求切断电缆，并留有影像资料。（　　）						
8	剥除线芯绝缘	线芯长度________mm，剥除电缆绝缘层后并在绝缘端部倒角 *R*3mm，并留有影像资料。（　　）						
9	剥除电缆外屏蔽	（1）电缆线芯至________mm 处为屏蔽口。（　　） （2）绝缘屏蔽口再向下________mm 做与半导电层的过度坡处理，并留有影像资料。（　　）						
10	半导电屏蔽口、主绝缘砂光处理	（1）过度坡下端口开始至主绝缘末端口区域用 240、400、600 号砂纸进行处理。（　　） （2）绝缘应处理得平滑、圆整，外径应符合图纸的规定，并留有影像资料。（　　） （3）屏蔽口平滑过渡，不得有明显凸凹痕迹，并留有影像资料。（　　） （4）测量并记录两方向的绝缘外径、外半导电层外径与应力锥内径符合图纸工艺要求，并留有影像资料。（　　） （5）主绝缘外径应比应力锥内径大________mm，用游标卡尺以大约 50mm 的间距至少检查 5 处直径，每一处都应在水平和垂直方向进行 2 次测量，两方向测量的结果之差应小于 0.5mm，并留有影像资料。（　　）						
11	标记	用 PVC 胶带在电缆两端外半导电屏蔽层上绕包 1 圈做定位标记。（　　）						

续表

序号	工作步骤	工作要求	时间	厂家代表	施工单位代表	监理单位代表	运行单位代表	建设管理单位代表
12	套入部件	（1）在电缆A端，分别套入热缩套管、密封保护壳，密封垫圈和热收缩管。（　　） （2）在电缆B端，分别套入热收缩套管、密封保护壳、热收缩管。（　　） （3）将电缆固定在自制安装支架上，拆去电缆上的保鲜膜，借助塑料棒将硅油均匀涂抹在整体预制硅橡胶绝缘件的内表面。用戴上手套的手指将硅脂均匀地按序（从绝缘往半导电方向涂）涂抹在电缆上。用专用扩张工具将中间接头绝缘件套在长端电缆上，安装时要缓慢而均匀，使长端导体完全露出后为止。（　　）						
13	导体连接管压接及中间主体装配	（1）先将半导电套管套入短端，再将两端待连接电缆导电线芯穿入导体连接管，确保两端导电线芯端面位于导体连接管中心位并顶紧后，用相对应的压接模具将导体连接管与导体线芯压接为一体符合要求。（　　） （2）用锉刀和砂纸修去压接飞边，打磨平整，清洗导体连接处后用半导电带绕包导体连接管至表面平整，将半导电套管套在接管上，其外径与电缆绝缘等直径，最大误差不能大于+0.5mm。（　　） （3）用无水乙醇和无尘纸或布清洗电缆端部绝缘表面及外半导电屏蔽层。（　　） （4）待擦洗溶剂彻底挥发后，在电缆绝缘层表面均匀涂抹1层薄硅脂，将中间接头从长端电缆移向短端电缆，安装时要缓慢而均匀，到中间接头短端标记处，抽出扩张工具，用手左右转动整体预制硅橡胶绝缘件，使其固定在两侧标记线中心位置，并留有影像资料。（　　） （5）预制硅橡胶绝缘件就位后，检查确认其端部到短端标记处的距离与到长端标记线的距离相等，如偏差大于3mm及以上时，必须将接头主体位置移正，并留有影像资料。（　　）						
14	包绕带材	根据图纸工艺要求分别绕包半导电、铜网、绝缘带，符合要求。（　　）						
15	密封保护壳装配	（1）再次检查无误后，将两端保护外壳就位，短端保护壳尾端与电缆外护套端面距离约为________mm。将硅脂涂在密封槽内固定密封圈，将长端保护壳与短端保护壳对接，对接后用螺栓拧紧。（　　） （2）将绝缘保护外壳两尾与金属护套间加入铅垫条搪铅封焊。在保护外壳两端搪铅位置分别包1层密封胶、绕包2层防水密封带，重叠在绝缘保护外壳，然后将中间接头置于最终固定位置，加热收缩保护套管收缩到位，并留有影像资料。（　　） （3）用绝缘密封胶及防水带将绝缘保护外壳连接处绕包密封，现将大热缩管套入此位加热使其收缩，在所有热缩管两端口绕包防水带和PVC带。（　　）						

续表

序号	工作步骤	工 作 要 求	时间	厂家代表	施工单位代表	监理单位代表	运行单位代表	建设管理单位代表
16	灌注绝缘密封胶	（1）按防水密封胶使用说明要求将双组份液体充分搅拌后从密封保护壳体的一端浇注口倒入直至另一端排气口溢胶后停止，分2次灌注直至填满，密封孔洞，并留有影像资料。（　　） （2）用绝缘密封胶及防水带将绝缘保护外壳连接处绕包密封，现将大热缩管套入此位加热使其收缩，在所有热缩管两端口绕包防水带和PVC带。（　　）						
17	同轴电缆连接线的连接	（1）对于绝缘接头，将同轴电缆内外芯分开，外芯用自黏性绝缘带、防水带来回绕包多层，套入热缩二指套加热使其收缩。将2根热缩套管分别套入同轴电缆的内外芯。将外导电线芯分别与保护外壳短端上的接管压接后分别接地，用密封胶及防水带密封，将热缩管套入此位加热使其收缩。（　　） （2）将完整安装好的中间接头表面擦洗干净，清理所有安装工具并将现场打扫干净，把安装过程中留下的杂物堆积在指定部位或运走，并留有影像资料。（　　）						
18	连接接地	根据设计要求做接地换位系统，并留有影像资料。（　　）						
19	贴电缆线路标识牌	（1）标牌上标明线路名称、相位、安装日期、安装人员、附件厂家及电缆厂家，监理单位、监理人员。（　　） （2）贴牌位置必须在显眼位置，符合检修和检查线路的需要。（　　）						
20	清理现场	清理所有安装工具并打扫干净现场，把安装过程中留下的杂物堆积在指定部位或运走。（　　）						
21	存在问题							

表 12–51　　接地系统关键环节管控责任卡

序号	工作步骤	工 作 内 容	时间	厂家代表	施工单位代表	监理单位代表	运行单位代表	建设管理单位代表
1	接地	（1）按照设计要求安装设备接地和换位系统的接地线，并留有影像资料。（　　） （2）接地线安装应工艺美观、标识规范，并留有影像资料。（　　） （3）接地电阻符合设计要求。（　　）						
2	存在问题							

表 12–52 验收关键环节管控责任卡

序号	工作步骤	工 作 内 容	时间	厂家代表	施工单位代表	监理单位代表	运行单位代表	建设管理单位代表
1	实物验收	（1）电缆中间接头沟制作符合设计要求，并留有影像资料。（ ） （2）间接头安装牢靠，外表清洁完整，符合产品技术文件要求，并留有影像资料。（ ） （3）电气接地连接可靠，且接触良好，并留有影像资料。（ ） （4）支架应焊接牢固，无显著变形。金属电缆支架必须进行防腐处理。位于湿热、盐雾及有化学腐蚀地区时，应根据设计要求作特殊的防腐处理。支架及接地引线无锈蚀和损伤，设备接地线连接按设计和产品要求进行，接地应良好，接地标识清楚。（ ） （5）电缆固定应完整，相色标识正确，接地良好，并留有影像资料。（ ） （6）接地箱密封良好，本体电缆防护良好，并留有影像资料。（ ） （7）并列敷设的电缆，其接头位置宜相互错开；电缆明敷时的接头，应用托板托置固定；直埋电缆接头盒外应有防止机械损伤的保护，并留有影像资料。（ ）						
2	资料验收	（1）设计资料图纸、电缆清册、竣工图及设计变更的证明文件齐全有效，施工图及设计变更的证明文件齐全有效。（ ） （2）制造厂提供的产品说明书、试验记录、装箱单、合格证明文件及安装图纸等技术文件齐全有效。（ ） （3）安装记录，检验及评定资料齐全有效。（ ） （4）各类试验报告齐全。（ ）						
3	存在问题							

六、电缆交接试验关键环节管控责任卡

电缆交接试验关键环节管控责任卡

工程名称：________________________工程

管控范围：____________段____________相

（包含单元编号：____________________）

设备序列号：________________________

试验时间：______年____月____日至______年____月____日

使 用 说 明

（1）本卡一回路一册，册中各页均不得毁损。工程开工前由省级公司根据项目使用设备数下发。

（2）本卡实行“每回路三相一卡”，为安装调试的原始记录，须工作当日手签，复印无效。

（3）本卡主要依据高压电缆质量验收及评定规程、交接试验标准、强制性条文、相关厂家作业指导书编制而成，其他电压等级参照执行。

（4）对于本卡中的管控项目，应尽量“实时、实际、量化”。可使用施工记录、验评记录作为本卡的支撑依据。

（5）每项具体工作后面的签字栏，相关责任方应签字。

主要责任单位　　相关单位　　不相关单位（不签字）

（6）责任单位及责任人按照表 12–53 所示。

表 12–53　　责任单位及责任人

责任分工	单位名称	责任岗位	责任人姓名
建设管理单位		业主项目经理/副经理	
		质量专责	
		技术专责	
设计单位		项目设总	
		主设	
监理单位		项目总监	
		专业监理	
监造单位		项目组长	
施工单位		项目经理	
		项目总工	
		专职质检员	
设备厂家		项目经理	
		安装负责人	
调试单位		项目负责人	
运行单位		班长/设备主人	

注　责任人须与参建单位项目组织机构发文一致。

电缆交接试验流程图如图 12–7 所示。

试验方案编制、试验前准备、外护套试验、交叉互联系统试验、电缆相位检查及各项电阻测量、主绝缘交流耐压试验、电缆线路参数测量、验收等关键环节管控责任卡分别见表 12–54～表 12–61。

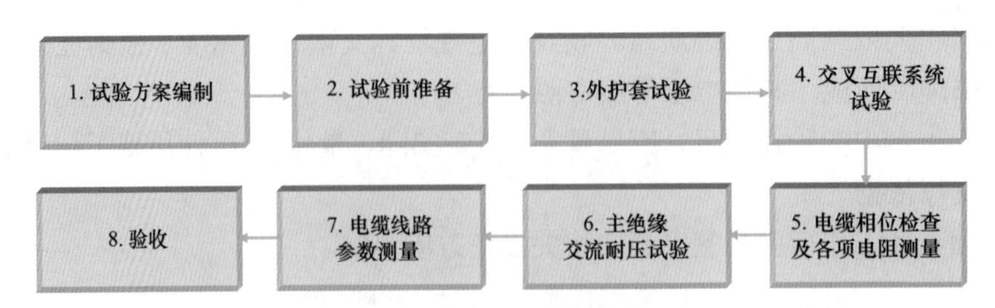

图 12–7 电缆交接试验流程图

表 12–54 试验方案编制关键环节管控责任卡

序号	工作步骤	工 作 内 容	时间	厂家代表	试验单位代表	监理单位代表	运行单位代表	建设管理单位代表
1	了解被试品概况	被试品厂家、型号，并留有影像资料：_______ 被试品电气连接方式：_______ 被试品接地系统连接方式：_______						
2	现场勘察	（1）明确试验工作范围。（ ） （2）明确试验设备摆放范围。（ ） （3）明确试验现场的环境及危险源。（ ）						
3	试验方案编制	（1）明确试验内容、标准、方法。（ ） （2）被试品关键参数计算及选择对应试验设备。（ ） （3）编制试验组织措施、技术措施、安全措施。（ ） （4）准备备品备件。（ ） （5）编制应急预案。（ ）						

表 12–55 试验前准备关键环节管控责任卡

序号	工作步骤	工 作 要 求	时间	厂家代表	试验单位代表	监理单位代表	运行单位代表	建设管理单位代表
1	试验设备准备	（1）根据试验方案备齐所需试验设备。（ ） （2）绝缘电阻表等各类试验设备检查。（ ） （3）发电机预试及油量检查。（ ）						
2	被试品相关技术资料准备	电缆竣工移交的交接资料、交接量评价报告、状态检修评价报告、历史检修、预试报告结果等资料。（ ）						
3	试验人员组织及准备	（1）明确了试验工作所需人员类别、人员职责和作业人员数量，并留有相关人员影像资料。（ ） （2）试验人员应具备必要的电气知识和送电线路作业技能，能正确使用试验工器具，了解设备有关技术标准要求，国家相关规定要求执证上岗的人员应执证上岗。（ ） （3）试验人员及配合人员应熟悉现场安全作业要求，并经《电业安全工作规程》考试合格。（ ）						

续表

序号	工作步骤	工　作　要　求	时间	厂家代表	试验单位代表	监理单位代表	运行单位代表	建设管理单位代表
4	工器具及仪器仪表准备	（1）根据试验方案备齐所需工器具及仪器仪表。（　　） （2）各项安全工器具检查，满足安全规程要求。（　　） （3）电动工具准备： 1）有统一、清晰的编号；外壳及手柄无裂纹或破损；电源线使用多股铜芯橡皮护套软电缆或护套皮线。保护接地连接正确、牢固可靠；电缆线完好无破损；插头符合安全要求，完好，无破损。 2）开关动作正常、灵活、无破损；机械防护装置良好；转动部分灵活可靠；连接部分牢固可靠。（　　） （4）作业范围内的专用发电机由专职人员负责，并认真检查；各线路配线负荷标志清晰，熔丝或熔片容量、保护接地系统连接符合安全规程要求；箱体应接入接地网，箱门完好，内部无杂物。（　　）						
5	备品备件及其他材料准备	（1）根据试验方案备齐所需备品备件等材料。（　　） （2）所有附件、备品备件及专用材料应置于干燥的室内保管，室外存放的部件应置于平整、无积水处，加蓬布遮盖。（　　）						
6	试验场地准备	（1）根据现场勘察提前预留好试验场地。（　　） （2）场地平整、清洁，无坑洼积水，并采取有效措施防尘防潮，满足施工要求，并留有影像资料。（　　）						

表 12–56　　外护套试验关键环节管控责任卡

日期：＿＿＿＿＿＿　天气：＿＿＿＿＿＿　温度：＿＿＿＿＿＿　湿度：＿＿＿＿＿＿

序号	工作步骤	工　作　要　求	时间	厂家代表	试验单位代表	监理单位代表	运行单位代表	建设管理单位代表
1	检查外护套原始试验资料	（1）检查电缆外护套出厂试验记录。（　　） （2）检查电缆敷设前外护套试验记录。（　　）						
2	试验前准备工作	（1）试验仪器检查、调试及配合人员交底，交待作业任务、安全措施和注意事项，明确作业范围。（　　） （2）清扫、拆开电缆两端金属护层连接线，并留有影像资料。（　　）						
3	三芯电缆外护套试验	（1）测量绝缘电阻： 1）采用 1000V 绝缘电阻表，将测试线一头插入绝缘电阻表接线端子“–”或“L”内，一头接被试品。用另一根测试线一头插入绝缘电阻表接线端子“+”或“E”内，并将另一头夹子可靠接地，如需要用屏蔽则将测试线一头插入绝缘电阻表接地端子“G”内，一头接屏蔽，测试前后充分放电。（　　） 2）电缆外护套绝缘电阻值不应低于 0.5MΩ·km，并留有影像资料。（　　） （2）试验要求： 1）所有试验设备均要求接地。（　　） 2）为防止感应电，对试验场所周围可能被感应的设备都要短路接地。（　　） 3）试验前检查绝缘电阻表，应合格，并留有影像资料。（　　）						

续表

序号	工作步骤	工 作 要 求	时间	厂家代表	试验单位代表	监理单位代表	运行单位代表	建设管理单位代表
4	单芯电缆外护套试验	（1）测量绝缘电阻： 同三芯电缆外护套绝缘电阻测试方法一样，采用1000V绝缘电阻表，测试的电缆外护套绝缘电阻值不应低于0.5MΩ·km，并留有影像资料。（ ） （2）直流耐压试验： 对单芯电缆外护套连同接头外保护层施加10kV直流电压，试验时间1min，不应击穿，并留有影像资料。（ ） （3）试验要求： 1）试验时，外护套全部外表面应接地良好。（ ） 2）对一相进行耐压试验或测量时，其他两相金属屏蔽一起接地。（ ） 3）试验前后应对被试电缆进行充分放电。（ ）						
5	恢复电缆两端金属护层接线	（1）恢复接线前核对相位，并留有影像资料。（ ） （2）恢复电缆两端钢铠层（三芯）或金属护套（单芯）接线，并留有影像资料。（ ） （3）接线搭头连接处应接触良好，并留有影像资料。（ ）						
6	存在问题							

表 12-57　　交叉互联系统试验关键环节管控责任卡

日期：＿＿＿＿＿＿　天气：＿＿＿＿＿＿　温度：＿＿＿＿＿＿　湿度：＿＿＿＿＿＿

序号	工作步骤	工 作 要 求	时间	厂家代表	试验单位代表	监理单位代表	运行单位代表	建设管理单位代表
1	检查交叉互联箱原始资料	（1）检查交叉互联箱出厂试验记录。（ ） （2）检查护层电压限制器出厂试验记录。（ ）						
2	试验前准备工作	试验仪器检查、调试及配合人员交底，交待作业任务、安全措施和注意事项，明确作业范围。（ ）						
3	交叉互联系统对地绝缘的直流耐压试验	（1）试验时必须事先将护层电压限制器断开，并在互联箱中将另一侧的三段电缆金属套全部接地，使绝缘接头的绝缘环部分也同时进行试验，并留有影像资料。（ ） （2）在每段电缆金属屏蔽与地之间施加直流电压10kV，加压时间1min，交叉互联系统对地绝缘部分不应击穿，并留有影像资料。（ ）						
4	非线性电阻型护层电压限制器试验	（1）氧化锌电阻片：对电阻片施加直流参考电流后测量其压降，其值应在产品标准规定的范围之内，并留有影像资料。（ ） （2）非线性电阻片及其引线的对地绝缘电阻：将非线性电阻片的全部引线并联在一起与接地的外壳绝缘后，用1000V绝缘电阻表测量引线与外壳之间的绝缘电阻，其值不应小于10MΩ，并留有影像资料。（ ）						

续表

序号	工作步骤	工 作 要 求	时间	厂家代表	试验单位代表	监理单位代表	运行单位代表	建设管理单位代表
5	交叉互联箱试验	（1）接触电阻测量：本试验在完成护层过电压限制器试验后进行，将连接片恢复到正常工作位置后，用双臂电桥测量连接片的接触电阻，其值不应大于20μΩ，并留有影像资料。（　　） （2）连接片连接位置：本试验在以上交叉互联系统的试验合格后密封互联箱之前进行，连接位置应正确，如发现连接错误重新连接后，则必须重测连接片的接触电阻，并留有影像资料。（　　） （3）恢复接地箱盖板：恢复盖板橡胶防水密封条，安装接地箱盖板，接地箱盖板螺钉拧紧且均匀受力，防水密封条不符合要求时，应及时更换，并留有影像资料。（　　）						
6	存在问题							

表 12–58　　电缆相位检查及各项电阻测量关键环节管控责任卡

日期：＿＿＿＿＿＿　天气：＿＿＿＿＿＿　温度：＿＿＿＿＿＿　湿度：＿＿＿＿＿＿

序号	工作步骤	工 作 内 容	时间	厂家代表	试验单位代表	监理单位代表	运行单位代表	建设管理单位代表
1	试验前准备工作	试验仪器检查、调试及配合人员交底，交待作业任务、安全措施和注意事项，明确作业范围。（　　）						
2	电缆两端相位检查	（1）拆开、清扫电缆两端连接线；绝缘电阻表检查：绝缘电阻表开路摇测电阻为∞，短接电阻为0，并留有影像资料。（　　） （2）用500V绝缘电阻表，测量时在电缆终端一端摇测，另一端一相接地其他两相开路，测出电阻为0者，则为同一相，再依次测出其他两相；测试一相后放电，依次测出三相，并记录。（　　） （3）恢复电缆两端连接线：保证相位准确，搭头连接处应接触良好，并留有影像资料。（　　）						
3	金属屏蔽电阻与电缆导体电阻比测量	（1）试验前拆开、清扫电缆两端线芯及屏蔽层，清扫电缆终端污秽。（　　） （2）双臂电桥测量导体电阻： 1）在电缆另一侧终端先将A、B两相短接，试验侧可将双臂分别与电缆金属屏蔽层接通，测得N_1。（　　） 2）在电缆另一侧终端先将A、C两相短接，用双臂测得N_2。（　　） 3）在电缆另一侧终端先将B、C两相短接，用双臂测得N_3。（　　） 4）计算得出$N_a=(N_1+N_2-N_3)/2$；$N_b=(N_1-N_2+N_3)/2$；$N_c=(N_2+N_3-N_1)/2$。（　　） （3）双臂电桥测量金属屏蔽电阻： 1）在电缆另一侧终端先将A、B两相短接，实验侧可将双臂分别与电缆金属屏蔽层接通，测得R_1。（　　） 2）在电缆另一侧终端先将A、C两相短接，用双臂测得R_2。（　　）						

续表

序号	工作步骤	工 作 内 容	时间	厂家代表	试验单位代表	监理单位代表	运行单位代表	建设管理单位代表
3	金属屏蔽电阻与电缆导体电阻比测量	3）在电缆另一侧终端先将 B、C 两相短接，用双臂测得 R_3。（　　） 4）计算得出 R_a=（R_1+R_2−R_3）/2；R_b=（R_1−R_2+R_3）/2；R_c=（R_2+R_3−R_1）/2。（　　） （4）计算金属屏蔽层电阻与导体电阻之比：N_a/R_a，N_b/R_b，N_c/R_c 即为金属屏蔽层电阻与导体电阻之比。（　　） （5）恢复电缆两端线芯、金属屏蔽层连接线：保证相位准确，搭头连接处应接触良好，并留有影像资料。（　　）						
4	存在问题							

表 12–59　主绝缘交流耐压试验关键环节管控责任卡

日期：__________　天气：__________　温度：__________　湿度：__________

序号	工作步骤	工 作 内 容	时间	厂家代表	试验单位代表	监理单位代表	运行单位代表	建设管理单位代表
1	试验前准备	（1）试验设备及工器具、备品备件运到现场就位。（　　） （2）根据试验范围设置好安全围栏，明确试验区域、安全通道。（　　） （3）试验仪器检查、调试及配合人员交底，交待作业任务、安全措施和注意事项，明确作业范围。（　　） （4）将电缆外接设备隔离开并接地。外接设备如变压器、断路器、电抗器、架空线等，并留有影像资料。（　　） （5）施工电缆敷设完成，电缆终端及接头制作完毕，施工时搭设的脚手架已拆除。（　　） （6）以上电缆交接试验已完成，并全部合格。（　　） （7）试验当天天气良好，温度、湿度符合试验要求。（　　）						
2	电缆交流耐压试验	（1）将试验设备调试并准备就位，试验场地四周装设警示围栏，悬挂“止步，高压危险！”标示牌，并设专人监护。（　　） （2）按试验规定方法布置试验接线，将试验引线接上被试验电缆相，其余两相接地，并留有影像资料。（　　） （3）测量该试验相电缆绝缘电阻，并留有影像资料。（　　） （4）检查试验回路所有接线，检查测量仪表，准备开始试验。（　　） （5）合上试验电源，开始试验，将试验回路调至谐振。（　　） （6）将输出电压逐渐升至试验电压，保持试验电压 60min 后，快速降至 0，断开试验电源，高压端挂接地线。（　　）						

续表

序号	工作步骤	工作内容	时间	厂家代表	试验单位代表	监理单位代表	运行单位代表	建设管理单位代表
2	电缆交流耐压试验	（7）试验过程中如发生闪络、击穿或异常情况，应立即暂停试验。安排施工人员检查电缆是否需要处理，确定能否再次进行耐压试验。同时试验人员应检查试验设备是否损坏，如有损坏应立即检修。（　） （8）重新试验时如再次发生闪络或击穿现象，施工人员必须确认电缆经检查处理后符合耐压试验要求，重复执行第（7）步骤直到试验完成。（　） （9）再次测量该相电缆绝缘电阻，依次完成其他两相的试验。（　）						
3	试验要求	（1）对电缆的主绝缘做耐压试验或测量电阻时，应分别在每一相上进行。当在一相上进行试验或测量时，其他两相导体、金属屏蔽或金属套和铠装层均需可靠接地。试验结束后应对被试电缆进行充分放电。（　） （2）对金属屏蔽或金属套一端接地，另一端经护层过电压保护器接地的单芯电缆主绝缘做交流耐压试验时，必须将护层过电压保护器短接，使这一端的电缆金属屏蔽或金属套临时接地，并留有影像资料。（　） （3）对于采用交叉互联接地的电缆线路，在进行交流耐压试验时，应将交叉互联箱作分相短接处理，将护层电压保护器短接，并留有影像资料。（　） （4）试验电压应符合 Q/GDW 11316—2014《电力电缆线路试验规程》中的要求，并留有影像资料。（　） （5）对电缆加压前，应进行试验设备的升压检查；试验时应密切注意监视，并保证调压器处于0位，做到0起升压，同时防止发生电压突变。（　） （6）试验时应加强对电源及试验回路的检查和监视，发现异常时必须立即停止试验。（　） （7）所有仪器仪表必须在鉴定周期内使用。（　）						
4	局部放电检测	（1）装配交流耐压试验设备同时进行局部放电检测回路连接。（　） （2）对局部放电检测设备进行调试，测量背景参数并对试验仪器进行校准，留有影像资料。（　） （3）在进行电缆主绝缘交流耐压试验同时进行局部放电测量，实时保存放电图谱。（　） （4）当检测到异常时，需对该电缆接头相邻的2组接头进行检测并记录放电谱图和放电波形。（　） （5）检测到异常情况时，每个记录部位应记录不少于5张放电谱图和3张波形图。（　） （6）检测完毕根据检测方案更换试验相接线，重复以上步骤。（　） （7）局部放电检测应符合 Q/GDW 11316—2014《电力电缆线路试验规程》要求。（　）						
5	存在问题							

表 12–60　电缆线路参数测量关键环节管控责任卡

日期：＿＿＿＿　天气：＿＿＿＿　温度：＿＿＿＿　湿度：＿＿＿＿

序号	工作步骤	工 作 内 容	时间	厂家代表	试验单位代表	监理单位代表	运行单位代表	建设管理单位代表
1	试验前准备工作	（1）检查电缆的正序阻抗和零序阻抗的出厂报告。（　） （2）试验仪器检查、调试及配合人员交底，交待作业任务、安全措施和注意事项，明确作业范围。（　）						
2	电缆线路两端相位核对	（1）拆开、清扫电缆线路两端连接线；绝缘电阻表检查：绝缘电阻表开路摇测电阻为∞，短接电阻为0，并留有影像资料。（　） （2）用 500V 绝缘电阻表，测量时在电缆线路一端摇测，另一端一相接地，其他两相开路，测出电阻为 0 者，则为同一相，再依次测出其他两相；测试一相后放电，依次测出三相，并记录。（　） （3）恢复电缆线路两端连接线：保证相位准确，搭头连接处应接触良好，并留有影像资料。（　）						
3	电缆线芯直流电阻测量	（1）试验前拆开、清扫电缆线路两端线芯及屏蔽层，清扫电缆终端污秽。（　） （2）双臂电桥测量电缆线芯直流电阻： 1）在电缆另一侧终端先将 A、B 两相短接，试验侧可将双臂分别与电缆金属屏蔽层接通，测得 R_{AB}。（　） 2）在电缆另一侧终端先将 A、C 两相短接，用双臂测得 R_{CA}。（　） 3）在电缆另一侧终端先将 B、C 两相短接，用双臂测得 R_{BC}。（　） 4）计算得出：$R_A=(R_{CA}+R_{AB}-R_{BC})/2$；$R_B=(R_{CB}+R_{AB}-R_{AC})/2$；$R_C=(R_{CB}+R_{AC}-R_{AB})/2$。（　）						
4	电缆线路正序阻抗测量	（1）测量正序阻抗： 1）按正序阻抗测量回路接线，并与被试线路连接。（　） 2）通知线路末端的 A、B、C 三相短路连接。（　） 3）检查试验回路接线正确无误，检查与线路连接的引线对周围及地有足够的安全距离。（　） 4）开启仪器，按测量要求进行有关设置。（　） 5）解开主测试点侧线路上的三相短路接地线，在得到对方回应后方可加压测量。（　） 6）试验电压从 0（或接近于 0）开始平稳升压，同时监视试验电压、电流、功率等 8 个测试数据的状态是否正常，在达到合适值时（电流一般应达到 80A 左右），待表计稳定后记录同一时间的电压、电流、功率 8 个测试数据。（　） 7）数据分析和计算，计算出正序阻抗。（　） （2）测量要求： 1）在得到测量数据后应迅速均匀降压到 0（或接近于 0），断开电源回路的明显断开点，被试线路三相接地。（　） 2）当正序阻抗测量时非测试线路又没有接地，此时应注意该非测试线路首末两端均有感应电，应采取防护措施，试验时应使用大于 80A 的试验输入电流，减少外界感应电的影响。（　）						

续表

序号	工作步骤	工 作 内 容	时间	厂家代表	试验单位代表	监理单位代表	运行单位代表	建设管理单位代表
5	电缆线路零序阻抗测量	（1）测量零序阻抗： 1）按零序阻抗测量回路接线并与被试线路连接。（ ） 2）通知线路末端的A、B、C三相短路联结并良好接地。（ ） 3）检查试验回路接线正确无误，检查与线路连接的引线对周围及地有足够的安全距离。（ ） 4）开启仪器，按测量要求进行有关设置。（ ） 5）解开主测试点侧线路上的三相短路接地线，在得到对方回应后方可加压测试。（ ） 6）试验电压从0（或接近于0）开始平稳升压，同时监视试验电压、电流、功率等3个测试数据的状态是否正常，在达到合适值时在达到合适值时（电流一般应达到80A左右）待表计稳定后记录同一时间的电压、电流、功率三个测试数据。（ ） 7）数据分析和计算，计算出零序阻抗。（ ） （2）测量要求： 1）在得到测量数据后应迅速均匀降压到0（或接近于0）断开电源回路的明显断开点，被试线路三相接地。（ ） 2）在全电缆线或混架线路，零序阻抗测量时，必须考虑电缆护层连接方式对参数测量的影响；如果发现零序阻抗比估算值增大数倍，应检查交叉互联线路接地是否良好。（ ）						
6	存在问题							

表12–61 验收关键环节管控责任卡

序号	工作步骤	工 作 内 容	时间	厂家代表	试验单位代表	监理单位代表	运行单位代表	建设管理单位代表
1	资料验收	（1）各类试验报告齐全有效。（ ） （2）对应的试验影像资料齐全。（ ）						
2	存在问题							

七、标准工艺应用作业及检查卡

标准工艺应用作业及检查卡见表12–62。

表12–62 标准工艺应用作业及检查卡

工艺编号		卡片编号			
工艺名称		施工部位			
检查项目	控制项目	工艺控制要点	施工	监理	业主
电缆支架制作及安装	安装条件	电缆沟土建项目验收合格（电缆沟内侧平整度、预埋件）			
	材质要求	电缆支架宜采用角钢制作或复合材料制作，工厂化加工，热镀锌防腐。通长扁铁应采用镀锌扁钢			

续表

检查项目	控制项目	工艺控制要点	施工	监理	业主
电缆支架制作及安装	放线	电缆支架安装前应进行放样，间距应一致			
	安装要求	通长扁铁焊接前应进行校制直，安装时宜采用冷弯，焊接牢固			
	防腐处理	金属电缆支架必须进行防腐处理。位于湿热、盐雾及有化学腐蚀地区时应作特殊的防腐处理			
		金属支架焊接牢固，电缆支架焊接处两侧 100mm 范围内应做防腐处理。复合材料支架采用膨胀螺栓固定			
	特殊位置处理	在电缆沟十字交叉口、丁字口处宜增加电缆支架，防止电缆落地或过度下垂			
	接地	金属支架全长均应有良好接地			
电缆敷设	施工准备	电缆敷设前，在线盘处、隧道口、隧道竖井内及隧道内转角处搭建放线架，将电缆盘、牵引机、履带输送机、滚轮等布置在适当的位置，电缆盘应有刹车装置			
	敷设通信	敷设电缆时，在电缆牵引头、电缆盘、牵引机、履带输送机、电缆转弯处等应设有专人负责检查并保持通信畅通			
	电缆固定	电缆敷设后，如采用蛇行敷设应按照设计规定的蛇形节距和幅度进行固定			
电缆蛇形布置	蛇形布置前检查	电缆进行蛇形敷设时，再次检查是否按照设计规定的蛇形节距和幅度进行电缆固定			
	蛇形布置器具选择	宜使用专用电缆敷设器具，并使用专用机具调整电缆的蛇形波幅，严禁用有尖锐棱角铁器撬电缆			
	夹具要求	电缆的夹具一般采用两半组合结构，并采用非导磁材料			
	弹性垫片	电缆和夹具间要加衬垫。沿桥梁敷设电缆固定时，应加弹性衬垫			
交联电缆预制式中间接头安装	安装条件	接头制作时应搭棚，空气湿度、温度必须满足工艺安装规定			
	校潮	检查附件规格尺寸与电缆规格及支架尺寸相一致。检查确认接头两侧电缆的相位一致，按照工艺要求对电缆进行校潮			
	加热校直	按照工艺要求对电缆进行加热校直，每 600mm 弯曲度不大于 2～4mm			
	电缆切割	剥切电缆护层时不得损伤下一层结构，护套断口要均匀整齐，不得有尖角及快口			
	绝缘镜面处理	绝缘镜面处理后对直径的要求，通过 X、Y 轴多点测量的公差，判断绝缘是否符合过盈配合要求，绝缘表面处理应光洁、对称			
	半导电层硫化处理	外半导电屏蔽层剥切点，形成一定长度的平滑、光洁的锥形过渡（半导电层硫化处理）			
	压接	压接方式符合附件厂家工艺要求，压接后压接管表面应保持光洁无毛刺			
	应力锥安装	预制件定位前应在接头二侧做标记、使用专用退件工具，定位后检查预制件表面是否有损伤。预制件扩张后一般不宜超过 4h			
	接地	接地网、线锡焊要牢固、平整无毛刺			
	搪铅	搪铅密封应对称、密实			
	安装保护盒	直埋式接头应安装保护盒。防止外力破坏			

续表

检查项目	控制项目	工艺控制要点	施工	监理	业主
交联电缆预制式终端安装	安装前准备	按照工艺文件要求，检查附件尺寸及支架尺寸是否对应			
		搭建终端脚手架，接头区域搭棚控制现场温度、相对湿度，保持清洁度			
	校潮、校直	按工艺要求，对电缆进行校潮，加热校直			
	电缆切割	确定金属护套剥切点，打磨金属护套口去除毛刺以防损伤绝缘			
	压接	压接方式符合附件厂家工艺要求，压接后压接管表面应光洁无毛刺			
	半导电层硫化处理	外半导电屏蔽层在绝缘层和外半导电屏蔽层之间形成一定长度平滑、光洁的锥形过渡（半导电层硫化处理）			
	绝缘镜面处理	绝缘镜面处理后对直径的要求，通过 *X*、*Y* 轴多点测量的公差，判断绝缘是否符合过盈配合要求，绝缘表面处理应光洁、对称			
	应力锥安装	在套入应力锥前，应确认套入部件的次序和方向，套入绝缘套后，接头的上金具、绝缘套密封、尾管应使用力矩扳手拧紧			
	密封处理	将尾管与金属护套处进行密封处理，要求密封可靠，无渗漏			
施工项目部自查情况		监理项目部检查情况	业主项目部检查情况		

第二节　制　度　管　理

一、影音交底制度

影音交底制度主要包括班组站班交底和阶段性交底2方面主要内容。业主项目部负责规范交底流程，并进行阶段检查影音资料。

（一）班组站班交底

站班交底从组织与准备、编制责任人、交底时间、参加人员、交底内容等方面梳理影音交底的流程和标准操作方案，具体如下。

1. 组织与准备

前一日应完成第二天作业内容的安全技术交底文件。

2. 编制责任人

技术员（安全员、质检员配合）。

3. 交底时间

每日开工前站班会，时间不少于5min。

4. 参加人员

（1）当日作业内容有三级及以上重大风险作业。

1）施工项目部：施工项目经理、技术员、安全员、质检员、班组长及全体作业人员。

2）监理项目部：总监（有四级风险作业时）、安全监理工程师、专业监理工程师、监理员。

（2）当日作业内容为一般作业。

1）施工项目部：技术员、安全员、质检员、班组长及全体作业人员。

2）监理项目部：监理员。

5. 交底内容

当日作业内容、作业人员分工及安全、质量责任人；作业存在的安全风险及注意事项；文明施工、成品保护的注意事项；作业涉及的标准工艺应用情况及施工注意事项；作业涉及的质量通病及施工注意事项；作业涉及的强制性条文情况；对每日站班会过程进行录像（手机、相机、行车记录仪均可），加强监督管理，确保每日站班会能切实召开，不流于形式。

（二）阶段性交底

监理项目部应根据工程进展和计划安排，对施工项目部进行阶段性交底，重点强调标准工艺、安全文明施工及规程规范的一些最新要求和精神。

二、卡片管理制度

卡片管理制度为江苏地区经验的总结，率先为全国电力行业系统归纳电缆安装的具体要求及控制要素。卡片具体涵盖了高压电缆施工全过程的关键环节，规范了电缆安装标准化工艺施工流程，方便现场施工、监理、建设、运维单位的管理人员跟踪检查，是一项有效控制电缆安装现场质量的重要手段。

三、首件样板制度

必须严格实行首件样板验收审批制度，经过施工单位自检、监理单位验收合格并经业主项目部批准同意后，才能进行同批工序施工。每个施工班组在实施新的施工工序前都必须经过首件样板工艺评定，通过后方可进行后续施工。首件样板经过 3 次验收仍达不到创优标准时，监理项目部征得业主项目部同意后有权要求施工单位清退“短板”班组，并由施工项目部承担相应责任。在施工过程中，如发现某个施工班组达不到首件样板工艺质量，监理单位应及时阻止施工，待该施工班组整改达到标准后才能继续施工。

首件样板制度是国网优质工程和重点工程建设中必不可少、极为重要的一环，是对标准工艺的重要落实和检验，也是安全文明施工的重要补充。只有达到“标准”后，方能进行同类型下一步施工，从过程控制的源头上进行把关。

首件样板制度可以有效避免相对较差施工单位的随意施工，也可以重点提高平时就较为良好的施工班组。在工程实践中探讨，在样板中学习，各参建单位真正将理论和实际结合在一起，提高效果较为显著。

四、每周例会制度

工地例会是工程建设协调、问题整改闭环、班组考核管理、文件传达执行等相关工作的重要载体。业主项目部每周定时组织召开工地例会，固化例会材料，包括上周问题闭环、本周控制点执行、安全质量管理、分包情况核查、文件传达学习、下周工作安排及需要解决的问题等多个方面。

每周例会制度看起来是极为平常的一个制度，但却是最为有效的管理方式。工程中琐事繁多，很多重要问题不能拖延，必须在短时间解决，否则会对工程工期和工程安全质量有重大的影响，也容易造成各个参建单位沟通不畅，互相推诿。

综上，通过坚持不懈的周例会制度，及时发现、解决问题，及时对示范工程建设进行总结。

五、资质审核制度

电缆隧道作业人员应经安全生产监督部门“有毒有害有限空间作业”培训考核，持证上岗；国家认定的特种作业操作人员，应经安全生产监督部门培训考核合格，持有相应类别操作证书，方可进行现场作业；动火作业人员应经消防部门培训考核合格，持有动火作业证，动火监护人应经消防部门培训考核合格，持有动火作业监护证。

从事国家电网公司电气设备安装人员，应经电力监督委员会“高、低压电工进网作业”培训考核合格，持证上岗。安装人员要有电缆行业相关资质证书。

如果不符合以上两点要求，需通过运行单位组织的统一考试，经考试合格后，取得专业上岗证，方可上岗工作。安装人员与工程招标时提供的名单应一致。

六、视频监控制度

在现场主要设备位置安装摄像机，可实时监视现场设备状态，对因安装质量造成的事故分析很有帮助。一般视频监控摄像头安设在电缆敷设拐弯处，尤其是拐弯较大，周边环境不好地段，观测电缆受压变形及外护套受损状态。接头制作位置安装过程视频可有效控制人为因素造成的缺陷。高压电缆隧道一般线路较长，工作井设置较深，为满足运行要求，需在工作井、电缆接头、隧道与变电站入口设置视频监控系统。

七、协同监督制度

在项目实施过程中，建立协同监督网络，开启多方式、多层面、多角度的督察模式，实现以查促管的管理目标。

协同监督制度包括以下 5 个方面的内容。

（1）依托质监站强化中间质监验收；

（2）将工程安全质量管理纳入公司管理层面，联合安监部、运维检修部等部门进行联合督察；

（3）建管单位组织南京地区在建工地相关人员交叉互查，营造比学赶超的建设氛围；

（4）监理公司组织地区专家团队，按照业主要求定期对所在工地进行现场及资料检查；

（5）结合省公司的二级巡查制度及相关飞行检查加强工程建设管理。

八、“回头看”制度

“回头看”制度，就是针对工程建设过程中发现的策划与实际不一致、存在差异、不够完善的地方，通过定期组织设计、监理、施工、运维等单位开展“回头看”座谈会，通过设计单位、监理项目部和施工项目部进行问题收集、亮点总结，业主项目部阶段汇总统一固化，业主共同回顾讨论问题产生的原因、处理的方法，形成共识，收录在“备忘录”中，指导今后类似问题的处理。

运维管理篇

高压电缆线路工程建设具有施工难度高、隐蔽性强等特点，线路建成投运后多敷设于地下构筑物，加强工程建设过程中设计、验收等工作管理，是提升高压电缆线路健康水平的重要方法。工程审查及验收工作应贯穿于施工全过程中，运维部门应严格按照各项工作标准，对高压电缆线路工程进行全过程管控。

本篇中，将以运维部门为视角，主要介绍在高压电缆线路工程建设过程中，运维部门以“电缆线路全寿命周期管理”为理念，根据Q/GDW 1512—2014《电力电缆及通道运维规程》等规范性文件，参与工程建设中的方案审核、施工技术交底、过程验收、竣工验收、工程资料等工作。同时，本篇还通过列举高压电缆线路工程中常见问题及分析、精益化管理要求和相关智能设备，为工程设计和建设工作提供参考。

第十三章 高压电缆线路工程运维管理

第一节 可行性研究审查

一、概述

高压电缆线路工程的可行性研究是一种系统的工程建设分析研究方法，它需对工程建设的所有方面进行全面的、综合的调查研究，对方案从技术的先进性、生产的可行性、建设的可能性、经济的合理性等方面进行评价，并决定是否建设，它也是高压电缆线路工程建设的起点。可行性研究报告一般由设计部门负责编制，主要内容包括工程概述、编制原则和依据、路径选择和工程设想、投资估算等。

二、工作要点

运维部门可行性研究审查工作要点见表 13–1。

表 13–1　　运维部门可行性研究审查要点

序号	内　容	是否满足要求	备　注
1	电缆路径应得到市规划局的同意，路径红线是否明确		
2	电缆敷设方式是否合理，是否符合有关规范		结合电缆路径周围地质情况开展审查
3	电缆路径沿线交通、遇到的交叉跨越及障碍物是否符合有关规范		
4	电缆截面积是否满足技术经济性、可靠性的要求		
5	电缆型号是否符合工程可行性研究报告和电缆规程规范的要求		
6	电缆金属护层接地方式和电缆排列方式是否合理		
7	电缆的相序是否设计一致		
8	是否有过电压保护，如何绝缘配合		
9	电缆附件的主要技术参数是否符合各规范规程的要求		
10	电缆附件是否与所选电缆配套，是否满足经济性、可靠性的指标		
11	电缆金属护层接地方式和电缆排列方式是否合理		
12	电缆接头沟、人孔井设计是否合理		

续表

序号	内　　容	是否满足要求	备　　注
13	电缆支持与固定方案是否满足现场施工需要，电缆弯曲半径是否符合规程要求		
14	电缆终端塔上附属设施是否齐全，构架是否耐腐蚀		
15	电缆防火措施是否满足规程规范要求		
16	电缆回流线设计是否合理		
17	电缆接地保护箱、交叉换位箱位置是否合理，是否便于巡视、维护		
18	其他		

三、工作流程

在运维部门接到可行性研究报告评审通知后，应组织人员开展评审工作，形成书面建议或意见反馈至设计等部门，通过最终评审后，可进入下一步工程方案设计审查环节。可行性研究流程如图 13–1 所示。

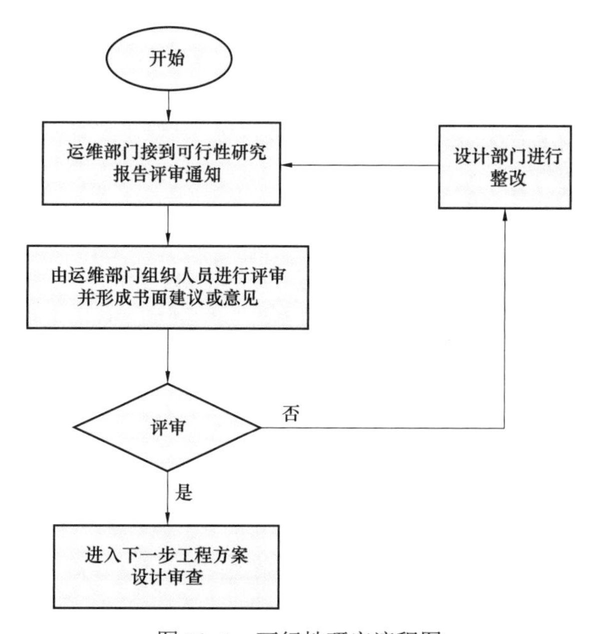

图 13–1　可行性研究流程图

第二节　工程方案设计审查

一、概述

高压电缆线路工程的设计工作是整个建设工作中极其重要的环节，设计工作优劣将会对工程建设及线路后期运行产生影响，它主要包括电缆路径、环境条件、电缆型号、电缆线芯截面积、电缆附件、接地系统、过电压保护、电缆敷设、电缆“六防”（防外破、防火、防水、防过热、防附属设备异常、防有害气体）、在线监测等。设计审查是在可行性研究之后进行的，是为了进一步认证项目在技术上和经济上的可行与合理，特别大的项目有时会在设计审查之前的初步设计阶段进行扩大初步设计和再扩大初步设计。设计文件应由设计部门提供，主要包括设计说明、资料和图纸等部分，设计部门一般在设计方案完成后，邀请运维、建设等部门进行审核，并形成书面建议或意见。

二、审查要点

运维部门设计审查重点见表 13–2。

表 13–2　　运维部门设计审查要点

序号	审 查 内 容	是否满足要求	备注
1	电缆金属护层接地方式和电缆排列方式是否合理		
2	电缆的相序是否设计一致		
3	是否有过电压保护及如何绝缘配合		
4	电缆附件的主要技术参数是否符合各规范规程的要求		
5	电缆附件是否与所选电缆配套，是否满足经济性、可靠性的指标		
6	电缆附件的绝缘水平是否达到规程规范的要求		
7	电缆的接地系统是否全面合理并符合规程规范的要求		
8	电缆的地下电缆电子信息标识系统是否详细涵盖整条电缆路径、是否符合公司文件规定		
9	电缆全线沟管安排是否合理，是否便于运行后故障测寻		
10	根据敷设方式审查电缆通道设计是否满足规程规范的要求		
11	电缆接头沟、人孔井设计是否合理		
12	电缆支持与固定方案是否满足现场施工需要，审查电缆弯曲半径是否符合规程		
13	电缆终端塔上附属设施是否齐全，构架是否耐腐蚀		
14	电缆防火措施是否满足规程规范要求		
15	电缆回流线设计是否合理		
16	电缆接地保护箱、交叉换位箱位置是否合理，是否便于巡视、维护		
17	其他		

电力电缆线路工程设计审查内容见表 13–3。

表 13–3　　电力电缆线路工程设计审查内容

类别	序号	审 查 内 容	是否合理	原因
电缆本体类	1	根据该工程可行性研究报告审查电缆截面积是否满足技术经济性、可靠性的要求		
	2	电缆型号是否符合工程可行性研究报告和电缆规程规范要求		
	3	电缆金属护层接地方式和电缆排列方式是否合理		
	4	电缆相序是否设计一致		
	5	是否有过电压保护及如何绝缘配合		
电缆路径及敷设方式类	1	电缆路径应得到市规划局的同意，路径红线是否明确		
	2	结合电缆路径地质情况审查电缆敷设方式是否合理、是否符合有关规范		
	3	电缆路径沿线交通和遇到的交叉跨越及障碍物应符合有关规范，便于运行维护		
电缆附件类	1	电缆附件的主要技术参数是否符合各规范规程的要求		
	2	电缆附件是否与所选电缆配套，是否满足经济性、可靠性指标		
	3	电缆附件的绝缘水平是否达到规程规范的要求		
电缆附属设备类	1	电缆接地系统是否全面合理，并符合规程规范的要求		
	2	电缆的地下电缆电子信息标识系统是否详细涵盖整条电缆路径、是否符合公司文件规定		
电缆附属设施类	1	电缆全线沟管安排是否合理，是否便于运行后故障测寻		
	2	敷设方式审查电缆通道设计是否满足规程规范的要求		
	3	电缆接头沟、人孔井设计是否合理		
	4	电缆支持与固定方案是否满足现场施工需要，审查电缆弯曲半径是否符合规程		
	5	电缆终端塔上附属设施是否齐全，构架是否耐腐蚀		
	6	电缆防火措施是否满足规程规范要求		
	7	电缆回流线设计是否合理		
	8	电缆接地保护箱、交叉换位箱位置是否合理，是否便于巡视、维护		

三、工作流程

在工程方案设计审查工作流程中，运维部门接到设计审查工作联系单后，应组织人员开展内部审查，形成书面建议或意见反馈至设计等部门，通过最终审查后，可进入下一步工程施工现场交底环节。工程方案设计审查流程如图 13–2 所示。

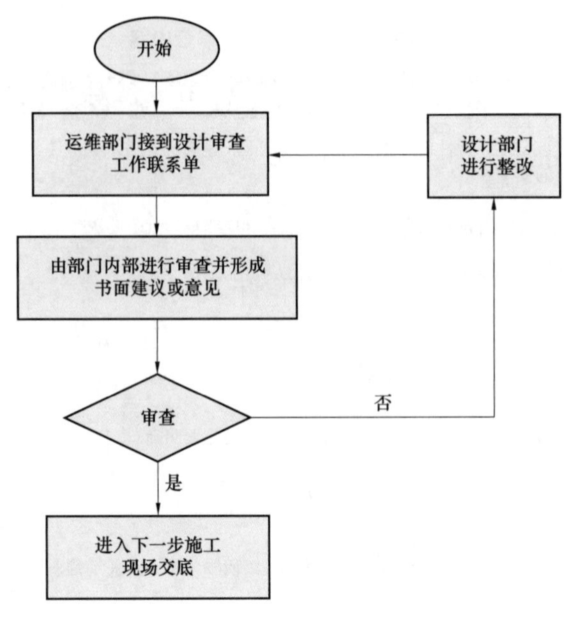

图 13–2 工程方案设计审查流程图

第三节 施工技术交底

一、概述

施工技术交底是电缆线路工程现场施工中的一项重要基础环节，由设计部门在现场向运维部门和施工单位进行技术性交代，其目的是使运维部门和施工单位对工程特点、技术质量要求、施工方法与措施和安全等方面有一个较详细的了解，以便于科学地组织施工，避免技术质量等事故的发生。

施工技术交底主要分为施工图纸技术交底和施工现场技术交底两类。

（1）施工图纸技术交底是指设计、施工、监理和运维部门就施工图中的相关情况进行说明和解答，一般包括设计依据、设计范围、设计采用的技术、工法、原理及意图，执行的设计规范、应遵守的规章规范和其他配合施工需要注意的事项。

（2）施工现场技术交底是指设计、施工、监理和运维部门在工程施工现场，对施工实际情况、安全管理、所遇到的相关问题进行技术性交代，重点关注电缆路径、红线设定、电缆间隔、相位、中间接头和终端位置等。

运维部门在交底前，对工程中适用国网工艺库现有部分，梳理出实用图号和要求，制成标准工艺表格；对国网工艺库没有的内容，应提出施工要求，并逐条登记记录，制成施工要求表格。通过交底，运维部门应了解项目管理单位、监理单位、设计部门、施工单位的项目经理和监理人员，联系电话，制成表格。交底执行对项目“路径清楚，交必到点”的原则。交底时应按照交底前准备的表格，提出哪些按照国网工艺库要求进行施工，哪些按相关标准进行施工，同时也要根据现场情况，及时提出要求。运维部门要向业主项目经理、监理、施工项目经理提出后期中间验收要求，书面签字确认，交底记录将作为工程验收的依据。

二、交底要求

施工技术交底具体要求见表 13–4。

表 13–4　　施工技术交底记录表

<table>
<tr><td rowspan="4">适用国网工艺库</td><td>序号</td><td>施工项目</td><td>选用的条目数</td><td>未选用的条目数</td><td>备注</td></tr>
<tr><td>1</td><td></td><td></td><td></td><td></td></tr>
<tr><td>2</td><td></td><td></td><td></td><td></td></tr>
<tr><td>⋮</td><td>⋮</td><td>⋮</td><td>⋮</td><td>⋮</td></tr>
<tr><td rowspan="4">提出的施工要求</td><td>序号</td><td>施工项目</td><td colspan="2">未提出的条目数</td><td>备注</td></tr>
<tr><td>1</td><td></td><td colspan="2"></td><td></td></tr>
<tr><td>2</td><td></td><td colspan="2"></td><td></td></tr>
<tr><td>⋮</td><td>⋮</td><td colspan="2">⋮</td><td>⋮</td></tr>
<tr><td rowspan="4">交底时补充的要求</td><td>序号</td><td colspan="3">内　容</td><td>备注</td></tr>
<tr><td>1</td><td colspan="3"></td><td></td></tr>
<tr><td>2</td><td colspan="3"></td><td></td></tr>
<tr><td>⋮</td><td colspan="3">⋮</td><td>⋮</td></tr>
</table>

三、工作流程

在施工技术交底工作流程中，运维部门接到施工技术交底工作联系单后，应组织人员至现场参与施工技术交底，形成书面建议或意见反馈至设计等部门，通过最终审查后，可进入下一步工程施工现场交底环节。施工交底流程如图 13–3 所示。

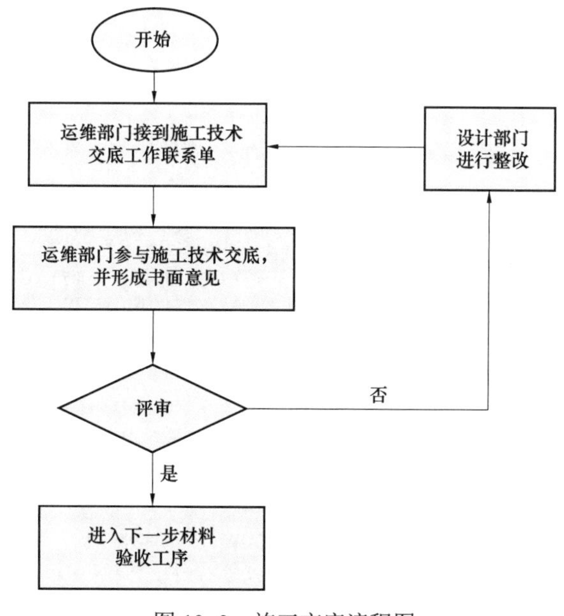

图 13–3　施工交底流程图

第四节 材 料 验 收

一、概述

材料验收是设计、监理、运维和施工部门为加强电缆线路工程的质量管控，对电力电缆及附件进行的验收工作。该项工作一般在土建工作开工前开展，由监理部门组织各部门进行。运维部门在接到通知后，应安排班组配合验收，主要检查对象是设备外观、设备参数是否符合技术标准和现场运行条件、检查设备合格证、试验报告、专用工器具、设备安装与操作说明书、设备运行检修手册等是否齐全、查看每批次电缆提供的抽样试验报告，并形成书面意见。

二、验收要点

材料验收主要为电力电缆及附件的抽检和验收，主要内容包括电缆结构和尺寸的检查测量、绝缘偏心度、导体直流电阻测量、绝缘热延伸测试和相关试验等，详见表 13–5～表 13–10。

表 13–5　　10（6）～35kV 电力电缆抽检表

序号	抽检项目	抽检内容	判断依据及要求	检测设备
1	电缆结构检查和尺寸测量★	导体结构，根数，外径，绝缘，内、外屏蔽，外护套（最薄点）平均厚度，铜（钢）带厚度×宽度×层数，搭盖率、电缆外径测量、电缆标志检查	依据：订货技术协议、GB/T 2951.11—2008《电缆和光缆绝缘和护套材料通用试验方法　第 11 部分：通用试验方法厚度和外形尺寸测量机械性能试验》（以下简称 GB/T 2951.11—2008）、Q/GDW 371—2009《10（6）kV～500kV 电缆线路技术标准》（以下简称 Q/GDW 371—2009）。 要求：结构和尺寸应符合技术协议要求，所有测量数据影像资料留存	台式投影仪、游标卡尺、千分尺
2	绝缘偏心度★	绝缘偏心度测量	依据：订货技术协议、GB/T 2951.11—2008、Q/GDW 371—2009。 要求：不大于 10%，偏心度为在同一断面上测得的最大厚度和最小厚度的差值与最大厚度比值的百分数，所有测量数据影像资料留存	切片机、台式投影仪
3	导体直流电阻测量★	直流电阻	依据：订货技术协议、GB/T 3048.4—2007《电线电缆电性能试验方法　第 4 部分：导体直流电阻试验》（以下简称 GB/T 3048.4—2007）、GB/T 3956—2008《电缆的导体》（以下简称 GB/T 3956—2008）、Q/GDW 371—2009。 要求：换算到每千米 20℃时的电阻值，所有测量数据影像资料留存	双臂电桥
4	绝缘热延伸试验★	负荷下伸长率和冷却后的永久伸长率（200 0C/15min，20N/cm^2）	依据：订货技术协议、GB/T 2951.21—2008《电缆和光缆绝缘和护套材料通用试验方法　第 21 部分：弹性体混合料专用试验方法　耐臭氧试验　热延伸试验　浸矿物油试验》（以下简称 GB/T 2951.21—2008）、Q/GDW 371—2009。 要求：在试样中取内、中、外 3 个试片，负荷下伸长率不大于 125%，永久伸长率不大于 10%	烘箱、天平、直尺

续表

序号	抽检项目	抽检内容	判断依据及要求	检测设备
5	局部放电测试	检测灵敏度为5pC或更优，试验电压应逐渐升至 $2U_0$ 并保持10s然后慢慢降到 $1.73U_0$	依据：订货技术协议、GB/T 12706—2008《额定电压1kV（U_m=1.2kV）到35kV（U_m=40.5kV）挤包绝缘电力电缆及附件》（以下简称GB/T 12706—2008）、GB/T 3048.12—2007《电线电缆电性能试验方法　第12部分：局部放电试验》（以下简称GB/T 3048.12—2007）、Q/GDW 371—2009。 要求：在 $1.73U_0$ 下无任何由被试电缆产生的超过声明灵敏度的可检测到的放电，所有数据影像资料留存	局部放电测试装置、工频谐振耐压装置
6	工频电压试验	工频电压试验（例行试验）（$3.5U_0$，5min）	依据：订货技术协议、GB/T 12706—2008、GB/T 3048.8—2007《电线电缆电性能试验方法　第8部分：交流电压试验》（以下简称GB/T 3048.8—2007）、Q/GDW 371—2009。 要求：三芯电缆所有绝缘线芯都要进行试验，电压施加于每一根导体和金属屏蔽之间，电缆应无击穿，所有数据影像资料留存	工频电压测试装置
7	电缆端头密封性检查	电缆成品两端密封检查	依据：订货技术协议、GB/T 12706—2008、国家电网公司《电缆附件抽检作业规范》4.4.2条。 要求：端头密封无开裂、破损等现象。厂家需提供密封过程中的影像资料	目测
8	产品外包装检查	外包装检查	依据：订货技术协议、GB/T 12706—2008、国家电网公司《电缆附件抽检作业规范》4.4.2条。 要求：外包装无凹陷、破损等缺陷	目测
9	质量管理体文件	质量手册、程序文件、作业指导书	要求：查验及核对相关文件，体系覆盖产品的完整性	
10	主要检测设备	使用范围、精度要求、检定有效期	要求：主要检测设备能对产品性能进行测试，精度能达到技术协议或国家标准的要求并在有效期内	
11	检测规范	企业标准	要求：检验规范制订合理，可执行性	
12	主要原材料组部件	合同技术协议、企业标准	要求：主要原材料提供质保书，厂家对进厂原材料提供复检记录，主要原材料材质、供应商与技术协议相符	
13	主要生产设备	规格完好程度、使用状况	要求：主要生产设备状态良好，生产时主要控制的工艺参数符合工艺要求	
14	产品制造工艺文件	企业标准	要求：技术标准、工艺文件、作业指导书的正确性、完整性及可执行性。厂家需提供制造过程中的影像资料	
★必检项目				

表 13-6　　110～500kV 电力电缆抽检表

序号	抽检项目	抽检内容	判断依据及要求	检测设备
1	半导电屏蔽料电阻率★	测量半导电屏蔽料电阻率	依据：订货技术协议、GB/T 3048.3—2007《电线电缆电性能试验方法　第3部分：半导电橡塑材料体积电阻率试验》（以下简称GB/T 3048.3—2007）、GB/T 11017.2—2014《额定电压110kV（U_m=126kV）交联聚乙烯绝缘电力电缆及其附件　第2部分：电缆》（以下简称GB/T 11017.2—2014）。 要求：导体半导电屏蔽不大于1000Ω·m，绝缘半导电屏蔽不大于500Ω·m，所有测量数据影像资料留存	电阻测试仪

续表

序号	抽检项目	抽检内容	判断依据及要求	检测设备
2	电缆结构检查和尺寸测量★	导体结构，根数，外径，绝缘，内、外屏蔽，外护套（最薄点）平均厚度，铜（钢）带厚度×宽度×层数，搭盖率、电缆外径测量、电缆标志检查	依据：订货技术协议、GB/T 2951.11—2008、Q/GDW 371—2009。 要求：结构和尺寸应符合技术协议要求，所有测量数据影像资料留存	台式投影仪、游标卡尺、千分尺
3	绝缘偏心度★	绝缘偏心度测量	依据：订货技术协议、GB/T 2951.11—2008、Q/GDW 371—2009。 要求：不大于6%，偏心度为在同一断面上测得的最大厚度和最小厚度的差值与最大厚度比值的百分数，所有测量数据影像资料留存	切片机、台式投影仪
4	导体直流电阻测量★	直流电阻	依据：订货技术协议、GB/T 3048.4—2007、GB/T 3956—2008、Q/GDW 371—2009。 要求：换算到每千米20℃时的电阻值，所有测量数据影像资料留存	双臂电桥
5	绝缘热延伸试验★	负荷下伸长率和冷却后的永久伸长率（200 0C/15min，20N/cm²）	依据：订货技术协议、GB/T 2951.21—2008、Q/GDW 371—2009。 要求：在试样中取内、中、外3个试片，负荷下伸长率不大于125%，永久伸长率不大于10%	烘箱、天平、直尺
6	局部放电测试	检测灵敏度为5pC或更优，试验电压应逐渐升至1.75U_0并保持10s然后慢慢降到1.5U_0	依据：订货技术协议、GB/T 12706—2008、GB/T 3048.12—2007、Q/GDW 371—2009。 要求：在1.5U_0下无任何由被试电缆产生的超过声明灵敏度的可检测到的放电，所有数据影像资料留存	局部放电测试装置、工频谐振耐压装置
7	工频电压试验	工频电压试验（例行试验）（2.5U_0，30min）	依据：订货技术协议、Q/GDW 371—2009、GB/T 3048.8—2007。 要求：110（66）～220kV，2.5U_0，30min电缆应不击穿；330～500kV，2.0U_0，60min，电缆应不击穿，所有数据影像资料留存	工频电压测试装置
8	电缆外护套直流耐压试验	外护套电压（−25kV，1min）	依据：订货技术协议、Q/GDW 371—2009。 要求：护套不击穿所有数据影像资料留存	直流耐压装置
9	电缆端头密封性检查	电缆成品两端密封检查	依据：订货技术协议、GB/T 12706—2008、国家电网公司《电缆附件抽检作业规范》4.4.2条。 要求：端头密封无开裂、破损等现象	目测
10	产品外包装检查	外包装检查	依据：订货技术协议、GB/T 12706—2008、国家电网公司《电缆附件抽检作业规范》4.4.2条。 要求：外包装无凹陷、破损等缺陷	目测
11	质量管理体文件	质量手册、程序文件、作业指导书	要求：查验及核对相关文件，体系覆盖产品的完整性	
12	主要检测设备	使用范围、精度要求、检定有效期	要求：主要检测设备能对产品性能进行测试，精度能达到技术协议或国家标准的要求并在有效期内	
13	检测规范	企业标准	要求：检验规范制订合理，可执行性	
14	主要原材料组部件	合同技术协议、企业标准	要求：主要原材料提供质保书，厂家对进厂原材料提供复检记录，主要原材料材质、供应商与技术协议相符	
15	主要生产设备	规格完好程度、使用状况	要求：主要生产设备状态良好，生产时主要控制的工艺参数符合工艺要求	
16	产品制造工艺文件	企业标准	要求：技术标准、工艺文件、作业指导书的正确性、完整性及可执行性。厂家需提供制造过程中的影像资料	
★必检项目				

表 13-7　　10（6）～35kV 电缆附件抽检表

序号	抽检项目	抽检地点	单位	抽 检 要 求	依据标准
一、原材料/组部件					
1	绝缘橡胶料抗张强度	制造厂内	MPa	① 三元乙丙橡胶：≥4.2；② 硅橡胶：≥4.0。所有测量数据影像资料留存	JB/T 8503—2006《额定电压 6kV（U_m=7.2kV）到 35kV（U_m=40.5kV）挤包绝缘电力电缆预制件装配式附件》
2	绝缘橡胶料硬度	制造厂内	邵氏 A	① 三元乙丙橡胶：≤65；② 硅橡胶：≤50。所有测量数据影像资料留存	
3	绝缘橡胶料断裂伸长率	制造厂内	%	① 三元乙丙橡胶：≥300；② 硅橡胶：≥300。所有测量数据影像资料留存	
4	绝缘橡胶料抗撕裂强度	制造厂内	N/mm	① 三元乙丙橡胶：≥10；② 硅橡胶：≥10。所有测量数据影像资料留存	
5	绝缘橡胶料体积电阻率	制造厂内	Ω·m	① 三元乙丙橡胶：≥10^{13}；② 硅橡胶：≥10^{13}。所有测量数据影像资料留存	
6	半导体橡胶料抗长强度	制造厂内	MPa	① 三元乙丙橡胶：≥10.0；② 硅橡胶：≥4.0。所有测量数据影像资料留存	
7	半导体橡胶料硬强度	制造厂内	邵氏 A	① 三元乙丙橡胶：≤70；② 硅橡胶：≤55。所有测量数据影像资料留存	
8	半导体橡胶料断裂伸长率	制造厂内	%	① 三元乙丙橡胶：≥350；② 硅橡胶：≥350。所有测量数据影像资料留存	
9	半导体橡胶料抗撕裂强度	制造厂内	N/mm	① 三元乙丙橡胶：≥30；② 硅橡胶：≥13。所有测量数据影像资料留存	JB/T 8503—2006《额定电压 6kV（U_m=7.2kV）到 35kV（U_m=40.5kV）挤包绝缘电力电缆预制件装配式附件》
10	半导体橡胶料体积电阻率	制造厂内	Ω·m	① 三元乙丙橡胶：≤1.5；② 硅橡胶：≤1.5。所有测量数据影像资料留存	
11	导体连接金具	制造厂内		按技术协议	按技术协议
12	接头用铜保护壳	制造厂内		按技术协议	
13	热缩附件用应控材料介电常数	制造厂内		① 绝缘管：≤4；② 应力管：>20；③ 耐油绝缘管：≤4；④ 耐漏痕耐电蚀管及雨罩：≤5。所有测量数据影像资料留存	JB 7829—2006《额定电压 1kV（U_m=1.2kV）到 35kV（U_m=40.5kV）电力电缆热收缩式终端》
14	热缩附件用应控材料介电常数	制造厂内	Ω·m	① 绝缘管：≥10^{12}；② 半导电管半导电分支套：>1～10^{2}；③ 应力管：10^{6}～10^{10}；④ 耐油绝缘管：≥10^{12}；⑤ 耐漏痕耐电蚀管及雨罩：≥10^{12}；⑥ 护套管分支套：≥10^{11}。所有测量数据影像资料留存	
二、成品					
15	附件结构检查	制造厂内或到货现场			技术协议

续表

序号	抽检项目	抽检地点	单位	抽检要求	依据标准
16	局部放电试验★	制造厂内或到货现场	pC	在 1.73U_0下，≤10。 所有测量数据影像资料留存	GB/T 12706.4—2008《额定电压 1kV（U_m=1.2kV）到 35kV（U_m=40.5kV）挤包绝缘电力电缆及附件 第 4 部分：额定电压 6kV（U_m=7.2kV）到 35kV（U_m=40.5kV）电力电缆附件试验要求》
17	工频电压试验★	制造厂内或到货现场	kV	4.5U_0，5min。 所有测量数据影像资料留存	
18	4h 工频电压试验	制造厂内或到货现场	kV	4U_0，4h。 所有测量数据影像资料留存	JB/T 8503—2006《额定电压 6kV（U_m=7.2kV）到 35kV（U_m=40.5kV）挤包绝缘电力电缆预制件装配式附件》，技术协议
19	产品装箱,（含辅助材料）外包装检查	制造厂内或到货现场		技术协议	技术协议
三、质量管理					
20	质量管理体系文件检查	制造厂内		质量手册、程序文件、作业指导书	在有效期内
21	主要检测设备	制造厂内			企业标准
22	产品检验规范★	制造厂内			
23	主要原材料、组部件进货检查	制造厂内		合同、技术协议	合同、技术协议、企业标准
四、制造工艺					
24	主要生产设备	制造厂内			企业标准
25	产品制造工艺文件★	制造厂内		厂家需提供制造过程中的影像资料	
★必检项目					

表 13-8　　110（66）～500kV 电缆附件抽检表

序号	抽检项目	抽检地点	单位	抽检要求	依据标准
一、原材料/组部件					
1	绝缘橡胶料抗张强度	制造厂内	MPa	① 三元乙丙橡胶：≥5.0（110kV）；≥6.0（220kV）；≥7.0（330kV 及以上）；② 硅橡胶：≥5.0（110kV 和 220kV）；≥6.0（330kV 及以上）。 所有测量数据影像资料留存	GB/T 11017.3—2014《额定电压 110kV（U_m=126kV）交联聚乙烯绝缘电力电缆及其附件 第 3 部分：电缆附件》；

续表

序号	抽检项目	抽检地点	单位	抽检要求	依据标准
2	绝缘橡胶料断裂伸长率	制造厂内	%	① 三元乙丙橡胶：≥350（110kV）；≥400（220kV）；≥300（330kV 及以上）；② 硅橡胶：≥450（110kV 及以上）。 所有测量数据影像资料留存	GB/T 18890.3—2015《额定电压 220kV（U_m=252kV）交联聚乙烯绝缘电力电缆及其附件 第 3 部分：电缆附件》； GB/T 22078.3—2008《额定电压 500kV（U_m=550kV）交联聚乙烯绝缘电力电缆及其附件 第 3 部分：额定电压 500kV（U_m=550kV）交联聚乙烯绝缘电力电缆附件》
3	绝缘橡胶料体积电阻率（23°C）	制造厂内	Ω·m	① 三元乙丙橡胶：≥$1.0×10^{15}$；② 硅橡胶：≥$1.0×10^{15}$。 所有测量数据影像资料留存	
4	绝缘橡胶料击穿强度	制造厂内		① 三元乙丙橡胶：≥25（110kV）；≥22（220kV）；≥25（330kV 及以上）；② 硅橡胶：≥23（110kV）；≥22（220kV）；≥25（330kV 及以上）。 所有测量数据影像资料留存	
5	绝缘橡胶料介质损耗	制造厂内	kV/mm	① 三元乙丙橡胶：≥$5.0×10^{-3}$；② 硅橡胶：≥$4.0×10^{-3}$。 所有测量数据影像资料留存	
6	半导电橡胶料抗张强度	制造厂内	MPa	① 三元乙丙橡胶：≥10.0（110kV 和 220kV）；8.0（330kV 及以上）；② 硅橡胶：≥5.5（110kV 和 220kV）；≥6.0（330kV 及以上）。 所有测量数据影像资料留存	
7	半导电橡胶料断裂伸长率	制造厂内	%	① 三元乙丙橡胶：≥250（110kV 和 220kV）；≥260（330kV 及以上）；② 硅橡胶：≥300（110kV 和 220kV）；≥350（330kV 及以上）。 所有测量数据影像资料留存	
8	半导电橡胶料体积电阻率（23°C）	制造厂内	Ω·m	① 三元乙丙橡胶：≥$1.0×10^3$；② 硅橡胶：≥$1.0×10^3$（110、220kV）；≥$1.0×10^4$（330kV 及以上）。 所有测量数据影像资料留存	
9	环氧树脂固化体击穿强度	制造厂内	kV/mm	≥20（110、220kV）；≥25（330kV 及以上）。 所有测量数据影像资料留存	
10	瓷套和复合套	制造厂内			GB/T 772—2005《高压绝缘子瓷件技术条件》
二、成品					
11	附件结构检查	制造厂内或到货现场		GB/T 11017.3—2014； GB/Z 18890.3—2015； GB/T 22078.3—2008	GB/T 11017.3—2014《额定电压 110kV（U_m=126kV）交联聚乙烯绝缘电力电缆及其附件 第 3 部分：电缆附件》； GB/T 18890.3—2015《额定电压 220kV（U_m=252kV）交联聚乙烯绝缘电力电缆及其附件 第 3 部分：电缆附件》； GB/T 22078.3—2008《额定电压 500kV（U_m=550kV）交联聚乙烯绝缘电力电缆及其附件 第 3 部分：额定电压 500kV（U_m=550kV）交联聚乙烯绝缘电力电缆附件》
12	橡胶应力锥及预制橡胶绝缘件检查★	制造厂内或到货现场		GB/T 11017.3—2014 中 6.4； GB/Z 18890.3—2015 中 6.9； GB/T 22078.3—2008 中 6.4； 所有测量数据影像资料留存	
13	瓷套、复合套和环氧套的密封试验★	制造厂内或到货现场	MPa	0.2±0.01，1h； 所有测量数据影像资料留存	
14	局部放电试验★	制造厂内或到货现场	pC	无可检测到的放电； 所有测量数据影像资料留存	
15	工频电压试验★	制造厂内或到货现场	kV/mm	$2.5U_o$，30min（110kV 和 220kV）； $2.0U_o$，60min（330kV 和 5000kV）； 所有测量数据影像资料留存	

续表

序号	抽检项目	抽检地点	单位	抽检要求	依据标准
16	冲击电压试验及随后的工频耐压试验	制造厂内或到货现场	kV	10次正极性和10次负极性电压冲击试验； 所有测量数据影像资料留存	Q/GDW 371—2009《10（6）kV～500kV电缆线路技术标准》； GB/T 11017.3—2014《额定电压110kV（U_m=126kV）交联聚乙烯绝缘电力电缆及其附件　第3部分：电缆附件》； GB/T 18890.3—2015《额定电压220kV（U_m=252kV）交联聚乙烯绝缘电力电缆及其附件　第3部分：电缆附件》； GB/T 22078.3—2008《额定电压500kV（U_m=550kV）交联聚乙烯绝缘电力电缆及其附件　第3部分：额定电压500kV（U_m=550kV）交联聚乙烯绝缘电力电缆附件》
			kV	2.5U_o，30min（110kV和220kV）； 2. 0U_o，60min（330kV和5000kV）； 所有测量数据影像资料留存	
17	户外终端短时（1min）工频电压试验（湿试）	制造厂内或到货现场	kV	符合Q/GDW 371—2009表10的规定； 所有测量数据影像资料留存	Q/GDW 371—2009《10（6）kV～500kV电缆线路技术标准》
18	产品装箱，（含辅助材料）外包装检查	制造厂内或到货现场		按技术协议	按技术协议
三、质量管理					
19	质量管理体系文件检查	制造厂内		质量手册、程序文件、作业指导书	在有效期内
20	主要检测设备	制造厂内			企业标准
21	产品检验规范★	制造厂内		橡胶应力锥及预制橡胶绝缘件应有唯一永久性标识和编号	企业标准
22	主要原材料、组部件进货检验	制造厂内		合同、技术和协议	合同、技术协议、企业标准
四、制造工艺					
23	主要生产设备	制造厂内			企业标准
24	产品制造工艺文件★	制造厂内		厂家需提供制造过程中的影像资料	企业标准
★必检项目					

表 13–9　　　　电力电缆出厂验收报告

客户名称						
工程名称						
电缆型号						
电压等级			长度		编号	
序号	抽检项目	抽检内容	判断依据及要求	检测设备	照片	是否合格
1	半导电屏蔽料电阻率	测量半导电屏蔽料电阻率	依据：订货技术协议、GB/T 3048.3—2007、GB/T 11017.2—2014。 要求：导体半导电屏蔽不大于 1000Ω·m，绝缘半导电屏蔽不大于 500Ω·m	电阻测试仪		
2	电缆结构检查和尺寸测量	导体结构，根数，外径，绝缘，内、外屏蔽，外护套（最薄点）平均厚度，铜（钢）带厚度×宽度×层数，搭盖率、电缆外径测量、电缆标志检查	依据：订货技术协议、GB/T 2951.11—2008、Q/GDW 371—2009。 要求：结构和尺寸应符合技术协议要求	台式投影仪、游标卡尺、千分尺		
3	绝缘偏心度	绝缘偏心度测量	依据：订货技术协议、GB/T 2951.11—2008、Q/GDW 371—2009。 要求：不大于 6%，偏心度为在同一断面上测得的最大厚度和最小厚度的差值与最大厚度比值的百分数	切片机、台式投影仪		
4	导体直流电阻测量	直流电阻	依据：订货技术协议、GB/T 3048.4—2007、GB/T 3956—2008、Q/GDW 371—2009。 要求：换算到每千米 20℃时的电阻值	双臂电桥		
5	绝缘热延伸试验	负荷下伸长率和冷却后的永久伸长率（2000C/15min，$20N/cm^2$）	依据：订货技术协议、GB/T 2951.21—2008、Q/GDW 371—2009。 要求：在试样中取内、中、外 3 个试片，负荷下伸长率不大于 125%，永久伸长率不大于 10%	烘箱、天平、直尺		
6	局部放电测试	检测灵敏度为 5pC 或更优，试验电压应逐渐升至 $1.75U_0$ 并保持 10s 然后慢慢降到 $1.5U_0$	依据：订货技术协议、GB/T 12706—2008、GB/T 3048.12—2007、Q/GDW 371—2009。 要求：在 $1.5U_0$ 下无任何由被试电缆产生的超过声明灵敏度的可检测到的放电	局部放电测试装置、工频谐振耐压装置		
7	工频电压试验	工频电压试验（例行试验，$2.5U_0$，30min）	依据：订货技术协议、Q/GDW 371—2009、GB/T 3048.8—2007。 要求：110（66）～220kV，$2.5U_0$，30min 电缆应不击穿；330～500kV，$2.0U_0$，60min，电缆应不击穿	工频电压测试装置		
8	电缆外护套直流耐压试验	外护套电压（–25kV，1min）	依据：订货技术协议、Q/GDW 371—2009； 要求：护套不击穿	直流耐压装置		
9	电缆端头密封性检查	电缆成品两端密封检查	依据：订货技术协议、GB/T 12706—2008、国家电网公司《电缆附件抽检作业规范》4.4.2 条。 要求：端头密封无开裂、破损等现象	目测		

续表

序号	抽检项目	抽检内容	判断依据及要求	检测设备	照片	是否合格
10	产品外包装检查	外包装检查	依据：订货技术协议、GB/T 12706—2008、国家电网公司《电缆附件抽检作业规范》4.4.2 条。 要求：外包装无凹陷、破损等缺陷	目测		
11	产品制造工艺文件	企业标准	要求：技术标准、工艺文件、作业指导书的正确性、完整性及可执行性。 厂家需提供制造过程中的影像资料			

表 13–10　　电缆附件出厂验收报告

客户名称			
工程名称			
附件型式		附件型号	
电压等级		编号	

序号	抽检项目	抽检地点	单位	抽检要求	依据标准	照片	是否合格
1	附件结构检查	制造厂内或到货现场		GB/T 11017.3—2014； GB/Z 18890.3—2015； GB/T 22078.3—2008	GB/T 11017.3—2014《额定电压110kV（U_m=126kV）交联聚乙烯绝缘电力电缆及其附件 第3部分：电缆附件》； GB/T 18890.3—2015《额定电压220kV（U_m=252kV）交联聚乙烯绝缘电力电缆及其附件 第3部分：电缆附件》； GB/T 22078.3—2008《额定电压500kV（U_m=550kV）交联聚乙烯绝缘电力电缆及其附件 第3部分：额定电压500kV（U_m=550kV）交联聚乙烯绝缘电力电缆附件》		
2	橡胶应力锥及预制橡胶绝缘件检查	制造厂内或到货现场		GB/T 11017.3—2014 中 6.4 条； GB/Z 18890.3—2015 中 6.9 条； GB/T 22078.3—2008 中 6.4 条			
3	瓷套、复合套和环氧套的密封试验	制造厂内或到货现场	MPa	0.2±0.01，1h			
4	局部放电试验	制造厂内或到货现场	pC	无可检测到的放电			
5	工频电压试验	制造厂内或到货现场	kV/mm	2.5U_o，30min（110kV 和 220kV）； 2.0U_o，60min（330kV 和 5000kV）			
6	质量管理体系文件检查	制造厂内		质量手册、程序文件、作业指导书	在有效期内		
7	产品检验规范	制造厂内		橡胶应力锥及预制橡胶绝缘件应有唯一永久性标识和编号	企业标准		
8	产品制造工艺文件	制造厂内		厂家需提供制造过程中的影像资料	企业标准		

三、工作流程

在材料验收工作流程中，运维部门接到材料验收工作联系单后，应组织人员参与材料验收，形成验收报告反馈至建设、厂家等部门或单位，通过最终验收后，可进入下一步工程建设环节。材料验收工作流程如图 13–3 所示。

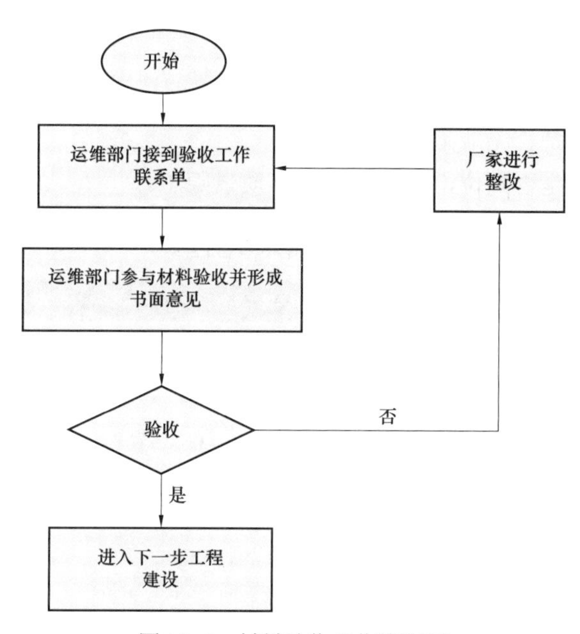

图 13–4　材料验收工作流程图

第五节　首　件　验　收

一、概述

工程首件验收是保证工程质量和进度，提高高压电缆线路工程建设后期分项工程、单位（子单位）工程质量的重要步骤，是对工程质量管理程序的进一步完善和加强，旨在以首件样本的标准在分项工程中每一个检验批的施工过程中得以推广，认真落实质量控制程序，实现工序检查和中间验收标准化，统一操作规范和工作原则，从而带动工程整体质量水平的提高。首件验收同时也通过打造各工序的样板工程，防止工程出现同批次、同类型的问题，避免大量返工和工程资源浪费。

电缆首件验收制度适用于电力电缆敷设、电力电缆固定、电力电缆安装、电力电缆试验等首件工程的实施安排，各道工序开工前，必须进行首件及试验段验收。运维部门在收到建设部门的首件验收工作联系单后，对相关工程内容进行验收，加强施工现场安全质量预控管理。

二、验收要点

对电缆线路工程进行首件及试验段验收，主要从外观质量、设计要求、验收标准、运检要求等方面进行，大致的评定标准有以下 6 个方面。首件验收关键环节管控卡见表 13–11。

（1）工前现场准备工作是否充分、精细。

（2）各工序施工操作是否规范，是否能达到相关施工规范及验收标准的要求。

（3）工序检查申报、批准手续是否齐全、及时。

（4）各分项设施是否符合设计要求。

（5）电缆设备外观是否无缺陷。

（6）各项安全措施是否到位，是否无安全、质量隐患。

表 13–11　　首件验收关键环节管控卡

项目	工艺名称	工艺标准	是否满足要求	备注
基槽开挖	验灰线（设计交桩）	路径与规划设计路径相符		
	基槽开挖	（1）基槽的中心线及走向符合设计要求； （2）基槽底部施工面宽度应考虑便于支模及设置基坑支护等工作； （3）开挖时基槽侧部土地稳定； （4）基槽开挖不对下面地基产生扰动，基面平整、夯实		
底板布筋	构造筋、浇筑	（1）混凝土的强度等级符合设计要求，宜采用商品混凝土； （2）混凝土浇筑后应平整表面并采取适当的养护措施，保证本体混凝土强度正常增长； （3）混凝土结构的抗渗等级应符合设计		
	成型	（1）浇筑好的混凝土要进行养护，防止其因干燥而龟裂，养护必须在浇后 12h 内开始，炎热或有风天气 3h 后就开始； （2）养护周期一般为 7～14 天，在特别炎热干燥地区，还应加长浇水养护日期； （3）养护时可直接浇水，或在混凝土基础上覆盖草袋稻草等后再浇水		
电缆工井	布筋	（1）钢筋绑扎应均匀、可靠，确保在混凝土振捣时钢筋不会松散、移位； （2）绑扎的铁丝不应露出混凝土本体； （3）用于单芯电缆敷设的排管钢筋应避免形成闭合回路； （4）预埋件的允许安装偏差：中心线位移为 10mm；埋入深度偏差为 5mm；垂直度偏差为 5mm； （5）按设计图纸绑扎钢筋		
	立模	（1）模板应平整、表面应清洁，并具有一定的强度； （2）支模中应确保模板的水平度和垂直度； （3）模板的拼接、支撑应严密、可靠，确保振捣中不走模、不漏浆		
	浇筑	（1）混凝土的强度等级不应低于 C25，宜采用商品混凝土； （2）混凝土浇筑后应平整表面并采取适当的养护措施，保证本体混凝土强度正常增长； （3）混凝土结构的抗渗等级应不小于 S6		

续表

项目	工艺名称	工　艺　标　准	是否满足要求	备注
电缆工井	成型	（1）浇筑好的混凝土要进行养护，防止其因干燥而龟裂，养护必须在浇后12h内开始，炎热或有风天气3h后就开始； （2）养护周期一般为7～14天，在特别炎热干燥地区，还应加长浇水养护日期； （3）养护时可直接浇水，或在混凝土基础上覆盖草袋稻草后再浇水		
电缆沟	布筋	（1）钢筋的绑扎应均匀、可靠，确保在混凝土振捣时钢筋不会松散、移位； （2）绑扎的铁丝不应露出混凝土本体； （3）用于单芯电缆敷设的排管钢筋应避免形成闭合回路； （4）预埋件的允许安装偏差：中心线位移为10mm；埋入深度偏差为5mm；垂直度偏差为5mm； （5）按设计图纸绑扎钢筋		
	立模	（1）模板应平整、表面应清洁，并具有一定的强度； （2）支模中应确保模板的水平度和垂直度； （3）模板的拼接、支撑应严密、可靠，确保振捣中不走模、不漏浆		
	浇筑	（1）混凝土的强度等级不应低于C25，宜采用商品混凝土； （2）混凝土浇筑后应平整表面并采取适当的养护措施，保证本体混凝土强度正常增长； （3）混凝土结构的抗渗等级应不小于S6		
	成型	（1）浇筑好的混凝土要进行养护，防止其因干燥而龟裂，养护必须在浇后12h内开始，炎热或有风天气3h后就开始； （2）养护周期一般为7～14天，在特别炎热干燥地区，还应加长浇水养护日期； （3）养护时可直接浇水，或在混凝土基础上覆盖草袋或稻草后再浇水		
电缆排管	排管	（1）排管应采用非磁性材料并符合环保要求，钢筋混凝土包封结构须与设计图纸相符； （2）排管通道所选用的排管内径宜为1.5倍电缆外径，并不宜小于150mm。同一段排管通道排管内径不宜多于2种		
	管枕间距	排管应安装牢固，固定点应符合设计要求，设计无要求时管枕间距不宜超过3m。对于非金属管材管枕间距不得超过2m		
	布筋	（1）钢筋的绑扎应均匀、可靠，确保在混凝土振捣时钢筋不会松散、移位； （2）绑扎的铁丝不应露出混凝土本体； （3）按设计图纸绑扎钢筋		
	立模	（1）模板应平整、表面应清洁，并具有一定的强度； （2）支模中应确保模板的水平度和垂直度； （3）模板的拼接、支撑应严密、可靠，确保振捣中不走模、不漏浆		
	浇筑	（1）混凝土的强度等级不应低于C25，宜采用商品混凝土； （2）混凝土浇筑后应平整表面并采取适当的养护措施，保证本体混凝土强度正常增长； （3）混凝土结构的抗渗等级应不小于S6		

续表

项目	工艺名称	工 艺 标 准	是否满足要求	备注
电缆排管	成型	（1）浇筑好的混凝土要进行养护，防止其因干燥而龟裂，养护必须在浇后12h内开始，炎热或有风天气3h后就开始； （2）养护周期一般为7～14天，在特别炎热干燥地区，还应加长浇水养护日期； （3）养护时可直接浇水，或在混凝土基础上覆盖草袋稻草后再浇水		
接头工井	底板	（1）底板材料宜采用混凝土；若采用其他材料，应根据工程实际情况合理选取并满足强度及工艺的相关要求； （2）若有地下水应采取适当的处理措施，在底板混凝土浇筑时应保证无水施工； （3）底板混凝土的强度等级不应低于C10		
	布筋	（1）钢筋的绑扎应均匀、可靠，确保在混凝土振捣时钢筋不会松散、移位； （2）绑扎的铁丝不应露出混凝土本体； （3）用于单芯电缆敷设的排管钢筋应避免形成闭合回路； （4）预埋件的允许安装偏差：中心线位移为10mm；埋入深度偏差为5mm；垂直度偏差为5mm； （5）按设计图纸绑扎钢筋		
	立模	（1）模板应平整、表面应清洁，并具有一定的强度； （2）支模中应确保模板的水平度和垂直度； （3）模板的拼接、支撑应严密、可靠，确保振捣中不走模、不漏浆		
	浇筑	（1）混凝土的强度等级不应低于C25，宜采用商品混凝土； （2）混凝土浇筑后应平整表面并采取适当的养护措施，保证本体混凝土强度正常增长； （3）混凝土结构的抗渗等级应不小于S6		
	成型	（1）浇筑好的混凝土要进行养护，防止其因干燥而龟裂，养护必须在浇后12h内开始，炎热或有风天气3h后就开始； （2）养护周期一般为7～14天，在特别炎热干燥地区，还应加长浇水养护日期； （3）养护时可直接浇水，或在混凝土基础上覆盖草袋稻草后再浇水		
接头沟	底板	（1）底板材料宜采用混凝土；若采用其他材料，应根据工程实际情况合理选取并满足强度及工艺的相关要求； （2）若有地下水应采取适当的处理措施，在底板混凝土浇筑时应保证无水施工； （3）底板混凝土的强度等级不应低于C10		
	布筋	（1）钢筋的绑扎应均匀、可靠，确保在混凝土振捣时钢筋不会松散、移位； （2）绑扎的铁丝不应露出混凝土本体； （3）用于单芯电缆敷设的排管钢筋应避免形成闭合回路； （4）预埋件的允许安装偏差：中心线位移为10mm；埋入深度偏差为5mm；垂直度偏差为5mm； （5）按设计图纸绑扎钢筋		

续表

项目	工艺名称	工 艺 标 准	是否满足要求	备注
接头沟	立模	（1）模板应平整、表面应清洁，并具有一定的强度； （2）支模中应确保模板的水平度和垂直度； （3）模板的拼接、支撑应严密、可靠，确保振捣中不走模、不漏浆		
	浇筑	（1）混凝土的强度等级不应低于 C25，宜采用商品混凝土； （2）混凝土浇筑后应平整表面并采取适当的养护措施，保证本体混凝土强度正常增长； （3）混凝土结构的抗渗等级应不小于 S6		
	成型	（1）浇筑好的混凝土要进行养护，防止其因干燥而龟裂，养护必须在浇后 12h 内开始，炎热或有风天气 3h 后就开始； （2）养护周期一般为 7～14 天，在特别炎热干燥地区，还应加长浇水养护日期； （3）养护时可直接浇水，或在混凝土基础上覆盖草袋稻草后再浇水		
电缆井盖	基座	（1）采用混凝土浇筑井脖、井圈，采用铸铁式、防沉降、防盗、防坠落井盖； （2）铰链有防盗措施，避免井盖被盗； （3）快车道上的井盖应有防噪音措施，高度满足相应要求，不应塌陷或凸起		
	布筋	（1）钢筋的绑扎应均匀、可靠，确保在混凝土振捣时钢筋不会松散、移位； （2）绑扎的铁丝不应露出混凝土本体； （3）模块砖内部需加穿钢筋，加穿后灌注混凝土，捣实		
	浇筑	（1）混凝土的强度等级不应低于 C25，宜采用商品混凝土； （2）混凝土浇筑后应平整表面并采取适当的养护措施，保证本体混凝土强度正常增长		
	成型	（1）浇筑好的混凝土要进行养护，防止其因干燥而龟裂，养护必须在浇后 12h 内开始，炎热或有风天气 3h 后就开始； （2）养护周期一般为 7～14 天，在特别炎热干燥地区，还应加长浇水养护日期； （3）养护时可直接浇水，或在混凝土基础上覆盖草袋稻草后再浇水		
电缆终端裕度沟	底板	（1）底板材料宜采用混凝土；若采用其他材料，应根据工程实际情况合理选取并满足强度及工艺的相关要求； （2）若有地下水应采取适当的处理措施，在底板混凝土浇筑时应保证无水施工； （3）底板混凝土的强度等级不应低于 C10		
	砖墙	（1）砖的抗压强度等级应不低于 MU10； （2）砖应采用环保材料		
	成型	采用 MU7.5 的水泥砂浆进行抹面，抹面厚度一般控制在 20～30mm		
终端基础	布筋	（1）钢筋的绑扎应均匀、可靠，确保在混凝土振捣时钢筋不会松散、移位； （2）绑扎的铁丝不应露出混凝土本体； （3）按设计图纸绑扎钢筋		

续表

项目	工艺名称	工 艺 标 准	是否满足要求	备注
终端基础	立模	（1）模板应平整、表面应清洁，并具有一定的强度； （2）支模中应确保模板的水平度和垂直度； （3）模板的拼接、支撑应严密、可靠，确保振捣中不走模、不漏浆		
	浇筑	（1）混凝土的强度等级不应低于 C25，宜采用商品混凝土； （2）混凝土浇筑后应平整表面并采取适当的养护措施，保证本体混凝土强度正常增长； （3）混凝土结构的抗渗等级应不小于 S6		
	成型	（1）浇筑好的混凝土要进行养护，防止其因干燥而龟裂，养护必须在浇后 12h 内开始，炎热或有风天气 3h 后就开始； （2）养护周期一般为 7～14 天，在特别炎热干燥地区，还应加长浇水养护日期； （3）养护时可直接浇水或在混凝土基础上覆盖草袋稻草后再浇水		
电缆敷设	放缆前电缆检查	电缆盘外观完整，外护层试验要求按电缆出厂技术参数执行		
	电缆敷设	敷设需要满足审定的施工方案		
	电缆固定及封堵	符合设计图纸及审定的施工方案		
	电缆打弯	符合设计图纸及审定的施工方案		
	电缆登杆（塔）/引上敷设	（1）符合设计图纸及审定的施工方案； （2）终端支架的定位尺寸应满足各相导体对接地部分和相间距离、带电检修的安全距离； （3）电缆敷设时最小弯曲半径应符合规定，登塔电缆夹具开档一般不大于 1.5m		
	电缆直埋敷设	（1）为识别电缆走向，宜沿电缆敷设路径设置电缆标识； （2）电缆穿越城市交通道路和铁路路轨时应采取保护措施； （3）电缆排列整齐，弯度一致，电缆同路径顺行敷设时电缆在转弯处不应出现交叉； （4）电缆在敷设过程中无机械损伤，直埋电缆接头盒外应有防止机械损伤的保护盒（环氧树脂接头盒除外）		
	电缆排管敷设	（1）排管通道所选用的排管内径宜 1.5 倍电缆外径，且不宜小于 150mm； （2）电缆敷设时，电缆所受的牵引力、侧压力和弯曲半径应根据不同电缆的要求控制在允许范围内，侧压力无规定时不应大于 3kN/m		
	电缆隧道/电缆沟敷设	（1）电缆应排列整齐，走向合理，不应交叉。电缆敷设时，电缆所受的牵引力、侧压力和弯曲半径应符合验收规范要求； （2）在可能造成电缆损伤的地方应采取可靠地保护措施；有专人监护并保持通信畅通		
	电缆刚性固定	（1）两个相邻夹具间的电缆受自重、热胀冷缩所产生的轴向推力作用或电动力作用后，不能发生任何弯曲变形； （2）固定夹具应表面平滑、便于安装，有足够的机械强度和适合使用环境的耐久性特点		

续表

项目	工艺名称	工 艺 标 准	是否满足要求	备注
电缆敷设	电缆挠性固定	（1）挠性固定电缆用的夹具、扎带、捆绳或支托架等部件，应表面平滑、便于安装，有足够的机械强度和适合使用环境的耐久性特点； （2）在桥梁伸缩缝处、上下桥梁处必须采用挠性固定，或选用伸缩弧； （3）电缆敷设在工作井的排管出口处可作挠性固定		
电缆附件安装	核相，加热校直	（1）安装接头前，应检查电缆是否符合条件，做好接头前的工作准备； （2）检查附件规格与电缆规格及支架尺寸是否一致。检查确认接头两侧电缆的相位一致，按照工艺要求对电缆进行校直		
	电缆金属护层封铅前处理	锯电缆前如遇封铅结构终端需预先对金属护层做底铅处理		
	绝缘、屏蔽口处理	（1）电缆绝缘处理需按照厂家工艺要求； （2）电缆剥切尺寸长度与图纸相符，满足预制件应力要求，绝缘表面处理应光洁、对称； （3）屏蔽口尺寸反复核对		
	线芯压接	（1）压接方式尺寸和工具符合附件厂家工艺要求； （2）压接前后测量电缆长度； （3）压接前电缆线芯表面应清洁，绝缘层切断面应光滑、无毛刺		
	安装预制件（中间接头）	（1）检查预制件外观内壁光洁、无杂质； （2）安装预制件时在应力锥内涂厂家自备的硅脂润滑，以便于预制件的安装		
	套应力锥（终端头）	（1）检查预制件外观内壁光洁、无杂质； （2）按照附件厂家要求套入应力锥，应力锥与外半导体层的搭接应满足附件厂家规定的尺寸要求		
	绕包带材	要求按照厂家工艺依次绕包带材，逐层恢复电缆结构层，绝缘带应充分拉伸，各类带材及金属网套需半搭绕包		
	封铅	（1）在封铅前应用硬脂酸清除封铅部位的表面氧化层和污垢，并用抹布揩净； （2）高位差封铅应用环氧树脂加固		
附属设备	避雷器安装	（1）避雷器外绝缘爬距应满足所在地区污秽等级要求； （2）避雷器的安装满足设计要求		
	接地箱、交叉互联箱接地	（1）金属护套的绝缘应完整良好，金属护套与保护器之间连接线不得采用裸导线，一般采用同轴电缆，其绝缘等级需与相应电缆外护层绝缘耐压相适应，安装孔尺寸符合设计要求，同轴电缆截面积 300mm^2 及以上时接线鼻子应采用双眼螺栓固定； （2）室外放置的接地箱应采用高于地面的底座固定，并做好必要的防盗措施		
	电缆沟（隧道）接地	接地体（线）连接宜使用焊接，焊接应采用搭接焊，其搭接长度必须符合以下规定： （1）扁钢为其宽度的 2 倍，且至少 3 个棱边焊接； （2）圆钢为其直径的 6 倍； （3）圆钢扁钢焊接时，长度为圆钢直径的 6 倍		

续表

项目	工艺名称	工 艺 标 准	是否满足要求	备注
附属设施	支架焊接	（1）支架必须具有足够的机械强度，能支撑电缆的全部荷重和安装维修临时附加的负载，并留有一定的安全裕度； （2）终端支架必须坚固耐用，符合工程防火和防腐蚀要求，必须与接地网可靠连接； （3）单芯电缆的支架不得构成铁磁回路		
	标识和警示牌	（1）标识和警示牌包括电缆路径警示牌、电缆路径指示桩、电缆路径指示块、电缆路径警示带、电缆终端铭牌等； （2）标牌标识正确无误，并应含有线路名称、相位、生产厂家、电缆型号、施工时间、施工及监理单位等信息。路径牌、电缆及电缆附件标志牌、警示带要求进行完善		
	防火措施	（1）非阻燃电缆用于明敷时，可采取在电缆上绕包防火带； （2）在电缆穿过竖井、变电站夹层、墙壁、楼板或进入电气盘、柜的孔洞处，应做防火封堵		

三、工作流程

在首件验收工作流程中，运维部门接到首件验收工作联系单后，应组织人员对建设部门施工草图进行审核，审核通过后方可安排人员参与现场首件验收工作，并形成验收报告反馈至建设等部门，全部通过验收后，可进入下一步验收环节。首件验收工作流程如图 13–5 所示。

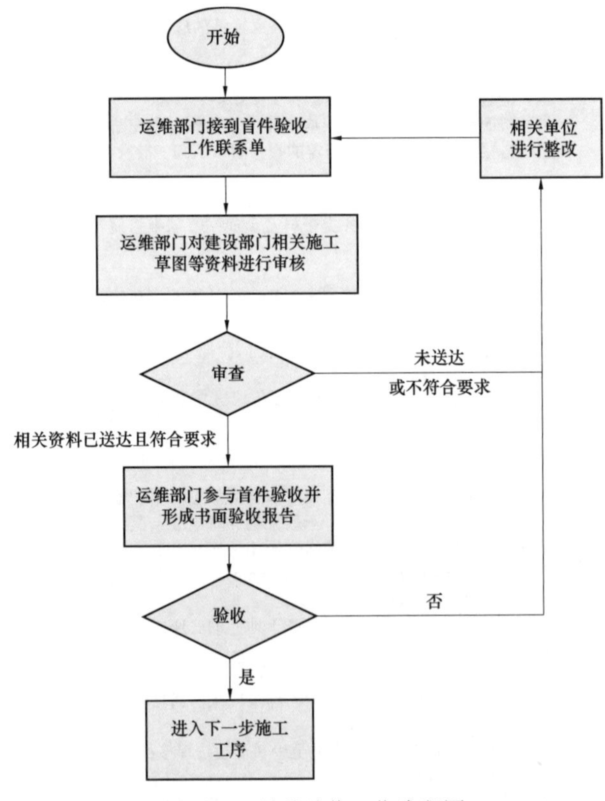

图 13–5　首件验收工作流程图

第六节　转序、中间验收

一、概述

转序、中间验收是指运维部门在收到施工单位的工作联系单后，组织人员在高压电缆线路工程施工中，对土建项目、电缆敷设、电缆附件安装等隐蔽工程进行的验收工作。运维部门的验收人员应根据工程施工情况列出检查项目，并根据验收标准，在施工过程中逐项进行验收，填写工程验收报告（单）并签字确认。

转序、中间验收的具体内容主要包括直埋、电缆沟和工作井、排管、电缆桥、电缆隧道、电缆敷设和电缆附件安装等类别。

二、验收要点

电力电缆线路工程转序、中间验收记录见表 13–12。

表 13–12　　电力电缆线路工程转序、中间验收记录表

类别	内　容	是否存在问题
直埋	（1）直埋的深度和宽度是否达到标准； （2）直埋电缆是否有明显的方位标志或标桩； （3）直埋路径穿越公路、铁路是否符合规定； （4）直埋路径与其他管线平行、交叉是否符合规定	
电缆沟和工作井	（1）结构是否符合设计要求，纵向排水坡度、集水坑是否符合要求，底板散水坡度、积水坑是否符合要求，垫层平面尺寸和高度是否符合图纸的要求； （2）钢筋的绑扎是否均匀、可靠，预埋件是否根据图纸要求可靠固定，钢筋质量及配放是否符合标准； （3）混凝土浇注后是否捣实，养护是否符合要求； （4）电缆沟内的预埋件是否符合要求； （5）电缆沟与排管过渡处沟底与管底高度是否满足设计规范； （6）电缆盖板及混凝土浇注段标号是否符合设计要求	
排管	（1）管路基础，管路管径、排列，排水坡，管路顶部土壤覆盖厚度是否符合要求，垫层平面尺寸和高度是否符合图纸的要求； （2）钢筋的绑扎是否均匀、可靠，预埋件是否根据图纸要求可靠固定，钢筋质量及配放是否符合标准； （3）混凝土浇注后是否捣实，养护是否符合要求； （4）明敷电缆管是否符合要求	
电缆桥	电缆桥架的质量和要求是否符合设计要求	
电缆隧道或大型电缆沟	（1）电缆隧道或大型电缆沟的验收垫层平面尺寸和高度是否符合图纸的要求； （2）钢筋的绑扎是否均匀、可靠，预埋件是否根据图纸要求可靠固定，钢筋质量及配放是否符合标准； （3）混凝土浇注后是否捣实，养护是否符合要求； （4）电缆隧道的施工质量是否符合设计要求； （5）电缆隧道内照明灯具、平均照度、照明灯具的电源，线路方式，导线截面积是否符合要求； （6）通风量是否符合标准； （7）排水是否符合要求； （8）电缆及其构筑物防火封堵是否符合要求； （9）支架安装是否符合设计和满足运行要求； （10）与发电厂、变电站及电缆排管的接口是否符合要求； （11）隧道内铁构件及预埋件是否做防腐处理； （12）隧道内接地系统的接地电阻是否符合要求	

续表

类别	内　容	是否存在问题
电缆敷设	（1）电缆盘及外包装是否满足设计规定、产品的技术文件是否齐全； （2）敷设前电缆通道清理是否符合要求； （3）敷设的环境温度是否符合要求，弯曲半径、敷设中拉力、侧压力是否控制在允许的范围内，敷设电缆、电缆标识是否符合要求； （4）敷设后电缆内、外护套绝缘电阻值是否符合要求； （5）电缆的固定是否符合要求，电缆沟、隧道及竖井标牌是否齐全、准确	
附件安装	（1）安装人员是否持有上岗证并经厂家培训认可； （2）安装环境是否符合要求； （3）安装是否符合生产厂家工艺要求，安装固定是否符合要求； （4）电缆金属护套交叉换位及接地方式、安装是否符合要求； （5）电缆终端及避雷器构架安装是否符合设计和运行要求； （6）接地部分是否符合规定； （7）防火措施是否符合要求； （8）试验项目和标准是否符合要求	

三、工作流程

在转序、中间验收工作流程中，运维部门接到验收工作联系单后，应组织人员对前一工序相关资料进行审核，通过审核后方可安排人员至现场参与验收，并形成验收报告反馈至建设等部门，全部通过验收后，方可进入下一步竣工验收环节。转序、中间验收工作流程如图 13–6 所示。

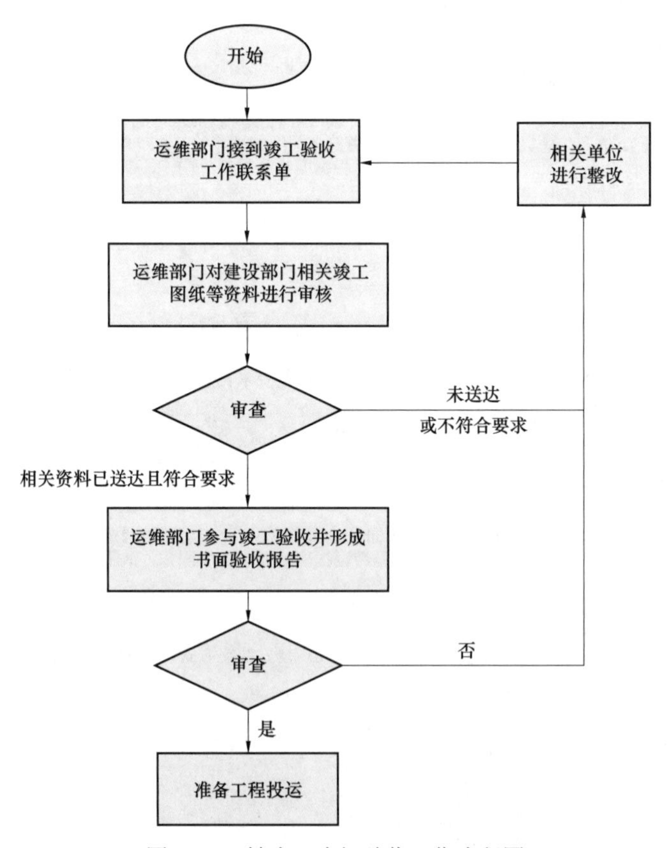

图 13–6　转序、中间验收工作流程图

第七节 竣 工 验 收

一、概述

竣工验收是指电缆线路建设工程项目竣工后，建设部门会同设计、施工、监理和运维等部门对该项目是否符合规划设计要求以及质量进行全面检验。竣工验收主要分为资料验收和现场验收，现场验收包括土建验收、电气验收和试验验收。

土建竣工验收主要内容有电缆构筑物、电缆排管和工作井、电缆桥架和电缆沟、电缆隧道的验收；电气竣工验收主要内容有电缆接头和终端、电缆夹具、避雷器、电缆搭接、支柱绝缘子、接地网、接地保护箱和交叉互联箱等；试验验收主要内容有主绝缘电阻测量、主绝缘交流耐压试验、外护套绝缘电阻测量等。

二、验收要点

竣工验收要求见表13–13。

表13–13　　竣工验收要求

项目	工艺名称	工艺标准	是否满足要求	备注
资料验收	土建竣工验收的竣工草图	未收到，运维部门拒绝参与验收		
	土建竣工验收的施工图纸资料	未收到，运维部门拒绝参与验收		
	土建竣工验收的设计变更（无变更免提供）	未收到，运维部门拒绝参与验收		
	土建竣工验收的影像资料	未收到，运维部门拒绝参与验收		
	电气竣工验收的竣工草图	未收到，运维部门拒绝参与验收		
	电气竣工验收的施工图纸资料	未收到，运维部门拒绝参与验收		
	电气竣工验收的影像图片	未收到，运维部门拒绝参与验收		
现场验收	电缆夹具	接头处、转弯点、终端垂直部分等有要求固定的电缆本体，应采用刚性固定，固定值为300N·m，其余部分有固定要求的应采取可使电缆自由伸缩的挠性固定。螺杆长出螺帽4～5牙为宜		
	避雷器	安装牢固，其垂直度满足要求；放电计数器应密封良好，绝缘垫及接地应良好可靠；计数器安装高度满足运检巡视要求；计数器引下线安应用绝缘线；螺杆扭矩为31～39N·m		

续表

项目	工艺名称	工 艺 标 准	是否满足要求	备注
现场验收	电缆搭接	搭接时接触面良好，铜铝过渡搭接时应涂电力脂或用镀锡铜片过渡；螺杆扭矩为66N·m		
	支柱绝缘子	绝缘子型号满足防污要求；绝缘良好，固定牢固；螺杆扭矩为60N·m		
	接地网	接地扁铁应高出地面 60cm；接地扁铁应方便与电缆站柱拆除；扁铁与电缆站柱搭接面应大于2倍扁铁宽度		
	接地保护箱	接地保护箱应安装完成；选用的保护器应与线路电压等级相一致；保护箱上铭牌应完整、清晰；接地保护箱内应保持清洁、干燥		
	交叉互联箱	交叉互联箱应安装完成；选用的保护器应与电缆电压等级相一致；交叉互联箱上铭牌应完整、清晰；一个交叉互联段内交叉方式应一致；交叉互联箱内应保持清洁、干燥		
	照明	灯具应为防水防潮型，采取吸顶安装，安装间距不大于10m		
		采用分段控制，分段间距应不大于200m		
		灯具同时开启不允许超过三段		
		隧道内人行通道上的平均照度不应小于10lx、最小照度不应小于2lx		
		照明灯具的电源应由二路电源交叉供电，照明灯开关应采用双控开关		
		照明灯宜采用管子穿线方式，导线截面积不应小于1.5mm^{2}硬铜导线		
	排风	电缆隧道按隧道所需通风量选择进、排风机，但风速不宜超过5m/s		
		进、排风机和进、排风孔应能在隧道内发出火警信号时自动关闭		
		进、排风发出的噪声应符合国家环境保护要求		
		在进、排风孔处应加设能防止小动物进入隧道内的金属网格		
	排水	电缆隧道在集水坑内设置的自动水位排水泵，其容量应按渗入隧道内的水量和排除扬程决定		
		在集水坑内的积水应向邻近的城市下水道排放，且应在排水管的上端设置逆止阀		
竣工试验	主绝缘电阻测量	需在电气安装完成，具备送电状态及竣工验收合格后进行； 使用2500V及以上绝缘电阻表，在耐压试验前后绝缘电阻应无明显变化		
	电缆护层试验			
	电缆耐压试验			

续表

项目	工艺名称	工 艺 标 准	是否满足要求	备注
竣工试验	接地电阻测量			
	保护器试验			
	避雷器试验（绝缘底座）			
	主绝缘交流耐压试验	需在其他全部交接试验完成及工程竣工验收合格后进行；交流耐压试验时不应击穿		

三、工作流程

在竣工验收工作流程中，运维部门接到竣工验收工作联系单后，应组织人员对竣工图纸等资料进行审核，通过审核后方可安排人员至现场参与竣工验收，并形成竣工验收报告反馈至建设等部门，全部通过验收后，可准备工程投运。竣工验收工作流程如图 13–7 所示。

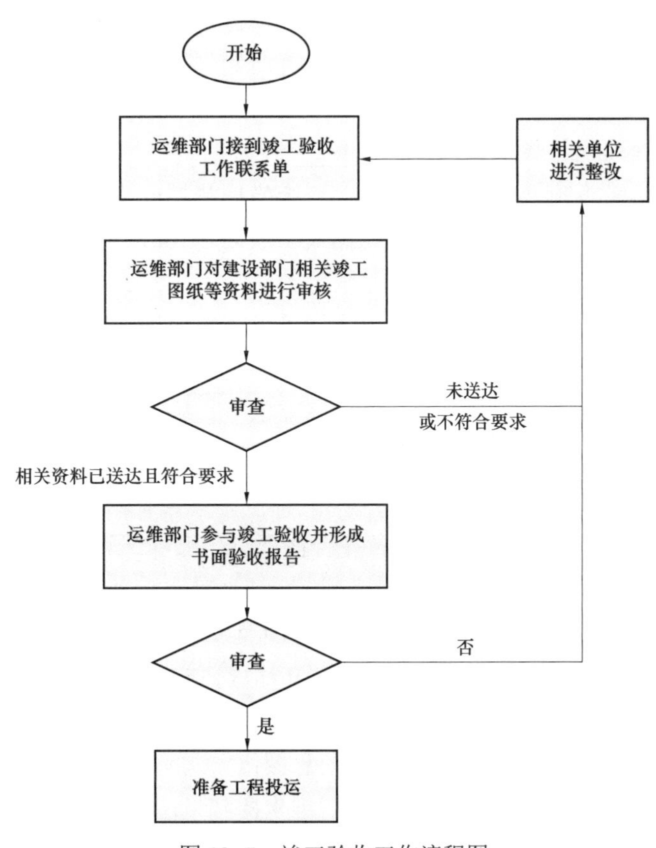

图 13–7　竣工验收工作流程图

第八节　竣工资料管理

一、概述

高压电缆线路工程属于隐蔽工程，电缆线路建设的全部文件和技术资料，是分析电缆线路在运行中出现的问题和需要采取措施的技术依据。竣工资料作为高压电缆线路工程投运后的一项重要技术资料，设计、施工等单位应密切配合运维部门，做好生产准备资料的收集工作，主要包括电缆线路的“一线一档”“一线一运规”和“一线一检规”的编制、PMS 生产系统档案的建立、系统接线图和井盖沿布图的绘制、现场标识标牌的安装等。

二、资料内容

高压电缆线路工程竣工验收相关具体资料主要包括以下内容：

（1）电缆及通道走廊以及城市规划部门批准文件，包括建设规划许可证、规划部门对于电缆及通道路径的批复文件、施工许可证等；

（2）完整的设计资料，包括初步设计、施工图及设计变更文件、设计审查文件等；

（3）电缆及通道沿线施工与有关单位签署的各种协议文件；

（4）工程施工监理文件、质量文件及各种施工原始记录；

（5）隐蔽工程中间验收记录及签证书；

（6）施工缺陷处理记录及附图；

（7）电缆及通道竣工图纸应提供电子版，三维坐标测量成果；

（8）电缆及通道竣工图纸和路径图，比例尺一般为1:500，地下管线密集地段为1:100，管线稀少地段为1:1000，在房屋内及变电站附近的路径为1:50。平行敷设的电缆应标明各条线路相对位置，并标明地下管线剖面图，电缆如采用特殊设计，应有相应的图纸和说明；

（9）电缆敷设施工记录，应包括电缆敷设日期、天气状况、电缆检查记录、电缆生产厂家、电缆盘号、电缆敷设总长度及分段长度、施工单位、施工负责人等；

（10）电缆附件安装工艺说明书、装配总图和安装记录；

（11）电缆原始记录：长度、截面积、电压、型号、安装日期、电缆及附件生产厂家、设备参数，电缆及电缆附件的型号、编号、各种合格证书、出厂试验报告、结构尺寸、图纸等；

（12）电缆交接试验记录；

（13）单芯电缆接地系统安装记录、安装位置图及接线图；

（14）有油压的电缆应有供油系统压力分布图和油压整定值等资料，并有警示信号接线图；

（15）电缆设备开箱进库验收单及附件装箱单；

（16）一次系统接线图和电缆及通道地理信息图；

（17）非开挖定向钻拖拉管竣工图应提供三维坐标测量图，包括两端工作井的绝对标高、断面图、定向孔数量、平面位置、走向、埋深、高程、规格、材质和管束范围等信息。

三、工作流程

在竣工资料管理工作流程中，运维部门收到竣工资料后，应组织人员对竣工资料进行全面审核，通过审核后可归档存储，否则将形成书面建议或意见反馈建设部门进行整改。竣工资料管理工作流程如图 13–8 所示。工程资料归档审核单示例见表 13–14。

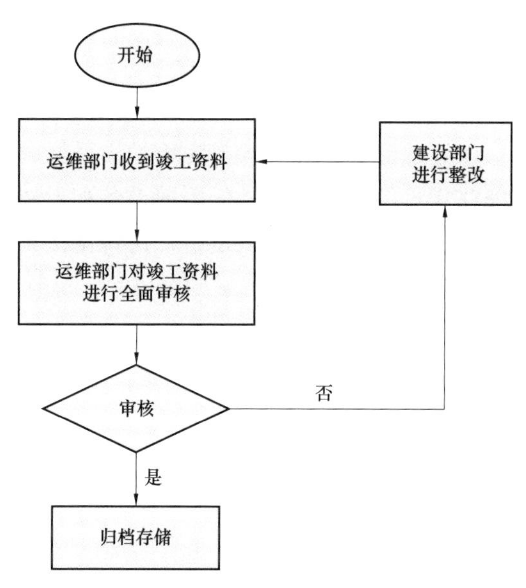

图 13–8　竣工资料管理工作流程图

表 13–14　　工程资料归档审核单示例

申请归档资料名称	
申请归档资料类别	□工程资料　□抢修资料　□试验检修记录　□其他
班组意见	年　月　日
专职意见	年　月　日
分管领导意见	年　月　日
归档情况备注	档案编号： 归档办理人： 年　月　日

第十四章 高压电缆线路常见问题

本章内容总结了在高压电缆线路建设、运检等方面的大量经验，在电缆线路运维工作的基础上，列举了高压电缆线路常见的本体、附件、附属设备和附属设施四类缺陷案例，并对各缺陷案例进行了翔实的描述、原因分析和深入剖析，用理论知识加以解读，用相关图片予以佐证，可以为高压电缆从业人员提供技术参考。

第一节 本 体 缺 陷

一、案例描述

220kV 某架空线杆线下地工程，土建形式主要为电缆隧道，线路全长约为 8400m，6 个交叉换位段。电缆敷设完成后，高压试验人员对电缆护层做耐压试验时，发现多段电缆护层绝缘不合格。经相关人员查找，发现多处缺陷。缺陷具体情况如图 14–1、图 14–2 所示。

图 14–1 4 号接头—5 号接头段 C 相损伤点

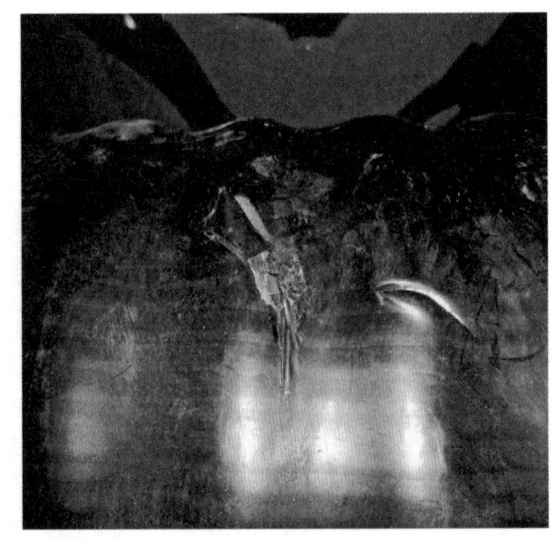

图 14–2 6 号接头—7 号接头段 C 相损伤点

二、原因分析

电缆线路在敷设过程中，滑轮组未按间隔 3～5m 要求放置，致使部分段电缆外护套与构筑物表面接触，增加了电缆触碰构筑物表面的摩擦力，工作人员未仔细检查电缆敷设过程中本体外护套磨损情况。

三、处理措施

根据《交联电力电缆外护套修补现场标准化作业指导书》，对磨损部位进行修补。首先需确认电缆外护套损伤情况，若未损伤电缆内部结构，则采用橡塑材料外护套修补法进行修复，若铠装层和加强带损坏，则采用伤及电缆铠装层和加强带的护层修补法进行修复。在修补结束后，需进行电缆护层绝缘试验，通过试验后方可结束工作。

第二节　附　件　缺　陷

一、案例描述

某 110kV 线路为混合线路，全长为 980m，共有两段电缆，终端类型均为户外终端，于 2013 年 7 月 1 日投运。2016 年 11 月 8 日 5 点 20 分，该线路断路器跳闸，过电流保护Ⅰ段动作，故障电流为 8.4kA，C 相单点接地故障。经查，52 号塔 C 相下方有明显放电痕迹，经分解发现，该相终端已击穿，如图 14–3、图 14–4 所示。

图 14–3　C 相故障终端锥托

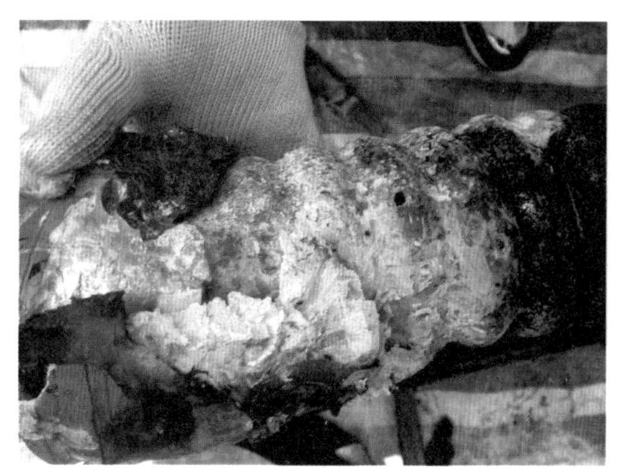

图 14–4　铝护套孔洞

二、原因分析

封铅处的接地线存在虚焊，初步判断此事故是由接地不良所引起的悬浮电位所诱发的。对故障电缆头接地回路建立电压模型，如图 14–5 所示。

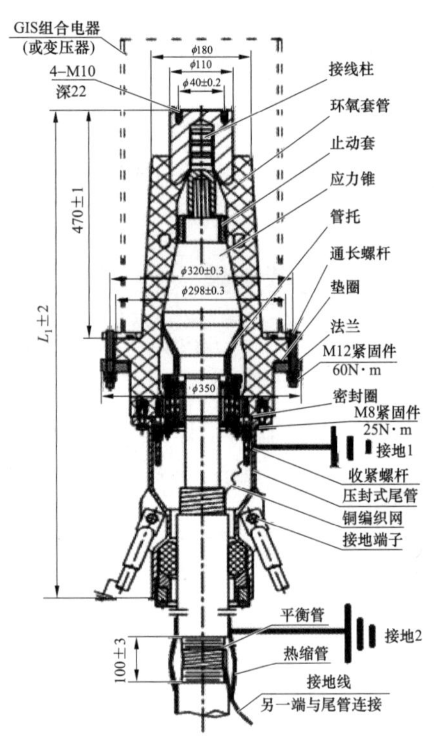

图 14–5　故障电缆头接地回路电压模型

应力锥的锥托底部为接地点 1，接地通道良好，为可靠接地，此处电压 $U_1=0$。封铅处为接地点 2，由于虚焊，存在悬浮电压 $U_2\neq0$。这样，在两处接地点之间存在电压差。由于阻水带为潮湿状态，电阻率降低，便在阻水带上产生了放电电流的通路，导致阻水带上有白色放电碳化痕迹。在长时间作用下，引发电缆本体绝缘发生碳化趋势，直至形成接地通道，发生单相接地短路事故。发生短路故障后，接地通道呈现高阻状态，在 5000V 接地绝缘电阻表检测下，未能检查出故障所在点。在试送电后，接地通道被彻底击穿，呈现低阻状态。

三、处理措施

剥除电缆终端尾管处热缩管，去除电缆终端尾管封铅，检查封铅处的接地线是否存在虚焊，如无虚焊恢复即可；如有虚焊，则重新封铅后恢复。在封铅过程中应注意以下 4 点事项：

（1）在封铅前应用硬脂酸清除封铅部位的表面氧化层和污垢，并用抹布揩净；

（2）高位差封铅应用环氧树脂加固；

（3）铅锡应充分揉透，铅封必须光滑、密实，无气孔；

（4）封铅时间不宜过长，不得超过 15min。

第三节　附属设备缺陷

一、案例描述

某 220kV 线路为纯电缆线路，线路全长为 5699m，全线共有 14 组中间接头，两侧为 GIS 终端，于 2007 年 7 月 19 日投运。2017 年 7 月 31 日，运维人员通过红外检测发现该线路 4 号接地箱中接地线的接地点发热，发热点最高温度为 160℃，接地线最大电流为 88.6A，接地点锈蚀，接地线与接地扁铁接触面存在明显缝隙，靠近接地点处接地线外护套有融化现象，属严重缺陷。接地点红外检测图谱和接地点现场情况如图 14–6、图 14–7 所示。

二、原因分析

现场检查发现接地线与接地扁铁接触面有明显缝隙和腐蚀现象，接地点处接地耳与接地扁铁连接采用单孔固定，接地螺栓锈蚀严重，初步判断为：接地耳与接地扁铁接触处接地不良，接地耳与接地扁铁采用单孔螺栓连接，接触面积不够，加上接触面腐蚀，导致接地线与接地扁铁接触电阻增大，从而引起接地点发热。

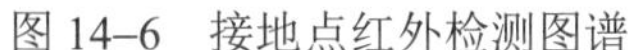
图 14–6　接地点红外检测图谱

图 14–7　接地点现场情况

三、处理措施

采用带电作业方式，在原接地线上剥除 10cm 绝缘后双拼一根临时短接线，以对原接地线进行短接，短接后，戴绝缘手套将原接地线接地耳拆除，并在接地扁铁上选取适当位置重新打双孔，将原接地线重新与接地扁铁连接，接触面需涂电力脂，并用力矩扳手紧固。处理后，经检测接地线电流及接地点的温度检测均恢复到正常区间。接地点处理情况如图 14–8 所示。

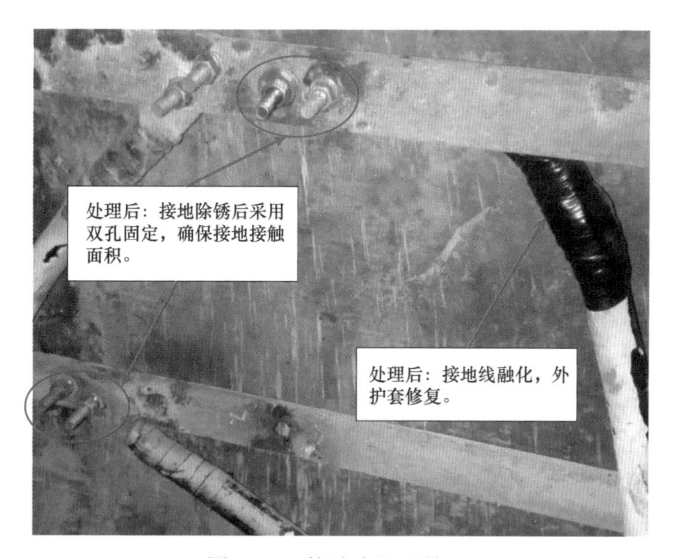

图 14–8　接地点处理情况

第四节　附属设施缺陷

一、案例描述

某 110kV 线路为混合线路，线路全长为 10.698km，于 2007 年 7 月 19 日投运。2014 年 8 月 3 日 10 时，运维人员巡视发现该线路 9 号塔 A、B、C 三相终端倾斜严重，根据《电力电缆及通道运维规程》附录 I“电缆及通道缺陷分类及判断依据”的规定，此缺陷定性为严重缺陷，具体如图 14–9、图 14–10 所示。

图 14–9　开挖后终端站柱无基础

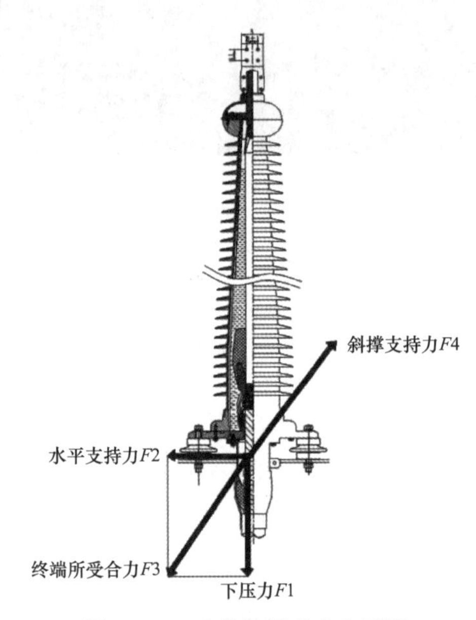

图 14–10　电缆终端受力分析图

二、原因分析

开挖出地基时，发现三根终端站柱无有效基础支撑，原因为施工人员未按图纸要求施工，且运维人员验收过程中未能按照 GB 50168—2006《电气装置安装工程电缆线路施工及验收规范》对隐蔽工程进行严格验收，同时在日常运行维护中，未能及时发现站柱地板开裂，从而导致终端倾斜。

三、处理措施

（1）措施 1：增加斜撑，通过增加站柱与塔身的接触，平衡掉电缆所承受的一部分不平衡应力，从而减少对电缆本体的影响，如图 14–11 所示。

（2）措施 2：加固基础，由于南京地处江南，以沙土为主，所以敷设基础前首先应将底层泥土夯实（深度 100cm），其次铺以碎石层并用混凝土进行浇筑（厚度 20cm），避免站柱基础直接与沙土接触可有效防止基础下沉，然后将三根站柱基础进行整体浇筑（厚度 50cm），增加其整体防沉降能力，如图 14–12 所示。

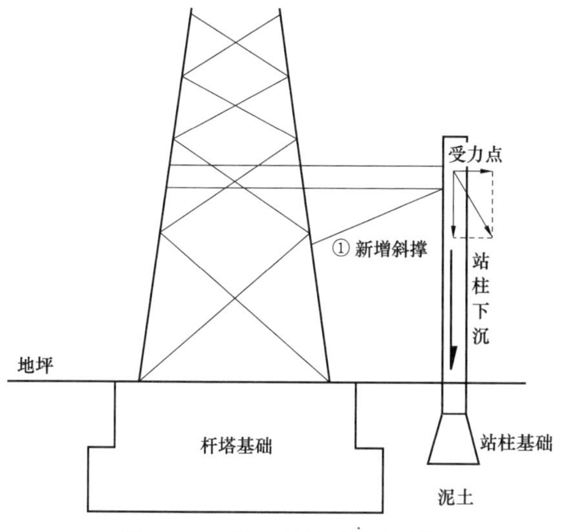

图 14–11　增加斜撑后的终端塔

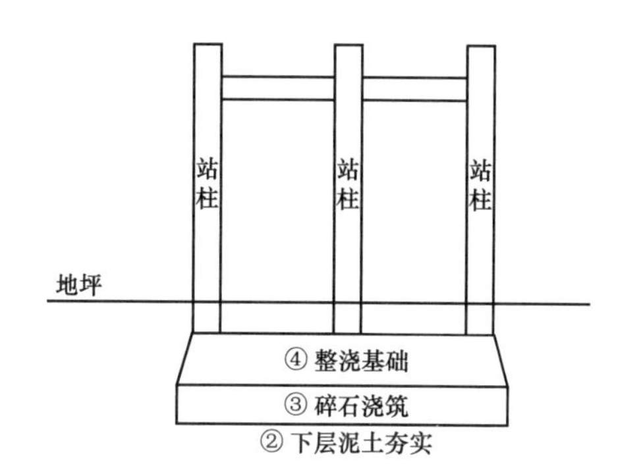

图 14–12　基础加固后的终端塔

第十五章 高压电缆网及通道精益化管理

随着社会的快速发展，高压电缆线路的规模不断扩大，城市电网中的电缆化率也越来越高。因此，加强运检工作中的标准化、流程化、信息化、精益化、智能化管理，提升电缆线路健康水平和电网供电保障能力，已成为各电缆线路运维部门的一项重要工作。

2017 年，国家电网公司以国网南京供电公司为试点，建设了首个地下通道及电缆网精益化管理系统，如图 15–1 所示。该系统以电缆线路全寿命周期管理为理念，主要包括精益化管理系统、在线监测综合管理系统、三维可视化系统，同时配备智能巡检机器人、智能巡检车等智能设备，辅助运维部门完成电缆线路及通道管理。

地下通道及电缆网精益化管理系统以实现各方数据共享和管理效应最大化为宗旨，利用现代化信息技术，采用多态交换界面，以基础数据建设为核心，通过优化报批审批过程，规范施工工艺标准，统一数据标准体系，实现电缆工程管理标准化、巡检消缺流程化、设备综合管控智能化，同时可以积累大量工程数据、监控数据、运维检修数据、带电检测数据，通过多维度智能化分析模式，实现系统自动判别，生成电缆运维管理策略，为运检人员提供了决策支持，指导运检管理人员工作流程，有效辅助电缆运维部门的专业管理工作。

图 15–1　全国首个地下通道及电缆网精益化管理系统

第一节 精益化管理系统

精益化管理系统依据高压电缆线路全寿命周期管理理念，将电缆管理划分为工程建设阶段与设备运行阶段两部分。在工程建设阶段管理中，参照工程管控流程，建立项目立项阶段、施工设计阶段、工程建设阶段以及竣工移交阶段的四级管控模块，涵盖项目可行性研究评估、初步设计审查、施工交底、通道建设、电气安装、交接试验、竣工验收、资料移交等电缆线路工程各个阶段。并将每一阶段的流程管理固化为“设备主人、运检专职、分管领导”的三级审批管理模式，实现对电缆线路工程建设阶段的全周期闭环管理。同时，针对施工安装中的关键技术参量，通过系统搭建的标准化技术参数与工艺标准数据库，实现系统自动分析判断，及时发现工程建设弊病，提升设备本质安全水平。

在设备运行阶段管理中，依据高压电缆设备运行管理流程，以“点状式”的电缆资料台账管理为核心，建立运维管理、检修管理、状态管理、在线监测、带电检测管理、专家分析系统等功能模块，统筹各模块运检数据，通过标准化缺陷隐患处理、环流智能分析及故障定位、检修试验数据分析判别等智能化的大数据分析，实现各模块功能的联动，自动评价设备健康水平，并结合 ARCGIS 二维数字化地理信息展示，实现对电缆及通道运检流程的全周期闭环管理。精益化管理系统操作界面如图 15–2 所示。

图 15–2 地下通道及电缆网精益化管理系统操作界面

第二节 在线监测综合管理系统

在线监测系统突出实时在线监测功能，采用独立模块化设计，针对每一个监测点，基于 ARCGIS 二维地理信息系统，实现位置化监测定位，实时掌握监测设备的运行状态、监测数值以及位置信息，主要涵盖以下功能：

（1）专业化的在线监测管理界面，突出展现系统的在线监测功能，如图 15–3 所示。

（2）建立规范化的电缆在线监测数据标准体系，将多厂家孤立运行的系统进行集中整合，实现了共维共享的在线监测数据管理目标。

（3）同一通道内集成不同厂商的多种监测设备，例如气体、风机、水泵、视频、光纤测温、局部放电监测、接地环流监测等，所有设备与地理信息唯一关联，可以进行按电缆头和按防火分区查询，异常设备区域实现告警显示。

（4）针对不同监测设备的监测对象，设定分析判别标准，具有设备的异常告警功能，针对现场出现异常的设备监测点，自动推送异常告警信息，并锁定位置及设备。

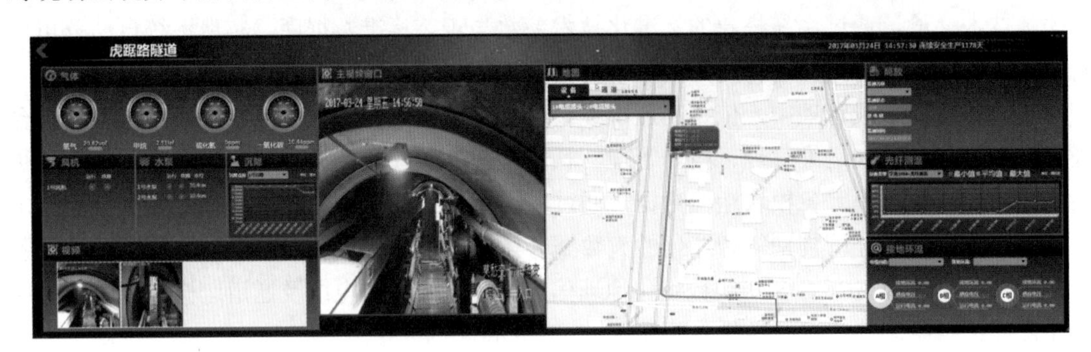

图 15–3 在线监测管理界面

第三节 三维可视化系统

三维可视化平台融合了包括开挖分析、断面分析、管距测量、线路规划分析、线路损坏分析、智能选线等可视化三维模拟功能，可实现对电缆通道及周边管线信息资源的数字化、智能化、三维立体可视化管理。图 15–4、图 15–5 分别为三维可视化系统中地下管线结构和分析界面。

（1）管线水平净距和垂直净距分析。在三维场景中选择任意两条管线，可以计算出选中管线间的水平距离和垂直距离。可直观的描述地下电缆及通道之间，电力设施和其他市政管线之间精确的相对位置，面对城市突发应急事故，工作人员可第一时间了解灾害发生地周边管线的分布情况，快速协调调用相关资源并完成应急处置。

（2）开挖分析。在系统中通过模拟工程的三维场景，来分析新建工程和地下电缆及其周边管线的碰撞情况，为施工提供一定的预警信息。既可用于使电缆运行人员指导抢修和其他施工，又可作为电力设计人员规划新区或设计管线的工具。

（3）电力管沟纵断面分析。在三维场景中任意选择一段排管或管沟，查看该排管和管沟的横断面情况，能够准确掌握电缆在排管和管沟中的分布情况，以及预留的管控情况。

（4）线路规划分析。指定电缆起点、终点，根据已有的管沟和排管中可用的管孔情况，自动计算最佳走线线路；无可用线路时，可以配合手工建设虚拟地下管线，辅助找到最佳走线线路。

（5）在线监测功能。在三维场景中，对通道中的监测设备信息进行查询和定位。展示电缆监测装置空间位置信息。同时，实时监测设备运行状况，展示发生状态异常、缺陷、报警、故障等状态变化信息，并以不同颜色闪烁图标显示在线监测预警的等级。

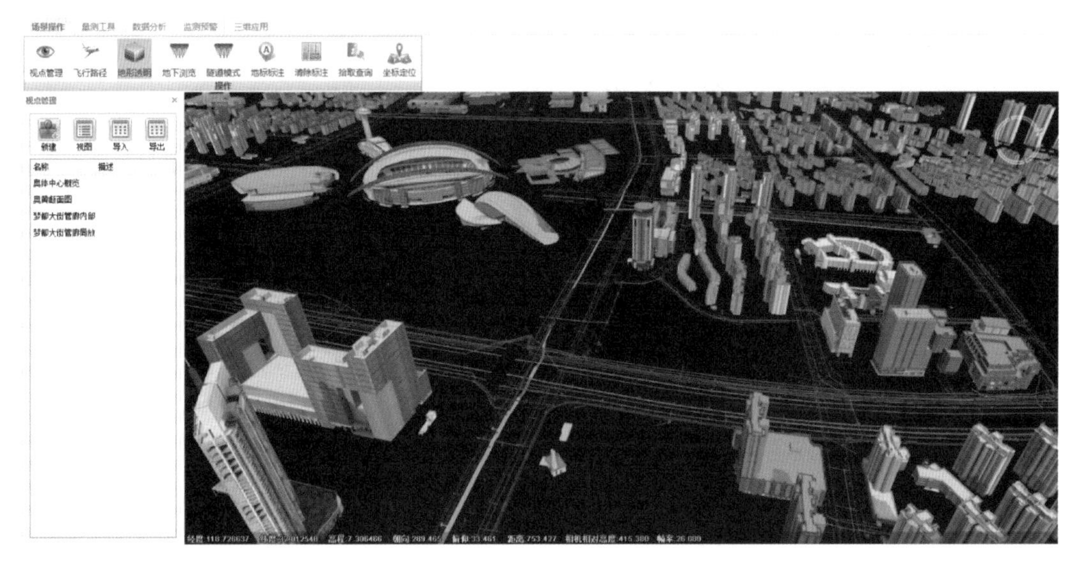

图 15–4　三维可视化界面中地下管线结构

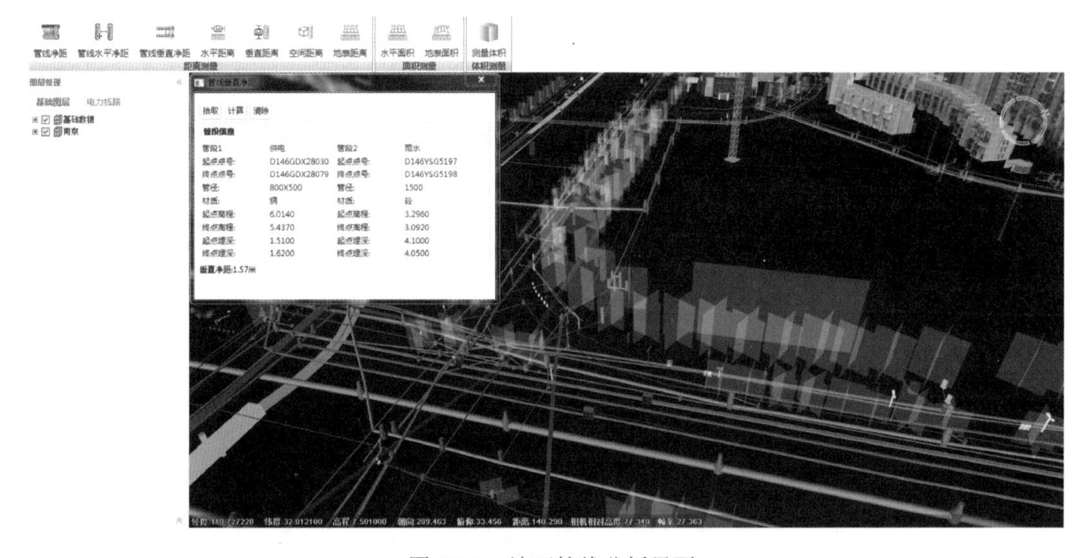

图 15–5　地下管线分析界面

第四节　智能巡检机器人

隧道内配置智能巡检机器人，机器人配备可见光、红外测温仪、拾音器等检测装置，采用自主和遥控 2 种方式，代替人工对电缆隧道设备、温度、水位、有毒气体等环境进行监测，

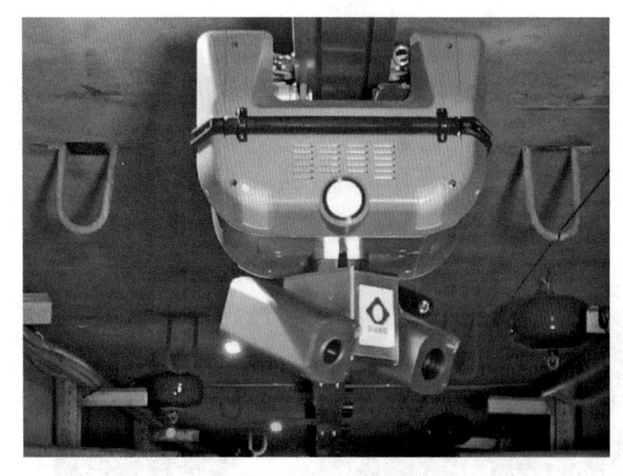

图 15–6　电缆隧道智能巡检机器人外观

及时发现电缆设备及外部环境问题。电缆隧道智能巡检机器人外观如图 15–6 所示，其主要具有以下特点：

（1）具备多传感器信息采集及处理平台，可第一时间发现有毒气体、水位和温度过高等问题；

（2）采用无线通信模式，将现场采集的监测对象数据进行实时整合，传输至电缆综合智能管控平台，实现电缆隧道信息数据实时监测；

（3）具备例行模式、特巡模式、应急模式、手动模式和快巡模式等多种任务模式，适用于各类环境；

（4）在获得各类数据和电缆设备状态后，不仅可以实时传输，还可自动存储于数据库中，自主生成巡检报告，并能够根据隧道的历史温度、水位及设备历史状态数据，对设备运行状态进行分析，及时发现设备缺陷，向运维人员发出预警信息，提高设备可靠性。

第五节　智 能 巡 检 车

在电缆隧道内，一般会敷设多回路高压电缆线路，传统的隧道巡检一般由巡检人员携带装备徒步巡视，巡检任务重，工作效率低下，存在漏检错检等问题，使电缆隧道运行存在安全隐患。采用智能巡检车辅助人工巡检，具有速度快、效率高、安全性好、携带装备多等优点。

智能巡检车外观如图 15–7 所示，可分为人工驾驶型和无人驾驶型 2 种。

（1）人工驾驶型智能巡检车。内部可坐 2 名巡视人员，车顶部可放置大型应急抢修物资，车厢内工具箱可放置日常运检工作工器具，便于巡视人员在隧道内进行快速巡视。智能巡检车性能优良，并具有阻燃性，当发生意外时，车体可保护工作人员。车身可加装红外成像仪、视频记录仪、有毒气体检测仪、压缩空气包等设备，满足智能巡检工作需要。同时，车体大小与隧道内空间成合理比例，车辆易拆卸，便于更换和安装。

图 15–7　电缆隧道智能巡检车外观图

（2）无人驾驶型智能巡检车。由硬件部分和软件部分组成：

1）硬件部分，服务器终端与地下通道及电缆网精益化管理系统连接，由系统进行统一控制，搭载 Linux 或 Windows 系统，主要完成对巡检车的控制，接受和保存巡检车回传数据，以及与相关内部服务器对接的任务。车体配备大功率无线网络系统、温湿度传感器、视频和报警系统、可见光摄像机及红外摄像头、磁感应设备、车载视频记录仪、大容量电池等设备。

2）软件部分，共包括 PC 服务器端软件、手持控制端软件、车体端软件 3 个模块。核心软件为车体端软件内置的实时操作系统，它是巡检车运行的中枢大脑，可以驱动车体控制、无线通信、仪表识别、视频回传、温湿度感应等各个模块设备开展工作。

参 考 文 献

［1］ 王梦恕. 中国隧道及地下工程修建技术［M］. 北京：人民交通出版社，2010.

［2］ 陈馈，洪开荣，焦胜军，等. 盾构施工技术［M］. 北京：人民交通出版社，2016.

［3］ 冯庆寮，等. 电力隧道盾构工程技术研究［M］. 北京：中国电力出版社，2015.

［4］ 王梦恕，等. 中国隧道及地下工程修建技术［M］. 北京：人民交通出版社，2010.

［5］ 毛红梅，陈馈. 盾构构造与操作维护［M］. 北京：人民交通出版社，2016.

［6］ 张凯，袁杰，王冠，等. 玻璃纤维筋（GFRP）在盾构法区间洞门中的应用［J］. 山西建筑，2017，43（7）：146–147.

［7］ 杨红军. 玻璃纤维筋在盾构井围护结构中的应用［J］. 隧道建设. 2008，28（6）：711–715.

［8］ 葛春辉. 顶管工程设计与施工［M］. 北京：中国建筑工业出版社，2011.

［9］ 余彬泉，陈传灿. 顶管施工技术［M］. 北京：人民交通出版社，1998.

［10］ 建筑施工手册编委会. 建筑施工手册（第五版）［M］. 北京：中国建筑工业出版社，2011.

［11］ 中国地质学会非开挖技术专业委员会，朱文鉴，王复明，等. 非开挖技术术语［M］. 北京：中国建筑工业出版社，2016.

［12］ 何相之，汪成森. 水平定向钻进（HDD）施工与管理［M］. 北京：中国建材工业出版社，2016.

［13］ 中国地质学会非开挖技术专业委员会，朱文鉴，乌效鸣，等. 水平定向钻进技术规程［M］. 北京：中国建筑工业出版社，2016.

［14］ 陈韶章，陈越. 沉管隧道施工手册［M］. 北京：中国建筑出版社，2014.

［15］ 安关峰. 沉管隧道施工技术指南［M］. 北京：中国建筑工业出版社，2017.

索　　引

F

G

H

P

Q

R

S

T

W

X

Y